住房城乡建设部土建类学科专业“十三五”规划教材
高等学校给排水科学与工程学科专业指导委员会规划推荐教材

土建工程基础（第四版）

唐兴荣　主编
刘伟庆　主审

中国建筑工业出版社

图书在版编目（CIP）数据

土建工程基础 / 唐兴荣主编. — 4版. — 北京 ：中国建筑工业出版社，2021.6（2024.11重印）
住房城乡建设部土建类学科专业“十三五”规划教材 高等学校给排水科学与工程学科专业指导委员会规划推荐教材
ISBN 978-7-112-26108-6

Ⅰ.①土… Ⅱ.①唐… Ⅲ.①土木工程—高等学校—教材 Ⅳ.①TU

中国版本图书馆CIP数据核字（2021）第073435号

本书是住房城乡建设部土建类学科专业“十三五”规划教材、高等学校给排水科学与工程学科专业指导委员会规划推荐教材。本书紧密结合现行的国家土建工程结构设计规范、规程和标准，对《土建工程基础》（第三版）作了全面的更新和充实，以更好地适应高等学校给排水科学与工程专业的教学需要。除绪论外，本书包括：工程材料、建筑物与构筑物的构造、结构与构件设计、地基与基础、应用实例等五个部分内容。书中每章附有思考题和习题，可供教师备课和学生复习练习之用。

为便于教学，作者制作了与教材配套的课件。如有需求，可发邮件至 jckj@cabp.com.cn 索取（标注书名和作者名），电话：（010）58337285，也可到建工书院下载 http://edu.cabplink.com。

责任编辑：王美玲
责任校对：姜小莲

住房城乡建设部土建类学科专业“十三五”规划教材
高等学校给排水科学与工程学科专业指导委员会规划推荐教材
土建工程基础（第四版）
唐兴荣　主编
刘伟庆　主审
*
中国建筑工业出版社出版、发行（北京海淀三里河路9号）
各地新华书店、建筑书店经销
北京科地亚盟排版公司制版
廊坊市海涛印刷有限公司印刷
*
开本：787毫米×1092毫米　1/16　印张：27¾　字数：688千字
2021年8月第四版　2024年11月第六次印刷
定价：**69.00**元（赠教师课件）
ISBN 978-7-112-26108-6
（37679）

第四版前言

“土建工程基础”课程是给排水科学与工程专业知识体系16个知识领域所对应的课程之一，是一门重要的专业技术基础课程。自2002年《土建工程基础》教材出版以来，得到了广大读者的厚爱和支持。《土建工程基础》教材为高等学校给排水科学与工程学科专业指导委员会规划推荐教材，也是普通高等教育土建学科专业“十五”“十一五”“十二五”规划推荐教材，住房城乡建设部土建类学科专业“十三五”规划教材、江苏省精品教材、“十三五”江苏省高等学校重点建设教材。在本教材第四版的修订中主要做了以下工作：

（1）结合高等学校给排水科学与工程学科专业指导委员会制定的《高等学校给排水科学与工程本科指导性专业规范》，认真地修改了原有的内容，使其进一步完善。修改中注重各部分内容之间的衔接，避免重复，并与给水排水工程实际密切结合。

（2）结合新一轮修订的国家工程结构设计规范、规程和标准修改。具体内容则根据《建筑结构可靠性设计统一标准》GB 50068—2018、《混凝土结构设计规范》GB 50010—2010（2015年版）、《给水排水工程构筑物结构设计规范》GB 50069—2002、《给水排水工程钢筋混凝土水池结构设计规程》CECS138：2002、《砌体结构设计规范》GB 50003—2011、《建筑地基基础设计规范》GB 50007—2011以及新近实施的建筑材料类和建筑设计类规范、规程和标准作了全面的更新和充实。

（3）本书内容按照给水排水工程以土建工程为依托的关系构建，系统完整地介绍常用土建工程的基础知识，包括工程材料、建筑物与构筑物的构造、结构与构件设计、地基与基础、应用实例共五个部分。第1章工程材料，主要介绍给水排水土建工程中常用工程材料的基本性能、适用范围和使用条件。第2章建筑物与构筑物的构造，主要介绍给水排水工程建筑物和构筑物的构造。第3章结构与构件设计，大体上可以划分为三个部分：第一部分3.1节～3.8节，为钢筋混凝土基本理论部分，包括钢筋混凝土材料主要物理力学性能、结构按极限状态计算的基本原则和各类基本构件（拉、压、剪、弯）的计算方法和构造要求；第二部分3.9节～3.10节，为钢筋混凝土结构设计部分，介绍钢筋混凝土梁板结构及水池结构设计；第三部分3.11节，为砌体结构设计部分，介绍砌体结构基本构件的计算方法和构造要求。第4章地基与基础，主要介绍地基与基础设计的基本知识。第5章应用实例，给出了钢筋混凝土梁板结构设计和钢筋混凝土圆形水池设计2个工程设计实例。虽然各校在给排水科学与工程专业培养目标上各有侧重，但“土建工程基础”课程讲授的核心学时不应低于36学时，各校可在满足课程基本教学要求的基础上取舍教学内容，核心内容课堂讲授，其余内容可留给学生课外自学掌握。

本教材的编写分工为：绪论、第3章、第4章和第5章由唐兴荣执笔；第1章由唐兴荣、段红霞执笔；第2章由邵永健执笔。全书由唐兴荣主编并统稿，南京工业大学刘伟庆教授主审。对在本书修订过程中给予支持和帮助的苏州科技大学领导表示衷心感谢。

由于编者的水平有限，书中难免会有疏漏之处，敬请读者批评指正。

编　者

2020 年 10 月

第三版前言

土建工程基础课程是给排水科学与工程专业知识体系 16 个知识领域所对应的课程之一，是一门重要的专业技术基础课程。自 2002 年《土建工程基础》教材出版以来，得到了广大读者的厚爱和支持，《土建工程基础》（第二版）教材为高等学校给水排水工程专业指导委员会规划推荐教材，也是普通高等教育土建学科专业“十一五”规划教材，江苏省精品教材。在本教材第三版的修订中主要做了以下工作：

（1）结合全国高等学校给排水科学与工程学科专业指导委员会制定的《高等学校给排水科学与工程本科指导性专业规范》，认真地修改了原有的内容，使其进一步完善。修改中注重各部分内容之间的衔接，避免重复，并密切与给水排水工程实际相结合。

（2）结合新一轮修订的国家工程结构设计规范、规程和标准修改。具体内容则根据《工程结构可靠性设计统一标准》GB 50153—2008、《混凝土结构设计规范》GB 50010—2010、《给水排水工程构筑物结构设计规范》GB 50069—2002、《给水排水工程钢筋混凝土水池结构设计规程》CECS 138—2002、《砌体结构设计规范》GB 50003—2011、《建筑地基基础设计规范》GB 50007—2011 以及新近实施的建筑材料类和建筑设计类规范和标准作了全面的更新和充实。

本书内容按照给水排水工程以土建工程为依托构建，系统完整地介绍常用土建工程的基础知识，包括工程材料、建筑物与构筑物的构造、结构与构件设计、地基与基础、应用实例共五个部分内容。第 1 章工程材料，主要介绍给水排水工程中常用工程材料的基本性能、适用范围和使用条件。第 2 章建筑物与构筑物的构造，主要介绍给水排水工程建筑物和构筑物的构造。第 3 章结构与构件设计，大体上可以划分为三个部分：第一部分 3.1 节～3.8 节，为钢筋混凝土基本理论部分，包括钢筋混凝土材料主要物理力学性能、结构按极限状态计算的基本原则和各类基本构件（拉、压、剪、弯）的计算方法和构造要求；第二部分 3.9 节～3.10 节，为钢筋混凝土结构设计部分，介绍钢筋混凝土梁板结构及水池结构设计；第三部分 3.11 节，为砌体结构设计部分，介绍砌体结构基本构件的计算方法和构造要求。第 4 章地基与基础，主要介绍地基与基础设计的基本知识。第 5 章应用实例，给出了混凝土配合比设计、钢筋混凝土梁板结构设计和钢筋混凝土圆形水池设计三个工程设计实例。虽然各校在给排水科学与工程专业培养目标上各有所侧重，但土建工程基础课程讲授的核心学时不应低于 36 学时，各校可在满足课程基本教学要求的基础上取舍教学内容，核心内容课堂讲授，其余内容可留给学生自学掌握。

本教材的编写分工为：绪论、第 3 章、第 4 章和第 5 章由唐兴荣执笔；第 1 章由唐兴荣、段红霞执笔；第 2 章由邵永健执笔。全书由唐兴荣主编并统稿，南京工业大学刘伟庆教授主审。对苏州科技学院领导在本书修订过程中给予的支持和帮助表示衷心感谢。

由于编者水平有限，书中难免会有疏漏之处，敬请各位读者批评指正。

编　者
2013 年 12 月

第二版前言

《土建工程基础》（第一版）是根据全国给水排水工程专业指导委员会审定通过的“土建工程基础”课程教学大纲编写的，为高等学校给水排水工程专业指导委员会规划推荐教材，2005 年荣获江苏省精品教材。自 2002 年出版以来，工程结构领域的科学研究和实践都有了很大的进展，有关工程结构设计规范体系的变化和内容的再次扩展与更新，本书感觉有些陈旧，为了满足当前教学的迫切要求，并与新一轮修订的国家工程结构设计规范相统一，我们重新编写了本书，被评为普通高等教育土建学科专业“十一五”规划教材。

本书内容的基本构架仍按原书未做太大的改变。具体内容则根据《建筑结构可靠度设计统一标准》GB 50068—2001、《混凝土结构设计规范》GB 50010—2002、《给水排水工程构筑物结构设计规范》GB 50069—2002、《给水排水工程钢筋混凝土水池结构设计规程》CECS 138：2002、《砌体结构设计规范》GB 50003—2001、《建筑地基基础设计规范》GB 50007—2002 以及新近实施的建筑材料类规范和标准的内容作了全面的更新和充实。

本书由工程材料、建筑物与构筑物的构造、结构与构件设计、地基与基础、应用实例共五个部分内容组成，构成一个完整的体系。第 1 章工程材料，概述了给水排水土建工程中一些常用工程材料的基本性能、使用条件与使用范围。第 2 章建筑物与构筑物的构造，主要概述了给水排水工程土建构造。第 3 章结构与构件设计，大体上可以划分为三个部分：第一部分 3.1 节～3.8 节，为钢筋混凝土基本理论部分，包括钢筋混凝土材料主要物理力学性能、结构按极限状态计算的基本原则和各类基本构件（拉、压、剪、弯）的计算方法和构造要求。第二部分 3.9 节～3.10 节，为钢筋混凝土结构设计部分，介绍了钢筋混凝土梁板结构及水池结构设计。第三部分 3.11 节，介绍了砌体结构基本构件的计算方法和砌体结构的设计和构造要求。第 4 章地基与基础，主要阐述了建筑物和构筑物最下部的承重结构基础的受力与构造以及地基土的性能。第 5 章应用实例，介绍了混凝土配合比设计、钢筋混凝土梁板结构设计和钢筋混凝土圆形水池设计三个工程设计实例。由于各校在给水排水工程专业学生的培养方向上有各自的侧重，《土建工程基础》课程的讲授学时并不统一，大体在 42～50 学时的范围内变化，各校可根据自己的学时情况进行取舍，重点概念内容课堂讲授，设计实例可留给学生自学掌握。对未做安排的实践环节，希望各校根据自身条件给予可能的安排以丰富学生的知识深度。本书各章都备有思考题和习题，可供教师备课和学生复习练习之用。

本教材的编写分工为：绪论、第 3 章、第 4 章和第 5 章由唐兴荣执笔；第 1 章由段红霞、唐兴荣执笔；第 2 章由邵永健执笔。全书由唐兴荣主编并统稿，南京工业大学刘伟庆教授主审。对苏州科技学院领导在本书修订过程中给予的支持和帮助表示衷心感谢。

由于编者的水平有限，书中难免会有疏漏之处，敬请读者批评指正。

编者

2008 年 1 月

第一版前言

本书是根据全国给水排水工程学科专业指导委员会第三届四次会议通过的“土建工程基础”课程教学基本要求和基本内容编写的，系高等学校给水排水工程专业教材。

“土建工程基础”在新制定的高等学校给水排水工程专业教学计划中为一门专业基础课，其将以往教学计划中分别开设的“建筑概论”、“给水排水工程结构”等土建类课程扩充综合成的一门土建课程，以适应21世纪对人才知识结构需求的变化，长期以来给水排水工程局限于社会公共事业的范畴内，延续到今天不能适应社会经济快速发展带来的水资源日益短缺和水环境污染不断严重而导致的明显影响国计民生持续发展的现实。为此拓宽给水排水专业学科，解决社会经济发展中的“水”问题，保证水资源的可持续利用势在必行。作为高等学校面临这种变化，在培养给水排水专业人才上，调整教学计划中各知识学科之间权重关系，以体现人才知识结构的变化。其中对土建类学科知识按照给水排水工程以土建工程为依托的关系来构建，较系统较完整地学习常用土建工程的基础知识，而不限于某一专门方面（如水池结构计算），为学好给水排水专业课程和今后的工程实践中正确处理给水排水工艺设计要求与土建工程间的关系打下良好的基础。

本书由工程材料、建筑物与构筑物、结构与构件设计、地基与基础四部分内容组成，构成一完整的体系，课堂教学安排42～50学时，具体授课时数与内容可按各校教学计划的实际调整。对未做安排的实践环节，希望各校根据自身条件给予可能的安排以丰富学生的知识深度。

本教材由沈德植主编，并编写绪论与第一章，邵永健编写第二章，唐兴荣编写第三章与第四章。本书编写中参照了近日新颁布的一些技术规范与标准。全书内容由沈德植统稿，同济大学侯子奇教授主审。

由于时间仓促，水平有限，书中难免会有错漏，敬请批评指正。

最后对编者所在单位苏州科技学院领导在本书编写中给予的支持表示衷心感谢。

编者

2002年8月

目　　录

绪　论

0.1　土木建筑工程概述

0.1.1　土木建筑工程的内涵

土木建筑工程是一门为人类生活、生产、防护等活动建造各类设施与场所的工程学科，涵盖了地上、地下、水中各范畴内的房屋、道路、铁路、机场、桥梁、水利、港口、地下隧道、给水排水、防护等诸工程范围内的设施与场所内的建筑物、构筑物和工程物的建设，其中包括工程建造过程中所进行的勘测、设计、施工、维修、保养、管理等各项技术活动，又包括所应用的材料、设备。故简单地说，土木建筑工程是一门用各种材料修建事先构思的，供人们生活、生产、防护活动所需的建筑物、构筑物与工程物的学科。

土木建筑工程与人们的衣、食、住、行有着密切的关系，其中与“住”的关系更为直接，因为要解决“住”的问题必须建造各种类型的建筑物。而解决“行、食、衣”的问题具有直接的一面，也有间接的一面。要“行”，必须建造铁路、道路、桥梁；要“食”，必须打井取水、兴修水利进行农田灌溉、城镇供水排水等，这是直接关系。而间接关系则是，不论什么行业都离不开建造各类建筑物、构筑物和修建各种工程设施，可以说没有土木建筑工程为其修建活动的空间和场所（如房屋、道路、水以及配套的工程设施等）就谈不上各行各业的存在与发展。所以土木建筑工程在国民经济的发展中占有重要的地位，是国民经济的重要组成部分，故又称土木建筑工程建设为基本建设。

0.1.2　土木建筑工程在当代的发展

土木建筑工程是一门历史悠久的经典学科，随着社会的发展和人类科技的进步，至今已演变为综合性现代大型学科，当代的土木建筑工程已摆脱了传统上狭义的土木建筑工程的概念，机械、电子、化学、生物学科领域的技术基础，以及当代信息工程、计算机网络、智能技术等先进科技的发展，使土木建筑工程的自身不断扩充。纵观20世纪50年代以来土建的成就和发展，有以下的特征：

（1）土木建筑工程日益同它的使用功能或生产工艺紧密结合，例如公共建筑和住宅建筑物要求建筑、结构、给水排水、采暖、通风、供燃气、供电等现代技术设备结合成整体。工业建筑物往往要求恒温、恒湿、防微振、防腐蚀、防辐射、防火、防爆、防磁、除尘、耐高（低）温、耐高（低）湿，并向大跨度、超重型、灵活空间方向发展。

（2）为适应工业生产的发展，城镇人口与商业网点的密集化以及交通运输的日益繁忙，近半个世纪以来，土木建筑工程兴建了大批体现时代特色的设施。在城镇房屋建筑方面，兴建了大批高层建筑，涌现了不少大跨度建筑和超（限）高层建筑；在城镇交通方面，建造了很多的高架公路和立交桥；在城镇地下发展了地铁和某些公共建筑群（如商业网、影剧院等）；在城镇区域间修建了高速公路和高速电气化铁路；跨越江河跨越海湾的大跨度桥梁陆续建成，同时出现了长距离的海底隧道、穿山隧道；大型工业项目、技术要求高难度大的特殊项目（如核电站、核反应堆工程、海上采油平台、海上炼油厂等）不断在各国建成。上述这一切既表明了土木建筑工程在这重要历史阶段的辉煌业绩，又表明了土木建筑工程的建造技术在这时期得到空前的发展，有能力建造要求严、标准高、技术难的工程设施。

(3) 土木建筑工程的发展

由于土木建筑工程的上述发展，使得建筑材料、施工技术以及设计计算理论出现了新的发展趋势。

1) 建筑材料的轻质高强化

结构承重材料向轻质高强方向改性，非承重材料向改善材性、优化材性的多功能方向改性。其中，发展尤其迅速的是普通混凝土向轻骨料混凝土、加气混凝土和高性能混凝土方向发展，使混凝土的重度由 24.0～25.0kN/m^3 降至 6.0～10.0kN/m^3，抗压强度由 20～40N/mm^2 提高到 60～100N/mm^2 或更高，其他结构性能（如耐久性、抗渗性、抗冻性等）也得到很大的改善。此外，材料品种不断增加，尤其是以有机材料为主的高分子化学建材步入应用。如建筑塑料制品（管材、装饰材料）、防水剂、胶粘剂、外加剂、涂料以及复合材料（纤维增强材料、夹层材料）等。

2) 施工过程的工业化、装配化

土建工程的建造技术在完成量大面广、技术复杂、标准不一的各类工程设施中得到充分发展与完善创新。建造过程（包括构配件的生产）实现了工业化、机械化与装配化。此外，各种先进的施工手段如大型吊装设备、混凝土自动搅拌输送设备、现场预制模板、石方工程中的定向爆破等也得到很大的发展。

3) 设计理论的精确化、科学化

当先进的计算机技术引入后，不仅使结构设计的计算理论得以精确化、科学化，而且实现了由人工计算、人工做比较方案、人工制图到计算机辅助设计（CAD）、计算机优化设计、计算机制图的转变。在施工管理中将概预算、组织设计、资金、工期、质量、人工、材料等信息资料由计算机处理，大大提高了管理效率与管理质量。当前，正在推广应用的建筑信息建模（BIM）技术，以解决从规划、设计、施工到管理各个阶段统一协调的过程。

0.1.3 土木建筑工程的未来趋势

展望未来，土木建筑工程同其他各行业学科一样，会在今天的基础上更快地前进，然而在向前发展过程中，必将会面临许多重大而不可避免的现实问题需要解决。

当今世界正在从工业社会过渡到信息社会，工业经济正转向知识经济；新技术、新学科、新材料不断崛起而且发展迅猛；地球的生态环境因生产的发展、技术进步而日益恶化；而人们的生活方式、生产活动、物质条件又发生着不可逆转的新变化；更严重的是，地球的有限资源将随人口的过度增长而日益匮乏、加快耗尽。这一切向人类的生存和发展发出了信号和挑战。

所以，未来土建工程的建设任务是在用高科技新材料充实完善自身的基础上，继续服务好社会生产力的快速发展的同时，为人类创造出低碳节能、绿色环保的生态环境和舒适的生活环境。

0.2 给水排水工程及其与土木建筑工程的关系

水如同空气一样是保证人们生活乃至生存不可缺少的基本物质，也是国民经济各行业发展的基本资源，而给水排水工程就是为了保证向人们提供这种基本物质资源，去建造服务于生活和生产用水供给、废水排放和水质改善的工程设施。给水排水工程按其服务范围可分为城镇给水排水工程、工业给水排水工程和建筑给水排水工程三类。其中，核心是第一类，城镇给水排水工程是整个城镇基础设施的一个重要组成部分，其给水和排水系统设施是否符合和满足城镇居民生活和工业生产用水需求往往反映城镇的发展水平。

0.2.1 城镇给水排水工程

城镇给水排水工程由城镇给水系统、城镇排水系统组成。

1. 城镇给水系统

城镇给水系统由取水构筑物、输水管道、净水厂和配水管网组成。其中有：取用地面水或地下水的取水构筑物；将原水通过处理工艺除去杂质达到符合生活饮用水用户卫生标准的净水厂；将原水输送到净水厂的输水灌渠和将处理后的净水送至用户的配水管网；将水提升的泵房（一级、二级泵房和管网中的增压泵房等）；调节水量和水压的清水池、水塔等。它们之间的关系如图 0-1 所示。

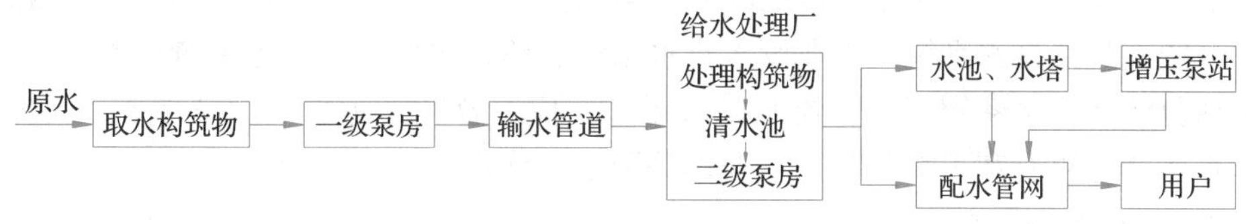

图 0-1　给水工程的组成

在给水系统中造价最大的是管网工程，故规划设计中应进行多方案比较，充分考虑管网布局、管材选用、主要输水干管的走向、日常运行费用等因素的影响。

2. 城镇排水系统

城镇排水系统一般由排水管系、污水处理厂和最终处置设施三部分组成。污水是生活污水、工业废水和雨水的统称。由于这些废水的水质水量不同，给城镇造成的危害也不相同。生活污水的主要危害是它的耗氧性；工业废水的危害多种多样，除耗氧外主要是对人类健康的伤害；雨水的主要危害是雨洪，即市区积水造成的损失。

通常，排水管系可分为合流制和分流制两种体制。合流制是将这三类水合流入一组排水灌渠，这是一种古老自然的排水方式。分流制是将污水、废水和雨水分别排入各自独立的灌渠，其工程造价比前者高 60%～80%，新建城镇或城区宜采用分流制。

灌渠系统的主体是管道和渠道。管道之间由附属构筑物（检查井、其他井和倒虹管）连接，有时尚需设泵站连接低管段和高管段。污水处理厂由处理构筑物和附设建筑物组成，同时常设有道路、照明、供电、电信以及给水排水等系统及绿化场地。污水处理厂的复杂程度随处理要求和水量而异。

城镇生活污水一般处理流程如图 0-2 所示。

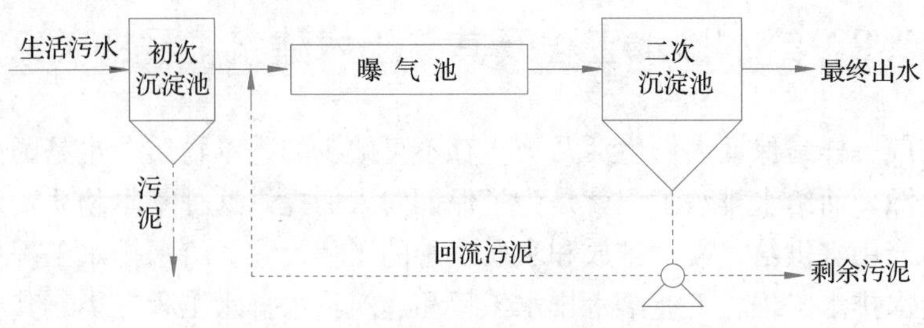

图 0-2　城镇生活污水一般处理流程

0.2.2　建筑给水排水工程

建筑给水排水工程是运行在建筑物和居住小区内的给水排水系统，是构成建筑物整体的不可缺少的组成部分，在为人们提供舒适的卫生条件、保证生产的正常运行和保障人们生命财产的安全中发挥着十分重要的作用，其完善程度是衡量建筑物标准高低的重要标志之一。

1. 建筑物内部给水排水

建筑物内部给水系统有生活给水系统、生产给水系统、消防给水系统三类。这三类给水系统可以独立设置，也可以根据各类用户对水质、水量、水压等的不同要求，结合室外给水系统的实际情况，经技术经济比较等因素予以综合考虑，设置成共用系统。建筑物内部排水系统有生活排水系统、工业废水排水系统、建筑内部雨水管道系统三类。建筑排水系统选择分流制排水系统还是合流制排水系统，应综合考虑污水的污染性质、污染程度、室外排水体制是否有利于综合利用及处理等因素来确定。

2. 居住区给水排水

十五分钟生活圈居住区（居住人口 50000～100000 人）、十分钟生活圈居住区（居住人口 15000～25000 人）、五分钟生活圈居住区（居住人口 5000～12000 人）及居住街坊（居住人口 1000～3000 人）的人口多、面积大、各类建筑物和设施多，类似于城市市区，其给水、排水要求和城市给水排水系统的特点与要求相仿。

建筑给水排水系统与范围如图 0-3 所示。

0.2.3　给水排水工程与土木建筑工程的关系

从上述给水系统和排水系统的组成来看，给水排水工程几乎都由构筑物、建筑物和管道等工程设施构成，但这些给水排水工程设施的建设并不是土建工程自身的需要，而是按给水排水工艺设计要求建造的，为人们生活和生产提供清洁水，为把使用后的污水处理成无污染水而建设的。从给水排水系统的运行过程来看，地表水由取水构筑物和泵房提升，经输水管至净化厂的净化构筑物，净化后贮存于清水池中，再由泵房将清水压入输水管，经配水管网（中间有时还设水塔等调节构筑物）送至用户。水是核心，工程设施是为水运行服务的“外壳”。在学科上，水是给水排水工程专业研究的对象，而工程设施是土建专业工作的对象，所以在关系上，给水排水工程专业是有别于土建专业的一门独立学科，但它的存在与发展又离不开土建工程的支撑，否则将无法实施给水排水工程的工作目标。可以说，给水排水学科对土建工程而言既独立又依赖，这种依存关系决定了从事给水排水工程的专业技术人员，既要精通以“水”为核心的专业学科知识，又要掌握有关土木建筑工程方面的专业基础知识，以便在进行给水排水工程的工艺设计中能正确处理同建筑物、构筑物的结构与构造的关系，判断其是否满足给水排水的工艺要求。

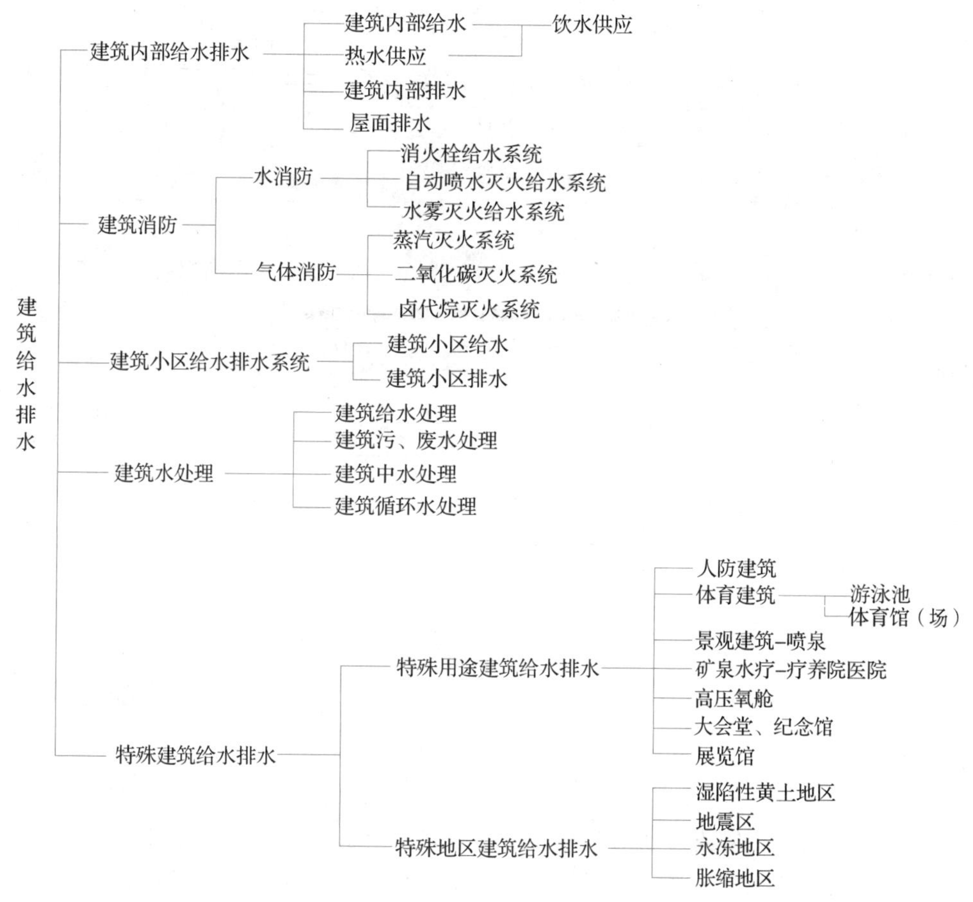

图 0-3　建筑给水排水系统与范围

下面具体看一下给水系统二级泵房的设计中与工艺有关的土建内容。

给水系统中二级泵房（也称为送水泵站）的功能是将净水厂已净化的水通过二次加压送至整个配水管网，以达到城区供水中对供水水量、水压的要求值。因此，二级泵房通常是设在水厂的清水池之后、城区管网之前的一个不可缺少的水厂构筑物。二级泵房一般为地上建筑，但为了自灌或人防需要也可采用半地下建筑。泵房一般由地面上房屋结构、地下管沟、地坑（沟）、基础等部分组成。泵房平面多为矩形，因为矩形平面有利于机组合理布置、生产运行、操作与维修。

图 0-4 为设有平台的半地下式的二级泵房，泵房地面层的净高，除应考虑通风、采光等条件外，尚应遵守下列规定：

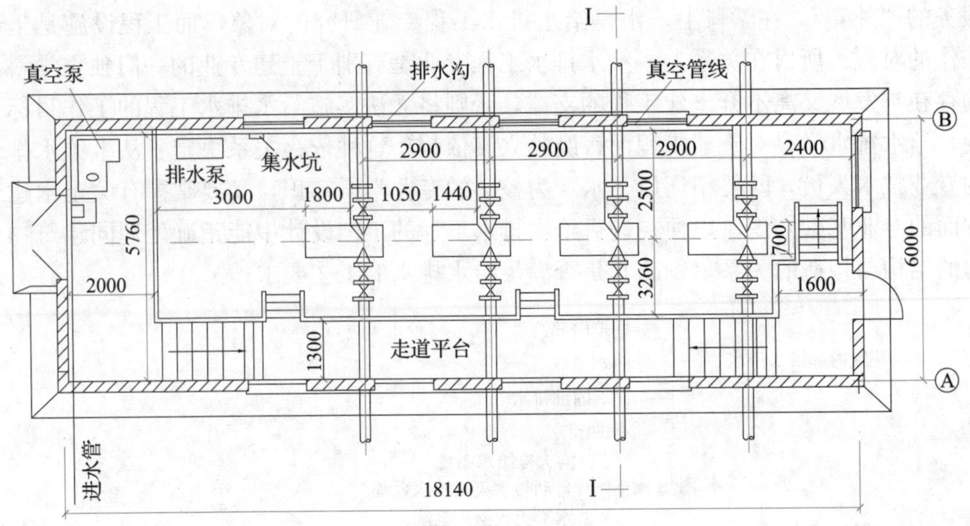

（a）

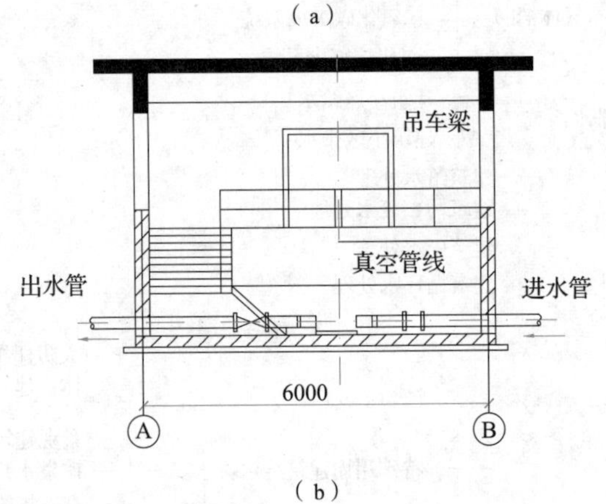

（b）

图 0-4　设有平台的半地下式二级泵房

（a）平面图；（b）I-I 剖面

（1）当采用固定吊钩或移动吊架时，净高不应小于 3.0m。

（2）当采用单轨起重机时，吊起物底部与吊运所越过的物体顶部之间应保持有 0.5m 以上的净距。

（3）当采用桁架式起重机时，除应符合第（2）条的规定外，还应考虑起重机安装和检修的需要。

（4）对地下式泵房，尚需满足吊运时吊起物底部与地面层地坪间净距不小于 0.3m。

水泵机组的布置应满足设备的运行、维护、安装和检修的要求。根据《室外给水设计标准》GB 50013—2018 的规定，卧式水泵及小型立式离心泵机组的平面布置时，相邻两个机组及机组至墙壁间的净距应满足下列要求：

（1）单排布置时，电动机容量不大于 55kW 时，不小于 1.0m；电动机容量大于 55kW 时，不小于 1.2m。当机组进出水管道不在同一平面轴线上时，尚需满足相邻近、出水管道间净距不小于 0.6m。

（2）双排布置时，进、出水管道与相邻机组间的净距宜为 0.6～1.2m。

（3）当考虑就地检修时，应保证泵轴和电动机转子在检修时能拆卸。

其次，泵房的主要通道宽度不应小于 1.2m，当一侧布置有操作柜时，其净宽不宜小于 2.0m。泵房至少应设一个可以搬运最大设备的门。地面应有 0.5%～1%坡度，坡向集水沟（坑）。

泵房设计中应考虑良好采光（窗口面积约占地坪面积四分之一为宜）、通风和照明条件，在寒冷地区还应采暖。

此外，泵房中工艺确定的设备、管道，在穿过墙体、楼（屋）盖、基础等建筑构件时设置的孔洞应尽量避免在受力处，以确保房屋结构的安全。同样，在建筑构件上预埋受力件（如吊钩等），也应注意受力的合理性。

0.3 本课程的主要内容和基本要求

给水排水工程土建是用土建工程的材料、设计、施工等来完成给水排水工程的任务。给水排水工程土建的范围包括给水排水工程中水处理工艺所需的土建工程，也包括泵房及其辅助用房的土建工程等。因此本书主要包括下述内容：

第 1 章工程材料，概述了给水排水土建工程中一些常用工程材料的基本性能、使用条件与使用范围。第 2 章建筑物与构筑物的构造，主要概述了给水排水工程土建构造。第 3 章结构与构件设计，大体上可以划分为三个部分：第一部分为 3.1～3.8 节，为钢筋混凝土基本理论部分，包括钢筋混凝土材料主要物理力学性能、结构按极限状态计算的基本原则和各类基本构件（拉、压、剪、弯）的计算方法与构造要求，这部分内容以我国现行《建筑结构可靠性设计统一标准》GB 50068—2018、《混凝土结构设计规范（2015 年版）》GB 50010—2010 以及《给水排水工程构筑物结构设计规范》GB 50069—2002 为主要依据编写；第二部分为 3.9～3.10 节，为钢筋混凝土结构设计部分，介绍了钢筋混凝土梁板结构及水池结构设计，这部分内容以《给水排水工程构筑物结构设计规范》GB 50069—2002 和《给水排水工程钢筋混凝土水池结构设计规程》CECS 138：2002 为主要依据；第三部分为 3.11 节，介绍了砌体结构基本构件的计算方法和砌体结构的设计和构造要求，这部分以《砌体结构设计规范》GB 50003—2011 为主要依据。第 4 章地基与基础，主要阐述了建筑物和构筑物最下部的承重结构基础的受力与构造以及地基土的性能，这部分以《建筑地基基础设计规范》GB 50007—2011 为主要依据。第 5 章应用实例，介绍了钢筋混凝土梁板结构设计和钢筋混凝土圆形水池设计两个工程设计实例。

上述内容基本涵盖了给水排水工程土建工程的全部内容，在土建学科中分别属于建筑材料学、房屋建筑学、结构工程学、土力学以及地基基础等多门学科，它们不仅是土建学科的重要组成部分，而且各自有一个完整的内容体系，各属于一个独立学科。就这几门课程的教学内容而言，与其配套的教学环节有实验、实习、课程设计等内容，但在给排水科学与工程专业培养方案中，本课程将这几门主要课程综合在一起作为专业基础课，不多的学时难以安排必需的教学环节。为帮助学生掌握所学的土建工程知识，本书在第 5 章介绍了二个工程设计实例。

从学习基础知识出发，要求在学习本课程时：弄清基本概念，抓住重点，掌握基本内容——第 1 章工程材料的主要性能和用途，第 2 章房屋和构筑物的基本构造及其使用功能，第 3 章结构计算的基本理论和各类基本构件（拉、压、剪、弯）的计算方法和构造要求以及钢筋混凝土结构设计，第 4 章地基土的性能和天然地基上基础的设计。此外，在学习时应重点掌握常用给水排水工程构筑物的建筑构造、结构构造及其受力特点。

第1章　工程材料

1.1　工程材料的定义和分类

工程材料指土建工程中所使用的各种材料与制品（半成品、成品）的总称。工程材料品种繁多，用途各异，可有多种分类方法，但最常用的是按材料的化学成分及其使用功能分类。

1.1.1　按化学成分分类

根据材料的化学成分，可分为有机材料、无机材料以及复合材料三大类，见表1-1。

工程材料按化学成分分类　　表1-1

分类			实例
无机材料	金属材料	黑色金属	钢、铁及其合金、合金钢、不锈钢等
		有色金属	铜、铝及其合金等
	非金属材料	天然石材	砂、石及石材制品
		烧土制品	黏土砖、瓦、陶瓷制品等
		胶凝材料及制品	石灰、石膏及制品、水泥及混凝土制品、硅酸盐制品等
		玻璃	普通平板玻璃、特种玻璃等
		无机纤维材料	玻璃纤维、矿物棉等
有机材料	植物材料		木材、竹材、植物纤维及制品等
	沥青材料		煤沥青、石油沥青及其制品等
	合成高分子材料		塑料、涂料、胶粘剂、合成橡胶等
复合材料	有机与无机非金属材料复合		聚合物混凝土、玻璃纤维增强塑料等
	金属与无机非金属材料复合		钢筋混凝土、钢纤维混凝土等
	金属与有机材料复合		PVC钢板、有机涂层铝合金板等

1.1.2　按使用功能分类

根据建筑材料在建筑物中的部位或使用功能，大体上可分为结构材料、墙体材料和功能材料三类。

1. 结构材料

结构材料是指构成建筑物受力构件和结构所用的材料。如梁、板、柱、墙、基础等受力构件和框架、剪力墙等受力结构所用材料都属于这一类。对这类材料技术性能的要求是它们的力学性能和耐久性。所用的主要结构材料有：砌体、石材、木材、混凝土和钢材以及两者复合的钢筋混凝土和预应力混凝土等。

2. 墙体材料

墙体材料是指建筑物内、外及分隔墙体所用的材料。墙体有承重和非承重两类。由于墙体在建筑物中占很大比例，应认真选用墙体材料。对这类材料的技术要求是建筑物的成本、节能、使用安全、耐久性等。目前大量采用的墙体材料有砖砌体、砌块砌体、石砌体、混凝土等。

3. 功能材料

功能材料是指以材料的力学性能以外的功能为特征的材料，它赋予建筑物防水、防火、绝热、采光、防腐等功能。国内外常用的建筑功能材料有：防水材料、防火材料、保温隔热材料、声学材料、光学材料、加固修复材料、功能胶凝材料、功能砂浆、功能混凝土等。

一般而言，建筑物的安全性，主要取决于由建筑结构材料组成的构件和结构体系，而建筑物的使用功能与建筑品位，主要取决于建筑功能材料。此外，对某一材料来说，它可能兼有多种功能。

1.2 常用工程材料的基本性质

1.2.1 工程材料的基本物理性质

1. 与质量有关的物理性质

自然界中材料内部常含有自身封闭的孔隙（b）及与外界连通的开口孔隙（k）两大类型，如图 1-1 所示。堆积在容器中的散粒材料，颗粒之间还存在空隙（s），材料的总体积是由材料的固体物质所占的体积 V、孔隙体积 V_p（$V_p=V_b+V_k$）及空隙体积 V_s 所组成，如图 1-2 所示。

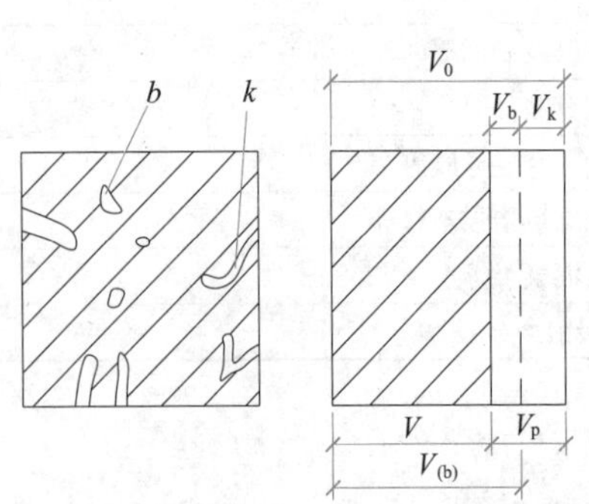

图 1-1 含孔材料体积组成示意

b—闭孔；k—开孔；

V_0—自然状态下的总体积

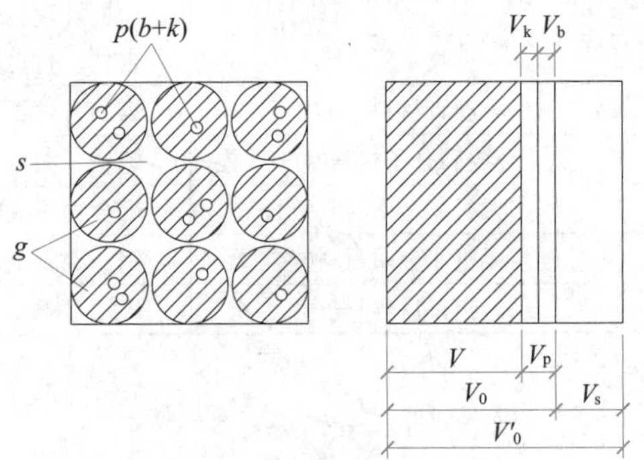

图 1-2 散粒材料堆积体积组成示意图

p—孔隙；s—空隙；g—固体物质；

V—实体积；V_p—孔隙体积；V_s—颗粒间的空隙体积

（1）实际密度（简称密度）

实际密度是指材料在绝对密实状态下，单位体积所具有的质量，按下式计算：

$$\rho=\frac{m}{V} \tag{1-1}$$

式中　ρ——实际密度（g/cm^3）；

m——材料在干燥状态下的质量（g）；

V——材料在绝对密实状态下的体积（cm^3）。

绝对密实的建筑材料很少，除金属、玻璃等少数材料外，都存在一些孔隙，通常将材料磨成细粉排除内部孔隙，经干燥后用密度瓶法测定其实际体积。

（2）表观密度

表观密度是指材料在包含其内部闭口孔隙条件下，单位体积所具有的质量，按下式计算：

$$\rho' = \frac{m}{V_{(b)}} \tag{1-2}$$

式中　ρ'——表观密度（kg/m^3）；

m——材料在干燥状态下的质量（kg）；

$V_{(b)}$——材料在自然密实状态下不含开口孔隙的体积（m^3），$V_{(b)}=V+V_b$。

（3）体积密度

体积密度是指材料在自然状态下（含开口和闭口孔隙），单位体积所具有的质量，按下式计算：

$$\rho_0 = \frac{m}{V_0} \tag{1-3}$$

式中　ρ_0——体积密度（kg/m^3）；

m——材料的质量（kg）；

V_0——材料在自然密实状态下，包括材料内部孔隙在内的体积（m^3），也称表观体积，$V_0=V+V_p$。

当材料孔隙内含有水分时，其质量和体积将有所变化，故测定体积密度时，须注明其含水量，未指明者通常以干燥状态下（长期在空气中干燥）的测定值为准。

（4）堆积密度

堆积密度是指散粒材料（粉状、粒状或纤维状材料）在自然堆积状态下，单位体积（包含了颗粒内部的孔隙及颗粒之间的空隙）所具有的质量，按下式计算：

$$\rho_0' = \frac{m}{V_0'} \tag{1-4}$$

式中　ρ_0'——堆积密度（kg/m^3）；

m——材料的质量（kg）；

V_0'——材料堆积体积（m^3），$V_0'=V+V_p+V_s=V_0+V_s$。

（5）材料的密实度与孔隙率

1）密实度

密实度是指材料体积内被固体物质所充实的程度，也就是固体物质的体积占总体积的比例，以 D 表示：

$$D = \frac{V}{V_0} \times 100\% = \frac{\rho_0}{\rho} \times 100\% \tag{1-5}$$

密实度 D 反映了材料的致密程度，含有孔隙的固体材料的密实度均小于 1。材料的强度、吸水性、耐久性、导热性等均与其密实度有关。

2）孔隙率

孔隙率是指材料体积内，孔隙体积（V_p）占材料总体积（V_0）的百分率，用 P 表示：

$$P=\frac{V_0-V}{V_0}\times 100\%=\left(1-\frac{V}{V_0}\right)\times 100\%=\left(1-\frac{\rho_0}{\rho}\right)\times 100\% \tag{1-6}$$

孔隙率与密实度的关系为：

$$P+D=1 \tag{1-7}$$

式（1-7）表明，材料的总体积是由该材料的固体物质与其所包含的孔隙所组成。

材料内部的孔隙有开口孔隙与闭合孔隙两种，前者指孔隙之间可相互贯通且与外界相通，在一般浸水条件下能吸水饱和。而后者孔隙间彼此不相通且与外界隔绝，其能提高材料的隔热保温性能。

（6）材料的填充率与空隙率

1）填充率

填充率是指材料在某容器的堆积体积中，被其颗粒填充的程度，以 D' 表示：

$$D'=\frac{V_0}{V'_0}\times 100\%=\frac{\rho'_0}{\rho_0}\times 100\% \tag{1-8}$$

2）空隙率

空隙率是指散粒材料在某容器的堆积体积中，颗粒之间空隙体积（V_s）占堆积体积（V'_0）的百分率，以 P' 表示：

$$P'=\frac{V'_0-V_0}{V'_0}\times 100\%=\left(1-\frac{V_0}{V'_0}\right)\times 100\%=\left(1-\frac{\rho'_0}{\rho_0}\right)\times 100\% \tag{1-9}$$

空隙率与填充率的关系为：

$$P'+D'=1 \tag{1-10}$$

空隙率 P' 的大小反映了散粒材料的颗粒之间相互填充的致密程度，可作为控制混凝土骨料级配与计算含砂率的依据。

几种常用建筑材料的密度值和孔隙率见表 1-2。

常用建筑材料的实际密度、体积密度、堆积密度和孔隙率　　表 1-2

材　料	实际密度 ρ（g/cm³）	体积密度 ρ_0（kg/m³）	堆积密度 ρ'_0（kg/m³）	孔隙率（%）
石灰岩	2.60	1800～2600	—	—
花岗岩	2.60～2.90	2500～2800	—	0.5～3.0
碎石（石灰岩）	2.60	—	1400～1700	—
砂	2.60	—	1450～1650	—
黏土	2.60	—	1600～1800	—
普通黏土砖	2.50～2.80	1600～1800	—	20～40
黏土空心砖	2.50	1000～1400	—	—
水泥	3.10	—	1200～1300	—
普通混凝土	—	2100～2600	—	5～20
轻骨料混凝土	—	800～1900	—	—
木材	1.55	400～800	—	55～75
钢材	7.85	7850	—	0
泡沫塑料	—	20～50	—	—
玻璃	2.85	—	—	—

2. 与水有关的物理性质

（1）亲水性和憎水性

材料与水接触后被水湿润并吸入内部的性质称亲水性，如石材、砖、混凝土、木材等都属于亲水性材料，表面均能被水润湿，且能通过毛细管作用将水吸入材料的毛细管内部。

材料与水接触后能将水排斥在外的性质称憎水性，如石蜡、沥青、塑料、油漆等都属于憎水性材料。憎水性材料不仅可用做防水、防潮的材料，而且还可以用于亲水性材料的表面处理，以降低其吸水性。

（2）吸水性

材料在水中吸收水分的性质称为吸水性，其大小用吸水率表示：材料吸水饱和后的水质量占材料干燥质量的百分率称为质量吸水率 W_m，材料吸水饱和后的水体积占材料干燥时自然体积的百分率称为体积吸水率 W_V。

$$W_m = \frac{m_b - m_g}{m_g} \times 100\% \tag{1-11}$$

$$W_V = \frac{V_W}{V_0} \times 100\% = \frac{m_b - m_g}{V_0} \times \frac{1}{\rho_W} 100\% \tag{1-12}$$

式中　m_b、m_g——材料吸水饱和后的质量（g）、材料烘干至恒重的质量（g）；

V_W、V_0——材料吸水饱和时的水体积（cm^3）、材料干燥后的自然体积（cm^3）；

ρ_W——水的密度，常温下取 1.0g/cm^3。

在材料中闭口孔隙不能吸进水分，开口孔隙能吸水，且微细串通的开口孔隙材料的吸水率大。在工程上通常用质量吸水率表示材料的吸水量，只对某些轻质材料（如加气混凝土、软木、多孔塑料）吸收水分质量远大于材料干燥的质量，方用体积吸水率来表示其吸水量。

（3）吸湿性

材料在潮湿空气中吸收水分的性质称为吸湿性，其大小用含水率 W_h 表示。材料所含水的质量占材料干燥质量的百分率，称为材料的含水率，可按下式计算：

$$W_h = \frac{m_b - m_g}{m_g} \times 100\% \tag{1-13}$$

式中　W_h——材料的含水率（%）；

m_b——材料含水时的质量（g）；

m_g——材料干燥到恒重时的质量（g）。

当空气湿度大而温度较低时，材料的含水率就大；反之较小。具有微小开口孔隙的亲水性材料的吸湿性大。

（4）耐水性

材料在长期饱和水作用下不破坏，其强度也不显著降低的性质称为耐水性，用软化系数 K 表示：

$$K = \frac{f_w}{f} \tag{1-14}$$

式中　f_w——材料在饱和水状态下的抗压强度（MPa）；

f——材料在干燥状态下的抗压强度（MPa）。

软化系数 K 随着材料含饱和水量的增加而降低。通常，软化系数 $K \geqslant 0.85$ 的材料可以认为是耐水性材料，可长期处于水中或潮湿环境中使用。对于受潮较轻的或次要结构的材料，其软化系数 $K \geqslant 0.75$。

（5）抗渗性

材料抵抗有压介质（水、油等液体）渗透的性质称为抗渗性，对一些防水、防渗材料（油毡、水沥青等）常用渗透系数 K_p 表示抗渗性好坏。

$$K_p = \frac{Qd}{AtH} \tag{1-15}$$

式中 Q——渗水量（cm^3）；

A——渗水面积（cm^2）；

t——渗水时间（s）；

d——试件厚度（cm）；

H——静水压力水头（cm）。

K_p 越大，材料的渗水性越大、抗渗性越差。通常，密实的闭口孔隙材料抗渗性好。对混凝土和砂浆材料，其抗渗性通常用抗渗等级（P）表示（详见第 3 章 3.2 节）。

（6）抗冻性

材料在水饱和状态下经多次冻融作用而不破坏，同时强度也不严重降低的性质称抗冻性。混凝土常用抗冻等级（记为 F）表示（详见第 3 章 3.2 节），试件在规定的标准试验条件下，经过冻融循环次数 i 次作用后，其强度降低不超过 25％，重量损失不超过 5％，则此冻融循环次数记为抗冻等级。显然抗冻等级越大，材料的抗冻性越好。

3. 与热工有关的物理性质

建筑材料除了必须满足必要的强度和其他性能要求外，为了节约建筑物的使用能耗，以及为生产和生活创造适宜的条件，常要求材料具有一定的热性质（包括导热性、热容量等），以维持室内温度。

（1）材料的导热性

材料传导热量的能力称为导热性。材料导热能力的大小用导热系数 λ 表示，即厚度为 1m 的材料，当其相对两侧表面的温度差为 1K 时，经单位面积（$1m^2$）单位时间（1s）所通过的热量。导热系数越小，材料绝热保温性能越好。通常孔隙大（以微细闭口孔隙为好）导热系数小，但材料受潮后导热系数会明显增大，故绝热保温材料应经常处于干燥状态。

（2）材料的热容

材料加热时吸热、冷却时放热的性质称为热容量。热容量的大小用热容量系数（简称比热容）表示，即 1g 材料，温度升高 1K 时所吸收的热量，或降低 1K 时放出的热量。

比热容是反映材料的吸热或放热能力大小的物理量。材料的比热容对保持建筑物内部温度稳定有很大的意义，比热容大的材料，能在热流变动或采暖设备供热不均匀时，缓和室内的温度波动。常用建筑材料的比热容见表 1-3。

几种典型材料及物质的热性质 **表 1-3**

材料名称	钢材	混凝土	松木	黏土空心砖	花岗石	密闭空气	水
比热容 [J/(g·K)]	0.48	0.84	2.72	0.92	0.92	1.00	4.18
导热系数 [W/(m·K)]	58	1.51	0.17～0.35	0.64	3.49	0.023	0.58

(3) 材料的保温隔热性能

建筑工程中常将 $1/\lambda$ 称为材料的热阻，用 R 表示，单位为 (m·K)/W。导热系数 λ 和热阻 R 都是评定建筑材料保温隔热性能的重要指标。材料的导热系数越小，其热阻值越大，则材料的导热性能越差，其保温隔热性能越好，所以通常将 $\lambda \leqslant 0.175$W/(m·K) 的材料称为绝热材料。

1.2.2　工程材料的力学性质

材料的力学性质主要是指材料在外力（荷载）作用下，抵抗破坏和变形能力的性质。

1. 材料的强度与比强度

材料在外力（荷载）作用下抵抗破坏的能力称强度，以单位面积上所受的力来表示，其通式可写为：

$$f = \frac{P}{A} \tag{1-16}$$

式中　f——材料的强度（MPa）；

P——破坏荷载（N）；

A——受荷面积（mm^2）。

材料在建筑物上所受的外力主要有拉力、压力、弯矩及剪力等，因此材料相应的极限抵抗能力称为抗拉强度、抗压强度、抗弯强度、抗剪强度等，这些强度一般是通过静力试验来确定的。

大部分建筑材料，根据其极限强度的大小，可划分为若干不同的强度等级，如混凝土按立方体抗压强度标准值有 C15，C20，…，C80 十四个强度等级，普通砂浆按抗压强度分为 M2.5、M5、M7.5、M10 及 M15 五个等级。将建筑材料划分为若干个强度等级，对掌握材料性能、合理选用材料、正确进行设计和控制工程质量具有重要意义。

为了对不同的材料强度进行比较，可采用比强度。比强度是按单位质量计算的材料强度，其值等于材料强度与其体积密度之比，它是衡量材料轻质高强性能的主要指标。由表 1-4 可见，从比强度来看，钢材、木材比混凝土强。因此比较而言，混凝土是质量大而强度低的材料。

钢材、木材和混凝土的强度比较　　表 1-4

材　料	抗压强度 f_c（MPa）	体积密度 ρ_0（kg/m^3）	比强度 f_c/ρ_0
钢材（Q235）	215.0	7850	0.027
木材（TC15）	13.0（顺纹）	500	0.026
混凝土（C30）	14.3	2400	0.00

2. 材料的弹性与塑性

材料在外力作用下产生的变形可随外力的消除而完全消失的性质称弹性，相应此种完全能恢复的变形称弹性变形，变形数值的大小与外力成正比。比例系数称为弹性模量 E。在弹性变形范围内，弹性模量 E 为常数，即

$$E = \frac{\sigma}{\varepsilon} = \text{常数} \tag{1-17}$$

式中　σ——材料的应力（MPa）；

ε——材料的应变。

材料在外力作用下产生的变形不因外力的消除而消失的性质称塑性，此种不可恢复的变形称塑性变形。

实际工程中不存在单一的弹性材料或单一的塑性材料，而是介于两者之间的弹塑性材料且其变形随不同的应力阶段而异。

3. 材料的脆性和韧性

材料在外力作用下，无明显的变形特征而突然破坏的性质称脆性。具有这种性质的材料，如混凝土、玻璃、砖、石材、陶瓷、铸铁等称为脆性材料。脆性材料的抗压强度一般比其抗拉强度高出数倍乃至十几倍，它承受振动作用和抵抗冲击荷载的能力很差。

在冲击、振动荷载作用下，材料能吸收较多能量，产生一定的变形而不致被破坏的性能称韧性。实际工程中所用的建筑钢材（软钢）、木材等属于韧性较好的材料。

4. 材料的硬度与耐磨性

材料表面抵抗外来较硬物压入或刻划的能力称硬度，它与材料的强度等性能指标有一定的关系，工程中可利用材料的硬度间接推算其强度，如混凝土构件强度的非破损检测中的回弹法，就是利用混凝土回弹间接推算其强度。

耐磨性是材料表面抵抗磨损的能力，常用磨损率（B）表示：

$$B=\frac{m_1-m_2}{A} \tag{1-18}$$

式中　B——磨损率（g/cm^2）；

m_1、m_2——试件被磨损前、后的质量（g）；

A——试件受磨损的面积（cm^2）。

建筑工程中，用于道路、地面、踏步等部位的材料，均应考虑其硬度和耐磨性。一般来说，强度较高且密实的材料，其硬度较大，耐磨性较好。

1.2.3 工程材料的耐久性

材料的耐久性是指材料在长期使用过程中，抵抗周围各种介质的侵蚀，能长期保持材料原有性质的能力。耐久性是材料的一种综合性质的评述，如抗冻性、抗风化性、耐化学腐蚀性等均属于耐久性的范围。此外，材料的强度、抗渗性、耐磨性等也与材料的耐久性有密切关系。

1. 侵蚀作用的主要类型

影响材料长期使用的破坏因素复杂多样，可分为物理作用、化学作用及生物作用等。

物理作用包括材料的干湿变化、温度变化及冻融变化等。这些变化可引起材料的收缩和膨胀，长期和反复作用会使材料逐渐破坏。

化学作用包括酸、碱、盐等物质的水溶液及气体对材料产生的侵蚀作用，使材料产生质变而破坏。例如：钢筋锈蚀等。

生物作用是昆虫、菌类等对材料所产生的蛀蚀、腐朽等破坏作用，如木材及植物纤维材料的腐烂等。

一般矿物材料，如石材、砖瓦、陶瓷、混凝土等，暴露在大气中时，主要受大气的物理作用；当材料处于水位变化区域或水中时，还受到环境水的化学侵蚀作用。金属材料在大气中易被锈蚀。沥青及高分子材料，在阳光、空气及辐射的作用下，会逐渐老化、变质而破坏。

土建工程所处的环境复杂多变，其材料所受到的破坏因素也千变万化。土建工程材料耐久性与破坏因素的关系见表 1-5。

土建工程材料耐久性与破坏因素的关系　　**表 1-5**

名　称	破坏因素分类	破 坏 原 因	评 定 指 标
抗渗性	物理	压力水、静力	渗透系数、抗渗等级
抗冻性	物理、化学	水、冻融作用	抗冻等级、耐久性系数
碳化	化学	CO_2、H_2O	碳化深度
化学侵蚀	化学	酸、碱、盐及其溶液	综合评定①
老化	化学	阳光、空气、水、温度交替	综合评定①
冲磨气蚀	物理	流水、泥砂	腐蚀率
碱骨料反应	物理、化学	R_2O、H_2O、活性集料	膨胀率
钢筋锈蚀	物理、化学	H_2O、O_2、氯离子、电流	电位锈蚀率
腐朽	生物	H_2O、O_2、菌	综合评定①
虫蛀	生物	昆虫	综合评定①
耐热	物理、化学	冷热交替、晶型转变	综合评定①
耐火	物理	高温、火焰	综合评定①

注：① 表示可参考强度变化率、开裂情况、破坏情况等进行评定。

2. 提高材料耐久性的措施

提高材料的耐久性可延长建筑物的使用寿命和减少维修费用，可根据使用情况和材料特点，采取相应的措施。在一定的环境条件下，合理选择材料和正确施工，改善材料的使用条件（提高材料的密实度、采取防腐措施等），减轻外界作用对材料的影响（降低湿度、排除侵蚀物质等），采取表面保护措施（覆面、抹灰、刷涂料等），或使用耐腐蚀材料，可以提高材料的耐久性。

1.3　水　　泥

水泥是一种加水拌合成塑性浆体，能胶结砂、石等适当材料，并能在空气和水中硬化的粉状水硬性胶凝材料。水泥按其用途和性能可分为通用水泥、专用水泥、特性水泥三类。通用水泥为一般土木建筑工程所用，如硅酸盐水泥、普通硅酸盐水泥、矿渣硅酸盐水泥、火山灰硅酸盐水泥、粉煤灰硅酸盐水泥、复合硅酸盐水泥等。专用水泥为专门用途所用的水泥，如油井水泥、低热水泥、道路水泥等。特性水泥是具有某种比较突出性能的水泥，如膨胀水泥、快硬硅酸盐水泥、抗硫酸盐水泥等。水泥按其主要水硬性矿物名称又可分为硅酸盐水泥、铝酸盐水泥、硫酸铝水泥、氟酸盐水泥等。我国水泥产量的 90％左右属于以硅酸盐为主要水硬性矿物的硅酸盐水泥。本节在讨论水泥性质和应用时，以硅酸盐水泥为基础，介绍土木建筑工程所用的六大类水泥的成分、主要特征和适用范围等。

1.3.1　硅酸盐水泥

凡由硅酸盐水泥熟料、0～5％混合料（石灰石或粒化高炉矿渣）、适量石膏磨细制成的水硬性胶凝材料称硅酸盐水泥（国外称为Portland Cement）。其中，不掺混合料称Ⅰ型硅酸盐水泥，代号P·Ⅰ；掺入不超过水泥质量5%的混合料称Ⅱ型硅酸盐水泥，代号P·Ⅱ。

1. 水泥的组成与硬化

以石灰质原料和黏土质原料为主，有时加入少量的铁矿粉等，按一定比例配合，磨细成生料粉或生料浆，经均化后煅烧至部分熔融，形成黑色颗粒状的水泥熟料，再与适量石膏共同磨细，即得P·Ⅰ硅酸盐水泥。硅酸盐水泥的生产技术简称为“两磨一烧”，其生产流程如图1-3所示。

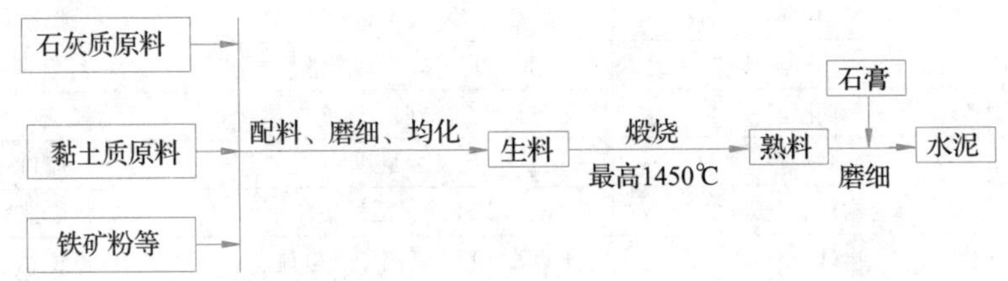

图1-3 硅酸盐水泥生产工艺流程示意图

硅酸盐水泥熟料的矿物组成主要是：硅酸三钙（$3CaO \cdot SiO_2$，简写为C_3S），含量36%～60%；硅酸二钙（$2CaO \cdot SiO_2$，简写C_2S），含量15%～37%；铝酸三钙（$3CaO \cdot Al_2O_3$，简写C_3A），含量7%～15%；铁铝酸四钙（$4CaO \cdot Al_2O_3 \cdot Fe_2O_3$，简写$C_4AF$），含量10%～18%。这四种矿物中硅酸钙矿物（包含C_3S和C_2S）是主要的，其含量占70%～85%。此外，还有少量其他成分如游离氧化钙（CaO）、游离氧化镁（MgO）等。

各种矿物单独与水作用时所表现出的特性见表1-6。水泥熟料是由各种不同特性的矿物所组成的混合物。因此，改变熟料矿物成分之间的比例，水泥的性质会发生相应的变化。提高C_3S的含量，可制得快硬高强水泥；减少C_3A和C_3S的含量，提高C_2S的含量，可制得水化热低的低热水泥；降低C_3A的含量，适当提高C_4AF的含量，可制得耐硫酸盐水泥。

硅酸盐水泥熟料主要矿物的特性 **表1-6**

性能指标		熟料矿物			
		C_3S	C_2S	C_3A	C_4AF
水化速率		快	慢	最快	快，仅次于C_3A
凝结硬化速率		快	慢	快	快
放热量		多	少	最多	中
强度	早期	高	低	低	低
	后期	高	高	低	低

水泥加水拌合形成塑性的流动浆体后，同时产生水化反应形成水化物并放出一定热量逐步“初凝”“终凝”而变成具有一定强度的坚硬的水泥石，这一过程称为“硬化”。硬化后的水泥石由凝胶晶体、毛细孔和未水化的水泥颗粒内核组成，具体成分有：水化硅酸钙、水化铁酸钙、水化铝酸钙、水化硫铝酸钙、氢氧化钙，前两者为凝胶状态，后三者为晶体状态。水化硅酸钙对水泥石强度和其他主要性质起主导作用。水泥石结构如图1-4所示。

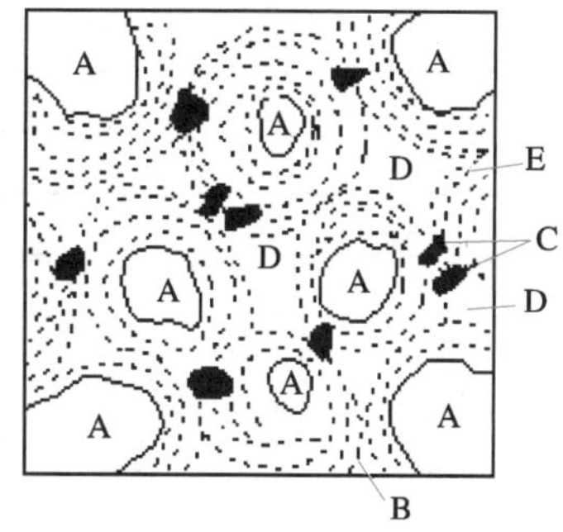

图 1-4　水泥石结构的示意图
A—未水化水泥颗粒；B—胶体粒子（C-S-H 等）；C—晶体粒子［Ca（OH)$_2$ 等］；D—毛细孔（毛细孔水）；E—凝胶孔

水泥石硬化过程的快慢，主要受熟料矿物组成中的铝酸三钙（C_3A）和硅酸三钙（C_3S）含量的影响，多则快，少则慢；此外，水泥颗粒细、养护环境的温湿度大，水泥石硬化的速度快；但拌合水过多，水泥石硬化速度则慢。

2. 水泥的主要技术性质

（1）细度

细度是指水泥颗粒粗细程度，它是影响水泥需水量、强度和安定性能的重要指标。水泥颗粒越细，与水反应的表面积越大，因而水化反应的速度越快，水泥石的早期强度越高，但硬化体的收缩也越大，且水泥在储运过程中易受潮而降低活性。因此水泥细度应适当，硅酸盐水泥的细度用透气式比表面仪器测定，要求其比表面积应大于 300m^2/kg。

（2）凝结时间

凝结时间是指水泥从加水开始到失去流动性，即从可塑状态发展到开始形成固体状态所需的时间，分为初凝和终凝。初凝时间是水泥加水拌合至水泥浆开始失去可塑性所需的时间，终凝时间是水泥加水拌合至水泥浆固结产生强度所需的时间。水泥的初凝不宜过早，以便在施工时有足够的时间完成混凝土或砂浆的搅拌、运输、浇捣和砌筑等操作；水泥终凝不宜过迟，以免拖延施工工期。《通用硅酸盐水泥》GB175—2007 规定，硅酸盐水泥初凝时间不得早于 45min，终凝时间不得迟于 390min。水泥凝结时间的测定由专门凝结时间测定仪进行。

（3）体积安定性

体积安定性是指水泥浆体硬化后体积变化的稳定性。如果体积变化是均匀的则安定性合格；否则体积安定性不良，其将导致水泥制品产生体积膨胀，并引起开裂。安定性不合格的水泥不能用于工程中。

引起安定性不良的主要原因是水泥中含有过多游离氧化钙（CaO）、游离氧化镁（MgO）或石膏掺量过多。因上述物质均在水泥硬化后开始或继续进行水化反应，其反应产物体积膨胀而使水泥石开裂。因此，《通用硅酸盐水泥》GB175—2007 规定，水泥熟料中游离氧化镁（MgO）含量不得超过 5.0%，三氧化硫（SO_3）含量不得超过 3.5%，用沸煮法检测必须合格。

（4）强度与强度等级

水泥强度是评定其力学性能的重要指标，其值取决于水泥熟料物质的组成和细度，还有其他如水胶比等因素也是确定水泥强度等级的依据。水泥强度用胶砂强度检测法，水泥与砂 1∶3，水胶比 0.5，按规定方法制成 40mm×40mm×160mm 试件，在标准温度（20±1℃）的水中养护，测定 3d、28d 的抗压强度和抗折强度作为划分硅酸盐水泥强度等级的依据，同时按照 3d 强度分为普通型和早强型（R）两种，且各龄期强度不得低于国家标准《通用硅酸盐水泥》GB 175—2007 中规定值（表 1-7）。

上述四项基本技术指标在水泥进场后必须进行检验和验收，明确产品的质量性能为合格品或降级使用或废品，以确保工程质量的可靠。

硅酸盐水泥的强度要求（GB 175—2007）（MPa） **表 1-7**

强度等级	抗压强度		抗折强度	
	3d	28d	3d	28d
42.5	≥17.0	≥42.5	≥3.5	≥6.5
42.5R	≥22.0		≥4.0	
52.5	≥23.0	≥52.5	≥4.0	≥7.0
52.5R	≥27.0		≥5.0	
62.5	≥28.0	≥62.5	≥5.0	≥8.0
62.5R	≥32.0		≥5.5	

注：R 为早强型。

3. 水泥石的腐蚀与防止

硬化后的水泥石，由于侵蚀性的介质和水泥石水化物之间物理化学作用，使水泥石结构逐渐遭受破坏，强度降低以致引起全部溃裂，这种现象称为水泥石的腐蚀。介质的腐蚀作用归纳起来主要有：

（1）软水腐蚀（溶出性侵蚀）

工业冷凝水、蒸馏水、天然的雨水、雪水以及含重碳酸盐很少的河水及湖水等均属于软水。当水泥石长期与这些水接触时，水泥石中的氢氧化钙[$Ca(OH)_2$]会被溶出。当水环境的硬度大（pH>7）时，就会含有较多的钙、镁等重碳酸盐，它们与 $Ca(OH)_2$ 反应生成不溶于水的碳酸钙、碳酸镁，沉积在水泥石表面的微孔内，形成密实的保护层，可防止溶出性腐蚀继续发生，否则，$Ca(OH)_2$ 就会继续溶出。

在有限的静水或无水压的水中，这种溶出会继续到周围水被溶出的 $Ca(OH)_2$ 饱和时逐渐停止，因溶出只限于表面，影响不大。当在流动水和有压力水的水中，溶出的 $Ca(OH)_2$ 就会不断地从水泥石中流失，伴随着碱度的下降，水泥石中的水化物也要分解溶出，使水泥石孔隙增大，强度下降，以致全部溃裂。

（2）盐类腐蚀

一些盐类可与水泥石中的氢氧化钙［$Ca(OH)_2$］发生反应生成新的化合物，这些新生成物引起体积膨胀或无胶凝性物质而使水泥石破坏。其中硫酸盐（钠、钾、铵等）引起的破坏最为广泛。硫酸盐和 $Ca(OH)_2$ 反应生成硫酸钙，继而与水泥石中水化铝酸钙作用，形成膨胀性的（高硫型）水化硫铝酸钙（钙钒石）使水泥石开裂。

在硫酸盐中，镁盐与 $Ca(OH)_2$ 反应生成松软无胶凝力的氢氧化镁［$Mg(OH)_2$］和易溶于水的氯化钙（$CaCl_2$）和硫酸钙（$CaSO_2 \cdot 2H_2O$），均能使水泥石强度降低而破坏。同时，尚未溶出的硫酸钙可与水泥石中的铝酸盐反应，引起膨胀破坏。硫酸镁对水泥石起着镁盐和硫酸盐的双重腐蚀作用。

（3）酸类腐蚀

硅酸盐水泥水化物为碱性，水泥石中 $Ca(OH)_2$ 遇到酸类或酸性水时会发生中和作用，生成易溶解或膨胀性的盐类，导致水泥石破坏。酸腐蚀分以下两种情况：

在含盐酸、硝酸、硫酸、碳酸等环境中，水泥石中的 $Ca(OH)_2$ 与酸反应生成可溶性钙盐，当环境中的酸浓度高时，水化硅酸钙也会与之反应生成硅酸，使水泥石结构遭到破坏。

在含有磷酸、酒石酸、草酸等环境中，因酸与水泥石中 $Ca(OH)_2$ 的反应生成不溶性钙盐，一般对水泥石的危害性较小，但有时也会引起强度下降。

（4）强碱腐蚀

碱类溶液在浓度不大时，一般对水泥石没有明显腐蚀作用，但铝酸盐含量较高的硅酸盐水泥在遇到强碱（NaOH、KOH）时，会与水泥石中未水化的铝酸钙作用，生成易溶的铝酸钠，使水泥石腐蚀。当水泥石被氢氧化钠溶液浸透后又在空气中干燥，与空气中的二氧化碳作用生成碳酸钠。碳酸钠在水泥石毛细孔中结晶沉积，可使水泥石胀裂。

上述四种腐蚀类型具有典型性，实际水泥石腐蚀往往是多种腐蚀介质同时作用同时存在且相互影响。但发生水泥石受腐蚀的基本原因是：水泥石中存在易受腐蚀的氢氧化钙和水化铝酸钙；水泥石本身不密实而使侵入性介质易于进入内部；外界因素的影响，如腐蚀介质的存在，环境温度、湿度、介质浓度的影响等。

根据上述腐蚀原因的分析，可采取下列防腐蚀的措施：

1）根据侵蚀环境的特点，合理选择水泥品种

选择水化物中氢氧化钙含量少的水泥，可以提高对软水等的侵蚀作用的抵抗力；为了抵抗硫酸盐腐蚀，可使用铝酸三钙含量低于5%的抗硫酸盐水泥等。

2）提高水泥石的密实度

为了提高水泥石的密实性，应该合理设计混凝土配合比，尽可能采用低水胶比和选择最优施工方法。此外，在水泥石表面进行碳化或氟硅酸处理，使之生成难溶的碳酸钙外壳或氟化钙及硅胶薄膜，以提高表面的密实度，也可减少侵蚀性介质的渗入。

3）加做保护层

用耐腐蚀的石料、陶瓷、沥青等覆盖于水泥石的表面，以防止腐蚀介质与水泥石直接接触。

4. 硅酸盐水泥的性能和应用范围

（1）优点

1）凝结硬化快，早期强度和后期强度高，主要用于地上、地下和水下重要结构以及早强要求较高的工程。

2）抗冻性好，适用于冬期施工和严寒地区遭受反复冻融工程。

3）抗碳化性好，其水化后 $Ca(OH)_2$ 含量较多，水泥石碱度不易降低，对钢筋的保护作用好，故适用于 CO_2 浓度高的工程。

（2）缺点

1）硅酸盐水泥水化时放出的热量大，不宜用于大体积混凝土工程。

2）硅酸盐水泥水化后含有较多的氢氧化钙，其水泥石抵抗软水侵蚀和抗化学腐蚀的能力差，不宜用于受流动的软水和有水压作用的工程，也不宜用于受海水和矿物水作用的工程。

3）不能用硅酸盐水泥配制耐热混凝土，也不宜用于耐热要求高的工程中。

5. 水泥的包装、标志、运输与贮存

（1）包装

水泥的包装分为散装或袋装。袋装水泥每袋净含量为50kg，且应不少于标志质量的99%，水泥包装袋应符合《水泥包装袋》GB 9774—2010 的规定。散装水泥是指不用包装，直接通过专用装备出厂、运输、贮存和使用的水泥。

袋装水泥生产工序复杂，人力、物力成本消耗较大，为了大力发展散装水泥，推进散装水泥进程，商务部、财政部、建设部、铁道部、交通部、质检局、环保总局颁布《散装

水泥管理办法》（〔2004〕第 5 号令），并专门设立了散装水泥专项基金。对建筑工程按每平方米预收 2 元专项资金；不能按建筑面积计算的工程，按工程建设概算水泥用量，每吨预收 3 元专项资金。

（2）标志

水泥包装袋上应清楚标明：执行标准、水泥品种、代号、强度等级、生产者名称、生产许可证标志（QS）及编号、出厂编号、包装日期、净含量。包装袋两侧应根据水泥的品种采用不同的颜色印刷水泥名称和强度等级，硅酸盐水泥和普通硅酸盐水泥采用红色；矿渣硅酸盐水泥采用绿色；火山灰质硅酸盐水泥、粉煤灰硅酸盐水泥和复合硅酸盐水泥采用黑色或蓝色。

散装发运时应提交与袋装标志相同内容的卡片。

（3）运输与贮存

水泥在运输与贮存时不得受潮和混入杂物，不同品种和强度等级的水泥在贮运中避免混杂。

1.3.2 掺有混合物的硅酸盐水泥

在硅酸盐水泥中掺加一定量的混合料，目的在于改善水泥的某些性能、调节水泥强度等级、节约水泥熟料、增加产量、降低成本、扩大水泥的使用范围。掺混合料的硅酸盐水泥可分为普通硅酸盐水泥（P·O)、矿渣硅酸盐水泥(P·S)、火山灰硅酸盐水泥（P·P)、粉煤灰硅酸盐水泥（P·F)、复合硅酸盐水泥(P·C)等。

根据所加矿物质材料的性质，混合材料可划分为活性混合材料和非活性混合材料。前者为具有火山灰性或潜在水硬性，或兼有火山灰性和潜在水硬性的矿物质材料（粒化高炉矿渣、火山灰质混合材料、粉煤灰等)，与石灰、石膏或硅酸盐水泥一起加水拌合后水化生成水硬性胶凝质的混合材料；后者混合料不具备上述的活性材料性能或活性甚低（如石灰石粉、磨细的块状高炉矿渣等)，掺入后仅起调节水泥强度、增加产量和降低水化热等作用。

1. 普通水泥

凡由硅酸盐水泥熟料（≥80%且<95%）和混合料（>5%且≤20%）、适量石膏磨细制成的水硬性胶凝材料称普通硅酸盐水泥（P·O)。

掺活性混合料时，最大掺量不得超过 20%，其中允许用不超过水泥质量 5%的窑灰或不超过水泥质量 8%的非活性混合材料代替。

普通硅酸盐水泥性能与同强度等级的硅酸盐水泥相近，使用范围也基本相同。

2. 矿渣硅酸盐水泥、火山灰质硅酸盐水泥、粉煤灰硅酸盐水泥

凡由硅酸盐水泥熟料（≥50%且<80%）和符合《用于水泥中的粒化高炉矿渣》GB/T 203—2008 的粒化高炉矿渣（>20%且≤50%)、适量石膏磨细制成的水硬性胶凝材料称矿渣硅酸盐水泥（P·S·A)。

凡由硅酸盐水泥熟料（≥30%且<50%）和符合《用于水泥中的粒化高炉矿渣》GB/T 203—2008 的粒化高炉矿渣（>50%且≤70%)、适量石膏磨细制成的水硬性胶凝材料称矿渣硅酸盐水泥（P·S·B)。

凡由硅酸盐水泥熟料（≥60%且<80%）和符合《用于水泥中的火山灰质混合材料》GB/T 2847—2005 的火山灰（>20%且≤40%）混合材料、适量石膏磨细制成的水硬性胶

凝材料称火山灰质硅酸盐水泥（P·P）。

凡由硅酸盐水泥熟料（≥60%且<80%）和符合《用于水泥和混凝土中的粉煤灰》GB/T 1596—2017 的粉煤灰（>20%且≤40%）、适量石膏磨细制成的水硬性胶凝材料称粉煤灰硅酸盐水泥（P·F）。

这三种水泥的强度要求参见表 1-8。

矿渣水泥、火山灰水泥及粉煤灰水泥的强度要求 GB 175—2007　**表 1-8**

强度等级	抗压强度（MPa）		抗折强度（MPa）	
	3d	28d	3d	28d
32.5	≥10.0	≥32.5	≥2.5	≥5.5
32.5R	≥15.0		≥3.5	
42.5	≥15.0	≥42.5	≥3.5	≥6.5
42.5R	≥19.0		≥4.0	
52.5	≥21.0	≥52.5	≥4.0	≥7.0
52.5R	≥23.0		≥4.5	

注：R 为早强型。

上述三种水泥与硅酸盐水泥或普通硅酸盐水泥相比，它们在使用上具有以下特点：

（1）凝结硬化速度较慢，早期强度较低，但后期强度增长较多，甚至超过同等级的硅酸盐水泥。故不宜用于有早期强度要求的工程中。

（2）水化放热速度慢，放热量低，故适用于大体积混凝土工程。

（3）温度灵敏性高，当温度达到 70℃以上时，硬化速度大大加快，强度发展快，故适用蒸汽养护。

（4）由于混合料水化时消耗了一部分氢氧化钙，混凝土中氢氧化钙含量减少，因此抗软水、抗硫酸盐腐蚀的能力较强，但它们的抗冻性和抗碳化能力较差。故适用于一般抗硫酸盐侵蚀的工程。

上述三种水泥在性能上具有各自特点：

（1）矿渣硅酸盐水泥保水性差，泌水性大，但耐热性好。

（2）火山灰质硅酸盐水泥保水性好，抗渗性好但耐热性较差，干缩性小，抗裂性好，配制的混凝土和易性好但不易水化，早期强度相对较低，但后期（三个月后）强度可赶上。

3. 复合硅酸盐水泥

由硅酸盐水泥熟料、两种或两种以上规定的混合料、适量石膏，经磨细制成的水硬性胶凝材料成为复合硅酸盐水泥（P·C）（简称复合水泥）。水泥中混合料总掺量，按质量百分比计应大于 20%，而不超过 50%。允许用不超过 8%的窑灰（符合《掺入水泥中的回转窑窑灰》JC/T 742—2009 的规定）代替部分混合料。

复合水泥水化热低，可用于大体积混凝土工程，但复合水泥的性能一般受所用混合料的种类、掺量及比例的影响，大体上其性能与矿渣硅酸盐水泥、火山灰质硅酸盐水泥及粉煤灰硅酸盐水泥相同。

普通硅酸盐水泥、矿渣硅酸盐水泥、火山灰质硅酸盐水泥、粉煤灰硅酸盐水泥和复合硅酸盐水泥初凝时间不小于 45min，终凝时间不大于 600min。

上述通用水泥的特性和选用原则列于表 1-9。

表 1-9

常用水泥的成分、特征及适用范围

名称	硅酸盐水泥	普通水泥	矿渣水泥	火山灰质水泥	粉煤灰水泥	复合水泥
成分	1. 水泥熟料及少量石膏（Ⅰ型） 2. 水泥熟料、5%以下混合材料、适量石膏（Ⅱ型）	在硅酸盐水泥中掺入活性混合材料5%～20%或非活性混合材料8%以下	1. 在硅酸盐水泥中掺入20%～50%的粒化高炉矿渣（P·S·A） 2. 在硅酸盐水泥中掺入50%～70%的粒化高炉矿渣（P·S·B）	在硅酸盐水泥中掺入20%～40%火山灰混合材料	在硅酸盐水泥中掺入20%～40%粉煤灰	在硅酸盐水泥中掺入20%～50%两种或两种以上规定混合材料
主要特征	1. 早期强度高 2. 水化热高 3. 耐冻性好 4. 耐热性差 5. 耐腐蚀性差 6. 干缩性较小	1. 早期强度高 2. 水化热高 3. 耐冻性较好 4. 耐热性较差 5. 耐腐蚀性较差 6. 干缩性较小	1. 早期强度低，后期强度增长较快 2. 水化热较低 3. 耐热性较好 4. 耐腐蚀性较好 5. 抗冻性较差 6. 干缩性较大 7. 抗渗性差 8. 抗碳化能力差	1. 早期强度低，后期强度增长较快 2. 水化热较低 3. 耐热性较差 4. 耐腐蚀性较好 5. 抗冻性较差 6. 干缩性大 7. 抗渗性较好 8. 抗碳化能力差	1. 早期强度低，后期强度增长较快 2. 水化热较低 3. 耐热性较差 4. 耐腐蚀性较差 5. 抗冻性较差 6. 干缩性较水 7. 抗裂性好 8. 抗碳化能力较差	1. 早期强度较高 2. 其他性能同矿渣水泥
适用范围	1. 地上地下及水中混凝土、钢筋混凝土及预应力混凝土结构，包括受循环冻融的结构及早期强度要求较高的工程等 2. 配置建筑砂浆	与硅酸盐水泥基本相同	1. 大体积混凝土工程 2. 高温车间和有耐热耐火要求的混凝土结构 3. 蒸汽养护的构件 4. 一般地上、地下和水中的混凝土及钢筋混凝土结构 5. 耐腐蚀要求高的工程 6. 配制建筑砂浆	1. 地下、水中大体积混凝土结构 2. 有抗渗要求的工程 3. 蒸汽养护的构件 4. 有抗硫酸盐侵蚀要求的工程 5. 一般混凝土及钢筋混凝土工程 6. 配制建筑砂浆	1. 地上、地下、水中和大体积混凝土工程 2. 蒸汽养护工程 3. 抗裂性要求较高的构件 4. 有抗硫酸盐侵蚀要求的工程 5. 一般混凝土工程 6. 配制建筑砂浆	可参照矿渣水泥、火山灰质水泥、粉煤灰水泥，但其性能受所用混合材料性能的影响，使用时应针对工程的性质加以选用
不适用工程	1. 大体积混凝土工程 2. 受化学及海水侵蚀的工程 3. 耐热要求高的工程 4. 有流动水及压力水作用的工程	同硅酸盐水泥	1. 早期强度要求较高的混凝土工程 2. 有抗冻性要求的混凝土工程	1. 早期强度要求较高的混凝土工程 2. 有抗冻性要求的混凝土工程 3. 干燥环境的混凝土工程 4. 耐磨性要求较高的工程	1. 早期强度要求较高的混凝土工程 2. 有抗冻性要求的混凝土工程 3. 有抗碳化要求的工程	

1.4 混 凝 土

1.4.1 定义、分类

混凝土通常是由胶凝材料（胶结料）、粗细骨料（或称集料）、水及其他材料，按适当比例拌合配制并经一定时间硬化而成的具有所需的形体、强度和耐久性的人造石材。

即：胶凝材料＋粒状材料＋水＋其他外加材料（外加剂、混合材料）→硬化的人工石材。

水泥混凝土（Cement Concrete）简称混凝土，是以水泥为胶凝材料、砂石为骨料拌制而成的混凝土，即：水泥＋砂＋石＋水＋外加剂（或混合材料）→混凝土（砼）。水泥混凝土是现代土木工程最主要的结构材料。

混凝土可按其体积密度、所用胶结材料、用途、强度等级等进行分类。

1. 按体积密度分类

（1）重混凝土　其体积密度≥2800kg/m^3，由密度很大的重骨料（如重晶石、铁矿石、钢屑等）和重水泥（如钡水泥、锶水泥等）配制而成，作为防射线的屏蔽结构材料。

（2）普通混凝土　其体积密度为 2000～2800kg/m^3，由普通天然砂、石为骨料配制而成，作为各种工程结构的承重材料。

（3）轻混凝土　其体积密度＜1950kg/m^3，由轻质多孔的骨料（如陶粒、煤矸石、浮石等）配制而成或由加气剂代替骨料制成的多孔混凝土，作为轻质结构材料或保温隔热材料。

2. 按所用胶结材料分类

可分为水泥混凝土、沥青混凝土、水玻璃混凝土、聚合物混凝土等，其中以水泥混凝土，即普通混凝土最常用。

3. 按用途分类

可分为结构混凝土、装饰混凝土、防水混凝土、道路混凝土、耐酸混凝土、耐热混凝土、防辐射混凝土等。

4. 按强度等级分类

可分为低强度混凝土（抗压强度 $f_{cu,k}\leqslant 30$MPa）、中强度混凝土（抗压强度 $f_{cu,k}=30\sim60$MPa）、高强度混凝土（抗压强度 $f_{cu,k}=60\sim100$MPa）、超高强度混凝土（抗压强度 $f_{cu,k}>100$MPa）。

5. 按生产和施工方法分类

可分为普通浇筑混凝土、预拌混凝土、泵送混凝土、喷射混凝土、压力灌浆混凝土等。

1.4.2 普通混凝土

1. 组成与材料要求

普通混凝土的基本组成材料是水泥、水、砂和石子，另外还常掺入适量的掺合物和外加剂。水泥和水形成的水泥浆，包裹在砂粒表面并填充砂粒间的空隙而形成水泥砂浆，水泥砂浆又包裹石子，并填充石子间的空隙而形成混凝土。各成分的作用：①水泥浆能充填砂的空隙，起润滑作用，赋予混凝土拌合物一定的流动性；②水泥砂浆能充填石子的空

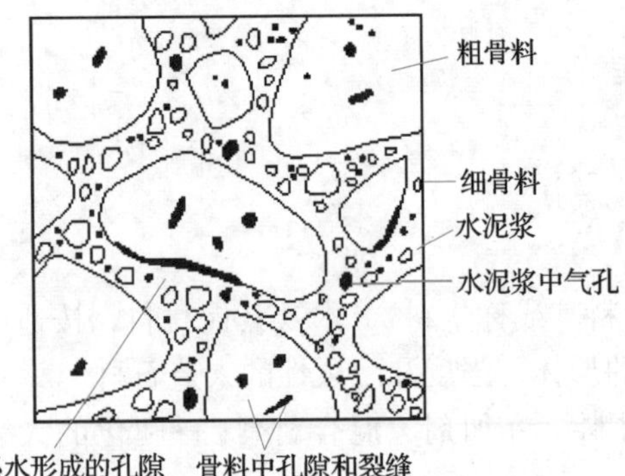

图 1-5　混凝土内部结构示意

隙，起润滑作用，也能流动；③水泥浆在混凝土硬化后起胶结作用，将砂石胶结成整体，产生强度，成为坚硬的水泥石（图 1-5）。

由上可知，在混凝土硬化前，水泥浆起润滑作用，赋予混凝土拌合物一定的流动，便于施工。水泥浆硬化后起胶结作用，将砂石骨料胶结成整体，产生强度，成为坚硬的水泥石。

（1）水泥

水泥品种应根据工程性质与特点、工程所处环境及施工条件，依据各种水泥的特性，合理选择（参见表 1-9）。水泥强度等级应与混凝土设计强度等级相适应，即配制高强度等级混凝土选用高强度等级水泥，低强度等级混凝土选用低强度等级水泥。通常以水泥强度等级（MPa）为混凝土强度等级（MPa）的 1.5～2.0 倍为宜，对于强度等级大于 C30 的混凝土可取 0.9～1.5 倍。

（2）细骨料（砂）

粒径在 0.15～4.75mm 之间的岩石颗粒称为细骨料，主要有天然砂与人工砂两类。天然砂是由自然风化、水流搬运和分选、堆积形成的粒径小于 4.75mm 的岩石颗粒。按其产源不同可分为河砂、湖砂、山砂和淡化海砂。河砂和海砂颗粒表面比较圆滑、洁净，质地坚硬且产源较广，但海砂中常含有碎贝壳和可溶性盐类有害物质，不利于混凝土强度与耐久性。山砂颗粒多呈棱角，表面粗糙，砂中含泥量及有机质等有害杂质较多。人工砂是由岩石机械破碎、筛分制成的粒径小于 4.75mm 的岩石颗粒，其颗粒尖锐、有棱角、较洁净，但片状颗粒及细粉含量较多，且成本高。故工程中常采用河砂配制混凝土。

混凝土用砂要求质地坚实、清洁、有害杂质含量少，其含泥量和有害物质含量不得超过国家标准《建筑用砂》GB/T 14684—2011 中规定值。

砂按细度模数（M_x）大小分为粗砂（M_x=3.1～3.7）、中砂（M_x=2.3～3.0）、细砂（M_x=1.6～2.2）等几种。在相同砂用量条件下，粗砂的总表面积比细砂小，则所需要包裹砂粒表面的水泥浆少。因此，用粗砂配制混凝土比用细砂节省水泥量。其次，大小不同的颗粒要合理搭配，以减少砂粒之间的空隙，节省水泥和提高混凝土的密实度和强度。

砂的粗细程度及颗粒级配，常用筛分析（方孔孔径为 9.50mm、4.75mm、2.36mm、1.18mm、600μm、300μm、150μm 七个标准筛，将 500g 干砂试样由粗到细依次过筛，称量余留在各筛上的砂量）的方法进行测定。砂的粗细程度用细度模数表示，颗粒级配用级配区表示。

（3）粗骨料（卵石、碎石）

粗骨料为粒径>4.75mm 的岩石颗粒，分为卵石和碎石两类。卵石（砾石）包括河卵石、海卵石、山卵石等，其中河卵石应用较多。碎石大多由天然岩石经破碎筛分而成。

粗骨料的质量要求，含泥量和有害物质的含量应符合《建设用卵石、碎石》GB/T 14685—2011 中的规定。

混凝土用粗骨料的最大粒径的选用原则：质量相同的石子，粒径越大，总表面积越小，越节约水泥，故尽量选用大粒径石子。同时应综合考虑以下几点：

1）结构上考虑，粗骨料最大粒径不得大于结构截面最小尺寸的 1/4，同时不得大于钢筋最小净距的 3/4；对混凝土空心板，可允许采用最大粒径达 1/2 板厚的骨料，但最大粒径不得超过 50mm。

2）从施工方面考虑，根据搅拌、运输、振捣方式，选择合适的粒径。对泵送混凝土，碎石最大粒径与输送管内径之比，宜小于或等于 1∶3；卵石宜小于或等于 1∶2.5。

3）从经济上考虑，粒径越大，水泥用量越小。当最大粒径小于 80mm 时，节约效果显著，粒径再大，节约效果不明显。故一般取粒径小于 80mm。

良好的骨料颗粒级配可减小孔隙率，节约水泥，提高密实度及良好的工作性。粗骨料的级配也是通过筛分试验来确定，其方孔标准筛为孔径 2.36mm、4.75mm、9.50mm、16mm、19mm、26.5mm、31.5mm、37.5mm、53.0mm、63.0mm、75.0mm 及 90mm 共十二个筛孔。粗骨料的级配有连续级配和间断级配两种。连续级配配制的混凝土拌合物和易性好，不易发生离析现象，目前应用较为广泛。

（4）混凝土用水

混凝土用水是混凝土拌合用水和混凝土养护用水的总称。对混凝土用水的质量要求是：不影响混凝土的凝结和硬化；无损于混凝土强度的发展及耐久性；不加快钢筋锈蚀；不引起预应力钢筋脆断；不污染混凝土表面。因此《混凝土用水标准》JGJ 63-2006 对混凝土用水提出了具体的质量要求。

配制混凝土的拌合水和养护水一般使用生活饮用水，而不含有影响水泥凝结和硬化的有害物质或油脂糖类；不允许使用污水、酸性水、海水、硫酸盐超过 1%的水；地表水和地下水，须按《混凝土用水标准》JCJ 63-2006 检验合格后才能使用。

（5）外加剂

混凝土外加剂是混凝土中除胶凝材料、骨料、水和纤维组分以外，在混凝土拌制之前或拌制过程中加入的，用以改善新拌混凝土和（或）硬化混凝土性能，对人、生物及环境安全无有害影响的材料。《混凝土外加剂术语》GB/T 8075—2017 规定，混凝土外加剂按其主要使用功能分为四类：

1）改善混凝土拌合物流变性能的外加剂，如各种减水剂和泵送剂等；

2）调节混凝土凝结时间、硬化过程的外加剂，如缓凝剂、早强剂、促凝剂和速凝剂等；

3）改善混凝土耐久性的外加剂，如引气剂、防水剂和阻锈剂等；

4）改善混凝土其他性能的外加剂，如膨胀剂、防冻剂和着色剂等。

目前，在工程中常用的外加剂有减水剂［指混凝土坍落度基本相同的条件下，能显著减少混凝土拌合水量的外加剂，包括普通减水剂（WR）、高效减水剂（HWR）、高性能减水剂（HPWR）］、泵送剂（PA）（指能改善混凝土拌合物泵送性能的外加剂，它由减水剂、调凝剂、润滑剂等多种成分复合而成）、早强剂（Ac）（指能加速混凝土早期强度发展的外加剂）、缓凝剂（Re）（指能延长混凝土凝结时间的外加剂）、引气剂（AE）（指能通过物理作用引入均匀分布、稳定而封闭的微小气泡，且能将气泡保留在硬化混凝土中的外加剂）等。

外加剂的品种应根据工程设计和施工要求选择，其次是外加剂掺入量和掺入程序的确定，最后应使用工程原材料，通过试验技术经济比较后确定。

2. 混凝土的主要技术性质

（1）混凝土拌合物的和易性

和易性指正常的施工条件下，混凝土拌合物便于各工序施工操作（搅拌、运输、浇筑、捣实），并获得质量均匀、成型密实的混凝土的性能。和易性是一项综合技术性能，包括以下三方面的性质：

流动性。指混凝土拌合物在自重或机械振捣作用下，能产生流动并均匀密实地充满模板的性能。流动性的大小，反映拌合物的稀稠程度。

黏聚性。指混凝土拌合物内部组分间具有一定的黏聚力，在运输和浇筑过程中不致发生离析分层现象，而使混凝土能保持整体均匀的性能。

保水性。指混凝土拌合物具有一定的保持内部水分的能力，在施工过程中不致产生严重的泌水现象。

混凝土拌合物的流动性、黏聚性、保水性，三者之间是相互关联又相互矛盾的。流动性很大时，往往黏聚性和保水性差。反之亦然。黏聚性好，一般保水性较好。因此，所谓的拌合物和易性良好，就是使这三方面的性能，在某种具体条件下得到统一，达到均为良好的状况。

我国现行标准《普通混凝土拌合物性能试验方法标准》GB/T 50080—2016 规定，用坍落度（图 1-6）和维勃稠度来测定混凝土拌合物的流动性，并辅以直观经验来评定黏聚性和保水性。混凝土浇筑时的坍落度参见表 1-10。

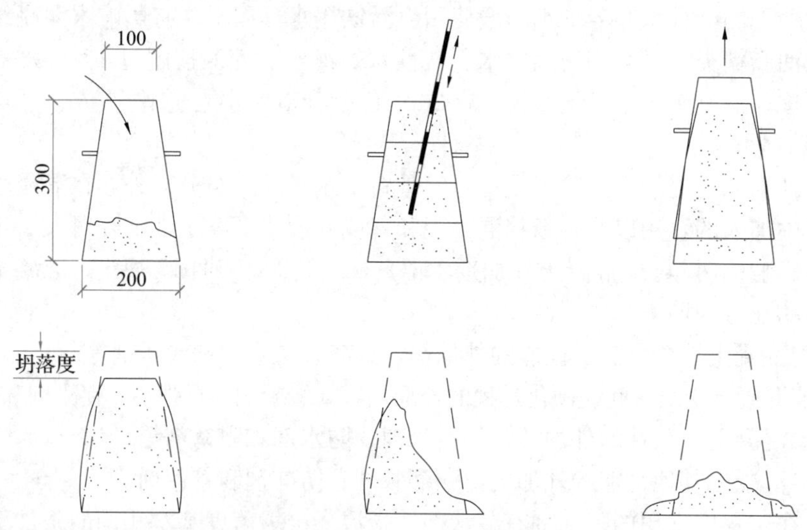

图 1-6　混凝土拌合物坍落度的测定

混凝土浇筑时的坍落度 GB 50204—2015　　**表 1-10**

项目	结构种类	坍落度（mm）
1	基础或地面等的垫层、无筋的厚大结构或配筋稀疏的结构构件	10～30
2	板、梁和中型截面的柱子等	30～50
3	配筋密列的结构（薄壁、筒仓、细柱等）	50～70
4	配筋特密的结构	70～90

影响混凝土拌合物和易性的主要因素有：

1）水泥浆的数量　在水胶比保持不变的情况下，水泥浆越多，流动性越好，反之则差；但水泥浆用量过多，黏聚性及保水性变差，对强度及耐久性产生不利影响。

2）水泥浆的稠度　在水泥用量不变的情况下，水胶比小，水泥浆稠，流动性小，而保水性和黏聚性较好，但成型难以密实；水胶比大，情况则相反。

3）砂率　所谓砂率指混凝土拌合物中砂的用量占砂石总用量的百分率，用以表示砂、石两者的相对使用用量。砂率偏大或偏小都降低混凝土拌合物的流动性。为此需要通过试验找出一合理砂率值，在此合理砂率下混凝土拌合物在水胶比一定时，都能获得所要求的流动性，且保持良好的黏聚性和保水性，相应的水泥用量也最少。图 1-7 和图 1-8 分别表示砂率与坍落度、水泥用量的关系。

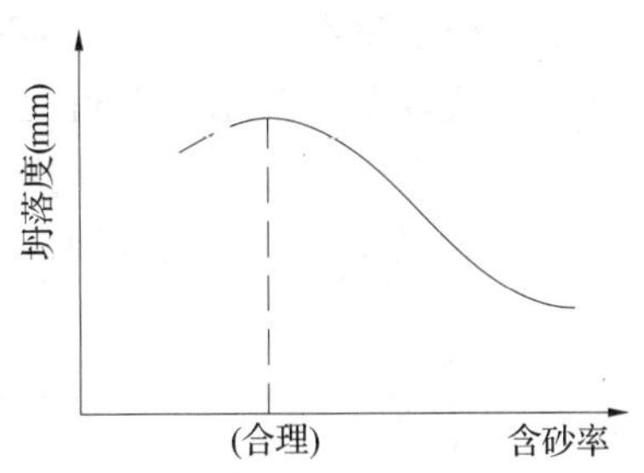

图 1-7　砂率与坍落度的关系
（水与水泥用量一定）

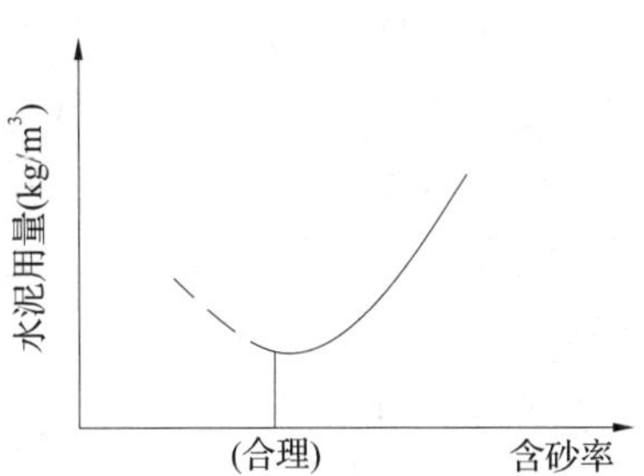

图 1-8　砂率与水泥用量的关系
（达到相同的坍落度）

（2）硬化混凝土的强度

强度是混凝土最重要的力学性质，有抗压、抗拉、抗弯、抗剪等多种强度指标，其中以抗压强度最大，抗拉强度最小（约为前者 1/20～1/10）。因此在结构工程中混凝土主要用于承受压力。

为了正确进行设计和控制工程的质量，根据混凝土立方体抗压强度标准值将混凝土划分为不同的强度等级。混凝土强度等级，系指按标准方法制作养护边长为 150mm 的立方体试件，在 28d 龄期，用规定的试验方法测得的具有 95%保证率的抗压强度（MPa）。结构用混凝土强度等级 C15、C20、C25、C30、C35、C40、C45、C50、C55、C60、C65、C70、C75、C80 十四个级别，分别表示混凝土立方体抗压强度标准值为 15MPa、20MPa、25MPa、30MPa、35MPa、40MPa、45MPa、50MPa、55MPa、60MPa、65MPa、70MPa、75MPa 和 80MPa。

按国家现行标准，除混凝土立方体抗压强度（强度等级）外，还有混凝土轴心抗压强度和混凝土轴心抗拉强度两类，详见第 3 章 3.2 节。

提高混凝土强度的措施：

1）采用高强度等级水泥或早强型水泥；

2）采用低水胶比的干硬性混凝土；

3）采用湿热处理——蒸汽养护和蒸压养护混凝土；

4）掺加混凝土外加剂（早强剂、减水剂）、掺合料（如硅粉、优质粉煤灰、超细磨矿渣等）；

5）采用机械搅拌和振捣。

（3）混凝土的耐久性

混凝土抵抗介质作用并长期保持其良好的使用性能和外观完整性，从而维持混凝土结构的安全、正常使用的能力称为混凝土的耐久性。耐久性是一个综合性的指标，包括抗渗性、抗冻性、抗腐蚀、抗碳化性、抗磨性、抗碱—骨料反应及混凝土中的钢筋耐锈蚀等性能。

抗渗性指混凝土抵抗有压介质（水、油、溶液等）渗透作用的能力。用抗渗等级表示。抗渗等级 P4、P6、P8、P10、P12 五个等级，分别表示混凝土能抵抗 0.4MPa、0.6MPa、0.8MPa、1.0MPa、1.2MPa 的静水压力而不渗透。抗冻性是指混凝土在饱和水状态下，能经受多次冻融循环而不破坏，同时也不严重降低所具有性能的能力。用抗冻等级表示。抗冻等级 F10、F15、F25、F50、F100、F150、F200、F250、F300 九个等级，分别表示混凝土能承受最大冻融循环次数不小于 10、15、25、50、100、150、200、250 和 300 次。抗腐蚀是指混凝土处于侵蚀性介质环境中必须具备的抗腐蚀的性能，其机理参见前述的水泥。研究表明，通过降低水胶比，选用良好的骨料级配，成型时进行充分振捣和养护以及掺加引气剂等，可提高混凝土的密实度，改善混凝土中孔隙结构，减少连通孔隙，形成封闭孔隙，从而改善混凝土的抗渗、抗冻、抗侵蚀性能。此外，抗侵蚀性能尚与所用的水泥品种有关。

混凝土碳化是指混凝土内水泥石中 $Ca(OH)_2$ 与空气中的 CO_2 发生化学反应，生成 $CaCO_3$ 和水，从而降低混凝土的碱度，减弱对钢筋的保护作用，降低了钢筋与混凝土的粘结力。此外，碳化会增加混凝土的收缩，降低混凝土的抗拉、抗折强度及抗渗能力。所以，减少碳化作用对延长钢筋混凝土构件的使用寿命是重要的。从材料的角度，应合理选用水泥品种；使用减水剂，提高混凝土的密实度；采用水胶比小，单位水泥用量较大的混凝土配合比；在混凝土表面涂刷保护层，防止 CO_2 侵入等；同时，加强施工质量控制，加强养护，保证振捣质量。

混凝土的密实性是影响耐久性的主要因素，其次是原材料的性质、施工质量等。提高混凝土耐久性的措施：

1）合理选择水泥品种，根据混凝土工程的特点和所处的环境条件，参照表 1-9 选用水泥。

2）控制混凝土水胶比和水泥用量，是保证混凝土密实性并提高混凝土耐久性的关键。《普通混凝土配合比设计规程》JGJ 55—2011 规定了工业与民用建筑所用混凝土的最大水胶比和最小胶凝材料用量的限值，见表 1-11。

混凝土最大水胶比和最小胶凝材料用量 JGJ 55—2011　　**表 1-11**

环境等级	最大水胶比（W/B）			最小胶凝材料用量（kg）		
	素混凝土	钢筋混凝土	预应力混凝土	素混凝土	钢筋混凝土	预应力混凝土
一	不作规定	0.60	0.55	250	280	300
二 a	0.65	0.55	0.55	280	300	300
二 b	0.50（0.55）	0.50（0.55）	0.50（0.55）	320（280）	320（300）	320（300）
三 a	0.45（0.50）	0.45（0.50）	0.45（0.50）	330（320）	330（320）	330（320）
三 b	0.40	0.40	0.40	330	330	330

注：1. 处于严寒和寒冷地区二 b、三 a 类环境中的混凝土应使用引气剂，并可采用括号中的有关数值。
2. 配置 C15 级混凝土，可不受本表限制。

3）选用质量良好、级配合格的砂石骨料。

4）掺入减水剂或引气剂，改善混凝土的孔结构，对提高混凝土抗渗性和抗冻性有良好的作用。

5）改善施工操作，保证混凝土的施工质量。

1.4.3　混凝土配合比设计

混凝土配合比设计是具体确定 $1m^3$ 混凝土内各组成材料用量之间的比例关系。通过配合比设计，混凝土硬化后应达到工程所要求的强度等级和耐久性；混凝土拌合物具有良好的和易性；做到合理使用材料，节约水泥、降低成本。

配合比设计步骤为：

1. 确定配制强度（$f_{cu,0}$）

为了使混凝土的强度保证率达到95%的要求，在进行配合比设计时，必须使混凝土的配制强度（$f_{cu,0}$）高于设计要求的强度标准值（$f_{cu,k}$）。

当混凝土设计强度等级<C60时，配制强度按下式计算：

$$f_{cu,0} \geqslant f_{cu,k} + 1.645\sigma \tag{1-19a}$$

当混凝土设计强度等级≥C60时，配制强度按下式计算：

$$f_{cu,0} \geqslant 1.15 f_{cu,k} \tag{1-19b}$$

式中　1.645——保证率为95%时的保证系数；

σ——混凝土强度标准差（MPa）。

当具有近期（1～3个月）同一品种、同一强度等级混凝土强度资料时，混凝土强度标准差按统计算得，当 $f_{cu,k}$<C30时，σ 计算值≥3.0MPa，应按计算值取用；当 σ 计算值<3.0MPa，σ 应按3.0MPa取用。当C30< $f_{cu,k}$ ≤C60时，σ 计算值≥4.0MPa，应按计算值取用；当 σ 计算值<4.0MPa，σ 应按4.0MPa取用。

当没有近期同一品种、同一强度等级混凝土强度资料时，混凝土强度标准差可按表1-12取用。

混凝土强度标准差（σ）取值 JGJ 55—2011　　**表1-12**

混凝土强度标准值	≤C20	C25～C45	C50～C55
σ（MPa）	4.0	5.0	6.0

2. 初步确定水胶比（W/B）

根据工程中大量的试验结果，在常用水胶比0.40～0.80范围内，混凝土强度与水泥强度、水胶比之间的关系可用下列经验公式表达：

$$f_{cu} = \alpha_a \cdot f_b\left(\frac{B}{W} - \alpha_b\right) \tag{1-20}$$

式中　f_{cu}——混凝土28d立方体抗压强度（MPa）；

f_b——胶凝材料（水泥与矿物掺量按使用比例混合）28d胶砂强度（MPa）；

B/W——胶水比；

α_a、α_b——回归系数，应根据工程所使用的水泥、骨料，通过试验由建立的水胶比与混凝土强度关系确定。当不具备上述统计资料时，回归系数可按表1-13采用。

回归系数 α_a 和 α_b 选用表 JGJ 55—2011　　**表 1-13**

系数＼粗骨料品种	碎　石	卵　石
α_a	0.53	0.49
α_b	0.20	0.13

设 $f_{cu,0}=f_{cu}$，则式（1-20）整理得：

$$W/B=\frac{\alpha_a f_b}{f_{cu,0}+\alpha_a\alpha_b f_b} \tag{1-21}$$

为保证混凝土的耐久性，按上式算得水胶比不得大于表 1-11 或附表 2-1（2）所规定的最大水胶比值。如计算所得的水胶比大于规定的最大水胶比值，应取规定的水胶比值。

3. 确定 $1m^3$ 混凝土的用水量（m_{w0}）

每立方米混凝土用水量，应符合下列规定：

（1）干硬性和塑性混凝土用水量的确定

水胶比在 0.40～0.80 范围时，根据粗骨料的品种、粒径及施工要求的混凝土拌合物稠度，其用水量可按表 1-14 选取。

干硬性混凝土的用水量（kg/m^3）JGJ 55—2011　　**表 1-14**

拌合物稠度		卵石最大公称粒径（mm）			碎石最大公称粒径（mm）		
项目	指标	10.0	20.0	40.0	16.0	20.0	40.0
维勃稠度（s）	16～20	175	160	145	180	170	155
	11～15	180	165	150	185	175	160
	5～10	185	170	155	190	180	165

注：水胶比小于 0.4 的混凝土及特殊工艺成型的混凝土用水量，应通过试验确定。

（2）流动性和大流动性混凝土的用水量

以表 1-15 中坍落度 90mm 的用水量为基础，按坍落度每增大 20mm，用水量增加 5kg，计算出未掺外加剂时混凝土用水量。

掺外加剂时的混凝土用水量按下式计算：

$$m_{w0}=m'_{w0}(1-\beta) \tag{1-22}$$

式中　m_{w0}——掺外加剂时，$1m^3$ 混凝土的用水量（kg）；

m'_{w0}——未掺外加剂时，$1m^3$ 混凝土的用水量（kg）；

β——外加剂的减水率（%），应经混凝土试验确定。

塑性混凝土的用水量（kg/m^3）JGJ 55—2011　　**表 1-15**

拌合物稠度		卵石最大公称粒径（mm）				碎石最大公称粒径（mm）			
项目	指标	10.0	20.0	31.5	40.0	16.0	20.0	31.5	40.0
坍落度（mm）	10～30	190	170	160	150	200	185	175	165
	35～50	200	180	170	160	210	195	185	175
	55～70	210	190	180	170	220	205	195	185
	75～90	215	195	185	175	230	215	205	195

注：1. 本表用水量系采用中砂时的平均取值。采用细砂时，每 $1m^3$ 混凝土用水量可增加 5～10kg；采用粗砂时，则可减少 5～10kg。

2. 掺用矿物掺合料和外加剂时，用水量应相应调整。

4. 确定 $1m^3$ 混凝土的胶凝材料用量（m_{b0}）

$$m_{b0} = \frac{m_{w0}}{W/B} \tag{1-23}$$

为保证混凝土的耐久性，由式（1-23）计算得出的胶凝材料用量还应满足表 1-11 的规定。

5. 确定 $1m^3$ 混凝土中外加剂用量（m_{a0}）

$$m_{a0} = m_{b0}\beta_a \tag{1-24}$$

式中　m_{a0}——每立方米混凝土中外加剂的用量（kg）；

β_a——外加剂掺量（%），应经混凝土试验确定。

6. 确定 $1m^3$ 混凝土矿物掺合料的用量（m_{f0}）

$$m_{f0} = m_{b0}\beta_f \tag{1-25}$$

式中　β_f——计算水胶比过程中确定的矿物掺合料掺量（%）。

7. 确定 $1m^3$ 混凝土水泥的用量（m_{c0}）

$$m_{c0} = m_{b0} - m_{f0} \tag{1-26}$$

为保证混凝土的耐久性，由式（1-26）计算得出的水泥用量应满足附表 2-1（2）规定的最小水泥用量的要求。如计算得出的水泥用量少于规定的水泥用量，则应取规定的最小水泥量值。

8. 选取合理砂率值（β_s）

应根据混凝土拌合物的和易性，通过试验求出合理砂率。无资料，坍落度为 10～60mm 的混凝土砂率可根据骨料种类、规定、规格和水胶比，按表 1-16 选取砂率。

砂率 β_s（%）按下式计算：

$$\beta_s = \frac{m_{s0}}{m_{s0} + m_{g0}} \times 100\% \tag{1-27}$$

式中　m_{g0}——每立方米混凝土的粗骨料用量（kg）；

m_{s0}——每立方米混凝土的细骨料用量（kg）。

混凝土砂率选用表（%）JGJ 55—2011　　**表 1-16**

水胶比（W/B）	卵石最大公称粒径（mm）			碎石最大公称粒径（mm）		
	10.0	20.0	40.0	16.0	20.0	40.0
0.40	26～32	25～31	24～30	30～35	29～34	27～32
0.50	30～35	29～34	28～33	33～38	32～37	30～35
0.60	33～38	32～37	31～36	36～41	35～40	33～38
0.70	36～41	35～40	34～39	39～44	38～43	36～41

注：1. 本表数值系中砂的选用砂率，对细砂或粗砂，可相应地减少或增大砂率。
2. 对坍落度大于 60mm 的混凝土，可经试验确定，也可在上表的基础上，按坍落度每增大 20mm，砂率增大 1%的幅度予以调整；坍落度小于 10mm 的混凝土，其砂率应经试验确定。
3. 采用人工砂配制混凝土时，砂率可适当增大。
4. 只用一个单粒级粗骨料配制混凝土时，砂率应适当增大。

9. 计算粗、细骨料的用量（m_{g0} 及 m_{s0}）

（1）体积法

假定混凝土拌合物的体积（$1m^3$ 或 1000L）等于各组成材料绝对体积与拌合物中所含

空气体积之和。按照质量与体积的关系，可列出下列方程：

$$\frac{m_{c0}}{\rho_c}+\frac{m_{f0}}{\rho_f}+\frac{m_{g0}}{\rho_g}+\frac{m_{s0}}{\rho_s}+\frac{m_{w0}}{\rho_w}+0.01\alpha=1.0 \tag{1-28}$$

式中 m_{c0}、m_{f0}、m_{g0}、m_{s0}、m_{w0}——$1m^3$混凝土所用水泥、矿物掺合料、粗骨料、细骨料和水的用量（kg/m^3）；

ρ_c——水泥密度（kg/m^3），应按《水泥密度测定方法》GB/T 208—2014测定，也可取2900～3100 kg/m^3；

ρ_f——矿物掺合料密度（kg/m^3），应按《水泥密度测定方法》GB/T 208—2014测定；

ρ_g、ρ_s——粗、细骨料的表观密度（kg/m^3），应按《普通混凝土用砂、石质量及检验方法标准》JGJ 52—2006测定；

ρ_w——水的密度（kg/m^3），可取1000kg/m^3；

α——混凝土含气量百分数，在不使用引气剂时，α可取1.0。

解方程组（式1-27、式1-28），即可求出$1m^3$混凝土拌合物中m_{g0}及m_{s0}。

（2）质量法（表观密度法）

当混凝土所用的材料比较稳定时，其所配的混凝土，其表观密度接近一定值，为此假定$1m^3$混凝土拌合物的质量值（m_{cp}）等于各材料用量之和，即

$$m_{f0}+m_{c0}+m_{w0}+m_{s0}+m_{g0}=m_{cp} \tag{1-29}$$

式中 m_{cp}——$1m^3$混凝土拌合物的假定质量（kg/m^3），其值可取2350～2450kg/m^3。

解方程组（式1-27、式1-29），即可求出$1m^3$混凝土拌合物中m_{g0}及m_{s0}。

10. 配合比的试配

按以上初步计算的配合比，必须通过试拌调整，直到混凝土拌合物的和易性符合要求为止，然后提出供检验强度的基准配合比。

按初步计算的配合比，称取实际工程中使用的材料，进行试拌。混凝土的搅拌方法，应与生产时使用方法相同。当所用骨料粒径$D_{max}\leqslant 31.5mm$时，试配的最小搅拌的混合物为20L；当骨料最大公称粒径$D_{max}=40mm$，试配的最小搅拌的混合物量为25L。混凝土搅拌均匀后，检查拌合物的性能。当试拌出的拌合物坍落度或维勃稠度不能满足要求，或黏聚性和保水性不良时，应在水胶比不变下，相应调整用水量和砂率，直到符合要求为止。提出供检验强度用的基准配合比。

进行混凝土强度检验时，应至少采用三个不同配合比，其一为基准配合比，另外两个配合比的水胶比宜较基准配合比分别增加或减少0.05，而其用水量与基准配合比相同，砂率可分别增加或减少1%。每种配合比制作一组（三块）试件，并经标准养护到28d时试压（在制作混凝土试块时，尚需检验混凝土拌合物的和易性及测定体积密度，并以此结果作为代表这一配合比的混凝土拌合物的性能值）。

11. 配合比的调整和确定

（1）配合比的调整

在试配的基础上，进行混凝土强度试验，得出强度与水胶比的线性关系，并用图解法

或插值法求出略大于配制强度的强度对应的胶水比，包括混凝土强度试验中的一个满足配制强度的胶水比。

用水量（m_w）应在试拌的配合比用水量的基础上，根据混凝土强度试验时实测的拌合物性能情况做适当调整。

胶凝材料用量（m_b）以用水量（m_w）乘以图解法或插值法求出的胶水比计算得出。

粗骨料和细骨料用量（m_g 和 m_s）应在用水量和胶凝材料用量调整的基础上，进行相应调整。

（2）配合比的校正

根据上述调整后的配合比按下式计算混凝土拌合物的表观密度计算值 $\rho_{c,c}$：

$$\rho_{c,c} = m_c + m_f + m_g + m_s + m_w \tag{1-30}$$

式中　m_c、m_f、m_g、m_s、m_w——配合比调整后，1m³混凝土所用水泥、矿物掺合料、粗骨料、细骨料和水的用量（kg/m³）。

当混凝土拌合物表观密度实测值与计算值之差的绝对值 $\frac{|\rho_{c,t} - \rho_{c,c}|}{\rho_{c,c}} < 2\%$时，调整的配合比可以维持不变；当 $\frac{|\rho_{c,t} - \rho_{c,c}|}{\rho_{c,c}} \geq 2\%$时，应将配合比中各项材料用量均乘以校正系数 δ。

混凝土配合比的校正系数 δ 按下式计算：

$$\delta = \frac{\rho_{c,t}}{\rho_{c,c}} \tag{1-31}$$

（3）配合比确定

配合比调整后，应测定拌合物水溶氯离子含量，并应对设计要求的混凝土耐久性进行试验，符合设计规定的氯离子含量和耐久性要求的配合比方可确定为设计配合比。

1.4.4　其他混凝土

1. 多孔混凝土

根据气孔产生的方法不同，多孔混凝土可分为加气混凝土和泡沫混凝土。

（1）加气混凝土

加气混凝土用含钙材料（水泥、石灰）、含硅材料（石英砂、粉煤灰、粒化高炉矿渣等）和发气剂为原料，经过磨细、配料、搅拌、浇筑、成型、切割和蒸压养护（0.8～1.5MPa 下养护 6～8d）等工序生产而成。

一般采用铝粉作为发气剂，把它加在加气混凝土料浆中，与含钙材料中的氢氧化钙发生化学反应放出氢气，形成气泡，使料浆体积膨胀形成多孔结构。

加气混凝土制品主要有砌块和条板两种。砌块可作为三层或三层以下房屋的承重墙，也可作为工业厂房，多层、高层框架结构的非承重墙。配有钢筋的加气混凝土条板可作为承重和保温合一的屋面板。

（2）泡沫混凝土

泡沫混凝土是用物理方法将泡沫剂制备成泡沫，再将泡沫加入由水泥、骨料、掺合物、外加剂和水制成的料浆中，经混合搅拌、浇筑、养护而成的轻质微孔混凝土。常用的泡沫剂有松香树脂类发泡剂、合成类发泡剂、蛋白活性物发泡剂、复合性发泡剂。

泡沫混凝土的技术性能和应用与相同体积密度的加气混凝土大体相同。

2. 抗渗混凝土（防水混凝土）

抗渗混凝土指抗渗等级等于或大于 P6 的混凝土。抗渗混凝土通常通过调整混凝土的配合比、掺加外加剂和采用膨胀水泥等途径来提高混凝土自身的密实度和抗渗性。

（1）调整配合比法

普通抗渗混凝土是以调整配合比的方法，提高混凝土自身密实性以满足抗渗要求的混凝土。在混凝土配制中通过减少水胶比（0.45～0.6，具体可参见表 1-17）、提高水泥强度等级（大于 42.5MPa）和水泥用量（不宜小于 320kg/m^3）、控制粗骨料最大公称粒径（不宜大于 40mm）、采用适宜的砂率（35%～45%）和灰砂比(1∶2.5～1∶2)等方法（参见《普通混凝土配合比设计规程》JGJ 55—2011），在粗骨料周围形成质量良好和数量足够的砂浆包裹层，使粗骨料相互隔离，以阻隔沿粗骨料相互连通的渗水孔网，增加混凝土的黏聚性，从而提高混凝土的抗渗能力。

抗渗混凝土的最大水胶比 JGJ 55-2011　　**表 1-17**

设计抗渗等级	最大水胶比	
	C20～C30 混凝土	C30 以上混凝土
P6	0.60	0.55
P8～P12	0.55	0.50
>P12	0.50	0.45

（2）掺加外加剂法

在混凝土中掺入适宜品种和数量的外加剂，改善混凝土内部结构，隔断或堵塞混凝土中的各种孔隙、裂缝及渗水通道，以改善抗渗能力。常用的外加剂有引气剂、防水剂、膨胀剂、减水剂或引气减水剂等。掺用引气剂的抗渗混凝土，其含气量宜控制在 3%～5%。

抗渗混凝土广泛用于水池、水塔等贮水构筑物；沉井、水泵房等地下建筑物；取水构筑物和干湿交替如码头、港口等建筑。具体参见表 1-18。

抗渗混凝土的适用范围　　**表 1-18**

种类		最高抗渗压力（MPa）	优点	适用范围
普通抗渗混凝土		>3.0	施工简便，材料来源广泛	适用于一般工业、民用建筑及公共建筑的地下抗渗工程
外加剂抗渗混凝土	减水剂抗渗混凝土	>2.2	流动性好	适用于钢筋密集或捣固困难的薄壁型防水结构物，也适用于对混凝土凝结时间和流动性有特殊要求的抗渗工程
	引气剂抗渗混凝土	>2.2	抗冻性好	适用于北方高寒地区，抗冻性要求较高的抗渗工程及一般抗渗工程 不适用抗压强度大于 20MPa 或耐磨性要求较高的抗渗工程
	三乙醇胺抗渗混凝土	>3.8	早期强度高，抗渗性好	适用于工期紧迫，要求早强及抗渗性较高的抗渗工程及一般抗渗工程
	氯化铁抗渗混凝土	>3.8	密实性好，抗渗性好	适用于水中结构的无筋、少筋厚大抗渗混凝土工程及一般地下抗渗工程，砂浆修补抹面工程在接触直流电源或预应力混凝土及重要的薄壁结构上不宜使用
膨胀水泥抗渗混凝土		3.6	密实性好，抗渗性好	适用于地下工程和地上抗渗构筑物、山洞，非金属油罐和主要工程的后浇缝

1.5 建筑砂浆

建筑砂浆是由胶凝材料、细骨料、掺合料和水按一定比例配制而成的建筑工程材料。与混凝土相比，在组成上不含粗骨料，故原则上混凝土的一般性能与要求也适用于砂浆。

建筑砂浆按用途分为砌筑砂浆、抹面砂浆（如装饰砂浆、普通抹面砂浆、防水砂浆等）及特种砂浆（如绝热砂浆、耐酸砂浆等）。砌筑砂浆用于砌筑砖石砌体，它起着胶结砌块、传递荷载的作用。而抹面砂浆用于涂抹建筑物表面，它起着保护基层、平整表面、装饰美观的作用。

建筑砂浆按胶结材料不同，可分为水泥砂浆（由水泥、细骨料和水配制而成的砂浆）、水泥混合砂浆（由水泥、细骨料、掺合料和水配制而成的砂浆）、非水泥砂浆（如石灰砂浆、黏土砂浆和石膏砂浆等）。

1.5.1 砂浆的组成材料

1. 水泥

水泥是砂浆的主要胶凝材料，前述六大水泥均可用来配制砌筑砂浆。砌筑砂浆用水泥的强度等级，应根据设计要求进行选择，一般为砂浆强度等级的3～5倍。但水泥砂浆采用的水泥强度等级不宜大于32.5级，水泥用量不应小于200kg/m^3；水泥混合砂浆采用的水泥强度等级不宜大于42.5级，砂浆中水泥和掺合料总量宜为300～350kg/m^3。为了合理利用资源、节约材料，在配制砂浆时要尽量选用低强度等级水泥和砌筑水泥。

2. 砂

一般砌筑砂浆采用中砂（粒径≤2.5mm）拌制，其中毛石砌体宜选用粗砂（粒径≤砂浆层厚度的1/5～1/4），抹灰和勾缝宜选用细砂。砌筑砂浆的砂含泥量不应超过5%，强度等级为M2.5的水泥混合砂浆用砂的含泥量不应超过10%。

3. 掺合料

为改善砂浆和易性和节约水泥，在砂浆中掺加无机材料，如石灰膏、粉煤灰、黏土膏等。

气硬性石灰可作为胶凝材料（由适量磨细石灰掺水泥制备），也可作为砂浆掺合料。生石灰消化为石灰浆时，能自动形成极微细的呈胶体状态的氢氧化钙，表面吸附一层厚的水膜，具有良好的可塑性。在水泥砂浆中掺入石灰膏，能使其可塑性和保水性显著提高。生石灰熟化为石灰膏时，应用孔径不大于3mm×3mm的网过滤，熟化时间不得少于7d。保证砂浆质量，生石灰须充分"陈伏"，熟化制成石灰膏后方可使用。沉淀池中贮存的石灰膏，应采取防止石灰干燥、冻结、碳化等措施。

黏土膏由黏土或粉质黏土，经搅拌机加水搅拌，并通过孔径不大于3mm×3mm的网过滤后制备。粉煤灰的品质指标应符合《用于水泥和混凝土中的粉煤灰》GB/T 1596—2017的要求。

4. 水

配制砂浆用水与混凝土拌合用水相同，均应符合《混凝土用水标准》JGJ 63—2006的规定。

5. 外加剂

有时为提高和改善砂浆的某些性能（如引气、早强、缓凝、防冻、塑化等），在拌制砂浆过程中加入某种外加剂，其用量应通过试验确定。水泥砂浆中一般使用有机塑化剂。

1.5.2 砂浆的技术性质

1. 砂浆的和易性

和易性指砂浆施工时能否在粗糙的砖石面上方便地铺设成均匀的薄层，且与底层紧密粘结。砂浆和易性包括流动性和保水性两个方面。

流动性　指砂浆在自重或外力作用下的流动性能，可用砂浆稠度仪测定其稠度值（即沉入度，mm）表示。烧结普通砖砌体用砌筑砂浆稠度为 70～90mm；烧结多孔砖、空心砖砌体用砌筑砂浆稠度为 60～80mm；石砌体用砌筑砂浆稠度为 30～50mm 等。

保水性　指砂浆在存放、运输和施工过程中保存水分的能力，可用分层度仪测定，以分层度（mm）表示。砂浆的分层度一般以 10～20mm 为宜，但不得大于 30mm。分层度过大，表示砂浆易产生分层离析，不利于施工及水泥硬化。分层度值接近于零的砂浆，容易产生干缩裂缝。

2. 砂浆的强度等级

砂浆的强度等级系用边长 70.7mm 的立方体试块在标准条件下养护至 28d 龄期测定的抗压强度的平均值（MPa）。普通砂浆强度等级共分为 M2.5、M5、M7.5、M10、M15 等五个等级。砌筑砂浆强度等级为 M10 及 M10 以下宜采用水泥混合砂浆。

水泥砂浆拌合物的密度不宜小于 1900kg/m^3；水泥混合砂浆拌合物的密度不宜小于 1800kg/m^3。

砖石砌体是靠砂浆把块体材料粘结成为坚固的整体，因此，为保证砌体的强度、耐久性及抗震性能等，要求砂浆与基层材料之间应有足够的粘结力。

1.5.3 抹面砂浆

材料组成基本同砌筑砂浆，为防砂浆层开裂，常掺加一些纤维材料（如麻刀、纸筋、玻璃纤维等）。

在性能上，其和易性应比砌筑砂浆更好，同时为增强与基层的粘结力，其胶凝材料（包括掺合料）用量也应多于砌筑砂浆，并适量加入占水泥含量 10%的有机聚合物，如 108 胶等。

抹面砂浆通常分两层或三层进行施工，各层抹灰要求不同，所以各层选用的砂浆也有区别。底层抹灰的作用是使砂浆与底面能牢固地粘结，因此要求砂浆具有良好的和易性和粘结力，基层面要求粗糙，以提高与砂浆的粘结力。中层抹灰主要是为了抹平，有时可省去。面层抹灰要求平整光洁，达到规定的饰面要求。

底层及中层多用水泥混合砂浆，面层多用水泥混合砂浆或掺麻刀、纸筋的石灰砂浆。在潮湿房间或地下建筑及容易碰撞的部位，应采用水泥砂浆。

普通抹面砂浆的流动性和砂子的最大粒径参见表 1-19，其配合比及应用范围参见表 1-20。

抹面砂浆流动性及骨料最大粒径　　表 1-19

抹面层名称	沉入度（人工抹面）(mm)	砂的最大粒径（mm）
底层	100～120	2.5
中层	70～90	2.5
面层	70～80	1.2

常用抹面砂浆配合比及应用范围　　表 1-20

材料	配合比（体积比）	应用范围
石灰：砂	1：2～1：4	用于砖石墙表面（檐口、勒脚、女儿墙以及潮湿房间的墙除外）
石灰：黏土：砂	1：1：4～1：1：8	用于干燥环境的墙表面
石灰：石膏：砂	1：0.4：2～1：1：3	用于不潮湿房间木质表面
石灰：石膏：砂	1：0.6：2～1：1.5：3	用于不潮湿房间的墙及顶棚
石灰：石膏：砂	1：2：2～1：2：4	用于不潮湿房间的线脚及其他修饰工程
石灰：水泥：砂	1：0.5：4.5～1：1：5	用于檐口、勒脚、女儿墙外角以及比较潮湿的部位
水泥：砂	1：2.5～1：3	用于浴室、潮湿车间等墙裙、勒脚等或地面基层
水泥：砂	1：1.5～1：2	用于地面、顶棚或墙面面层
水泥：砂	1：0.5～1：1	用于混凝土地面随时压光
水泥：石膏：砂：锯末	1：1：3：5	用于吸声粉刷
水泥：白石子	1：1～1：2	用于水磨石面（打底用 1：2.5 水泥砂浆）
水泥：白云灰：白石子	1：(0.5～1)：(1.5～2)	用于水刷石（打底用 1：0.5：3.5）
水泥：白石子	1：1.5	用于剁石（打底用 1：2～1：2.5 水泥砂浆）
白灰：麻刀	100：2.5（质量比）	用于板条顶棚底层
白灰膏：麻刀	100：1.3（质量比）	用于木板条顶棚面层（或 100kg 灰膏加 3.8kg 纸筋）
纸筋：白灰浆	灰膏 0.1m^3，纸筋 0.36kg	用于较高级墙面、顶棚

1.5.4　其他砂浆

1. 防水砂浆

防水砂浆是一种制作防水层的抗渗性高的砂浆。砂浆防水层称为刚性防水层，适用于不受振动和具有一定刚度的混凝土和砖石砌体工程中，如水塔、水池、地下工程等的防水。

防水砂浆宜选用强度等级为 42.5 级的普通硅酸盐水泥和级配良好的中砂。砂浆配合比中，水泥和砂的质量比不宜大于 1：2.5，水胶比宜控制在 0.5～0.6，稠度不应大于 80mm。

防水砂浆应分 4～5 层分层涂抹在基面上，每层涂抹厚度约 5mm，总厚度20～30mm。每层在初凝前压实一遍，最后一遍要压光，并精心养护，以减少砂浆层内部连通的毛细孔通道，提高密实度和抗渗性。

在水泥砂浆中掺加防水剂，可促使砂浆结构密实，堵塞毛细孔，提高砂浆的抗渗能力，这是最常用的方法。常用的防水剂有氯化物金属盐类防水剂、金属皂类防水剂和水玻璃防水剂。

2. 绝热砂浆

采用水泥、石灰、石膏等胶凝材料与膨胀珍珠岩、膨胀蛭石或陶粒砂等轻质多孔骨料，按一定比例配制的砂浆，称为绝热砂浆。绝热砂浆具有轻质和良好的绝热性能，其导热系数为0.07～0.10W/(m・K)。绝热砂浆可用于屋面、墙体或供热管道的绝热保护。

1.6 块体材料

1.6.1 砌墙砖

凡由黏土、工业废料或其他地方资源为主要原料，以不同工艺制成的，在建筑中用于砌筑承重或非承重墙体的人造小型块材统称为砌墙砖。砌墙砖可分为普通砖和空心砖两大类。普通砖是实心或孔洞率（砖面上孔洞总面积占砖面积的百分率）不大于25%的砖；而多孔砖是指孔洞率等于或大于35%，其孔的尺寸小而数量多的砖，主要用于建筑物承重部位；空心砖是指孔洞率等于或大于40%，孔的尺寸大而数量少的砖，主要用于建筑物非承重部位。

根据生产工艺又可分为烧结砖和非烧结砖。烧结砖指以黏土、页岩、煤矸石或粉煤灰为主要原料，经过焙烧而成的砖，如烧结黏土砖（N)、烧结页岩砖（Y)、烧结煤矸石砖(M)、烧结粉煤灰砖（F）烧结渣土砖（Z)、烧结淤泥砖（U)、烧结污泥砖（W)、烧结固体废弃物砖（G）等。非烧结砖是常压（或高压蒸汽养护）硬化而成的蒸养（压）砖，如蒸压灰砂砖、蒸压粉煤灰砖等。

1. 烧结砖

(1) 烧结普通砖

烧结普通砖是由黏土、页岩、煤矸石或粉煤灰为主要原料，经过焙烧而成的普通砖。烧结普通砖的标准尺寸：240mm×115mm×53mm。4块砖长、8块砖宽、16块砖厚，再加上砌筑灰缝（10mm)，长度均为1m，$1m^3$ 的砖数量为512块。

烧结普通砖的体积密度为1600～1800kg/m^3，吸水率为18%～20%。普通烧结砖强度等级按抗压强度分为MU30、MU25、MU20、MU15、MU10共五级。《烧结普通砖》GB/T 5101—2017规定采用合格与不合格判定产品的质量，并提出了尺寸偏差、外观质量、强度等级、抗风化性能、泛霜、石灰爆裂、欠火砖、酥砖和螺旋纹砖以及放射性核素限量等技术要求。型式检验时按上述各技术指标进行判定，其中有一项不合格，判定该产品不合格。外观检验样品中有欠火砖、酥砖和螺旋纹砖，判定该产品不合格。出厂检验时，按出厂检验项目中的抗风化性能、泛霜、石灰爆裂等项目的技术指标进行判定，其中有一项不合格，判定该产品不合格。

泛霜是指砖内的可溶性盐类在使用过程中，逐渐在砖的表面析出白霜的现象。这些结晶的白色粉状物影响建筑物的外观，且结晶的体积膨胀也会引起砖表层的疏松，同时破坏砖与砂浆层之间的粘结。石灰爆裂是指原料中夹带的石灰或内燃料（粉煤灰、炉渣）中带入的CaO，在高温熔烧过程中生成过火石灰。过火石灰在使用过程中吸水消化成消石灰而体积膨胀，导致砖块膨胀破坏。《烧结普通砖》GB/T 5101—2017对泛霜与石灰爆裂规定见表1-21。

烧结普通砖泛霜与石灰爆裂规定 GB/T 5101—2017　　**表 1-21**

砖等级	合格	不合格
泛霜	不准许出现严重泛霜	不满足合格质量要求
石灰爆裂	破坏尺寸大于 2mm 且小于或等于 15mm 的爆裂区域，每组砖不得多于 15 处，其中大于 10mm 的不得多于 7 处； 不准许出现最大破坏尺寸大于 15mm 的爆裂区域； 试验后抗压强度损失不得大于 5MPa	不满足合格质量要求

烧结普通砖的各项技术指标和抗风化性能要求，详见国家标准《烧结普通砖》GB/T 5101—2017 中的规定。

烧结普通砖中绝大多数是黏土砖，由于它具有一定强度，较好的耐久性和隔热、隔声、廉价等优点，故一直是我国主要的墙体材料。但制砖取土，大量毁坏农田，且有自重大、烧砖能耗高、成品尺寸小、施工效率低、抗震性能差等缺点，所以，我国正大力推广墙体材料改革，以空心砖、工业废渣砖及砌块、轻质板材来代替实心黏土砖。

(2) 烧结多孔砖

烧结多孔砖是以黏土、页岩或煤矸石为主要原料，经焙烧而成的孔洞率不大于 35%，孔的尺寸小而数量多的烧结砖。常用于建筑物承重部位。按《烧结多孔砖和多孔砌块》GB 13544—2011 规定，烧结多孔砖的外形尺寸（mm）：长度（L）分为 290、240、190，宽度（B）分为 240、190、180、175、140、115，高度（H）为 90。此外，还有 $L/2$ 或 $B/2$ 的配砖，配套使用。多孔砖为竖向孔洞，孔形为矩形条孔、矩形孔或其他孔形。图 1-9 为部分地区生产的多孔砖规格和孔洞形式。

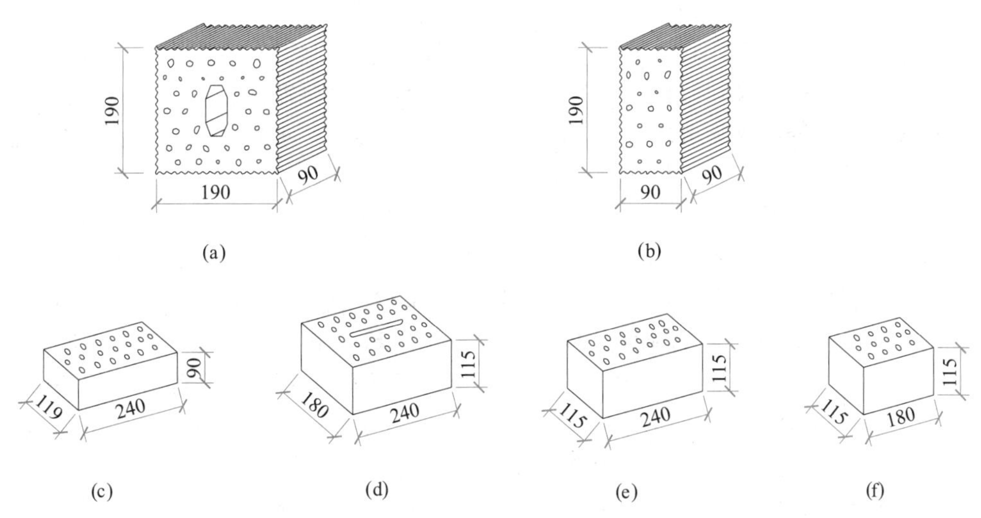

图 1-9　烧结多孔砖

(a) KM1 型；(b) KM1 型配砖；(c) KP1 型；(d) KP2 型；(e)、(f) KP2 型配砖

多孔砖强度等级划分、评定方法与烧结普通砖相同。根据测试结果，多孔砖墙的性能要比普通砖墙低，对多孔砖墙的砖强度等级≥MU10，砌筑砂浆强度等级≥M5。多孔砖砌体在冻胀地区不宜用于地面以下或防潮层以下的墙体与基础。

(3) 烧结空心砖

烧结空心砖是以黏土、页岩、煤矸石为主要原料，经焙烧而成的孔洞率≥40%的砖。

按《烧结空心砖和空心砌块》GB/T 13545—2014 规定，烧结空心砖和空心砌块的外形为直角六面体，其外形尺寸：长度（L）分别为 390mm、290mm、240mm、180（175）mm、140mm，宽度（B）分别为 240mm、190mm、180（175）mm、140mm、115mm，高度（H）分别为 180（175）mm、140mm、115mm、90mm。其孔尺寸大、数量少且平行于大面和条面，使用时大面受压，孔洞与承压面平行，因而砖的强度不高，如图 1-10 所示。

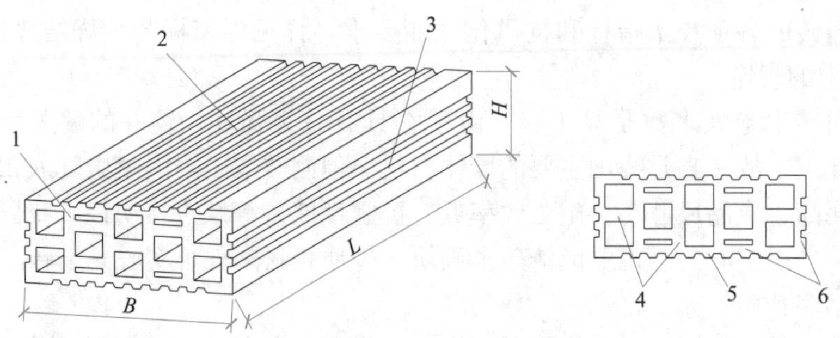

图 1-10　烧结空心砖

1—顶面；2—大面；3—条面；4—肋；5—凹线槽；6—外壁

L—长度；B—宽度；H—高度

空心砖自重轻，强度较低，主要用于建筑物非承重墙体（如多层建筑内隔墙或框架结构的填充墙等）。

2. 非烧结砖

目前非烧结砖应用较广的是蒸养（压）砖。指以含钙材料（石灰、电石渣等）和含硅材料（砂子、粉煤灰、煤矸石灰渣、炉渣等）与水拌合，经压制成型，在自然条件下或人工水热合成条件（蒸养或蒸压）下，反应生成以水化硅酸盐、水化铝酸钙为主要胶结料的硅酸盐建筑制品。主要有蒸压灰砂砖、蒸压粉煤灰砖、炉渣砖等。

（1）蒸压灰砂普通砖（代号：LSSB）

蒸压灰砂砖是以生石灰（CaO 含量宜大于 75%）、砂子（SiO_2 含量宜大于 50%）为原料（也可加入着色剂或掺合剂），经配料、拌合、压制成型和蒸压养护（174.5℃湿热条件下蒸养时间应不少于 7h）而制成的。用料中砂子用量不小于所有组成材料总用量的 75%（质量分数），生石灰用量应不小于所有组成材料总用量的 8%（质量分数）。

蒸压灰砂实心砖的尺寸规格同普通砖，即公称尺寸 240mm×115mm×53mm。其体积密度为 1800～1900kg/m^3。《蒸压灰砂实心砖和实心砌块》GB/T 11945—2019 规定了外观质量、尺寸偏差、强度等级、吸水率、线性干燥收缩率、抗冻性、碳化系数、软化系数、放射性核素限量等技术要求。当所有项目的检验结果均符合上述各项技术要求时，则判定该批产品合格，反之判不合格。

根据抗压强度分为 MU30、MU25、MU20、MU15、MU10 五个等级，其中 MU15、MU20、MU25、MU30 的砖可用于基础及其他建筑，MU10 的砖仅可用于防潮层以上的建筑。灰砂砖不应用于长期受热（200℃以上）、受急冷急热和有酸性介质侵蚀的建筑部位。

（2）蒸压粉煤灰普通砖（代号：AFB）

蒸压粉煤灰是以粉煤灰、生石灰为主要原料，可掺加适量的石膏等外加剂和其他骨料，经坯料制备、压制成型、高压蒸汽养护而制成的实心砖。其外形尺寸同普通砖，即公称尺寸240mm×115mm×53mm，呈深灰色，体积密度约为1500 kg/m^3。

根据抗压强度和抗折强度分为MU30、MU25、MU20、MU15、MU10五个等级。《蒸压粉煤灰砖》JC/T 239—2014规定，外观质量和尺寸偏差、强度等级、抗冻性、线性干燥收缩率、碳化系数、吸水率、放射性核素限量等技术要求。当所有项目的检验结果均符合上述各项技术要求时，则判定该批产品合格，反之判不合格。

粉煤灰砖可用于工业与民用建筑的墙体和基础，但用于基础或易受冻融和干湿交替作用的建筑部位，必须使用MU15及以上强度等级的砖。粉煤灰砖不应用于长期受热(200℃以上)、受急冷急热和有酸性介质侵蚀的建筑部位。为避免或减少收缩裂缝的产生，用粉煤灰砖砌筑的建筑物应适当增设圈梁及伸缩缝。

1.6.2　墙用砌块

块体的高度大于等于180mm者称为砌块。高度为180～350mm的砌块一般称为小型砌块；高度为360～900mm的砌块一般称为中型砌块；大型砌块尺寸更大。工程中多用手工砌筑的小型砌块。

砌块按用途可分为承重砌块和非承重砌块；按有无孔洞可分为实心砌块（无孔洞或空心率小于25%）和空心砌块（空心率大于等于25%）；按材质可分为硅酸盐砌块、轻骨料混凝土砌块、加气混凝土砌块、混凝土砌块等。

1. 混凝土小型空心砌块

以水泥、矿物掺合料、砂、石、水等为原材料，经搅拌、振动成型、养护等工艺制成的小型砌块，包括空心砌块（空心率不小于25%）和实心砌块（空心率小于25%）。砌块按使用时砌筑墙体的结构和受力情况，分为承重结构用砌块（承重砌块）、非承重结构用砌块（非承重砌块）。砌块按抗压强度分级（表1-22）。砌块外形为直角六面体，常用块型的规格尺寸：长度390mm，宽度90mm、120mm、140mm、190mm、240mm、290mm，高度90mm、140mm、190mm。砌体各部分的名称如图1-11所示。承重空心砌块的最小外壁厚不应小于30mm，最小肋厚不应小于25mm。非承重空心砌块的最小外壁和最小肋厚不小于20mm。

砌块的强度等级 GB/T 8239—2014　　　**表1-22**

砌块种类	承重砌块	非承重砌块
空心砌块	MU7.5、MU10、MU15、MU20、MU25	MU5、MU7.5、MU10
实心砌块	MU15、MU20、MU25、MU30、MU35、MU40	MU10、MU15、MU20

混凝土小型砌块的尺寸偏差、外观质量、空心率、外壁和肋厚、强度等级、吸水率、线性干燥收缩值、抗冻性、碳化系数、软化系数、放射性核素限量等技术指标应符合《普通混凝土小型砌块》GB/T 8239—2014的规定。这类小型砌块适用于地震设防烈度为8度和8度以下地区的一般工业与民用建筑的墙体。用于承重墙的砌块，要求其线性干燥收缩值应不大于0.45mm/m；非承重墙的砌块，其线性干燥收缩值应不大于0.65mm/m。砌块堆放、运输及砌筑过程中，应有防雨措施，宜采用薄膜包装。砌块装卸时，严禁扔摔，应轻码轻放，不应用翻斗倾卸。

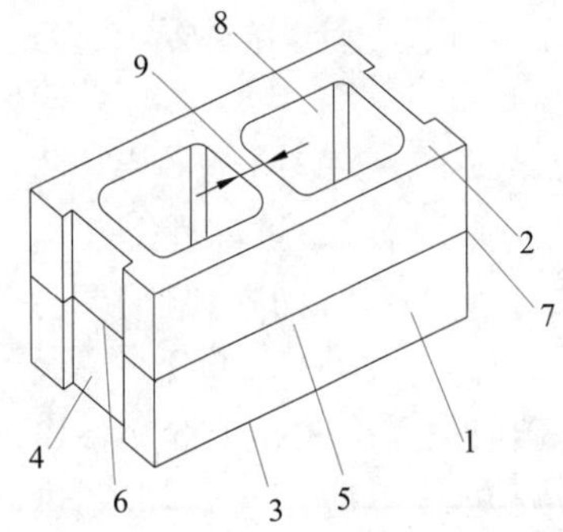

图 1-11　砌块各部分名称

1—条面；2—坐浆面（肋厚较小的面）；3—铺浆面（肋厚较大的面）；4—顶面；5—长度；6—宽度；7—高度；8—壁；9—肋

2. 轻集料混凝土小型砌块

混凝土轻集料小型空心砌块是由轻粗集料、轻砂（或普通砂）、水泥和水等原材料配制而成的干表观密度不大于 1950kg/m^3 的混凝土制成的小型空心砌块。按轻集料混凝土小型空心砌块孔的排数分为单排孔、双排孔、三排孔、四排孔等砌块。主规格尺寸（长×宽×高）为 390mm×190mm×190mm。按其密度可分为 700、800、900、1000、1100、1200、1300、1400 八个等级；按其抗压强度可分为 MU2.5、MU3.5、MU5.0、MU7.5、MU10.0 五个等级。轻集料混凝土小型砌块的尺寸偏差和外观质量、密度等级、强度等级、吸水率、干缩率、相对含水率、碳化系数、软化系数、抗冻性、放射性核素限量等技术指标应符合《轻集料混凝土小型空心砌块》GB/T 15229—2011 的规定。这种轻集料混凝土小型砌块主要用于保温墙体（强度等级＜3.5MPa）或非承重墙体、承重保温墙体（强度等级≥3.5MPa）。

1.6.3　砌筑用石材

由天然岩石开采的，经过或不经过加工而制得的材料称为天然石材。由于天然石材具有抗压强度高，耐久性和耐磨性良好，资源分布广，便于就地取材等优点而被广泛应用。但岩石的性质较脆，抗拉强度较低，体积密度大，硬度高，因此开采和加工比较困难。

粒状的石料（如碎石、石、砂等）可作为混凝土的骨料；轻质多孔的块体石材常用做墙体材料；坚固耐久、色泽美观的石材可用做建筑物的装饰材料或保护材料。

1. 天然石材的技术性质

天然石材的体积密度≤1800kg/m^3 时，称为轻质石材；体积密度＞1800kg/m^3 时，称为重质石材。吸水率低于 1.5%的岩石称为低吸水性岩石，1.5%～3.0%的称为中吸水性岩石，高于 3.0%的称为高吸水性岩石。石材的吸水性对其强度和耐水性有很大的影响。石材吸水后，会降低其强度，石材的软化系数（岩石在饱和水状态强度与干燥状态强度的比值）小于 0.60 者不允许用于重要建筑物中。

用于装修装饰的石材，应满足《建筑材料放射性核素限量》GB 6566—2010 的要求。装饰装修材料中天然放射性核素镭-226、钍-232、钾-40 的放射性比活度应同时满足内照射指数 I_{Ra}≤1.0 和外照射指数 I_r≤1.0 要求的为 A 级装饰装修材料。A 级装饰装修材料产销与使用范围不受限制。不满足 A 类装饰装修材料要求，但同时满足 I_{Ra}≤1.3 和 I_r≤1.9 要求的为 B 类装饰装修材料。B 类装饰装修材料不可用于Ⅰ类民用建筑的内饰面，但可用于Ⅱ类民用建筑物、工业建筑内饰面及其他一切建筑的外饰面。不满足 A、B 类装饰装修材料要求但满足 I_r≤2.8 要求的为 C 类装饰装修材料。C 类装饰装修材料只可用于建筑物的外饰面及室外其他用途。

石材的强度等级是以边长为 70mm 的立方体试块用标准方法测得的抗压破坏强度的平均值表示。根据《砌体结构设计规范》GB 50003—2011 的规定，石材分为 MU100、

MU80、MU60、MU50、MU40、MU30、MU20七个等级。抗压试件也可采用表1-23所列各种边长尺寸的立方体，但应对其试验结果进行换算。

石材强度等级的换算系数 GB 50003—2011 **表1-23**

立方体边长（mm）	200	150	100	70	50
换算系数	1.43	1.28	1.14	1.0	0.86

2. 砌筑用石材

砌筑用石材分为毛石、料石两类。

（1）毛石

毛石是在采石场爆破后直接得到的形状不规则的石块。建筑用毛石，一般要求石块中部厚度不小于200mm，长度为300～400mm，质量为20～30kg，其强度不宜小于10MPa，软化系数不应小于0.75。常用于砌筑基础、勒脚、墙身等，也可配制片石混凝土。

（2）料石

料石是用毛料加工成较为规则的、具有一定规格的六面体石材。按料石表面加工的平整程度可分为以下三类。

1）细料石

经过细加工，外形规则，叠砌面凹凸深度不应大于10mm，截面的宽度、高度不宜小于200mm，且不宜小于长度的1/4。制作为长方形的称为条石，长宽高大致相等的称为方石，楔形的称为拱石。

2）粗料石

规格尺寸同细料石，但叠砌面凹凸深度不应大于20mm。

3）毛料石

外形大致方正，一般不加工或仅加修整，其厚度不应小于200mm，长度常为厚度的1.5～3倍，叠砌面凹凸深度不应大于25mm。

石砌体中的石材应选用无明显风化的天然石材。料石常用致密的砂岩、石灰岩、花岗岩等开采凿制，至少应有一个面的边角整齐，以便相互合缝。料石常用于砌筑墙身、地坪、踏步、拱和纪念碑等。

1.7 建筑钢材

建筑钢材主要指用于钢结构中各种型材（如角钢、槽钢、工字钢、圆钢等）、钢板、钢管和用于钢筋混凝土结构中的各种钢筋、钢丝等。它具有较高的强度、良好的塑性和韧性，能承受冲击荷载和振动荷载，易于加工和装配等优点，所以被广泛地应用于建筑工程中。但钢材具有易锈蚀、耐火性差的缺点。

1.7.1 钢材的化学成分及其影响

钢是以铁（Fe）为主要元素并含少量碳（C）、硅（Si）、锰（Mn）、磷（P）、硫（S）等诸多元素的金属材料。这些元素虽然含量不大，但对钢材性能却有重要影响。

1. 碳（C）

碳是形成钢材强度的主要成分。材料中大部分空间内为柔软的纯铁体，而化合物渗碳体（Fe_3C）及渗碳体与纯铁体的混合物——珠光体则十分坚硬，它们形成网络夹杂于纯铁体之间。钢的强度来自渗碳体与珠光体。含碳量提高，则钢材强度提高，但同时钢材的塑性、韧性、冷弯性能、可焊性及抗锈蚀能力下降。因此不能用含碳量高的钢材，以便保持其钢材的优良性能。按碳含量区分，小于0.25%的为低碳钢，大于0.25%而小于0.6%的为中碳钢，大于0.6%的为高碳钢。

2. 锰（Mn）

锰是有益元素，它能显著提高钢材的强度而不过多降低塑性和冲击韧性。锰有脱氧作用，是弱脱氧剂。锰还能消除硫对钢的热脆影响。碳素钢中锰是有益的杂质，在低合金钢中它是合金元素。一般碳素钢中锰含量在0.9%以下。

3. 硅（Si）

硅是有益元素，是强脱氧剂。硅能使钢材的粒度变细，控制适量时可提高强度而不显著影响塑性、韧性、冷弯性能及可焊性。通常碳素钢中硅含量小于0.3%。

4. 钛（Ti）、钒（V）、铌（Nb）

钛、钒、铌作为锰以外的合金元素，都能使钢材晶粒细化。适量加入既可提高钢材的强度，又保持良好的塑性和韧性。

5. 硫（S）

硫是有害元素，系炼钢原料中带入，其会大大降低钢的强度和延伸率，故碳素钢中硫含量限制在0.05%以下。

6. 磷（P）

磷既是有害元素也是能利用的合金元素。磷是碳素钢中的杂质，在低温下使钢变脆（冷脆），高温时能使钢减少塑性，其含量应限制在0.045%以内。但磷能提高钢的强度和抗锈蚀能力。

7. 氧（O）、氮（N）

氧和氮也是有害元素，氧能使钢热脆，其作用比硫剧烈；氮能使钢冷脆，与磷相似。故其含量必须严格控制。碳素钢的氧含量限制在0.05%以下，氮含量限制在0.08%以下。

1.7.2 建筑钢材分类

建筑工程用钢有钢结构用钢和钢筋混凝土结构用钢两类，前者主要应用型钢和钢板，后者主要采用钢筋和钢丝。

1. 钢结构用钢材

（1）碳素结构钢

碳素结构钢包括一般结构钢和工程用热轧钢板、钢带、型钢和钢棒。现行国家标准《碳素结构钢》GB/T 700—2006具体规定了它的牌号、尺寸、外形、重量及偏差、技术要求、试验方法、检测规则等。

碳素结构钢按屈服点的数值（MPa）分为Q195、Q215、Q235、Q275四种；按硫、磷杂质的含量由多到少分为A、B、C、D四个质量等级；按脱氧程度的不同分为特殊镇静钢（TZ）、镇静钢（Z）和沸腾钢（F）。钢的牌号由代表屈服点的字母Q、屈服点数值、质量等级和脱氧程度（镇静钢和特殊镇静钢可省略）四个部分按顺序组成。如 Q 235-A·F 表示屈服强度为 235MPa 的 A 级沸腾碳素结构钢。

碳素结构钢的化学成分、力学性能、冷弯性能参见《碳素结构钢》GB/T 700—2006 有关规定。碳素结构钢随牌号的增大，含碳量增高，强度和硬度相应提高，但塑性和韧性则降低。

Q195 及 Q215 的强度比较低，而 Q275 的含碳量超出低碳钢的范围，所以建筑工程中碳素结构钢主要应用 Q235。Q195 和 Q215 号钢常用做生产一般使用的钢钉、铆钉、螺栓及钢丝等；Q275 号钢多用于生产机械零件和工具等。

（2）低合金高强度结构钢

低合金高强度结构钢是在碳素结构钢的基础上，添加少量的一种或多种合金元素（总含量＜5％）的一种结构钢。其目的是提高钢的屈服强度、抗拉强度、耐磨性及耐低温性能等。因此它是综合性较为理想的建筑钢材，尤其在大跨度、承受动荷载和冲击荷载的结构中更适用。此外，与使用碳素钢相比，可以节约钢材 20％～30％，而成本并不很高。

根据国家标准《低合金高强度结构钢》GB/T 1591—2018 规定，热轧低合金高强度结构钢分为 Q355、Q390、Q420、Q460 四个牌号，所加的合金元素主要有锰（Mn）、硅（Si）、钒（V）、钛（Ti）、铌（Nb）、镍（Ni）及稀土元素。其中，Q355、Q390、Q420 和 Q460 是《钢结构设计标准》GB 50017—2017 规定采用的钢种，其质量应分别符合现行国家标准《低合金高强度结构钢》GB/T 1591—2018 和《建筑结构用钢板》GB/T 19879—2015 的规定。

钢的牌号由代表屈服强度"屈"字的汉语拼音首字母 Q、规定的最小上屈服强度数值、交货状态代号（热轧 AR 或 WAR、正火或正火轧制 N、热机械轧制 M）、质量等级符号（B、C、D、E、F）四部分组成，如 Q355ND 表示最小上屈服强度为 355MPa，交货状态为热轧，质量等级为 D 级。

低合金高强度结构钢的化学成分、力学性能参见《低合金高强度结构钢》GB/T 1591—2018 有关规定。低合金高强度结构钢主要用于轧制各种型钢（角钢、槽钢、工字钢）、钢板、钢管及钢筋，广泛用于钢结构和钢筋混凝土结构中，特别适用于各种重型结构、大跨度结构、高层结构及桥梁工程等，尤其对用于大跨度和大柱网的结构，其技术经济效果更为显著。

（3）钢结构用钢材

钢结构构件一般应直接选用各种型钢。构件之间可直接或附连接钢板通过铆接、螺栓连接或焊接连接。所用母材主要是碳素结构钢及低合金高强度结构钢。

型钢与钢板主要用于钢结构构件，通常有热轧和冷弯成型两种方法。

（1）钢板　以平板状态供货的称为钢板，以卷状供货的称为钢带。热轧钢板分厚板及薄板两种，厚板的厚度 δ＝4.5～60mm，薄板的厚度 δ＝0.35～4mm。一般前者可用于焊接结构，后者可用做屋面或墙面等围护结构，或用做涂层钢板的原材料。而冷轧钢板只有薄板（δ＝0.2～4mm）一种。

（2）型钢　热轧型钢有角钢（等边和不等边两种）、槽钢、工字钢、H 型钢和部分 T 型钢等形式（图 1-12）。我国建筑用热轧型钢主要采用碳素结构钢 Q235-A（含碳量

0.14%～0.22%）。在《钢结构设计标准》GB 50017—2017 中推荐使用的低合金钢主要有 Q345、Q390、Q420 和 Q460 四种，用于大跨度、承受动荷载的钢结构中。

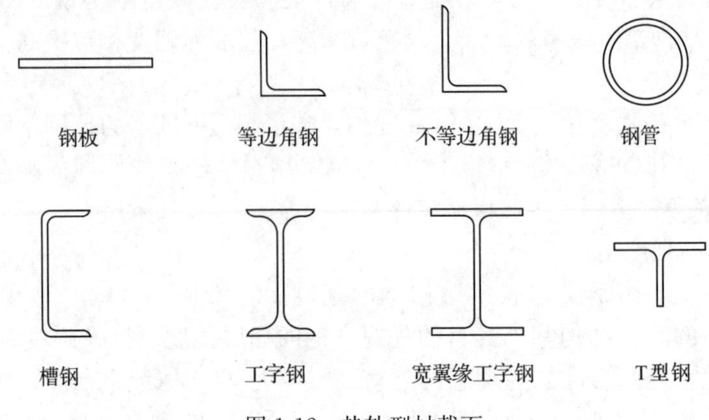

图 1-12　热轧型材截面

冷弯薄壁型钢由 2～6mm 薄钢板冷弯或模压成型（图 1-13），有开口薄壁（如角钢、槽钢）和空心薄壁（方形、矩形）两种。主要用于轻型钢结构。

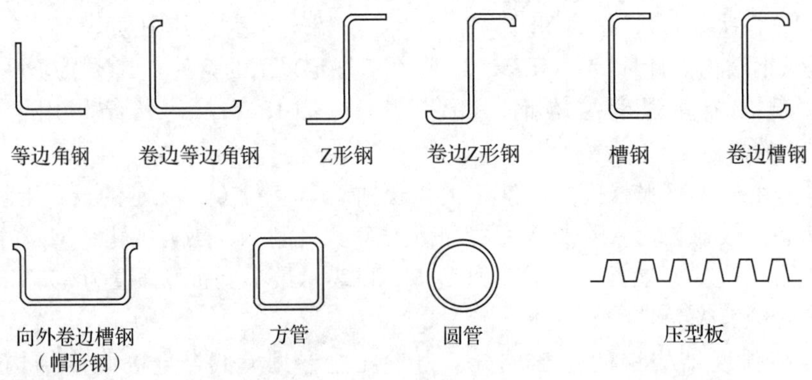

图 1-13　冷弯型钢的截面形式

2. 钢筋混凝土结构用钢材

钢筋混凝土结构用的钢筋主要由碳素结构钢和低合金结构钢轧制而成。主要品种有：热轧钢筋、冷加工钢筋、热处理钢筋、预应力混凝土用钢丝和钢绞线。有直条或盘条供货。

(1) 热轧钢筋

热轧钢筋是由低碳钢和普通低合金钢在高温下热轧而成，常见的钢筋直径有 4、5、6、8、10、12、14、16、18、20、22、25、28、30、32mm 等数种；按其轧制外形分为光圆钢筋和带肋钢筋（月牙纹和等高螺纹）两类（图 1-14）；按其抗拉强度大小分为 HPB300（Φ）、HRB335（Φ）、HRB400（Φ）、HRBF400（$Φ^F$）、RRB400（$Φ^R$）和 HRB500（Φ）、HRBF500（$Φ^F$）。

热轧钢筋的力学性能和工艺性能参见《钢筋混凝土用钢　第 1 部分：热轧光圆钢筋》GB/T 1499.1—2017 和《钢筋混凝土用钢 第 2 部分：热轧带肋钢筋》GB/T 1499.2—2018 的规定。

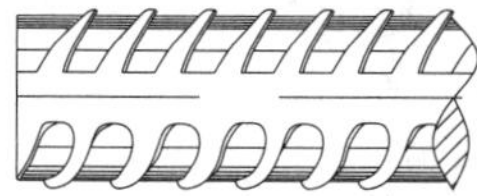
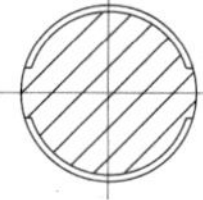

（a）

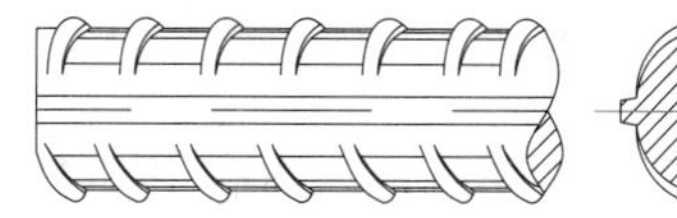

（b）

图 1-14　带肋钢筋形状
（a）螺纹钢筋；（b）月牙纹钢筋

RRB400（Φ^{R}）为余热处理钢筋，指普通低合金钢热轧后立即淬水，经表面冷却，用钢筋自身芯部余热完成回火处理的钢筋，其性能参见《钢筋混凝土用余热处理钢筋》GB 13014—2013 中的 KL400 钢筋。

（2）冷加工钢筋

为节约钢材，常用冷拉或冷拔的冷加工方法来提高热轧钢筋的强度。冷拉钢筋的冷拉应力值必须超过钢筋的屈服强度。冷拉后，经过一段时间钢筋的屈服点有所提高，这种现象称为时效硬化。钢筋经过冷拉和时效硬化以后，能提高屈服强度、节约钢材，但冷拉后钢筋的塑性有所降低。所以冷拉钢筋在负温、冲击与重复荷载作用下不宜使用。冷拉Ⅰ级钢筋可作为混凝土结构中的受拉钢筋。

冷拔钢筋是将直径为 6.5～8mm 的碳素结构钢 Q235（或 Q215）通过拔丝机多次强力冷拔成的钢筋。低碳钢经冷拔后，其屈服强度可提高 40％～60％，同时塑性大为降低。所以，冷拔钢筋属于硬钢类钢丝，其性能要求和应用可参阅有关标准或规范。目前，已逐渐限制该类钢丝的一些应用。

（3）冷轧带肋钢筋

用热轧圆盘条冷轧后，在其表面带有沿长度方向均匀分布的横肋的钢筋，称为冷轧带肋钢筋。《冷轧带肋钢筋》GB/T 13788—2017 规定，冷轧带肋钢筋按延性高低分为冷轧带肋钢筋（CRB）和高延性冷轧带肋钢筋（CRB＋抗拉强度特征值＋H）两类，符号 C、R、B、H 分别表示冷轧（Cold rolled）、带肋（Ribbed）、钢筋（Bar）、高延性（High rlongation）四个词的英文首位字母。带肋钢筋分为 CRB550、CRB650、CRB800、CRB600H、CRB680H、CRB800H 六个牌号。CRB550、CRB600H 为普通钢筋混凝土用钢筋，CRB650、CRB800、CRB800H 为预应力混凝土用钢筋，CRB680H 既可作为普通钢筋混凝土用钢筋，也可作为预应力混凝土用钢筋使用。CRB550、CRB600H、CRB680H 钢筋的公称直径范围为 4～12mm，CRB650、CRB800、CRB800H 公称直径为 4mm、5mm、6mm。

（4）其他钢筋

预应力混凝土用钢丝、钢绞线、螺纹钢筋的力学性能和要求应分别符合《预应力混凝土用中强度钢丝》GB/T 30828—2014、《预应力混凝土用钢丝》GB/T 5223—2014、《预应力混凝土用钢绞线》GB/T 5224—2014 和《预应力混凝土用螺纹钢筋》GB/T 20065—2016 的规定。

1.7.3　钢材的锈蚀和防止

钢材的锈蚀是指钢材的表面与周围介质发生化学作用或电化学作用而遭到侵蚀而破坏

的过程。影响钢材锈蚀的主要因素是环境湿度、侵蚀性介质的性质及数量、钢材材质及表面状况等。

钢材的锈蚀包括化学锈蚀和电化学锈蚀两类。化学锈蚀是钢材表面直接与周围介质（如空气的氧化作用）发生化学作用而产生锈蚀，其周围温度和湿度增大而加快。而电化学锈蚀指钢材与电解质溶液接触产生电流，形成微电池而锈蚀。电化学锈蚀是最主要的钢材锈蚀形式。

钢材的锈蚀将伴随着体积的增大，在钢筋混凝土中会使周围的混凝土胀裂。钢材锈蚀的防止可采用下列方法：

(1) 保护层法。在钢筋表面施加金属保护层（如镀锌、镀锡、镀铬等）或非金属保护层（各种防锈涂料、塑料保护层、沥青保护层及搪瓷保护层等），使钢与周围介质隔离，防止钢筋锈蚀。

(2) 制成合金钢。在钢材中加入铬、镍、钛、铜等少量合金，制成不锈钢，可以提高耐锈蚀能力。

(3) 电化学保护法。一般采用牺牲阳极法，在钢结构附近埋设一些废钢铁，外接直流电源将阴极接在钢结构上，通电后阳极废钢铁被腐蚀，阴极钢结构受到保护。对不宜涂刷防锈层的钢结构，可采用阴极保护法，即在被保护的钢结构上连接一块比钢铁更为活泼的金属（如锌、镁等）成为阳极，这样作为阴极的钢结构被保护而不腐蚀。

1.8 沥青防水材料

防水材料是土建工程中不可缺少的材料，目前经常使用的是沥青及其制品。但随着化学工业的发展，高聚物改性沥青和合成高分子材料已得到很好的应用。

沥青是一种有机质胶凝材料，具有良好的不透水性、不导电性、耐腐蚀性能，热软冷硬，并具有与各种材料牢固粘结的特性，故在建筑工程上广泛用于防水、防腐、防潮工程及水工建筑和道路工程中。

沥青一般分为地沥青（包括天然沥青和石油沥青）和焦油沥青（包括煤沥青和页岩沥青）二类，工程中常用的是石油沥青，少量的为煤沥青。

1.8.1 石油沥青

石油沥青指石油原油经分馏提出各种石油产品（如汽油、煤油、柴油及润滑油等）后的残留物，再经加工制得的产品。

1. 组成

石油沥青的化学组成极为复杂，为便于分析研究和使用，常将其物理、化学性质相近的成分归类为若干组分。通常石油沥青分为油分、树脂质和沥青质三组分。

(1) 油分（油质） 在石油沥青中含量为40%～60%，它使石油沥青具有流动性。

(2) 树脂质（沥青脂胶） 在石油沥青中含量为15%～30%，它使石油沥青具有塑性与粘结性。

(3) 沥青质 在石油沥青中含量为10%～30%，它决定石油沥青的温度稳定性和黏性，其含量越多，石油沥青的软化点越高，脆性越大。

以上三大组分中，油分是沥青中最轻的组分。油分与树脂质可以相互溶解，树脂质能浸润沥青颗粒而在其表面形成薄膜，从而构成以沥青质为核心，周围吸附部分树脂质和油分的胶团，而无数胶团分散在油分中形成胶体结构。

2. 石油沥青的技术性质

(1) 黏滞性

黏滞性又称黏性或稠度，其反映沥青的软硬、稀稠程度。工程实用上，对液体石油沥青用黏度表示，反映液体沥青在流动时的内部阻力，其随温度的升高而降低。而对半固体或固体石油沥青的黏性用针入度表示，反映在规定的条件下刺入沥青的深度，针入度小，其黏度大，其反映沥青抵抗剪切变形的能力。

(2) 塑性

塑性指沥青在发生变形时不破裂的性质，通常用延伸度或延伸率来表示，其随温度的升高和沥青膜的增厚而增大。塑性良好的沥青可作柔性防水材料。

(3) 温度敏感性

温度敏感性是指石油沥青的黏滞性和塑性随温度升降而变化的性能，通常用沥青由固态变液态的软化点表示。软化点高，说明沥青的耐热性好，但软化点过高不易施工，软化点低夏季易融化变形。此外，温度降到一定低温时，沥青会变得像玻璃状态那样硬脆，沥青由弹性固态变到玻璃态的温度称脆化点。在寒冷地区使用沥青时，应防止其硬脆。故工程上对温度敏感性的考虑常随沥青使用场合而异，一般希望沥青有高软化点和低脆化点。

(4) 大气稳定性

大气稳定性是指沥青在环境介质的长期作用下抵抗老化的性能，它反映沥青的耐久性。大气的长期作用带来沥青中油分和树脂质含量的减少，塑性降低，从而使沥青变脆变硬。大气稳定性用加热损失的百分率来衡量，损失小表示耐久性高，反之耐久性低。

3. 石油沥青的品种与选用

我国石油沥青产品按用途分为道路石油沥青、建筑石油沥青和普通石油沥青等。石油沥青的牌号主要根据其针入度、延度和软化点等质量指标划分，以针入度值表示。每个牌号都有相应的质量指标，详见表 1-24。

建筑石油沥青、道路石油沥青技术标准　　表 1-24

质量指标	建筑石油沥青 GB/T 494—2010			道路石油沥青 NB/SH/T 0522-2010				
	10 号	30 号	40 号	200 号	180 号	140 号	100 号	60 号
针入度（25℃，100g，5s），(1/10mm)	10～25	26～35	36～50	200～300	150～200	110～150	80～110	50～80
延度（25°C，5cm/min）(cm) 不小于	1.5	2.5	3.5	20	100	100	90	70
软化点（环球法）(℃) 不低于	95	75	60	30～48	35～48	38～51	42～55	45～58
溶解度（%）不小于	99.0	99.0	99.0	99.0	99.0	99.0	99.0	99.0
蒸发后质量变化（163℃，5h）(%) 不大于	1.0	1.0	1.0	1.3	1.3	1.3	1.2	1.0

续表

质量指标	建筑石油沥青 GB/T 494—2010			道路石油沥青 NB/SH/T 0522-2010				
	10号	30号	40号	200号	180号	140号	100号	60号
蒸发后25℃针入度比（%）不小于	65	65	65	报告*	报告*	报告*	报告*	报告*
闪点（开口杯法）（℃）不低于	260	260	260	180	200	230	230	230

注：1. *报告应为实测值。
2. 测定蒸发损失后样品的25℃针入度与原25℃针入度之比，乘以100后，所得蒸发后针入度比。

同一品种的石油沥青，牌号越高，则其针入度越大，脆性越小；延度越大，塑性越好；软化点越低，温度敏感性越大。

道路石油沥青主要用于道路路面或车间地面等工程，一般拌制沥青混凝土或沥青砂浆使用。此外，道路石油沥青还可作密封材料和胶粘剂以及沥青涂料等。

建筑石油沥青针入度较小（黏性较大）、软化点较高（耐热性较好），但延伸度较小（塑性较小），主要用做制造防水材料、防水涂料和沥青嵌缝膏。它们绝大部分用于屋面及地下防水、沟槽防水、防腐蚀及管道防腐等工程。为避免夏季流淌，一般屋面用沥青材料的软化点应比本地区最高温度高20℃以上。

普通石油沥青由于含有较多的蜡，其温度敏感性、针入度较大，塑性较差，在建筑工程上不宜直接使用，否则须作改性处理。

1.8.2 煤沥青（煤焦油）

煤沥青是炼焦厂和煤气厂的副产品。烟煤在干馏过程中的挥发物，经冷凝成的黑黏液体称煤焦油，煤焦油再经分馏加工提取工业用油（如轻油、中油、重油等）后的残渣，即为煤沥青。按蒸馏程度不同，煤沥青分为低温沥青、中温沥青、高温沥青，建筑上多用低温煤沥青。

煤沥青与石油沥青相比，塑性差、温度稳定性差、大气稳定性差，但其含有毒的酚，故防腐性较好，适用于地下防水层或防腐材料。两者的简易鉴别方法见表1-25。

石油沥青与煤沥青的鉴别 **表1-25**

性质	石油沥青	煤沥青
密度（g/cm^3）	近于1.0	1.25～1.28
燃烧	烟少、无色、有松香味、无毒	烟多、黄色、臭味大、有毒
锤击	声哑、有弹性、韧性好	声脆、韧性差
颜色	呈辉亮褐色	浓黑色
溶解	易溶于煤油或汽油中，呈棕褐色	难溶于煤油或汽油中，呈黄绿色

1.8.3 改性沥青

为改善沥青材料在低温下硬脆冻裂和高温下热稳定性差等性能，用与石油沥青具有较好相溶性的聚合物（橡胶、树脂）掺入沥青中去，得到具有聚合物特性的沥青。改性沥青可分为橡胶改性沥青，树脂类改性沥青，橡胶、树脂并用改性沥青，再生胶改性沥青和矿物填充剂改性沥青等数种。

1. 橡胶改性沥青

沥青与橡胶的相容性较好，混溶后的改性沥青高温变形小，低温时具有一定的塑性。所用的橡胶有天然橡胶、合成橡胶（氯丁橡胶、丁基橡胶和丁苯橡胶等）和再生橡胶。其中以热塑性丁苯橡胶（SBS）沥青应用最普遍。SBS 橡胶具有橡胶与塑料的优点，常温下具有橡胶的弹性，高温下能像塑料那样熔融流动，成为可塑材料。SBS 沥青具有弹性好、延伸度大、软化点高和低温柔性好等优点。

2. 合成树脂类改性沥青

用树脂改性石油沥青，可以改进沥青的耐寒性、耐热性、粘结性和不透气性。由于石油沥青中含有芳香性化合物很少，树脂和石油沥青的相溶性较差。常用的树脂有古马隆树脂、聚乙烯、环氧树脂、无规聚丙烯（APP）等。

在建筑中应用最多的是无规聚丙烯树脂（APP）沥青。APP 沥青与石油沥青相比，其软化点高，针入度大，脆点低，而且黏度大，有良好的耐热和抗老化性，尤其适用于气温高的地区。

1.8.4　防水卷材

防水卷材是建筑工程防水材料中的重要制品之一，主要有沥青防水卷材、聚合物改性沥青防水卷材和合成高分子防水卷材三大类。沥青防水卷材是传统的防水卷材（俗称油毡），但因其性能远不及改性沥青，因此将逐渐被改性沥青卷材所替代。

1. 沥青防水卷材

沥青防水卷材是在胎基（如原纸、纤维织物等）上浸涂沥青后，再在表面撒布粉状或片状的隔离材料而制成的可卷曲的片状防水材料。按胎基材料的不同，分为沥青纸胎油毡、沥青玻璃布油毡、沥青玻璃纤维胎油毡、沥青麻布胎油毡等品种。后三者克服了纸胎抗拉力低，易腐烂、耐久性差的缺点。沥青防水卷材由于所采用的沥青材料温度敏感性大、低温柔性差、易老化，防水耐用年限短，故属低档的防水材料。

2. 改性沥青防水卷材

改性沥青防水卷材克服了传统沥青卷材的不足，高温不流淌，低温不脆裂，且可做成 4～5mm 的厚度，具有 10～20 年可靠的防水效果，是我国近期发展的主要防水卷材品种。

常用的有弹性体改性沥青防水卷材（SBS 卷材）、塑性体改性沥青防水卷材（APP 卷材）、聚氯乙烯改性焦油防水卷材（PVC 卷材）、再生胶改性沥青防水卷材等。这些防水卷材的使用特性和范围都随聚合物的品种与胎基的不同而不同。

SBS 卷材适用于工业与民用建筑的屋面及地下防水工程，尤其适用于较低气温环境的建筑防水。APP 卷材适用于工业与民用建筑的屋面及地下防水工程，尤其适用于高气温环境的建筑防水。再生胶改性沥青防水卷材适用于基层沉降较大或沉降不均匀的建筑物变形缝处的防水。PVC 卷材适用于冬季－18℃下施工。

3. 合成高分子防水卷材

合成高分子防水卷材是由合成橡胶、合成树脂或两者的共混体为基料，加入适量的化学助剂和填充料，经加工而成的可卷曲的片状防水材料。具有抗拉强度和抗撕裂强度高、断裂伸长率大、耐热性和低温柔性好、耐腐蚀、耐老化等一系列优异性能，是新型高档防水卷材。常见有三元乙丙橡胶（EPDM）防水卷材、聚氯乙烯（PVC）防水卷材、氯化聚乙烯—橡胶共混防水卷材等多种。

1.8.5 防水涂料

以水或溶剂稀释沥青、橡胶、合成树脂而成的溶液，然后涂刷或喷涂于防水的基层上，形成连续均匀的防水薄膜。防水涂料按稀释介质分为水乳型和溶剂性两类。防水涂料按防水膜成分分为沥青类、聚合物改性沥青类和合成高分子类。

1. 沥青防水涂料

（1）冷底子油

冷底子油是用建筑石油沥青加入有机挥发性溶剂（汽油、煤油、轻柴油）或用软化点50～70℃的煤沥青加入苯，溶合而配制成的沥青溶液。它的黏度小，能渗入混凝土、砂浆、木材等材料的毛细孔隙中，待溶剂挥发后，便与基面牢固结合，使基面具有一定的憎水性，为粘结同类防水材料创造了有利条件。冷底子油常随用随配，若贮存时，应使用密闭容器，以防溶剂挥发。冷底子油一般不单独使用，而作为防水材料的底层。先在基材上刷一层冷底子油作底层，然后再做防水层。

（2）水乳型沥青防水涂料

水乳型沥青防水涂料系以乳化沥青为基料，加入有乳化剂的水中，在机械强力搅拌下，将熔化的沥青微粒（$<10\mu m$）均匀地分散于溶剂中，使其形成稳定的悬浮体。沥青基本未改性或改性作用不大。乳化沥青涂刷在基材上，随着水分的蒸发，沥青颗粒凝聚成防水膜。

建筑使用的乳化沥青是一种棕黑色的水包油型（O/W）乳状液体，主要为防水用，温度在零度以上可以流动。与其他类型的涂料相比，其主要特点是在常温下操作，能在潮湿的基材上施工，且有相当大的粘结力。此外，这一类材料的价格便宜，施工机具容易清洗，因此在沥青基涂料中占有60%以上的市场。

但是，乳化沥青材料的稳定性不如溶剂型涂料和热熔型涂料。因此，贮存时间一般不超过半年，一般不能在0℃以下贮存和运输，也不能在0℃以下施工和使用。

2. 聚合物沥青防水涂料

指以沥青为基材，用合成高分子聚合物进行改性，制成的水乳型或溶剂型防水涂料。这类涂料在柔韧性、抗裂性、拉伸强度、耐高低温性能、使用寿命等方面比沥青基涂料有很大的改善。适用于Ⅰ、Ⅱ级防水等级的屋面、地面、混凝土地下室和卫生间等。

（1）氯丁橡胶沥青防水涂料

氯丁橡胶沥青防水涂料有溶剂型和水乳型两种，但其主要成膜物质都是氯丁橡胶和石油沥青。该防水涂料具有橡胶和沥青的双重优点，有较好耐久性、耐腐蚀性、成膜快、延伸性好、抗基层变形性能强，能适应多层复杂面层，能在常温和低温条件下施工，属中档防水涂料。在我国各大城镇应用较普遍。

（2）再生橡胶沥青防水涂料

再生橡胶沥青防水涂料有溶剂型JG-1防水冷胶料和水乳型JG-2防水冷胶料两种，两者都有良好的粘结性、耐热性、抗裂性、不透水性和抗老化性，可冷操作。它们与中碱玻璃丝布或无纺布配合使用做防水层，也可做嵌缝和防腐工程。

3. 聚氨酯防水涂料

聚氨酯防水涂料是一种化学反应型涂料，多以双组分形式使用，甲组分是预聚体，乙组分为含有多羟基的固化剂与增塑剂、稀释剂等，使用时两组混合后经固化反应，形成均匀而富有弹性的防水涂膜。

此种涂料具有延伸性好、抗拉强度和抗撕裂强度高、耐油、耐磨、耐海水、不燃烧等性能，可在−80～−30℃范围内使用，是一种高档防水涂料，可用于中高级公共建筑物的卫生间、水池等防水工程及地下室和有保护层的屋面防水工程。

4. 用于屋面防水工程的材料选择

根据建筑物的性质、重要程度、使用功能要求以及防水层合理使用年限等，将屋面防水等级分成Ⅰ、Ⅱ级，并按《屋面工程技术规范》GB 50345—2012 的规定选用防水材料，见表 1-26。

屋面防水等级和材料选用 GB 50345—2012　　**表 1-26**

项　目	屋面防水等级	
	Ⅰ	Ⅱ
建筑物类别	重要的建筑和高层建筑	一般的建筑
防水层选用材料	卷材防水层和卷材防水层；卷材防水层和涂膜防水层；复合防水层 卷材防水层可选用合成高分子防水卷材、高聚物改性沥青防水卷材； 涂膜防水层可选用高分子防水涂膜、聚合物水泥防水涂膜、高聚物改性沥青防水涂膜； 复合防水层可选用合成高分子防水卷材＋合成高分子防水涂膜；自粘聚合物改性沥青防水卷材＋合成高分子防水涂膜；高聚物改性沥青防水卷材＋高聚物改性沥青防水涂膜；聚乙烯丙纶卷材＋聚合物水泥胶结材料	卷材防水层；涂膜防水层；复合防水层
设防要求	两道防水设防	一道防水设防

1.9 保温材料

1.9.1 保温材料的基本特性

保温材料是指对热流具有显著阻抗的材料或材料复合体。保温材料以轻质、多孔、吸湿性小、不易腐烂的有机物为最佳。建筑工程中使用的保温材料，一般要求其热导系数不大于 0.175W/(m·K)，表观密度不大于 $600kg/m^3$，抗压强度不小于 0.3MPa。

导热系数（λ）是衡量保温材料性能优劣的主要指标，λ 越小，则通过材料传递的热量越少，保温隔热性能就越好。材料的导热系数取决于材料的组分、内部结构、表观密度以及传热时的环境温度和材料的含水量。通常，表观密度小的材料其孔隙率大，材料的导热系数小；孔隙率相同时，孔隙尺寸大，导热系数就大；孔隙相互连通比相互不连通（封闭）者的导热系数大。纤维制品的表观密度小于最佳表观密度（λ 值最小时的表观密度）时，表明制品中纤维之间的空隙过大，易引起空气对流，其 λ 值增大。保温材料受潮后，其 λ 值增大，因为水的λ值［0.58W/(m·K)］远大于密闭空气的导热系数［0.023W/(m·K)］。当受潮的保温材料受到冰冻时，其导热系数会进一步增加，因为冰的λ值为［2.33W/(m·K)］，比水大。因此保温材料应特别注意防潮。

当材料处于0～50℃范围内时，其λ值基本不变。在高温时，材料的λ值随温度的升高而增大。对各向同性材料，当热流平行于纤维延伸方向时，热流受到的阻力小，其λ值较大；而热流垂直于纤维延伸方向时，受到的阻力大，其λ值就小。

1.9.2 常用的保温材料

1. 纤维状保温材料

由连续的气相与无机纤维状固相组成的材料。常用的无机纤维有矿棉、玻璃棉等，可制成板或筒状制品。

矿棉一般包括矿渣棉和岩石棉。矿渣棉以工业废料高炉矿渣（如高炉硬矿渣、铜矿渣等）为主要原料，辅以适量的溶剂型材料（含氧化钙、氧化硅的原材料），经熔化、高速离心法或喷吹法等工序制成的一种棉丝状的保温、隔热、吸声、防振的无机纤维材料。它具有轻质、不燃、导热系数低、防蛀、耐腐蚀、化学稳定性强等性能。以沥青为胶粘剂，可制成沥青矿渣棉毡或沥青矿渣棉硬质板，用做保温墙板填充料及复合墙板。

岩石棉是以天然岩石（白云石、花岗石、玄武岩等）为主要原料，经焦炭（燃料）熔融后，用喷射法或离心法制成的一种无机短纤维材料。常做成岩棉板或岩棉保温带等制品，用于罐体、锅炉、管道等的保温隔热，也可用于楼房地面的保温。

2. 粒状保温材料

由连续的气相与无机颗粒状固相组成的材料。常用的固相材料有珍珠岩、膨胀蛭石等。

膨胀珍珠岩是由天然珍珠岩煅烧而成的，呈蜂窝泡沫状的白色或灰白色颗粒，是一种高效能的保温材料。它具有质量轻、导热系数小、化学稳定性强、不燃、无毒、耐腐蚀等特点。建筑上广泛用于围护结构、低温及超低温保冷设备、热工设备等处的隔热保温。

膨胀珍珠岩制品是以膨胀珍珠岩为主，配合适量胶凝材料（水泥、水玻璃、磷酸盐、沥青等），经拌合、成型、养护（或干燥，或固化）后制成的具有一定形状的板、块、管壳等制品，可作为建筑物或构筑物的保温材料及各种管道、热工设备的保温材料。

蛭石是一种天然矿物，在850～1000℃温度下煅烧时，体积急剧膨胀，单个颗粒的体积能膨胀约20倍。膨胀蛭石可以呈松散状铺设于墙壁、楼板、屋面等夹层中，作为绝热、隔声材料；也可以与水泥、水玻璃等胶凝材料配合浇制成板，用于墙、楼板和屋面板等构件的绝热。

3. 多孔状保温材料

多孔类材料是由固相和孔隙良好的分散材料组成的材料。主要有泡沫类和发气类产品。

泡沫混凝土是在水泥浆中加入发泡剂制成的多孔、轻质、保温、隔热、吸声材料。泡沫混凝土材料的造价高，耗用水泥多，在锯割和运输过程中极易被损坏。

加气混凝土是用水泥、砂、矿渣或粉煤灰和发气剂（铝粉），经磨细配料、浇筑、切割、蒸压养护等工序制成的一种轻质多孔、保温隔热的材料。可用做墙体砌块、屋面板、墙板、保温块等。加气混凝土的配筋构件不宜在高温、高湿以及有化学侵蚀的环境介质下使用。

常用保温材料技术性能见表 1-27。

常用保温材料技术性能及用途　　**表 1-27**

材料名称	表观密度 (kg/m^3)	强度 (MPa)	导热系数 [W/(m·K)]	最高使用温度 (℃)	用途
矿渣棉纤维	110～130		0.044	≤600	填充材料
岩棉纤维	80～150		0.044	250～600	填充材料、屋面、热力管道等
岩棉制品	80～160	f_t>0.012	0.04～0.052	≤600	
膨胀珍珠岩	40～300		常温：0.02～0.044 高温：0.06～0.170 低温：0.02～0.038	≤800	高效能保温保冷填充材料
水泥膨胀珍珠岩制品	300～400	f_c：0.5～1.0	常温：0.05～0.081 低温：0.081～0.12	≤600	保温隔热用
水玻璃膨胀珍珠岩制品	200～300	f_c：0.6～1.7	常温：0.056～0.093	≤650	保温隔热用
沥青膨胀珍珠岩制品	200～500	f_c：0.2～1.2	0.093～0.12		用于常温及负温部位的绝热
膨胀蛭石	80～900		0.046～0.070	1000～1100	填充材料
水泥膨胀蛭石制品	300～550	f_c：0.2～1.15	0.076～0.105	≤600	保温隔热用
微孔硅酸盐制品	250	f_c>0.5 f_t>0.3	0.041～0.056	≤650	围护结构及管道保温
泡沫混凝土	300～500	f_c≥0.4	0.081～0.19		围护结构
加气混凝土	400～700	f_c≥0.4	0.093～0.16		围护结构

思　考　题

1.1　工程材料的定义和分类

1. 工程材料按化学成分可分哪几类？试举例说明。
2. 工程材料按使用功能可分哪几类？试举例说明。

1.2　常用工程材料的基本性质

1. 何谓材料的实际密度、体积密度和堆积密度？如何计算？
2. 何谓材料的密实度和孔隙率？两者有什么关系？
3. 何谓材料的填充率和空隙率？两者有什么关系？
4. 建筑材料的亲水性与憎水性在建筑工程中有什么实际意义？
5. 材料的质量吸水率和体积吸水率有何不同？什么情况下采用体积吸水率或质量吸水率来反映材料的吸水性？
6. 何谓材料的吸水性、吸湿性、耐水性、抗渗性和抗冻性？各用什么指标表示？
7. 软化系数是反映材料什么性质的指标？为什么要控制这个指标？

8. 材料的孔隙率与孔隙特征对材料的体积密度、吸水性、吸湿性、抗渗性、抗冻性、强度及保温隔热等性能有何影响？

9. 导热系数、热阻分别表示材料什么性质的指标？两者有什么关系？其大小对建筑材料的保温隔热性能有何影响？

10. 何谓材料强度、比强度？两者有什么关系？

11. 何谓材料的弹性和塑性、脆性和韧性？

12. 何谓材料的耐久性？它包括哪些内容？提高材料耐久性的措施有哪些？

1.3 水　　泥

1. 硅酸盐水泥熟料是由哪几种矿物组成的？水化硬化后哪一种生成物对水泥石强度和性质起主导作用？

2. 影响硅酸盐水泥硬化速度快慢的因素主要有哪些？

3. 水泥有哪些主要技术性质？如何测试与判别？

4. 初凝时间与终凝时间有什么意义？

5. 什么是水泥的体积安定性？产生安定性不良的原因是什么？

6. 水泥石中的$Ca(OH)_2$是如何产生的？它对水泥石的抗软水及海水的侵蚀性有利还是不利？为什么？

7. 水泥石会受到哪几种介质的腐蚀，应如何防止？

8. 什么是水泥的混合料？在硅酸盐水泥中掺混合料起什么作用？

9. 试分析硅酸盐水泥、普通水泥、矿渣水泥、火山灰水泥和粉煤灰水泥性质的异同点，并说明产生差异的原因。

10. 硅酸盐水泥在使用中有哪些优缺点，贮存中应注意什么？水泥过期、受潮后如何处理？

1.4 混 凝 土

1. 混凝土有哪几种分类？并作一些说明。

2. 普通混凝土的组成材料有哪几种，在混凝土凝固硬化前后各起什么作用？

3. 普通混凝土的外加剂有几种，各起什么作用？

4. 什么是混凝土拌合物的和易性？它有哪些含义？

5. 影响混凝土拌合物和易性的因素有哪些，如何影响？

6. 什么是砂率？合理砂率的意义是什么？

7. 怎样确定混凝土强度等级？采取哪些措施可提高混凝土强度？

8. 怎样改善混凝土的抗渗性和抗冻性？

9. 混凝土配合比设计的任务是什么，需要确定的三个参数是什么，怎样确定？

10. 某混凝土试拌调整后，各材料用量分别为水泥3.1kg、水1.86kg、砂6.24kg、碎石12.84kg，并测得拌合物表观密度为2450kg/m^3。试求1m^{3}混凝土的各材料实际用量。

11. 如何配制防水混凝土？说明其应用范围。

1.5 建筑砂浆

1. 建筑砂浆按用途可分为哪几种？各有什么作用？

2. 水泥砂浆中水泥强度等级的选用原则是什么？

3. 新拌砂浆的和易性如何测定？和易性不良的砂浆对工程质量会有哪些影响？

4. 怎样确定砌筑砂浆的强度等级？

5. 如何选择抹面砂浆？
6. 防水砂浆材料组成和施工工艺有何要求？

1.6　块体材料

1. 砌墙砖有哪几类？它们各有什么特性？
2. 烧结普通砖、多孔砖与空心砖的尺寸规格各是多少？
3. 普通烧结砖有哪些优缺点？
4. 多孔砖与空心砖在使用上有何不同？
5. 建筑工程中常用的非烧结砖有哪几种？
6. 何谓砌块？按材质分类，墙用砌块有哪几类？
7. 如何确定石材的强度等级？
8. 砌筑用石材有哪几类？它们之间有何区别？

1.7　建筑钢材

1. 钢材的化学成分对其性能有什么影响？
2. 碳素结构钢如何划分牌号？其牌号与性能之间的关系如何？
3. 说明下列钢材牌号的含义：Q235-A・F；Q235-B。
4. 普通低合金高强度结构钢的牌号如何表示？为什么工程中广泛使用低合金高强度结构钢？
5. 低合金钢与碳素结构钢有什么不同？性能上有何优越性？
6. 热轧钢筋划分几级，性能上有何差别？
7. 钢筋的锈蚀原因及防腐措施有哪些？

1.8　沥青防水材料

1. 石油沥青有哪些组分？其对沥青的性质有何影响？
2. 石油沥青有哪些主要技术性质？各用什么指标表示？
3. 石油沥青的牌号如何划分？牌号大小说明什么问题？
4. 煤沥青与石油沥青相比性能有什么不同？
5. 与传统的沥青防水卷材相比较，改性沥青防水卷材和合成高分子防水卷材有什么突出的优点？
6. 防水涂料有几类？试说明各类的主要品种的性能与用途。
7. 建筑工程屋面的防水等级分几级？如何选择屋面的防水材料？有何设防要求？

1.9　保温材料

1. 何谓保温材料？
2. 用什么技术指标来评定材料保温隔热性能的好坏？
3. 为什么使用保温材料时要特别注意防水防潮？
4. 常用的保温材料有哪些类型？

第 2 章　建筑物与构筑物的构造

2.1　概　　述

2.1.1　建筑物分类与等级划分

建筑物与构筑物都是为人们提供服务的土木工程设施。供人们进行生产、生活或其他活动的房屋或场所称为建筑物，如工业建筑、民用建筑、农业建筑和园林建筑等。人们不直接在内进行生产和生活活动的场所称为构筑物，如水塔、蓄水池、过滤池、澄清池、沼气池等。

1. 建筑物的分类

建筑物可以从多方面进行分类，常见的分类方法有以下几种：

(1) 按使用性质（或使用功能）分类

1）生产性建筑：工业建筑、农业建筑

①工业建筑：是指为生产服务的各类建筑。如生产车间、辅助车间、动力用房、仓储建筑等。厂房类建筑又可以分为单层厂房和多层厂房两大类。

②农业建筑：是指用于农业、畜牧业生产和加工的建筑。如温室、畜禽饲养场、粮食与饲料加工站、农机修理站等。

2）非生产性建筑：民用建筑

民用建筑：提供人们居住和进行公共活动的建筑的总称。民用建筑按使用功能可分为居住建筑和公共建筑两大类。

① 居住建筑：提供人们居住使用建筑。居住建筑可分为住宅建筑和宿舍建筑，如住宅、公寓、别墅、宿舍等。

② 公共建筑：提供人们进行各种公共活动的建筑。如行政办公建筑、文教建筑、科研建筑、医疗建筑、商业建筑、观览建筑、旅馆建筑、交通建筑、通信广播建筑等。

(2) 按结构类型分类

根据承重构件选用材料、传力方法的不同，结构类型主要有以下几种。

1）木结构：这种结构是单纯由木材或主要由木材承受荷载，并通过各种金属连接件或榫卯进行连接和固定。由于结构由天然材料所组成，受到材料本身条件的限制，这种结构多用在民用和中小型工业厂房的屋盖中。

2）砌体结构：这种结构的竖向承重构件的材料是砌体，而水平承重构件采用钢筋混凝土楼板及屋面板。这种结构一般用于低、多层建筑中。

3）混凝土结构：这种结构的竖向承重构件和水平承重构件的材料均采用钢筋混凝土或预应力钢筋混凝土。常用的有钢筋混凝土框架结构、框架-剪力墙结构、剪力墙结构等。

这种结构一般用于多层和高层建筑中。

4）钢结构：若竖向承重构件的材料采用钢筋混凝土，而水平承重构件由钢材制成，则称为半钢结构。若竖向、水平承重构件均由钢材制成，则称为全钢结构。这种结构一般用于大跨度或高层建筑中。

（3）按建筑高度或层数分类

民用建筑按地上建筑高度或层数进行分类，应符合下列规定：

1）建筑高度不大于 27.0m 的住宅建筑、建筑高度不大于 24.0m 的公共建筑及建筑高度大于 24.0m 的单层公共建筑为低层或多层民用建筑。

2）建筑高度大于 27.0m 的住宅建筑和建筑高度大于 24.0m 的非单层公共建筑，且高度不大于 100.0m 的，为高层民用建筑。

3）建筑高度大于 100.0m 的为超高层建筑。

民用建筑的分类应符合表 2-1 的要求。一般建筑按层数划分时，公共建筑和宿舍建筑 1～3 层为低层，4～6 层为多层，大于等于 7 层为高层；住宅建筑 1～3 层为低层，4～9 层为多层，10～18 层为高层二类，19～26 层为高层一类。

民用建筑的分类 GB 50016—2014（2018 年版）　　**表 2-1**

名称	高层民用建筑		单、多层民用建筑
	一类	二类	
住宅建筑	建筑高度大于 54m 的住宅建筑（包括设置商业服务网点的住宅建筑）	建筑高度大于 27m，但不大于 54m 的住宅建筑（包括设置商业服务网点的住宅建筑）	建筑高度不大于 27m 的住宅建筑（包括设置商业服务网点的住宅建筑）
公共建筑	1. 建筑高度大于 50m 的公共建筑； 2. 建筑高度 24m 以上部分任一楼层建筑面积大于 1000m^2 的商店、展览、电信、邮政、财贸金融建筑和其他多种功能组合的建筑； 3. 医疗建筑、重要公共建筑、独立建造的老年人照料设施； 4. 省级及以上的广播电视和防灾指挥调度建筑、网局级和省级电力调度建筑； 5. 藏书超过 100 万册的图书馆、书库	除一类高层公共建筑外的其他高层公共建筑	1. 建筑高度大于 24m 的单层公共建筑； 2. 建筑高度不大于 24m 的其他公共建筑

注：1. 表中未列入的建筑，其类别应根据本表类比确定。
2. 除本规范另有规定外，宿舍、公寓等非住宅类居住建筑的防火要求，应符合本规范有关公共建筑的规定。
3. 除本规范另有规定外，裙房的防火要求应符合有关高层建筑的规定。

2. 建筑物的等级划分

建筑物的等级包括耐久等级、耐火等级和工程等级三部分。

（1）耐久等级

建筑物耐久等级的指标是设计使用年限。设计使用年限的长短是依据建筑物的性质决定的，而影响建筑寿命长短的主要因素是结构构件的选材和结构体系。

在《民用建筑设计统一标准》GB 50352—2019 中对建筑物的设计使用年限规定如下。

1 类：设计使用年限 5 年，临时性建筑。

2 类：设计使用年限 25 年，易于替换结构构件的建筑。

3 类：设计使用年限 50 年，普通建筑和构筑物。

4 类：设计使用年限 100 年，纪念性建筑和特别重要的建筑。

大量性建筑的建筑（如住宅）属于次要建筑，其设计使用年限应为 3 类。

（2）耐火等级

耐火等级取决于房屋主要构件的耐火极限和相应所用材料的燃烧性能。耐火极限是指在标准耐火试验条件下，建筑构件、配件或结构从受到火的作用时起，至失去承载能力、完整性或隔热性时止所用时间，用小时表示。材料的燃烧性能按材料燃烧的难易程度分为可燃烧性材料（如木材等）、难燃烧性材料（如木丝板等）和不燃烧性材料（如砖、石材等）。《建筑设计防火规范（2018 年版）》GB 50016—2014 根据构件的燃烧性能和耐火极限、建筑物的性质与使用要求，将建筑物耐火等级分为四级，一级的耐火性能最好，四级最差，一般性的建筑按二、三级耐火等级设计。表 2-2 列出了民用建筑不同耐火等级建筑的允许建筑高度或层数、防火分区最大允许建筑面积的要求。

不同耐火等级建筑的允许建筑高度或层数、防火分区最大允许建筑面积 GB 50016—2014（2018 年版） **表 2-2**

<table>
<tr><th>名称</th><th>耐火等级</th><th>允许建筑高度或层数</th><th>防火分区间的最大允许建筑面积（m²）</th><th>备注</th></tr>
<tr><td>高层民用建筑</td><td>一、二级</td><td>按 GB 50016—2014（2018 年版）第 5.1.1 条确定</td><td>1500</td><td>对于体育馆、剧场的观众厅防火分区的最大允许建筑面积可适当增加</td></tr>
<tr><td rowspan="3">单、多层民用建筑</td><td>一、二级</td><td>按 GB 50016—2014（2018 年版）第 5.1.1 条确定</td><td>2500</td><td>对于体育馆、剧场的观众厅防火分区的最大允许建筑面积可适当增加</td></tr>
<tr><td>三级</td><td>5 层</td><td>1200</td><td rowspan="2"></td></tr>
<tr><td>四级</td><td>2 层</td><td>600</td></tr>
<tr><td>地下或半地下建筑（室）</td><td>一级</td><td>—</td><td>500</td><td>设备用房的防火分区最大允许建筑面积不应大于 1000m²</td></tr>
</table>

注：1. 表中规定的防火分区最大允许建筑面积，当建筑内设置自动灭火系统时，可按本表的规定增加 1.0 倍；局部设置时，防火分区的建筑面积可按该局部面积的 1.0 倍计算。

2. 裙房与高层建筑主体之间设置防火墙时，裙房的防火分区可按单、多层建筑的要求确定。

3. 工程等级

建筑物的工程等级按其复杂程度分为六级，详见表 2-3。

建筑物的工程等级 **表 2-3**

<table>
<tr><th>工程等级</th><th>工程主要特征</th><th>工程范围举例</th></tr>
<tr><td>特级</td><td>1. 列为国家重点项目或以国际性活动为主的特高级大型公共建筑
2. 有全国性历史意义或技术要求特别复杂的中小型公共建筑
3. 30 层以上建筑
4. 高大空间有声、光等特殊要求的建筑物</td><td>国宾馆、国家大会堂、国际会议中心、国际体育中心、国际贸易中心、国际大型航空港、国际综合俱乐部、重要历史纪念建筑、国家级图书馆、博物馆、美术馆、剧院、音乐厅、三级以上人防等</td></tr>
</table>

续表

工程等级	工程主要特征	工程范围举例
一级	1. 高级大型公共建筑 2. 有地区性历史意义或技术要求复杂的中、小型公共建筑 3. 29 层以下或超过 50m 高的公共建筑	高级宾馆、旅游宾馆、高级招待所、别墅、省级展览馆、博物馆、图书馆、科学试验研究楼（包括高等院校）、高级会堂、高级俱乐部、≥300 床位医院、疗养院、医疗技术楼、大型门诊楼、大中型体育馆、室内游泳馆、室内滑冰馆、大城镇火车站、航运站、候机楼、摄影棚、邮电通信楼、综合商业楼、高级餐厅、四级人防、五级平战结合人防等
二级	1. 大中型公共建筑 2. 技术要求较高的中小型建筑 3. 16 层以上，29 层以下住宅	大专院校教学楼、档案楼、礼堂、电影院、部省级机关办公楼、300 床位以下（不含 300 床位）医院、疗养院、地市级图书馆、文化馆、少年宫、俱乐部、排演厅、报告厅、风雨操场、大中城镇汽车客运站、中等城镇火车站、邮电局、多层综合商场、风味餐厅、高级小住宅等
三级	1. 中级、中型公共建筑 2. 7 层以上（含 7 层），15 层以下有电梯的住宅或框架结构的建筑	重点中学、中等专业学校教学楼、实验楼、电教楼、社会旅馆、饭馆、招待所、浴室、邮电所、门诊所、百货楼、托儿所、幼儿园、综合服务楼、一、二层商场、多层食堂、小型车站等
四级	1. 一般中小型公共建筑 2. 7 层以下无电梯的住宅、宿舍及砖混建筑	一般办公楼、中小学教学楼、单层食堂、单层汽车库、消防车库、消防站、蔬菜门市部、粮站、杂货店、阅览室、理发室、水冲式公共厕所等
五级	一、二层单功能、一般小跨度结构建筑	同特征

2.1.2　建筑物的构造组成及影响构造的因素

1. 建筑物的构造组成

建筑物由基础、墙、楼（地）面、楼梯、屋顶、门窗等主要部分组成，如图 2-1 所示。

（1）基础是地下的承重构件，承受建筑物的全部荷载，并下传给地基。

（2）墙是建筑物的承重与围护构件，承受屋顶和楼层传来的荷载，并将这些荷载传给基础。围护作用主要体现在抵御各种自然因素的影响与破坏。

（3）楼（地）面是楼房建筑物中的水平承重构件，承受着家具、设备和人等的重量，并将这些荷载传给墙或柱。

（4）楼梯是建筑中的垂直交通设施，供人们平时上下和紧急疏散时使用。

（5）屋顶是建筑物顶部的围护和承重构件，由屋面构造层和屋面板两部分组成。屋面抵御自然界雨、雪的侵袭，屋面板承受着建筑物顶部的荷载。

（6）门主要作用是内外交通联系及分隔房间；窗的主要作用是采光和通风。门、窗属于非承重构件。

（7）除上述六大组成部分外，还有一些附属部分，如阳台、雨篷、挑檐、台阶、散水、勒脚、烟囱等。

建筑各组成部分起着不同的作用，但概括起来主要是两类：承重结构和围护结构。建筑构造设计主要侧重于围护结构的构造与建筑构配件的设计。

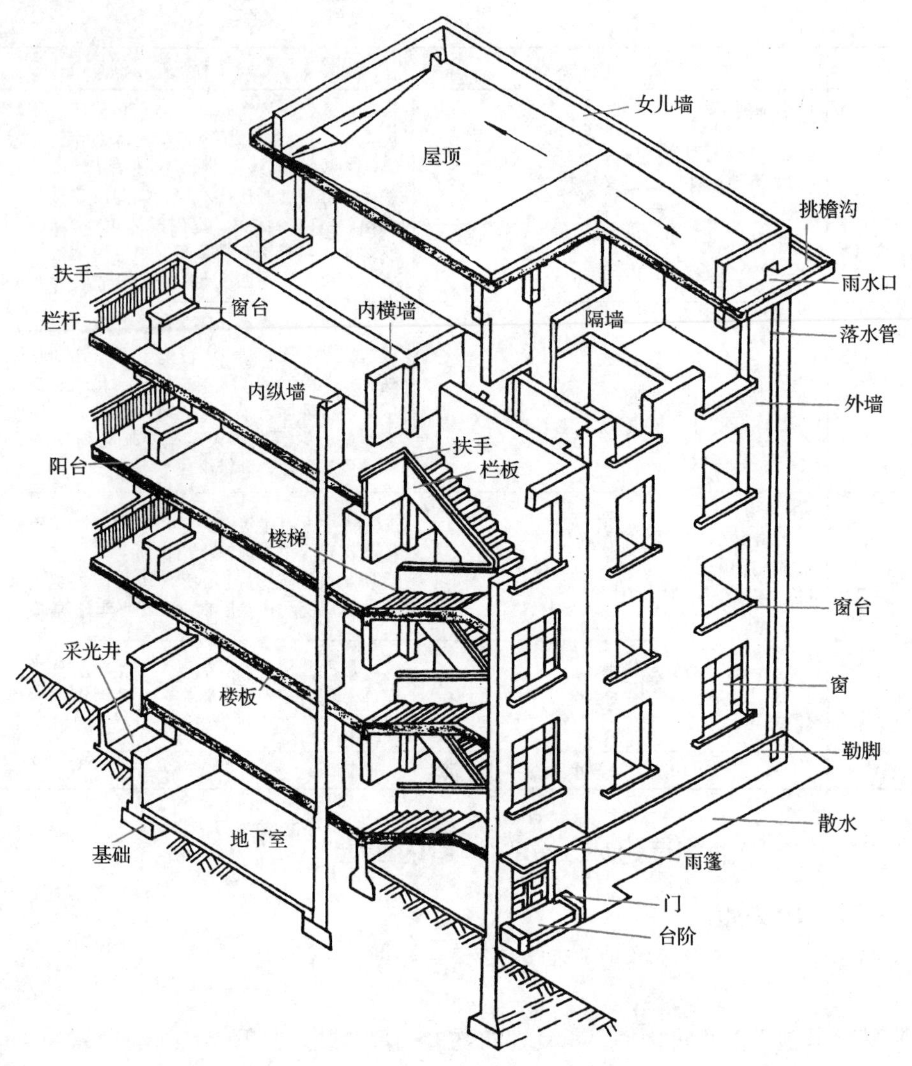

图 2-1　民用建筑的构造组成

2. 影响建筑物构造的因素

影响建筑物构造的因素很多，主要有：

(1) 外力的影响

外力又称荷载。作用在建筑物上的荷载有恒载（如结构自重等）和活载（如人群、家具和设备的重量等）；竖向荷载（如结构自重，人群、家具及设备的重量，雪荷载等）和水平荷载（如风荷载、水平地震作用等）。荷载的大小对结构和构件的选材、断面尺寸、形式的影响很大。不同的结构类型又带来构造方法的变化。

(2) 自然气候的影响

自然气候的影响是指风吹、日晒、雨淋、积雪、冰冻、地下水、地震等因素给建筑物带来的影响。为防止自然因素对建筑物带来的破坏和保证其正常使用，在进行房屋设计时，应采取相应的防潮、防水、隔热、保温、隔汽、设伸缩缝、防震等构造措施。

（3）人为因素的影响

人为因素是指火灾、机械振动、噪声、化学腐蚀、虫害等影响。在进行构造设计时，应采取相应的防护措施。

（4）建筑技术条件的影响

建筑技术条件是指建筑材料、建筑结构、建筑施工等方面的客观技术水平与状态。随着这些技术内涵的发展与变化，建筑构造也在改变，所以建筑构造做法不能脱离一定的建筑技术条件而存在。

（5）建筑标准的影响

建筑标准一般指装修标准、设备标准、造价标准等方面。标准高的建筑，装修质量好，设备齐全而档次高，造价也较高，反之则较低；标准高的建筑，构造做法考究，反之则做法一般。通常，大量性建筑多属于一般标准的建筑，构造做法也多为常规做法；而大型建筑、公共建筑其标准要求较高，构造做法复杂，尤其是美观因素考虑较多。

2.2 基　　础

2.2.1 地基与基础的概念

1. 地基

地基是指支承基础的土体或岩体。地基从上至下由若干层性质不同的土层组成，作为建筑物的地基土可分为岩石、碎石土、砂土、粉土、黏性土和人工填土。地基有天然地基和人工地基两类。天然地基是指具有足够的承载能力，在荷载作用下的压缩变形不超过允许范围，可以支承建筑物基础的天然土（岩）层。人工地基是指不具有充分承载能力的淤泥、淤泥质土、冲填土、杂填土或其他高压缩性的软弱土层经过人工加固处理而成的建筑物地基。直接承受基础荷载的一定厚度的地基土层称为持力层。

在建筑物的地基内有地下水存在时，地下水位的变化、水的侵蚀性等对建筑物的稳定性、施工及正常使用都有很大的影响，必须予以重视。

2. 基础

基础是指将建筑物所承受的各种作用传递到地基上的结构组成部分。图 2-2 所示为一外墙基础剖面。基础与地基接触的部分称为基础底面（简称基底），由室外地面到基底的深度称为基础埋置深度（简称基础埋深）。在寒冷地区的冬季结冰期，土的冻结层厚度称为冻结深度。冻结层的下边缘称为冰冻线，地下水的上表面称为地下水位。大放脚、基础埋深、基础宽度、持力层等是地基基础涉及的几个相关概念。

2.2.2 基础的类型和构造

基础的类型很多，划分方法也不尽相同。按基础的材料及受力来划分，可分为刚性基础（指用砖、块石、毛石、素混凝土、三合土和灰土等抗压强度大而抗拉强度小的刚性材料做成的基础）；柔性基础（指用抗压、抗拉强度均较高的钢筋混凝土制成的基础）。按基础的构造形式来划分，可分为条形基础、独立基础、筏形基础、箱形基础、桩基础等。

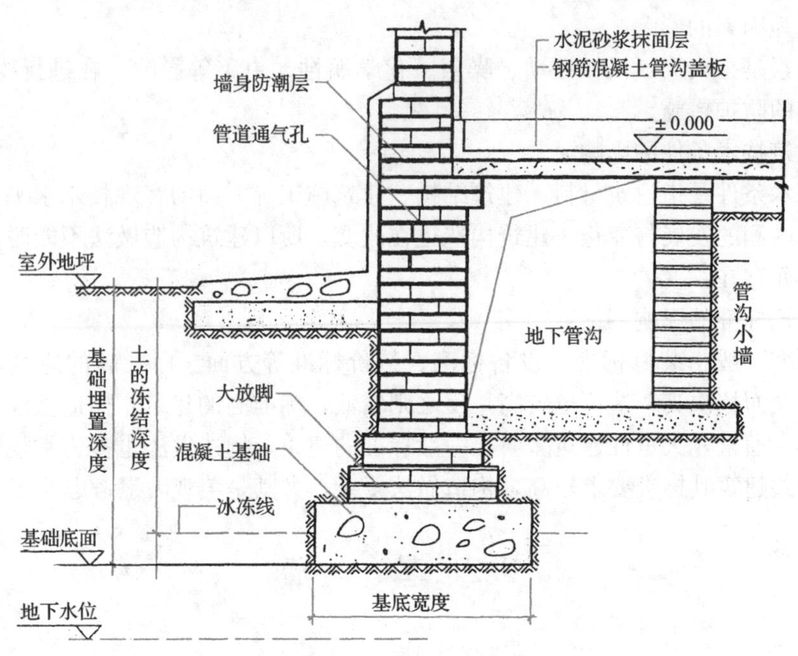

图 2-2　外墙基础剖面

1. 刚性基础

由于刚性材料的特点，这种基础只适合于受压而不适合受弯、受拉和受剪，因此基础剖面尺寸必须满足刚性条件的要求。一般砌体结构房屋的基础常采用刚性基础。

（1）灰土基础与三合土基础

灰土是经过消解后的生石灰和黏性土按一定的比例拌合而成，其配合比常用石灰∶黏性土为 3∶7 或 2∶8。当基础采用灰土时，形成灰土基础（图 2-3）。灰土基础的厚度与建筑层数有关，4 层及 4 层以上的建筑物，一般采用 450mm；3 层及 3 层以下的建筑物，一般采用 300mm。夯实后的灰土厚度每 150mm 称“一步”灰土，300mm 可称为“两步”灰土。这种基础在北方应用较多，适合于五层和五层以下、地下水位较低的砌体结构房屋和墙体承重的工业厂房。

三合土基础是用石灰、砂、骨料（碎砖）三种材料，按 1∶2∶4～1∶3∶6 的体积比进行配合，然后在基槽内分层夯实，每层夯实前虚铺 220mm，夯实后净剩 150mm。当基础采用三合土时，形成三合土基础（图 2-4），这种基础在南方地区应用较广，一般适用于四层以下房屋的基础。

（2）砖基础

当砖墙下的基础所用材料与墙身相同时，称为砖基础（图 2-5）。砖基础采用强度等级不低于 MU10 的砖与不低于 M5 的砂浆砌筑。基础墙的下部要做成阶梯形（即大放脚），以使上部的荷载能均匀地传到地基上。这种基础适用于地基坚实、均匀，上部荷载较小，六层和六层以下的一般民用建筑和墙承重的轻型厂房基础工程。

（3）毛石基础

毛石基础是指采用强度等级不低于 MU30 的毛石与不低于 M5 的砂浆砌筑而成的基础（图 2-6）。毛石形状不规则，一般应搭板满槽砌筑。毛石基础厚度和台阶高度均不宜小于

400mm，当台阶多于两阶时，每个台阶伸出宽度不宜大于 150mm。为便于砌筑上部砖墙，可在毛石基础的顶面浇铺一层 60mm 厚、C10 的混凝土找平层。这种基础在寒冷潮湿地区可用于六层以下建筑物基础。但其整体性欠佳，故有振动的房屋很少采用。

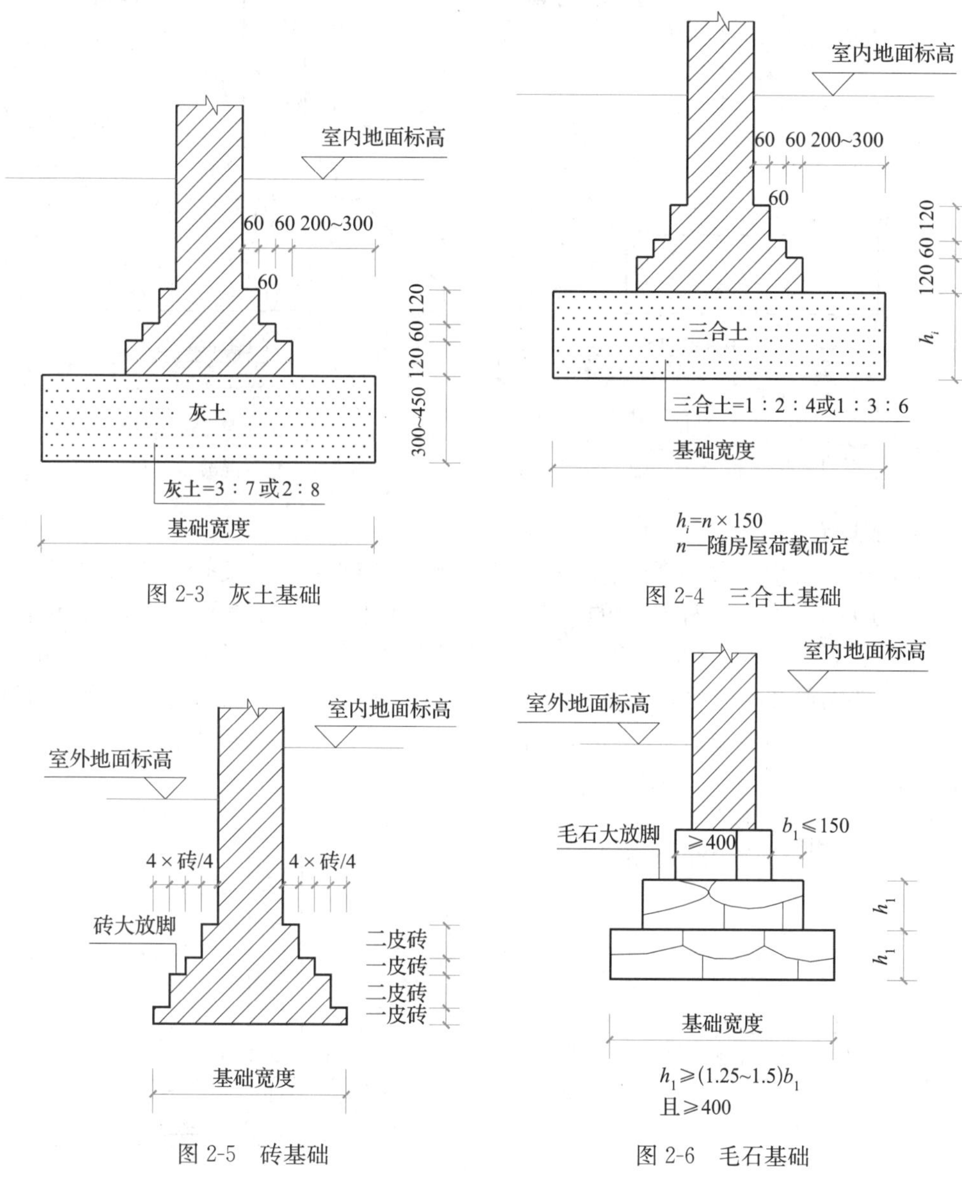

图 2-3　灰土基础

图 2-4　三合土基础

图 2-5　砖基础

图 2-6　毛石基础

（4）混凝土基础

当地下水位较高，基槽潮湿或有水时，则采用混凝土或毛石混凝土浇筑的基础。混凝土基础有阶梯形和锥形两种。混凝土基础的厚度一般为 300～500mm，混凝土强度为 C15。混凝土基础的宽高比为 1∶1（图 2-7）。

（5）毛石混凝土基础

为了节约水泥用量，对于体积较大的混凝土基础，可以在浇筑混凝土时加入 20%～30%的毛石，形成毛石混凝土。当基础采用毛石混凝土时，称为毛石混凝土基础

（图 2-8）。这种基础的尺寸不宜超过 300mm。如果地下水对普通水泥有侵蚀作用时，应采用矿渣水泥或火山灰水泥拌制混凝土。

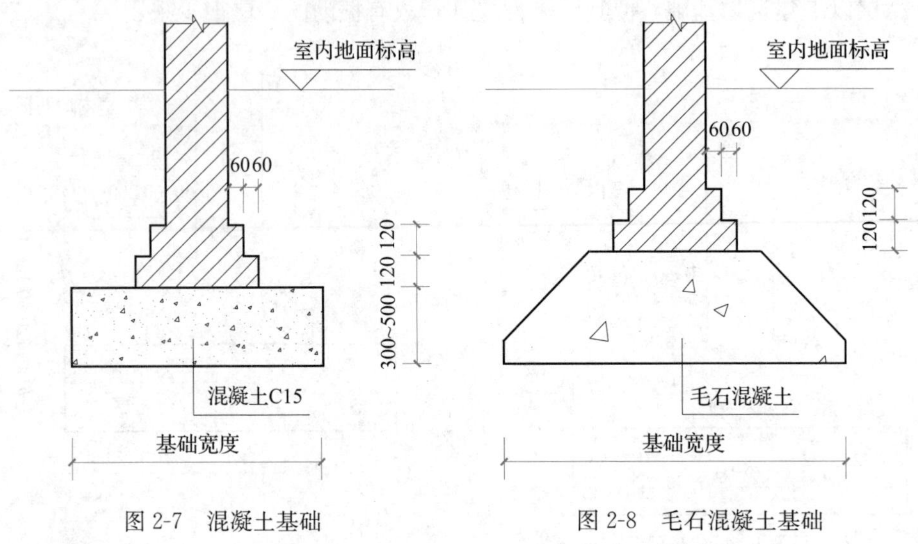

图 2-7 混凝土基础　　图 2-8 毛石混凝土基础

2. 柔性基础

柔性基础一般指钢筋混凝土基础。相对刚性基础而言，柔性基础的埋深较浅，图 2-9a 中的 $H_1 < H_2$。这种基础的做法需在基础底板下均匀浇筑一层素混凝土垫层（采用 C15 混凝土，厚度不宜小于 70mm，且垫层两边伸出底板各 50～100mm），目的是保证基础钢筋和地基之间有足够的距离，以免钢筋锈蚀，而且还可以作为绑扎钢筋的工作面。当遇到地质软弱而荷载又较大的房屋时，常用抗弯性能较高的钢筋混凝土基础（图 2-9b）。

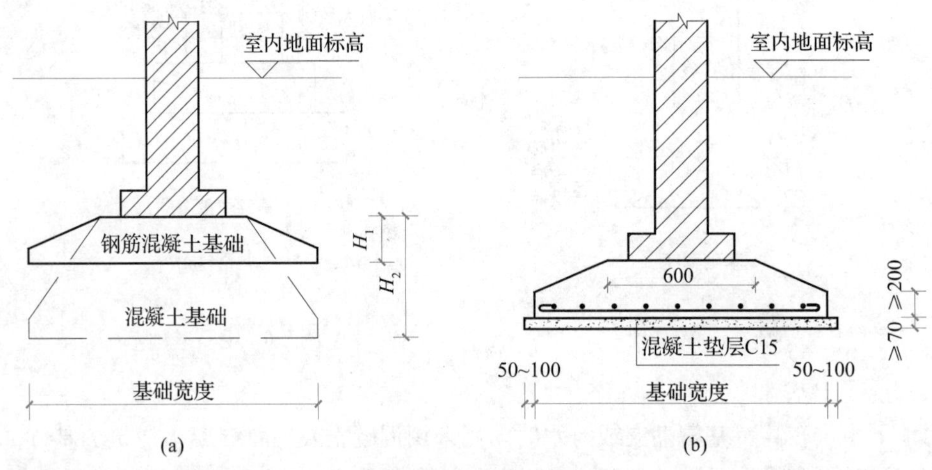

图 2-9 钢筋混凝土基础

钢筋混凝土基础主要有独立基础、条形基础、筏形基础、箱形基础和壳体基础等类型，详见第 4 章 4.3 节。

2.2.3 地下室的防潮与防水构造

地下室的底板、墙身受到地潮或地下水的长期侵蚀，会引起墙面生霉、渗透等现象，所以地下室的防潮与防水设计是地下室构造设计的主要任务。

1. 地下室的防潮

当设计最高地下水位低于地下室底板 0.30～0.50m，且基底范围内的土层及回填土无形成上层滞水时，可采用防潮的构造做法，其构造做法详见图 2-10。

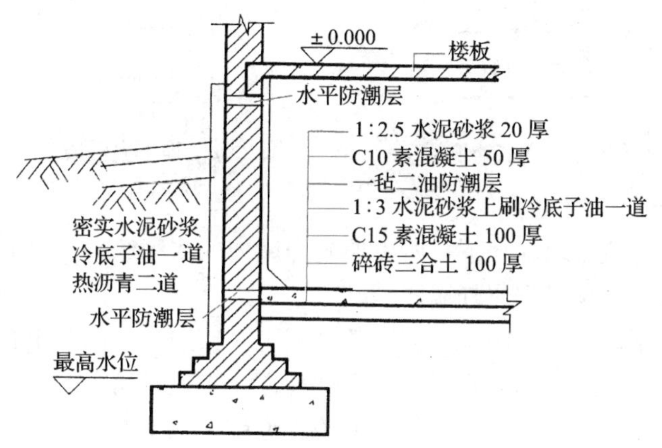

图 2-10　地下室防潮处理（单位：mm）

2. 地下室的防水

当设计最高地下水位高于地下室地面时，地下室的底板、墙身应做防水处理。地下室应采用外围形成整体的防水做法，有材料防水与自防水两类。

（1）材料防水

材料防水是在底板、外墙表面敷设防水材料，利用材料的高级防水特性阻止地下水的渗入。常用的防水材料有卷材、涂料、防水砂浆和防水混凝土等，详见第 1.8 节。其典型构造详见图 2-11。

（2）混凝土自防水

为满足结构和防水的要求，地下室的底板与墙身材料一般多采用钢筋混凝土。此时以采用防水混凝土材料为佳。《地下工程防水技术规范》GB 50108—2008 规定，防水混凝土的抗渗等级与地下室的埋置深度 H 有关，当 $H<10$m 时，抗渗等级 P6；当 $10\text{m}\leqslant H<20$m 时，抗渗等级 P8；当 $20\text{m}\leqslant H<30$m 时，抗渗等级 P10；当 $H\geqslant30$m 时，抗渗等级 P12。结构厚度不应小于 250mm；裂缝宽度不得超过 0.2mm，并不得贯通；迎水面钢筋保护层厚度不小于 50mm。其典型构造详见图 2-12。

2.2.4 基础与管道的关系

给水排水管道和供热采暖管道可分为与室外相通的管道和室内的管道两种，这些管道经常分别穿过外墙基础和内墙基础。

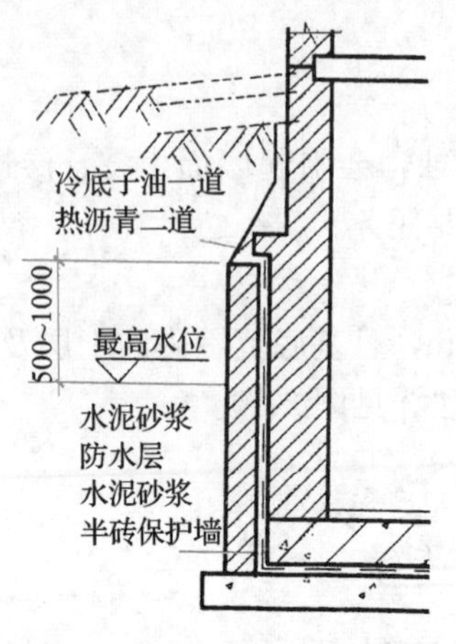

图 2-11　地下室材料防水处理

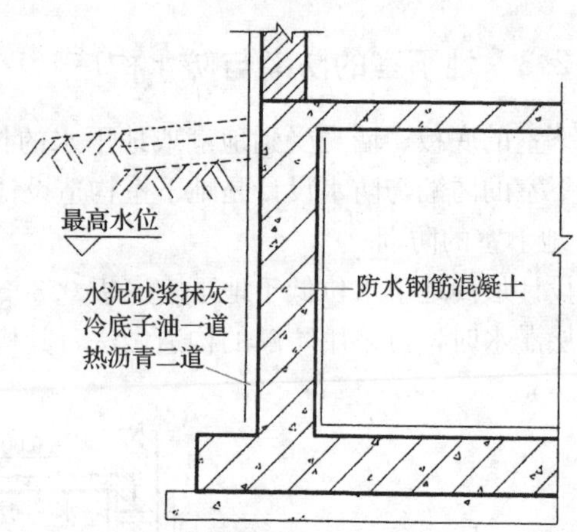

图 2-12　地下室混凝土自防水处理

1. 外墙基础与管道的关系

室外给水管网一般都埋在地下，所以通向房屋内的水平给水干管和由房屋内通向室外的水平排水干管都必须穿过房屋外墙的基础。

关于穿过外墙基础的管道施工，应在基础施工时按照施工图纸上标明的管道平面位置和标高位置，预埋管道（给水排水干管常用这种方法）或预留孔洞。如果疏忽大意，漏掉预埋管、预留孔洞或放线错误，将会使后期的管道施工很困难。

当房屋采暖由设在采暖房屋内的锅炉房供热时，独立锅炉房通向采暖房的室外供热管网可采用管道敷设在地下（敷设在特设的管沟中或埋入土中）和管道架空两种方式。前者通向房屋内的供热水平干管和由房屋内通向室外的回水水平干管，都必须穿过房屋外墙的基础；而后者则只穿过房屋的外墙。

2. 内墙基础与管道的关系

当采用上行式采暖系统时，采暖系统的水平供热干管及各种形式采暖系统的回水干管一般敷设在首层地面下的管沟内，这道管沟须穿过内墙基础。地下管沟一般是沿外墙的内侧布置，利用外墙下的基础作为管沟的一个侧壁，另外再砌筑一道管沟小墙，上铺设沟盖板（图 2-2）。管沟通过内墙基础时，应设置过梁或拱券。为防止管沟内的潮湿腐蚀管道，一般应在外墙勒脚处隔一定距离开设通气孔，在采暖期间应将通气孔堵塞，以防热能的损耗。但近年来已很少采用设管沟的采暖系统，而采用上行式或中行式，把回水干管敷设在地面之上，这样使用比较耐久，检修也很方便。

2.3　墙　　体

2.3.1　概述

在一般砌体结构房屋中，墙体是主要的承重构件。墙体的重量占建筑物总重量的40％～45％，墙体的造价约占全部建筑造价的30％～40％。在其他类型的建筑中，墙体可能是承重构件，也可能是围护构件，但它所占的造价比例也较大。因而在工程设计中，合理地选择墙体材料、结构方案及构造做法十分重要。

1. 墙体的作用

墙体在建筑中的作用主要有：

（1）承重作用　即承受楼板、屋顶或梁传来的竖向荷载及墙体自重，水平风荷载，地震作用等，并传给下面的基础。

（2）围护作用　即抵御自然界风、雪、雨等的侵袭，防止太阳辐射和噪声的干扰，起到保温、隔热、隔声、阻燃、防风和防水等作用。

（3）分隔作用　即把房屋内部分隔成若干个小空间（或房间），以适应人的使用要求。

（4）装修作用　墙面装修是建筑装饰的重要部分，墙面装饰对整个建筑物的装修效果作用很大。

2. 墙体设计应满足的要求

（1）具有足够的承载力和稳定性；

（2）外墙应符合热工方面（保温、隔热、防止产生凝结水）的性能；

（3）内墙要有一定的隔声性能；

（4）具有一定的防火性能；

（5）选择合理墙体材料，以减轻自重、降低造价；

（6）适应工业化的发展要求。

3. 墙体的分类

墙体的分类方法很多，有按墙体材料、所在位置、受力特点等分类方法。

（1）按所用材料分类

1）砖墙：用做墙体的砖有普通黏土砖、黏土多孔砖、黏土空心砖、灰砂砖和粉煤灰砖等。

2）加气混凝土砌块墙：加气混凝土是一种轻质材料，其成分是水泥、砂子、磨细矿渣、粉煤灰等，用铝粉作发泡剂，经蒸养而成。加气混凝土具有质量轻、可切割、隔声、保温性能好等特点。这种材料多用于非承重的隔墙及框架结构的填充墙。

3）石材墙：石材是一种天然材料，主要用于山区和产石地区。它分为乱石墙、整石墙和包石墙等。

4）板材墙：板材以钢筋混凝土板材、加气混凝土板材为主，玻璃幕墙亦属此类。

（2）按所在位置分类

墙体按所在位置一般分为外墙及内墙两大部分，每部分又各有纵、横两个方向，这样共形成四种墙体，即纵向外墙、横向外墙（又称山墙）、纵向内墙和横向内墙。

（3）按受力特点分类

1）承重墙：它承受屋顶和楼板等构件传下来的竖向荷载和风荷载、地震作用等水平荷载，墙下一般有条形基础。

2）非承重墙：有自承重墙、围护墙和隔墙。自承重墙只承受墙体自身重量而不承受屋顶、楼板等竖直荷载，墙下一般有条形基础；围护墙起着防风、雪、雨的侵袭，并起着保温、隔热、隔声、防水等作用，它对保证房间内具有良好的生活环境和工作条件关系很大，墙体重量由梁承托并传给柱子或基础；隔墙起着分隔大房间为若干小房间的作用。

4. 砖墙厚度的确定

砖墙的厚度是根据标准黏土砖规格尺寸（长×宽×厚＝240mm×115mm×53mm）确

定的，如图 2-13 所示，有半砖墙（也称 12 墙，图纸标注为 120mm，实际厚度为 115mm）；3/4 砖墙（也称 18 墙，图纸尺寸 180mm，实际厚度 178mm）；一砖墙（也称 24 墙，图纸标注为 240mm，实际厚度为 240mm）；一砖半墙（也称 37 墙，图纸标注为 370mm，实际厚度为 365mm）；二砖墙（也称 49 墙，图纸标注为 490mm，实际厚度为 490mm）；依此类推，还有二砖半墙、三砖墙等。

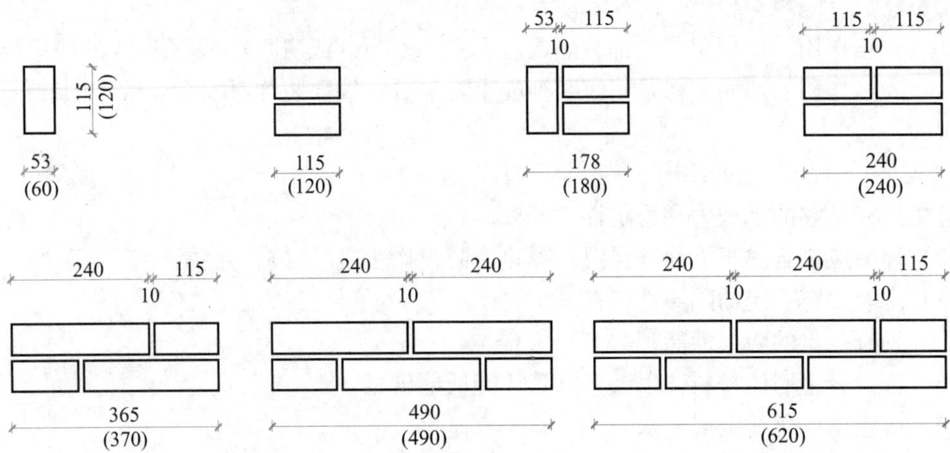

图 2-13　墙厚与标准砖的尺寸关系

5. 墙体的砌合方法

砖墙的砌合是指砖块在砌体中的排列组合方法。砖块在砌合时，应满足横平竖直、砂浆饱满、错缝搭接、避免通缝等基本要求，以保证墙体的承载力和稳定性。

常见的墙体砌合方式有：

（1）一顺一丁式。这种砌法是一层砌顺砖、一层砌丁砖，相间排列，重复组合。在转角部位要加高 3/4 砖（俗称七分头），进行过渡。这种砌法的特点是搭接好、无通缝、整体性强，因而应用较广。

（2）全顺式。这种砌法每皮均为顺砖组砌。上下皮左右搭接为半砖，它仅适用于半砖墙。

（3）顺丁相间式。这种砌法是由顺砖和丁砖相间铺砌而成。这种砌法的墙厚至少为一砖墙，它整体性好，且墙面美观。

（4）多顺一丁式。这种砌法通常有三顺一丁和五顺一丁之分，其做法是每隔三皮顺砖或五皮顺砖加砌一皮丁砖。多顺一丁砌法的问题是存在通缝。

上述几种砌合方法如图 2-14 所示。

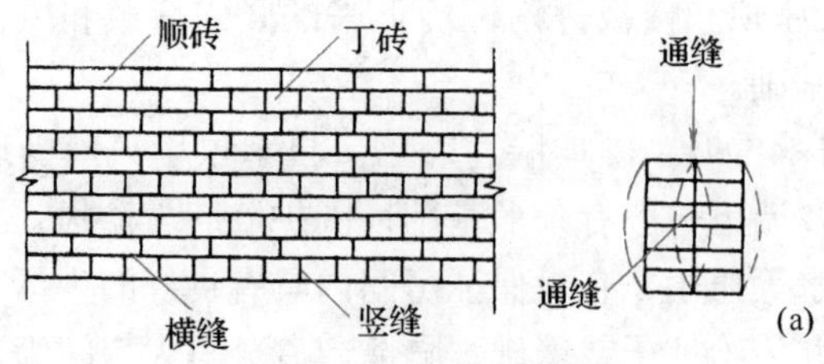

图 2-14　常见的几种砖墙砌法（一）

(a) 砖缝形式

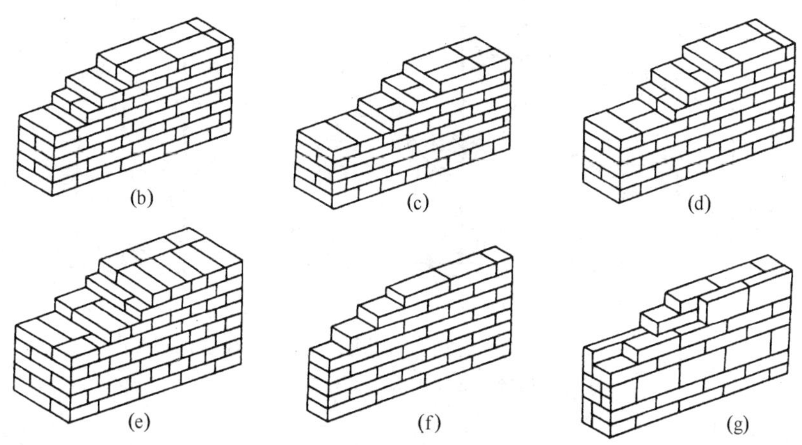

图 2-14 常见的几种砖墙砌法（二）

（b）一顺一丁式；（c）多顺一丁式；（d）十字式相间叠砌而成；（e）37 墙砌法；（f）12 墙砌法；（g）18 墙砌法

2.3.2 墙身的细部构造

墙身的细部构造一般指在墙身上的细部做法，其中包括防潮层、勒脚、散水、窗台、过梁等内容。

1. 防潮层

由于砖砌体的毛细作用，地基土中水分会沿砖基础上升，致使墙体受潮影响建筑的使用质量、耐久性、美观，以及人体健康，如图 2-15（a）所示。因此，在墙体构造上须采取防潮措施，通常是在墙体的一定位置处设置防潮层，以阻止水分上升。防潮层的位置过低时，潮气由地面垫层侵入墙体（图 2-15b），防潮层位置过高时，潮气由墙侵入墙内（图 2-15c），砌体墙防潮层应在室内地坪与室外地坪之间，标高相当于－0.060m 处（图 2-15d）。防潮层必须是连续不断的一道整体防线。防潮层的做法有以下几种。

（1）防水砂浆防潮层

在防潮层部位，抹一层 20mm 厚的 1∶2 防水水泥砂浆（内掺 5%防水粉）。另一种做法是用防水砂浆砌筑 3 皮砖，位置在室内地坪上下（图 2-16）。这种防潮层造价低廉，不足之处是地基不均匀沉降时，防潮层易发生开裂，影响防潮效果。

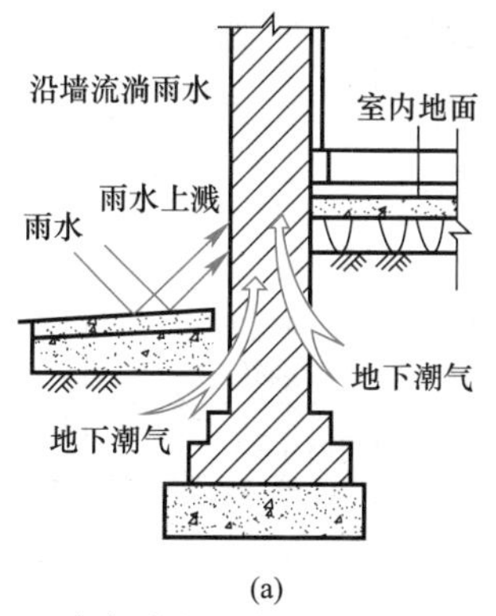

图 2-15 墙身受潮、防潮层位置示意（一）

（a）墙身受潮

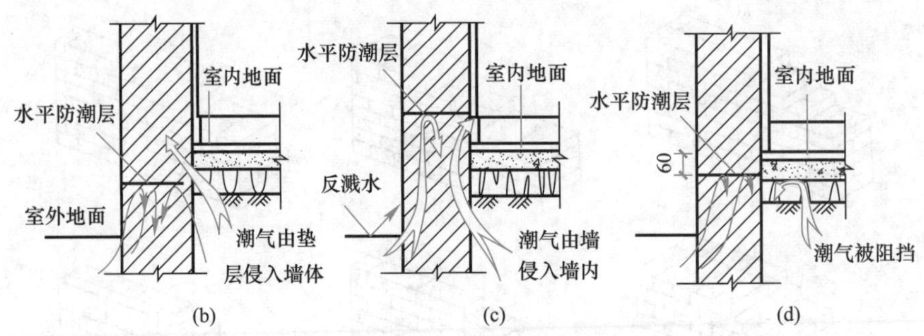

图 2-15　墙身受潮、防潮层位置示意（二）
（b）位置过低；（c）位置过高；（d）位置适中

（2）油毡防潮层

在防潮层部位，先抹 20mm 厚的 1∶3 水泥砂浆找平层，然后干铺油毡一层或用热沥青粘贴油毡一层（称一毡两油）。油毡的宽度应与墙厚一致，或稍大一些，油毡沿墙长铺设，搭接长度≥100mm。油毡防潮效果较好，墙身即使有微小不均匀沉降时，也不致撕破油毡而影响防潮效果，但油毡防潮层使基础墙和上部墙身断开，减弱了砖墙的抗震能力（图 2-17），且这种防潮层的油毡易老化，耐久年限不长。

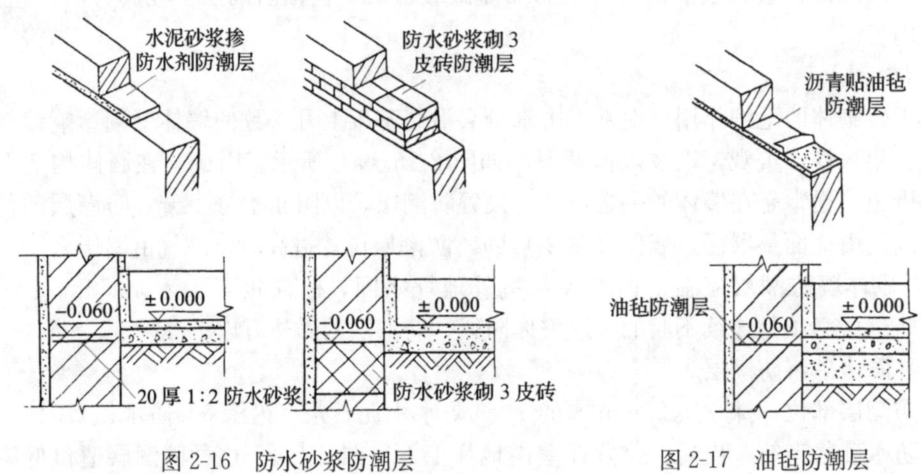

图 2-16　防水砂浆防潮层　　　　图 2-17　油毡防潮层

（3）混凝土防潮层

在防潮层部位，浇筑 60～120mm 厚的细石混凝土，内配 3ϕ6、ϕ4@250 的钢筋网（图 2-18）。这种防潮层多用于地基条件较差的建筑物，不但起防潮作用，而且对房屋整体稳定性也起到了加强作用（圈梁）。

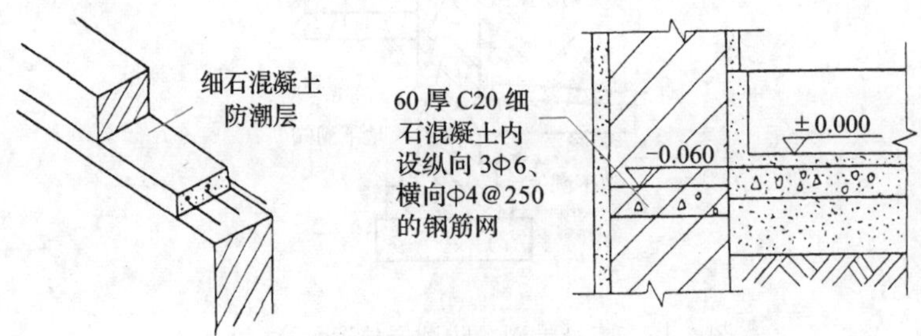

图 2-18　混凝土防潮层

上述三种做法，在抗震设防地区应选取防水砂浆防潮层。

2. 勒脚

建筑物的外墙与室外地面或散水接触部位墙体的加厚部分称为勒脚。勒脚的作用是防止地面水、屋檐滴下的雨水对墙面的侵蚀，从外部保护墙面，保证室内干燥，提高建筑物的耐久性；同时，还有美化建筑外观的作用。勒脚经常采用抹水泥砂浆、水刷石或加大墙厚的办法做成。勒脚的高度一般为室内地坪与室外地坪之高差，也可以根据立面的需要而提高勒脚的高度尺寸（图 2-19）。

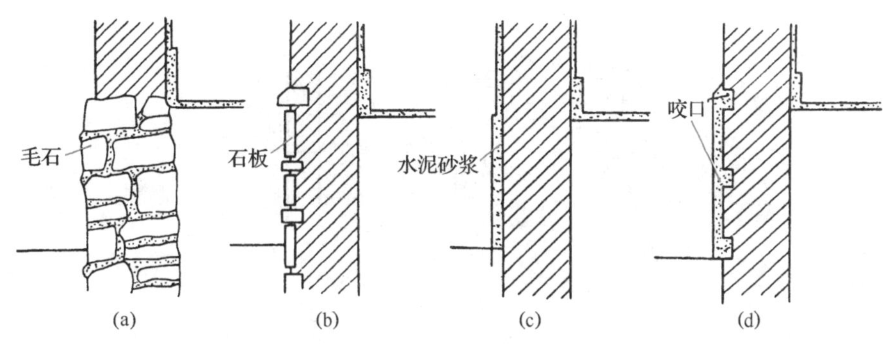

图 2-19　勒脚

3. 散水

散水是指外墙勒脚垂直交接倾斜的排水坡。它的作用是为了迅速排除从屋檐下滴的雨水，防止因积水渗入地基而造成建筑物的下沉。散水的宽度应稍大于屋檐的挑出尺寸（一般宽出 100mm），其最小宽度为 600mm。散水坡度一般在 5%左右，外缘高出室外地坪 20～50mm 较好。散水常用材料有混凝土、块石、卵石、水泥砂浆等。

4. 踢脚板

踢脚板，又称“踢脚线”，是楼地面和墙面相交处的一个重要构造节点。它的主要作用是遮盖楼地面与墙面的接缝；保护墙面，以防搬运东西、行走或做清洁卫生时弄脏墙面。踢脚板的高度一般在 120～150mm，常用的材料有水泥砂浆、水磨石、木材、缸砖、油漆等。

5. 窗台

窗洞口的下部应设置窗台，如图 2-20 所示。窗台根据窗子的安装位置可形成内窗台和外窗台。外窗台是为了防止在窗洞底部积水，并流向室内。内窗台则是为了排除窗上的凝结水，以保护室内墙面等。

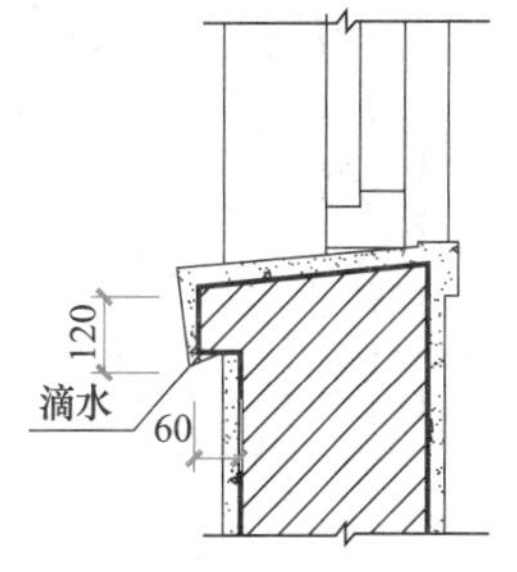

图 2-20　窗台

6. 过梁

门窗洞口的上部需设置过梁，用它支承上面的砖砌体或兼承楼板的荷载。过梁的种类很多，依其跨度及荷载大小来选择。过梁一般可分为砖砌平拱过梁、钢筋砖过梁和混凝土过梁等。对有较大振动荷载或可能产生不均匀沉降的房屋，应采用混凝土过梁。当过梁跨度≤1.5m 时，可采用钢筋砖过梁；过梁跨度≤1.2m 时，可采用砖砌平拱过梁，如图 2-21 所示。

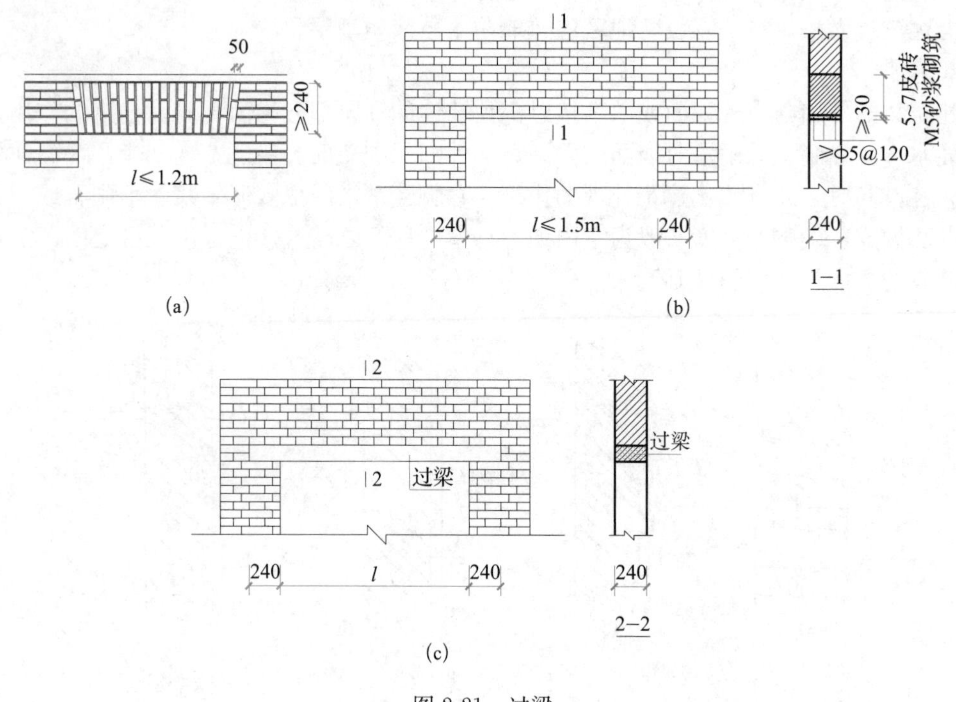

图 2-21 过梁
(a) 砖砌平拱过梁；(b) 钢筋砖过梁；(c) 钢筋混凝土过梁

7. 圈梁、构造柱

圈梁是指在房屋的檐口、窗顶、楼层或基础顶面标高处，沿砌体墙体水平方向设置封闭状的按构造配筋的混凝土梁式构件。圈梁的作用是加强楼层平面的整体刚度，增加墙体的稳定性，减少由于地基的不均匀沉降而引起的墙体开裂。

构造柱是指在砌体房屋墙体的规定部位按构造配筋，并按先砌墙后浇筑混凝土柱的施工顺序制成的混凝土柱。

圈梁和构造柱一起形成骨架，约束砌体，提高建筑物的抗震能力，如图 2-22 所示。

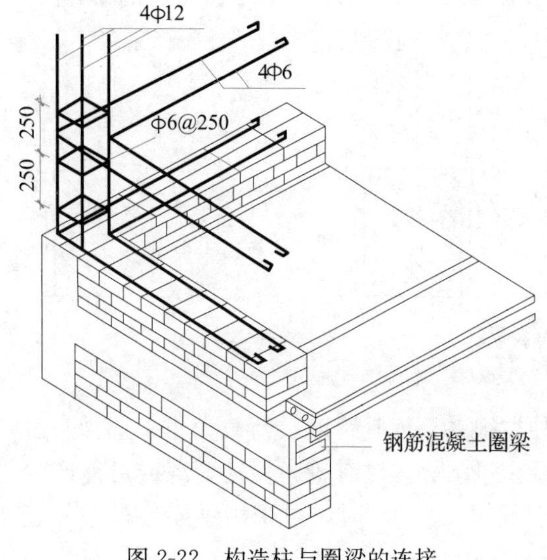

图 2-22 构造柱与圈梁的连接

8. 檐口

檐口做法将在本章 2.7 节中作介绍，在平屋顶檐口构造中常遇到挑檐板和女儿墙。

（1）挑檐板：挑檐板有预制钢筋混凝土板和现浇钢筋混凝土板两种。挑出墙身尺寸不宜过大，一般以不大于 500mm 为宜。

（2）女儿墙：女儿墙指的是建筑物屋顶外围的矮墙。上人屋面女儿墙的作用是保护人员的安全，并对建筑立面起装饰作用。不上人屋面女儿墙的作用除立面装饰作用外，还有固定油毡，避免防水层渗水。女儿墙的厚度可以与下部墙身一致，也可以使墙身适当减薄；女儿墙的高度取决于屋面是否上人，不上人屋面其高度应不小于 800mm，上人屋面其高度应不小于 1300mm。

9. 烟道与通风道

在住宅或其他民用建筑中，为了排除炉灶的烟气或其他污浊空气，常在墙内设置烟道和通风道。烟道和通风道分为现场砌筑或预制构件进行拼装两种做法。砖砌烟道和通风道的断面尺寸应根据排气量来决定，但不应小于 120mm×120mm。烟道和通风道除单层房屋外，均应有进气口和排气口。烟道的排气口在下，距楼板 1m 左右较合适。通风道的排气口应靠上，距楼板底 300mm 较合适。烟道和通风道不能混用，以避免串气。

2.3.3　墙身的内外装修

墙面内外装修的作用包括：① 保护墙面，提高其抵抗风、雨、温度、酸、碱等的侵蚀能力；② 满足立面装修的要求，增强美感；③ 增强隔热保温及隔声的效能。

墙面装修分为两大类做法，即清水墙和混水墙。清水墙是指只做勾缝处理的做法，一般多用于外墙；混水墙是指采用不同的装修手段，对墙体进行全面包装的做法。

1. 外墙面装修

外墙面装修包括贴面类、抹灰类和喷刷类。

（1）贴面类

这种做法是在墙的外表面铺贴花岗石、大理石、陶瓷锦砖（又称马赛克）等饰面材料。

大理石板的铺贴方法是在墙、柱中预埋扁钢钩，在板顶面做凹槽，用扁钢钩勾住凹槽，中间浇灌水泥砂浆。另一种方法是在墙柱中间预留 ϕ6 钢筋钩，用钢筋钩固定 ϕ6 钢筋网，将大理石板用钢丝绑扎在钢筋网上，再在空隙处浇灌水泥砂浆。陶瓷锦砖主要用水泥砂浆进行镶贴。面砖主要采用聚合物水泥砂浆（在水泥砂浆中加入少量的 108 胶）和特制的胶粘剂（如 903 胶）进行粘贴。

（2）抹灰类

外墙抹灰分为普通抹灰和装饰抹灰两大类。普通抹灰包括在外墙上抹水泥砂浆等做法。装饰抹灰包括水刷石、干粘石、剁斧石和拉毛灰等做法。在构造上和施工上抹灰类饰面必须分层操作，一般分为底层（主要起到与基层墙体粘结和找平的作用）、中层（主要起找平作用，以减少打底砂浆层干缩后可能出现的裂纹）和面层（主要起装饰作用），否则不易平整，而且容易脱落。

（3）喷刷类

喷刷类饰面施工简单，造价便宜，而且有一定的装饰效果。

2. 内墙面装修

内墙面装修一般可以归结为四类，即贴面类、抹灰类、喷刷类和裱糊类。

（1）贴面类

其中包括大理石板、预制水磨石板、陶瓷面砖等材料，主要用于门厅和装饰要求、卫生要求较高的房间。

（2）抹灰类

抹灰是一种较为普通的内墙面装饰方法。通常有砖墙面抹灰、混凝土墙面抹灰、水泥砂浆墙面抹灰等几种做法。

（3）喷刷类

喷刷类做法包括刷漆、喷浆等类做法。而常见的刷漆类又可分油漆墙面、乳胶漆墙面等几种做法。

（4）裱糊类

常用的裱糊类包括塑料壁纸和壁布两大类。一类是在原纸上或布上涂塑料涂层，另一类是在原纸上或布上压一层塑料壁纸。如印花涂塑壁纸墙面、普及型涂塑壁纸墙面等。

2.3.4 砖墙与管道的关系

1. 沿墙设置的管道

建筑物内的各种管道主要有暗装和明装两种安装方式。在一般房屋中多采用明装方式，这种方式不但可使房屋中的构造简单，而且使管道安装施工和日常检修都比较方便。暗装方式分为两种：一种是在靠墙处砌成安装管道用的垂直孔道，但要开设检修孔（图 2-23）；另一种是在砖墙上开凿管槽，将管子安装在管槽内后再抹灰。在承重墙上开凿管槽，对墙体的承载力有损害。在一砖厚的砖墙上，只允许开凿 30mm 深的垂直凹槽，而不宜开凿水平管槽；在结构允许范围内，一砖厚以上承重墙，可开凿任何方向的凹槽（图 2-24）。在砖墙上开凿这类凹槽，剔凿困难，日常检修管道也麻烦，而且还必须破坏墙面，增加了修补墙面的工作量，因此这种方法目前已极少采用。

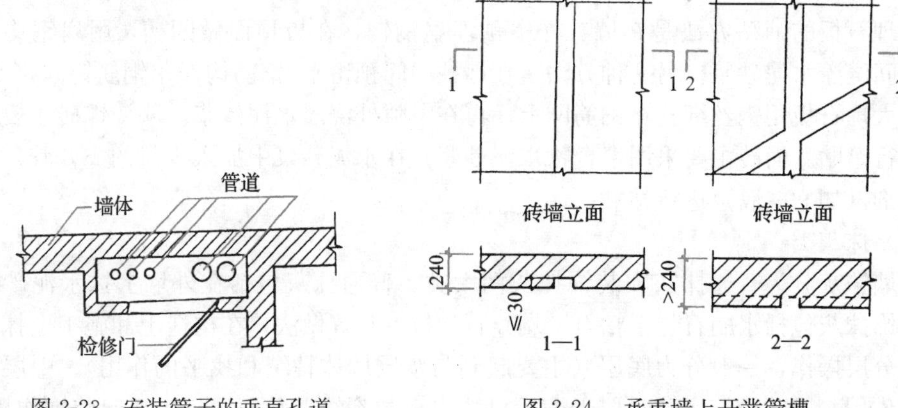

图 2-23 安装管子的垂直孔道　　图 2-24 承重墙上开凿管槽

2. 水平管道穿过砖墙

当水平管道穿过砖墙时，如管径不大，则开凿洞口后，只加设套管即可，以免管道胀缩时将墙面的抹灰层拉裂；如管径较大，最好预先在建筑施工图上标出其位置、管径及标高，以便砌墙时留出孔洞，并根据需要加设过梁或砖券。管道较大的孔洞不要紧靠门窗洞。

当管道穿过高层建筑的外墙时，应采用管沟敷设管道，采用沥青油麻（图 2-25a）或金属波纹管法（图 2-25b）连接管道。

2.3.5 隔墙

建筑中不承重、只起分隔室内空间作用的墙体叫隔断墙。通常人们把不砌到顶或砌到顶板下皮的隔断墙叫隔墙。

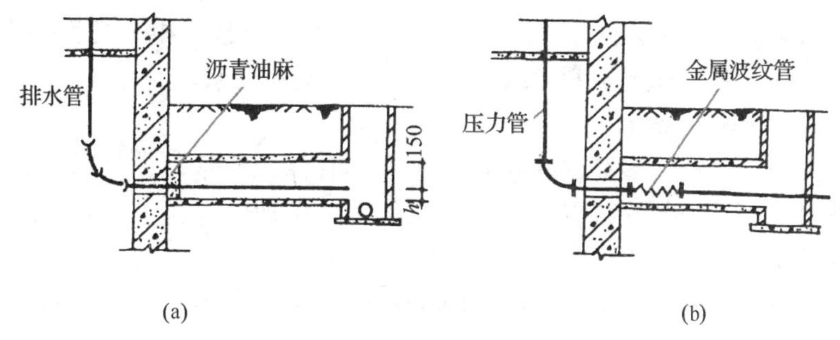

图 2-25　管道通过高层建筑外墙采取的措施
（a）管沟敷设；（b）金属波纹管法

1. 隔墙的设计要求

隔墙自重要轻、厚度要薄，但应有良好的隔声能力，应保证隔墙的稳定性，特别要注意与承重构件的拉结。房间的功能不同，对隔墙的要求也不同，如厨房的隔墙应具有耐火性能；浴室的隔墙应具有防潮能力。此外，隔墙须适应房间分隔变换的使用要求，易于装拆且不损坏其他构件。

2. 隔墙的隔声要求

声音的大小在声学中用声强级表示，单位是分贝（dB）。人们习惯上把不悦耳的声音叫噪声。经由空气传播的噪声叫空气噪声，经由固体传播的噪声叫固体噪声。隔声主要是隔除空气噪声。

允许的噪声等级随房间而异。《民用建筑隔声设计规范》GB 50118—2010 规定，住宅建筑卧室允许噪声级昼间≤45dB，夜间≤37dB；学校建筑普通教室、实验室、计算机房允许噪声级≤45dB 等。从生活经验可知，声音很容易透过质地松软、又薄又轻的墙体，但是不容易透过坚硬的又厚又重的墙，这叫隔声的质量定律。这就产生了隔墙的隔声要求与减轻隔墙自重、减薄隔墙厚度之间的矛盾。

3. 一些常用隔墙的做法

（1）120mm 厚隔墙

这种墙是用普通黏土砖的顺砖砌筑而成。它一般可以满足隔声、耐水、耐火的要求。由于这种墙较薄，因而必须注意稳定性的要求。满足砖砌隔墙的稳定性应从以下几个方面入手：

1）隔墙与外墙的连接处应加拉筋，拉筋应不小于 2 根，直径为 6mm，伸入隔墙长度为 1m。内外墙之间不应留直槎。

2）当墙高大于 3m、长度大于 5.1m 时，应每隔 8～10 皮砖砌入一根 $\phi6$ 钢筋。

3）隔墙上部与楼板相接处，用立砖斜砌，使墙和楼板挤紧。

4）隔墙处有门时，要用预埋铁件或用带有木楔的混凝土预制块，将砖墙与门框拉接牢固。

（2）木板条隔墙

木板条隔墙的特点是轻、薄，不受部位的限制，拆卸方便，因而也有较大的灵活性。

木板条隔墙的构造特点是用方木组成框架，钉以板条，再抹灰，形成隔墙。

方木框架的构造是：安上下槛（50mm×100mm 方木）；在上下槛之间每400～600mm 立垂直龙骨，断面为 30mm×70mm～50mm×70mm；然后在龙骨中每隔 1.5m 左右加横撑或斜撑，以增强框架的坚固与稳定。龙骨外侧钉板条，板条的厚×宽×长为 6mm×

24mm×1200mm。板条外侧抹灰。为了便于抹灰、保证拉接，板条之间应留有 7～8mm 的缝隙。灰浆应以石灰膏加少量麻刀或纸筋为主，外侧喷白浆。

（3）加气混凝土砌块隔墙

加气混凝土是一种轻质多孔的建筑材料。它具有体积质量轻、保温效能高、吸声好、尺寸准确和易加工、易切割的特点。在建筑工程中采用加气混凝土制品可降低房屋自重，提高建筑物的功能，节约建筑材料，减少运输量，降低造价。

加气混凝土砌块的尺寸为 75mm、100mm、125mm、150mm、200mm 厚，长度为 500mm。砌筑加气混凝土砌块时，应采用 1∶3 水泥砂浆，并考虑错缝搭接。为保证加气混凝土砌块隔墙的稳定性，应预先在其连接的墙上留出拉筋，并伸入隔墙中。钢筋数量应符合抗震设计规范的要求，具体做法同 120mm 厚砖隔墙。加气混凝土隔墙上部必须与楼板或梁的底部顶紧，最好加木楔；如果条件许可时，可以加在楼板的缝内以保证其稳定。

（4）泰柏板

这种板又称为钢丝网泡沫塑料水泥砂浆复合墙板。它是以 2mm 冷拔钢丝的焊接网笼为构架，填充阻燃聚苯泡沫板或岩棉板芯层，面层经喷涂或抹水泥砂浆而成的轻质板材。

这种板的特点是重量轻、强度高、防火、隔声、不腐烂等。其产品规格为 2440mm×1220mm×75mm（长×宽×厚）。抹灰后的厚度为 100mm。泰柏板与顶板底板采用固定夹连接，墙板之间采用克高夹连接。

（5）纸面石膏板

纸面石膏板是以建筑石膏为主要原料，掺入适量添加剂与纤维作板芯，以特制的板纸为护面，经加工制成的板材。常用的有普通纸面石膏板、耐水纸面石膏板和耐火纸面石膏板。纸面石膏板的厚度为 12mm，宽度为 900～1200mm，长度为 2000～3000mm，一般使其长度恰好等于室内净高。纸面石膏板的特点是表观密度小（750～900kg/m^3）、防火性能好、加工性能好（可锯、割、钻孔、钉等）、可以粘贴、表面平整；但极易吸湿，故不宜用于厨房、厕所等处。目前也有耐湿纸面石膏板，但价格较高。

纸面石膏板隔墙，也是一种立柱式隔墙。它的龙骨可以用木材、薄壁型钢等材料制作，但目前主要采用石膏板条粘结成的矩形或工字形龙骨，如图 2-26 所示。

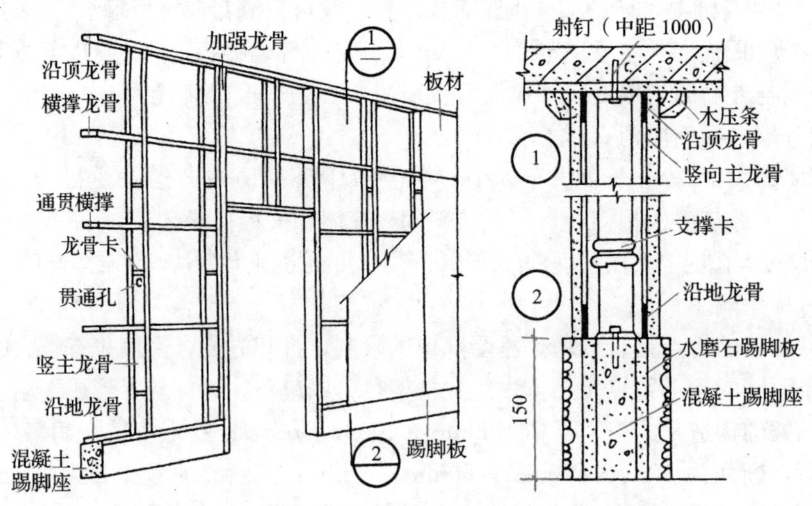

图 2-26　纸面石膏板隔断

石膏板龙骨的中距一般为 500mm，用胶粘剂固定在顶棚和地面之间。纸面石膏板用同样的胶粘剂粘贴在石膏龙骨上，板缝刮腻子后即在表面装修（如裱糊壁纸、涂刷涂料、喷浆等）。

纸面石膏板隔墙有空气间层，能提高隔声能力。在龙骨两侧各粘贴一层石膏板时，计权隔声量约为 35.5dB；在龙骨两侧各粘贴两层石膏板时，计权隔声量为 45～50dB。

2.4　楼板层与地面层

2.4.1　概述

楼板层是分隔房屋空间的水平构件，由楼面层、结构层和顶棚层组成；而地面层是建筑物中与土层相接的水平构件。它们的作用是承受人、家居和设备等荷载，并传给墙、梁、柱或基础。楼板层和地面层设计时应考虑以下要求：

（1）具有足够的承载力和刚度。足够的承载力是指楼板能够承受自重和不同的使用条件下的使用荷载（如人群、家具设备等）而不发生任何破坏。足够的刚度是指楼板在使用荷载作用下，不发生超过规定的挠度以及人走动和重力作用下不发生显著的振动。

（2）满足隔声要求。为了防止噪声通过楼板传到上下相邻的空间，楼板层应具有一定的隔声能力。楼板层的隔声包括隔绝空气传声和固体传声两个方面，《民用建筑设计统一标准》GB 50352—2019 对楼板的空气声隔声量和撞击声隔声量提出了相应的标准。隔绝空气传声可选用空心构件；隔绝固体传声可采取措施：在楼板满铺设弹性面层（如地毯、橡胶、塑料等）、在面层下铺设弹性垫层以及在楼板下设置吊顶顶棚。

（3）满足热工要求。一般楼层和地面应有一定的蓄热性，即地面应具有舒适的感觉。

（4）满足防水和防潮要求。对于一些地面潮湿、易积水的房间（如厨房、卫生间等）应处理好楼地面的防水、防潮问题。

（5）便于在楼板层和地面层敷设管线。

（6）经济要求。在多层房屋中，楼板和地面的造价一般约占建筑总造价的 20%～30%，楼板层的设计应力求经济合理，应考虑就地取材和提高装配化的程度。

2.4.2　现浇钢筋混凝土楼板

现浇钢筋混凝土楼板分板式楼板和梁板式楼板。

1. 板式楼板

板式楼板通常指支承在墙上的钢筋混凝土平板。按支承受力不同，分二边支承的单向板、四面支承的单向板或双向板及单边支承的悬挑板等（图 2-27）。

2. 梁板式楼板

梁板式楼板有肋形楼盖和井字楼盖等类型。

（1）肋形楼盖

肋形楼盖（图 2-28）可分为单向板肋形楼盖和双向板肋形楼盖两种。单向板肋形楼盖构造顺序为板支承在次梁上，次梁支承在主梁上，主梁支承在墙上或柱上。次梁的梁高为跨度的 1/15～1/10；主梁的梁高为跨度的 1/12～1/8；梁宽为梁高 1/3～1/2。主梁的经济跨度为 5～8m，次梁的经济跨度为 4～6m。主梁或次梁在墙或柱上的支承长度应不小于 240mm。

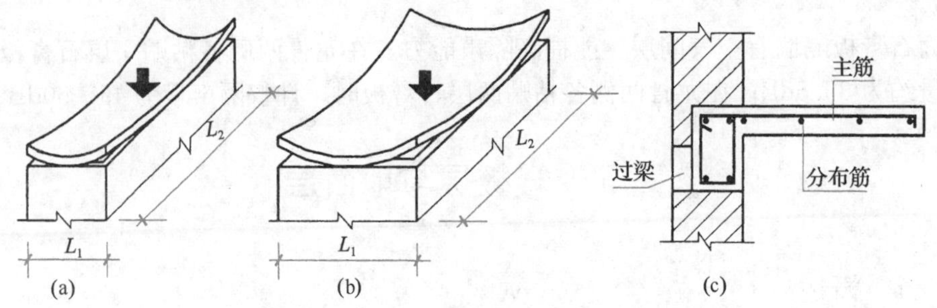

图 2-27　板式楼板

(a) 单向板 $L_2/L_1>3$；(b) 双向板 $L_2/L_1\leqslant 2$；(c) 悬臂板

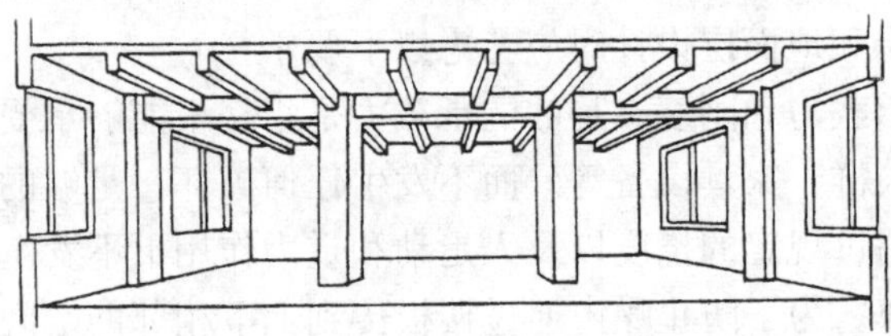

图 2-28　肋形楼盖

(2) 井字楼盖

对于正方形或接近正方形的平面，可以在两个方向布置高度相同的梁，相互交叉的梁之间构成井格，这种楼板结构称为井字楼盖（图 2-29）。井字楼盖是肋形楼盖的一种，其主梁、次梁的高度相同，外形上比较美观，在公共建筑门厅上部的楼板常采用这种形式。

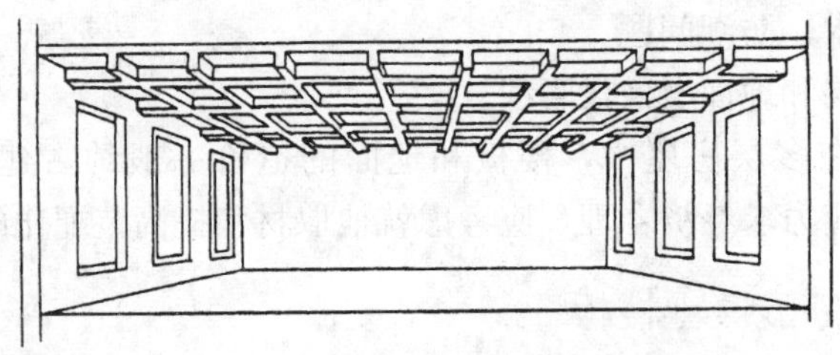

图 2-29　井字楼盖

2.4.3　预制钢筋混凝土楼板

1. 预制楼板的类型

预制钢筋混凝土楼板分为普通钢筋混凝土楼板和预应力钢筋混凝土楼板两类。

目前，在我国普遍采用预应力钢筋混凝土楼板，少数地方还采用普通钢筋混凝土楼板。楼板大多预制成空心构件或槽形构件。空心楼板又分为方孔和圆孔两种；槽形板又分为槽口向上的正槽形和槽口向下的反槽形。楼板的厚度与楼板的长度有关，但大多在 120～240mm 之间，楼板宽度有 500mm、600mm、900mm、1200mm 等多种规格。楼板的长度应符合 300mm 模数。图 2-30 表示几种常用预制板。

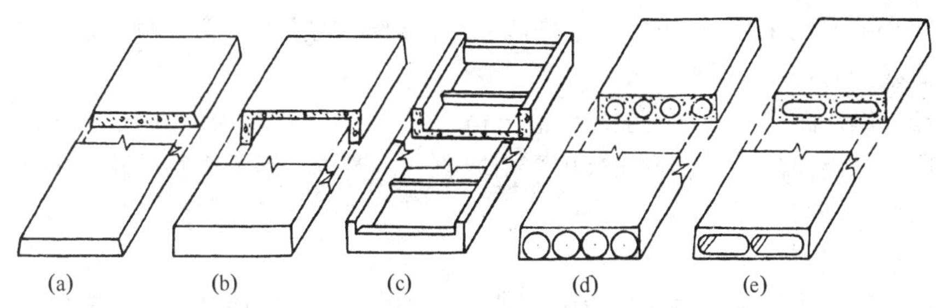

图 2-30　预制板的类型
(a) 实心板；(b) 正槽形板；(c) 反槽形板；(d) 圆孔板；(e) 方孔板

2. 预制楼板的搁置

预制楼板的两端可搁置在墙上或梁上。搁置长度在墙上不应小于 100mm，在梁上不应小于 80mm。为了使板与墙或梁有较好的连接，板安装时，应先铺设 10mm 厚的水泥砂浆作垫层，且板端孔内用混凝土堵实。板端接缝与板边接缝内用细石混凝土灌实，必要时在缝内配筋以加强整体性。

2.4.4　楼（地）面构造

1. 楼（地）面的种类

楼（地）面从上至下依次由面层（又称楼面或地面）、结构层（又称楼板或夯实素土）、顶棚层等基本层组成，其次是附加层（又称功能层）。面层做法很多，面层根据材料的不同分为：整体地面（如水泥地面、水磨石地面等）、块状材料地面（如陶瓷锦砖地面、预制水磨石地面、地砖地面等）和木地板地面三类。

水泥砂浆楼面的面层常用 1∶2 或 1∶2.5 的水泥砂浆。如果水泥用量太多，则干缩大；水泥用量过少，则强度低，容易起砂。

水磨石楼面是用水泥与中等硬度的石屑（大理石、白云石）按 1∶（1.5～2.5）的比例配合而成，抹在垫层上并在结硬以后用人工或机械磨光，表面打蜡。

细石混凝土楼面是用颗粒较小的石子，按水泥∶砂∶小石子为 1∶2∶4 的配合比拌合浇制、抹平、压实而成。

陶瓷锦砖楼面是铺贴小块的陶瓷锦砖，俗称马赛克。一般均把这种小瓷砖预先贴在牛皮纸上，施工时在刚性垫层上做找平层，用水泥砂浆或特制胶如 903 胶等粘贴。这种楼面质地坚实、光滑、平整、不透水、耐腐蚀。一般在厕所、浴室应用较多。

地砖楼面是用一种较大块的釉面砖（又称缸砖）铺设。这种砖承载力高、平整、耐磨、耐水、耐腐蚀。常用水泥砂浆把它铺贴在地面的找平层上。

预制水磨石楼面是用 400mm×400mm×25mm 的水磨石预制板，用 1∶3 水泥砂浆铺贴在地面垫层上。

2. 楼（地）面构造要点

由于楼（地）面构造与施工工艺关系密切，这里仅介绍其构造要点及应注意问题，具体构造做法可查阅各地的工程做法手册。

(1) 整体楼（地）面

包括水泥砂浆楼（地）面、水磨石楼（地）面等做法。整体楼（地）面的垫层，大多采用 50～90mm 厚的 1∶6 水泥焦渣，一般不用混凝土垫层。这样做的好处是可以减轻传给楼板的荷载，而且隔声效果较好。

整体楼（地）面的面层，一般应注意分格（分仓），其尺寸为 500～1000mm 不等。水泥砂浆面层可直接分格，水磨石面层可采用玻璃条、铜条、铝条进行分格。面层分格的好处是可以保证面层均匀开裂。

（2）块料楼（地）面

包括地砖楼（地）面、陶瓷锦砖楼（地）面等做法。块料楼（地）面的垫层也多采用 1∶6 水泥焦渣制作。块料楼（地）面的面层，若为大块（如预制水磨石板、地砖等）时，可直接采用不小于 20mm 厚的 1∶4 干硬性水泥砂浆粘结；若为小块（如陶瓷锦砖等）时，应先将面层材料拼接并粘贴于牛皮纸上，施工时将贴有小块面砖的牛皮纸的背面粘于水泥砂浆结合层上，然后揭去牛皮纸，形成面层。

（3）铺贴楼（地）面

包括塑料地板、地毯等做法。铺贴楼（地）面的面层材料多为有机材料，如塑料地板等。铺贴楼（地）面的垫层多为混凝土，经刮腻子找平后，才可铺贴。铺贴楼（地）面的铺贴用胶多为各类合成树脂胶，如 XY401 胶粘剂等。

（4）木楼面

包括条木地板、拼花地板等做法。木楼面的构造做法分为单层长条硬木楼（地）面和双层硬木楼（地）面两种做法，均属于实铺式。

下面以双层硬木楼（地）面做法为例，介绍其构造做法。在钢筋混凝土楼板中伸出 ϕ6 钢筋，绑扎 Ω 形 ϕ6 铁鼻子，400mm，将 70mm×50mm 的木龙骨用两根 10 号钢丝，绑于 Ω 形铁件上。往垂直于木龙骨的方向上钉放 50mm×50mm 支撑。中距 800mm，其间填 40mm 厚干焦渣隔声层。上铺 22mm 厚松木毛地板，铺设方向为 45°，上铺油毡纸一层，表面铺 50mm×20mm 硬木企口长条或席纹、人字纹拼花地板，并烫硬蜡。双层硬木楼（地）面的做法如图 2-31 所示。

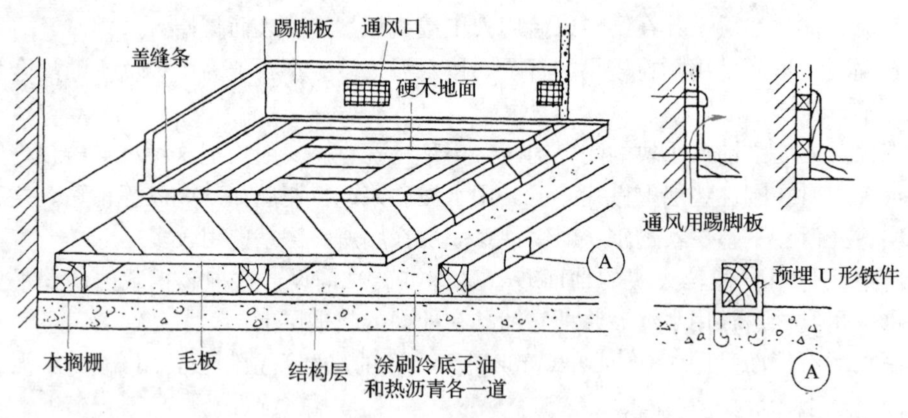

图 2-31　双层硬木地面

3. 地面层构造要点

地面层从上至下依次由面层、垫层和基层等基本层组成，其次是附加层（如找平层、结合层、防潮层、保温层、管道敷设层等）。垫层是地面层的结构层，其主要作用是将所承受的荷载和自重均匀传递给基层，垫层材料及最小厚度见表 2-4。

地面的垫层最小厚度 GB 50037—2013　　**表 2-4**

垫层名称	材料强度等级或配合比	厚度（mm）
混凝土	≥C15（垫层兼作面层时≥C20）	按规范附录 C 规定计算确定，且≥80
三合土	1∶2∶4（石灰∶砂∶碎料）	≥100
灰土	3∶7 或 2∶8（熟化石灰∶黏土或粉质黏土或粉土）	≥100
砂	—	≥60
砂石、碎石（砖）	—	≥100
炉渣	1∶6（水泥∶炉渣）或 1∶1∶6（水泥∶石灰∶炉渣）	≥80

地面层除满足楼（地）面的几项要求外，应特别注意防潮问题。地面层亦分为整体面层、块料面层、铺贴面层和底层木地面等几种做法。地面层的基层一般采用素土夯实或 3∶7 灰土（南方地区可采用三合土），常为 100mm 厚。垫层一般采用 C15 混凝土，厚度为 80mm。面层做法，除木地面外，均同楼（地）面的做法。木地面分为空铺与实铺两种做法。

4. 顶棚构造

顶棚又称平顶、天花。对顶棚的要求是表面平整、光洁，能起一定的反射光照的作用，以改善室内亮度。顶棚有两种做法：一种是直接抹面，即直接对楼板底部进行抹灰或喷浆；另一种是吊顶，即在楼板下部空间做吊顶。

直接抹面顶棚构造做法是：将底板缝嵌平后，用水泥砂浆打底，水泥石灰膏抹面，然后刷白色乳胶漆。这种做法，造价经济，便于施工，使用较多。例如，乳胶漆顶棚构造如下：现浇钢筋混凝土楼板；刷素水泥浆一道（内掺水重 5%建筑胶）；6mm 厚 1∶0.3∶3 水泥石灰膏砂浆打底，刮白水泥腻子一道；6mm 厚 1∶0.3∶3 水泥石灰膏砂浆粉面；刷白色乳胶漆。

对一些隔声要求高或楼板底部不平而又需要平整或在楼板底敷设管线的房间，常采用吊顶的形式。抹灰吊顶应设检修人孔及通风口；吊顶内敷设给水排水管时应采取防止产生冷凝水措施；高大厅堂和管线较多的吊顶内，应留有检修空间，并根据需要设走道板。

吊顶的构造做法随楼板是现浇或预制而异，除采用钢丝网粉饰吊顶外，还可采用纤维板吊顶、岩棉板吊顶、PVC 板吊顶以及铝扣板吊顶等。图 2-32 为常见的吊顶顶棚构造。

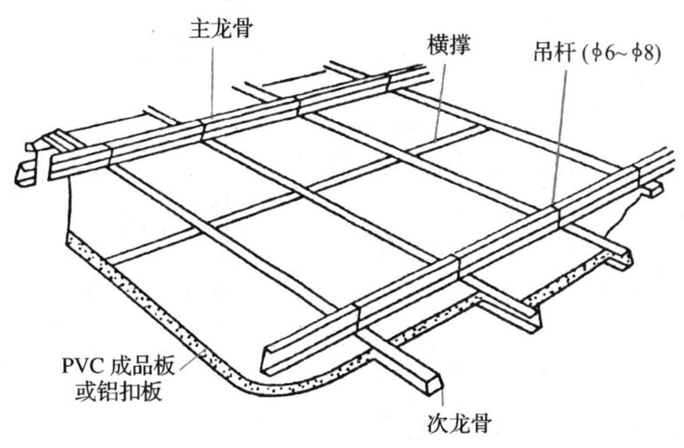

图 2-32　吊顶顶棚构造

2.4.5 楼板层与管道的关系

以给水排水为例，管道有垂直管道（包括：给水总管、排水总管等）和水平管道（包括：给水支管、排水支管等）两种，下面分别讲述它们与楼板层的关系。

1. 楼板层与垂直管道的关系

垂直管道有两种敷设方法：一种是管道不穿过楼板层而敷设在为安装管子的垂直孔道（图 2-23）；另一种管道穿过楼板层。正确的处理方法是预留孔洞，尽量避免凿洞的方法。

2. 楼板或梁与水平管道的关系

水平管道的布置，根据结构方案的不同，一般可布置在楼板下或布置在梁下。

水平管道布置在楼板下时，应顺梁的方向布置。水平管道可以按照规定的坡度（一般规定为 0.3%的排水坡度）布设。

水平管道布置于梁下时，管道不应穿过梁，应沿梁下缘布置。当采用管道穿过梁时，应事先征得结构设计人员的同意，并预先在梁上埋设套管或预留孔洞。

2.5 楼梯

2.5.1 概述

凡楼房都要有上下联系的交通设施，一般都设有楼梯。同时根据使用要求设置电梯、自动扶梯、爬梯等。电梯设在高层和部分多层建筑中；自动扶梯用于人流较大的公共建筑中；而爬梯多用于专用梯（工作梯、消防梯等）。

1. 楼梯数量

公共建筑内每个防火分区或一个防火分区的每个楼层，其安全出口的数量应经计算确定，且不应少于 2 个。设置 1 个安全出口或 1 部疏散楼梯的公共建筑应符合下列条件之一：

1）除托儿所、幼儿园外，建筑面积不大于 200m² 且人数不超过 50 人的单层公共建筑或多层公共建筑的首层；

2）除医疗建筑、老年人照料设施、托儿所幼儿园的儿童用房、儿童游乐厅等儿童活动场所和歌舞娱乐放映游艺场所等外，符合表 2-5 规定的公共建筑。

可设置一部疏散楼梯的条件 GB 50016—2014（2018 年版） **表 2-5**

耐火等级	最多层数	每层最大建筑面积（m²）	人数
一、二级	3 层	200	第 2 层与第 3 层人数之和不超过 50 人
三级	3 层	200	第 2 层与第 3 层人数之和不超过 25 人
四级	2 层	200	第 2 层人数不超过 15 人

2. 楼梯位置

（1）楼梯应放在明显和易于找到的部位。

（2）楼梯不宜放在建筑物的角部和边部。

（3）楼梯间应有直接采光和自然通风。

（4）五层及五层以上建筑物的楼梯间，底层应设出入口，在四层及以下的建筑物，楼梯间可以放在距出入口不大于 15m 处。

3. 楼梯的类型

（1）按所用材料分类

楼梯可分为钢筋混凝土楼梯、木楼梯、钢楼梯等，其中钢筋混凝土楼梯应用比较普遍。

（2）按形式分类

楼梯可分为直跑式、双跑式、三跑式、多跑式及弧形和螺旋式各种形式（图 2-33）。双跑楼梯是最常用的一种。楼梯的平面类型与建筑平面有关。当楼梯的平面为矩形时，适合做成双跑式；接近正方形的平面，适合做成三跑式或多跑式；圆形的平面可以做螺旋式楼梯。有时楼梯的形式还要考虑到建筑物内部的装饰效果，如做在建筑物正厅的楼梯常常做成双分式和双合式等形式。

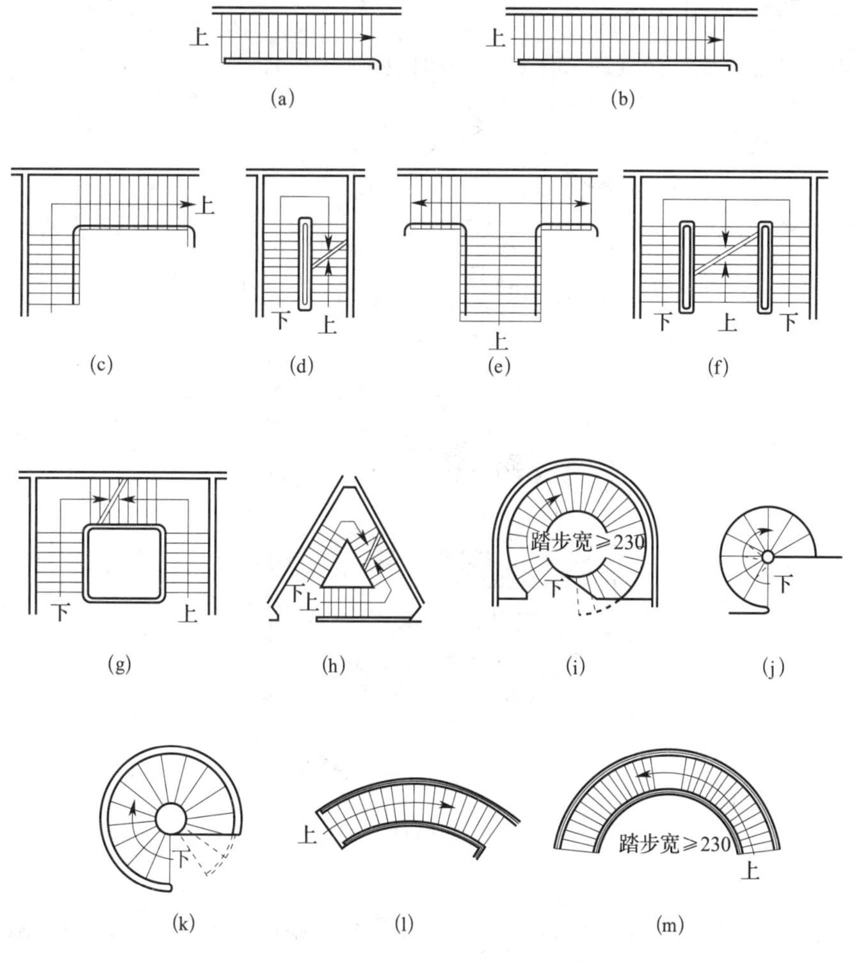

图 2-33　楼梯的类型（一）

（a）单跑直楼梯；（b）双跑直楼梯；（c）曲尺楼梯；（d）双跑平行楼梯；（e）双分转角楼梯；（f）双分平行楼梯；（g）三跑楼梯；（h）三角形三跑楼梯；（i）圆形楼梯；（j）中柱螺旋楼梯；（k）无中柱螺旋楼梯；（l）单跑弧形楼梯；（m）双跑弧形楼梯

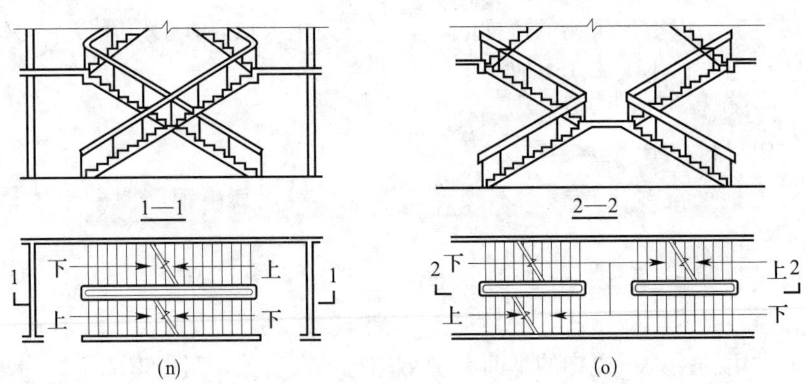

图 2-33　楼梯的类型（二）

（n）交叉楼梯；（o）剪刀楼梯

2.5.2　楼梯的组成及尺寸

楼梯由三部分组成：楼梯段、休息平台和栏杆（栏板），如图 2-34 所示。

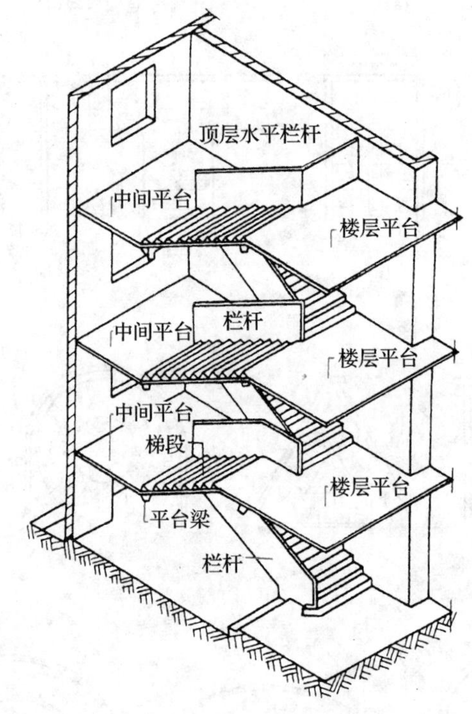

图 2-34　楼梯的组成部分

1. 踏步

踏步是人们上下楼梯脚踏的地方。踏步的水平面叫踏面，垂直面叫踢面。踏步的尺寸应根据人体的尺度来确定。

踏步宽度常用 b 表示，踏步高度常用 h 表示，步距（$b+2h$）一般在 560～630mm，即 $b+2h=560\sim630$mm。楼梯坡度一般控制在 30°左右，仅供少数人使用的服务楼梯可适当放宽，但不宜超过 45°。符合上述条件的楼梯坡度和步距见表 2-6。

楼梯坡度和步距（mm）　　**表 2-6**

楼梯类别	最小宽度 b	最大高度 h	坡度°	步距（$b+2h$）
住宅公用楼梯	260	175	33.94	610
幼儿园、小学等	260	150	29.98	560
电影院、商场等	280	160	29.74	600
其他建筑等	260	170	33.18	600
专用疏散楼梯等	250	180	35.75	610
服务楼梯、住宅套内楼梯	220	200	42.27	620

踏步尺寸应根据使用要求确定，不同类型的建筑物，其要求也不同。表 2-7 为踏步的尺寸规定。

楼梯踏步尺寸（mm）　　**表 2-7**

名称	住宅	学校、办公楼	影剧院、会堂	医院（病人用）	幼儿园
踏步高度（h）	150～175	140～160	120～150	150	120～150
踏步宽度（b）	250～300	280～340	300～350	300	250～280

2. 梯井

两个梯段之间的空隙叫梯井。公共建筑梯井的宽度以不小于 150mm 为宜。有儿童经常使用的楼梯的梯井净宽大于 200mm 时，必须采取安全措施，楼梯栏杆应采取不宜攀爬的构造，一般采用垂直杆件，其净距不应大于 110mm，以防止穿越坠落。

3. 楼梯段

楼梯段是楼梯的基本组成部分，其宽度取决于通行人数和消防要求。按通行人数考虑时，每股人流的宽度为人的平均肩宽（550mm）再加人流在行进中人体的摆幅（0～150mm）即 550+(0～150）mm。按消防要求考虑时，每个楼梯段必须保证两人同时上下，即最小宽度为 1100～1400mm。在工程实践中，由于楼梯间尺寸要受建筑模数的限制，因而楼梯段的宽度往往会有些上下浮动。多层住宅梯段最小宽度为 1000mm。每个梯段的踏步一般不应超过 18 级，也不应少于 3 级。

4. 楼梯栏杆和扶手

楼梯在靠近梯井处应加栏杆或栏板，顶部做扶手。扶手表面的高度与楼梯坡度有关，其计算点应从踏步前沿起算。

当楼梯的坡度为 15°～35°时，扶手表面的高度取 900mm；30°～45°时，取 850mm；45°～60°时，取 800mm；60°～75°时，取 750mm。

水平的护身栏杆应不小于 1050mm。

楼梯段的宽度大于 1650mm（三股人流）时，应增设墙扶手。楼梯段宽度超过 2200mm（四股人流）时，还应增设中间扶手。

5. 休息平台

为了减少人们上下楼时的过分疲劳，建筑物层高在 3m 以上时，常分为两个梯段，中间增设休息平台。休息平台的宽度必须大于或等于梯段的宽度，并不得小于 1200mm，当有搬运大型物件需要时应适当放宽。

6. 净高尺寸

楼梯休息平台面与顶部平台梁底面的净高尺寸不应小于 2000mm。梯段之间的净高不应小于 2200mm，如图 2-35 所示。

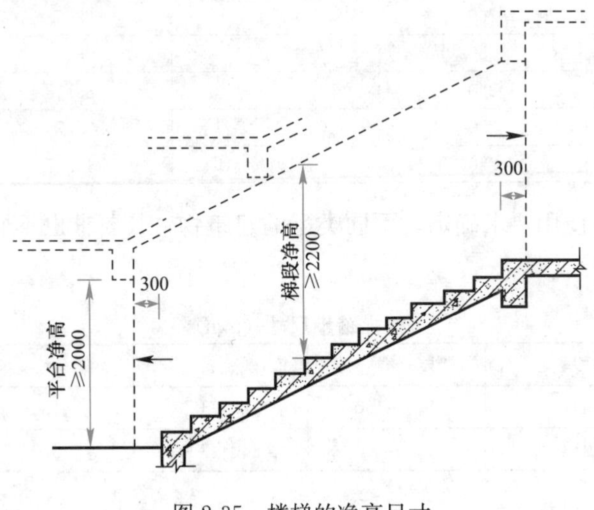

图 2-35　楼梯的净高尺寸

2.5.3　现浇钢筋混凝土楼梯的构造

现浇钢筋混凝土楼梯是在施工现场支模、绑扎钢筋和浇筑混凝土而成的。这种楼梯的整体性强、刚度大，但施工工序多、工期较长。现浇钢筋混凝土楼梯有板式楼梯和斜梁式楼梯两种类型。

1. 板式楼梯

板式楼梯是将楼梯段作为一块整板考虑，板的两端支承在楼梯的平台梁上。板式楼梯的结构简单，板底平整，施工方便。

板式楼梯段的水平投影长度在 3～3.3m 以内时比较经济。板式楼梯的构造示意如图 2-36 所示。

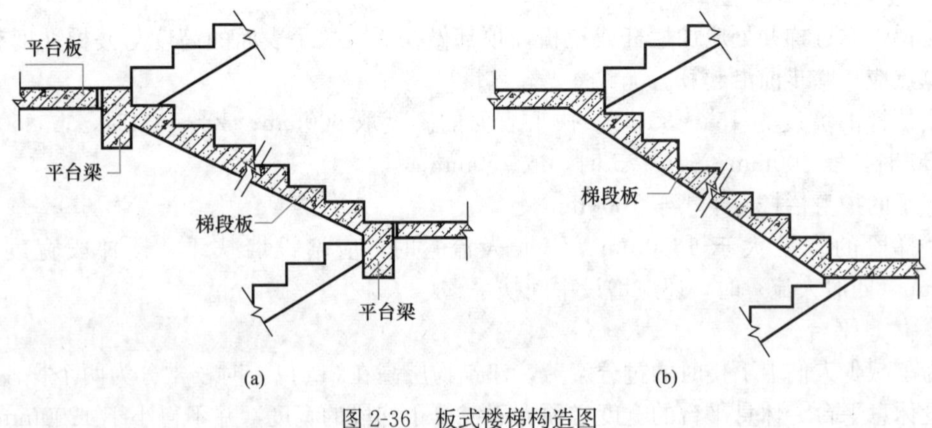

图 2-36　板式楼梯构造图

2. 斜梁式楼梯

当楼梯段的水平投影长度或楼梯负载较大时，采用板式楼梯不经济，可以采用斜梁式楼梯。斜梁式楼梯是由支承在斜梁上的踏步板，支承在平台梁上的斜梁和支承在墙或柱上的平台梁组成。斜梁式梯段在结构布置上有双梁布置和单梁布置之分。斜梁可以在踏步板的下面、上面和侧面。斜梁在踏步下面的称为正梁式梯段（图 2-37a），板底不平整，抹面比较费工。斜梁在踏步板上面的称为反梁式梯段（图 2-37b），可以阻止垃圾或灰土从梯井中落下，而且梯段底面平整，便于粉刷，其缺点是梁占据梯段的一段尺寸。斜梁在踏步板侧面时，踏步板在斜梁的中间，介于正梁式梯段和反梁式梯段之间。

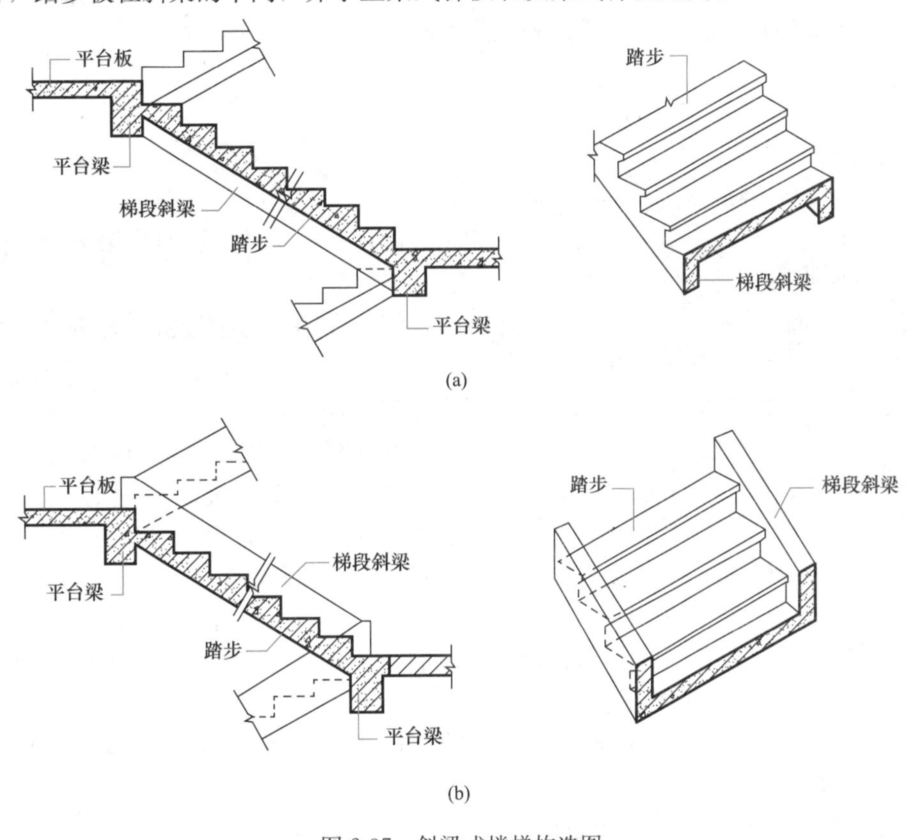

图 2-37　斜梁式楼梯构造图

（a）正梁式梯段；（b）反梁式梯段

2.6　门　　窗

2.6.1　概述

门和窗都是建筑物中的围护构件。窗的作用是采光和通风，对建筑立面装饰也起很大的作用。门是人们进出房间和室内外的通行口，并兼有采光和通风作用，门的立面形式在建筑装饰中也是一个重要方面。

门窗的材料有木材、钢材、彩色钢板、铝合金、塑料等多种。钢门窗有实腹、空腹、钢木等。塑料门窗有塑钢、塑铝、纯塑料等。

空腹钢门窗具有省料、刚度好等优点，但由于运输、安装产生的变形又很难调直，致使关闭不严。空腹钢门窗应采用内壁防锈，在潮湿房间不应采用。实腹钢门窗的性能优于空腹钢门窗，但应用于潮湿房间时，应采取防锈措施。空腹钢门窗渐趋被淘汰。

铝合金门窗具有关闭严密、质轻、耐水、美观、不锈蚀等优点，但造价较高。在涉外工程、重要建筑、美观要求高、精密仪器等建筑中经常采用。

塑料门窗具有质轻、刚度好、美观光洁、不需油漆、质感亲切等优点，但造价偏高，最适合于严重潮湿房间和海洋气候地带使用及室内玻璃隔断。为延长寿命，亦可在塑料型材中加入型钢或铝材，成为塑钢门窗或塑铝门窗。

2.6.2 窗的形式和构造

1. 窗的形式

图 2-38 示出各种窗型。

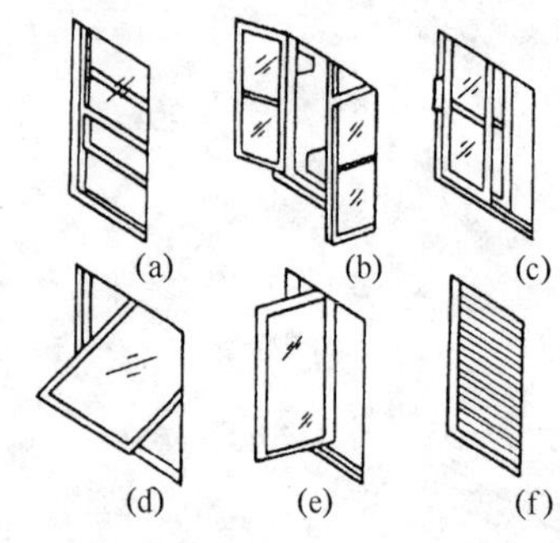

图 2-38　窗的类型

(a) 固定窗；(b) 平开窗；(c) 推拉窗；(d) 悬窗；(e) 立转窗；(f) 百叶窗

(1) 固定窗（图 2-38a）：是一种只供采光、不能通风的窗。

(2) 平开窗（图 2-38b）：是指铰链（合页）安装于窗侧面向内或向外开启的窗。窗向内开启时，对室内空间的占用太多，不小心还会碰头，与纱窗和窗帘冲突，且窗的防水也较难处理。窗向外开启时，不占用室内空间，且通风、防水性能好。《安全玻璃管理规定》第六条中第一项规定“7 层及 7 层以上建筑物外开窗”必须使用安全玻璃，外开窗对五金件和风撑的要求更高。

(3) 推拉窗（图 2-38c）：是指窗扇沿导轨或滑槽左右推拉或上下推拉的窗。其优点是不占空间，但窗缝处难密闭。左右推拉窗比上下推拉窗要简单一些。

(4) 悬窗（图 2-38d）：是指窗扇沿水平轴旋转开启的窗。根据旋转轴的安装位置不同，分为上悬窗、中悬窗、下悬窗；也可以沿垂直轴旋转而成垂直旋转窗。上悬窗和中悬窗向外开防雨通风较好。下悬窗不能防雨，一般很少采用。

(5) 立转窗（图 2-38e）：是指窗扇沿垂直轴旋转开启的窗。开启方便，通风好；但防雨和密封性较差，构造复杂。

(6) 百叶窗（图 2-38f）：是一种由斜木片或金属片组成的通风窗，多用于有特殊要求的部位。

2. 窗的设置

(1) 窗扇的开启形式应方便使用、安全和易于维修、清洗。高层建筑不应采用外开窗，应采用内开或推拉窗。

(2) 当采用外开窗时，应有牢固窗扇的措施。

(3) 开向公共走道的窗扇，其底面高度不应低于 2.0m。

(4) 窗台低于 0.8m（住宅窗台低于 0.9m）时，应采取防护措施。

(5) 防火墙上必须开设窗洞时，应采取防火措施，采用防火窗。

3. 窗的尺度

窗的尺度主要取决于：

（1）房间的采光通风——窗地比或玻地比；

（2）材料与构造做法

木窗　平开窗：窗扇高度为800～1200mm，宽度≤500mm；

悬　窗：上下悬窗窗扇高度为300～600mm，中悬窗窗扇高度≤1200mm，宽度≤1000mm；

推拉窗：高宽均≤1500mm。

铝合金窗　平开窗：窗扇高度≤1400mm，宽度≤600mm；

推拉窗：窗扇高度≤2000mm，宽度≤1000mm。

（3）窗洞口尺寸宜符合《建筑模数协调标准》GB 50002—2013的规定，窗洞口宽度宜采用水平基本模数和水平扩大模数数列，且水平扩大模数数列宜采用2nM、3nM；窗洞口高度宜采用竖向基本模数和竖向扩大模数数列，且竖向扩大模数数列宜采用nM（n为自然数）。

4. 窗的构造

（1）窗的部位名称

平开木窗由窗框、窗扇（玻璃扇、纱窗）、五金（铰链、插销、窗钩、拉手、铁三角等）及附件（压缝条、贴脸板、披水条、筒子板、窗台板）等组成（图2-39）。窗框是由上槛、下槛（腰槛）、边框、中竖框等部分组成。窗扇是由上冒头、下冒头、窗芯（又叫窗棂）、边梃等部分组成（图2-40）。

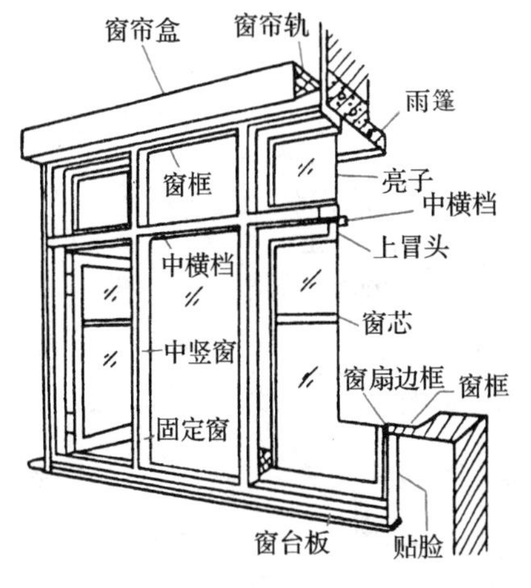

图2-39　木窗立面图

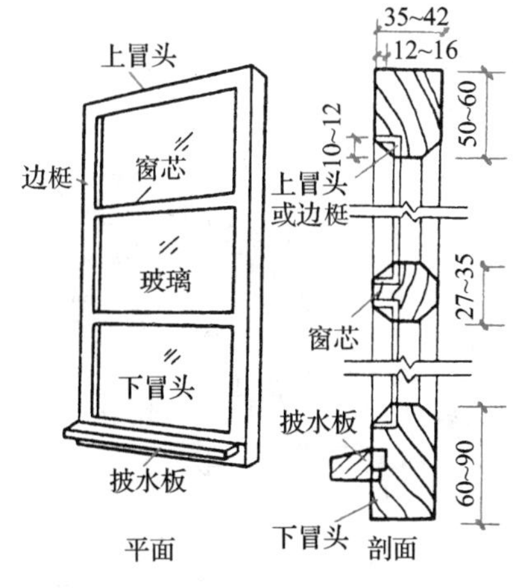

图2-40　窗扇立面图

为了准确表达窗子的开启方式，常用开启线来表示。开启线为人站在窗的外侧看窗，实线为玻璃扇外开，虚线为玻璃扇内开，线条的交点为铰链的安装位置（图2-41）。

（2）窗的安装

窗的安装包括窗框与墙的安装和窗扇与窗框的安装两部分。

窗框与墙的安装分立口与塞口两种。立口是先立窗口，后砌墙体（图2-42）。为使窗框与墙连接牢固，应在窗口的上下槛各伸出120mm左右的端头，俗称"羊角头"。这种连接的优点是结合紧密，缺点是影响砖墙砌筑速度。塞口是先砌墙，预留窗洞口，同时预埋木砖（图2-43）。木砖的尺寸为120mm×120mm×60mm，木砖表面应进行防腐处理。木砖沿窗高每 600mm 预留一块，但不论窗高尺寸大小，每侧至少预留两块；超过 1200mm 时，再按 600mm 递增。为保证窗框与墙洞之间的严密，其缝隙应用沥青浸透的麻丝或毛毡塞严。

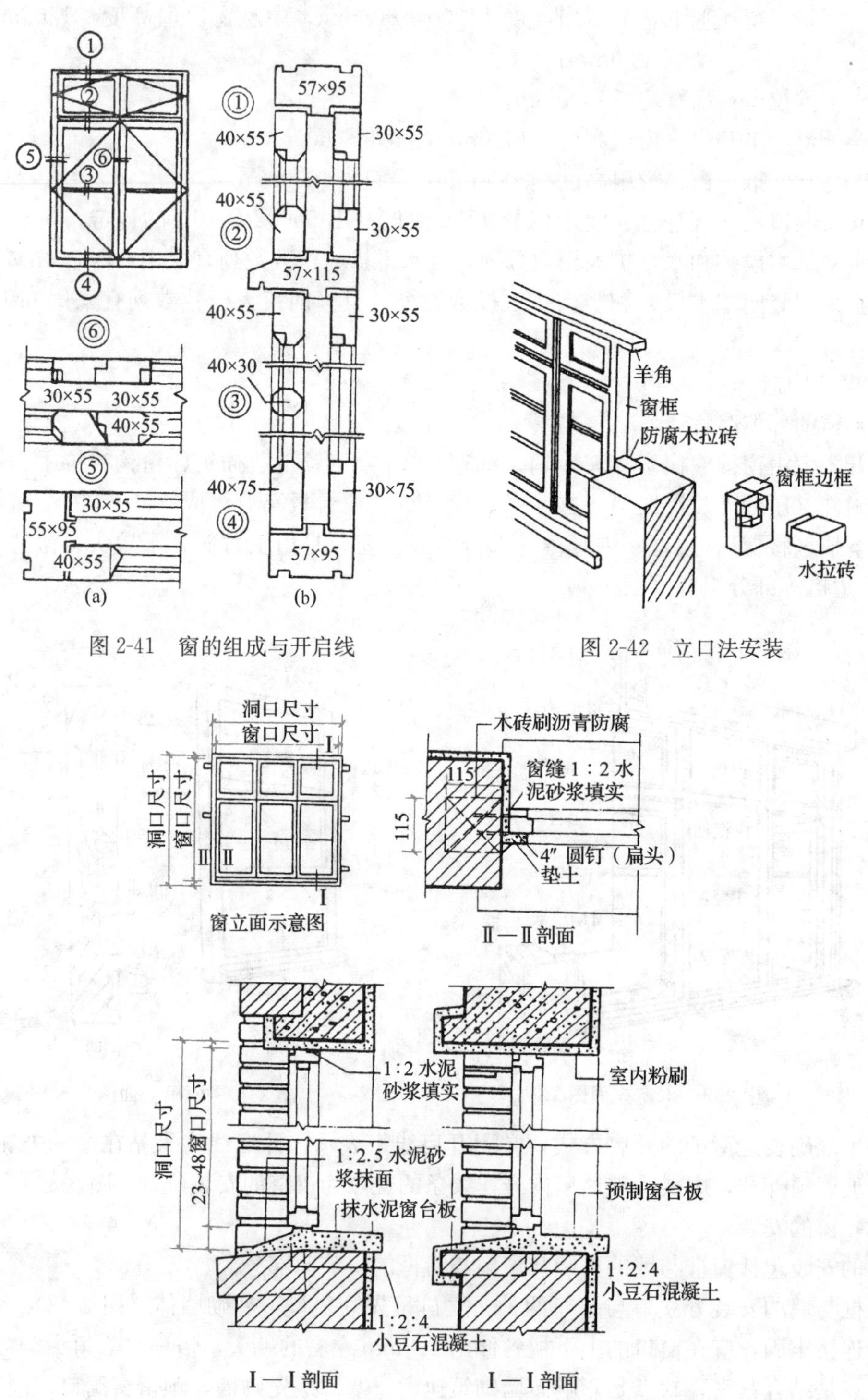

图 2-41 窗的组成与开启线

图 2-42 立口法安装

图 2-43 塞口法安装

窗扇与窗框的连接则是通过铰链（俗称“合页”）和木螺钉来连接的。窗的五金零件有铰链、插销、窗钩、拉手、铁三角等。

（3）窗的附件

1）压缝条

这是 10～15mm 见方的小木条，用于填补窗安装于墙时产生的缝隙，以保证室内的正常温度。

2）贴脸板

用来遮盖靠墙里皮安装窗扇产生的缝隙。

3）披水条

内开玻璃窗为防止雨水流入室内需设置披水条。

4）筒子板

为保护及美观门窗洞口的外侧墙面，用木板包钉镶嵌墙面的板，称为筒子板。

5）窗台板

在窗下槛内侧设窗台板，板厚 30～40mm，挑出墙面 30～40mm。窗台板可以采用木板、水磨石板或大理石板。

2.6.3　门的形式和构造

1. 门的形式

（1）平开门（图 2-44a）

平开门可以内开或外开，作为安全疏散门时一般应外开。在寒冷地区，为满足保温要求，可以做成内、外开的双层门。需要安装纱门的建筑，纱门内开、玻璃门外开。其构造简单，开启灵活，制作方便，易于维修，是目前常用的形式。

（2）弹簧门（图 2-44b）

又常称自由门。分为单面弹簧门和双面弹簧门两种。这种门主要用于人流出入频繁的地方，但托儿所、幼儿园等类型建筑中儿童经常出入的门，不可采用弹簧门，以免碰伤小孩。弹簧门有较大的缝隙，冬季冷风吹入不利于保温。

（3）推拉门（图 2-44c）

门扇开闭时沿轨道左右滑行，一般分上挂式和下滑式两种。上挂式是在门扇上部装滑轮，悬挂在预埋于门过梁的铁轨上；下滑式是在门扇下部装滑轮，搁在预埋于地面上的导轨上。其特点是不占室内空间，受力合理，不易变形，但封闭不严。

（4）折叠门（图 2-44d）

门关闭时，几个门扇靠拢在一起（一侧或两侧），可以少占有效面积。但构造复杂，常用于宽度较大的洞口。

（5）转门（图 2-44e）

这种门成十字形，安装于圆形的门框上，人进出时推门缓缓行进。这种门的隔绝能力强、保温、卫生条件好，但构造复杂，造价较高，只用于大型公共建筑的主要出入口。

（6）卷帘门（图 2-44f，图 2-44g）

它多用于商店橱窗或商店出入口外侧的封闭门、车库门等。

图 2-44 列举了几种门的外观图。

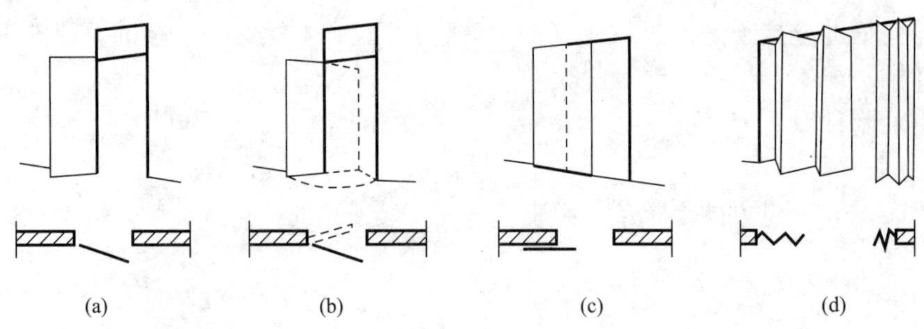

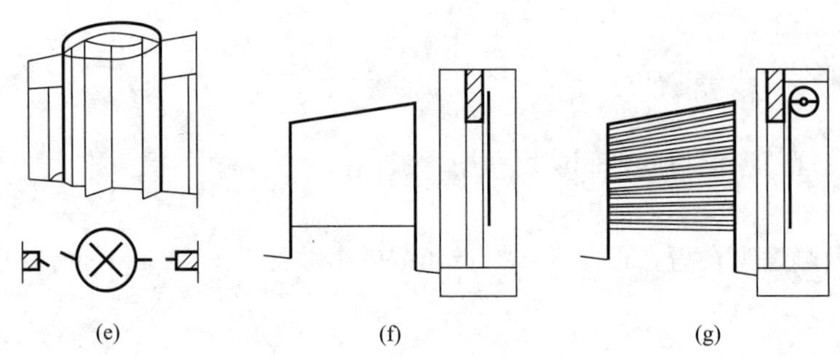

图 2-44　门的类型

（a）平开门；（b）弹簧门；（c）推拉门；（d）折叠门；（e）转门；（f）升降门；（g）卷帘门

2. 门的设置

（1）外门构造开启方便，坚固耐用；

（2）手动开启的大门扇应有制动装置，推拉门应有防脱轨的措施；

（3）由于双面弹簧门来回开启，如无透视玻璃，容易碰撞人，因此双面弹簧门应在可视高度部分装透明玻璃；

（4）考虑到旋转门、电动门、卷帘门和大型门的传递装置可能失灵影响日常使用和疏散安全，在旋转门、电动门、卷帘门和大型门的邻近应另设普通门；

（5）开向疏散通道及楼梯间的门扇开足时，不应影响走道及楼梯平台的疏散宽度；

（6）为尽量减少人体冲击在玻璃上可能造成的伤害，玻璃门在人体接触部位应选用安全玻璃（如夹层玻璃、钢化玻璃等）或采取防护措施；

（7）门的开启不应跨越变形缝。

3. 门的尺度

门洞的高度：民用建筑门的高度一般不宜小于 2100mm，如门设有亮子时门洞高度一般为 2400～3000mm。公共建筑大门高度可视需要适当提高。最小尺寸见表 2-8。

住宅建筑门洞最小尺寸　　**表 2-8**

类　别	洞口宽度（m）	洞口高度（m）	类　别	洞口宽度（m）	洞口高度（m）
公用外门	1.20	2.00	厨房门	0.80	2.00
户（套）门	0.90	2.00	卫生间门	0.70	2.00
起居室（厅）门	0.90	2.00	阳台门（单扇）	0.70	2.00
卧室门	0.90	2.00			

注：1. 表中门洞高度不包括门上亮子高度；

2. 洞口两侧地面有高差时，以高地面为起算高度。

门洞的宽度：单扇门为 700～1000mm，双扇门为 1200～1800mm。最小尺寸见表 2-8。

门洞的深度：一般为墙厚度 120mm、240mm。

4. 门的构造

(1) 门的各部位名称

门一般均由门框（又称门樘）、门扇、亮子（又称腰头窗）、五金零件及其附件组成。下面以木门为例，说明各组成部分的名称及断面形状。

门框由上槛、腰槛、边框、中框等部分组成（图 2-45）。门扇与窗扇相似，由上冒头、下冒头、中冒头、门梃等组成。为表达门的开启方式，常用开启线来表示，其意义与窗相同，这里不再赘述。

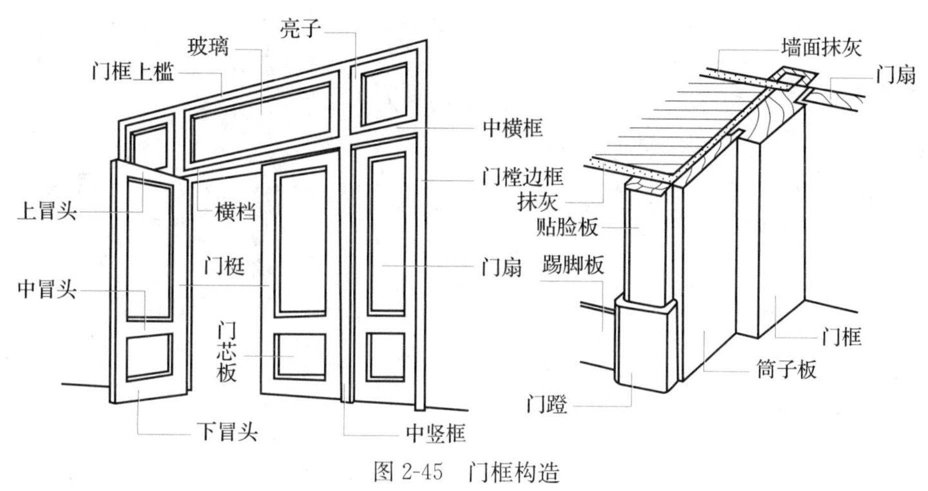

图 2-45　门框构造

(2) 门的安装

门的安装包括门框与墙体的连接和门扇与门框的连接两部分，其做法与窗相似，这里不再重述。

(3) 门的五金

门的五金零件和窗相似，有铰链、拉手、插销、铁三角等，但规格较大，此外，还有门锁、门轧头、弹簧铰链等。

2.7 屋　　顶

2.7.1 概述

1. 屋顶的作用与要求

屋顶是建筑物最上层起覆盖作用的外围护构件，其不仅承受屋顶自重、风及雪荷载，还要抵抗雨雪、日晒等自然因素的作用。

屋顶设计时，应该满足坚固耐久、保温隔热、防水排水及抵抗侵蚀的要求。同时力求做到构造简单，造价经济，外观美观。

2. 屋顶的形式

屋顶的形式根据屋面排水坡度、结构形式及建筑造型，大体可以分为平屋顶、坡屋顶和其他形式的屋顶。

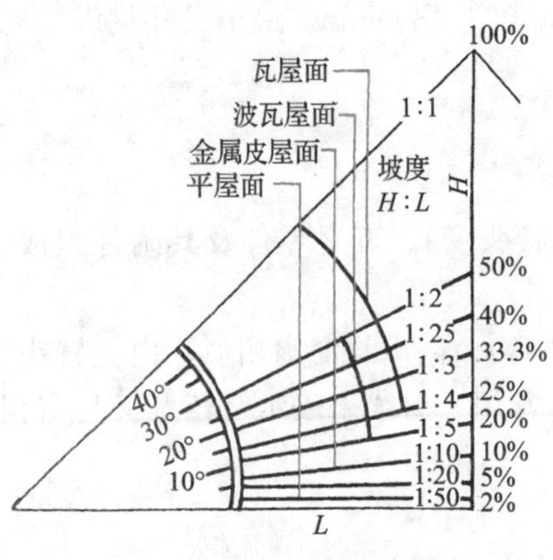

图 2-46　常用的屋顶坡度值

（1）平屋顶：排水坡度小于 5%的屋顶称为平屋顶，其常用坡度为 2%～3%。平屋顶的坡度，可以用材料找出，通常叫“材料找坡”（垫置坡度）；也可以用结构板材带坡安装，通常叫“结构找坡”（搁置坡度）。平屋顶材料找坡的坡度宜为 2%，结构找坡的坡度宜为 3%。

（2）坡屋顶：排水坡度大于 10%的屋面称为坡屋顶。坡屋顶的坡度均由屋架找出。其中坡度在 10%～20%时大多采用金属皮屋面，20%～40%时大多采用波形瓦屋面，大于 40%时大多采用各种瓦屋面。常用的坡度值如图 2-46 所示。

屋顶类型如图 2-47 所示。

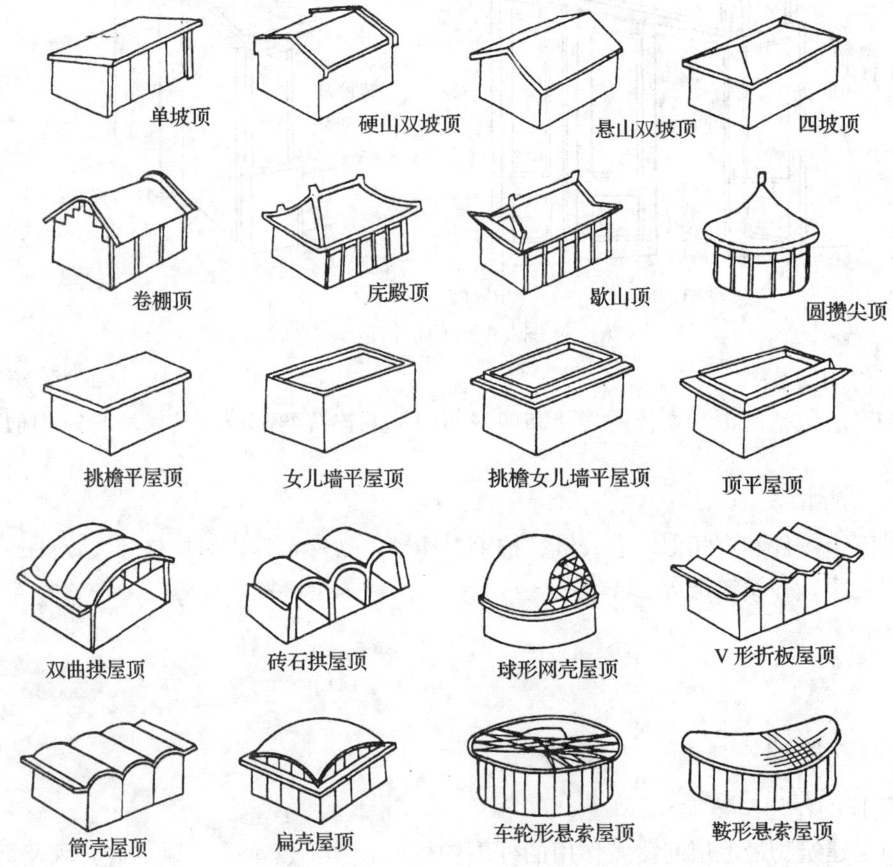

图 2-47　屋顶的类型

2.7.2　平屋顶的构造

1. 选用平屋顶时应考虑的主要因素

（1）屋顶为上人屋面还是非上人屋面；

（2）屋顶的找坡方式是材料找坡还是结构找坡；

（3）屋顶所处房间是湿度较大的房间，还是湿度正常的房间，其目的是考虑是否加设隔汽层；

（4）屋顶所处地区是北方（以保温做法为主）还是南方（以加强通风散热为主），地区不同构造层次也不一样；

（5）防水等级。

2. 平屋顶的构造层次

平屋顶的构造层次与上人、不上人；材料找坡、结构找坡；架空面层、实体面层和有无隔汽层有关。

图 2-48 所示是平屋顶各层构造布置情况，共有七个层次，防水层和承重层是两个最主要的层次，其次是保温层。根据上述层次的需要，还须设置保护层、找平层和隔汽层，此外还有顶棚层。

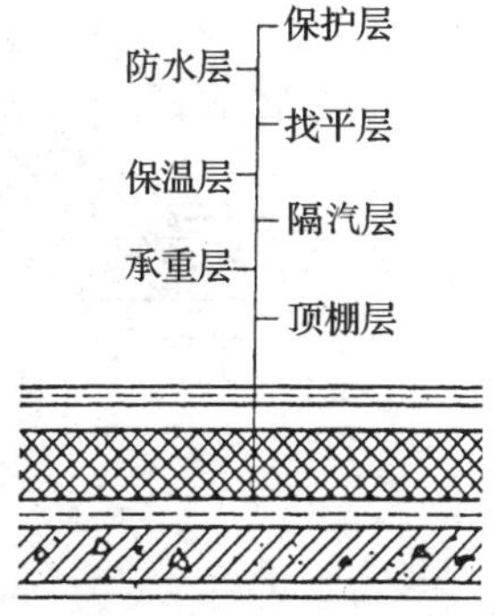

图 2-48　平屋顶构造层次（不上人屋面）

3. 平屋顶的构造组成

（1）承重层

平屋顶的承重层以钢筋混凝土板为最多，可以采用现场浇筑，做成整体式；也可以采用预制的预应力钢筋混凝土空心板等，可做成装配式或装配整体式。

（2）保温层或隔热层

由于钢筋混凝土材料的保温隔热性能较差，为了阻止热量的传导，一般在承重层上面铺设一层导热不良的材料，如加气混凝土、水泥蛭石、水泥珍珠岩、浮石砂和聚苯乙烯泡沫塑料板等来作为保温隔热层。在冬季，可使室内的热量不易散失，起到保温作用；在夏季，可使外面的热量较少地从屋顶传入室内，起到一定的隔热作用。

当室内外温差较大时，室内空气中的水蒸气将向屋顶内部渗透。由于油毡防水层的阻碍，水蒸气在屋顶内部，特别是聚集在吸湿能力较强的保温材料中。冬季室外气温低，接近屋顶外表面的保温层就会出现凝结水，这将降低保温层的保温效果。夏季屋顶外表面温度很高，积聚在保温层内的水分又会变成蒸汽，膨胀时可使油毡鼓起，甚至拱破。为了避免出现上述现象，凡是在冬季室内外温差较大的地区，且室内湿度相对较大的房间，应在屋顶承重层与保温层之间设置隔汽层。隔汽层的做法较多，常见的有乳化沥青二遍、一毡二油和水乳型橡胶沥青一布二涂等。

虽然保温层在夏季可以起到一定的隔热作用，但在南方地区，通风的夹层屋顶对隔热作用更为有效。通风夹层屋顶能使太阳辐射热随风消耗在隔离物和在加热它下面的空气上。设计这种屋顶时，除应注意进风口有足够的面积外，还应使进风口朝向当地的夏季主导风向。通风夹层屋顶的构造方法是在平屋顶上用普通黏土砖或轻混凝土砌筑 120mm 厚、120～140mm 高的矮墙，上置大方砖、35～40mm 厚的混凝土板或石棉水泥波形瓦，使气流有组织地通过间层，空气进出正负压关系明显，气流特别通畅（图 2-49a）。另一种是用砖墩支承盖面材料的四角，间层内空气纵横各向都可以流通，不受风向约束，但易形成紊流，反而影响流速，隔热效果较差（图 2-49b）。

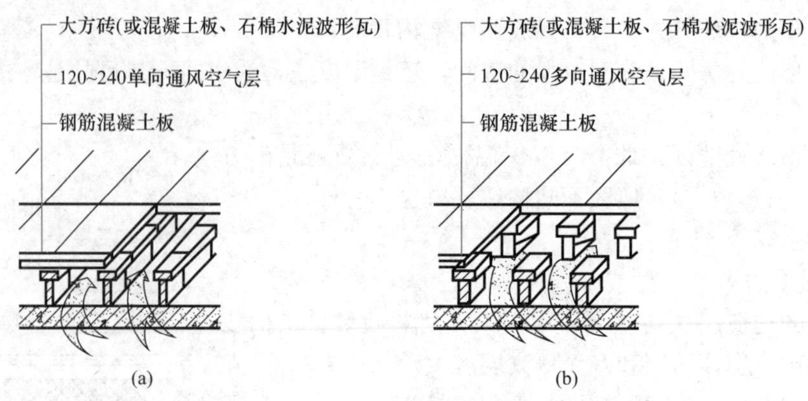

图 2-49　通风夹层平屋顶

（a）有组织气流；（b）无组织气流

（3）防水层

平屋顶坡度小，排水慢，故防水层的构造处理好坏直接影响屋面的防水、排水能力，北方地区多采用柔性卷材防水，如油毡沥青防水层（油毡二层沥青胶三层）；为延长使用寿命，常采用三毡四油等，其上铺粒径 3～6mm 的绿豆砂保护层（其作用是可以减少阳光辐射对沥青的影响，降低沥青表面的温度，防止可能出现的沥青流淌，延缓沥青老化速度，防止暴雨对沥青的冲刷）；此防水方法造价低，防水性能较好，但需热施工，污染环境，低温易脆裂，高温易流淌，寿命较短；故当前已出现一批新的防水卷材（三元乙丙橡胶，聚氯乙烯等），它们克服油毡沥青防水卷材的不足，具有冷施工、低温不裂、高温不流淌、弹性好、耐老化、寿命长的一系列优点。

在南方多雨地区由于气温高，柔性卷材容易产生流淌，故采用较少，而代之的刚性屋面则应用较为广泛。刚性防水屋面的具体做法是：用豆石混凝土的适当级配，得到最大的密实度。常用的配合比值为水泥∶砂子∶石子的质量比为1∶（1.5～2.0）∶（3.5～4.0）。使用这种密实的混凝土做防水层，其厚度常为 40mm（内配 ϕ4@200 的钢筋网片），按 2m 长进行分块。分仓缝隙要布置在梁上、板缝或墙上。缝口应做成上口大（20～30mm）、下口小（10～20mm）的倒梯形断面。缝的深度可以全部贯穿或不贯穿，然后进行填缝。填缝是刚性屋面防水的关键。

（4）找平层

油毡防水层对它所依附的基层，要求有一定的强度以承受施工荷载及平整的表面以便将油毡粘牢在基层上。不论是设还是不设保温层的油毡防水屋顶，其基层表面均难做到平整，需要设找平层来找平。一般采用 20mm 厚 1∶3 或 1∶2.5 的水泥砂浆抹平。

（5）找坡层

一般采用 1∶6 水泥焦渣，表面抹光，最低处 30mm 厚。

（6）隔汽层

隔汽层的作用是隔除水蒸气，避免保温层吸收水蒸气而产生膨胀变形，一般仅在湿度较大的房间设置。隔汽层的做法较多，常见的有乳化沥青二遍、一毡二油和水乳型橡胶沥青一布二涂等。

2.7.3 平屋顶的细部做法

1. 平屋顶的檐口做法

檐口做法指的是墙身与屋面交接处的做法。这部分构造不但应满足技术方面（如排水、保温）的要求，也要考虑建筑艺术方面的要求。檐口常见的做法有两种：外墙高出屋顶的女儿墙做法和挑檐口做法。

(1) 女儿墙构造

上人的平屋顶一般要做女儿墙。女儿墙用以保护人员的安全，并对建筑立面起装饰作用。其高度一般不小于 1300mm（从屋面板上皮计起）。

不上人的平屋顶也应做女儿墙，其作用除上面装饰作用外，还要固定油毡，其高度应不小于 800mm（从屋面板上皮计起）。

女儿墙的厚度可以与下部墙体相同，但不应小于 240mm。女儿墙在人流出入口和通道处应与主体结构锚固；非出入口无锚固的女儿墙高度：设防烈度为 6～8 度时不宜超过 0.5m，设防烈度为 9 度时应有锚固。当女儿墙的高度超过《建筑抗震设计规范（2016 年版）》GB 50011—2010 中规定的数值时，应有锚固措施，其常用做法是将下部的构造柱上伸至女儿墙压顶中，形成锚固柱，其最大间距为 3900mm。

砌体女儿墙顶部应做压顶。压顶用混凝土浇筑，内放钢筋，沿墙长放 3ϕ6，沿墙宽放 ϕ4@300，以保证其承载力和整体性。

屋顶卷材遇有女儿墙时，应将卷材沿墙上卷，高度不应低于 250mm，然后固定在墙上预埋的木砖或木块上，并用 1∶3 水泥砂浆做披水。也可以将油毡上卷，压在压顶板的下皮（图 2-50）。

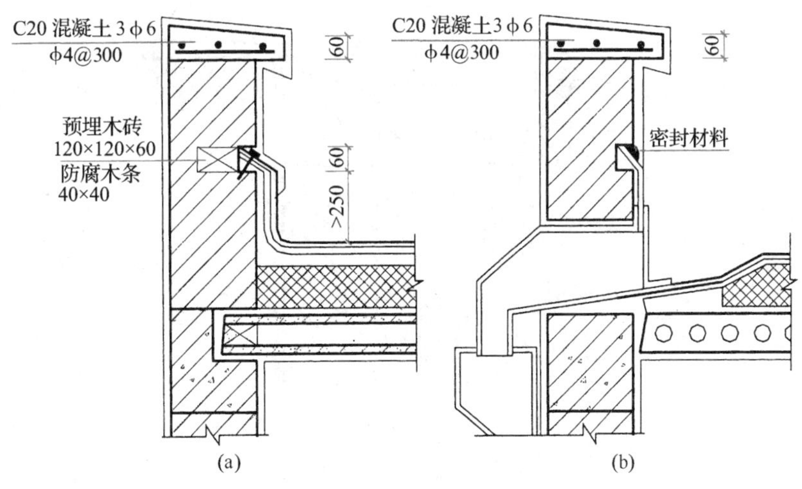

图 2-50　女儿墙做法

(a) 无排水口；(b) 有排水口

(2) 挑檐板的构造

挑檐板可以现浇（图 2-51），也可以预制。预制挑檐板是将板安放在屋顶板上，并用 1∶3 水泥砂浆找平，并要妥善解决挑檐板的锚固问题。

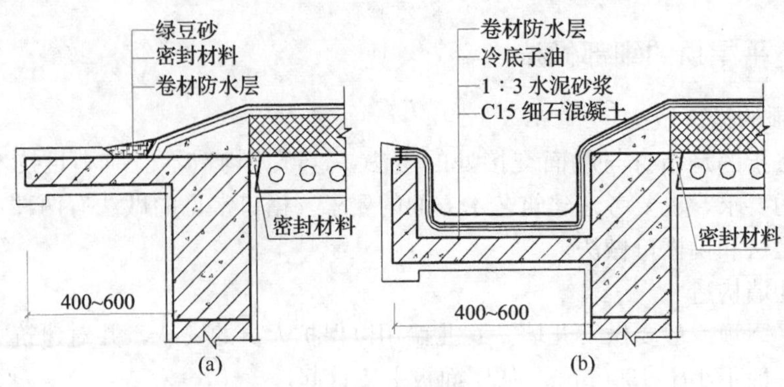

图 2-51　挑檐板构造

（a）无檐沟；（b）有檐沟

2. 平屋顶的排水做法

（1）排水方案的确定

为防止雨水渗漏，除做严密的防水层外，还应将屋面雨水迅速地进行排除。

屋面的排水方式有两种：一种是屋面雨水直接排至檐口，自由下落，这种排水方式叫无组织排水。该做法虽然简单，但檐口排下的雨水容易淋湿墙面和污染门窗，一般只用于檐部高度在 5m 以下的建筑物中。另一种是将屋面雨水通过天沟、集水口、雨水斗、雨水管等排水装置排除，这种排水方式叫有组织排水（图 2-52），是一种使用较为广泛的排水方法。

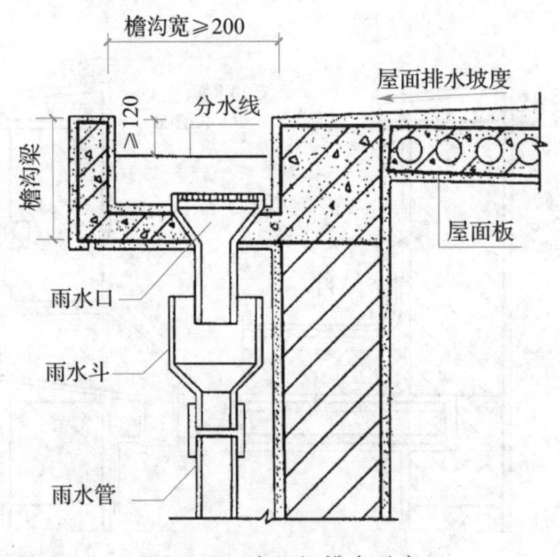

图 2-52　有组织排水示意

排水组织设计包括确定排水坡度、划分排水分区、确定雨水管数量、绘制屋顶平面图等工作。

（2）排水坡度

平屋顶的横向排水坡度一般为 2%，纵向排水坡度一般为 1%。

天沟的纵向坡度一般不宜小于：外排水 0.5%（1：200）；内排水 0.8%（1：125）。

（3）排水分区及雨水管数量

屋面排水分区一般按每个雨水管能承担的最大集水区域面积来划分，具体详见表 2-9、表 2-10。

一个雨水立管能承担的最大集水区域面积　　表 2-9

雨水管内径	100mm	150mm	200mm
外排水明管	$150m^2$	$400m^2$	$800m^2$
内排水明管	$120m^2$	$300m^2$	$600m^2$
内排水暗管	$100m^2$	$200m^2$	$400m^2$

两个雨水口（即雨水管）间距　　表 2-10

外排水		内排水	
有外檐天沟	无外檐天沟	明装雨水管	暗装雨水管
24m	15m	15m	15m

（4）屋顶平面图

屋顶平面图应标明排水分区、排水坡度、雨水管位置、穿出屋顶的突出物的位置等（图 2-53）。

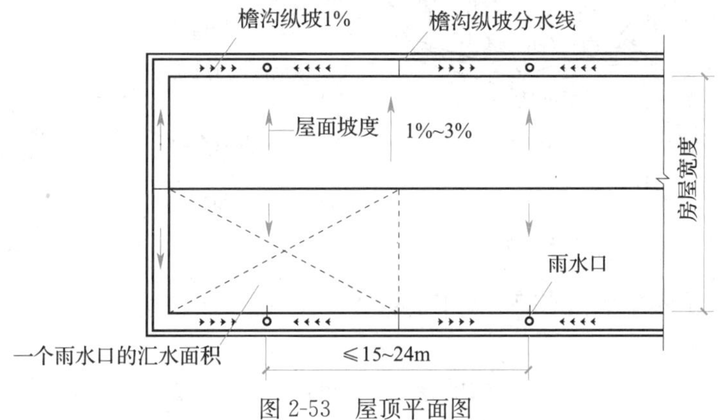

图 2-53　屋顶平面图

2.7.4　坡屋顶的构造

屋面坡度大于 1∶7 的屋顶叫坡屋顶。坡屋顶的坡度大，雨水容易排除，屋面防水问题比平屋顶容易解决，在隔热和保温方面，也有其优越性。坡屋顶的形式常见的有单坡、双坡和四坡，并在此基础上加以组合以适应平面的变化（图 2-54）。

坡屋顶的构造主要由承重结构和屋面面层组成，需要时还有保温层、隔热层和顶棚等。

1. 坡屋顶的承重结构

坡屋顶中常用的承重结构有屋架承重和山墙承重两种。前者用于房间要求较大空间的建筑（如食堂、俱乐部），后者用于房间空间较小的建筑（如住宅、旅馆）。

（1）屋架承重

屋架有多种形式，其中以三角形屋架采用最多。有木屋架、钢木组合屋架、钢筋混凝土屋架和钢屋架多种。三角形木屋架是一种常用的屋架形式，适合于跨度在 15m 及 15m 以下的建筑物中（图 2-55）。钢木组合屋架是将木屋架中的受拉杆件采用钢材代替，这样可以充分发挥钢材的受力特点，适用于跨度在 15～20mm 之间（图 2-56）。钢筋混凝土屋架和钢屋架可用于更大的跨度范围。

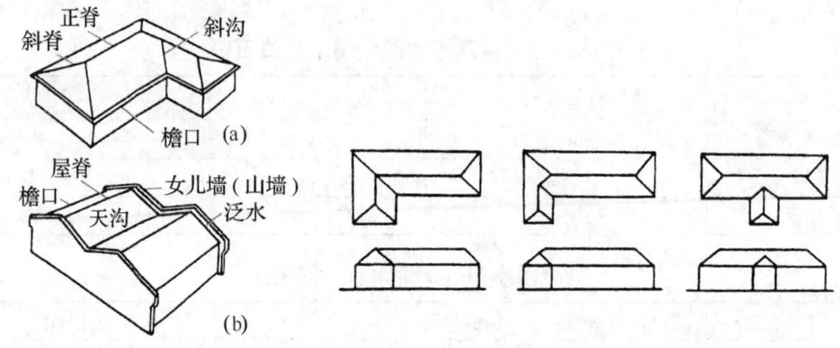

图 2-54　坡屋顶的屋顶平面图

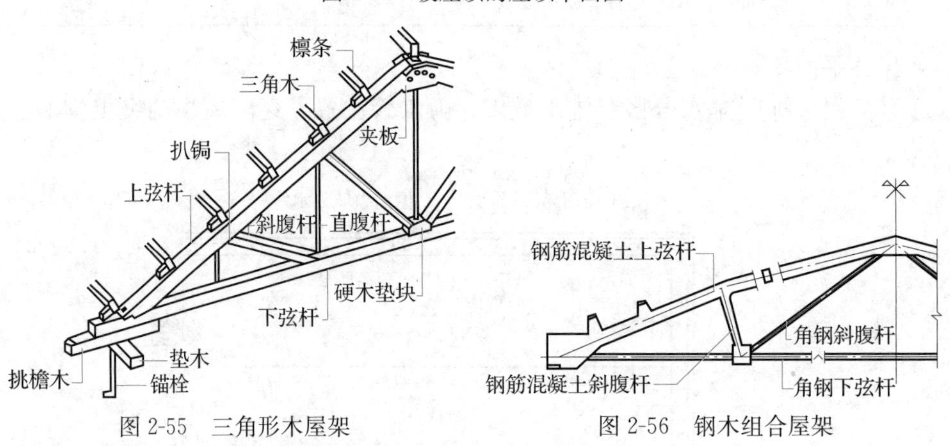

图 2-55　三角形木屋架　　图 2-56　钢木组合屋架

图 2-57 列举了木屋架在不同情况下的布置。

（2）山墙承重

这种做法在开间一致的横墙承重的建筑中经常采用。做法是将横向承重墙的上部按屋顶要求的坡度砌筑，上面铺钢筋混凝土屋面板或加气混凝土屋面板；或在横墙上放檩条，然后铺放屋面板，再做屋面。硬山承重体系将屋架省略，其构造简单，施工方便，因而采用较多（图 2-58）。

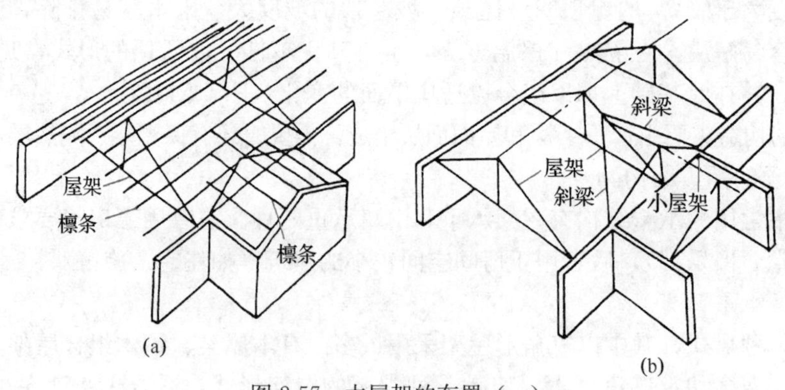

图 2-57　木屋架的布置（一）

(a) 房屋垂直相交，檩条搁檩条；(b) 房屋垂直相交，斜梁搁在屋架上

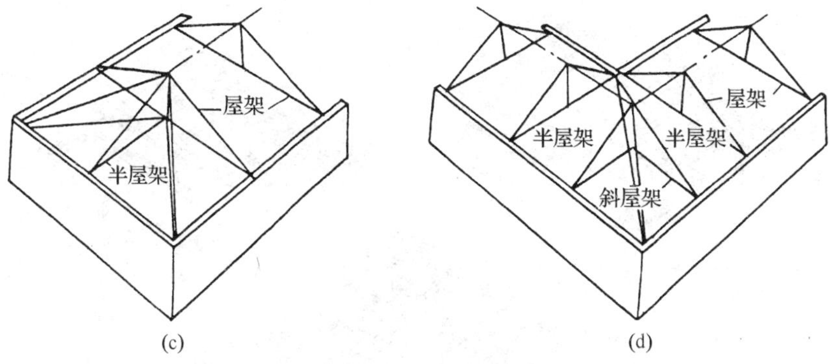

图 2-57　木屋架的布置（二）

（c）四坡顶端部，半屋架搁在全屋架上；（d）房屋转角处，半屋架搁在全屋架上

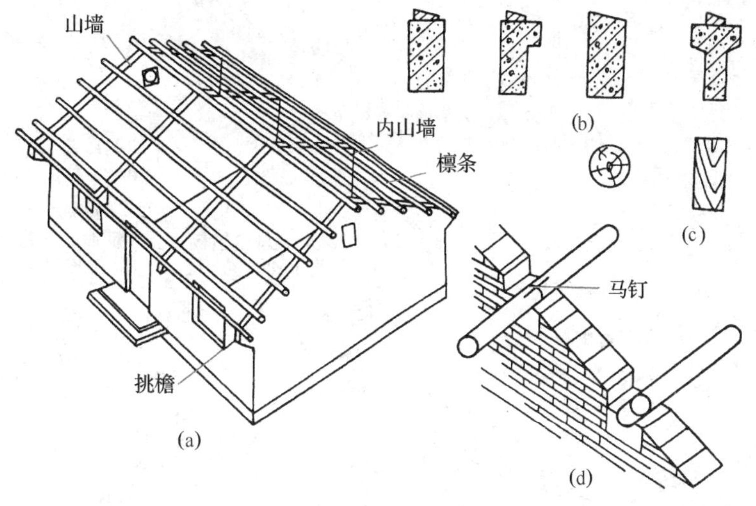

图 2-58　硬山承重体系

（a）轴测图；（b）钢筋混凝土檩条断面形式；（c）木檩条断面；（d）木檩条的固定

2. 坡屋顶的屋面构造

在木屋架上常做瓦屋面，其构造层次为：在檩条上铺设望板，上放油毡、顺水压毡条、挂瓦条，最外层为瓦（图 2-59）。

3. 坡屋面的天沟及泛水做法

（1）天沟

在两个坡屋面相交处或坡屋顶在檐口有女儿墙时即出现天沟。这里雨水集中，要特殊处理它的防水问题。屋面中间天沟的一般做法是：沿天沟两侧通长钉三角木条，在三角木条上放 26 号镀锌薄钢板 V 形天沟，其宽度与收水面积的大小有关，其深度应不小于 150mm（图 2-60）。

（2）屋面泛水

在屋面与墙身交接处，要做泛水。泛水的做法是把油毡沿墙上卷，高出屋面大于或等于 200mm，油毡钉在木条上，木条钉在预埋的木砖上。木条以上通常砌出 60mm 的砖挑檐，并用 1∶3 水泥砂浆抹出滴水。在屋面与墙交接处用 C20 混凝土找出斜坡，压实、抹光（图 2-61）。

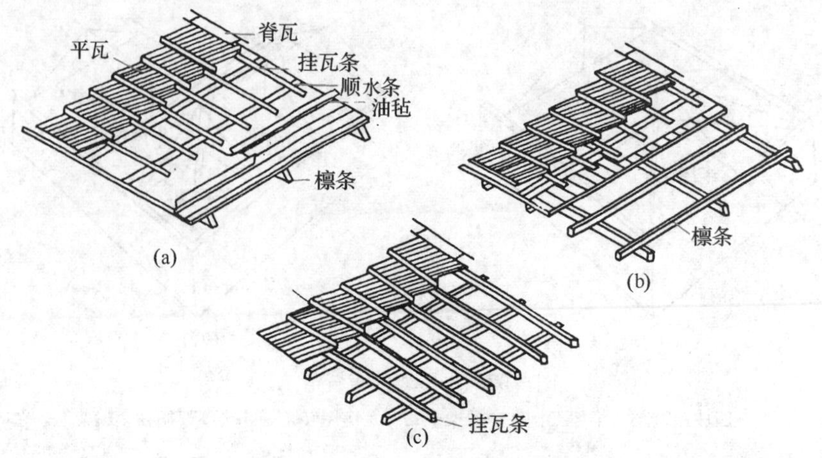

图 2-59　屋面构造

（a）无椽方案；（b）有椽方案；（c）净摊瓦

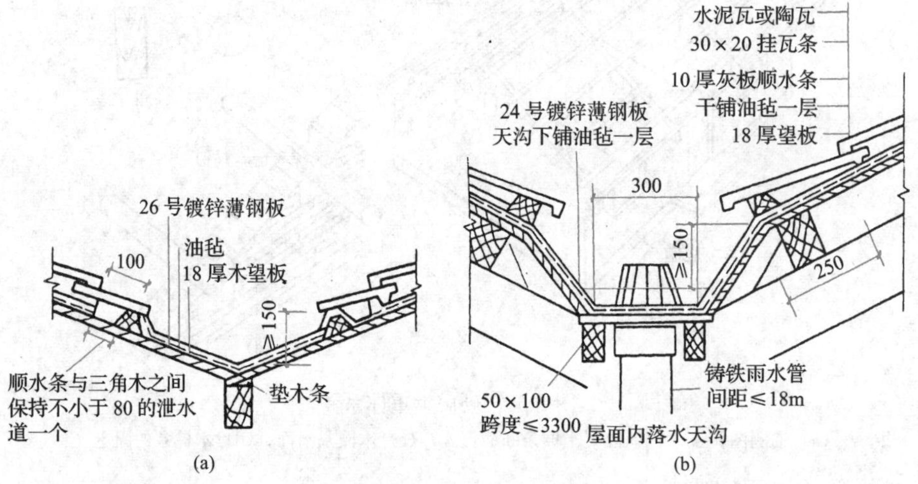

图 2-60　天沟做法

（a）屋面天沟；（b）屋面内落水天沟

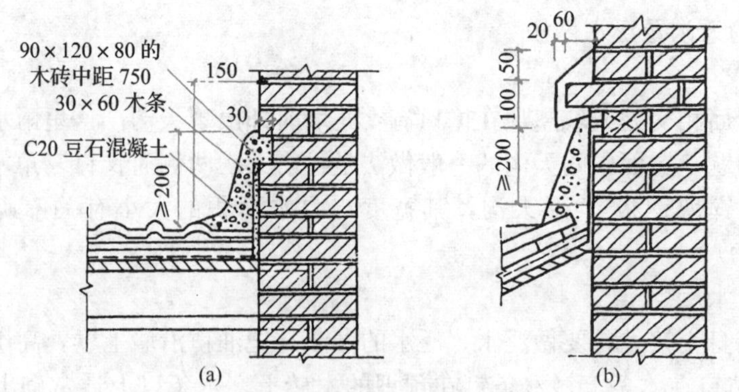

图 2-61　屋面泛水构造

（a）屋面与墙身平面交接；（b）屋面与墙身坡面交接

(3) 女儿墙天沟

这种天沟与上述做法相似。油毡卷起高度要在 250mm 以上，亦用砖挑檐抹出滴水，檐沟断面如图 2-62 所示。屋面板要沿天沟做出一定的宽度，在其下面用方木托住。

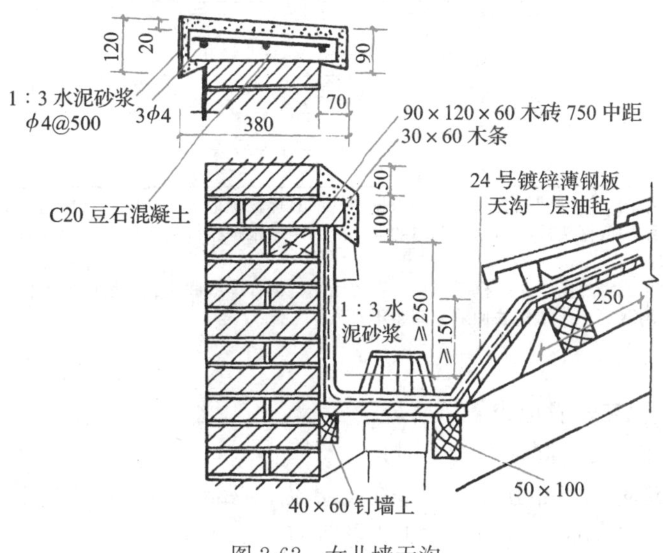

图 2-62　女儿墙天沟

2.8　变　形　缝

2.8.1　变形缝的性质、作用和设置

1. 变形缝的性质与作用

为了防止因温度和湿度变化、地基不均匀沉降以及地震等因素造成对建筑物的使用和安全影响，设计时预先在变形敏感部位将建筑物断开，分成若干个相对独立的单元，且预留的缝隙能保证建筑物有足够的变形空间，设置的这种构造缝称为变形缝。变形缝有伸缩缝、沉降缝和防震缝三种。

(1) 伸缩缝（又称温度伸缩缝）：为防止因温度升降使过长建筑物的热胀冷缩值超过一定限值引起结构的开裂破坏而设置的缝隙。当建筑物的长度控制在一定范围内就无须设置温度伸缩缝。

(2) 沉降缝：为防止建筑物高度不同、重量不同、地基承载力不同而产生的不均匀沉降，使建筑物发生竖向错动开裂而设置的缝隙。

(3) 防震缝：为防止地震时，建筑物各部分相互撞击造成破坏而设置的缝隙。

2. 变形缝的设置原则

(1) 伸缩缝

当砌体结构房屋的长度超过附表 4-4、钢筋混凝土结构房屋的长度超过表 2-11 的最大间距时应设置伸缩缝。

钢筋混凝土结构伸缩缝的最大间距 GB 50010—2010（2015年版）（m）　　**表 2-11**

结构类别		室内或土中	露天
排架结构	装配式	100	70
框架结构	装配式	75	50
	现浇式	55	35
剪力墙结构	装配式	65	40
	现浇式	45	30
挡土墙、地下室墙壁等类结构	装配式	40	30
	现浇式	30	20

注：1. 装配整体式结构房屋的伸缩缝间距，可根据结构的具体情况取表中装配式结构与现浇式结构之间的数值；
2. 框架剪力墙结构或框架核心筒结构房屋的伸缩缝间距可根据结构的具体布置情况取表中框架结构与剪力墙结构之间的数值；
3. 当屋面无保温或隔热措施时，框架结构、剪力墙结构的伸缩缝间距宜按表中露天栏的数值取用；
4. 现浇挑檐、雨罩等外露结构的伸缩缝间距不宜大于12m。

（2）沉降缝

凡符合下列情况之一者应设置沉降缝：

1）当建筑物建造在不同地基土上时；

2）当同一建筑物相邻部分高度相差在两层以上或部分高度差超过10m时；

3）当建筑物的基础底部压力值有很大差别时；

4）原有建筑物和扩建建筑物之间；

5）当相邻的基础宽度和埋置深度相差悬殊时；

6）在平面形状较复杂的建筑中，为了避免不均匀沉降，应将建筑物平面划分成几个单元，在各个部分之间设置沉降缝。

（3）防震缝

地震区遇下列情况之一时应设置防震缝：

1）房屋立面高差在6m以上；

2）房屋有错层，且楼板高差较大；

3）各部分结构刚度截然不同。

防震缝应将房屋分成若干个形体简单、结构刚度均匀的独立单元，防震缝应沿房屋的全高设置，其两侧应布置墙，基础可不设置防震缝。

在地震设防地区，沉降缝和伸缩缝的宽度应符合防震缝的要求。

3. 变形缝的宽度

（1）伸缩缝：系一条从基础顶面起经墙身、楼板至屋顶的竖缝，缝宽20～40mm。基础埋在土中，受温度变化的影响不大，故不必设伸缩缝。

（2）沉降缝：应从基础开始断开，直至屋顶的竖缝。沉降缝的宽度按表2-12所列尺寸选取。

沉降缝宽度　　**表 2-12**

地基性质	建筑物高度	沉降缝宽度（mm）
一般基础	$H<5$m	30
	$H=5\sim10$m	50
	$H=10\sim15$m	70

续表

地基性质	建筑物高度	沉降缝宽度（mm）
软弱地基	2～3 层 4～5 层 6 层以上	50～80 80～120 >120
湿陷性地基		≥30～70

（3）防震缝：防震缝从基础顶面开始，沿房屋全高设置，且缝两侧应布置墙，缝宽与房屋高度、地震设防烈度有关。

《建筑抗震设计规范（2016 年版）》GB 50011—2010 规定，框架结构房屋的防震缝宽度，当高度不超过 15m 时，不应小于 100mm；高度超过 15m 时，设防烈度 6 度、7 度、8 度和 9 度分别每增加 5m、4m、3m 和 2m，宜加宽 20mm。

2.8.2　变形缝的构造

变形缝一般通过墙、地面、楼板、屋顶等部位，这些部位均应做好缝隙的构造处理。缝隙的构造与变形缝的性质、结构类型和缝隙位置有关。下面仅以砌体结构的伸缩缝为例，简述缝隙的构造处理。

1. 墙体内外表面

墙体外表面一般采用金属板做盖缝处理，墙体内表面可以采用金属板或木板做盖缝处理（图 2-63a）。

2. 地面

底层地面在缝隙两端用角钢封边进行过渡。

3. 楼板

楼板上部楼（地）面在缝隙两端用角钢作封边，并用橡胶垫或金属板过渡；楼板下部用木板或金属板过渡（图 2-63b）。

4. 屋顶

屋顶部分在缝隙两侧砌筑 120mm 厚砖墙，上部用镀锌薄钢板或钢筋混凝土板覆盖，缝中填沥青麻丝（图 2-63c）。屋顶板下部与楼板下部做法相同。

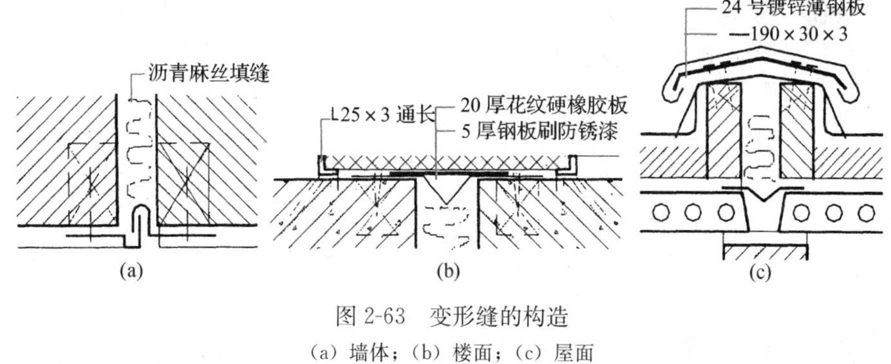

图 2-63　变形缝的构造

（a）墙体；（b）楼面；（c）屋面

2.8.3　管道穿过沉降缝墙体时的构造

当管道穿过沉降缝墙体时，应采取软管接管法（图 2-64a）和螺纹弯头法（图 2-64b），防止因沉降而损坏管道。

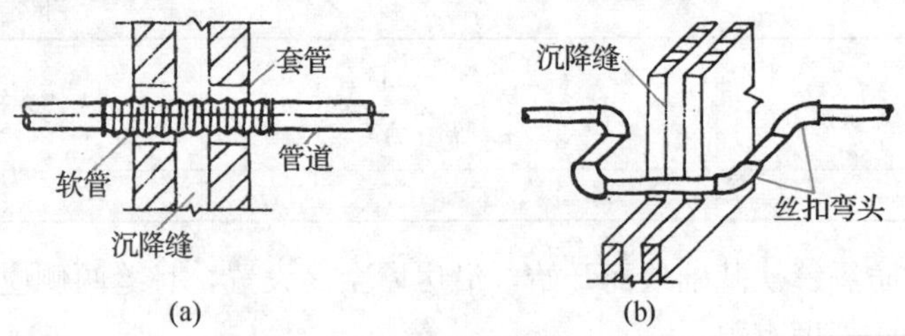

图 2-64　管道穿过沉降缝墙体采取的措施

（a）软管接管法；（b）螺纹弯头法

2.9　构　筑　物

土建工程通常由各类构筑物和建筑物组成。常用的构筑物有水池、水塔、取水井、沟渠、检查井等。由于建筑功能和工艺要求的不同，不同的构筑物和建筑物具有不同的平面布置和构造特点。为使工艺设计时，能考虑建筑物和构筑物的结构及构造的可能性、合理性和经济性，本节以水池和水塔为例简述它们的构造要求。

2.9.1　水池

1. 水池的类型

水池一般有工艺上和平面形状上两种分类方法。

（1）按工艺分类

可分为水处理用池（如沉淀池、过滤池、曝气池等）和贮水池（如清水池、高位水池、调节水池等）。前一类池的容量、形式和空间尺寸主要由工艺设计确定；后一类池的容量、标高和水深由工艺确定，而池型及尺寸则主要由结构的经济性和场地、施工条件等因素确定。

（2）按平面形状分类

可分为圆形水池和矩形水池（图 2-65），同时根据有无顶盖又可分为封闭水池和开敞水池。给水排水工程中贮水池多数为封闭式。

2. 水池的选型

（1）圆形水池和矩形水池

选用圆形水池还是矩形水池主要由工艺要求、场地条件和经济性三方面确定。

就场地来说，矩形水池对场地地形的适应性较强，便于节约用地及减小场地开挖的土方量。在山区狭长地带建造水池以及在城镇大型给水工程中，矩形水池的这一优越性具有重要意义。

就经济性来说，在一般水池深度为 3.5～5.0m 时，对于单个水池，容量为 200～3000m^3，采用圆形水池比矩形水池经济性好，容量 3000m^3 以上，采用矩形水池经济性较好。这对主要靠池壁竖向受弯来传递压力的矩形水池（池壁的长高比超过 2 时），不因平面尺寸增加而影响池壁的厚度和配筋的变化；而圆形水池的池壁环向拉力及相应的池壁厚度和配筋将随平面尺寸而增大。同时分析还表明，就每立方米容量的造价、水泥用量和钢材用量等经济指标来说，容量超过约 3000m³ 的矩形水池基本趋于稳定。

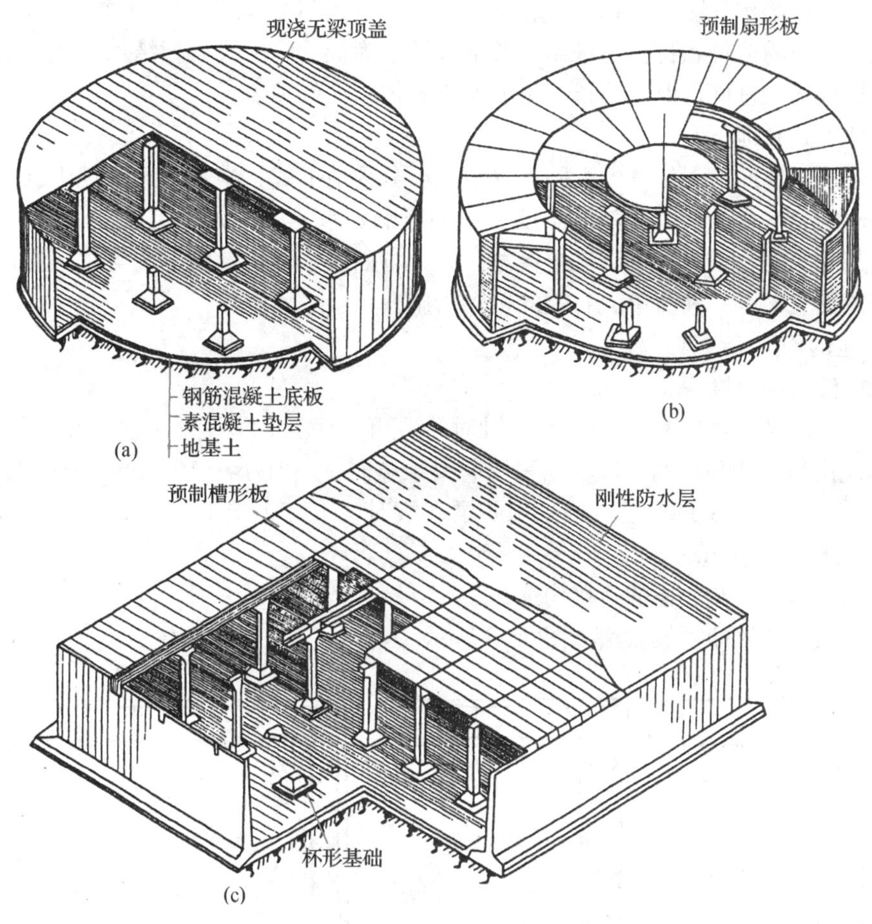

图 2-65 圆形水池和矩形水池

(a) 采用整体式无梁顶盖的圆形水池；(b) 采用装配式扇形板、弧形梁顶、顶盖的装配式预应力圆形水池；(c) 采用装配式肋形梁板顶盖的矩形水池

(2) 等厚池壁和变厚池壁

水池池壁根据内力大小及其分布情况，可以做成等厚的或变厚的。变厚池壁的厚度按直线变化，变化率以 2%～5%（每米高增厚 20～50mm）为宜。无顶盖池壁厚的变化率可以适当加大。现浇整体式钢筋混凝土圆形水池容量在 1000m³ 以下，可采用等厚池壁；容量在 1000m³ 及以上，用变厚池壁较经济，装配式预应力混凝土圆形水池的池壁通常都采用等厚度。

(3) 装配式和现浇式

目前，国内除预应力混凝土圆形水池多采用装配式池壁外，一般钢筋混凝土圆形水池都采用现浇式池壁。矩形水池的池壁绝大多数采用现浇整体式，也有少数工程采用装配整体式池壁。采用装配整体式池壁可以节约模板，使壁板生产工厂化和加快施工进度。缺点是壁板接缝处水平钢筋焊接工作量大，二次混凝土灌缝施工不便，连接部位施工质量难以保证，因此，设计时应特别谨慎。

贮水池的顶盖和底板大多采用平顶和平底。整体式无梁顶盖和无梁底板应用较广。其次，装配式梁板结构（图 2-65b、c）也相当普遍。工程实践表明，对有覆土的水池顶盖，整体式无梁顶盖的造价和材料用量比一般梁板体系为低。装配式梁板结构的优点是能够节约模板和加快施工进度，但经济指标不如现浇整体式无梁顶盖。

（4）地上式和地下式

按照建造在地面上下位置的不同，水池又可分为地下式、半地下式及地上式。为了尽量缩小水池的温度变化幅度，降低温度变形的影响，水池应优先采用地下式或半地下式。对于有顶盖的水池，顶盖以上应覆土保温。另一方面，水池的地面标高应尽可能高于地下水位，池顶覆土又是一种简单、有效的抗浮措施。

3. 水池的构造

（1）构件最小厚度

池壁厚度一般不宜小于 200mm，但对采用单面配筋的小型水池池壁，可不小于 120mm。现浇整体式顶板的厚度：当采用肋梁顶盖时，不宜小于 100mm；采用无梁板时，不宜小于 120mm。底板的厚度：当采用肋梁底板时，不宜小于 120mm；采用平板或无梁板时，不宜小于 150mm。

（2）池壁与顶盖和底板的连接构造

池壁与顶盖连接的一般做法如图 2-66 所示。

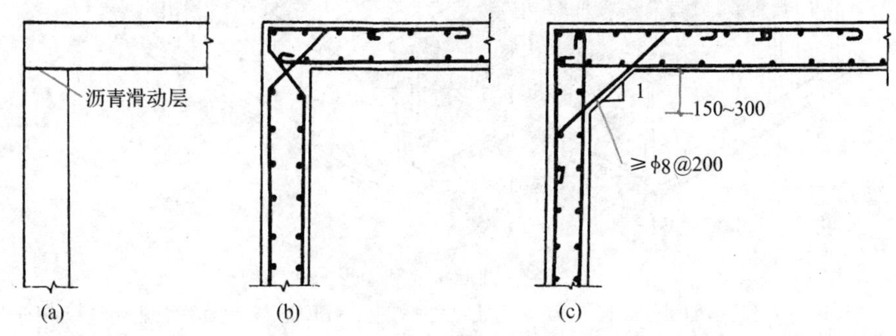

图 2-66　池壁与顶盖的连接构造

（a）自由；（b）铰接；（c）弹性固定

池壁和池底的连接（图 2-67）是一个比较重要的问题，它既要尽量符合计算假定，又要保证足够的抗渗漏能力。一般以采用固定或弹性固定为好。但对于大型水池，采用这两种连接可能使池壁产生过大的竖向弯矩，此外当地基较弱时，这两种连接的实际工作性能与计算假定的差距可能较大，因此，最好采用铰接。图 2-67（a）为采用橡胶及橡胶止水带的铰接构造，这种做法的实际工作性能与计算假定比较一致，而且其防渗漏性也比较好，但胶垫及止水带必须用抗老化橡胶（如氯丁橡胶）特制，造价较高。当地基良好，不会产生不均匀沉陷时，可不用止水带而只用橡胶垫。图 2-67（b）为一种简易的铰接构造，可用于抗渗漏要求不高的水池。

（3）地震区水池的抗震构造要求

加强结构的整体性是水池抗震构造措施的基本原则。水池的整体性主要取决于各部分构件之间连接的可靠程度以及结构本身的刚度和承载力。对顶盖有支柱的水池来说，顶盖与池壁的可靠连接是保证水池整体性的关键。因此，当采用预制装配式顶盖时，在每条板缝内应配置不少于 1 根 ϕ6 钢筋，并用 M10 水泥砂浆灌缝；预制板应通过预埋件与大梁焊接，每块板应不少于三个角与大梁焊在一起。当设防烈度为 9 度时，应在预制板上浇筑二期钢筋混凝土叠合层。钢筋混凝土池壁的顶部也应设置预埋件，以便于顶盖构件通过预埋件相互焊牢。

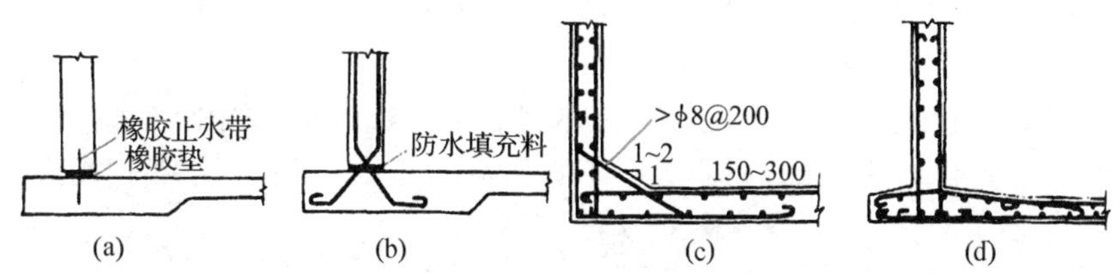

图 2-67 池壁与底板的连接构造

(a)、(b) 铰接；(c) 弹性固定；(d) 固定

2.9.2 水塔

水塔用于建筑物的给水、调剂用水，维持必要的水压并起到沉淀和安全用水的作用。水塔主要由水箱、塔身和基础组成。水塔按塔身的不同，可分为支架式水塔和筒壁式水塔两种。

1. 支架式水塔

支架式水塔的塔身由支柱、横梁、水箱组成。支柱的根数由水箱的贮水量、水塔高度、水平荷载的大小决定。常见的塔身由四根柱、六根柱或八根柱组成，如图 2-68 所示。支架式塔身立柱多采用倾斜式以增加水塔的稳定性，倾斜率常取 1/30～1/20。沿立柱高度每 4～6m 应设置横梁，支架与横梁用刚性连接组成空间刚架。

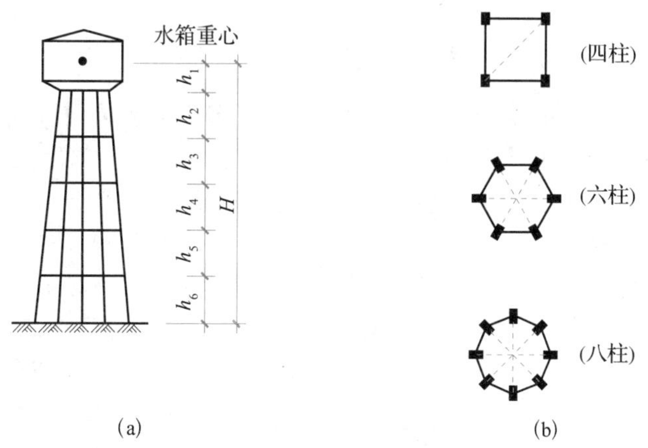

图 2-68 支架式水塔

(a) 立面；(b) 平面

立柱截面宜采用正方形，当水箱容积小于 100m³ 时，截面尺寸 $b \times h \geqslant 250\text{mm} \times 250\text{mm}$；当水箱容积不小于 100 m³ 时，截面尺寸 $b \times h \geqslant 300\text{mm} \times 300\text{mm}$。

横梁截面尺寸，当水箱容积小于 100m^{3}时，$b\times h\geqslant$200mm×300mm；当水箱容积不小于 100m^{3}时，$b\times h\geqslant$250mm×400mm。

立柱与横梁及下环梁连接处，宜设置腋角，腋角宽度≥400mm，高度≥200mm。

立柱和横梁均应对称配筋。立柱的纵向钢筋不应少于 4 根直径为 12mm 的钢筋，最小配筋率 0.4%，箍筋不应小于 ϕ6@200。立柱的纵向钢筋应在下环梁和基础内可靠锚固。

横梁的纵向钢筋不应少于 4 根直径为 10mm 的钢筋（上部 2 根、下部 2 根），最小配筋率 0.2%，箍筋不应小于 ϕ10@200。在梁柱交接处 1/6 高（长）范围内箍筋应加密（间距不应大于 100mm）。

水箱常采用钢筋混凝土制成，有圆柱壳水箱、英兹式水箱、倒锥壳水箱和球形水箱等形式，如图 2-69 所示。当水箱容量不大于 100m^{3}时，可采用圆柱壳水箱；当水箱容量大于 100m^{3}时，宜采用英兹式水箱或倒锥壳水箱。

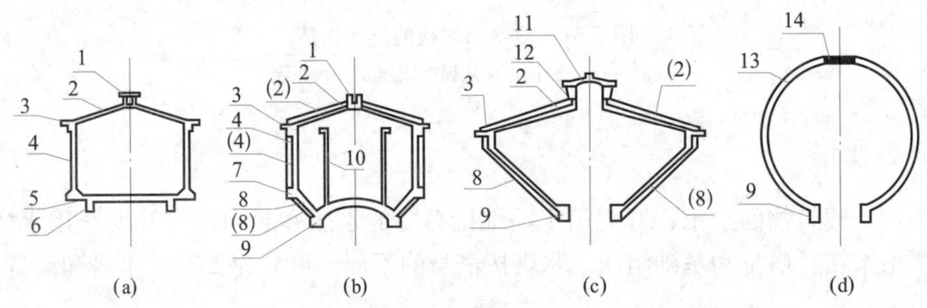

图 2-69 水箱简图

（a）圆柱壳水箱；（b）英兹式水箱；（c）倒锥壳水箱；（d）球形水箱

1—通气孔；2—锥壳顶盖；(2)—锥壳顶盖保温层；3—锥壳顶盖下环梁；4—圆柱壳箱壁；(4)—圆柱壳外水箱壁保温层；5—平板式水箱底板；6—平板式水箱底板环梁；7—圆柱壳箱壁下环梁；8—倒锥壳水箱底（斜壁）；(8)—倒锥壳水箱底保温层；9—水箱底部环梁；10—圆柱壳内水箱壁；11—倒锥壳水箱通气楼；12—锥壳顶盖上环梁；13—球壳水箱；14—球壳水箱采光通气

2. 筒壁式水塔

筒壁式水塔可采用砖砌体（图 2-70a）或钢筋混凝土（图 2-70b、图 2-70c）筒壁塔身。不太高也不太重要的水塔可采用砖砌筒壁塔身，为了节省材料可设计成变厚度的，砖筒壁的厚度不应小于 240mm（上部）、370mm（下部）。钢筋混凝土筒壁式塔身可根据施工要求设计成等厚度的。一般水塔（英兹式、筒壳式）钢筋混凝土筒壁的厚度不应小于 160mm（下部）、120mm（上部），当采用滑模施工时，不宜小于 160mm。

筒壁采用单层配筋，钢筋靠外布置。一般水塔（英兹式、筒壳式）钢筋混凝土筒壁的环向总最小配筋率 0.4%，并不应小于 ϕ8@250；纵向钢筋的总最小配筋率 0.4%，并不应小于 ϕ12@250。纵向钢筋应与上端的水箱下环梁和下端的基础有可靠的锚固。

门宽一般为 0.9～1.2m，窗宽一般为 0.6m。钢筋混凝土筒壁的门洞宜设门框加固。门框内的钢筋不应少于洞口切断钢筋的 1.2 倍。在门洞角处应设置不小于 2ϕ12 的斜向钢筋，在其他洞口应设置加强筋和斜向钢筋，均不小于 2ϕ12。

砖砌筒壁在门洞上宜设圈梁，在上部每隔 5～8m 设一道圈梁，圈梁的最小高度可取 180mm（纵向钢筋不应少于 4ϕ10，箍筋不应少于 ϕ6@250）。

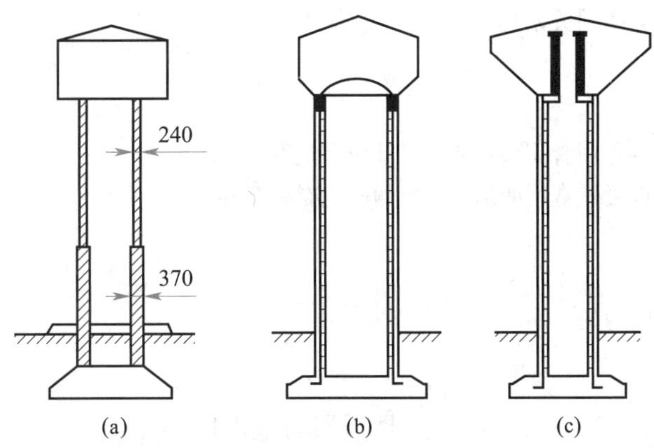

图 2-70　筒壁式水塔

（a）砖砌体塔身；（b）钢筋混凝土塔身；（c）钢筋混凝土塔身

3. 水塔基础

水塔基础形式可根据水箱容量、水塔高度、塔身类型、水平荷载的大小、工程地质条件等综合确定。常用的有刚性基础、钢筋混凝土板式（圆板、圆环）基础、壳体基础及柱下独立基础等。

钢筋混凝土圆板基础和钢筋混凝土圆环基础底面积可以做得很大而不需要太厚，所以广泛应用于上部荷载较大、地基条件较差的水塔。

基础的混凝土强度等级，对于壳体基础不应低于 C25，对于板式基础不应低于 C20，对于刚性基础不应低于 C15。

钢筋混凝土板式基础应设混凝土垫层，其厚度不应小于 100mm，混凝土强度等级不应低于 C15。圆板基础的板最小厚度：根部和支承内部为 400mm，外端部为 250mm。圆环形基础的板最小厚度：根部为 350mm，端部为 250mm。

基础中受力钢筋可采用 HPB300 或 HRB335 级。

思 考 题

2.1　概　　述

1. 建筑物如何进行分类？
2. 建筑物的耐久等级分哪几级？住宅建筑的耐久等级属于几级？
3. 何谓建筑物的耐火等级，分哪四级？
4. 建筑物的工程等级如何划分？
5. 民用建筑由哪些部分组成？
6. 影响建筑物构造的因素有哪些？

2.2　基　　础

1. 什么是基础？什么是刚性基础？什么是柔性基础？
2. 如何区分地下室的防潮做法与防水做法？
3. 地下室由哪几部分组成？

4. 如何处理基础与管道的关系？

2.3 墙　　体

1. 墙体在建筑物中的作用有哪些？墙体设计应满足哪些要求？
2. 如何确定砖墙的厚度？常用的黏土砖墙的厚度有哪几种？
3. 谈谈墙身的细部构造。
4. 谈谈墙身的装修做法。
5. 如何处理砖墙与管道的关系？
6. 常用的隔墙有哪几种？

2.4 楼板层与地面层

1. 楼面层和地面层设计时应考虑哪些要求？
2. 一般楼板与悬臂板的配筋有何区别？
3. 楼面层通常由哪些构造层次组成？
4. 地面层通常由哪些构造层次组成？
5. 说明顶棚的构造特点。
6. 如何处理楼面层与管道的关系？

2.5 楼　　梯

1. 如何确定楼梯的数量？
2. 试分析各种不同类型楼梯的特点。
3. 试说明楼梯的组成部分及其相互关系。
4. 如何确定楼梯扶手的高度？
5. 说明板式楼梯和梁式楼梯的异同点。

2.6 门　　窗

1. 门窗的作用是什么？其常用材料有哪些？
2. 如何确定窗洞的大小？
3. 说明门窗的分类方法及其类型。
4. 说明木窗的构造特点。

2.7 屋　　顶

1. 屋顶的作用是什么，有哪些要求？
2. 屋顶坡度的表示方法有哪几种？
3. 通常平屋顶由哪些构造层次组成？
4. 如何确定女儿墙的高度？
5. 平屋面的排水方式有哪些？说明其构造特点。
6. 坡屋顶的屋面部分由哪些构造层次组成？

2.8 变 形 缝

1. 变形缝的种类有哪些？其作用分别是什么？
2. 变形缝的宽度尺寸如何确定？

3. 说明管道穿过沉降缝时的构造措施。

2.9 构 筑 物

1. 水池的平面形式（矩形水池或圆形水池）选取时应考虑哪些因素?
2. 说明水池池壁与顶盖和底板的连接构造特点。
3. 水塔的作用是什么，由哪些部分组成?
4. 水塔水箱的种类有哪些? 说明其适用性。
5. 防止水塔水箱渗漏的构造措施有哪些?

第3章 结构与构件设计

3.1 概 述

3.1.1 混凝土结构的基本概念

我国给水排水工程建筑物和构造物主要采用混凝土结构。混凝土结构包括素混凝土结构、钢筋混凝土结构和预应力混凝土结构，但主要是钢筋混凝土结构和预应力混凝土结构。

素混凝土结构是指不配置钢筋的混凝土结构。由于混凝土的抗压能力较强而抗拉能力却很弱，混凝土的抗拉强度约为抗压强度的1/10左右。如图3-1所示的简支梁，在荷载作用下，由材料力学得知，梁中性层以上部分为受压区，中性层以下部分为受拉区。由于混凝土的抗拉强度很低，在不大的荷载作用下，素混凝土梁就会在受拉区开裂而破坏(图3-1a)，而此时受压区的抗压强度却没有被充分利用。因此，素混凝土梁在工程中没有什么实用价值。

钢材是抗压和抗拉能力都很强的材料，如果在梁的受拉区下边缘配置适量的钢筋，利用钢筋代替混凝土受拉，使得受压区混凝土的抗压能力充分发挥作用，这样就可以大大提高梁的承载能力（图3-1b)，这种梁称为钢筋混凝土梁。

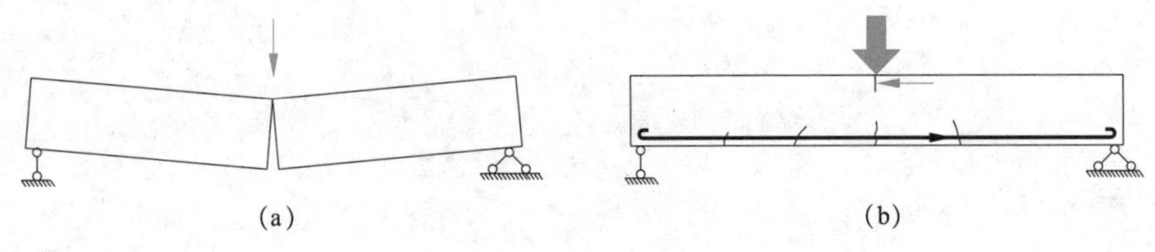

图3-1 简支梁

(a) 素混凝土梁；(b) 钢筋混凝土梁

钢筋混凝土是由钢筋和混凝土两种物理力学性能完全不同的材料所组成的结构。这两种物理力学性能不同的材料能够相互结合共同工作的主要原因是：

(1) 混凝土硬化后钢筋与混凝土之间产生了良好的粘结应力，使两者可靠地结合在一起，从而保证在外荷载的作用下，钢筋与相邻混凝土能够共同变形。

(2) 钢筋与混凝土两种材料的温度线膨胀系数的数值几乎相等（钢材 $\alpha_s=1.2\times10^{-5}$；混凝土 $\alpha_c=1.0\times10^{-5}\sim1.5\times10^{-5}$)，当温度发生变化时，不致产生较大的温度应力而破坏两者之间的粘结。

(3) 混凝土能很好地保护钢筋免于锈蚀，增加了结构的耐久性，使结构始终保持整体工作。

钢筋混凝土除了能合理利用钢筋和混凝土两种材料的性能外，还有下列优点：

钢筋混凝土中主体材料砂、石常可就地取材；耐久性与耐火性好，钢筋包裹在足够厚的混凝土中，既不易锈蚀，又可防止火灾高温带来软化而破坏；可模性好；整体性好，刚度大。由于这些优点，使钢筋混凝土在工程建设中得到广泛的应用。

但是，钢筋混凝土也存在下列缺点：自重大，其重力密度 $24\sim25kN/m^3$。自重过大对于大跨度结构、高层建筑以及结构的抗震都是不利的；抗裂性差，由于混凝土的抗拉强度低，极限拉应变为 $0.1\times10^{-3}\sim0.15\times10^{-3}$（即每米只能拉长 0.1～0.15mm），在正常使用状态下，往往带裂缝工作。尽管裂缝的存在并不一定意味着结构发生破坏，但是它将影响结构的耐火性和耐久性，使构件的刚度降低，变形增大，同时裂缝的存在也将影响美观与人的安全感。

这些缺点在一定条件下限制了钢筋混凝土结构的应用范围。不过随着人们对钢筋混凝土这门学科研究的不断深入，上述一些缺点已经或正在逐步加以改善。例如，目前国内外均在大力研究轻质、高强混凝土以减轻混凝土的自重；采用预应力混凝土以减轻结构自重和提高构件的抗裂性，等等。

预应力混凝土是在承受外荷载以前已建立有内应力的混凝土。在外荷载作用之前，张拉高强度钢筋并将其锚固于混凝土上，利用被张拉钢筋的回缩在外荷载可能引起拉应力的区域预先加压，建立预压应力（图 3-2a），使构件的受力状态与外荷载作用下的受力状态（图 3-2b）相反。这样，预压应力将全部或部分抵消外荷载引起的拉应力，达到使用阶段的受拉区混凝土无拉应力或拉应力很小（图 3-2c）。这就是预应力混凝土的概念。预应力混凝土可提高构件的抗裂性和减小结构自重。我国在大型圆形水池中采用预应力混凝土池壁已积累了丰富的实践经验，建立起较为完善的设计方法和施工工艺。在大型矩形水池中采用预应力混凝土也取得了一定的成绩。

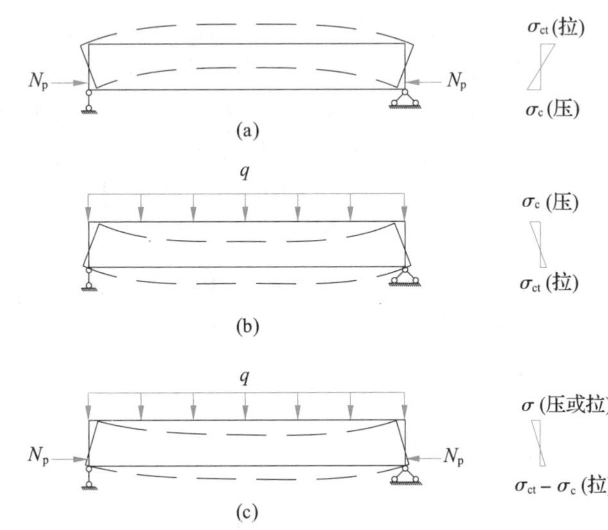

图 3-2　预应力混凝土简支梁

（a）预压力作用下；（b）外荷载作用下；（c）预压力与外荷载共同作用下

3.1.2　结构设计的主要内容与程序

结构设计的主要任务是，在确保构筑物安全可靠和正常使用的同时，选择技术先进、经济合理的结构体系。

1. 结构设计的主要内容

建筑物和构筑物都是由若干构件组成。任一构件在施工与使用阶段都直接或间接地承受各种作用力。在各种作用力的作用下构件将会产生一定的变形。建筑设计主要是建筑物使用功能与造型设计。而结构设计的主要任务是选用材料，确定结构形式、计算构件截面尺寸，确保整个建筑物和构筑物的安全使用。

2. 结构设计的程序

结构设计的基本步骤为：结构选型、结构布置、结构构件计算与设计、绘制结构施工图。现分别叙述如下：

(1) 结构选型

目前我国给水排水工程建筑物和构筑物采用的结构形式主要有砌体结构、混合结构、钢结构和混凝土结构。

砌体结构是由块体［烧结普通砖、烧结多孔砖、蒸压灰砂砖、混凝土砌块、石块（毛石或料石）等］和砂浆砌筑而成的墙、柱作为建筑物主要受力构件的结构。具有材料来源广泛，施工方法简易，造价低廉，节约钢材、木材和水泥等材料的优点。但也具有手工操作劳动量大，结构本身体积大，抗裂和抗渗漏能力差等缺点。对给水排水工程构筑物来说，砌体并不是一种理想的材料，通常只有当钢材、水泥等材料来源有困难时才采用。小型的给水排水工程构筑物中，也有采用砌体结构的。

混合结构的承重结构部分（墙、柱、楼盖与屋盖）可分别采用不同的建筑材料（砌体、钢筋混凝土、钢木）做成。在给水排水工程中，大多采用楼（屋）盖为钢筋混凝土、墙和柱以及基础为砌体的混合结构。

钢结构由于钢材消耗量大，价格昂贵，且容易腐蚀，经常性的维修工作量大和费用高，在给水排水工程中应用很少，一般只用做某些用途的水柜及支架、爬梯、操作台等。

目前，我国给水排水工程构筑物主要采用混凝土结构。混凝土结构中，素混凝土结构通常用于以受压为主的基础、支墩及必须依靠自身的重量来保持稳定性的重力式挡土墙等。对于设有起重吨位较大的大型泵房，则可采用全部由钢筋混凝土和预应力混凝土预制构件组成的排架结构。

结构形式的选择，必须依据建筑物和构筑物的使用特点，结合当地建筑材料的供应，工业废料的利用情况，当地的施工条件和具体的工程地质条件等因素，经过细致的分析、比较，依据适用、经济、合理的原则确定。

(2) 结构构件布置

每个建筑物或构筑物都是由屋盖、楼盖、墙、柱以及基础等主要构件组成，此外还要根据需要设置门窗过梁、雨篷、阳台、楼梯、圈梁等结构构件。将这些构件的类型、数量、位置布置在结构平面图上，就组成了结构布置图。

布置结构构件时应使：

1) 结构构件的受力路径应当简捷、合理，以减少构件类型。每一构件承受荷载后，必须能够通过其他构件来传递，将承受的荷载以最短的路径传给基础。

2) 尽量减小各结构构件的跨度，以节约材料。

通过结构布置方案的比选，可以选用合理的建筑材料，积极利用当地材料和工业废料，降低工程造价。通过结构布置图可以统计工程所需结构构件的种类、数量，明确哪些构件可以选用标准构件，哪些需要特殊设计。通过结构布置图也可以明确需作特殊设计的构件种类、轴线位置，承受荷载的范围、大小。

（3）结构构件的计算简图

确定结构构件计算简图必须满足两个基本要求：

1）能够正确反映结构构件的实际工作情况；

2）便于分析与计算。

关于结构计算简图的取用方法将在下面予以详细介绍。

（4）单个构件的设计计算

确定了结构或构件的计算简图，就可用力学的方法计算出构件各截面的内力（弯矩、剪力、扭矩、轴力），根据有关规范进行构件的截面承载力计算和确定构造要求，具体的设计计算将在以后各节中予以介绍。

（5）绘制结构施工图

结构施工图是结构设计成果的反映，是施工的依据。结构施工图包括结构设计总说明、基础平面布置图及配筋图、上部结构构件布置图以及构件配筋图等。

3.1.3 结构构件计算简图

结构构件计算简图的简化步骤可分为三方面的内容：构件的简化、支座简化与计算跨度、荷载简化与荷载计算。

1. 构件的简化

对单个构件的简化，一般都用构件的纵向轴线来表示。例如：梁、板、柱及墙等构件的纵轴线为直线，在计算简图中就用相应的直线来表示，如图3-3所示；曲梁、拱等构件的纵轴线为曲线，在计算简图中则用相应的曲线来表示。

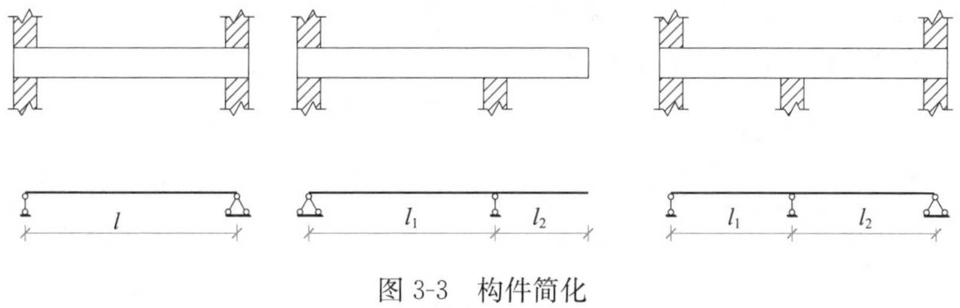

图3-3 构件简化

对由单个构件连接起来的组合构件或构件整体，如一榀屋架、一榀多层框架等，除了需要把它内部的单个构件用纵轴线表示外，还需要将它们内部各个构件之间的连接点（简称节点）进行简化。根据节点的实际构造情况可将节点简化为铰节点和刚节点两种形式。

在荷载作用下，构件在节点处能产生相对自由转动时，该节点称为铰节点。如图3-4（a）所示的节点C。BC和CD两构件的纵轴线原有一个夹角α，在荷载作用下，由于BC和CD构件在节点C处产生相对转动，构件纵轴线在节点C处的夹角为α'。可见，节点C是一个能相对自由转动的铰。计算简图中铰节点的表示方法为图3-4（b）所示。

在荷载作用下，构件在节点处不能产生相对自由转动时，该节点称为刚节点。如图3-4（a）所示的节点B。AB和BC两构件的纵轴线原有一个夹角β，在荷载作用下，杆件AB

和 BC 发生了变形，节点产生了水平和竖向位移，但节点 B 处的夹角 β 没有发生变化。因此 B 节点为刚节点。在计算简图中，刚节点用图 3-4（c）表示。

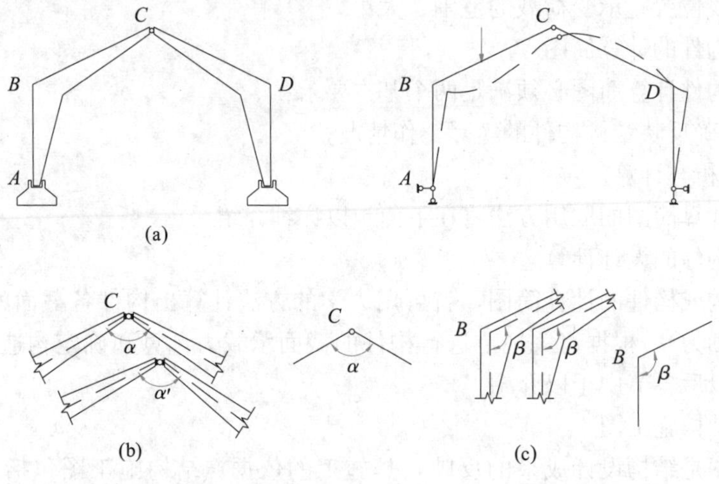

图 3-4　钢筋混凝土三铰刚架的节点

2. 支座简化与计算跨度

（1）支座简化

支座是支承结构构件的装置。构件通过支座将它承受的荷载传递给其他构件，同时，构件也要受到支座的反作用力（也称为支座反力），使构件在荷载作用下所产生的移动受到约束。根据支座的实际情况，在计算简图中可简化为可动铰支座、不动铰支座和固定支座三种类型。

凡能阻止构件支承端产生竖向移动，但不能阻止构件自由转动和左右移动的支座称为可动铰支座，又称辊轴支座（图 3-5a）。在计算简图中，可动铰支座用一根垂直于支承面的链杆来表示（图 3-5b），或用一个圆圈表示（图 3-5c）。可动铰支座能够对构件产生一个垂直于支承面的竖向支座反力（图 3-5d）。

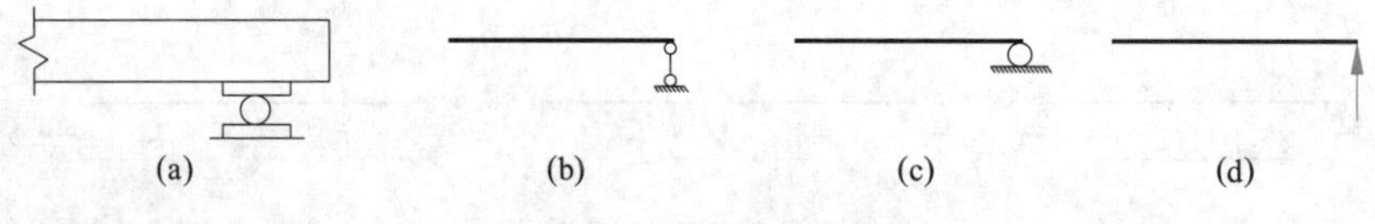

图 3-5　可动铰支座

凡能阻止构件支承端产生竖向移动和左右移动，但不能阻止构件发生转动的支座称为不动铰支座，又称固定铰支座（图 3-6a）。在计算简图中，不动铰支座可用垂直和平行于支承面的两根链杆来表示（图 3-6b），或用一个三角形来表示（图 3-6c）。不动铰支座能够对构件产生垂直和平行于支承面的两个支座反力（图 3-6d）。

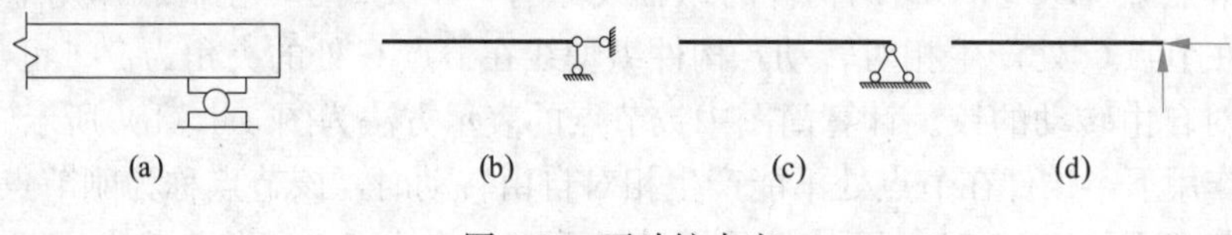

图 3-6　不动铰支座

在工程实践中，出现不动铰支座与可动铰支座的构造形式如图 3-7 所示。

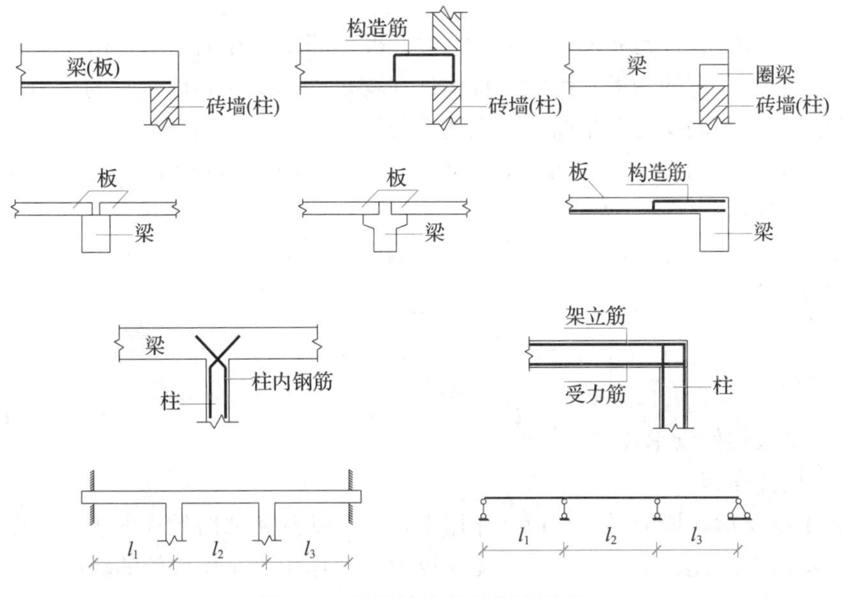

图 3-7　常见铰支座的构造形式

既能阻止构件支承端产生竖向移动和左右移动，又能阻止构件发生转动的支座称为固定支座（图 3-8a）。在计算简图中，固定支座可用三根链杆来表示（图 3-8b），习惯中常用图 3-8（c）所示的形式来表示。固定支座能够对构件产生的支座反力如图 3-8（d）所示。

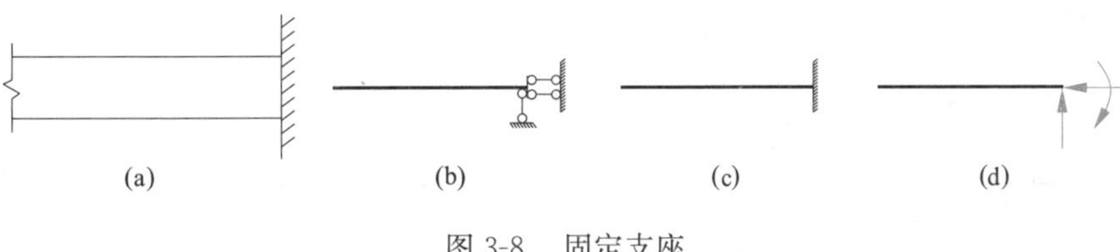

图 3-8　固定支座

在工程实践中，常见的固定支座的构造形式如图 3-9 所示。

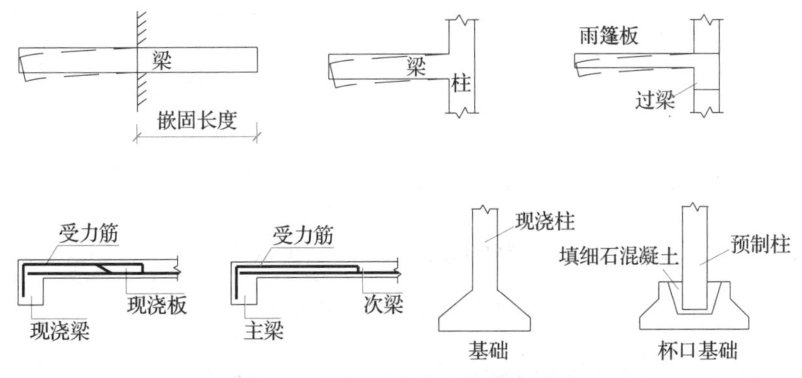

图 3-9　常见固定支座的构造形式

从图 3-7 和图 3-9 可以看出，当采用不同的配筋措施时，将出现不同的支承条件。不同的支承条件将得出不同的结构计算简图，构件的内力也将完全不同。这一点在结构设计时应特别注意。

（2）计算跨度

计算跨度 l 的取值与支承条件有关。当梁、板端部支承在墙上时，由于梁板构件在荷载作用下，将产生一定的变形，因此梁板构件在支承端部所受到墙对它的反力将是不均匀的，支座对梁板端部的反力多呈曲线。上述反力图形的合力作用点，反映在结构计算简图中就是支座反力合力的作用点。可见，支座反力合力作用点的位置，与梁、板的刚度有关，不是一个定值。

为便于分析计算，通常取此合力作用点至墙内侧的距离（图 3-10）：

板　$\frac{h}{2}\leqslant\frac{a}{2}$

梁　$0.025l_n\leqslant\frac{a}{2}$

式中　a——梁板构件支承长度；

l_n——构件净跨。

当梁板中部支承在墙上时，在荷载作用下，由于受到相邻跨约束的影响，中间支承对梁板的反力图形相对比较均匀。这时，支承反力合力作用点至墙内侧的距离可取：

板　$0.05l_n\leqslant\frac{a_1}{2}$

梁　$0.025l_n\leqslant\frac{a_1}{2}$

当板与梁整体浇筑时，反力作用点取梁的内侧（图 3-10）。现以单跨梁板为例说明计算跨度的确定方法：

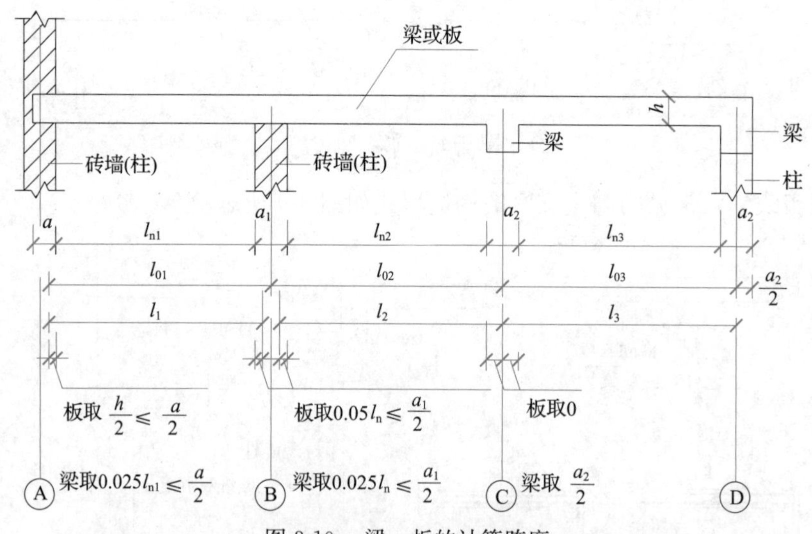

图 3-10　梁、板的计算跨度

当为Ⓐ-Ⓐ支座时，板的计算跨度取 $\left.\begin{array}{l}l=l_n+h\\l=l_n+a\end{array}\right\}$（两者取较小值）

梁的计算跨度取 $\left.\begin{array}{l}l=1.05l_n\\l=l_n+a\end{array}\right\}$（两者取较小值）

当为Ⓐ-Ⓓ支座时，板的计算跨度取 $\left.\begin{array}{l} l=l_n+h/2 \\ l=l_n+a/2 \end{array}\right\}$（两者取较小值）

梁的计算跨度取 $\left.\begin{array}{l} l=1.025l_n+h/2 \\ l=l_n+a/2+a_2/2 \end{array}\right\}$（两者取较小值）

3. 荷载简化与荷载计算

（1）荷载分类

荷载按作用时间的长短和性质可分为：

1）永久荷载，又称恒载，系指在结构使用期间，其值不随时间而变化，或虽有变化，但变化不大，且其变化值与平均值相比可以忽略不计的荷载。永久荷载应包括结构构件、围护构件、面层及装饰、固定设备、长期储物的自重、土压力、水压力，以及其他需要按永久荷载考虑的荷载。结构自重标准值（G_k）应根据结构的设计尺寸和材料的重度标准值确定，一般相当于结构自重实际概率分布的平均值。

在确定永久荷载时，应注意：

考虑到二次装修比较普遍，而且增大的荷载较大，在计算面层及装饰自重时必须考虑二次装修的自重。

固定设备主要包括：电梯及自动扶梯，供暖、空调及给水排水设备，电气设备，管道、电缆及其支架等。

土压力（竖向土压力和侧向土压力）和预应力都是随着时间单调变化而能趋于限值的荷载，都可考虑为永久荷载。

2）可变荷载，又称活载，系指在结构使用期间，其值随时间而变化，且其变化值与平均值相比不可以忽略不计的荷载。可变荷载包括：屋面活荷载、屋面积灰荷载、楼面活荷载、吊车荷载、风荷载、雪荷载以及施工检修荷载等。各种可变荷载的数值可根据《建筑结构荷载规范》GB 50009—2012 确定。

在计算水压力、隔墙自重时，应注意：

对于遇到水压力作用的情况，对水位不变的水压力可按永久荷载考虑，而水位变化的水压力应按可变荷载考虑。

固定隔墙的自重可按永久荷载考虑，位置灵活布置的隔墙自重应按可变荷载考虑。

3）偶然荷载，系指在结构使用期间不一定出现，但一旦出现，其值很大，作用时间则较短的荷载。偶然荷载包括：由炸药、燃气、粉尘、压力容器等引起的爆炸，由机动车、飞行器、电梯等运动物体引起的撞击，火灾及由罕遇出现的风、雪、洪水等自然灾害及地震灾害等引起的荷载。鉴于产生偶然荷载的因素很多，目前对偶然荷载的研究、认识水平及设计经验还不够，《建筑结构荷载规范》GB 50009—2012 仅对炸药及燃气爆炸、电梯及汽车撞击等偶然荷载作出了相应的规定。由炸药、燃气、粉尘等引起的爆炸按等效静力荷载采用。

（2）荷载简化

荷载简图的形式通常有线荷载、集中荷载和力偶。

线荷载按其形式分为均布荷载、三角形荷载和梯形荷载。均布荷载标志着荷载沿构件的纵轴线均匀分布（图 3-11a）。当构件只在局部范围内承受均布荷载时，可简化为局部均布荷载（图 3-11b）。现浇肋梁楼盖中双向板传到梁上的荷载，以及水侧压力、土压力对池壁的荷载均可简化为三角形荷载或梯形荷载（图 3-11c、图 3-11d）。

当荷载的作用范围很小时，可将它简化为作用于一点的集中荷载（图 3-11e、图 3-11f）。

力偶一般产生于悬臂构件对支承它的梁、柱的作用，如图 3-11（g）所示。

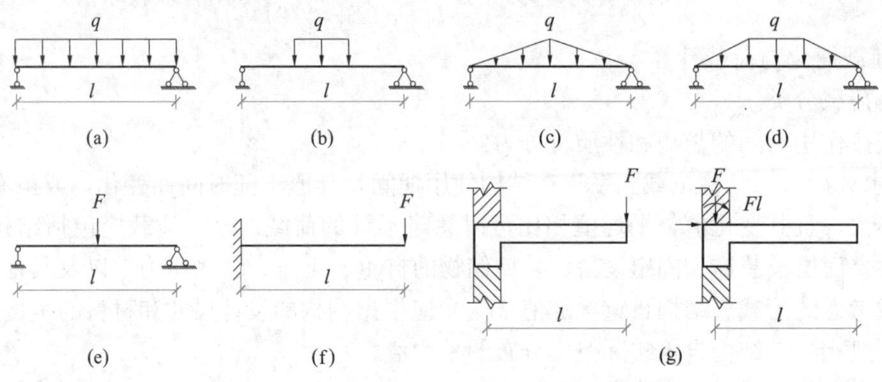

图 3-11　荷载简图

3.2　钢筋混凝土材料主要物理力学性能

3.2.1　钢筋

混凝土结构所采用的钢材按其生产工艺和加工条件的不同可分为热轧钢筋、冷拉钢筋和钢丝三大类。钢材按其化学成分，可分为碳素钢及普通低合金钢。碳素钢除含有铁（Fe）元素外还有少量的碳（C）、硅（Si）、锰（Mn）、硫（S）、磷（P）等元素。根据含碳量的多少，碳素钢又可以分为低碳素钢（含碳量＜0.25％）、中碳素钢（含碳量 0.25％～0.6％）及高碳素钢（含碳量 0.6％～1.4％）。含碳量越高钢筋的强度越高，但其塑性和可焊性降低；反之，钢筋的强度降低，其塑性和可焊性好。普通低合金钢除含碳素钢中已有的成分外，再加入少量的合金元素如硅（Si）、锰（Mn）、钛（Ti）、钒（V）、镍（Ni）等，可有效地提高钢材的强度和改善钢材的其他性能。如锰元素可以提高钢材的强度和硬度并可改善钢材的焊接性能；钛元素可改善钢材的塑性、韧性和可焊性；钒元素可改善钢材的塑性和可焊性等。

硫和磷是钢材中的有害元素。磷元素使钢材塑性降低，并使钢在低温下易于脆断，磷的危害性随含碳量增多而增加，但在低碳钢中磷的影响较小。硫元素使钢材的可焊性降低，同时在高温下使钢材产生热脆。这两种元素在钢材中的含量均有限制，不得超过 0.045％～0.05％。

钢筋按其外形特征，可分为光面钢筋和带肋钢筋两类。HPB300 级钢筋为热轧光面钢筋（Hot rolled Plain Bars），HRB335、HRB400、HRB500 级为热轧带肋钢筋（Hot rolled Ribbed Bars），HRBF400、HRBF500 级钢筋为细晶粒热轧带肋钢筋（Hot rolled Ribbed Bars Fine），RRB400 级钢筋为余热处理钢筋（Remained-heat-treatment Ribbed Bars）。目前广泛使用的带肋钢筋是纵肋与横肋不相交的月牙纹钢筋，与螺纹钢筋相比，月牙纹钢筋避免了纵、横肋相交处的应力集中现象，使钢筋的疲劳强度和冷弯性能得到一定的改善，而且还具有在轧制过程中不易卡锟的优点，但月牙纹钢筋与混凝土的粘结强度比螺纹钢筋略有降低。

1. 钢筋的应力—应变曲线

钢材是较为均质的材料，其受拉和受压的力学性能几乎相同，通常只做拉伸试验。钢筋的应力-应变曲线，有的有明显的流幅（图 3-12），称为软钢，例如热轧低碳钢和普通热轧低合金钢所制成的钢筋；有的则没有明显的流幅（图 3-13），称为硬钢，例如高碳钢制成的钢筋。

软钢典型的应力—应变曲线如图 3-12 所示，图中横坐标及纵坐标分别为钢材拉伸时的应变值及应力值。从试验得知，软钢从加载开始至破坏将经历以下四个阶段：

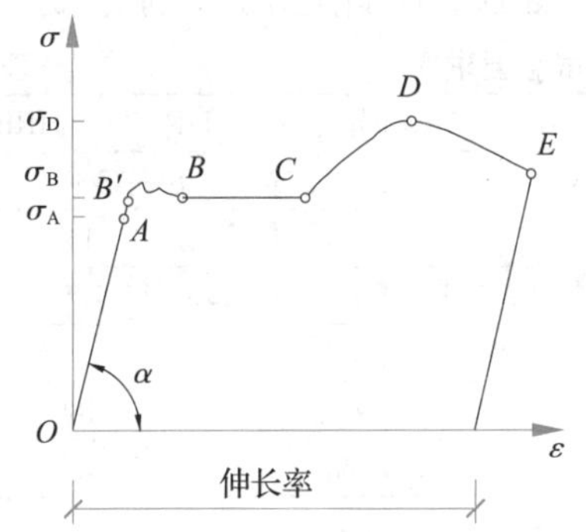

图 3-12　有明显流幅钢筋的应力-应变曲线

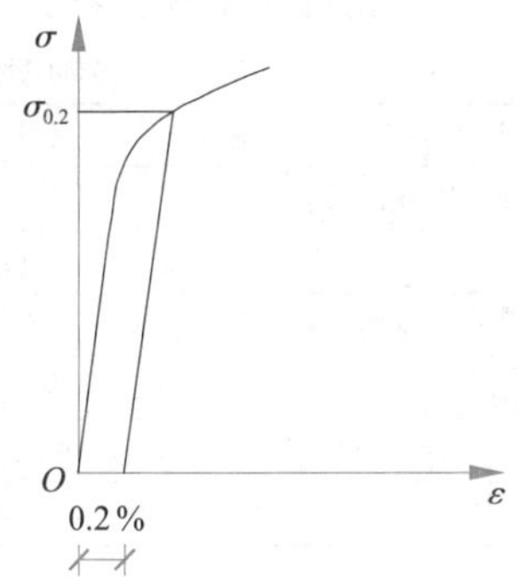

图 3-13　没有明显流幅钢筋的应力-应变曲线

（1）弹性阶段　在此阶段内（图中 OA 段），应力（σ）与应变（ε）按正比增加，如果卸载则试件的变形可全部恢复。对应弹性阶段终点 A 的应力 σ_A 称为比例极限。弹性阶段应力与应变的比值称为弹性模量 E_s，它相当于线段 OA 的倾角的正切，即：

$$E_s = \frac{\sigma}{\varepsilon} = \tan\alpha \tag{3-1}$$

由于钢筋种类的不同，弹性模量也稍有变化，但变化不大。各种钢筋的弹性模量见附表 1-2（1）。

（2）屈服阶段　当应力超过比例极限 σ_A 后，应力与应变已不再成比例增加，应变增加较应力快（图中 AB' 段），钢材进入弹塑性阶段，这个阶段的终点 B' 称为屈服上限，它与加载速度、断面形式、试件表面光洁度等因素有关，故 B' 点是不稳定的。待 B' 降至屈服下限 B 点，这时应力不增加而应变急剧增加，图形接近水平线，直到 C 点。B 点对应的应力称为屈服下限或屈服强度 σ_B，B 点到 C 点水平距离的大小称为流幅或屈服台阶。钢材种类不同，屈服台阶的长短也不同，屈服台阶长者，钢材的塑性好。

（3）强化阶段　当钢筋应力超过 C 点以后，内部组织发生了变化，抵抗外力作用的能力有所提高，继续加载，应力和应变又随之增加而形成了 CD 段的上升曲线。这一阶段称之为强化阶段。对应于最高点 D 处的应力称为钢筋的极限强度，以 σ_D 表示。

（4）颈缩阶段　过了 D 点以后，钢筋试件在薄弱处截面将突然显著缩小，发生局部颈缩现象，变形迅速增加，应力随之下降，达到 E 点试件就被拉断，这一阶段称为颈缩阶段。

硬钢典型的拉伸应力—应变曲线如图 3-13 所示。这类钢筋的抗拉强度一般都很高，但塑性很小，也没有明显的屈服点，在实用时取残余应变为 0.2%时的应力作为假定的屈服点，即条件屈服点，以 $\sigma_{0.2}$ 表示。《混凝土结构设计规范（2015 年版）》GB 50010—2010 规定取条件屈服点 $\sigma_{0.2}$ 为国家标准极限抗拉强度 σ_b 的 0.85 倍，即

$$\sigma_{0.2} = 0.85\sigma_b \tag{3-2}$$

屈服强度是软钢设计强度的依据，这是因为构件中钢筋的应力到达屈服强度后，将产生很大的塑性变形，这时钢筋混凝土构件将出现很大的变形和不可闭合的裂缝，以致不能使用。硬钢规定以条件屈服点作为设计强度的指标。

2. 钢筋的塑性

钢筋除需要有足够的强度外，还应具有一定的塑性变形能力，钢筋的塑性通常用伸长率和弯曲性能两个指标来衡量。各钢筋的伸长率及弯曲试验应满足表 3-1 的要求。

各种钢筋伸长率及弯曲试验要求 **表 3-1**

钢筋种类		HPB300			HRB400、HRBF400			HRB500、HRBF500		
公称直径 d(mm)		6～28	28～40	>40	6～28	28～40	>40	6～28	28～40	>40
断后伸长率 A(%)，不小于		17	17	17	16	15	14	15	14	13
最大力总延长率 A_{gt}(%)，不小于		7.5	7.5	7.5	7.5	7.5	7.5	7.5	7.5	7.5
公称直径 d(mm)		6～25	28～40	>40	6～25	28～40	>40	6～25	28～40	>40
弯曲试验	弯曲角度	180°			180°			180°		
	弯芯直径	$3d$	$4d$	$5d$	$4d$	$5d$	$6d$	$6d$	$7d$	$8d$

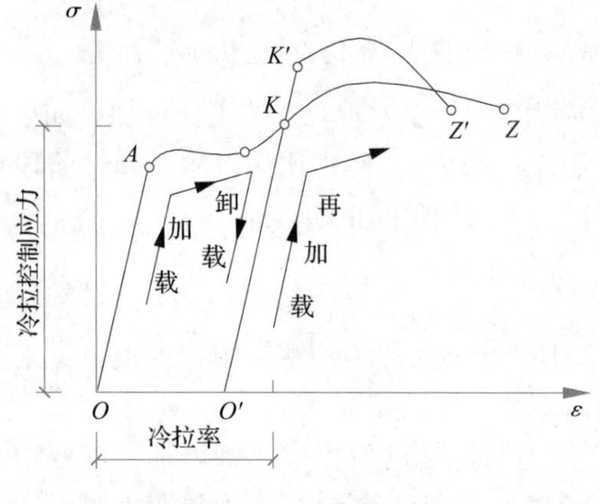

图 3-14 钢筋的冷拉

3. 钢筋的冷加工

为了节约钢材，常用冷拉或冷拔的方法来提高热轧钢筋的强度。

冷拉是将钢筋的应力拉到超过屈服点而进入强化阶段（图 3-14 中的 K 点），然后放松钢筋，放松后变形将沿着平行于 OA 的直线 KO' 回到 O' 点，钢筋产生残余变形 OO'，此时如果立即再张拉，应力—应变的图形将沿 $O'KZ$ 变化，图形的转折点 K 高于冷拉前的屈服点，但屈服台阶不明显，这种现象称为“冷拉强化”。

如果将钢筋放松以后，停留一定的时间或者受高温作用后，然后再张拉，则应力—应变的图形将沿 $O'KK'Z'$ 变化，曲线的转折点提高到 K' 点，此时钢筋获得了新的弹性阶段和屈服点。新的屈服点应力高于冷拉前的屈服点应力，但屈服台阶及伸长率均有所缩短，这种现象称为“时效硬化”或“冷拉时效”。

在工程上我们就利用这个规律将钢筋冷拉，以提高钢筋的屈服点而达到节约钢材的目的。为了使冷拉后的钢筋既有较高的强度，又有一定的塑性，必须合理地选择冷拉控制点 K。这时 K 点的应力称为冷拉控制应力，对应的应变称为冷拉控制应变或冷拉率。

必须注意的是：焊接时产生的高温会使钢筋软化（强度降低，塑性增加），因此需要焊接的钢筋应先焊好再进行冷拉；同时，冷拉只能提高钢筋的抗拉强度而不能提高钢筋的抗压强度。

冷拔是将直径为 6～10mm 的 HPB300 级钢筋用强力拔过比本身直径还小 0.5～

1.0mm 的硬质合金拔丝模。钢筋在通过拔丝钢模时，同时受到纵向拉力和横向挤压的作用而产生塑性变形，迫使钢筋内部结构组织发生变化，从而使钢筋的强度比原来有很大的提高，但塑性降低很多。图 3-15 为冷拔低碳钢丝 φ3 和 φ4 的受拉应力—应变曲线。从图上可以看出，经冷拔后的钢筋没有明显的屈服点和流幅。

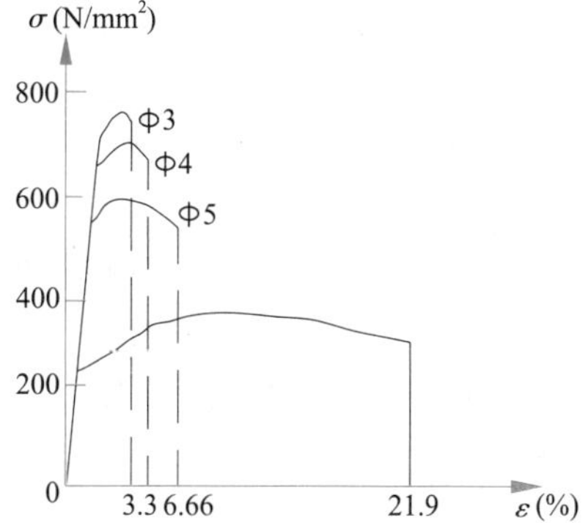

图 3-15　冷拔低碳钢丝的应力—应变曲线

钢筋进行冷拔处理可同时提高钢筋的抗拉强度和抗压强度。

4. 混凝土结构对钢筋性能的要求

1）强度　强度是指钢筋的屈服强度和极限强度。如前所述，钢筋的屈服强度是混凝土结构构件计算的主要依据之一（对无明显屈服点的钢筋取条件屈服点 $\sigma_{0.2}$）。采用较高强度的钢筋可以节省钢材，获得较好的经济效益。

2）塑性　要求钢筋在断裂前有足够的变形，使混凝土结构构件将要破坏时能给人们以破坏的预兆。另外，还要保证钢筋的冷弯试验的要求。

3）可焊性　在一定的工艺条件下要求钢筋焊接后不产生裂纹及过大的变形，保证焊接后的接头性能良好。

4）与混凝土的粘结力　为了保证钢筋与混凝土共同工作，两者之间应有足够大的粘结力；钢筋表面的形状对粘结力有重要的影响。

在寒冷地区，为了防止钢筋发生脆性破坏，对钢筋的低温性能也有一定的要求。

5. 钢筋的选用

根据“四节一环保”的要求，钢筋应选用高强度、高性能钢筋。《混凝土结构设计规范（2015 年版）》GB50010—2010 将 400MPa、500MPa 级高强度热轧钢筋作为纵向受力的主导钢筋推广应用，尤其是梁、柱和斜撑构件的纵向钢筋应优先采用 400MPa、500MPa 级高强度钢筋，500MPa 级高强度钢筋用于高层建筑的柱、大跨度与重荷载梁的纵向受力钢筋更为有利；淘汰直径 16mm 以上的 HRB335 级热轧带肋钢筋，保留小直径的 HRB335 级钢筋，主要用于中、小跨度楼板配筋及剪力墙的分布钢筋，还可用于构件的箍筋与构造钢筋；用 300MPa 级的光圆钢筋取代 235MPa 级光圆钢筋，将其规格限于直径 6～14mm，主要用于中小规格梁柱的箍筋与其混凝土构件的构造钢筋。

混凝土结构的钢筋应按下列规定选用：

1）纵向受力普通钢筋可采用 HRB400、HRB500、HRBF400、HRBF500、HRB335、RRB400、HPB300 钢筋；

2）梁、柱和斜撑构件的纵向受力普通钢筋宜采用 HRB400、HRB500、HRBF400、HRBF500 钢筋；

3）箍筋宜采用 HRB400、HRBF400、HRB335、HPB300、HRB500、HRBF500 钢筋；

4）预应力筋宜采用预应力钢丝、钢绞线和预应力螺纹钢筋。

需要注意：

1）推广具有较好延性、可焊性、机械连接性能及施工适应性的 HRB 系列普通热轧钢筋，以及采用温控轧制工艺生产的 HRBF400、HRBF500 系列细晶粒带肋钢筋。

2）RRB400 系列预热处理钢筋由热轧钢筋经高温淬水、余热处理后提高强度，其延性、可焊性、机械连接性能及施工适应性相应降低，一般可用于对变形性能及加工性能要求不高的构件中，例如延性要求不高的基础、大体积混凝土、楼板以及次要的中小结构构件等。

3）箍筋用于抗剪、抗扭及抗冲切设计时，其抗拉强度设计值发挥受到限制，不宜采用强度高于 400MPa 的钢筋。当用于约束混凝土的间接配筋（例如连续螺旋配箍或封闭焊接箍等）时，钢筋的高强度可以得到充分发挥，采用 500MPa 级钢筋具有一定的经济效益。

3.2.2 混凝土

1. 混凝土的强度

（1）混凝土的立方体抗压强度

《混凝土结构设计规范（2015 年版）》GB 50010—2010 规定混凝土强度等级应按立方体抗压强度标准值确定，立方体抗压强度标准值系以边长为 150mm 的立方体，在 20±3℃的温度和相对湿度在 90％以上的潮湿空气中养护 28d，用标准试验方法测得的具有 95％保证率的抗压强度（N/mm^2）作为混凝土的强度等级，并用符号 $f_{cu,k}$表示。

混凝土强度等级是评定混凝土质量的主要指标之一，也是决定混凝土其他力学性能的主要参数。

我国采用的混凝土强度等级为：C15、C20、C25、C30、C35、C40、C45、C50、C55、C60、C65、C70、C75、C80。素混凝土结构的强度等级不应低于 C15；钢筋混凝土结构中的混凝土强度等级不应低于 C20；采用强度等级 400MPa 及以上的钢筋时，混凝土强度等级不应低于 C25；预应力混凝土结构的混凝土强度等级不宜低于 C40，且不应低于 C30。考虑到实际工程用混凝土强度等级取决于抗渗要求，《给水排水工程构筑物结构设计规范》GB 50069—2002 规定：贮水或水处理构筑物、地下构筑物的混凝土强度等级不应低于 C25；垫层混凝土不应低于 C10。

试验方法对混凝土的立方体抗压强度有较大的影响。试件在试验机上受压时，纵向要缩短，横向要扩展，由于混凝土与压力机垫板弹性模量与横向变异系数的差异，压力机垫板的横向变形明显小于混凝土的横向变形。因此，垫板便通过接触面上的摩擦力对混凝土试块的横向变形产生约束，这就好像在试件上、下端加了一个“箍”，将试块上、下端箍住，阻止了上、下端的横向变形；而在试块的中间部分，由于摩擦力的影响减小，混凝土仍可较自由地横向变形，故随着荷载的增加，将出现通向试件角隅大斜裂缝，中间混凝土凸出；当加载到破坏时，四面的混凝土剥落，形成上下叠合的角锥体。其破坏形式如图 3-16 所示。

试件的大小对混凝土抗压极限强度值有很大的关系，立方体越小，其抗压强度越高。小试件内部缺陷出现的概率较小，内部与表层硬化的差异小，故小试件强度要高些。如要换算成标准试块的立方体强度，应将测得的结果乘以以下系数修正：对于边长为 200mm 的试块乘以 1.05；边长为 100mm 的试块乘以 0.95。

（2）混凝土的轴心抗压强度（棱柱体强度）

考虑到混凝土结构的实际情况，受压构件往往不是立方体，而是棱柱体，所以采用棱柱体试件（高度大于边长的试件称为棱柱体）比立方体试件能更好地反映混凝土的实际抗压能力。用棱柱体试件测得的抗压强度称为轴心抗压强度（棱柱体抗压强度）f_c。

试验结果表明，棱柱体的高度 h 与边长 b 之比（h/b）越大，则测得的强度越低，这是因为试件高度增加时，试件表面与压力机垫板之间的摩擦力对试件中间的箍的作用逐渐减弱，棱柱体抗压破坏的形式如图 3-17 所示。规范规定的轴心抗压强度是 $h/b=2\sim3$ 的棱柱体试件在与立方体试件相同的制作和试验条件下所测得的抗压强度。

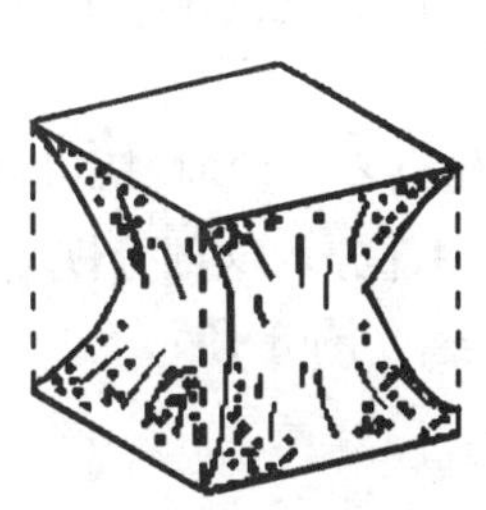

图 3-16　混凝土立方体试块破坏情况

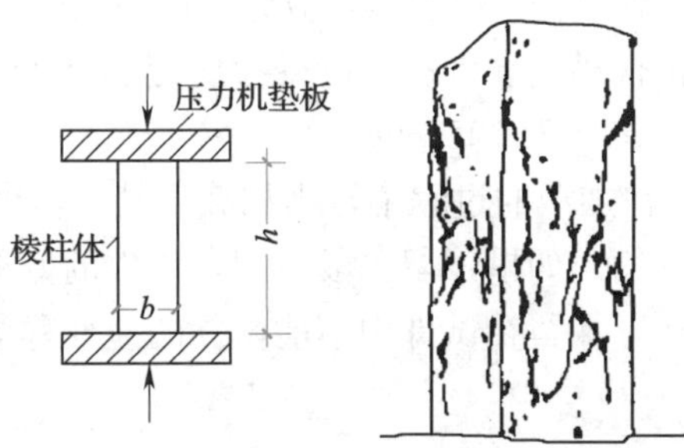

图 3-17　混凝土棱柱体试块破坏情况

根据我国近年来所做的棱柱体与立方体抗压强度对比试验，并考虑到结构中混凝土的强度与试件混凝土强度之间的差异，《混凝土结构设计规范（2015 年版）》GB 50010—2010 中混凝土抗压强度标准值与混凝土立方体强度等级之间的关系为：

$$f_{ck}=0.88\alpha_{c1}\alpha_{c2}f_{cu,k} \tag{3-3}$$

式中　α_{c1}——棱柱体强度与立方体强度之比值，对混凝土强度等级 C50 及以下取 $\alpha_{c1}=0.76$，对 C80 取 $\alpha_{c1}=0.82$，中间按直线规律变化；

α_{c2}——混凝土脆性折减系数，对 C40 取 $\alpha_{c2}=1.0$，对 C80 取 $\alpha_{c2}=0.87$，中间按直线规律变化；

0.88——结构中混凝土强度与试件中混凝土强度的比值。

(3) 混凝土的轴心抗拉强度

轴心抗拉强度是混凝土的基本力学性能，也可用其间接地衡量混凝土的其他力学性能，如混凝土的冲切强度等。

混凝土的抗拉强度 f_t 很低，一般约为立方体抗压强度的 1/17～1/8，且混凝土强度等级越高，则 f_t/f_{cu}越低。根据我国已有的混凝土轴心受拉试验数据，《混凝土结构设计规范（2015 年版）》GB 50010—2010 中混凝土抗拉强度标准值与混凝土立方体强度等级之间的关系为：

$$f_{tk}=0.88\times0.395f_{cu,k}^{0.55}(1-1.645\delta)^{0.45}\times\alpha_{c2} \tag{3-4}$$

式中　δ——变异系数，当 $f_{cu,k}>60\text{N/mm}^2$ 时，取 $\delta=0.1$。

2. 混凝土的变形

混凝土的变形性能比较复杂，试验研究表明，在外荷载作用下，混凝土将产生非线性的弹塑性变形，而且变形性能与混凝土的组成、龄期、荷载的大小和持续时间、加载速度以及荷载循环次数等因素有关；另一方面，混凝土还将产生与荷载无关的体积收缩和膨胀变形。混凝土的这些变形性能对结构构件的工作具有很重要的影响。

(1) 混凝土的应力—应变关系

混凝土不是理想的弹性体而是弹塑性材料，在外力作用下的变形是很复杂的，这与加载方法和加载持续时间有关。

如果是一次逐级加载，而且每次加载都有一定的持续时间，则混凝土的应力—应变关系如图 3-18 所示。图中 oa 过程为受压，oa' 过程为受拉。对应于 a 点的应力值为混凝土的棱柱体抗压强度 f_c，对应于 a' 点的应力值为混凝土的抗拉强度 f_t。混凝土应力达到 f_c 时的应变称为峰值应变 ε_0，其值在 0.0015～0.0025 之间波动，平均 $\varepsilon_0=0.002$；如果采取某些试验措施，过 a 点后随着应力的适当的逐步下降，应变尚可继续发展，直至达到极限应变 ε_{cu}，试件破坏。混凝土的受拉应变 ε_{tu} 很小，大致为 0.0001～0.00015，所以钢筋混凝土构件一般是带裂缝工作的。

如果在加载的过程中，当加载到某一应力 σ 时，卸载至零，此时试件因卸载发生瞬时恢复应变 ε_{ce}。如果停留一段时间，试件的变形还能恢复一部分，这部分恢复的变形称为弹性后效 ε_{ae}，保留在试件中不能恢复的应变称为残余应变 ε_{cp}（图 3-19）。

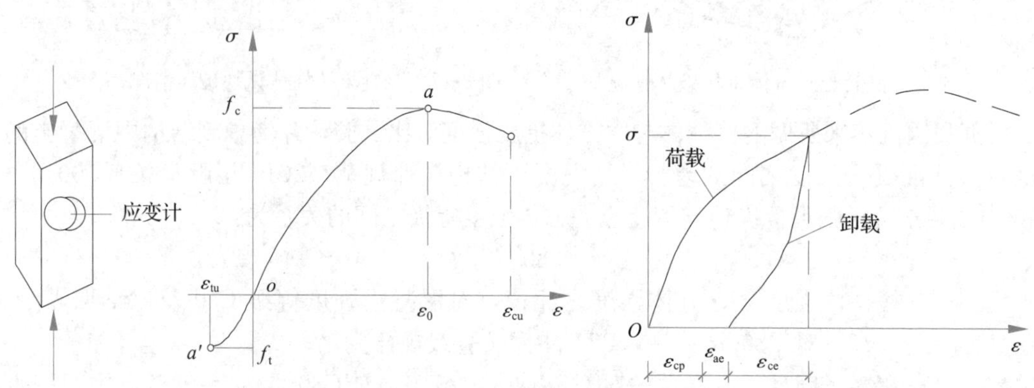

图 3-18　混凝土一次短期加载的应力—应变关系　　图 3-19　混凝土一次加载卸荷的应力—应变关系

如果在应力 $\sigma<f_c^f$（f_c^f 为混凝土的疲劳强度）时进行多次重复加荷卸载，每次加载时都要产生一些塑性变形，其累积值要比一次加载卸荷的大。经过多次加载卸载，其应力—应变曲线就闭合成一条直线（图 3-20），且这条直线与一次加载曲线在 O 点的切线基本平行。试验表明，应力越大，持载时间越久，塑性应变在全部应变中所占的比例也越大，因而随着应力的增长，应力—应变曲线也变得越平缓。

（2）混凝土的弹性模量

在计算超静定结构的内力以及计算结构的变形时，都需要知道混凝土的弹性模量。

混凝土的应力与相应的弹性应变之比定义为混凝土的“弹性模量”，并用符号 E_c 表示。E_c 的几何意义是切线与横坐标夹角的正切（图 3-21），因此，E_c 也称为混凝土的“原点切线模量”，E_c 的表达式为：

$$E_c=\frac{\sigma_c}{\varepsilon_{ce}}=\tan\alpha_0 \tag{3-5}$$

显然，E_c 是一个常数，它可通过试验来确定。我国的混凝土弹性模量的确定方法是：对棱柱体先加荷至 $0.5f_c$，然后卸载至零，再重复加荷 5～10 次。由于混凝土不是弹性材料，每次卸荷至应力为零时，变形不能全部恢复，即存在残余变形，随着加荷卸荷次数的增加，应力—应变曲线渐趋稳定并基本接近于直线，该直线的斜率即定义为混凝土的弹性模量。

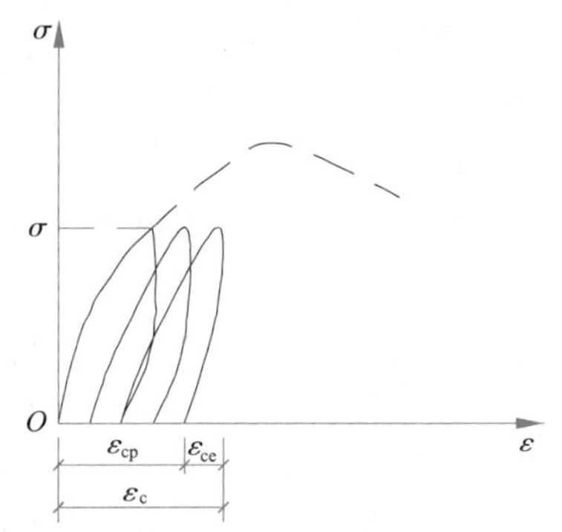

图 3-20　混凝土多次加载卸荷的应力—应变关系

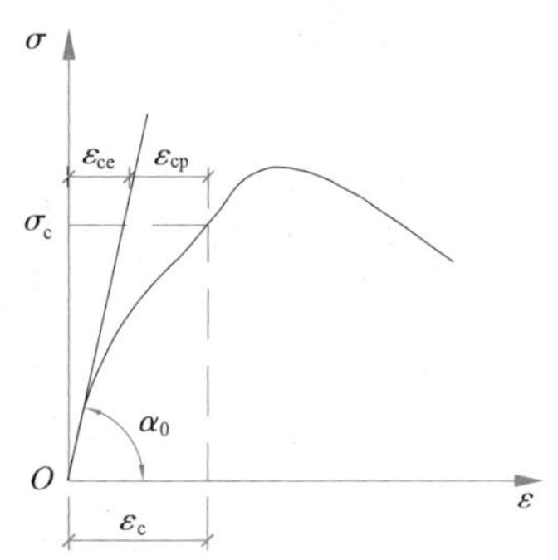

图 3-21　混凝土的弹性模量

按照上述方法，对不同强度等级混凝土测得的弹性模量，经统计分析得到了下列弹性模量（N/mm²）的计算公式：

$$E_c = \frac{10^5}{2.2 + \dfrac{34.74}{f_{cu,k}}} \tag{3-6}$$

式中　$f_{cu,k}$——混凝土强度等级，以 N/mm² 代入。

按式（3-6）计算的混凝土弹性模量 E_c 见附表 1-2（2），供设计时应用。

在用弹性力学方法计算钢筋混凝土双向板及水池等薄壁空间结构的内力时，常需用到混凝土的泊松比。试验表明，混凝土的泊松比是一个比较稳定的物理参数，一般在 0.15～0.20 之间变化，《混凝土结构设计规范（2015 年版）》GB 50010—2010 取混凝土泊松比 $\nu_c=0.2$，但在不少设计手册中则采用 $\nu_c=\frac{1}{6}$。分析表明，采用上述不同泊松比值计算内力所得结果相差甚微，因此，在利用已有的手册进行内力计算时，也可采用 $\nu_c=\frac{1}{6}$。

（3）混凝土的徐变

在荷载长期作用下（即压力不变的情况下），混凝土的应变随时间继续增长的现象称为混凝土的徐变。混凝土的徐变特性主要与时间有关，图 3-22 是混凝土的徐变—时间的关系，图中 OA 段为加载瞬时应变 ε_{ela}，若荷载保持不变，随着加载作用时间的增加，应变也将继续增加，这就是混凝土的徐变应变 ε_{cr}。徐变开始增长较快，以后逐渐减缓，经过较长时间后就逐渐趋于稳定。徐变应变值约为瞬时应变的 1～4 倍。

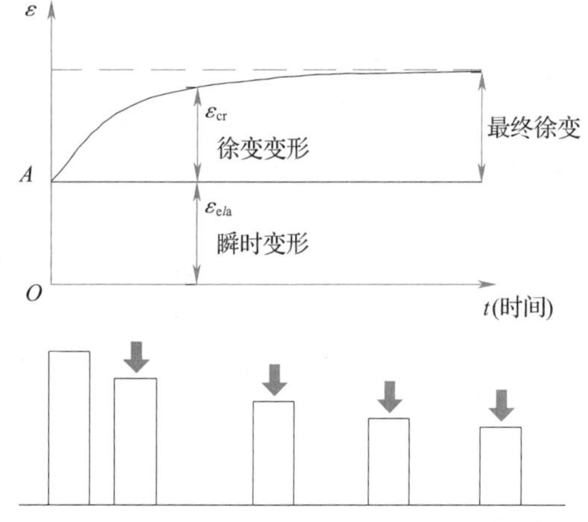

图 3-22　混凝土的徐变—时间的关系

试验表明，混凝土的徐变具有如下规律：

1）混凝土的应力越大，徐变变形也越大。当应力较小时（例如 $\sigma<0.5f_c$），徐变变形与初始应力成正比，称为线性徐变；当混凝土的应力较大时（例如 $\sigma>0.5f_c$），徐变变形的增长比应力的增长快，称为非线性徐变。

2）加载时混凝土的龄期越早，受荷后所处环境的温度越高、湿度越低，徐变越大。

3）水泥用量多，水胶比大，构件体表比小，则徐变大。

4）骨料越坚硬，混凝土的徐变越小。

（4）混凝土的收缩变形

混凝土在空气中结硬时，体积缩小的现象称为收缩。混凝土在水中结硬时，体积变大的现象称为膨胀。混凝土的收缩包括水泥硬结时的凝缩和在干燥环境中的干缩。因而混凝土的收缩是物理化学作用的结果，而与外力无关。

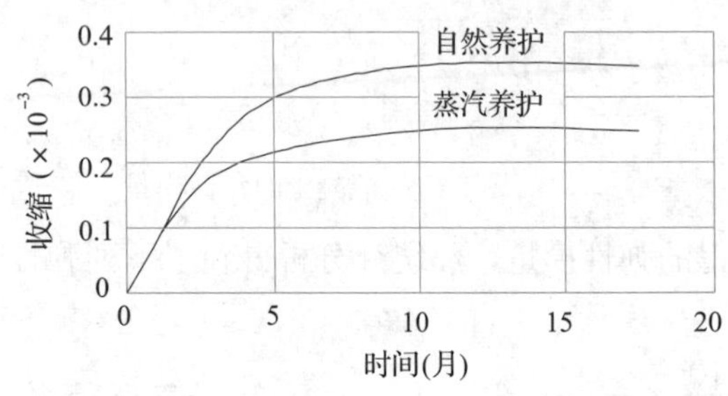

图 3-23　混凝土的收缩与时间关系

混凝土的收缩随时间而变化，初期收缩值增长快，以后逐步减缓，一年后基本趋于稳定。图 3-23 为混凝土收缩与时间的关系。

试验表明：

1）水泥等级高、水泥用量多、水胶比大，混凝土的收缩大。

2）骨料的弹性模量大、在结硬过程中周围温湿度大、使用环境温湿度大，混凝土的收缩小。

3）构件体表比大，混凝土收缩小。

（5）混凝土的温度和湿度变形

构筑物在正常使用过程中，由于温度或湿度的变化，已经硬结的混凝土会产生“热胀冷缩”或“湿胀干缩”的体积变化，这虽然是两种不同的物理效应，但给构筑物带来的影响却是相同的。当温度或湿度变化引起的变形受到约束时，就会在结构中产生内力，如果不采取必要的措施就可能导致结构开裂甚至破坏。

在正常使用过程中由于结构表面存在的温差或湿差所引起的结构约束变形和内力往往必须进行计算，例如，圆形水池壁面内外介质的温差或湿差引起的结构内力必须进行计算。

混凝土的温度线膨胀系数比较稳定，当温度为 0～100℃时，混凝土的线膨胀系数可采用 1×10^{-5}/℃；当混凝土表面温度可能超过 100℃时，应采取适当的隔热措施。由于湿差引起的结构效应与温度相似，因此可将湿差换算成等效温差进行计算。

3. 混凝土的耐久性要求

混凝土的耐久性能是保证结构耐久性的前提条件，在混凝土结构设计时，应根据结构所处的环境条件和规定的设计使用年限采取一定的措施以保证混凝土满足耐久性要求。

《建筑结构可靠性设计统一标准》GB 50068—2018 对建筑结构的设计使用年限作了强制性规定，详见表 3-8。《混凝土结构设计规范（2015 年版）》GB 50010—2010 将混凝土结构所处的环境分为五类，详见附表 2-1（1）。对于一类、二类和三类环境中，设计使用年限为 50 年的结构混凝土，其耐久性必须满足附表 2-1（2）规定的基本要求。

保证结构耐久性的措施，当然与结构所处的环境条件密切相关，除了特殊情况（例如大气或地下水具有腐蚀性等），给水排水工程结构的环境条件是已定的，必然多与水（含污水）、土相接触，因此在给水排水工程结构设计系列标准中，已制订了相应的耐久性措施。

控制混凝土中的氯离子含量主要是为了避免游离的氯离子破坏钢筋表面的氧化膜而促

使钢筋锈蚀。氯离子还会使混凝土的冻融破坏加剧，故《给水排水工程构筑物结构设计规范》GB 50069—2002 规定：对贮水及水处理构筑物、地下构筑物的混凝土，不得采用氯盐作为防冻、早强的掺合料。

控制混凝土的碱含量是为了防止碱—骨料反应造成混凝土破坏。所谓碱—骨料反应是指水泥水化过程中释放出来的碱与骨料中的碱活性矿物成分发生化学反应形成一种在吸水后会产生体积膨胀的混合物，从而使混凝土膨胀开裂的现象。关于混凝土碱含量的规定，可参见《混凝土结构耐久性设计标准》GB/T 50476—2019 附录 B。给水排水工程中的贮水或水处理构筑物、地下构筑物由于直接与水、土相接触，更易遭受碱—骨料反应危害，故应特别注意。

混凝土的耐久性除了配制混凝土的水泥品种、水胶比的控制、碱含量的限定、强度等级等要求外，混凝土的抗渗性能、抗冻性能及抗化学腐蚀性能，都是保证混凝土耐久性的重要方面。

（1）抗渗性

给水排水工程结构中贮水池或水处理构筑物、地下构筑物的抗渗，一般宜以混凝土本身的密实性满足抗渗要求。混凝土的密实性主要与骨料级配、水泥用量、水胶比及振捣等因素有关，对有抗渗要求的混凝土，应选择良好级配的骨料和水胶比（不应大于 0.50），并应注意机械振捣密实和注意养护。

贮水或水处理构筑物、地下构筑物的混凝土，当满足抗渗要求时，一般可不作其他抗渗、防腐处理；对接触侵蚀性介质的混凝土，应按现行的有关规范或进行专门试验确定防腐措施。

混凝土的抗渗能力用“抗渗等级”表示，符号为 P。抗渗等级 P_i 系指对龄期为 28d 的混凝土标准抗渗试件施加 $i\times0.1$MPa 的水压力后能满足不渗水指标。给水排水工程结构常用的抗渗等级为 P4、P6 和 P8。抗渗等级 P6 的混凝土能在 0.6MPa 的水作用下满足不渗水指标。

构筑物所用混凝土的抗渗等级应根据最大作用水头与混凝土厚度之比 i_w 按表 3-2 选用。

混凝土抗渗等级 P_i 的规定 GB 50069—2002　　**表 3-2**

最大作用水头与混凝土壁、板厚度之比值 i_w	抗渗等级 P_i
<10	P4
10～30	P6
>30	P8

（2）抗冻性

混凝土的抗冻性能是指混凝土在吸水饱和状态下，抵抗多次冻结和融化循环作用而不破坏、也不严重降低混凝土强度的性能。在寒冷地区，外露的给水排水构筑物若处于冻融交替条件下，对混凝土应有一定的抗冻性要求，以免混凝土强度降低过多造成构筑物损坏。

混凝土的抗冻性能一般用抗冻等级来衡量，并用符号 F 表示。混凝土抗冻等级 F_i 是指龄期为 28d 的混凝土试件，在进行相应要求冻融循环总次数 i 次作用后，与未受冻融的相同试件相比，其强度降低不大于 25%，重量的损失不超过 5%。冻融循环总次数 i 是指一年内气温从 3℃以上降至−3℃以下，然后回升至 3℃以上的交替次数。对地表水取水头部，尚应考虑一年中月平均气温低于－3℃期间，因水位涨落而产生的冻融交替次数，此时水位每涨落一次应按一次冻融计算。

最冷月平均气温低于－3℃的地区，外露钢筋混凝土构筑物的混凝土应具有良好的抗冻性能，并应按表 3-3 的要求采用。

混凝土的抗冻等级 F_i 的规定 GB 50069—2002　　**表 3-3**

结构类型	地表水取水头部		其他
工作条件 / 气候条件	冻融循环总次数		地表水取水头部的水位涨落区以上部位及外露的水池等
	≥100	＜100	
最冷月平均气温低于－10℃	F300	F250	F200
最冷月平均气温低于－10～－3℃	F250	F200	F150

注：气温应根据连续 5 年以上的实测资料，统计其平均值确定。

在冻融循环过程中，混凝土表层的剥落和抗压强度的降低，主要是由于侵入混凝土孔隙和裂缝中的水分受冻后体积膨胀，对混凝土产生胀裂作用而引起的。因此，所有能提高混凝土密实性的措施，几乎都能提高混凝土的抗冻性。混凝土的强度等级越高，抗冻性也越好。强度等级相同的混凝土，其抗冻性能与水泥品种有关，其中以普通硅酸盐水泥的抗冻性最好，矿渣硅酸盐水泥次之，不得采用火山灰质硅酸盐水泥和粉煤灰质硅酸盐水泥。当没有条件进行抗冻等级试验时，应采取强度等级不低于 C25 的混凝土，且其水胶比和水泥用量等要求应按抗渗混凝土的要求采用。

配制抗渗、抗冻混凝土时水胶比不大于 0.5。骨料应选用良好的级配，粗骨料粒径不应大于 40mm，且不超过最小断面厚度的 1/4，含泥量按重量计不超过 1%。砂子的含泥量及云母含量按重量计不应超过 3%。在水胶比不大于 0.5 的条件下，根据国内有关资料，为达到合理的混凝土配合比，水泥的强度等级可参照表 3-4 选用。

混凝土的配合比　　**表 3-4**

水泥强度等级	混凝土强度等级	水胶比	石子最大粒径（mm）					
			10		20		40	
			水用量（kg/m³）	砂率（%）	水用量（kg/m³）	砂率（%）	水用量（kg/m³）	砂率（%）
32.5	C25	0.45～0.50	180～190	30～37	180～185	32～36	175～180	31～35
	C30	0.38～0.43	190～195	31～35	185～190	30～34	180～185	29～33
42.5	C30	0.48～0.52	185～190	34～37	180～185	33～36	175～180	32～35
	C35	0.42～0.47	190～195	33～36	185～190	32～35	180～185	31～34
52.5	C40	0.45～0.50	190～195	33～37	185～190	32～36	180～185	31～35
	C45	0.40～0.45	195～200	32～36	190～195	31～35	185～190	30～34

注：1. 计算过程如下：

（1）根据原材料情况与混凝土强度等级选用水胶比、用水量和砂率；

（2）胶凝材料用量＝用水量÷水胶比，水泥用量＝胶凝材料用量－矿物掺合料用量；

（3）砂用量＝[混凝土重力密度－(水泥用量＋矿物掺合料用量＋水用量)]×砂率；

（4）石子用量＝混凝土重力密度－(水泥用量＋矿物掺合料用量＋水用量＋砂用量)。

2. 不用减水剂时，可将表中用水量增加 5%～10%。
3. 表中数值，控制混凝土坍落度为 2～4cm。
4. 使用细砂时，表中砂率应减少 2%～4%。

（3）抗腐蚀性

酸、碱、盐对混凝土都有程度不同的腐蚀性。

混凝土是碱性材料，在使用期间常常受到环境中酸、酸性物质的侵蚀。酸的侵蚀往往伴随着硫酸盐侵蚀和钢筋腐蚀。酸侵蚀分以下两种情况：

1）在含盐酸、硝酸、硫酸、碳酸等环境中，酸与混凝土中的 $Ca(OH)_2$ 反应生成可溶性钙盐。当环境中酸的浓度高时，与水化硅酸钙反应生成硅酸，使混凝土结构遭到破坏。盐酸中的氯离子还会腐蚀混凝土中的钢筋。硫酸与混凝土中的 $Ca(OH)_2$ 反应生成的石膏会与混凝土中的铝酸钙的水化产物反应，生成钙钒石，比原体积增大1.5倍以上。

2）在含有磷酸、草酸等环境中，因酸与混凝土中的 $Ca(OH)_2$ 的反应生成不溶性钙盐，一般对混凝土的危害性较小，但有时也会引起混凝土强度下降。

苛性碱对混凝土可产生化学侵蚀和结晶侵蚀。化学侵蚀是指苛性碱与水泥中的硅酸钙和铝酸钙反应而生成胶结力不强的氢氧化钙和易溶于碱性溶液的硅酸盐和铝酸盐。结晶侵蚀是指碱液渗入混凝土的孔隙中，与孔隙中的 CO_2 生成 $Na_2CO_3 \cdot 10H_2O$ 析出，体积膨胀约2.5倍，产生结晶压力，造成混凝土结构破坏。当苛性碱溶液浓度低于15%时，这种腐蚀过程进展较慢，浓度超过20%后，进程将明显加快。对于其他碱性介质，如氨水、氢氧化钙等，混凝土则有一定的抵抗能力。

此外，由于混凝土内部普遍存在小孔和裂隙，酸、碱、盐侵入后，如干湿变化频繁，就将在孔隙内生成盐类结晶。随着结晶不断增大，将对孔壁产生很大的膨胀力，从而使混凝土表层逐渐粉碎、剥落。这是一种物理腐蚀过程，称为结晶腐蚀。这种现象在贮液池水位变化部位的混凝土池壁内表面上表现得最为突出。

在给水排水工程中，混凝土的腐蚀问题主要出现在某些工业污水处理池中，如在贮液池水位变化部位的混凝土池壁内表面，由于介质的侵入作用使混凝土表层产生破碎剥落。当介质侵蚀性很弱时，对混凝土可以不采取专门的防护措施，而用增加密实性的办法来提高混凝土的抗腐蚀能力。若介质的腐蚀性较强时，则必须在池底和池壁内侧采取专门的防腐措施：要求较低的可以涂刷沥青；要求较高的可以涂刷耐酸漆，也可以做沥青砂浆、水玻璃砂浆、硫酸砂浆或树脂砂浆层等；要求较高的还可以用玻璃钢面层、聚氯乙烯塑料面板、耐酸陶瓷板、耐酸砖或耐酸石材贴面等。

当地下水中含有侵入介质时，埋入地下水位以下的构筑部分，包括池壁和池底的外表面也应采取防腐措施。

3.2.3　钢筋与混凝土的共同工作

1. 钢筋与混凝土的粘结作用

钢筋与混凝土之间的粘结应力是保证共同工作的重要条件。试验表明，粘结应力由以下三部分组成：① 钢筋与混凝土接触面上的化学吸附作用力，也称胶结力；② 混凝土硬结时体积收缩将钢筋紧紧握裹而产生的摩擦力；③ 钢筋表面凹凸不平与混凝土之间产生的机械咬合力，也称咬合力。光面钢筋的粘结力主要来源于胶结力与摩擦力，而带肋钢筋的粘结力主要来源于摩擦力和机械咬合力。从受力性质来说，粘结应力是反映钢筋与混凝土之间在接触界面上沿钢筋纵向的剪应力。

粘结力的测定一般采用钢筋的抗拔试验方法（图 3-24a）。由试验得知，粘结应力沿钢筋埋入长度按曲线分布，最大粘结应力（又称粘结强度）在离端头某一距离处，且随拔出力的大小而变化；同时钢筋的埋入长度越长，拔出力越大。试验还表明，粘结强度随混凝土强度等级的提高而增大；带肋钢筋的粘结强度比光面钢筋的大；在光面钢筋端部末端做弯钩可以大大提高拔出力。如果采用压入试验（图 3-24b）测定粘结强度，因钢筋在受压时要发生横向膨胀，增加了粘结力中的摩擦力成分，因此用压入试验测得的粘结强度要比拔出试验时高。

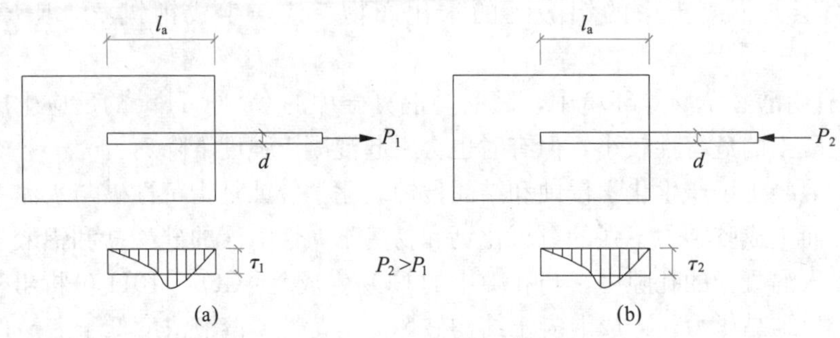

图 3-24　钢筋的拔出及压入试验

（a）拔出试验；（b）压入试验

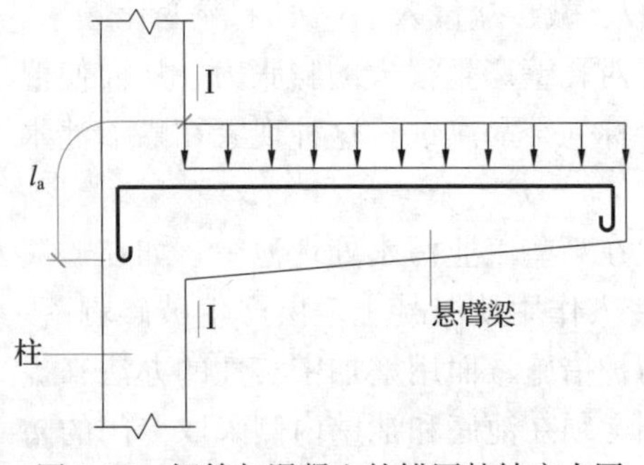

图 3-25　钢筋与混凝土的锚固粘结应力图

2. 钢筋锚固、弯钩与连接

（1）钢筋的锚固长度

图 3-25 为一悬臂梁，上部纵向受拉钢筋的数量是根据Ⅰ-Ⅰ截面的负弯矩通过承载力计算确定的，也就是说，在Ⅰ-Ⅰ截面中钢筋的强度是被充分利用了。但为了使钢筋在截面中充分发挥作用，必须使钢筋伸入支座内一定的长度，以便通过该长度上粘结应力的积累，使钢筋发挥作用。这段长度称为钢筋的“锚固长度”。

当计算中充分利用钢筋的抗拉强度时，其基本锚固长度 l_{ab} 应按下式计算：

$$l_{ab}=\alpha\frac{f_y}{f_t}d \tag{3-7}$$

式中　l_{ab}——受拉钢筋的基本锚固长度；

f_y——普通钢筋的抗拉强度设计值；

f_t——混凝土轴心抗拉强度设计值，当混凝土强度等级高于 C60 时，按 C60 取值；

d——锚固钢筋的直径；

α——锚固钢筋的外形系数，按表 3-5 中的规定取用。

锚固钢筋的外形系数 α　　**表 3-5**

钢筋类型	光面钢筋	带肋钢筋	螺旋肋钢丝	三股钢绞线	七股钢绞线
α	0.16	0.14	0.13	0.16	0.17

注：光面钢筋末端应做 180°弯钩，弯后平直长度不应小于 $3d$，但作受压钢筋时可不做弯钩。

受拉钢筋的锚固长度应根据锚固条件按下列公式计算，且不应小于200mm：

$$l_a = \zeta_a l_{ab} \tag{3-8}$$

式中　l_a——受拉钢筋的锚固长度；

ζ_a——锚固长度修正系数，对普通钢筋按下列规定取用，当多于一项时，可按连乘计算，但不应小于0.6；对预应力筋，可取1.0。

纵向受拉普通钢筋的锚固长度修正系数 ζ_a 应按下列规定取用：

1）当带肋钢筋的公称直径大于25mm时，取 $\zeta_a=1.10$；

2）环氧树脂涂层带肋钢筋，取 $\zeta_a=1.25$；

3）施工过程中易受扰动（如滑模施工）的钢筋，取 $\zeta_a=1.10$；

4）当纵向受力钢筋的实际配筋面积大于其设计计算面积时，修正系数 ζ_a 取设计计算面积与实际配筋面积的比值，但对有抗震设防要求及直接承受动力荷载作用的结构构件不应考虑此项修正；

5）锚固钢筋的保护层厚度为 $3d$（d 为锚固钢筋的直径）时，修正系数 ζ_a 可取0.80，保护层厚度为 $5d$ 时，修正系数 ζ_a 可取0.70，中间按内插取值。

当计算中充分利用钢筋的受压强度时，受压锚固长度不应小于受拉钢筋锚固长度 l_a 的0.7倍。

（2）钢筋的弯钩或机械锚固措施

当纵向受拉普通钢筋末端采用弯钩或机械锚固措施时，包括弯钩或锚固端头在内的锚固长度（投影长度）可取为基本锚固长度 l_{ab} 的60%。钢筋弯钩和机械锚固的形式和技术要求见表3-6和图3-26。

钢筋弯钩和机械锚固的形式和技术要求　　　　**表3-6**

锚固形式	技术要求
90°弯钩	末端90°弯钩，弯钩内径 $4d$，弯后直段长度 $12d$
135°弯钩	末端135°弯钩，弯钩内径 $4d$，弯后直段长度 $5d$
一侧贴焊锚筋	末端一侧贴焊长 $5d$ 同直径钢筋
两侧贴焊锚筋	末端两侧贴焊长 $3d$ 同直径钢筋
焊端锚板	末端与厚度 d 的锚板穿孔塞焊
螺栓锚头	末端旋入锚栓锚头

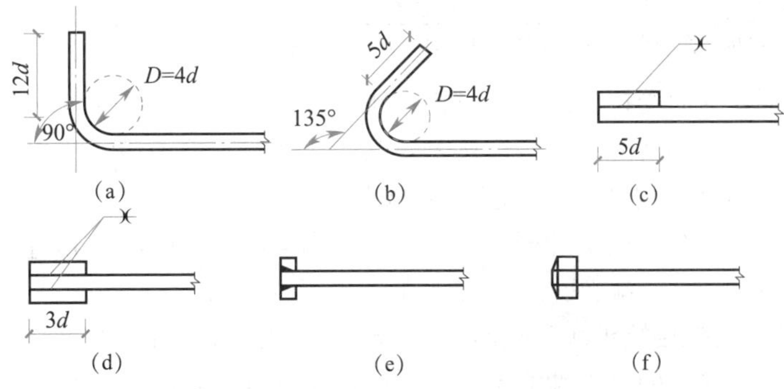

图3-26　弯钩和机械锚固的形式和技术要求

（a）90°弯钩；（b）135°弯钩；（c）一侧贴焊锚筋；（d）两侧贴焊锚筋；（e）焊端锚板；（f）螺栓锚头

（3）钢筋的连接

钢筋的连接可分为绑扎搭接、机械连接或焊接两类。机械连接接头和焊接接头的类型及质量应符合有关标准、规范的规定。

搭接接头是依靠粘结来传力的，即在搭接接头处，一根钢筋将其承担的拉力逐步传给混凝土，再由混凝土经粘结力逐步传给另一根与之搭接的钢筋，因此钢筋与混凝土的粘结强度是决定钢筋搭接长度的重要因素。

同一构件各根钢筋的搭接接头宜相互错开。不在同一连接范围内的搭接钢筋接头中心间距应不小于 1.3 倍搭接长度，即搭接钢筋端部间距应不小于 0.3 倍搭接长度（图 3-27）。

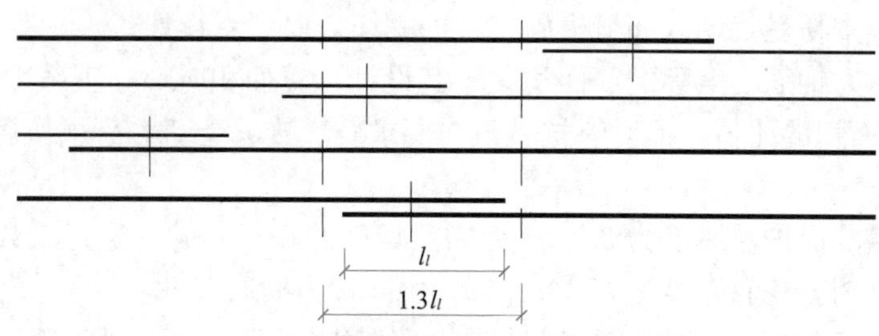

图 3-27　同一连接区段内的纵向受拉钢筋绑扎搭接接头

注：图中所示同一连接区段内的搭接接头钢筋为两根，当钢筋直径相同时，钢筋搭接接头面积百分率为 50%。

《混凝土结构设计规范（2015 年版）》GB 50010—2010 规定，位于同一连接区段内的受拉钢筋搭接接头面积百分率：对梁、板及墙类构件，不宜超过 25%；对柱类构件，不宜大于 50%。

纵向受拉钢筋绑扎搭接接头的搭接长度 l_l 应根据位于同一连接区段内的钢筋搭接接头面积百分率按下式计算：

$$l_l = \xi_l l_a \tag{3-9}$$

式中　l_l——纵向受拉钢筋的搭接长度；

l_a——纵向受拉钢筋的锚固长度；

ξ_l——纵向受拉钢筋搭接长度修正系数，按表 3-7 的规定取用。

纵向受拉钢筋搭接长度修正系数 GB 50010—2010（2015 年版）　　**表 3-7**

纵向钢筋搭接接头面积百分率（%）	≤25	50	100
ξ_l	1.2	1.4	1.6

注：当纵向搭接钢筋接头面积百分率为表的中间值时，修正系数 ξ_l 可按内插取值。

在任何情况下，纵向受拉钢筋绑扎搭接接头的搭接长度 l_l 均不应小于 300mm。

当构件中纵向受压钢筋采用搭接连接时，其受压搭接长度不应小于纵向受拉钢筋搭接长度 l_l 的 0.7 倍，且在任何情况下不应小于 200mm。

在梁、柱类构件的纵向受力钢筋搭接长度范围内应配置箍筋，其直径不应小于 $d/4$（d 为搭接钢筋较大直径），箍筋间距不应大于 $5d$，且不应大于 100mm。当受压钢筋直径 $d>25$mm 时，尚应在搭接接头两个端面外 100mm 范围内各设置两个箍筋。

考虑到绑扎搭接接头的受力性能不如机械连接接头和焊接接头，规范对搭接接头的使用做了一定的限制，其中主要有：轴心受拉及小偏心受拉构件的纵向受力钢筋不得采用绑扎搭接接头；当受拉钢筋直径 $d>25$mm 及受压钢筋的直径 $d>28$mm 时，不宜采用绑扎搭接接头；需进行疲劳验算的构件，其纵向受力钢筋不得采用搭接接头，也不宜采用焊接接头，且严禁在钢筋上焊任何附件。

（4）钢筋混凝土的保护层厚度

混凝土保护层的最小厚度取值主要取决于构件的耐久性要求和保证钢筋粘结锚固性能的要求。

耐久性要求混凝土保护层的最小厚度是按照构件在设计使用年限内能够保护钢筋不发生危及结构安全的锈蚀来确定的。埋在混凝土中的钢筋，由于混凝土中的高碱性，会在钢筋表面形成氧化膜，它能有效地保护钢筋。然后，大气中的 CO_2 或其他酸性气体将使混凝土中性化而降低其碱度，这种化学反应称为混凝土的碳化。当混凝土保护层被碳化至钢筋表面时，将破坏钢筋表面的氧化膜。此外，当混凝土构件的裂缝宽度超过一定限值时，将会加速混凝土的碳化，使钢筋表面的氧化膜更易遭到破坏。在无侵蚀性介质的常遇环境中，保护层混凝土的完全碳化是混凝土中钢筋锈蚀的前提。构件在使用过程中，混凝土的碳化将以一定速度由表面向内部发展，一旦碳化深度超过保护层厚度而达到钢筋表面，混凝土就会由于碳化而失去碱性，从而丧失对钢筋的保护作用，因此保护层厚度应大于构件在设计使用年限内混凝土的碳化深度。《混凝土结构设计规范（2015 年版）》GB 50010—2010 规定，设计使用年限为 50 年的混凝土结构，最外层钢筋的保护层厚度应符合附表 2-1（3）的规定；设计使用年限为 100 年的混凝土结构，最外层钢筋的保护层厚度不应小于附表 2-1（3）的 1.4 倍。此外，《给水排水工程构筑物结构设计规范》GB 50069—2002 根据给水排水构筑物的特点，对钢筋的混凝土保护层最小厚度也有规定，见附表 2-1（4）。因此，在设计给水排水构筑物时，保护层最小厚度还应符合该规范的要求。

鉴于对锚固长度的规定是以保护层相对厚度 $\frac{c}{d}$（c 为保护层厚度；d 为钢筋直径）不小于 1.0 为前提条件确定的，故保护层厚度除应满足上述耐久性要求所规定的最小厚度外，尚应不小于受力钢筋的直径 d（d 为单筋的公称直径或并筋的等效直径）。

这里应特别注意：《混凝土结构设计规范（2015 年版）》GB 50010—2010 定义的混凝土保护层厚度不再以纵向受力钢筋的外缘，而以最外层钢筋（包括箍筋、构造钢筋、分布钢筋等）的外缘计算。

3.3　结构按极限状态计算的基本原则

3.3.1　设计基准期和设计使用年限

设计基准期（design reference period）是为确定可变作用及与时间有关的材料性能而选用的时间参数，规范所考虑的荷载统计参数都是按设计基准期为 50 年确定的。

设计使用年限（design working period）是设计规定的一个时期，在这一规定时期内，完成预定的功能，即房屋建筑在正常设计、正常施工、正常使用和正常维护下所达到的使用年限，如达不到这个年限则意味着在设计、施工、使用与维护的某一环节上出现了非正常情况，应查找原因。设计使用年限是房屋建筑的地基基础工程和主体结构工程“合理使用年限”的具体化。结构的设计使用年限分为 4 类，按表 3-8 采用。

设计使用年限 GB 50068—2018 **表 3-8**

类别	设计使用年限（年）	示 例
1	5	临时性建筑结构
2	25	易于替换的结构构件
3	50	普通房屋和构造物
4	100	标志性建筑和特别重要的建筑结构

因此，设计基准期与设计使用年限是两个不同的概念，设计基准期通常是一个固定值，而设计使用年限不是一个固定值，与结构的用途和重要性有关。设计使用年限的长短对结构设计的影响要从荷载和耐久性两个方面考虑，耐久性是决定结构设计使用年限的主要因素。设计使用年限越长，结构使用中荷载出现“大值”的可能性越大，设计中应提高荷载标准值；反之，设计使用年限越短，结构使用中荷载出现“大值”的可能性越小，设计中可降低荷载标准值，保证结构安全和经济的一致性。

3.3.2 极限状态的定义与分类

结构在规定的设计使用年限内应满足下列各项功能要求：

(1) 在正常施工和正常使用时，能承受可能出现的各种作用；

(2) 在正常使用时具有良好的工作性能；

(3) 在正常维护下具有足够的耐久性；

(4) 在设计规定的偶然事件发生时及发生后，仍能保持必要的整体稳定性。

在建筑结构必须满足的四项功能中，第（1）、第（4）两项是结构安全性的要求，第（2）项是结构适用性的要求，第（3）项是结构耐久性的要求。结构的安全性、适用性和耐久性统称为结构的可靠性，而结构可靠性用结构可靠度来度量描述。结构的可靠度是指结构在规定的时间（设计使用年限）内，在规定的条件（正常设计、正常施工、正常使用）下，完成预定功能的概率。

结构构件在规定的时间内和规定的条件下，能够满足安全、适用、耐久的预定功能要求称为可靠，反之则称为失效。结构构件由可靠转向失效的临界状态称为结构的极限状态。结构的极限状态可分为下列两类：

1. 承载能力极限状态

这种极限状态对应于结构或构件达到最大承载能力或不适于继续承载的变形。承载能力极限状态指的是整个结构或结构的一部分作为刚体失去平衡；或结构构件或连接因材料强度而破坏（包括疲劳破坏），或因过度变形而不适于继续承载；或结构转化为机动体系；或结构或构件丧失稳定（如压屈等）；或地基丧失承载能力而破坏等均属于这类极限状态。

承载能力极限状态可理解为结构或结构构件发挥的最大承载功能的状态。结构构件由于塑性变形而使其几何状态发生显著改变，虽未达到最大承载能力，但已彻底不能使用，也属于达到这种极限状态。疲劳破坏是在使用中由于荷载多次重复作用而达到的承载能力极限状态。

2. 正常使用极限状态

这种极限状态对应于结构或结构构件达到正常使用或耐久性能的某项规定限值。正常使用极限状态可理解为结构或结构构件达到使用功能上允许的某个限值的状态。例如，某些构件必须控制变形、裂缝才能满足使用要求：因过大的变形会造成房屋内粉饰层剥落、填充墙和隔断墙开裂及屋面积水等后果；过大的裂缝会影响结构的耐久性；过大的变形、裂缝也会造成用户心理上的不安全感；水池结构开裂引起渗漏。

建筑结构设计时，应根据结构在施工和使用中的环境条件和影响，区分下列三种设计状态：

(1) 持久状态。在结构使用过程中一定出现，其持续期很长的状况。持续期一般与设计使用年限为同一数量级，如房屋结构承受家具和正常人员荷载的状态等。

(2) 短暂状态。在结构施工和使用过程中出现概率较大，而与设计使用年限相比，持续期很短的状况，如施工时承受堆料荷载的状况等。

(3) 偶然状况。在结构使用中出现的概率很小，且持续期很短的状况，如结构遭受火灾、爆炸、撞击等作用的状态。

对上述三种设计状态，均应进行承载能力极限状态设计。对持久状态尚应进行正常使用极限状态设计；对短暂状态可根据需要进行正常使用极限状态设计。

3.3.3 承载能力极限状态设计方法

我国《建筑结构可靠性设计统一标准》GB 50068—2018 采用以概率理论为基础的极限状态设计法，以可靠指标度量结构构件的可靠度，采用分项系数的设计表达式进行设计。

结构构件的承载力极限状态设计表达式：

$$\gamma_0 S \leqslant R \tag{3-10}$$

式中 γ_0——结构重要性系数；

S——荷载组合效应设计值；

R——结构构件的抗力设计值。

1. 重要性系数 γ_0

我国《建筑结构可靠性设计统一标准》GB 50068—2018 根据结构破坏可能产生的后果（危及人的生命、造成经济损失、产生社会影响等）的严重性，将建筑结构划分为三个安全等级。重要房屋的安全等级为一级，一般房屋的安全等级为二级，次要房屋的安全等级为三级。对于特殊的建筑，其安全等级可根据具体情况另行确定。

对安全等级为一级或设计使用年限为100年及以上的结构构件，$\gamma_0 \geqslant 1.1$；对安全等级为二级或设计使用年限为50年的结构构件，$\gamma_0 \geqslant 1.0$；对安全等级为三级或设计使用年限为5年及以下的结构构件，$\gamma_0 \geqslant 0.9$。

2. 荷载组合效应设计值 S

作用在结构上的各种荷载在计算截面上产生的内力一般可按结构力学的方法计算。荷载效应组合分为荷载效应的基本组合和偶然组合。

(1) 基本组合

基本组合的效应设计值按式(3-11)中最不利值确定：

$$S = \gamma_G S_{Gk} + \gamma_{Q_1} \gamma_{L_1} S_{Q_1 k} + \sum_{i=2}^{n} \gamma_{Q_i} \gamma_{L_i} \psi_{c_i} S_{Q_i k} \tag{3-11}$$

式中 γ_G——永久荷载的分项系数，当荷载效应对结构不利时，取1.3，当荷载效应对结构有利时，不应大于1.0；

γ_{Q_1}、γ_{Q_i}——第1个和其他第 i 个可变荷载的分项系数，当荷载效应对结构不利时，取1.5；

γ_{L_1}、γ_{L_i}——第1个和其他第 i 个可变荷载考虑设计使用年限的调整系数，楼面和屋面活荷载考虑设计使用年限的调整系数按表3-9采用，雪荷载、风荷载应取重现期为设计使用年限相应的基本雪压和基本风压；

S_{Gk}——按永久荷载标准值 G_k 计算的荷载效应值；

S_{Q_ik}——按可变荷载标准值 Q_{ik} 计算的荷载效应值，其中 S_{Q_ik} 为各可变荷载效应中起控制作用者；

ψ_{c_i}——可变荷载 Q_{ik} 的组合值系数，一般情况下取0.7；对书库、档案库、贮藏室，密集柜书库或通风机房、电梯机房应取0.9；对风荷载应取0.6。

当对 S_{Q_1k} 无法明显判断时，轮次以各可变荷载效应为 S_{Q_1k}，选其中最不利的荷载效应组合。

楼面和屋面活荷载考虑设计使用年限的调整系数 γ_L **表 3-9**

结构设计使用年限（年）	5	50	100
γ_L	0.9	1.0	1.1

注：1. 当设计使用年限不为表中数值时，调整系数 γ_L 可按线性内插法确定；

2. 对于荷载标准值可控制的活荷载（楼面均布活荷载中的书库、储藏室、机房、停车库，以及工业楼面均布活荷载等），设计使用年限调整系数 γ_L 取1.0。

这里应说明：考虑到在给水排水工程中，不少构筑物的受力条件，均以永久作用为主，因此对构筑物内的盛水压力和外部土压力的作用分项系数，均规定采用 $\gamma_G=1.27$，而对结构和设备自重仍取 $\gamma_G=1.2$。对于地表水或地下水的作用分项系数取 $\gamma_Q=1.27$，而对于其他可变作用的分项系数仍取 $\gamma_Q=1.4$，并与组合系数配套使用。

对贮水池、水处理构筑物、地下构筑物等可不计风荷载效应，其作用效应的基本组合设计值应按下式计算：

$$S=\sum_{i=1}^{m}\gamma_{G_i}S_{G_ik}+\gamma_{Q_1}S_{Q_1k}+\psi_c\sum_{j=2}^{n}\gamma_{Q_j}S_{Q_jk} \tag{3-12}$$

式中 γ_{G_i}——第 i 个永久作用的分项系数，当作用效应对结构不利时，对结构和设备自重应取1.2，其他永久作用应取1.27，当作用效应对结构有利时，均应取1.0；

γ_{Q_1}、γ_{Q_j}——第1个和第 j 个可变作用的分项系数，对地表水或地下水的作用应为第1可变作用取1.27，对其他可变作用应取1.4；

ψ_c——可变作用的组合系数，可取0.9计算。

其余符号同前。

(2) 偶然组合

对于偶然设计状况（例如撞击、爆炸、火灾事故的发生）均需采用偶然组合进行设计。偶然荷载效应组合表达式主要考虑到：在设计表达式中偶然荷载不再考虑荷载分项系数，而直接采用规定的标准值为设计值；不必同时考虑两种或两种以上偶然荷载；偶然荷载表达式应考虑偶然事件发生时结构的承载力和偶然事件发生后结构的整体稳固性。

1）用于承载力极限状态计算的效应设计值，应按下式计算：

$$S=\sum_{j=1}^{m}S_{G_j k}+S_{A_d}+\psi_{f_1}S_{Q_1 k}+\sum_{i=2}^{n}\psi_{q_i}S_{Q_i k} \tag{3-13}$$

式中　S_{A_d}——按偶然荷载标准值 A_d 计算的荷载效应值；

ψ_{f_1}——第 1 个可变荷载的频遇值系数；

ψ_{q_i}——第 i 个可变荷载的准永久值系数。

2）用于偶然事件发生后受损结构整体稳固性验算的效应设计值，应按下式进行计算：

$$S=\sum_{j=1}^{m}S_{G_j k}+\psi_{f_1}S_{Q_1 k}+\sum_{i=2}^{n}\psi_{q_i}S_{Q_i k} \tag{3-14}$$

3. 结构构件的抗力设计值 R

结构构件的抗力设计值的大小，取决于计算模式、混凝土和钢筋的强度设计值、截面几何参数标准值等因素，其一般表达式：

$$R=R(f_c,f_s,a_k,\cdots\cdots) \tag{3-15}$$

式中　$R(\cdot)$——结构构件的抗力函数；

f_c、f_s——混凝土、钢筋的强度设计值；

a_k——几何参数的标准值，当几何参数的变异对结构性能有明显影响时，可另增减一个附加值 Δa 以考虑其不利影响。

热轧钢筋的强度标准值系根据屈服强度确定，用 f_{yk} 表示。预应力钢绞线、钢丝的强度标准值系根据极限抗拉强度确定，用 f_{ptk} 表示。预应力钢绞线、钢丝的条件屈服点取 $\sigma_{0.2}=0.85\sigma_b$（$\sigma_b$ 为国家标准的极限抗拉强度）。

钢筋强度设计值与其强度标准值之间的关系为：

$$f_s=\frac{f_{sk}}{\gamma_s} \tag{3-16}$$

式中　f_s——钢筋的强度设计值；

f_{sk}——钢筋的强度标准值；

γ_s——钢筋的材料分项系数，热轧钢筋的材料分项系数取 1.10，对 500MPa 级热轧钢筋取 1.15；预应力钢丝、钢绞线的材料分项系数取 1.20，对中强度预应力钢丝和螺纹钢筋的材料分项系数取不小于 1.20。

混凝土强度标准值已在本章 3.2 节中作了介绍。混凝土强度设计值与其标准值之间的关系为：

$$f_c=\frac{f_{ck}}{\gamma_c} \tag{3-17}$$

式中　f_c——混凝土的强度设计值；

f_{ck}——混凝土的强度标准值；

γ_c——混凝土的材料分项系数，取 $\gamma_c=1.4$。

钢筋、混凝土材料强度的标准值和设计值见附表 1-1（1）～附表 1-1（6）。

3.3.4　正常使用极限状态设计方法

正常使用极限状态考察结构构件的使用阶段，防止变形过大、裂缝过宽等带来结构构件不能正常使用的问题，因此超过正常使用极限的后果比超过承载力极限状态的危害程度要低。此外，在荷载保持不变的情况下，由于混凝土的徐变等特性，裂缝和变形将随着时间的推移而发展。因此在正常使用极限状态下尚须考虑荷载作用持续时间较长带来的影响。根据这些特点，规范对正常使用极限状态，钢筋混凝土构件、预应力混凝土构件应分别按荷载效应的准永久组合并考虑长期作用的影响或标准组合并考虑长期作用的影响，采用下列极限状态设计表达式进行验算：

$$S \leqslant C \tag{3-18}$$

式中 S——正常使用极限状态荷载组合的效应设计值；

C——结构构件达到正常使用要求所规定的变形、应力、裂缝宽度和自振频率等的限值。

1. 荷载效应的标准组合和准永久组合

荷载效应的标准组合按下式计算：

$$S = S_{\mathrm{Gk}} + S_{\mathrm{Q_1k}} + \sum_{i=2}^{n} \psi_{\mathrm{c}_i} S_{\mathrm{Q}_i\mathrm{k}} \tag{3-19}$$

荷载效应的准永久组合按下式计算：

$$S = S_{\mathrm{Gk}} + \sum_{i=1}^{n} \psi_{\mathrm{q}_i} S_{\mathrm{Q}_i\mathrm{k}} \tag{3-20}$$

式中 ψ_{q_i}——可变荷载 $Q_{i\mathrm{k}}$ 的准永久值系数，对于构筑物楼面和屋面的活荷载及其准永久值系数应按表 3-10 采用。其他可变荷载的标准值及其准永久值系数，应按《建筑结构荷载规范》GB 50009—2012 的规定采用。可变荷载准永久值为可变荷载标准值 Q_{k} 与 ψ_{q} 的乘积，一般指设计基准期（50 年）内总持续时间达到或超过一半的荷载值。

其余符号同前。

构筑物楼面和屋面的活荷载及其准永久值系数 ψ_{q} GB 50009—2012 **表 3-10**

序号	构筑物部位	活荷载标准值（kN/m²）	准永久值系数 ψ_{q}
1	不上人屋面、贮水或水处理构筑物的顶盖	0.7	0.0
2	上人屋面或顶盖	2.0	0.4
3	操作平台或泵房等楼面	2.0	0.5
4	楼梯或走道板	2.0	0.4
5	操作平台、楼梯的栏杆	水平向 1.0kN/m	0.0

注：1. 对水池顶盖，尚应根据施工或运行条件验算施工机械设备荷载或运输车辆荷载；
2. 对操作平台、泵房等楼面，尚应根据实际情况验算设备、运输工具、堆放物料等局部集中荷载；
3. 对预制楼梯踏步，尚应按集中活荷载标准值 1.5kN 验算。

2. 变形和裂缝宽度的验算方法

(1) 变形验算

受弯构件挠度验算的一般公式为：

$$f_{\max} \leqslant f_{\lim} \tag{3-21}$$

式中 $f_{\max}$——按荷载效应准永久组合并考虑荷载长期作用的影响计算的钢筋混凝土受弯构件最大挠度，或按荷载效应标准组合并考虑荷载长期作用的影响计算的预应力混凝土受弯构件最大挠度；

f_{lim}——受弯构件挠度限值，按附表2-2（1）采用。

（2）裂缝验算

根据正常使用阶段对结构构件的不同要求，规范将结构构件正截面的裂缝控制等级划分为三级：严格要求不出现裂缝的构件，其裂缝控制等级属一级；一般要求不出现裂缝的构件，其裂缝控制等级属二级；允许出现裂缝的构件，其裂缝控制等级属三级。

进行结构构件设计时，应根据使用要求选用不同的裂缝控制等级，并满足下列规定：

1）一级裂缝控制等级构件，在荷载效应标准组合下，构件受拉边缘混凝土不产生拉应力。

2）二级裂缝控制等级构件，在荷载效应标准组合下，构件受拉边缘混凝土拉应力不应大于混凝土轴心抗拉强度标准值。

3）三级裂缝控制等级构件，按荷载效应标准组合或准永久组合并考虑长期作用影响的效应计算的最大裂缝宽度不应超过规范规定的允许值。即

$$w_{max} \leqslant w_{lim} \tag{3-22}$$

式中 w_{max}——按荷载效应准永久组合并考虑长期作用影响的效应计算的钢筋混凝土构件最大裂缝宽度，或按荷载效应标准组合并考虑长期作用影响的效应计算的预应力混凝土构件最大裂缝宽度；

w_{lim}——最大裂缝宽度限值，按附表2-3（1）采用。

必须指出，以上的规定主要是针对房屋建筑结构，对给水排水工程构筑物结构，裂缝控制等级要求大多必须比房屋建筑结构更严格。从抗渗漏角度来说，裂缝宽度越大，则一般裂缝深度也越大，使截面的有效抗渗厚度减小，因此也必须对裂缝宽度允许值作更严格的限制（w_{lim}=0.2～0.25mm）。对钢筋混凝土贮水或水质净化处理等构筑物，当构件截面处于受弯或大偏心受压、受拉状态时，应按限制裂缝宽度控制，并应取作用长期效应的准永久组合进行验算。附表2-3（2）列出了《给水排水工程构筑物结构设计规范》GB 50069—2002所规定的钢筋混凝土构筑物和管道的最大裂缝宽度限值。

对有抗渗要求的给水排水工程（如水池等），更不允许出现贯通裂缝，而水池池壁如处于轴心受拉或小偏心受拉状态，一旦开裂就必然出现贯通裂缝，因此，对这类构件，应按不出现裂缝控制，并应取作用短期效应的标准组合进行验算。对钢筋混凝土构件，要求

$$\sigma_{ck} \leqslant \alpha_{ct} f_{tk} \tag{3-23}$$

式中 α_{ct}——混凝土拉应力限制系数，可取0.87；

σ_{ck}——构件在标准组合下计算截面上的法向拉应力；

f_{tk}——混凝土轴心抗拉强度标准值。

3.4 钢筋混凝土受弯构件正截面承载力计算

工程实际中广泛应用的梁、板是典型的受弯构件。在荷载作用下，构件的截面将承受弯矩（M）和剪力（V）的作用。受弯构件按承载力极限状态设计时，需进行正截面（M作用）和斜截面（M、V共同作用）两种承载力计算。

本节主要介绍正截面受弯承载力计算，关于受弯构件斜截面受剪承载力计算将在3.5节中介绍。

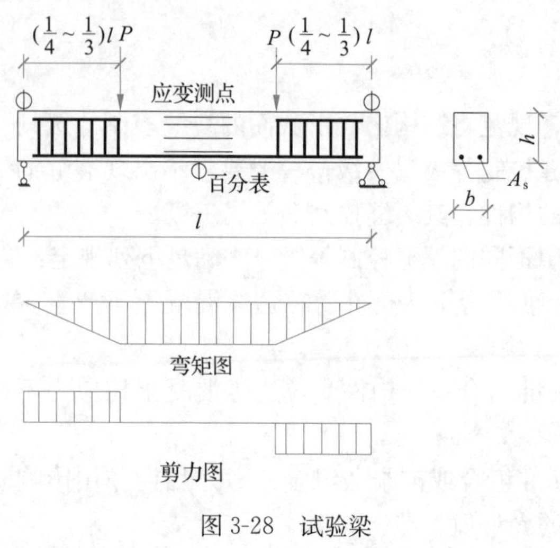

图 3-28 试验梁

3.4.1 受弯构件正截面的受力特征

1. 钢筋混凝土梁正截面工作的三个阶段

图 3-28 为一矩形截面简支梁，截面配筋如图所示，底部沿全跨配置适量钢筋，外荷载采用两点对称加载。由弯矩和剪力图可知，集中荷载间的区段为剪力等于零的纯弯段（忽略梁自重）。从梁开始加载到受弯破坏，跨中截面的受力状态经历了三个阶段（图 3-29）。

阶段Ⅰ——未裂阶段　在构件开始受荷载时，截面上的应力很小，混凝土的塑性变形也很小，这时梁的工作情况与均质弹性体梁相似，混凝土基本处于弹性工作阶段，应力与应变成正比，受压区及受拉区混凝土应力图形为三角形（图 3-29a）。

当荷载继续增加，混凝土的拉伸及压缩变形也将随之加大，由于受拉区混凝土塑性变形的发展，应力分布图渐呈曲线形。当荷载增加到使受拉区边缘纤维应变达到混凝土受弯时极限拉应变 ε_{tu}，梁处于将裂未裂的极限状态（图 3-29b），此即第Ⅰ阶段末，以 I_a 表示。

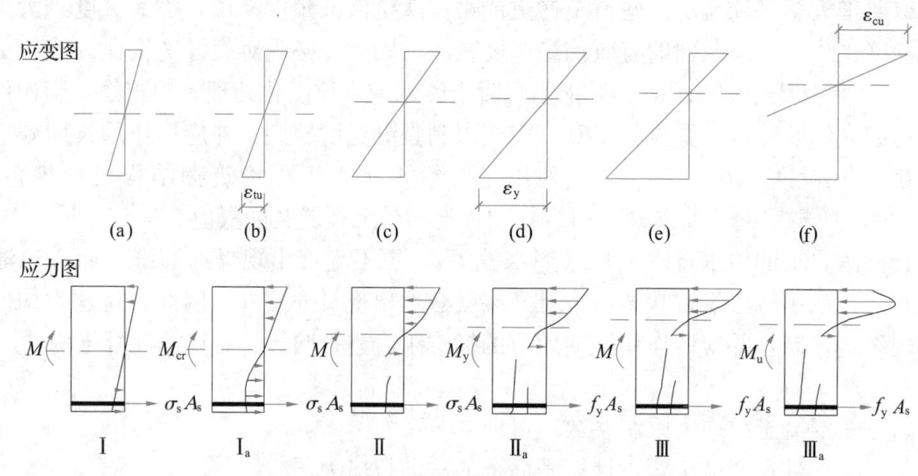

图 3-29　钢筋混凝土适筋梁工作的三个阶段

(a)、(b) 第Ⅰ阶段；(c)、(d) 第Ⅱ阶段；(e)、(f) 第Ⅲ阶段

在 I_a 阶段，受拉区混凝土应力达到抗裂极限，应力分布图形近似矩形；而在受压区，由于混凝土的抗压强度较高，因此相对而言，其应力尚小，应力分布图仍接近于三角形。截面所承担的弯矩称为极限抗裂弯矩 M_{cr}。I_a 可作为受弯构件抗裂度验算的依据。

阶段Ⅱ——带裂缝工作阶段　当荷载继续增加，混凝土受拉边缘的应变超过其极限拉应变，在受拉区出现裂缝，截面上的应力将发生重分布，裂缝处混凝土不再承受拉应力，钢筋的拉应力突然增大，受压区混凝土出现明显的塑性变形，压应力图形成曲线（图 3-29c），这种受力阶段称为第Ⅱ阶段。当荷载增加到使钢筋应力达到其屈服强度时，就作为第Ⅱ阶段结束，以Ⅱ$_a$表示（图 3-29d）。Ⅱ阶段作为受弯构件使用阶段的变形和裂缝宽度验算的依据。

阶段Ⅲ——破坏阶段　在Ⅱ$_a$阶段，虽然钢筋应力开始达到屈服点，但受压区混凝土还没有压碎，从第Ⅱ$_a$阶段到构件完全破坏需要有个过程，这就是第Ⅲ阶段（图 3-29e）。

在第Ⅲ阶段，钢筋应力保持为屈服应力，但塑性变形迅速发展，使得受拉区混凝土的裂缝急剧地向上发展，混凝土受压区面积随之不断减小，当受压区混凝土边缘应变达到受弯极限压应变（ε_{cu}）时，受压区混凝土被压碎，构件完全破坏，作为第Ⅲ阶段结束，以Ⅲ$_a$表示（图 3-29f）。Ⅲ$_a$作为受弯构件正截面受弯承载力计算的依据。

试验过程还表明，在受力过程中，沿截面高度的平均应变基本保持平面。

2. 钢筋混凝土梁正截面的破坏形式

上述梁的正截面三个工作阶段及其破坏特征，系指常用的含有正常配筋率的适筋梁。试验表明，梁正截面的破坏形式与配筋率 ρ（$\rho=A_s/bh_0$，A_s 为受拉钢筋截面面积；b 为梁截面宽度；h_0 为梁的截面有效高度）、钢筋和混凝土的强度等级等有关。当材料品种选定以后，其破坏形式主要依配筋率 ρ 的大小而异。按梁的破坏形式不同，可划分为以下三类：

第一种破坏形式（图 3-30a）　当构件受拉区配筋适量时（适筋梁），构件的破坏始于受拉钢筋的屈服，然后受压区混凝土被压碎，混凝土和钢筋的强度都得到充分利用，且在构件破坏前有裂缝及变形的充分发展作为破坏预兆，习惯上常把这种呈塑性性质的破坏称为“延性破坏”。

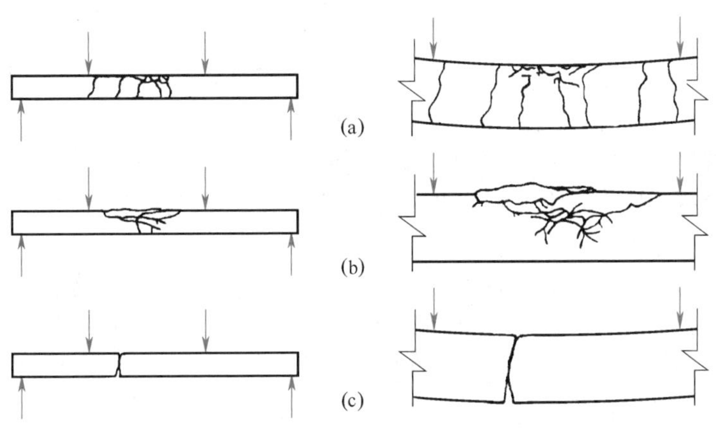

图 3-30　梁的三种破坏形式

（a）适筋破坏；（b）超筋破坏；（c）少筋破坏

第二种破坏形式（图 3-30b）　当构件受拉区配筋量很高时（超筋梁），构件的破坏始于受压区混凝土被压碎，受拉钢筋的应力未能达到屈服强度。在构件截面尺寸及混凝土强度确定的条件下，继续增加受拉钢筋也无法再提高构件的受弯承载力，构件的极限弯矩是一个定值。梁破坏前无明显的预兆，具有突然性，习惯上称为“脆性破坏”。

第三种破坏形式（图 3-30c）　当构件受拉区配筋量很低时（少筋梁），其受弯承载力与素混凝土构件相差不多。只要受拉区混凝土一开裂，裂缝就急剧开展，且沿梁高延伸较高。在裂缝处的钢筋应力迅速增大并进入屈服，甚至进入强化阶段。即使受压区混凝土暂时未被压碎，但因裂缝宽度很宽、挠度很大，而标志着梁“破坏”。

由上述分析可以看出，少筋梁和超筋梁的破坏都具有脆性的性质，破坏前无明显的预兆，材料的强度得不到充分地利用。因此，受弯构件应避免设计成少筋构件和超筋构件，只允许设计成适筋构件。

3.4.2 单筋矩形截面受弯构件正截面承载力计算

1. 基本假定

受弯构件正截面承载力计算以Ⅲ$_a$阶段的受力状态为依据，为简化建立下面四个假定：

（1）截面应变保持平面。在荷载作用下，梁的变形规律符合“平均应变平截面假定”，简称平面假定，即截面上任一点的应变与该点到中和轴的距离成正比。

（2）不考虑混凝土的抗拉强度。这是因为处于承载力极限状态下的正截面，其受拉区混凝土已绝大部分退出工作，而中和轴以下可能残留很小的未开裂部分，混凝土的抗拉作用很小，且其合力作用点离中和轴较近，内力矩的力臂很小的缘故。

（3）混凝土压应力与应变关系曲线可按图 3-31 取用。

当 $\varepsilon_c \leqslant \varepsilon_0$ 时

$$\sigma_c = f_c\left[1-\left(1-\frac{\varepsilon_c}{\varepsilon_0}\right)^n\right] \tag{3-24}$$

当 $\varepsilon_0 < \varepsilon_c \leqslant \varepsilon_{cu}$ 时

$$\sigma_c = f_c \tag{3-25}$$

$$n = 2-\frac{1}{60}(f_{cu,k}-50) \tag{3-26}$$

$$\varepsilon_0 = 0.002+0.5(f_{cu,k}-50)\times10^{-5} \tag{3-27}$$

$$\varepsilon_{cu} = 0.0033-(f_{cu,k}-50)\times10^{-5} \tag{3-28}$$

式中 σ_c——混凝土压应变为 ε_c 时的混凝土压应力；

ε_0——混凝土压应力刚达到 f_c 时的混凝土压应变，当按式（3-27）计算 ε_0 的值小于 0.002 时，应取 0.002；

ε_{cu}——正截面的混凝土极限压应变，当处于非均匀受压时，按式（3-28）计算，如计算的 ε_{cu} 值大于 0.0033 时，应取 0.0033；

$f_{cu,k}$——混凝土立方体抗压强度标准值；

n——系数，当计算的 n 值大于 2.0 时，取为 2.0。

（4）纵向钢筋的应力取钢筋应变与其弹性模量的乘积，但其绝对值不应大于其相应强度设计值。纵向受拉钢筋的极限拉应变取 0.01。热轧钢筋的 σ_s—ε_s 设计曲线如图 3-32 所示。

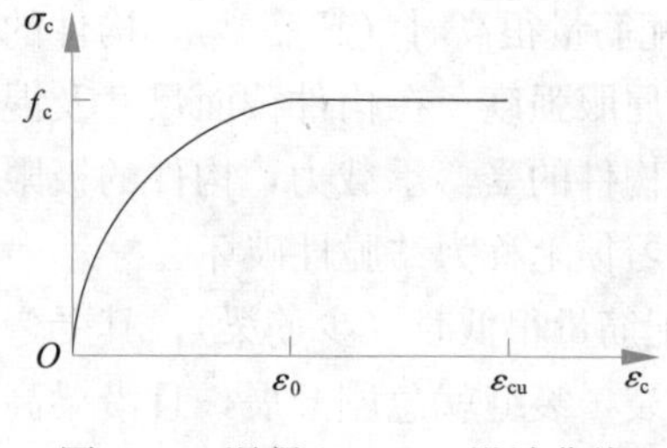

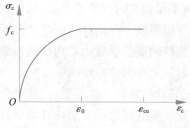

图 3-31 混凝土 σ_c—ε_c 设计曲线

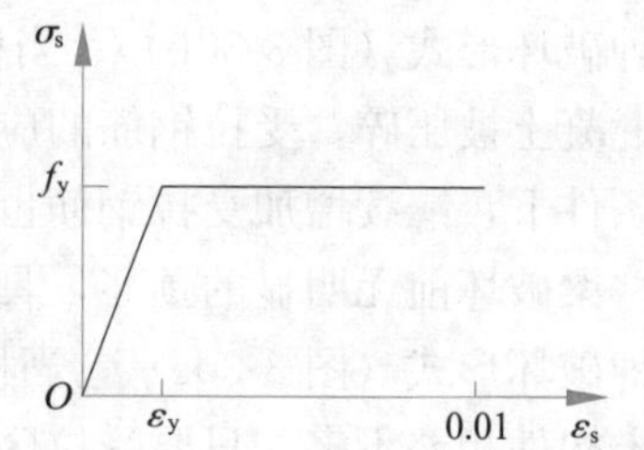

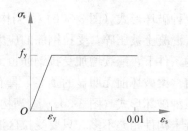

图 3-32 热轧钢筋 σ_s—ε_s 设计曲线

2. 等效矩形应力图形

根据上述四个基本假定，单筋矩形梁截面的应力与应变分布如图 3-33 所示。

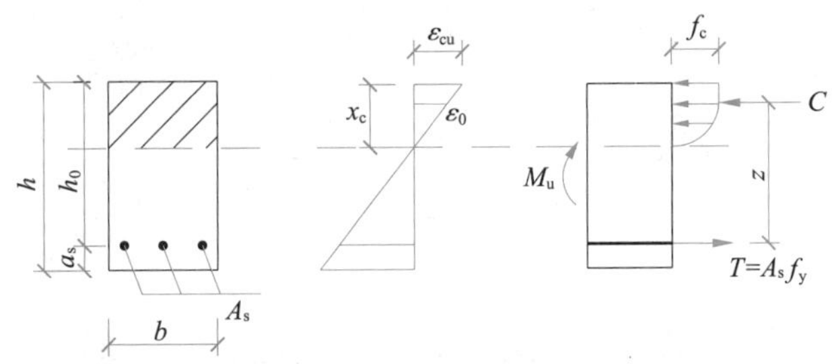

图 3-33　单筋矩形梁截面的应力与应变分布

按受压区的实际应力分布图形确定正截面承载力会给计算增加很多工作量。故规范为简化计算，按照保持原来受压区合力 C 的作用点和大小不变的原则，将受压区混凝土应力图形简化为等效矩形应力图形的方法计算正截面承载力（图 3-34）。

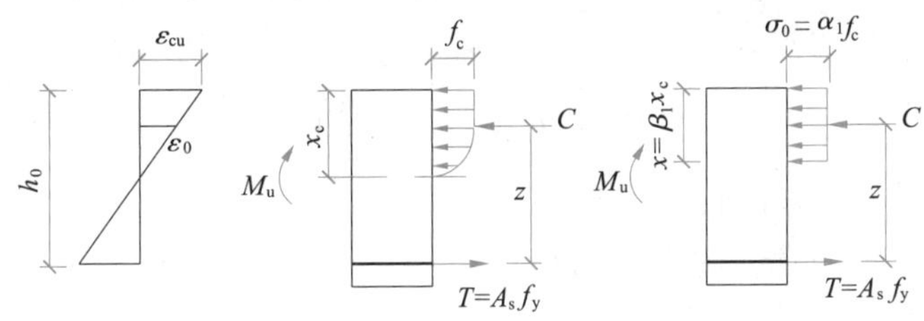

图 3-34　等效矩形应力图的换算

通过上述简化假定，不难得到等效矩形应力图形的受压区高度 x 与按保持平面假定所确定的中和轴高度 x_c 的关系：

$$x = \beta_1 x_c \tag{3-29}$$

当 $f_{cu,k} \leqslant 50\text{N/mm}^2$ 时，β_1 取为 0.8，当 $f_{cu,k}=80\text{N/mm}^2$ 时，β_1 取 0.74，其间按直线内插法取用，见表 3-11。

矩形应力图形的应力 σ_0 与混凝土抗压强度设计值 f_c 的关系为：

$$\sigma_0 = \alpha_1 f_c \tag{3-30}$$

当 $f_{cu,k} \leqslant 50\text{N/mm}^2$ 时，α_1 取为 1.0，当 $f_{cu,k}=80\text{N/mm}^2$ 时，α_1 取 0.94，其间按直线内插法取用，见表 3-11。

混凝土受压区等效矩形应力图形的系数　　**表 3-11**

	≤C50	C55	C60	C65	C70	C75	C80
α_1	1.0	0.99	0.98	0.97	0.96	0.95	0.94
β_1	0.8	0.79	0.78	0.77	0.76	0.75	0.74

3. 基本计算公式

在实际设计中，应用弯矩组合设计值 M 替代图 3-34 中的极限弯矩 M_u。由平衡条件 $\sum X = 0$、$\sum M = 0$ 和图 3-35 可写出基本计算公式：

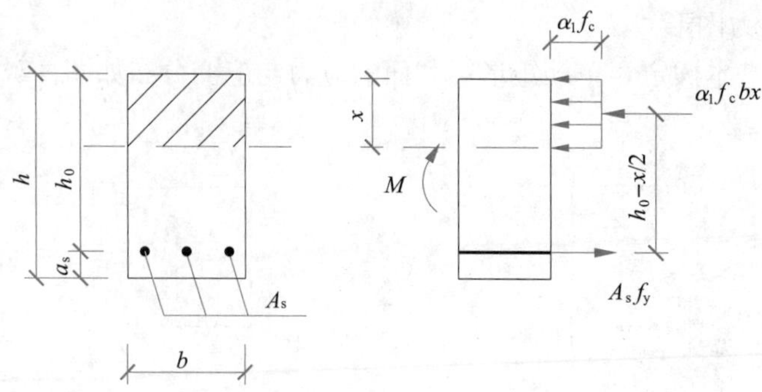

图 3-35　单筋矩形截面梁的计算简图

由 $\sum X=0$ 得

$$\alpha_1 f_c bx = f_y A_s \tag{3-31}$$

由 $\sum M=0$，对受拉钢筋合力点取矩得

$$M = \alpha_1 f_c bx\left(h_0 - \frac{x}{2}\right) \tag{3-32a}$$

对受压区混凝土合力点取矩得

$$M = f_y A_s\left(h_0 - \frac{x}{2}\right) \tag{3-32b}$$

式中　M——截面弯矩设计值；

f_c——混凝土轴心抗压强度设计值；

A_s——受拉区纵向钢筋的截面面积；

f_y——纵向钢筋抗拉强度设计值；

h_0——截面有效高度；

b——矩形截面的宽度；

x——混凝土受压区高度；

$\left(h_0-\frac{x}{2}\right)$——内力臂，即钢筋拉力合力与混凝土压力合力之间的距离。

这里应该注意式（3-32a）和式（3-32b）不是相互独立的，可根据具体条件选用其中一个公式。

将式（3-31）移项并在等式两边各除以 h_0，得

$$\frac{x}{h_0} = \frac{A_s}{bh_0}\frac{f_y}{\alpha_1 f_c} = \xi \tag{3-33a}$$

式中　ξ——无量纲参数，它代表截面受压区高度 x 与截面有效高度 h_0 的比值，称为相对受压区高度。

在式（3-33a）中，比值 $\frac{A_s}{bh_0}$ 称为配筋率，用 ρ 表示。因此参数 ξ 的表达式还可写成如下形式：

$$\xi = \frac{x}{h_0} = \rho\frac{f_y}{\alpha_1 f_c} \tag{3-33b}$$

试验表明，当 $\xi>\xi_b$［界限相对受压区高度，见式（3-39）或式（3-40）］时，梁就要发生超筋式的脆性破坏。为了避免这种破坏形式的发生，应将 ξ 控制在 ξ_b 以下，即

$$\xi=\frac{x}{h_0}=\rho\frac{f_y}{\alpha_1 f_c}\leqslant\xi_b$$

如分别表示，则可写成

$$\xi\leqslant\xi_b \tag{3-34a}$$

$$x\leqslant\xi_b h_0 \tag{3-34b}$$

$$\rho\leqslant\xi_b\frac{\alpha_1 f_c}{f_y}=\rho_{max} \tag{3-34c}$$

式中　$\rho_{max}=\xi_b\frac{\alpha_1 f_c}{f_y}$为钢筋的最大配筋率。

如将 $x=\xi_b h_0$ 代入式（3-32a），即得该截面可能承担的最大弯矩 M_{max}：

$$\begin{aligned}M_{max}&=\alpha_1 f_c b\xi_b h_0\left(1-\frac{\xi_b h_0}{2}\right)\\&=\xi_b\left(1-\frac{\xi_b}{2}\right)\alpha_1 f_c b h_0^2\\&=\alpha_{s,max}\alpha_1 f_c b h_0^2\end{aligned} \tag{3-35}$$

式中　$\alpha_{s,max}$——截面最大的抵抗矩系数，且 $\alpha_{s,max}=\xi_b\left(1-\frac{\xi_b}{2}\right)$。

此外，为了防止少筋梁的破坏形式出现，并考虑温度、收缩应力及构造方面的要求，构件的配筋率 ρ 尚应大于最小配筋率 ρ_{min}，即

$$\rho\geqslant\rho_{min} \tag{3-36}$$

式中　ρ_{min}——受拉钢筋的最小配筋率，取 $\rho_{min}=45\,f_t/f_y\,\%$，同时不应小于 0.20%；对于板类受弯构件（不包括悬臂板）的受拉钢筋，当采用强度等级 400MPa、500MPa 的钢筋时，其最小配筋率允许采用 0.15%和 $45f_t/f_y\,\%$中的较大值。

ξ_b 为界限破坏时的相对受压区高度。所谓界限破坏是指梁破坏时受拉钢筋应力达到屈服强度（f_y）的同时受压区边缘纤维应变也恰好达到混凝土受弯时极限应变值（ε_{cu}）。

如图 3-32 所示，有明显屈服点钢筋开始屈服时的应变为 ε_y，则

$$\varepsilon_y=\frac{f_y}{E_s} \tag{3-37}$$

设界限破坏时受压区按保持平面假定所确定的中和轴高度为 x_{cb}，则有

$$\frac{x_{cb}}{h_0}=\frac{\varepsilon_{cu}}{\varepsilon_{cu}+\varepsilon_y} \tag{3-38}$$

由式（3-29）知，等效矩形应力图形的受压区高度 $x=\beta_1 x_c$，也即 $x_b=\beta_1 x_{cb}$，代入上式可得

$$\frac{x_b}{\beta_1 h_0}=\frac{\varepsilon_{cu}}{\varepsilon_{cu}+\varepsilon_y}$$

设 $\xi_b=\frac{x_b}{h_0}$，将式（3-37）代入上式，并整理得

$$\xi_b=\frac{\beta_1}{1+\frac{f_y}{E_s\varepsilon_{cu}}} \tag{3-39}$$

同理，可得配置无明显屈服点钢筋受弯构件界限相对受压区高度 ξ_b

$$\xi_b = \frac{\beta_1}{1+\frac{0.002}{\varepsilon_{cu}}+\frac{f_y}{E_s\varepsilon_{cu}}} \tag{3-40}$$

由式（3-39）算得的 ξ_b 值见表 3-12。

相对界限受压区高度 ξ_b 和截面最大抵抗矩系数 $\alpha_{s,max}$ **表 3-12**

混凝土强度等级	≤C50				C60			
钢筋级别	HPB300	HRB335	HRB400 HRBF400	HRB500 HRBF500	HPB300	HRB335	HRB400 HRBF400	HRB500 HRBF500
ξ_b	0.576	0.550	0.518	0.482	0.561	0.536	0.504	0.470
$\alpha_{s,max}$	0.410	0.399	0.384	0.366	0.404	0.392	0.377	0.359
混凝土强度等级	C70				C80			
钢筋级别	HPB300	HRB335	HRB400 HRBF400	HRB500 HRBF500	HPB300	HRB335	HRB400 HRBF400	HRB500 HRBF500
ξ_b	0.546	0.522	0.491	0.457	0.531	0.507	0.477	0.444
$\alpha_{s,max}$	0.397	0.386	0.370	0.353	0.390	0.379	0.363	0.346

4. 受弯构件的一般构造要求

(1) 板的截面与配筋

在工程中，板的截面厚度 h 与跨度 l 及所承受的荷载大小有关。从刚度要求出发，单向板（四边支承板长边与短边之比≥3）的厚度不得小于 $l/35$，对于多跨连续板不得小于 $l/40$。单向板的最小厚度：屋面板为 60mm，民用建筑楼板为 60mm，工业建筑楼板为 70mm，行车道下的楼板为 80mm。现浇板的厚度以 10mm 作为级差，预制板以 5mm 为板的级差。

混凝土水池的受力壁板与底板厚度不宜小于 200mm，预制壁板的厚度可采用 150mm、顶板厚度不宜小于 150mm。

单向板中通常配置两种钢筋：受力钢筋①和分布钢筋②（图 3-36）。受力钢筋沿板的跨度方向布置，其配筋量由计算确定。分布钢筋布置在受力钢筋的上面，与受力钢筋互相垂直，交点处用钢丝绑扎或焊接。

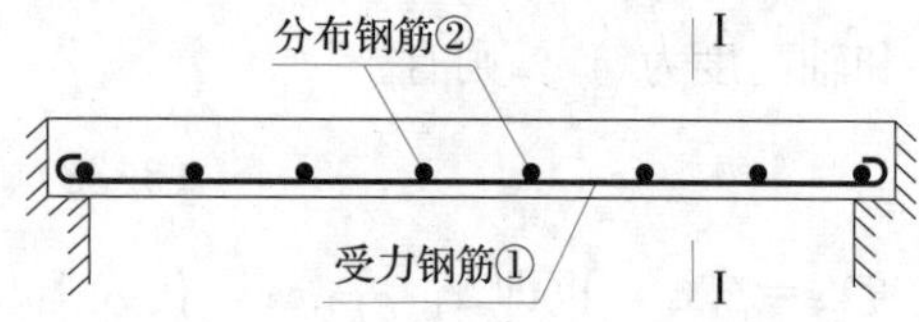

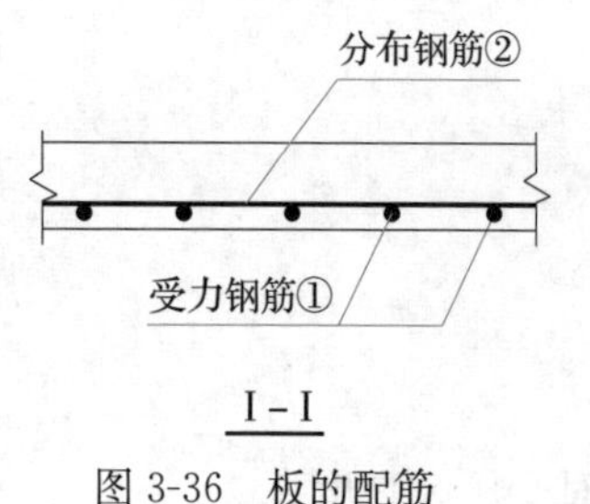

图 3-36　板的配筋

受力钢筋的直径一般为 $\phi6 \sim \phi10$。为了便于施工，选用钢筋直径的种类越少越好，且同一块板中的钢筋直径相差不小于 2mm，以免施工时互相混淆。当采用绑扎钢筋网时，受力钢筋的间距不宜小于 70mm。同时，为了分散集中荷载，使板受力均匀，钢筋间距不宜过大：当板厚 $h \leqslant$ 150mm 时，不宜大于 200mm；当板厚 $h >$ 150mm 时，不宜大于 $1.5h$，且不应大于 250mm。

板的分布钢筋的作用是将板面上的集中荷载更均匀地传递给受力钢筋，并在施工时固定受力钢筋的位置，此外，分布钢筋还可承担由于混凝土的收缩和外界温度的变化在结构中引起的附加应力。单位长度上分布钢筋的截面面积不宜小于单位宽度上受力钢筋截面面积的15%，分布钢筋的间距不宜大于250mm，直径不宜小于6mm。对集中荷载较大的情况，分布钢筋的截面面积应适当增加，且其间距不宜大于200mm。当有实践经验或可靠措施时，预制单向板的分布钢筋可不受此限。

(2) 梁的截面与配筋

梁的截面高度 h 也与梁的跨度 l 和所受荷载大小有关。从刚度要求出发，单跨的次梁及主梁的截面高度分别不得小于 $l/20 \sim l/12$；连续的次梁及主梁则分别为 $l/25 \sim l/10$。l 为梁的计算跨度。

梁的截面宽度 b 与截面高度 h 的比值 b/h，对于矩形截面梁为1/2.5～1/2；对于T形截面梁为1/3.0～1/2.5。

为了统一模板尺寸，梁常用的宽度为 b=120、150、180、200、220、250、300、350mm等，大于250mm以后取50mm为模数；而梁的常用高度则为 h=250、300、350、…、750、800、900mm等，大于800mm以后取100mm为模数。

梁中一般配置下列几种钢筋（图3-37）：

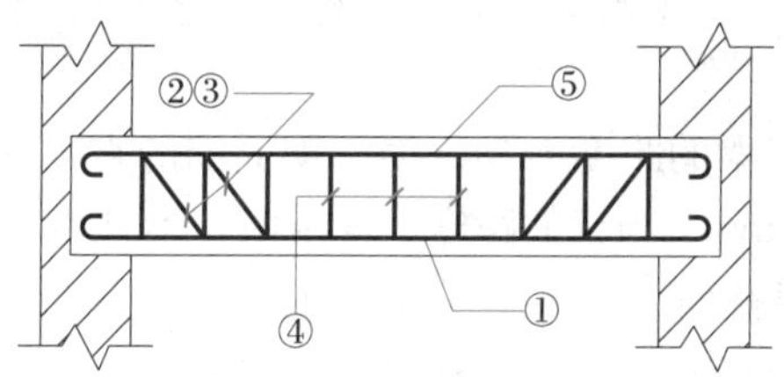

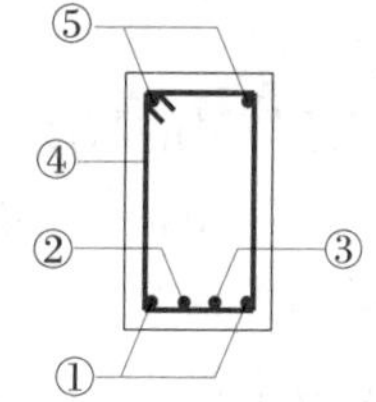

图3-37　梁的配筋

① 号钢筋称为纵向受力钢筋，它主要用来承受由弯矩产生的拉应力。其直径如选用得太细则所需根数增多，在梁内不易布置；直径太粗则不易加工，且混凝土对钢筋的握裹力也差。钢筋混凝土梁纵向受力钢筋的直径，当梁高 $h \geq 300$mm时，不应小于10mm；当梁高 $h < 300$mm时，不应小于8mm。伸入梁支座范围内的纵向受力钢筋根数，当梁宽 $b \geq 100$mm时，不宜少于两根；当梁宽 $b < 100$mm时，可为一根。梁内受力钢筋的直径应尽可能相同。当采用两种不同的直径时，它们之间相差至少为2mm，以便在施工时容易为肉眼识别，但相差也不宜超过6mm。

为了便于浇灌混凝土，保证钢筋能与混凝土粘结在一起，以及保证钢筋周围混凝土的密实性，梁的上部纵向钢筋的净距，不应小于30mm和1.5d（d 为钢筋的最大直径），下部纵向钢筋的净距不应小于25mm和 d（图3-40）。梁的下部纵向钢筋配置多于两层时，两层以上钢筋水平方向的中距应比下面两层的中距增大一倍。各层钢筋之间的净距不应小于25mm和 d。

②、③ 号钢筋称为弯起钢筋，它是将纵向钢筋弯起而成型。其作用为：弯起钢筋的中间段和纵向受力钢筋一样可以承受正弯矩，弯起段可以承受剪力，弯起后的水平段有时可以用来承受支座处的负弯矩。

梁中弯起钢筋的弯起角一般取45°，当梁高>700mm时，可以采用60°。

④ 号钢筋称为箍筋，它主要是用来承受剪力的。在构造上还能固定纵向受力钢筋的

间距和位置，以便绑扎成一个立体的钢筋骨架。

按承载力计算不需要箍筋的梁，当截面高度 $h>300$mm 时，应沿梁全长设置构造箍筋；当截面高度 $h=150\sim300$mm 时，可仅在构件端部 $l/4$ 范围内设置构造箍筋（l 为跨度）。但当在构件中部 $l/2$ 范围内有集中荷载作用时，则应沿梁全长设置箍筋。当截面高度 $h<150$mm 时，可以不设置箍筋。

箍筋的最小直径与梁的截面高度有关。当梁高 $h>800$mm 时，箍筋直径不宜小于 8mm；当梁高 $h\leqslant800$m 时，箍筋直径不宜小于 6mm。

箍筋可以做成封闭式或开口式（图 3-38）。用开口箍时，浇筑混凝土方便。但是对于矩形截面梁，为了防止受压区的纵向钢筋因受压失稳而向外凸出，以及为了承受梁内可能发生的扭矩，箍筋应做成封闭式。

箍筋的肢数通常按下面的规定取用：

一般梁宽的箍筋采用双肢；当梁宽 $b>400$mm 且一层内纵向受压钢筋多于 3 根，或当梁的宽度 b 不大于 400mm 但一层内的纵向受压钢筋多于 4 根时，应采用复合箍筋。

⑤ 号钢筋称为架立筋，为构造钢筋。它设置在梁的受压区，用来固定箍筋的正确位置。架立筋还可以用来承受温度应力、混凝土收缩应力以及构件吊装时可能发生的异号弯矩作用。

架立筋的直径与梁的跨度 l 有关。当梁的跨度 $l<4$m 时，架立筋的直径不宜小于 8mm；当梁的跨度 $4\text{m}\leqslant l\leqslant6$m 时，不应小于 10mm；当梁的跨度 $l>6$m 时，不宜小于 12mm。

此外，当梁的腹板高度 h_w（对矩形截面 $h_w=h_0$；T 形截面 $h_w=h_0-h_f'$）$\geqslant$450mm时，在梁的两个侧面应沿高度配置纵向构造钢筋⑥，每侧纵向构造钢筋的截面面积不应小于腹板截面面积 bh_w 的 0.1%，且其间距不宜大于 200mm（图 3-39）。

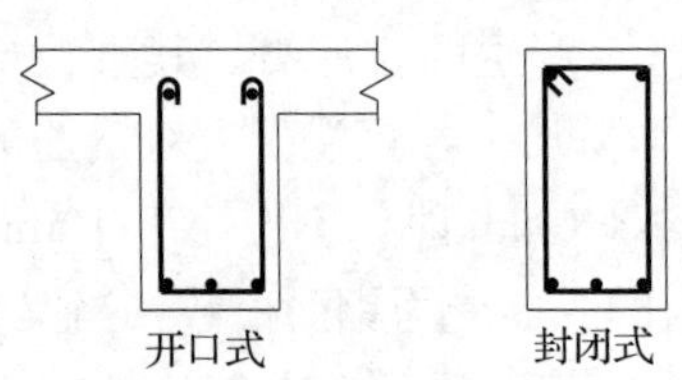

图 3-38　箍筋的构造

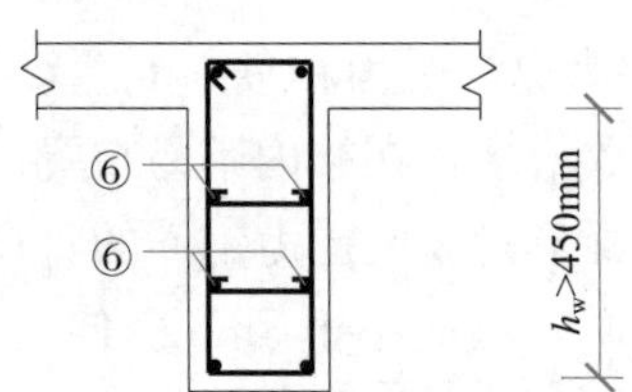

图 3-39　梁侧面构造钢筋

（3）梁、板混凝土保护层及截面有效高度

为了满足结构构件的耐久性要求和对受力钢筋有效锚固的要求，梁内纵向受力钢筋的两侧和近边都应设有保护层（图 3-40a）。混凝土的保护层系指最外层钢筋（包括箍筋、构造筋、分布筋等）的外边缘到混凝土表面的距离。混凝土保护层厚度不应小于钢筋的公称直径，且符合附表 2-1（3）的规定。在室内干燥环境（一类环境类别）中，梁纵向受力钢筋混凝土保护层的最小厚度：当混凝土强度等级≤C25 时，为 25mm；当混凝土强度等级 C25～C80 时，为 20mm。板中纵向受力钢筋混凝土保护层最小厚度：当混凝土强度等级≤C25 时，为 20mm；当混凝土强度等级 C25～C80 时，为 15mm。

此外，《给水排水工程构筑物结构设计规范》GB 50069—2002 根据给水排水构筑物的特点，对钢筋的混凝土保护层最小厚度也有规定，见附表 2-1（4）。因此，在设计给水排水构筑物时，保护层最小厚度还应符合该规范的要求。

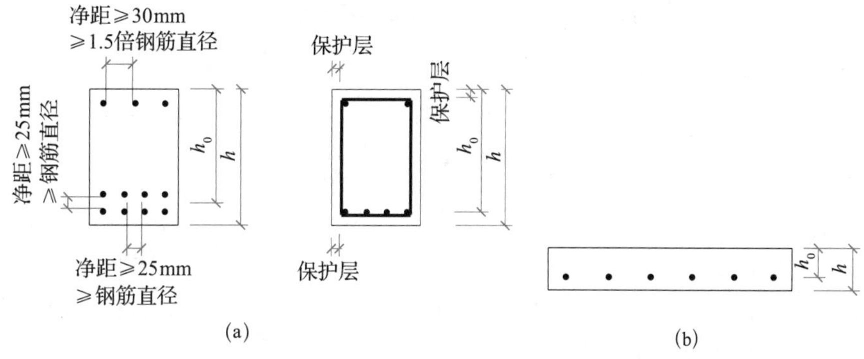

图 3-40　梁、板内纵向钢筋的保护层、净距及截面有效高度

因为梁、板受拉区混凝土开裂后就不能承受拉力，拉力全部由钢筋承担，梁、板在受弯时能发挥作用的截面高度应该是受拉钢筋截面重心至受压边缘的距离，称为截面的有效高度 h_0（图 3-40）。

根据混凝土保护层厚度和钢筋净距的具体规定，并考虑了梁、板中最常用的钢筋直径，梁、板的截面有效高度 h_0 取值如下：

板　　$h_0=h-20\text{mm}$　　（$h\leqslant 100\text{mm}$）

或　　$h_0=h-30\text{mm}$　　（$h>100\text{mm}$）

梁　　$h_0=h-40\text{mm}$　　（一排钢筋）

或　　$h_0=h-65\text{mm}$　　（两排钢筋）

5. 计算用表编制

按式（3-31）和式（3-32）在设计中应用时，一般必须求解二次联立方程式。为便于使用，可按下列方法编制计算用表。

将式（3-32a）改写成

$$M=\alpha_1 f_c bx\left(h_0-\frac{x}{2}\right)=\xi\left(1-\frac{\xi}{2}\right)\alpha_1 f_c bh_0^2$$

令

$$\alpha_s=\xi\left(1-\frac{\xi}{2}\right) \tag{3-41}$$

可得

$$M=\alpha_s\alpha_1 f_c bh_0^2 \tag{3-42}$$

将式（3-32b）改写成

$$M=f_y A_s\left(h_0-\frac{x}{2}\right)=\left(1-\frac{\xi}{2}\right)h_0 f_y A_s$$

令

$$\gamma_s=\left(1-\frac{\xi}{2}\right) \tag{3-43}$$

可得

$$M=\gamma_s h_0 f_y A_s \tag{3-44}$$

系数 α_s、γ_s 仅与受压区相对高度 $\xi\left(\text{也即}\ \rho\dfrac{f_y}{\alpha_1 f_c}\right)$有关，可预先制成表格（附表 3-1）。

系数 γ_s 代表力臂与 h_0 的比值；系数 α_s 称为截面抵抗矩系数。

在实际计算时，由于由 α_s 查 ξ 及 γ_s 不方便，也可直接按下式计算

$$\xi = 1 - \sqrt{1 - 2\alpha_s} \tag{3-45}$$

$$\gamma_s = \frac{1}{2}(1 + \sqrt{1 - 2\alpha_s}) \tag{3-46}$$

6. 实用计算步骤

在单筋矩形截面受弯构件正截面承载力计算时，常遇到下列三种情形：

【情况 1】 已知弯矩设计值 M，混凝土强度等级及钢筋强度等级，构件截面尺寸 $b \times h$。

求所需纵向受拉钢筋截面面积 A_s。

【解】

第一步 由式（3-42）计算 α_s。

$$\alpha_s = \frac{M}{\alpha_1 f_c b h_0^2}$$

第二步 由附表 3-1 查得相应于 α_s 的 ξ 及 γ_s 或直接由式（3-45）和式（3-46）计算 ξ 及 γ_s。

第三步 由式（3-44）或式（3-31）求解 A_s。

$$A_s = \frac{M}{f_y \gamma_s h_0}$$

或

$$A_s = \xi b h_0 \frac{\alpha_1 f_c}{f_y}$$

第四步 验算式（3-34），若 $\xi > \xi_b$，需加大截面或提高混凝土强度等级，或改用双筋矩形截面。此外，还需验算式（3-36）。

第五步 按照有关构造要求从附表 3-2 中选用钢筋直径和根数。

【情况 2】 已知弯矩设计值 M，混凝土强度等级及钢筋强度等级。

求构件截面尺寸 $b \times h$ 及所需纵向受拉钢筋截面面积 A_s。

【解】

第一步 假定梁宽 b 和配筋率 ρ。配筋率 ρ 取在经济配筋率范围内，按照我国经验，板的经济配筋率为 0.3%～0.8%，单筋矩形梁的经济配筋率为 0.6%～1.5%，T 形截面梁为 0.9%～1.8%。

第二步 由式（3-33b）计算相对受压区高度 ξ。

$$\xi = \frac{x}{h_0} = \rho \frac{f_y}{\alpha_1 f_c}$$

第三步 由附表 3-1 查得相应于 ξ 的 γ_s 及 α_s。

第四步 由式（3-42）求 h_0 及 h。

$$h_0 = \sqrt{\frac{M}{\alpha_s \alpha_1 f_c b}}$$

$$h = h_0 + a_s$$

a_s 为受拉钢筋形心到受拉边缘之间的距离，对梁，a_s＝40mm（一排钢筋时）或 a_s＝65mm（双排钢筋时）。对板，一般 a_s＝30mm。截面高度 h 以 50mm 为模数。

第五步　根据确定后的 h 值重新计算 h_0，以后再按情况 1 求 A_s。

【情况 3】 已知截面尺寸 $b\times h$，受拉钢筋截面面积 A_s，混凝土强度等级及钢筋强度等级。

求截面所能承受的极限弯矩 M_u。

【解】

第一步　计算截面配筋率 $\rho=\dfrac{A_s}{bh_0}$，再由式（3-33b）计算相对受压区高度 ξ。

$$\xi=\frac{x}{h_0}=\rho\frac{f_y}{\alpha_1 f_c}$$

第二步　由附表 3-1 查得相应于 ξ 的 γ_s 及 α_s。

第三步　由式（3-42）或式（3-44）计算 M_u。

$$M_u=\alpha_s\alpha_1 f_c bh_0^2$$

或

$$M_u=\gamma_s h_0 f_y A_s$$

必须注意，上述计算必须符合两个适用条件。

若 $\xi>\xi_b$ 时，应直接代入式（3-35）计算，即 $M_u=\alpha_{s,max}\alpha_1 f_c bh_0^2$。

若 $\rho<\rho_{min}$ 时，需按 $A_s=\rho_{min}bh_0$ 配筋（在承载力安全已得到满足的条件下）或修改截面重新设计。

在以上三种情况中，情况 1、情况 2 属于截面选择，情况 3 属于承载力校核。

7. 计算例题

【例 3-1】 某工程（图 3-41a）中，纵向轴线 3.6m，横向轴线 6.0m。楼面的构造依次为：15mm 厚 1∶2 水泥砂浆压实抹光；40mm 厚 C20 细石混凝土；$YKB_{R6}36_A-62$ 预应力混凝土空心板；15mm 厚水泥砂浆粉底。楼面可变荷载标准值 2.0kN/m^2。试确定梁 $L1$ 的截面尺寸和配筋。

【解】

1. 结构计算简图（图 3-41b）

（1）计算跨度

梁净跨 $l_n=6.0-0.24=5.76$m

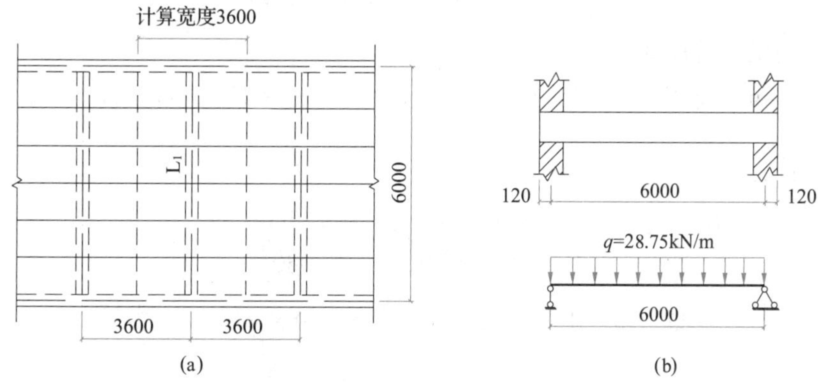

图 3-41　例 3-1 计算图

（a）平面布置图（局部）；（b）计算简图

由于 $l=l_n+a=5.76+0.24=6.0\text{m}<l=1.05l_n=1.05\times5.76=6.048\text{m}$，故取 $l=6.0\text{m}$

（2）截面尺寸（$b\times h$）估选

独立简支梁的高度 $h=\left(\frac{1}{15}\sim\frac{1}{12}\right)l=\left(\frac{1}{15}\sim\frac{1}{12}\right)\times6000=400\sim500\text{mm}$，取 $h=450\text{mm}$

梁宽度 $b=\left(\frac{1}{3}\sim\frac{1}{2}\right)h=\left(\frac{1}{3}\sim\frac{1}{2}\right)\times450=150\sim225\text{mm}$，取 $b=200\text{mm}$

（3）荷载计算

15mm 厚 1∶2 水泥砂浆压实抹光	$20\times0.015=0.3\text{kN/m}^2$
40mm 厚 C20 细石混凝土	$24\times0.04=0.96\ \text{kN/m}^2$
$\text{YKB}_{\text{R6}}36_{\text{A}}-62$ 预应力混凝土空心板	$1.65\ \text{kN/m}^2$
15mm 厚水泥砂浆粉底	$20\times0.015=0.3\ \text{kN/m}^2$
楼面永久荷载标准值	$g_k=3.21\ \text{kN/m}^2$
楼面可变荷载标准值	$q_k=2.0\ \text{kN/m}^2$
楼面均布荷载设计值	$q=\gamma_G g_k+\gamma_Q q_k=1.3\times3.21+1.5\times2.0=7.173\text{kN/m}^2$
梁 L_1 的自重标准值	$25\times0.2\times0.45=2.25\text{kN/m}$
梁 L_1 的自重设计值	$1.3\times2.25=2.925\ \text{kN/m}$

作用于梁 L_1 上的均布荷载设计值：

$$q=7.137\times3.6+2.925=28.75\ \text{kN/m}$$

2. 弯矩设计值计算

简支梁跨中弯矩最大，且 $M_{max}=\frac{1}{8}ql^2=\frac{1}{8}\times28.75\times6^2=129.375\text{kN}\cdot\text{m}$

3. 材料选择

混凝土强度等级选用 C25（$f_c=11.9\text{N/mm}^2$、$f_t=1.27\ \text{N/mm}^2$、$f_{cu,k}=25\ \text{N/mm}^2$），由于 $f_{cu,k}<50\text{N/mm}^2$，取 $\alpha_1=1.0$，$\beta_1=0.8$，$\varepsilon_{cu}=0.0033$。

钢筋强度等级选用 HRB400（$f_y=360\ \text{N/mm}^2$、$E_s=2.0\times10^5\text{N/mm}^2$）。

由表 3-12 查得：$\xi_b=0.518$，$\alpha_{s,max}=0.384$

$\rho_{min}=0.45\frac{f_t}{f_y}=0.45\times\frac{1.27}{360}=0.159\%<0.2\%$，所以取 $\rho_{min}=0.2\%$。

4. 正截面承载力计算

取 $a_s=35\text{mm}$（假定一排钢筋布置），则 $h_0=h-a_s=450-35=415\text{mm}$。$M=M_{max}=129.375\text{kN}\cdot\text{m}$

（1）基本公式法

将上述已知值代入式（3-31）和式（3-32 a）中，可得

$$1.0\times11.9\times200\times x=360\times A_s$$

$$129.375\times10^6=1.0\times11.9\times200\times x\left(415-\frac{x}{2}\right)$$

联立求解，可得

$$x=163.00\text{mm}$$

$$A_s=1077.61\text{mm}^2$$

验算：

$$x=163.00\text{mm}<\xi_b h_0=0.518\times415=214.97\text{mm}$$

$$A_s=1077.61\ \text{mm}^2>0.20\%\times200\times415=166.0\ \text{mm}^2$$

满足适用条件。

(2) 表格法

由式 (3-42)

$$\alpha_s=\frac{M}{\alpha_1 f_c b h_0^2}=\frac{129.375\times10^6}{1.0\times11.9\times200\times415^2}=0.3156<\alpha_{s,\max}=0.384$$

由式 (3-45)

$$\xi=1-\sqrt{1-2\alpha_s}=1-\sqrt{1-2\times0.3156}=0.3927$$

或由式 (3-46)

$$\gamma_s=\frac{1}{2}(1+\sqrt{1-2\alpha_s})=\frac{1}{2}(1+\sqrt{1-2\times0.3156})=0.8036$$

由式 (3-44)

$$A_s=\frac{M}{f_y\gamma_s h_0}=\frac{129.375\times10^6}{360\times0.8036\times415}=1077.61\text{mm}^2$$

或由式 (3-31)

$$A_s=\xi b h_0\frac{\alpha_1 f_c}{f_y}=0.3927\times200\times415\times\frac{1.0\times11.9}{360}=1077.42\text{mm}^2$$

5. 选配钢筋

纵向受力钢筋选用 2 ⌀ 20+1 ⌀ 16(A_s=1030.00mm²)，配筋布置见图 3-42。

图中③钢筋为架立筋，梁跨 l=6.0m，直径不宜小于 10mm，取 2 Φ10。②钢筋为弯起钢筋，由纵向受力钢筋弯起而成，④为箍筋，由斜截面受剪承载力计算确定。②钢筋由 1⌀16 弯起而成，④选用双肢Φ6@200。

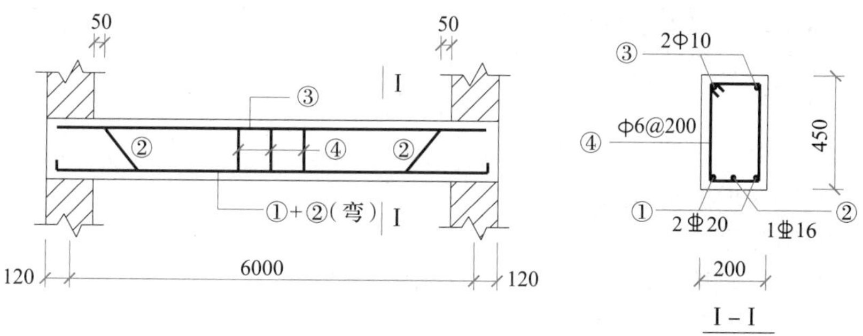

图 3-42　梁 L_1 配筋图

3.4.3　双筋矩形截面受弯构件正截面承载力计算

1. 概述

在单筋截面梁的受压区内配置钢筋之后便构成双筋截面梁。在梁中，采用受压钢筋协助混凝土承受压力是不经济的，一般不宜采用。

双筋截面一般用于下列情况：①弯矩 M 很大，梁的截面尺寸及混凝土强度等级又都受到限制不能提高，同时按单筋矩形截面计算 $\xi>\xi_b$；②在不同荷载组合情况下，梁的截面承受异号弯矩。

但双筋梁可以提高截面的延性，且纵向受压钢筋 A'_s越多，截面延性越好。此外，在使用荷载作用下（第Ⅱ阶段），受压钢筋的存在可以减小短期尤其长期荷载作用下构件的变形。

2. 基本公式与适用条件

双筋梁与单筋梁的区别仅在于受压区配有纵向受压钢筋。双筋梁破坏的受力特点与单筋梁相似，双筋矩形截面受弯构件正截面承载力计算中，除引入了单筋矩形截面受弯构件承载力计算中的各项基本假定外，还补充了假定当受压钢筋离开中和轴距离满足 $x \geqslant 2a'_s$时，受压钢筋的应力等于其抗压屈服强度设计值 f'_y(图 3-43)。

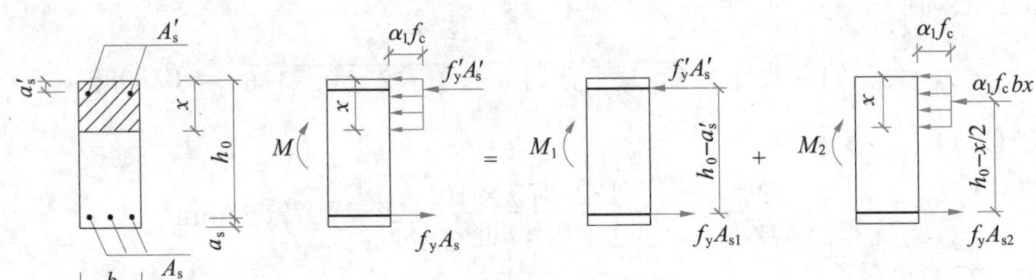

图 3-43　双筋梁计算简图

由$\sum X=0$ 得

$$\alpha_1 f_c bx = f_y A_s - f'_y A'_s \tag{3-47}$$

由$\sum M=0$，对受拉钢筋合力点取矩得

$$M = \alpha_1 f_c bx\left(h_0 - \frac{x}{2}\right) + f'_y A'_s (h_0 - a'_s) \tag{3-48}$$

式中　M——弯矩设计值；

f_c——混凝土抗压强度设计值；

A_s、A'_s——受拉区、受压区纵向钢筋的截面面积；

f_y、f'_y——受拉区、受压区纵向钢筋屈服强度设计值；

h_0——截面有效高度；

b——矩形截面的宽度；

x——混凝土受压区高度；

a'_s——受压区纵向钢筋的合力到受压区边缘的距离；

其他符号同前。

式（3-47）和式（3-48）应满足以下条件：

（1）为防止脆性破坏，保证双筋梁的破坏始于受拉钢筋屈服，要求

$$x \leqslant \xi_b h_0 \tag{3-49}$$

（2）梁破坏时受压钢筋的应力取决于它的应变 ε'_s，由平截面假定可得

$$\varepsilon'_s = \frac{x_c - a'_s}{x_c}\varepsilon_{cu} = \left(1 - \frac{a'_s}{x_c}\right)\varepsilon_{cu} = \left(1 - \frac{\beta_1 a'_s}{x}\right)\varepsilon_{cu}$$

若取 $x=0.5a'_s$，当混凝土强度等级在 C15～C80 之间时，$\varepsilon_{cu} \leqslant 0.0033$ 和 $\beta_1=0.74$～0.8 代入上式，则此时 $\varepsilon'_s \approx 0.002$，对于 HPB300、HRB335 和 HRB400 级钢筋均已达到或超过其屈服时的应变 ε'_y。

在双筋梁计算时，受压钢筋应力 σ_s'达到屈服强度 f_y'的先决条件应满足：

$$x \geqslant 2a_s' \tag{3-50a}$$

或

$$z \leqslant h_0 - a_s' \tag{3-50b}$$

此外，必须注意，当梁中配有计算需要的纵向受压钢筋时，箍筋应做成封闭式，且弯钩直线段长度不应小于 $5d$（d 为箍筋直径）；此时，箍筋间距不应大于 $15d$（d 为纵向受压钢筋的最小直径），同时不应大于 400mm。当一层内的纵向受压钢筋多于 5 根且直径大于 18mm 时，箍筋间距不应大于 $10d$；当梁的宽度大于 400mm 且一层内的纵向受压钢筋多于 3 根时，或宽度不大于 400mm 但一层内纵向受压钢筋多于 4 根时，应设置复合箍筋。

3. 计算方法

在双筋矩形截面受弯构件正截面承载力计算时，会遇到以下几种情况。

【情况 1】 已知截面弯矩设计值 M，混凝土强度等级及钢筋强度等级，截面尺寸 $b \times h$。

求所需纵向受拉钢筋截面面积 A_s 和纵向受压钢筋截面面积 A_s'。

【解】

第一步 由于式（3-47）及式（3-48）两个基本公式中含有 A_s、A_s'、x 三个未知数，可有多组解。故尚需补充一个条件方能求解。为了节约钢材，充分发挥混凝土的强度，可以假定受压区高度等于其界限高度，即

$$x = \xi_b h_0 \tag{3-51}$$

第二步 由式（3-48）可得

$$A_s' = \frac{M - \alpha_{s,\max}\alpha_1 f_c b h_0^2}{f_y'(h_0 - a_s')} \tag{3-52}$$

第三步 由式（3-47）可得

$$A_s = A_s'\frac{f_y'}{f_y} + \xi_b \frac{\alpha_1 f_c b h_0}{f_y} \tag{3-53}$$

【情况 2】 已知截面弯矩设计值 M，混凝土强度等级及钢筋强度等级，截面尺寸 $b \times h$，纵向受压钢筋截面面积 A_s'。

求所需纵向受拉钢筋截面面积 A_s。

【解】 在两个基本计算公式式（3-47）及式（3-48）中，仅 A_s 和 x 为未知量，故可直接联立求解。在实际设计时，多采用表格法。

第一步 由式（3-48）可得

$$x = h_0 - \sqrt{h_0^2 - 2\frac{M - f_y'A_s'(h_0 - a_s')}{\alpha_1 f_c b}} \tag{3-54}$$

第二步 验算受压区高度 x 的适用条件

若 $x > \xi_b h_0$ 时，说明给定的受压钢筋截面面积 A_s'太少，此时应按情况 1 重新计算 A_s 和 A_s'。

若 $x < 2a_s'$时，受压钢筋的应力达不到屈服强度 f_y'而成为未知数，这时可近似地取 $x = 2a_s'$，并向受压钢筋合力点取矩，得

$$A_s = \frac{M}{f_y(h_0 - a_s')} \tag{3-55}$$

若 $2a_s' \leqslant x \leqslant \xi_b h_0$ 时，可直接代入式（3-47）计算 A_s。

第三步　由式（3-47）可得

$$A_s = A'_s\frac{f'_y}{f_y} + \frac{\alpha_1 f_c bx}{f_y} \tag{3-56}$$

【情况 3】 已知截面尺寸 $b\times h$，受拉钢筋及受压钢筋截面面积 A_s 及 A'_s，混凝土强度等级及钢筋强度等级。

求截面所能承受的极限弯矩 M_u。

【解】

第一步　由式（3-47）计算受压区混凝土高度 x

$$x = \frac{f_y A_s - f'_y A'_s}{\alpha_1 f_c b}$$

第二步　验算受压区高度 x 的适用条件

当 $x > \xi_b h_0$ 时，由式（3-52）得

$$M_u = \alpha_{s,max}\alpha_1 f_c b h_0^2 + f'_y A'_s(h_0 - a'_s)$$

当 $x < 2a'_s$时，由式（3-55）得

$$M_u = f_y A_s(h_0 - a'_s)$$

当 $2a'_s \leqslant x \leqslant \xi_b h_0$ 时，可直接代入式（3-48）计算 M_u。

第三步　将 x 代入式（3-48）可得

$$M_u = \alpha_1 f_c bx\left(h_0 - \frac{x}{2}\right) + f'_y A'_s(h_0 - a'_s)$$

在以上三种情况中，情况 1、情况 2 属于截面选择，情况 3 属于承载力校核。

4. 计算例题

【例 3-2】 已知某矩形截面简支梁，截面尺寸 $b\times h$＝200mm×500mm，其余参数见图 3-44。梁上作用均布荷载设计值 q＝25kN/m（不包括梁自重）及集中荷载设计值 P＝60kN，混凝土强度等级 C25，采用 HRB400 级钢筋。

试计算所需的纵向受力钢筋截面面积。

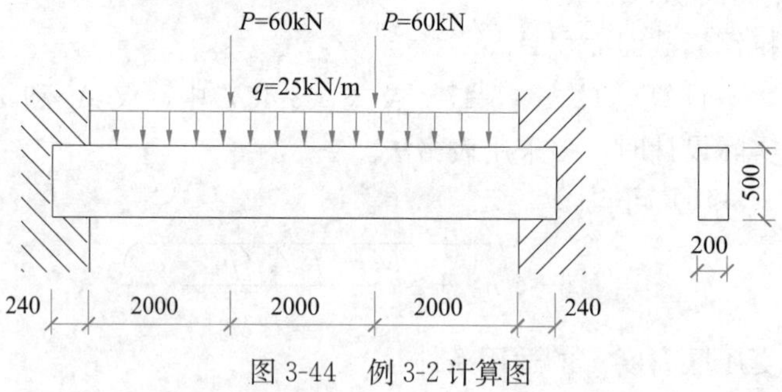

图 3-44　例 3-2 计算图

【解】

（1）控制截面弯矩设计值计算

作用于梁上均布荷载设计值　q＝25＋1.3×25×0.2×0.5＝28.25kN/m

集中荷载设计值　P＝60kN

计算跨度　$l = l_n + a$＝6.0＋0.24＝6.24m＜$1.05l_n$＝1.05×6.0＝6.3m

取　l＝6.24m

简支梁在跨中截面弯矩最大，且

$$M = Pa + \frac{1}{8}ql^2 = 60 \times 2.12 + \frac{1}{8} \times 28.25 \times 6.24^2 = 264.70\text{kN} \cdot \text{m}$$

（2）验算是否需采用双筋截面

由于截面的弯矩相对较大，且截面相对较小，可假定受拉钢筋布置两排，故取 $h_0 = 500 - 65 = 435\text{mm}$。

混凝土强度等级选用C25（$f_c = 11.9\text{N/mm}^2$、$f_t = 1.27\text{N/mm}^2$）

由于 $f_{cu,k} = 25\ \text{N/mm}^2 < 50\ \text{N/mm}^2$，故取 $\alpha_1 = 1.0$，$\beta_1 = 0.8$，$\varepsilon_{cu} = 0.0033$

钢筋强度等级选用HRB400（$f_y = 360\ \text{N/mm}^2$、$E_s = 2.0 \times 10^5 \text{N/mm}^2$）。

由表3-12可得：$\xi_b = 0.518$，$\alpha_{s,max} = 0.384$

$\rho_{min} = 0.45\dfrac{f_t}{f_y} = 0.45 \times \dfrac{1.27}{360} = 0.159\% < 0.2\%$，所以取 $\rho_{min} = 0.2\%$。

单筋截面梁所能承受的弯矩

$$\begin{aligned} M_{u,max} &= \alpha_1 f_c b h_0^2 \xi_b (1 - 0.5\xi_b) = 1.0 \times 11.9 \times 200 \times 435^2 \times 0.518 \times (1 - 0.5 \times 0.518) \\ &= 172.86\text{kN} \cdot \text{m} < 264.70\text{kN} \cdot \text{m} \end{aligned}$$

说明需采用双筋截面。

（3）按情况1计算 A_s 及 A_s'

由式（3-52）得

$$A_s' = \frac{M - \alpha_{s,max}\alpha_1 f_c b h_0^2}{f_y'(h_0 - a_s')} = \frac{264.70 \times 10^6 - 172.86 \times 10^6}{360 \times (435 - 35)} = 637.78\text{mm}^2$$

选配2⌀20$A_s' = 628.40\text{mm}^2$ HRB400级钢筋。

由式（3-53）得

$$\begin{aligned} A_s &= A_s'\frac{f_y'}{f_y} + \xi_b \frac{\alpha_1 f_c b h_0}{f_y} \\ &= 628.40 \times \frac{360}{360} + 0.518 \times \frac{1.0 \times 11.9 \times 200 \times 435}{360} \\ &= 2118.08\text{mm}^2 \end{aligned}$$

选配3⌀25+2⌀20($A_s = 2101.1\ \text{mm}^2$)HRB400级钢筋。

截面的配筋如图3-45所示。

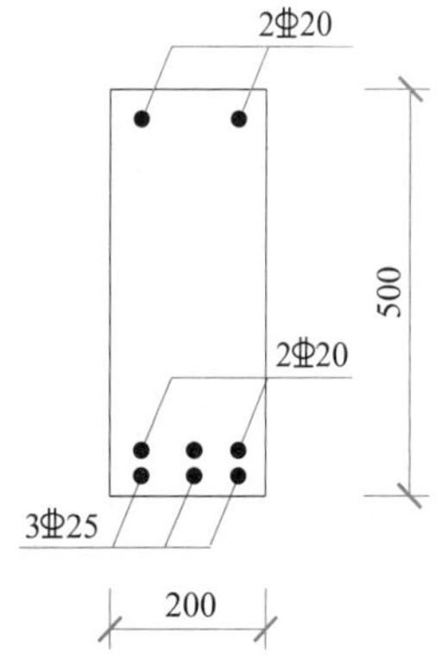

图3-45　例3-2截面配筋图

【例3-3】 已知条件同【例3-2】，但在受压区配置3⌀20的HRB400级受压钢筋。

求纵向受拉钢筋截面面积 A_s。

【解】 由题意可知，$A_s' = 942.6\text{mm}^2$（3⌀20），按情况2计算。

由式（3-54）可得

$$\begin{aligned} x &= h_0 - \sqrt{h_0^2 - 2\frac{M - f_y'A_s'(h_0 - a_s')}{\alpha_1 f_c b}} \\ &= 435 - \sqrt{435^2 - 2 \times \frac{264.70 \times 10^6 - 360 \times 942.6 \times (435 - 35)}{1.0 \times 11.9 \times 200}} \\ &= 150.66\text{mm} \end{aligned}$$

$$2a_s' = 70\text{mm} < x < \xi_b h_0 = 0.518 \times 435 = 225.33\text{mm}$$

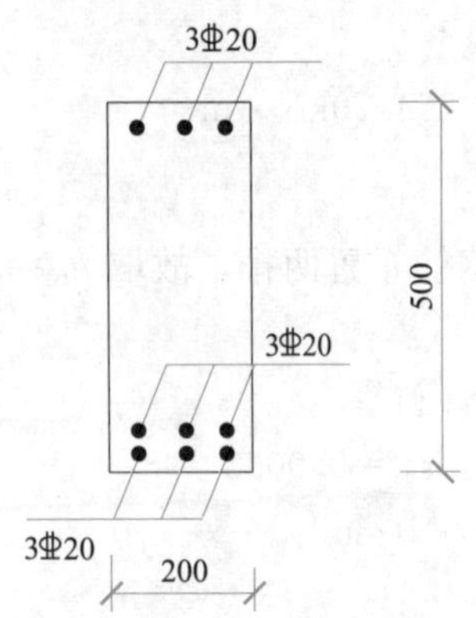

图 3-46　例 3-3 截面配筋图

由式（3-56）可得

$$A_s = A'_s\frac{f'_y}{f_y} + \frac{\alpha_1 f_c bx}{f_y} = 942.60\times\frac{360}{360} + \frac{1.0\times11.9\times200\times150.66}{360} = 1938.63\text{mm}^2$$

选配 3⌀20＋2⌀25（A_s＝1924.40mm²）HRB400 级钢筋。

截面的配筋见图 3-46 所示。

以上二例表明，【例 3-2】中的（$A_s+A'_s$）＝2729.50mm²，比【例 3-3】中的（$A_s+A'_s$）＝2867.00mm² 要少，这符合"当 A_s 及 A'_s 均未知时，若取 $x=\xi_b h_0$，所求得 $A_s+A'_s$ 的总用钢量为最少"原则。

3.4.4　T 形截面受弯构件正截面承载力计算

1. 概述

受弯构件在破坏时，受拉区混凝土绝大部分已退出工作。因此，如果将受拉区两侧的混凝土挖去一部分，余下的部分以容纳受拉钢筋为度，原来的矩形截面就变成了 T 形截面（图 3-47）。它与原来的矩形截面相比，受弯承载能力并没有降低，但可以节省混凝土，减轻构件的自重。挖剩的梁就成为由梁肋（$b\times h$）及挑出翼缘［（b'_f-b）$\times h'_f$］两部分所组成的 T 形截面。它主要依靠翼缘承受压力，利用梁肋连系受压区和受拉钢筋，并用于承受剪力。

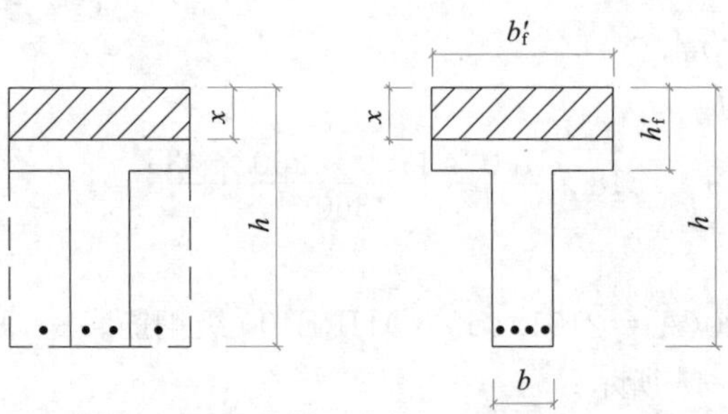

图 3-47　T 形截面形成

在实际工程中，T 形截面受弯构件的应用十分普遍。图 3-48 是几种常见的构件截面形式，其中除独立 T 形梁外，其他几种截面都不是典型的 T 形梁，但都可以按 T 形梁计算。在整体式肋梁楼盖结构中，楼板和梁浇筑在一起形成整体式 T 形梁，因而梁在跨中正弯矩作用下应按 T 形截面计算。其他如Ⅱ形、箱形、空心板、Ⅰ形等截面，在正截面计算中不考虑受拉区混凝土的作用，故也按 T 形截面计算。

2. 基本计算公式

由于 T 形截面受压区面积较大，混凝土足以承担压力，因此一般的 T 形截面都设计成单筋截面。根据截面破坏时中和轴的位置不同，T 形截面梁的计算可分为以下两种类型：

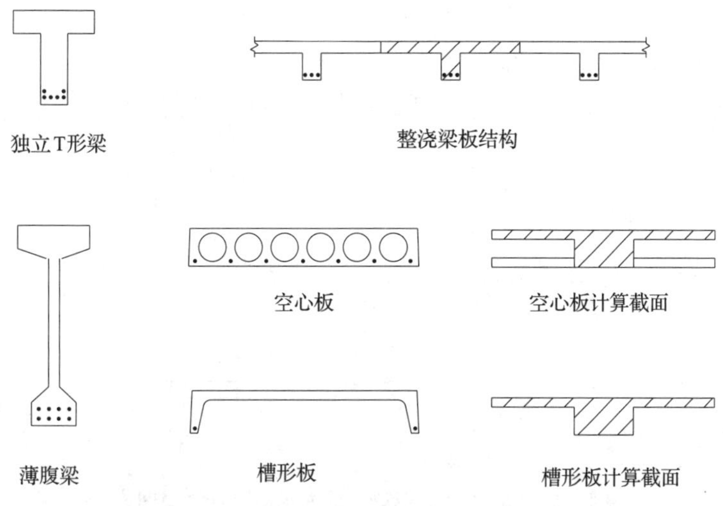

图 3-48　T 形截面

(1) 第一类 T 形截面（图 3-49）

这类 T 形截面中和轴通过翼缘，即 $x \leqslant h'_f$。由于计算时不考虑中和轴以下混凝土的作用，故受压区仍为矩形。因此，可按宽度为 b'_f 的矩形截面计算其正截面受弯承载力。这时只要将单筋矩形截面梁的基本计算公式式（3-31）和式（3-32a）中的 b 改为 b'_f，就得到第一类 T 形梁的基本计算公式，即

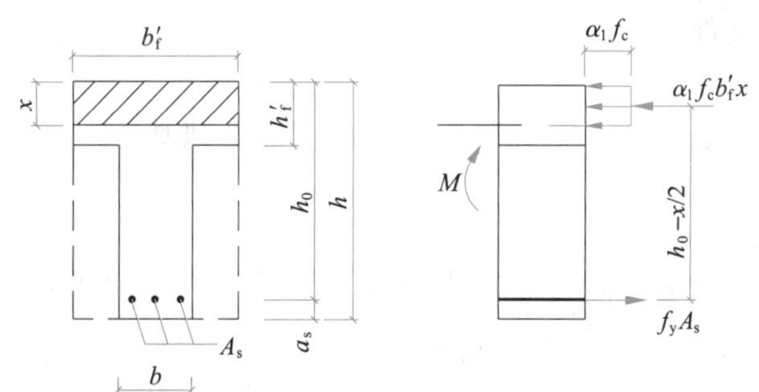

图 3-49　第一类 T 形梁正截面承载力计算简图

由 $\sum X = 0$ 得

$$\alpha_1 f_c b'_f x = f_y A_s \tag{3-57}$$

由 $\sum M = 0$，对受拉钢筋合力点取矩得

$$M = \alpha_1 f_c b'_f x \left(h_0 - \frac{x}{2} \right) \tag{3-58}$$

式中　b'_f——T 形截面受压区的翼缘的计算宽度，按表 3-13 确定。

基本公式的适用条件为：

1) $x \leqslant \xi_b h_0$

由于 $x \leqslant h'_f$，一般 h'_f 都较小，通常 $x \leqslant \xi_b h_0$ 均可满足条件，不必验算。

2) $\rho = \dfrac{A_s}{bh_0} \geqslant \rho_{min}$

必须注意，此处 ρ 是按梁肋部有效面积 bh_0 计算的，即 $\rho = \dfrac{A_s}{bh_0}$，而不是相对于 $b'_f h_0$

的配筋率。

（2）第二类T形截面（图3-50）

这类T形截面的中和轴通过梁肋，即 $x>h'_f$。故受压区为T形。

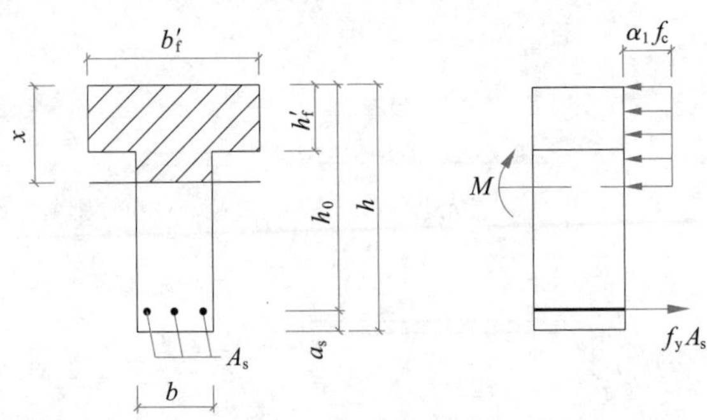

图3-50　第二类T形梁正截面承载力计算简图

由 $\sum X=0$ 得

$$\alpha_1 f_c[bx+(b'_f-b)h'_f]=f_y A_s \tag{3-59}$$

由 $\sum M=0$，对受拉钢筋合力点取矩得

$$M=\alpha_1 f_c bx\left(h_0-\frac{x}{2}\right)+\alpha_1 f_c(b'_f-b)h'_f\left(h_0-\frac{h'_f}{2}\right) \tag{3-60}$$

式中　h'_f——T形截面受压区的翼缘高度。

基本公式的适用条件为：

1）$x\leqslant\xi_b h_0$

与单筋矩形截面相似，这一条件是防止截面发生脆性破坏。

2）$\rho=\dfrac{A_s}{bh_0}\geqslant\rho_{min}$

对于第二类T形截面，一般均能满足 $\rho\geqslant\rho_{min}$ 的条件要求，可不必验算。

令 $A'_s=\dfrac{\alpha_1 f_c(b'_f-b)}{f'_y}$、$a'_s=\dfrac{1}{2}h'_f$，则第二类T形截面相当于双筋截面梁承载能力计算公式式（3-47）和式（3-48）。

3. T形截面的截面尺寸问题

（1）翼缘计算宽度 b'_f

对T形截面梁的试验研究表明，梁受弯后，翼缘的压应力分布沿宽度是不均匀的。靠近肋部翼缘压应力大，远离肋部翼缘压应力小，有时远离肋的部分还会压屈失稳而退出工作。考虑到翼缘的上述受力特点，设计时应对T形截面梁的翼缘宽度加以限制，即需要规定翼缘的计算宽度。假定计算宽度内翼缘的应力分布为均匀的，并使按计算宽度算得的梁受弯承载力与梁的实际受弯承载力接近。通过试验与理论分析，规范规定T形、I形及倒L形截面受弯构件位于受压区的翼缘计算宽度 b'_f 应按表3-13各项中的最小值取用。

（2）空心板的折算截面

空心板的空洞为圆形，不便于计算，如能把圆孔折算成矩形孔（图3-51a），则空心板就变成I形截面（图3-51b），又因为受拉区翼缘开裂不起作用，故空心板的承载力计算实际上是按T形截面进行的（图3-51c）。

T 形、I 形及倒 L 形截面受弯构件位于受压区的翼缘计算宽度 b_f'　　表 3-13

情况			T 形、I 形截面		倒 L 形截面
			肋形梁（板）	独立梁	肋形梁（板）
1	按计算跨度 l_0 考虑		$l_0/3$	$l_0/3$	$l_0/6$
2	按梁（纵肋）净距 s_n 考虑		$b+s_n$	—	$b+s_n/2$
3	按翼缘高度 h_f' 考虑	$h_f'/h_0 \geqslant 0.1$	—	$b+12h_f'$	—
		$0.1>h_f'/h_0 \geqslant 0.05$	$b+12h_f'$	$b+6h_f'$	$b+5h_f'$
		$h_f'/h_0<0.05$	$b+12h_f'$	b	$b+5h_f'$

注：1. 表中 b 为梁的腹板宽度；

2. 肋形梁在梁跨内设有间距小于纵肋间距的横肋时，不可考虑表中情况 3 的规定；

3. 加腋的 T 形、I 形和倒 L 形截面，当受压区加腋的高度 $h_h \geqslant h_f'$ 且加腋的宽度 $b_h \leqslant 3h_h$ 时，其翼缘计算宽度可按表中情况 3 的规定分别增加 $2b_h$（T 形、I 形截面）和 b_h（倒 L 形截面）；

4. 独立梁受压区的翼缘板在荷载作用下经验算沿纵肋方向可能产生裂缝时，其计算宽度应取腹板宽度 b。

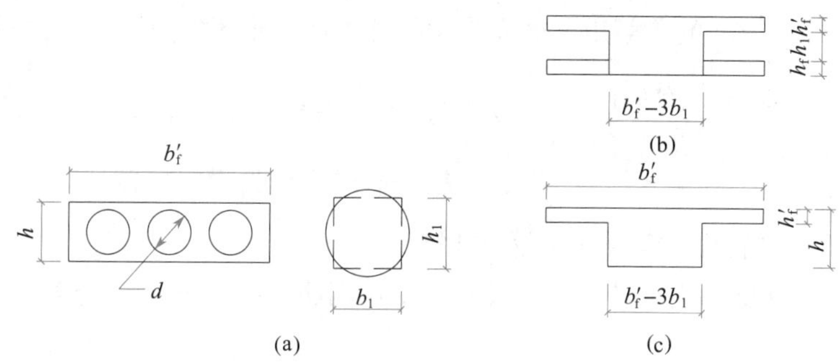

图 3-51　空心板的折算截面

（a）空心截面；（b）折算 I 形截面；（c）T 形计算截面

直径为 d 的圆孔可按照折算前后面积相等和惯性矩相等的原则折算成宽度为 b_1 且高度为 h_1 的矩形孔。由上述条件得

$$\frac{\pi}{4}d^2 = b_1 h_1$$

$$\frac{\pi}{64}d^4 = \frac{1}{12}b_1 h_1^3$$

解得

$$b_1 = \frac{\pi d}{2\sqrt{3}};\quad h_1 = \frac{\sqrt{3}}{2}d$$

4. 计算方法

T 形截面受弯构件承载力计算可分为以下两种情况：

【情况 1】　已知弯矩设计值 M，构件截面尺寸 $b \times h \times b_f' \times h_f'$，混凝土强度等级及钢筋强度等级。

求所需纵向受拉钢筋截面面积 A_s。

【解】

第一步　判别 T 形截面属于哪一种类型。

两类 T 形截面的界限为中和轴正好通过翼缘下边缘，即 $x=h_f'$。将 $x=h_f'$ 代入式（3-57）和式（3-58）中可得

$$\alpha_1 f_c b_f' h_f' = f_y A_s \tag{3-61}$$

$$M=\alpha_1 f_c b'_f h'_f\left(h_0-\frac{h'_f}{2}\right) \tag{3-62}$$

在截面选择时，弯矩设计值 M 为已知，故：

当 $M\leqslant\alpha_1 f_c b'_f h'_f\left(h_0-\frac{h'_f}{2}\right)$ 时，属于第一类T形截面；

当 $M>\alpha_1 f_c b'_f h'_f\left(h_0-\frac{h'_f}{2}\right)$ 时，属于第二类T形截面。

在承载力校核时，受拉钢筋截面面积 A_s 已知，故：

当 $\alpha_1 f_c b'_f h'_f\geqslant f_y A_s$ 时，属于第一类T形截面；

当 $\alpha_1 f_c b'_f h'_f< f_y A_s$ 时，属于第二类T形截面。

第二步　若 $M\leqslant\alpha_1 f_c b'_f h'_f\left(h_0-\frac{h'_f}{2}\right)$，则属于第一类T形截面。

其计算步骤与 $b'_f\times h$ 的单筋矩形截面受弯构件的计算步骤相同。

第三步　若 $M>\alpha_1 f_c b'_f h'_f\left(h_0-\frac{h'_f}{2}\right)$，则属于第二类T形截面。

令 $A'_s=\frac{\alpha_1 f_c(b'_f-b)}{f'_y}$、$a'_s=\frac{1}{2}h'_f$，则第二类T形截面相当于双筋截面梁承载能力计算公式，其计算步骤同双筋截面梁受弯承载力计算步骤。

【情况2】　已知截面尺寸 $b\times h\times b'_f\times h'_f$，受拉钢筋截面面积 A_s，混凝土强度等级及钢筋强度等级。

求截面所能承受的极限弯矩 M_u。

【解】

第一步　判别T形截面属于哪一种类型。

第二步　若 $\alpha_1 f_c b'_f h'_f\geqslant f_y A_s$，则属于第一类T形截面。

其计算步骤与 $b'_f\times h$ 的单筋矩形截面受弯构件的计算步骤相同。

第三步　若 $\alpha_1 f_c b'_f h'_f< f_y A_s$，则属于第二类T形截面。

令 $A'_s=\frac{\alpha_1 f_c(b'_f-b)}{f'_y}$、$a'_s=\frac{1}{2}h'_f$，则第二类T形截面相当于双筋截面梁承载能力计算公式，其计算步骤同双筋截面梁受弯承载力计算步骤。

以上情况1属于截面选择，情况2属于承载力校核。

5. 计算例题

【例3-4】　某钢筋混凝土T形截面简支梁，截面尺寸、跨度如图3-52所示。承受集中荷载设计值 $P=550$kN（梁自重不计），混凝土强度等级C30，纵向钢筋采用HRB400级。

求纵向受拉钢筋截面面积 A_s。

【解】

（1）计算弯矩设计值（图3-52）

最大弯矩设计值 $M=515.625$kN·m

（2）判别T形截面类型

取 $h_0=700-60=640$mm

C30（$f_{cu,k}=30\text{N/mm}^2$、$f_c=14.3\text{N/mm}^2$、$f_t=1.43\text{N/mm}^2$）

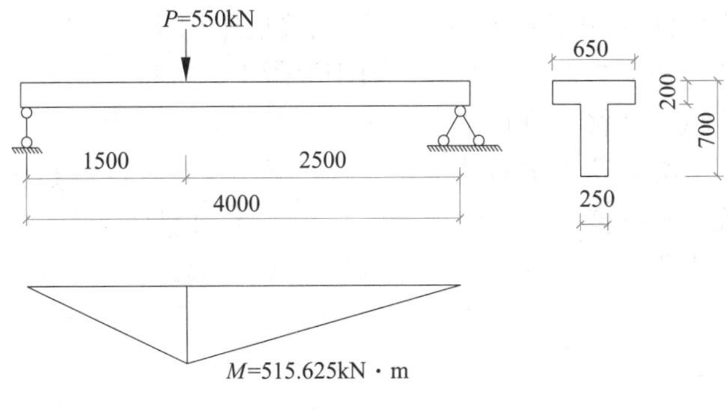

图 3-52　例 3-4 计算图

HRB400($f_y=360\text{N/mm}^2$、$E_s=2\times10^5\text{N/mm}^2$)

$f_{cu,k}=30\text{N/mm}^2<50\text{ N/mm}^2$，取 $\alpha_1=1.0$，$\beta_1=0.8$，$\varepsilon_{cu}=0.0033$

由表 3-12 可得：$\xi_b=0.518$，$\alpha_{s,max}=0.384$

$$\rho_{min}=0.45\times\frac{f_t}{f_y}=0.45\times\frac{1.43}{360}=0.179\%<0.2\%\text{，取 }\rho_{min}=0.2\%$$

$$\alpha_1 f_c b'_f h'_f\left(h_0-\frac{h'_f}{2}\right)=1.0\times14.3\times650\times200\times\left(640-\frac{200}{2}\right)$$

$$=1003.86\text{kN}\cdot\text{m}>M$$

属于第一类 T 形截面，按 $b'_f\times h=650\text{mm}\times700\text{mm}$ 的矩形截面进行计算。

(3) 表格法计算 A_s

$$\alpha_s=\frac{M}{\alpha_1 f_c b'_f h_0^2}=\frac{515.625\times10^6}{1.0\times14.3\times650\times640^2}=0.1354<\alpha_{s,max}=0.384$$

由式 (3-45)

$$\xi=1-\sqrt{1-2\alpha_s}=1-\sqrt{1-2\times0.1354}=0.1461$$

或由式 (3-46)

$$\gamma_s=\frac{1}{2}(1+\sqrt{1-2\alpha_s})=\frac{1}{2}(1+\sqrt{1-2\times0.1354})=0.927$$

$$A_s=\frac{M}{f_y\gamma_s h_0}=\frac{515.625\times10^6}{360\times0.927\times640}=2414.19\text{mm}^2$$

或 $A_s=\xi b'_f h_0\dfrac{\alpha_1 f_c}{f_y}=0.1461\times650\times640\times\dfrac{1.0\times14.3}{360}=2414.22\text{mm}^2$

选配：3 ⌀ 25+3 ⌀ 20($A_s=2415.3\text{mm}^2$)

验算：$\rho=\dfrac{A_s}{bh_0}=\dfrac{2415.3}{250\times640}=1.51\%>\rho_{min}=0.2\%$

截面配筋如图 3-53 所示。

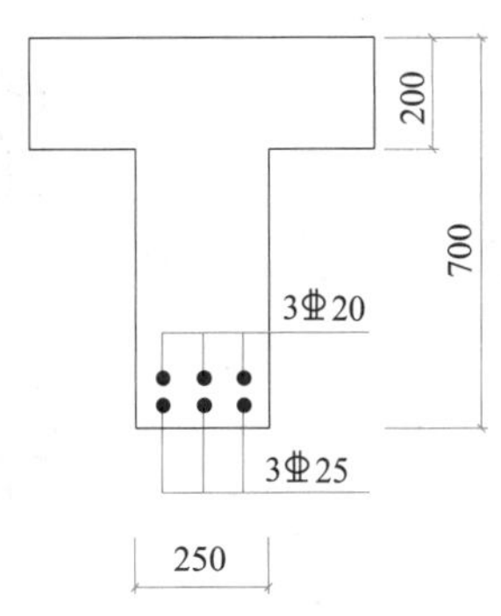

图 3-53　例 3-4 截面配筋图

3.5　钢筋混凝土受弯构件斜截面承载力计算

在实际工程结构中，外荷载作用下，钢筋混凝土梁除产生弯矩外，还伴随着剪力作用。在剪力和弯矩同时作用的区段截面上作用有弯矩产生的正应力 σ 和剪力产生的剪应力 τ，在正应力和剪应力共同作用下，在梁截面上合成各点方向和大小各不同的主拉应力 σ_{tp}

和主压应力 σ_{cp}。混凝土在未开裂前，其受力情况接近于均质弹性材料，图 3-54 近似地反映出混凝土开裂前梁内主应力的实际情况。由于混凝土的抗拉强度很低，只要主拉应力超过了混凝土的抗拉强度，就将在垂直于主拉应力迹线的方向产生斜裂缝。靠支座附近出现沿主压应力迹线的斜裂缝，这与试验情况相吻合，梁不仅在纯弯段和剪力较小的剪弯区段内产生垂直裂缝，而且还在剪力较大的剪弯区段内产生斜裂缝（图 3-55）。斜裂缝的出现与发展导致梁内应力大小与分布发生变化，以致造成剪力较大的支座附近段内混凝土压碎或拉坏。

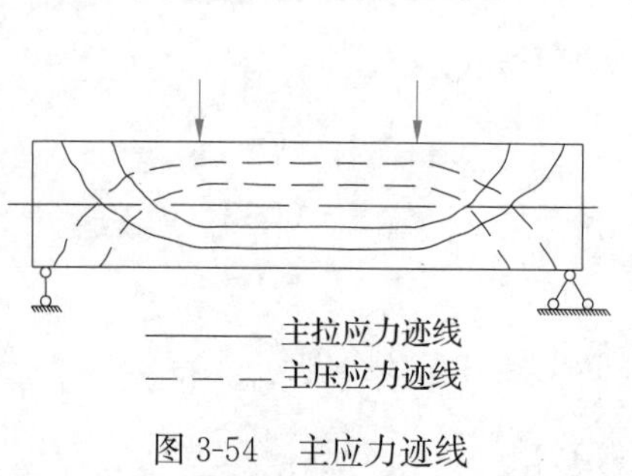

图 3-54　主应力迹线

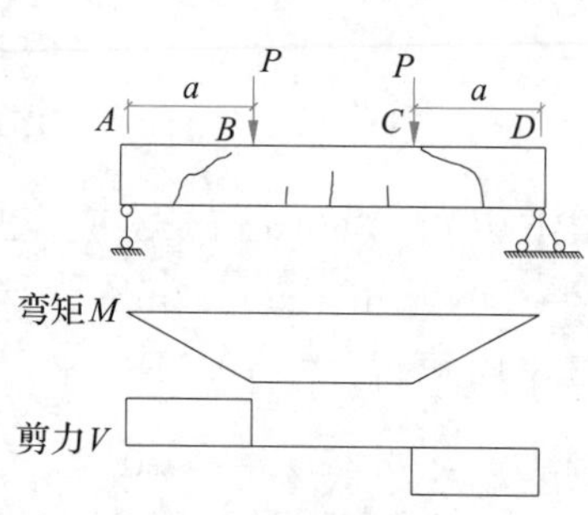

图 3-55　简支梁的受力

为防止构件沿斜截面破坏，在斜截面的受拉区除了配置纵向钢筋外，还应配置抵抗剪力的箍筋和弯起钢筋。箍筋和弯起钢筋一般统称为“腹筋”。箍筋一般与梁的轴线垂直，弯起钢筋则与梁的轴线斜交，一般在梁高 $h \leqslant 700$mm 时，弯起角度 45°；$h > 700$mm 时，弯起角度宜用 60°。弯起钢筋通常由纵向受拉钢筋弯起而成，由于箍筋和弯起钢筋均与斜裂缝相交，因而能够有效地承担斜截面中的拉力，提高斜截面承载力。同时，箍筋和弯起钢筋还与梁内纵向受力钢筋和架立钢筋等绑扎或点焊在一起，构成了梁的钢筋骨架，如图 3-56 所示。

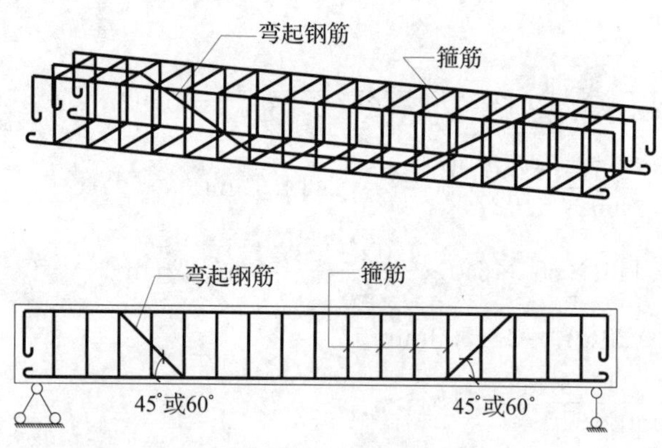

图 3-56　钢筋骨架

影响斜截面受剪破坏形态的因素比较多，如纵筋配筋率 ρ、箍筋配筋率、荷载形式（集中荷载或均布荷载）及作用位置、截面形式、混凝土强度等级等。但试验结果表明主要因素是剪跨比 λ 和箍筋配筋率（以下简称配箍率 ρ_{sv}）。对无腹筋梁，主要是剪跨比 λ；对有腹筋梁，剪跨比 λ 的影响减弱，而配箍率 ρ_{sv} 成为主要影响因素。

剪跨比 λ 是指剪弯区段中某一计算垂直截面的弯矩 M 与同一截面的剪力 V 和截面有

效高度 h_0 乘积之比，即

$$\lambda = \frac{M}{Vh_0}$$

剪跨比 λ 反映了截面所受弯矩 M 与剪力 V 的相对大小，实质上也反映了截面上正应力 σ 和剪应力 τ 的相对比值。由于 σ 和 τ 决定了主应力的大小和方向，从而剪跨比 λ 也就影响梁的斜截面破坏形态和受剪性能。

对于图 3-55 所示的对称集中荷载作用下的简支梁的剪跨比 λ 可表达为

$$\lambda = \frac{a}{h_0} \tag{3-63}$$

式中 a——集中力作用点到邻近支座的距离，也称为“剪跨”。

梁的配箍率 ρ_{sv} 是指梁的纵向水平截面（图 3-57）中单位面积的箍筋含量，通常用百分率表示，即

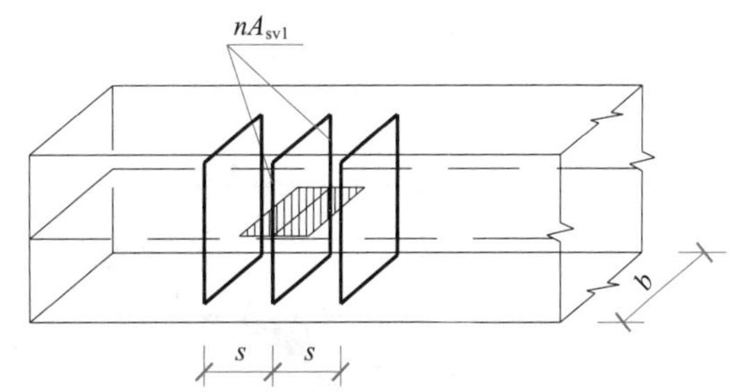

图 3-57 梁的配箍率图

$$\rho_{sv} = \frac{nA_{sv1}}{bs} \tag{3-64}$$

式中 A_{sv1}——单肢箍筋的截面面积；

n——箍筋的肢数；

b——梁的截面宽度；

s——箍筋的间距。

3.5.1 受弯构件斜截面的受剪破坏形态和受力特点

梁的斜截面受剪承载力的试验表明，由于梁的剪跨比和配箍率的不同，斜截面的受剪破坏可能出现三种不同的形态：斜压破坏、剪压破坏和斜拉破坏。

1. 斜压破坏（图 3-58a）

这种破坏发生在剪力大而弯矩小的区段，也即剪跨比较小（$\lambda<1$）时，或腹筋配置过多，以及梁腹板很薄的 T 形或 I 形截面梁内。

这种受剪破坏的特征是，首先在梁腹部（该处剪应力最大）出现若干条大致平行的斜裂缝。破坏时混凝土被斜裂缝分割成若干个斜向短柱而破坏，但此时与斜裂缝相交的腹筋往往达不到屈服强度，同时这种破坏没有明显的临界斜裂缝，破坏发生具有突然性。因此设计中应避免这种破坏。

2. 剪压破坏（图 3-58b）

当剪跨比 λ 为 1～3，且腹筋配置适中时，常发生此种破坏。

这种受剪破坏的特征通常是，在剪弯区段首先出现一系列弯曲垂直裂缝，然后斜向延伸，逐步形成一条主要的较宽裂缝（称为临界斜裂缝）。梁破坏时，与斜裂缝相交的腹筋达到屈服，由于钢筋的塑性变形的发展，斜裂缝不断扩展，斜裂缝末端的剪压区不断缩小，直至剪压区混凝土在正应力和剪应力的共同作用下，达到复合受力时的极限强度时，构件即破坏。在设计中通过计算使构件满足一定的斜截面承载力，来防止这种破坏。

3. 斜拉破坏（图 3-58c）

当剪跨比较大（$\lambda>3$）时或箍筋配置过少时，常发生这种破坏。其破坏特征是，当弯曲裂缝一旦出现，腹筋应力会立即达到屈服强度，斜裂缝迅速向受压区伸展，使构件斜拉破坏。由于这种破坏带有突然性，且混凝土的抗压强度得不到利用，因此在设计中应避免这种破坏。

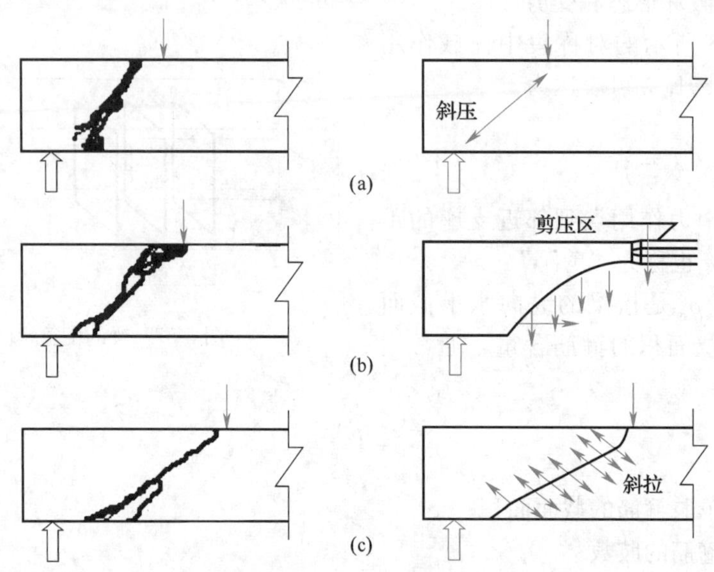

图 3-58　受弯构件斜截面破坏形式

（a）斜压破坏；（b）剪压破坏；（c）斜拉破坏

以上所述梁的斜截面受剪三种破坏形态，如果与正截面受弯的三种破坏相类比，则剪压破坏类似于适筋破坏，斜拉破坏类似于少筋破坏，斜压破坏类似于超筋破坏。但必须注意，梁的斜截面受剪破坏时，无论发生哪一种破坏形态，破坏前都没有明显的预兆，它们的破坏均属于脆性，而其中尤以斜拉破坏为甚。

3.5.2　无腹筋梁的斜截面受剪承载力计算

影响无腹筋梁斜截面受剪承载力的主要因素有：剪跨比、混凝土强度等级、纵筋配筋率。为使计算简便又安全可靠，《混凝土结构设计规范（2015 年版）》GB 50010—2010 采用试验偏下线作为斜截面受剪承载力的计算公式。

对均布荷载作用下的无腹筋梁，取

$$V_c = 0.7\beta_h f_t b h_0 \tag{3-65}$$

对集中荷载作用下的矩形截面无腹筋梁（包括简支梁和连续梁），取

$$V_c = \frac{1.75}{\lambda+1}\beta_h f_t b h_0 \tag{3-66}$$

式中　V_c——无腹筋梁斜截面上受剪承载力设计值；

λ——计算剪跨比，可取 $\lambda=\frac{a}{h_0}$，a 为计算截面至支座截面的距离，计算截面取集中荷载作用点处的截面，当 $\lambda<1.5$ 时，取 $\lambda=1.5$，当 $\lambda>3$ 时，取 $\lambda=3$；

f_t——混凝土轴心抗拉强度设计值；

β_h——截面高度影响系数，按 $\beta_h=\left(\frac{800}{h_0}\right)^{\frac{1}{4}}$ 计算，当 $h_0<800$mm 时，取 $h_0=800$mm，即 $\beta_h=1.0$；当 $h_0>2000$mm 时，取 $h_0=2000$mm，即 $\beta_h=0.8$。

由于斜截面破坏的脆性性质以及其他未考虑的因素（例如不均匀沉降、温度收缩应力等），无腹筋梁只允许用于梁高 $h<150$mm 且 $V\leqslant V_c$ 的小梁。对板，由于剪力通常较小，可以不作斜截面承载力计算，不必配置箍筋。在其他情况，按计算不需要箍筋的梁也应按规定设置箍筋：当截面高度 $h>300$mm 时，应沿梁全长设置箍筋；当截面高度 $h=150\sim300$mm 时，可仅在构件端部各 1/4 范围内设置箍筋，但当构件中部 1/2 跨度范围内有集中荷载作用时，则应沿梁全长设置箍筋。

3.5.3　有腹筋梁的斜截面受剪承载力计算

我国《混凝土结构设计规范（2015 年版）》GB 50010—2010 依靠试验研究，分析梁受剪的一些主要因素，从中建立起半理论半经验的实用计算公式。对于梁的三种斜截面破坏形态，在工程设计中都应避免。对斜压破坏通常采用限制截面尺寸的条件来防止；对斜拉破坏采用要求满足最小配箍率的条件来防止；对剪压破坏则通过计算来防止。我国规范的基本计算公式就是根据剪压破坏特征而建立的。

1. 基本计算公式

构件斜截面上最大剪力设计值 V 应满足下列要求：

当仅配箍筋时

$$V\leqslant V_{cs} \tag{3-67}$$

当配置箍筋和弯起钢筋时

$$V\leqslant V_{cs}+V_{sb} \tag{3-68}$$

式中　V_{sb}——弯起钢筋受剪承载力。

当与斜裂缝相交的弯起钢筋靠近剪压区时，弯起钢筋有可能达不到受拉屈服强度，因此弯起钢筋所能承担的剪力 V_{sb} 取为：

$$V_{sb}=0.8f_yA_{sb}\sin\alpha_s \tag{3-69}$$

式中　f_y——弯起钢筋的抗拉强度设计值；

A_{sb}——同一弯起平面内弯起钢筋的截面面积；

α_s——斜截面上弯起钢筋的切线与构件轴线的夹角；

0.8——弯起钢筋应力不均匀系数，用来考虑靠近剪压区的弯起钢筋在斜截面破坏时，可能达不到其抗拉屈服强度设计值。

V_{cs}——构件斜截面上混凝土和箍筋的受剪承载力设计值，按式（3-70）或式（3-71）进行计算。

（1）一般受弯构件

对于矩形、T 形和 I 形截面的一般受弯构件，V_{cs} 应按下述公式计算：

$$V_{cs}=0.7f_tbh_0+f_{yv}\frac{A_{sv}}{s}h_0 \tag{3-70}$$

上式用于矩形、T 形和 I 形截面梁承受均布荷载作用的情况及受均布荷载和集中荷载作用但以均布荷载为主的情况。

（2）特殊情况

对集中荷载作用下的独立梁（包括作用有多种荷载，且其中集中荷载对支座截面所产生的剪力设计值占总剪力设计值的75%以上的情况），应考虑剪跨比的影响。

$$V_{cs}=\frac{1.75}{\lambda+1.5}f_tbh_0+f_{yv}\frac{A_{sv}}{s}h_0 \tag{3-71}$$

式中 V_{cs}——构件斜截面上混凝土和箍筋的受剪承载力设计值；

f_t——混凝土轴心抗拉强度设计值；

A_{sv}——配置在同一截面内箍筋各肢的全部截面面积，$A_{sv}=nA_{sv1}$，其中，n 为在同一个截面内箍筋的肢数，A_{sv1} 为单肢箍筋的截面面积；

s——沿构件长度方向箍筋的间距；

f_{yv}——箍筋抗拉强度设计值；

λ——计算剪跨比，可取 $\lambda=\frac{a}{h_0}$，a 为计算截面至支座截面的距离，计算截面取集中荷载作用点处的截面。当 $\lambda<1.5$ 时，取 $\lambda=1.5$；当 $\lambda>3$ 时，取 $\lambda=3$。计算截面至支座之间的箍筋，应均匀配置。

2. 计算公式的适用条件

梁的斜截面受剪承载力计算公式式（3-70）、式（3-71）仅适用于剪压破坏的情况。为防止斜压破坏和斜拉破坏，还应规定其上、下限值。

（1）上限值——最小截面尺寸

当梁截面尺寸过小，而剪力较大时，梁往往发生斜压破坏，这时，即使多配箍筋也无济于事。因而，设计时为避免斜压破坏，同时也为了防止梁在使用阶段斜裂缝宽度过宽（主要是薄腹梁），必须对梁的截面尺寸作如下的规定：

当 $\frac{h_w}{b}\leqslant 4$ 时

$$V\leqslant 0.25\beta_cf_cbh_0 \tag{3-72a}$$

当 $\frac{h_w}{b}\geqslant 6$ 时

$$V\leqslant 0.2\beta_cf_cbh_0 \tag{3-72b}$$

当 $4<\frac{h_w}{b}<6$ 时，按直线内插法取用。

式中 V——构件斜截面上的最大剪力设计值；

β_c——混凝土强度影响系数，当 $f_{cu,k}\leqslant 50\text{N/mm}^2$ 时，取 $\beta_c=1.0$，当 $f_{cu,k}=80\text{N/mm}^2$ 时，取 $\beta_c=0.8$，其间按线性内插法取用；

f_c——混凝土轴心抗压强度设计值；

b——矩形截面宽度，T形或I形截面的腹板宽度；

h_0——截面的有效高度；

h_w——截面腹板有效高度。矩形截面取有效高度，T形截面取有效高度减去翼缘高度，I形截面取腹板净高。

在设计中，如果不满足式（3-72a）和式（3-72b）的条件时，应加大截面尺寸或提高混凝土强度等级，直至满足为止。

（2）下限值——最小配箍率

箍筋配量过少，一旦斜裂缝出现，箍筋中突然增大的拉应力很可能达到屈服强度，造成裂缝的加速发展，甚至箍筋被拉断，而导致斜拉破坏。为了避免这类破坏，《混凝土结构设计规范（2015 年版）》GB 50010—2010 规定梁中箍筋的间距不宜超过梁中箍筋的最大间距（表 3-14），当 $V \geqslant 0.7 f_t b h_0$ 时，箍筋的配箍率尚应满足最小配箍率的要求，即

$$\rho_{sv} \geqslant \rho_{sv,min} = 0.24 \frac{f_t}{f_{yv}} \tag{3-73}$$

3. 实用计算步骤

受弯构件斜截面承载力计算可分为以下两种情况。

【情况 1】　已知：剪力设计值 V，截面尺寸 $b \times h$，混凝土强度等级和钢筋强度等级。

求：腹筋 $\left(\frac{nA_{sv1}}{s}、A_{sb}\right)$。

【解】

第一步　计算荷载引起的剪力设计值 V。

在计算斜截面的受剪承载力时，其剪力设计值的计算截面应按下列规定取用：

（1）支座边缘处的斜截面（图 3-59，截面 1-1）；

（2）受拉区弯起钢筋弯起点的斜截面（图 3-59，截面 2-2、3-3）；

（3）箍筋截面面积或间距改变处的斜截面（图 3-59，截面 4-4）；

（4）截面尺寸改变处的截面。

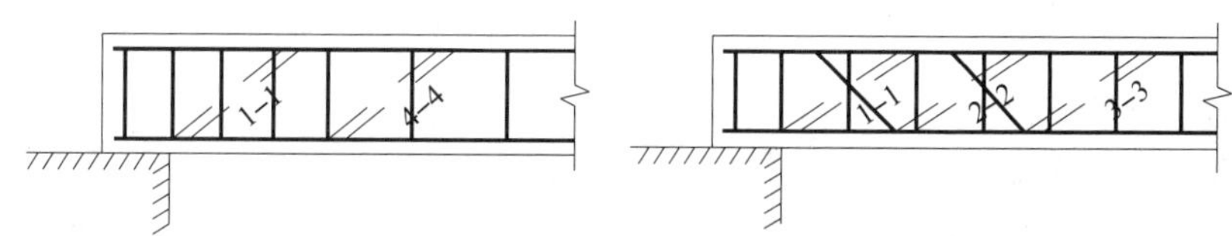

图 3-59　斜截面受剪承载力剪力设计值的计算位置

第二步　按式（3-72a）或式（3-72b）验算构件的截面尺寸。

第三步　按下式判别是否需要按计算配置箍筋

$$V_c \leqslant 0.7\beta_h f_t b h_0 \quad （一般受弯构件）$$

或

$$V_c \leqslant \frac{1.75}{\lambda+1}\beta_h f_t b h_0 \quad （集中荷载作用下的独立梁）$$

可不进行斜截面受剪承载力的计算，仅需根据构造要求配置箍筋。

第四步　当仅配箍筋时

若 $V_c > 0.7\beta_h f_t b h_0$ 时，按式（3-70）进行箍筋计算

$$\frac{A_{sv}}{s} = \frac{V - 0.7\beta_h f_t b h_0}{1.0 f_{yv} h_0}$$

若 $V_c > \frac{1.75}{\lambda+1}\beta_h f_t b h_0$ 时，按式（3-71）进行箍筋计算

$$\frac{A_{sv}}{s} = \frac{V - \frac{1.75}{\lambda+1}\beta_h f_t b h_0}{1.0 f_{yv} h_0}$$

在一般情况下，先假定箍筋肢数 n 及单肢箍的截面面积 A_{sv1}。确定 $A_{sv}=nA_{sv1}$，由上述计算公式确定箍筋间距 s。

第五步　当配有箍筋和弯起钢筋时，有两种可能：

（1）先假定箍筋肢数 n、单肢箍筋的截面面积 A_{sv1} 以及箍筋间距 s，按式（3-70）或式（3-71）计算 V_{cs}。再用式（3-68）和式（3-69）计算弯起钢筋截面面积

$$A_{sb}=\frac{V-V_{cs}}{0.8f_y\sin\alpha_s}$$

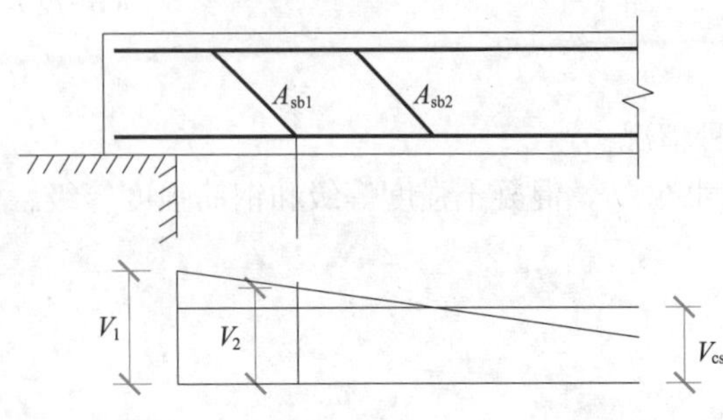

图 3-60　计算弯起钢筋的剪力取值

计算弯起钢筋时，其剪力设计值 V 应按下列规定采用（图 3-60）：

当计算第一排（对支座而言）弯起钢筋 A_{sb1} 时，取用支座边缘处的剪力值 V_1；

当计算以后的每一排弯起钢筋 A_{sb2} 时，取前一排（对支座而言）弯起钢筋弯起点处的剪力值 V_2。依此类推，直至 $V\leqslant V_{cs}$ 时为止。

（2）若弯起钢筋截面面积已定，则先由式（3-69）计算出 V_{sb} 值，再按下式计算箍筋

$$\frac{A_{sv}}{s}=\frac{V-V_{sb}-0.7\beta_h f_t bh_0}{1.0f_{yv}h_0}\quad（一般受弯构件）$$

或

$$\frac{A_{sv}}{s}=\frac{V-V_{sb}-\frac{1.75}{\lambda+1}\beta_h f_t bh_0}{1.0f_{yv}h_0}\quad（集中荷载作用下的独立梁）$$

【情况 2】　已知：截面尺寸 $b\times h$，箍筋（n，A_{sv1}，s），弯起钢筋（A_{sb}），混凝土强度等级和钢筋强度等级。

求：斜截面所能承担的剪力 V_u 或 $V\leqslant V_u$。

【解】

第一步　根据已知的（n，A_{sv1}，s）、A_{sb} 由式（3-68）计算斜截面的受剪承力 V。

第二步　当 $V\leqslant V_{max}$［按式（3-72a）或式（3-72b）确定］时，取 $V_u=V$。

　　　　当 $V>V_{max}$［按式（3-72a）或式（3-72b）确定］时，取 $V_u=V_{max}$。

第三步　若 $V\leqslant V_u$，则斜截面受剪承载力满足要求，否则不满足要求。

4. 箍筋配置的构造要求

试验表明，在同样配箍率条件下，采用直径较小而间距较密的箍筋可以减少斜裂缝宽度，且如果箍筋间距过大，有可能斜裂缝不与箍筋相交，或相交在不能发挥作用的位置（图 3-61），以致箍筋不能像计算简图中所假定的那样充分发挥作用，过高地估计了构件的受剪承载力。因此，应对箍筋的最大间距加以限制，不得超过表 3-14 的规定要求。同时，梁中箍筋的最小直径应满足表 3-15 的规定要求。

同理，当按计算需要设置弯起钢筋时，从支座边缘起至第一排弯起钢筋的弯起点的水平距离，以及从第一排弯起钢筋的弯起点至第二排弯起钢筋的弯终点的水平距离，均不应大于表 3-14 中“$V>0.7f_tbh_0$”时的箍筋最大间距的规定（图 3-62）。否则，也会有和图 3-62 所示的类似问题发生。

梁中箍筋的最大间距（mm）GB 50010—2010（2015年版）　　**表 3-14**

梁　高	$V>0.7f_tbh_0$	$V\leqslant 0.7f_tbh_0$
150mm<$h\leqslant$300mm	150	200
300mm<$h\leqslant$500mm	200	300
500mm<$h\leqslant$800mm	250	350
h>800mm	300	400

梁中箍筋最小直径（mm）GB 50010—2010（2015年版）　　**表 3-15**

梁　高	箍筋直径	梁　高	箍筋直径
$h\leqslant$800mm	6	h>800mm	8

注：当梁中配有计算需要的纵向受压钢筋时，箍筋直径尚不应小于 $d/4$（d 为纵向受压钢筋的最大直径）。

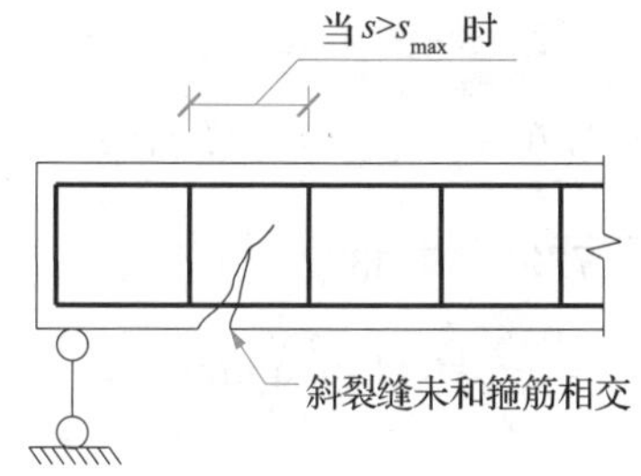

图 3-61　箍筋最大间距

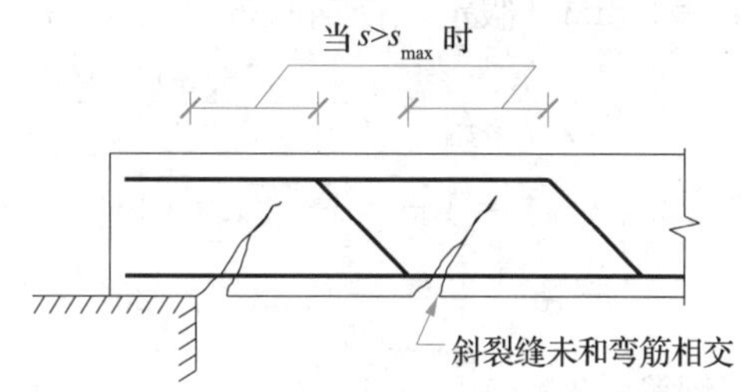

图 3-62　弯起钢筋的上、下弯起点的最大距离

5. 计算例题

【例 3-5】 钢筋混凝土矩形截面简支梁（图 3-63），两端支承在砖墙上（支承长度 a=240mm），净跨 l_n=3660mm，截面尺寸 $b\times h$=250×550mm。该梁承受均布荷载，其中永久荷载标准值 g_k=25kN/m（包括自重），可变荷载标准值 q_k=42.0 kN/m，混凝土强度等级为 C20，纵向受力钢筋采用 HRB400，箍筋为 HPB300，试设计该梁。

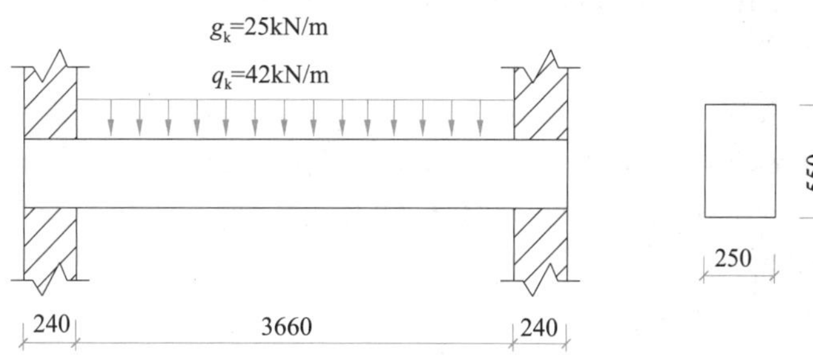

图 3-63　例 3-5 计算图

【解】

1. 计算控制截面内力

$l_0=l_n+a=3.66+0.24=3.90\text{m}<l_0=1.05l_n=1.05\times3.66=3.843\text{m}$

故取 $l_0=3.843\text{m}$

跨中最大弯矩：

$$M_{max}=\frac{1}{8}(\gamma_G g_k+\gamma_Q q_k)l_0^2=\frac{1}{8}(1.3\times25+1.5\times42)\times3.843^2$$

$=176.30\text{kN}\cdot\text{m}$

支座边剪力：

$$V_{max}=\frac{1}{2}(\gamma_G g_k+\gamma_Q q_k)l_n=\frac{1}{2}(1.3\times 25+1.5\times 42)\times 3.66=174.77\text{kN}$$

2. 正截面受弯承载力计算

混凝土强度等级 C20（$f_c=9.6\text{N/mm}^2$、$f_t=1.10\text{N/mm}^2$、$f_{cu,k}=20\ \text{N/mm}^2$），由于 $f_{cu,k}=20\ \text{N/mm}^2<50\ \text{N/mm}^2$，取 $\alpha_1=1.0$，$\beta_1=0.8$，$\varepsilon_{cu}=0.0033$。

钢筋强度等级选用 HRB400（$f_y=360\ \text{N/mm}^2$、$E_s=2.0\times10^5\text{N/mm}^2$）。

由表 3-12 可得，$\xi_b=0.518$，$\alpha_{s,max}=0.384$

$\rho_{min}=0.45\dfrac{f_t}{f_y}=0.45\times\dfrac{1.1}{360}=0.138\%<0.2\%$，所以取 $\rho_{min}=0.2\%$。

取 $a_s=35\text{mm}$（假定一排钢筋布置），则 $h_0=h-a_s=550-35=515\text{mm}$。

$$\alpha_s=\frac{M}{\alpha_1 f_c bh_0^2}=\frac{176.30\times10^6}{1.0\times9.6\times250\times515^2}=0.2770<\alpha_{s,max}=0.384$$

$$\xi=1-\sqrt{1-2\alpha_s}=1-\sqrt{1-2\times0.2770}=0.3322$$

$$A_s=\xi bh_0\frac{\alpha_1 f_c}{f_y}=0.3322\times250\times515\times\frac{1.0\times9.6}{360}=1140.55\text{mm}^2$$

选配钢筋：3⌀20＋1⌀18（$A_s=1198.20\text{mm}^2$）

3. 斜截面承载力计算

（1）复核截面尺寸

由于 $f_{cu,k}=20\ \text{N/mm}^2<50\ \text{N/mm}^2$，故取 $\beta_c=1.0$

选择箍筋牌号 HPB300（$f_y=270\text{N/mm}^2$、$E_s=2.1\times10^5\text{N/mm}^2$）

$h_w=h_0=515\text{mm}$，则 $\dfrac{h_w}{b}=\dfrac{515}{250}=2.06<4$

$0.25\beta_c f_c bh_0=0.25\times1.0\times9.6\times250\times515=309\text{kN}>V$

截面尺寸满足要求。

（2）是否按构造配箍

由于 $h_0=515\text{mm}<800\text{mm}$，取 $h_0=800\text{mm}$，则 $\beta_h=1.0$

$0.7\beta_h f_t bh_0=0.7\times1.0\times1.1\times250\times515=99.14\text{kN}<V$

应按计算配置腹筋。

（3）仅配箍筋时，腹筋计算

$$\frac{A_{sv}}{s}=\frac{V-0.7f_t bh_0}{f_{yv}h_0}=\frac{174.77\times10^3-99.14\times10^3}{270\times515}=0.5439$$

箍筋选用双肢 $n=2$，直径 $d=8\text{mm}$，则 $A_{sv}=nA_{sv1}=2\times50.3=100.6\text{mm}^2$

$s=184.96\text{mm}$，取 $s=180\text{mm}$。

即，箍筋选用 ϕ8@180（双肢），沿梁长均匀布置。

（4）当配置箍筋和弯起钢筋时

按构造要求配置箍筋，选用 ϕ6@200

$$\rho_{sv}=\frac{A_{sv}}{bs}=\frac{2A_{sv1}}{bs}=\frac{2\times28.3}{250\times200}=0.1132\%>\rho_{sv,min}=0.24\frac{f_t}{f_{yv}}=0.24\times\frac{0.91}{270}=0.0809\%$$

取弯起角 45°，计算第一排弯起钢筋 A_{sb1}

$$A_{sb1}=\frac{V-V_{cs}}{0.8f_y\sin\alpha_s}=\frac{V-0.7f_tbh_0-f_{yv}\dfrac{A_{sv}}{s}h_0}{0.8f_y\sin\alpha_s}$$

$$=\frac{174.77\times10^3-0.7\times1.1\times250\times515-270\times\dfrac{2\times28.3}{200}\times515}{0.8\times360\times\sin45^\circ}$$

$$=178.16\text{mm}^2$$

由跨中弯起 1⌀18($A_{sb}=254.40\text{mm}^2$)，满足设计要求。

验算是否需要弯起第二排钢筋。

第一排弯起钢筋的弯起点到弯终点距离 550－25×2＝500mm，第一排弯起钢筋的弯终点到支座边距离 500＋50＝550mm

$$V_1=174.77\times\frac{1280}{1830}=122.43\text{kN}<V_{cs}=138.49\text{kN}$$

因此，不需第二排钢筋弯起。

梁的配筋见图 3-64 所示。

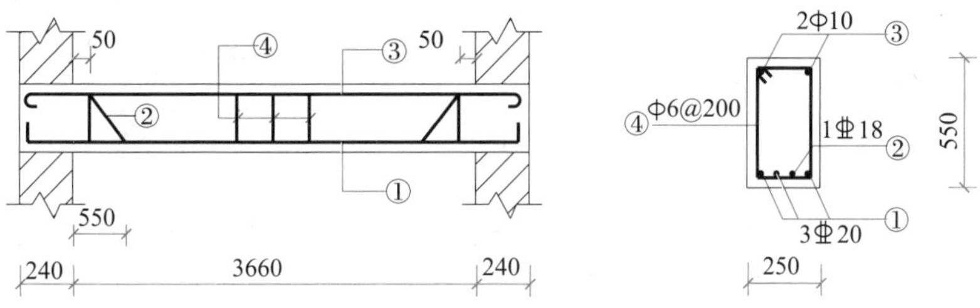

图 3-64　例 3-5 配筋图

3.5.4　保证斜截面受弯承载力的构造措施

在梁的斜截面承载力计算中，除了必须满足受剪承载力要求外，还必须使斜截面具有足够的受弯承载力，受弯构件斜截面受弯承载力应按下列公式计算（图 3-65）：

$$M\leqslant f_yA_sz+\sum f_yA_{sb}z_{sb}+\sum f_{yv}A_{sv}z_{sv} \tag{3-74}$$

式中　M——斜截面受压区末端的弯矩设计值；

z——纵向受拉钢筋合力点至受压区混凝土合力点的距离，可近似取$z=0.9h_0$；

z_{sb}——同一平面内弯起钢筋的合力点至斜截面受压区合力点的距离；

z_{sv}——斜截面上箍筋的合力点至斜截面受压区末端的水平距离。

式（3-74）中箍筋和弯起钢筋的受弯承载力与斜截面长度有关，显然这是较难确定的。为了便于计算，《混凝土结构设计规范（2015 年版）》GB 50010—2010 不考虑其他因素对斜截面长度的影响，规定斜截面的水平投影长度 C 全部由腹筋来承担，即按下列条件确定：

$$V=\sum f_yA_{sb}\sin\alpha_s+\sum f_{yv}A_{sv} \tag{3-75}$$

式中　V——斜截面受压区末端的剪力设计值。

这样，根据式（3-74）和式（3-75）可以进行斜截面受弯承载力计算。但应该承认，这是很粗略的。通常，在工程设计时，对于一般等截面梁，只要保证纵向钢筋不过早地切断和弯起以及保证纵向钢筋的锚固，斜截面受弯承载力就能得到保证而不必验算。

1. 纵向钢筋的锚固

图 3-66 为一根受集中力作用的简支梁，在其支座边缘处，正截面上的弯矩 M_{a-a} 以及相应的纵向钢筋拉力很小。但是在形成斜裂缝之后，斜截面上的弯矩 M_{b-b} 要比 M_{a-a} 大得多，纵向钢筋所受的拉力也就迅速增大。如果钢筋伸入支座的锚固长度 l_{as} 不足，钢筋将被拔出而造成斜截面受弯破坏。因此《混凝土结构设计规范（2015 年版）》（GB 50010—2010）规定：

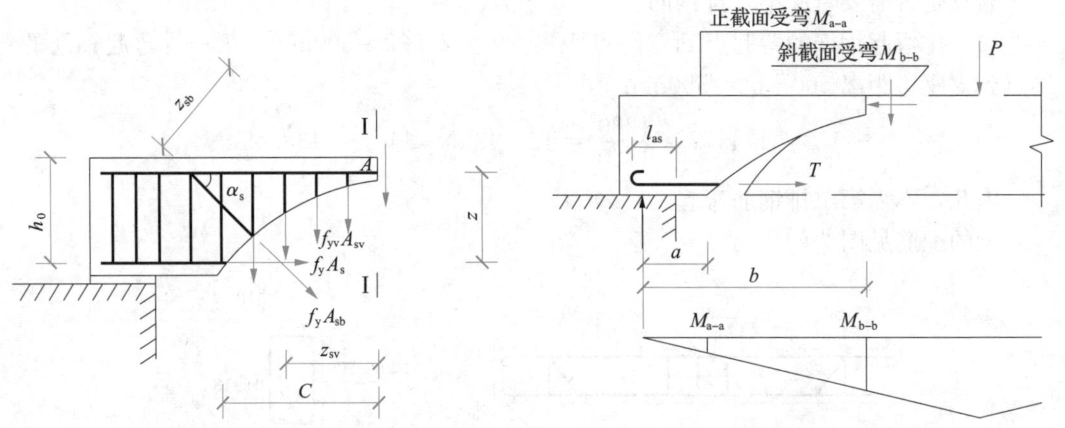

图 3-65 受弯构件斜截面受弯承载力计算

图 3-66 钢筋的锚固作用

（1）对于简支板，下部纵向受力钢筋伸入支座的锚固长度 l_{as} 不应小于 $5d$（d 为纵向受拉钢筋的直径），且宜伸过支座中心线。

（2）对于简支梁，下部纵向受力钢筋伸入支座的锚固长度 l_{as}（图 3-66）应符合下列条件：

当 $V \leqslant 0.7f_tbh_0$ 时， $l_{as} \geqslant 5d$

当 $V > 0.7f_tbh_0$ 时，带肋钢筋 $l_{as} \geqslant 12d$

光面钢筋 $l_{as} \geqslant 15d$

式中 d——纵向受力钢筋的最大直径。

2. 纵向钢筋的截断

承受跨中正弯矩的纵向受拉钢筋一般不在跨内截断，而是将其中一部分伸入支座，另一部分弯起；而对于支座附近负弯矩区段内的纵向受力钢筋，则常在一定位置截断以节约钢筋。

为此，首先需要介绍一下关于构件材料图的概念。所谓构件的材料图是指按实际配置的纵向钢筋绘制的梁上各正截面所能承受的弯矩图，它反映了沿梁长正截面上材料的抗力，与构件的截面尺寸及配筋等条件有关。根据构件的材料图和弯矩图，就可以决定构件内纵向受拉钢筋的理论切断点及理论弯起点。为了保证构件各个截面均有足够的承载力，必须让弯矩图位于材料图的轮廓线之内。而材料图越接近弯矩图，则构件的设计越经济。

图 3-67 是一个受均布荷载作用的悬臂梁，其弯矩在嵌固端处为最大，在自由端处弯矩为零。如将根据嵌固端的弯矩值而计算出的纵向钢筋（图 3-67 中的①和②）全部伸到

自由端，将会使大部分钢筋的强度没有被充分利用，应该把部分钢筋（图 3-67 中的①）截断，其理论截断点位置 a 可由在该处的弯矩与余下钢筋（图 3-67 中的②）所能承担的弯矩相等的原则来确定。具体办法是：先将嵌固支座处弯矩值按切断和不切断钢筋的截面面积之比例进行划分，然后作平行于横轴的平行线和弯矩图相交，过交叉点再往下投影便得该纵向钢筋的理论截断点 a。

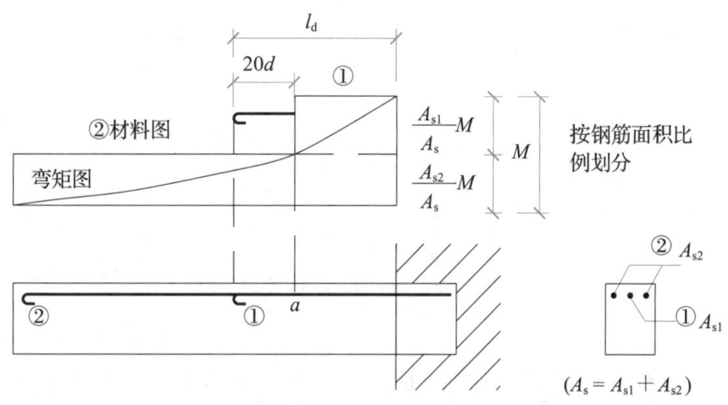

图 3-67　纵向受力钢筋的截断

但是，如果钢筋①就在该处截断将会使斜截面受弯承载力不够，因为若过理论截断点 a 有一条斜裂缝发生，斜截面上所受的弯矩作用将要比过 a 点的正截面上的弯矩大，余下的钢筋②将显得不足。因此《混凝土结构设计规范（2015 年版）》GB 50010—2010 规定，钢筋混凝土梁支座截面负弯矩纵向受拉钢筋不宜在受拉区截断。当必须截断时，从该钢筋强度充分利用截面伸出的延伸长度 l_d 应符合下列规定：

(1) 当 $V \leqslant 0.7 f_t b h_0$ 时，应延伸至按正截面受弯承载力计算不需要该钢筋的截面以外不小于 $20d$ 处截断，且从该钢筋强度充分利用截面伸出的长度 $l_d \geqslant 1.2 l_a$；

(2) 当 $V > 0.7 f_t b h_0$ 时，应延伸至按正截面受弯承载力计算不需要该钢筋的截面以外不小于 h_0 且不小于 $20d$ 处截断，且从该钢筋强度充分利用截面伸出的长度 $l_d \geqslant 1.2 l_a + h_0$；

(3) 若按上述规定确定的截断点仍位于负弯矩受拉区内时，应延伸至按正截面受弯承载力计算不需要该钢筋截面以外不小于 $1.3 h_0$ 且不小于 $20d$ 处截断，且从该钢筋强度充分利用截面伸出的长度 $l_d \geqslant 1.2 l_a + 1.7 h_0$。

3. 纵向钢筋的弯起

图 3-68 为梁靠近支座一端的情况。其材料图作法：首先在最大弯矩处将弯矩按各组成钢筋（图 3-68 中①②③）的截面面积比例进行划分，然后作平行于横轴的平行线，考虑到弯起钢筋在弯起点（图 3-68 中 A、C）将退出工作，在弯筋与梁中心线的交点处（图 3-68 中 B、D）将完全退出工作。水平投影线与弯矩图的交点则是按理论计算不需要该钢筋的截面。

当钢筋弯起之后，斜截面的抗弯能力可能要比原来正截面的受弯承载力低，但只要保证斜截面上弯起钢筋的内力臂 z_{sb} 大于原来正截面上的内力臂值 z，就能保证其斜截面受弯承载力。因此《混凝土结构设计规范（2015 年版）》GB 50010—2010 规定，在混凝土梁的受拉区中，弯起钢筋的弯起点，可设在按正截面受弯承载力计算不需要该钢筋的截面之前，但弯起钢筋与梁中心线的交点，应在不需要该钢筋的截面之外，同时，弯起点与按计算充分利用该钢筋的截面之间的距离不应小于 $h_0/2$。

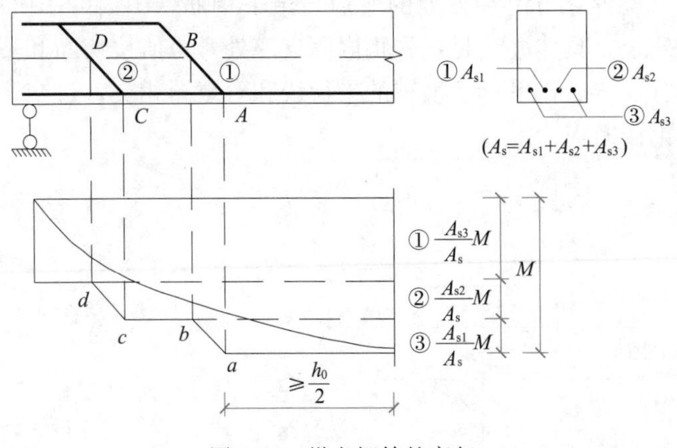

图 3-68　纵向钢筋的弯起

3.6　钢筋混凝土受弯构件裂缝宽度和变形的概念

如前所述，结构或结构构件除了应满足承载能力极限状态要求以保证其安全性外，还应满足正常使用极限状态的要求以保证其适用性和耐久性。对于钢筋混凝土结构构件，裂缝的出现和开展会使构件刚度降低，变形增大。当结构构件处于有侵蚀性介质或高湿度环境中时，裂缝过宽将导致钢筋锈蚀，影响结构构件的耐久性。对于某些梁板构件，变形过大还将影响精密仪器的使用。对承受水压力的给水排水构筑物，裂缝过宽还会降低结构的抗渗性和抗冻性，或造成漏水而影响结构的适用性。此外，裂缝过宽和挠度过大还会影响建筑外观并引起人们心理上的不安全感。因此，建筑结构设计时，所有结构的设计状态均应进行承载力极限状态设计，对持久状态尚应进行正常使用极限状态设计，对短暂状态可根据需要进行正常使用极限状态设计。

3.6.1　钢筋混凝土受弯构件裂缝的概念

混凝土结构的裂缝控制是一个复杂的问题。目前的做法还只能对荷载作用引起的垂直裂缝（垂直于构件纵轴的裂缝）通过计算来加以控制。对其他原因引起的裂缝则主要是通过采取合适的施工措施和构造要求来避免其出现或过度地开展。本节讨论的裂缝宽度是指荷载引起的垂直裂缝，我国《混凝土结构设计规范（2015 年版）》GB 50010—2010 对斜裂缝宽度的计算和要求未作专门的要求，这是因为只要配置了符合计算及构造要求的腹筋，则构件斜截面在荷载标准组合作用下的斜裂缝宽度一般均不超过 0.2mm，即使再考虑荷载准永久组合影响，斜裂缝宽度也不会太大。

我国《混凝土结构设计规范（2015 年版）》GB 50010—2010 将混凝土结构构件正截面的裂缝控制等级分为三级（见本章 3.3 节）。对允许出现裂缝的混凝土构件，按荷载标准组合或荷载准永久组合并考虑长期作用影响计算的最大裂缝宽度应满足式（3-76）的要求，即

$$w_{max} \leqslant w_{lim} \tag{3-76}$$

确定最大裂缝宽度限值，主要考虑两个方面的理由，一是外观要求；二是耐久性要求，并以后者为主。

从外观要求考虑，裂缝过宽将给人以不安全感，同时也影响结构质量的评价。满足外观要求的裂缝宽度限值，与人们的心理反应、裂缝开展长度、裂缝所处位置以及光线条件的因素有关。目前提出可取 0.25～0.3mm。

耐久性所要求的裂缝宽度限值，应考虑环境条件及结构构件的工作条件。处于室内正常环境，即无水源或很少水源的环境条件，钢筋表面的氧化膜即使因混凝土碳化而被破坏，因缺少锈蚀的充分条件，所以裂缝宽度限值可放宽些。直接受雨淋的构件、无围护结构的房屋中经常受雨淋的构件、经常受蒸汽或凝结水作用的室内构件（如浴室等）、与土壤直接接触的构件，都具备钢筋锈蚀的必要和充分条件，因而都应严格限制裂缝宽度。

《混凝土结构设计规范》（2015 年版）GB 50010—2010 对混凝土构件规定的最大裂缝宽度限值见附表 2-3（1）。《给水排水工程构筑物结构设计规范》GB 50069—2002 对于钢筋混凝土构筑物构件的最大裂缝宽度限值见附表 2-3（2）。

1. 裂缝的出现、分布和开展

以钢筋混凝土受弯构件为例。未出现裂缝时，在受弯构件纯弯区段内，受拉区混凝土和钢筋共同承担拉力；各截面受拉混凝土的拉应力 σ_{ct}、拉应变 ε_{ct} 大致相同，但混凝土的实际抗拉强度 f_t^0 却是不均匀的；由于钢筋与混凝土间存在粘结应力，因而钢筋拉应力 σ_s、拉应变 ε_s 沿纯弯区段长度也大致相同。

当受拉区外边缘的混凝土达到其抗拉强度 f_t^0 时，由于混凝土的塑性变形，因此还不会马上开裂；当混凝土的拉应变接近其极限拉应变值 ε_{ct}^0 时，就处于即将出现裂缝状态（第 Ⅰ$_a$ 阶段）。当受拉区外边缘混凝土在最薄弱的截面处达到其极限拉应变值 ε_{ct}^0 后，就会出现第一条（批）裂缝（图 3-69a 中的 *a*-*a*、*c*-*c* 截面处）。

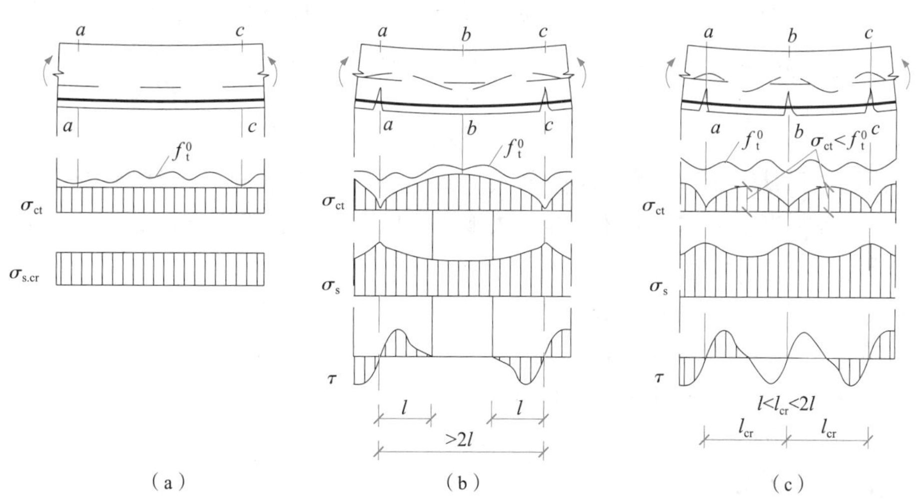

图 3-69　裂缝的出现、分布和开展

(a) 裂缝即将出现；(b) 第一批裂缝出现时；(c) 第二批裂缝出现后

第一条（批）裂缝出现后，裂缝截面上的受拉混凝土退出工作，应力降至零，而钢筋所承担的拉应力由 $\sigma_{s,cr}$（$\sigma_{s,cr}=2\alpha_E f_t^0$）增至 σ_{s1}，如图 3-69（b）所示。受拉张紧的混凝土一旦出现裂缝后即向裂缝两侧回缩，使混凝土与钢筋表面产生相对滑移，由于混凝土与钢筋间存在粘结应力 τ，混凝土的回缩受到钢筋的约束。通过粘结应力的作用，随着离裂缝截面距离的增大，钢筋拉应力逐渐传递给混凝土而减小；混凝土拉应力由裂缝处的零逐渐增大，到达 l（l 称为传递长度）后，粘结应力消失，混凝土和钢筋具有相同的拉应变，各自的应力又趋于均匀分布，如图 3-69（b）所示。当弯矩继续增大时，就有可能在离开裂缝截面大于 l 的另一薄弱截面处出现第二条（批）裂缝，见图 3-69（b）、（c）中的 b-b 截面处。

按此规律，随着弯矩的增大，裂缝将逐条出现，当截面弯矩达到 $0.5M_u^0 \sim 0.7M_u^0$ 时，裂缝将基本“出齐”，即裂缝的分布处于稳定状态。由图 3-69（c）可见，此时在两条裂缝之间，混凝土拉应力将小于实际混凝土抗拉强度，即不足以产生新的裂缝。因此，从理论上讲，裂缝间距在 $l \sim 2l$ 范围内，裂缝间距趋于稳定，故平均裂缝间距应为 $1.5l$。

受力构件的裂缝间距 l_{cr} 受三个因素影响：

（1）钢筋直径。钢筋越细，粘结性能越好，越易于将钢筋的拉力传给混凝土，所以这时的裂缝间距越小。

（2）钢筋表面特征。带肋钢筋的粘结性能好，因此采用带肋钢筋比采用光面钢筋的裂缝间距小。

（3）混凝土受拉区面积的相对大小。如果混凝土的保护层越薄，截面配筋率越大，意味着混凝土受拉区面积相对越小，混凝土越容易达到极限拉应力，则裂缝间距小。

2. 裂缝宽度的计算

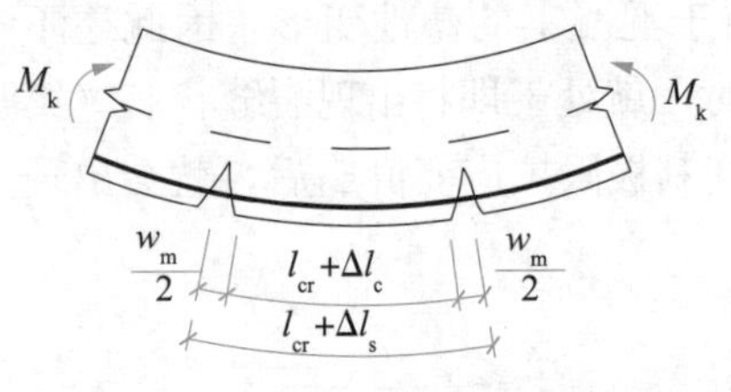

图 3-70 钢筋混凝土受弯构件的裂缝宽度

裂缝宽度主要是因为在受拉区钢筋的拉伸变形与混凝土的拉伸变形不协调引起的。设在弯矩 M 的作用下带裂缝工作的一梁段（图 3-70），裂缝间距为 l_{cr}，在每个裂缝间段，钢筋的伸长量为 Δl_s，裂缝间混凝土虽然也受拉且其伸长量为 Δl_c，但它要比 Δl_s 小得多，两者不协调所产生的差额便构成了构件的裂缝宽度 w。对此，《混凝土结构设计规范》GB 50010—2010 给出了专门的最大裂缝宽度计算公式。《给水排水工程构筑物结构设计规范》GB 50069—2002 也给出了考虑长期效应准永久组合作用的最大裂缝宽度 w_{max} 的计算公式，详见本章 3.8 节。

按规范方法计算确定的最大裂缝宽度 w_{max} 应满足式（3-76）的要求。若不能满足，可采用下列任一方法，直至满足为止。

（1）在钢筋总截面面积不变的条件下，减小钢筋直径，增加钢筋根数；

（2）将光面钢筋改为带肋钢筋；

（3）增加钢筋用量。

3.6.2 钢筋混凝土受弯构件变形的概念

对于均质弹性材料梁，由结构力学可知，计算挠度的公式为：

$$f = S\frac{M}{EI}l_0^2 \quad 或 \quad f = S\phi l_0^2 \tag{3-77}$$

式中 $\phi=\frac{M}{EI}$；

S——与荷载形式、支承条件有关的系数，可按结构力学方法确定；

l_0——梁的计算跨度；

EI——梁的截面抗弯刚度；

E——材料的弹性模量；

I——截面的惯性矩。

设有一弹性均质体的梁段（图 3-72a），在弯矩 M 的作用下，梁要发生挠曲，其曲率为 ϕ，根据材料力学假定，梁段的曲率与它所受的弯矩成正比：

$$\phi=\frac{M}{EI}$$

由上式可知，截面的抗弯刚度的物理意义是使截面产生单位转角所需要施加的弯矩，它体现了截面抵抗弯曲变形的能力。

当均质弹性梁的截面尺寸和材料已知时，梁的截面抗弯刚度是一个常量。因此弯矩与挠度之间始终保持正比例关系。但是，试验表明，钢筋混凝土梁挠度 f 与弯矩 M 之间的关系却是非线性的，一般呈图 3-71 所示的曲线规律。由图 3-71 可见，即使在混凝土未开裂的第Ⅰ阶段，由于混凝土受拉区已表现出一定的塑性，实际的截面抗弯刚度要比 E_cI_0（I_0 为换算截面惯性矩）小，M-f 关系已偏离虚直线而微弯；到第Ⅱ阶段，受拉区混凝土已开裂而退出工作，实际的截面抗弯刚度进一步减小，实测的 M-f 关系已偏离虚直线很远，但 M-f 关系大体上为一斜率较小的直线，表明这时的截面抗弯刚度比 E_cI_0 要小很多；进入第Ⅲ阶段后，M 只有少量增值而 f 却剧增，梁失去继续变形的能力，显然这已不属于使用阶段而进入破坏阶段，该阶段对于求使用阶段梁的跨中最大挠度是没有意义的。

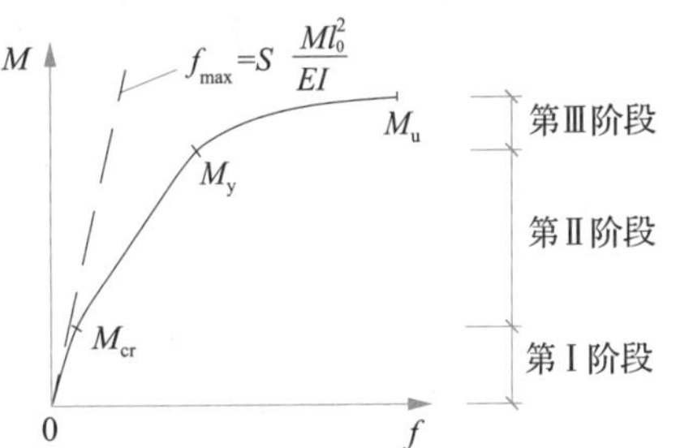

图 3-71 钢筋混凝土梁的 M 与 f 关系曲线

1. 受弯构件短期截面抗弯刚度的估算

对于钢筋混凝土受弯构件，上述关于均质弹性梁的力学概念仍然适用，但是由于钢筋混凝土受弯构件的截面刚度随着荷载的增加而减小，随着配筋率的降低而减小，随着加载时间的增长而减小，且沿构件跨度截面的抗弯刚度是变化的，因而不能以材料力学公式 EI 来计算钢筋混凝土梁的截面刚度。

使用阶段钢筋混凝土受弯构件是带裂缝工作的（图 3-72b），沿构件跨度，每个截面的应力—应变状况不一样，在裂缝截面内为Ⅱ阶段的应力图形，只有部分截面工作；在裂缝之间的截面，其应力图与裂缝截面有显著的不同；加之混凝土是不均质的非弹性材料，变形中有一部分是塑性变形发展的结果，因此，以材料力学公式 EI 来计算钢筋混凝土梁的截面刚度显然是不够妥当的。为此，根据理论分析及试验结果，在《混凝土结构设计规范（2015 年版）》GB 50010—2010 中列出了专门的计算公式：

$$B_s=\frac{E_sA_sh_0^2}{1.15\psi+0.2+\frac{6\alpha_E\rho}{1+3.5\gamma_f'}} \tag{3-78}$$

$$\psi = 1.1 - \frac{0.65 f_{tk}}{\rho_{te}\sigma_{sk}} \tag{3-79}$$

$$\rho_{te} = \frac{A_s}{0.5bh + (b_f - b)h_f} \tag{3-80}$$

$$\sigma_{sk} = \frac{M_q}{0.87 A_s h_0} \tag{3-81}$$

$$\gamma'_f = \frac{(b'_f - b)h'_f}{bh_0} \tag{3-82}$$

式中 ψ——钢筋应变不均匀系数，按式（3-79）计算，当 $\psi<0.2$ 时，取 $\psi=0.2$，当 $\psi>1$ 时，取 $\psi=1$；

ρ_{te}——按有效受拉混凝土截面面积计算的纵向受拉钢筋配筋率，按式（3-80）计算，当 $\rho_{te}<0.01$ 时，应取 $\rho_{te}=0.01$；

σ_{sk}——按荷载准永久组合计算的钢筋混凝土受弯构件纵向受拉钢筋的应力，按式（3-81）计算；

M_q——按荷载准永久组合计算的弯矩值；

γ'_f——受压翼缘面积与腹板有效面积之比，按式（3-82）计算；

α_E——钢筋弹性模量 E_s 与混凝土弹性模量 E_c 之比，即 $\alpha_E=E_s/E_c$；

ρ——配筋率，$\rho=A_s/bh_0$。

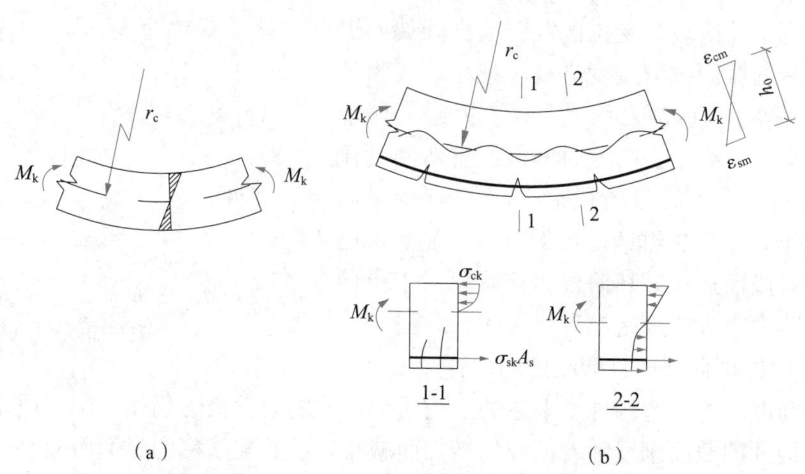

图 3-72 受弯构件的曲率

（a）均质弹性体梁；（b）钢筋混凝土梁

由式（3-78）可知，受弯构件的截面刚度与截面的配筋率、混凝土强度等级、钢筋的种类、截面形状及截面高度等因素有关，其中以截面高度及配筋率的影响最为显著。

在建筑结构的初步设计阶段，可以用以下抗弯刚度的近似值加以估算：

对于未开裂的受弯构件 $B_s=0.85E_cI_0$。

对于正常使用荷载下的受弯构件 $B_s=(0.35\sim0.45)E_cI$；当采用C20~C40混凝土、HRB钢筋，$\frac{h}{h_0}\leqslant1.1$ 的受弯构件，B_s 也可用下式估算：

$$B_s = \frac{250 + 2f_{cu,k}}{300}(0.2 + 2.6\alpha_E\rho)E_cI \tag{3-83}$$

式中 B_s——截面短期抗弯刚度；

E_c——混凝土弹性模量；

I——混凝土截面惯性矩；

$f_{cu,k}$——混凝土立方体抗压强度标准值；

其余符号同前。

用式（3-83）估算得到的 B_s 与《混凝土结构设计规范（2015 年版）》GB 50010—2010 相应公式得到的值误差为 5%～10%。

2. 受弯构件长期截面抗弯刚度的估算值

钢筋混凝土截面抗弯刚度的另一特点是随着时间的增长截面抗弯刚度有所降低，致使构件变形有较大幅度的增长。这是由于混凝土有收缩和徐变特性的缘故。

长期截面抗弯刚度 B_l 与短期截面抗弯刚度 B_s 的关系为：

$$B_l = \frac{M_k}{M_q(\theta - 1) + M_k} B_s \tag{3-84}$$

式中 M_k——按荷载的标准组合计算的弯矩，取计算区段内的最大弯矩值；

M_q——按荷载的准永久组合计算的弯矩，取计算区段内的最大弯矩值；

θ——考虑荷载长期作用对挠度增大的影响系数，与受压钢筋配筋率有关的系数，$\theta = 2.0 - 0.4\left(\frac{\rho'}{\rho}\right)$；

ρ、ρ'——截面受拉和受压钢筋的配筋率。

在近似估算中，B_l 可估算为 B_s 的 50%～60%。

3. 受弯构件挠度计算的概念

对于等截面简支梁，弯矩较大的已开裂截面的抗弯刚度较小，而弯矩较小的未开裂截面的抗弯刚度较大。较准确的方法是应把受弯构件按截面抗弯刚度的大小分段地进行挠度计算。但是，考虑到接近支座区段对最大挠度值影响不大，故可取最大弯矩截面抗弯刚度作为全梁的截面抗弯刚度进行挠度计算。

对于等截面连续梁或框架梁、伸臂梁，则可取用最大弯矩截面和最大负弯矩截面的抗弯刚度分别作为相应正、负弯矩区段的刚度，用结构力学方法计算梁的挠度。但当计算跨度内的支座截面刚度不大于跨中截面刚度的两倍或不小于跨中截面的二分之一时，该跨也可按等刚度计算，其构件刚度可取跨中最大弯矩截面刚度。

当最大挠度不满足式（3-21）时，应采取措施增大构件的刚度，最有效的办法是增大截面的高度。

在一般建筑中，混凝土构件的变形限值主要考虑以下四方面的因素：

（1）保证建筑的使用功能要求，结构构件产生过大的变形将损害甚至丧失其使用功能。例如，吊车梁的挠度过大会妨碍吊车的正常运行；屋面构件和挑檐的挠度过大会造成积水和渗漏等。

（2）防止对结构构件产生不良的影响，这是指防止结构性能与设计中的假定不符。例如，当构件挠度过大，在可变荷载下可能因动力效应引起的共振等。

（3）防止对非结构构件产生不良影响，包括防止结构构件变形过大会使门窗等活动部件不能正常开关；防止非结构构件的开裂、压碎、鼓出或其他形式的损坏等。

（4）保证人们的感觉在可以接受的程度之内。调查表明，从外观要求来看，构件的挠度宜控制在 $l_0/250$ 的限值以内，l_0 为构件的计算跨度。

随着高强度混凝土和高强度钢筋的采用，构件截面尺寸相应减小，变形问题更为突出。《混凝土结构设计规范（2015 年版）》GB 50010—2010 在考虑上述因素的基础上，根据工程经验，规定了受弯构件挠度限值（附表 2-2）。

3.7 钢筋混凝土受压构件计算

3.7.1 受压构件的分类

外力的作用线与构件轴线相重合的受压构件称为轴心受压构件（图 3-73a）。外力的作用线不与构件轴线相重合的受压构件称为偏心受压构件（图 3-73b）。在实际结构中，当构件截面上同时存在轴向力 N 和弯矩 M 时，可以将其视为具有偏心距 $e_0=M/N$ 的偏心压力 N 作用（图 3-74），因此，这类压弯构件也是偏心受压构件。

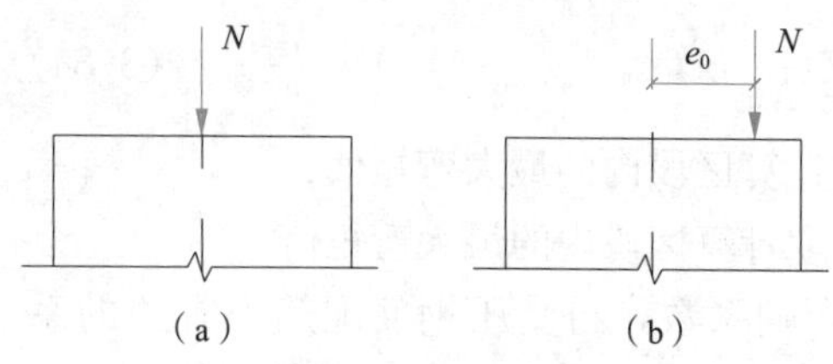

图 3-73 受压构件示意图

(a) 轴心受压；(b) 偏心受压

在实际工程中，理想的轴心受压构件是不存在的，因为由于构件截面尺寸的施工误差、装配式构件安装定位不够准确以及钢筋位置的偏差和混凝土浇筑质量的不均匀等因素，导致构件的实际轴线偏离几何轴线而处于偏心受压状态，而且荷载作用位置的偏差以及构件截面中可能作用的计算未考虑到的附加弯矩，也将使实际压力偏离轴线。但由于这类偶然因素引起的偏心很小，计算中可以忽略，于是这类构件可以看成轴心受压构件。

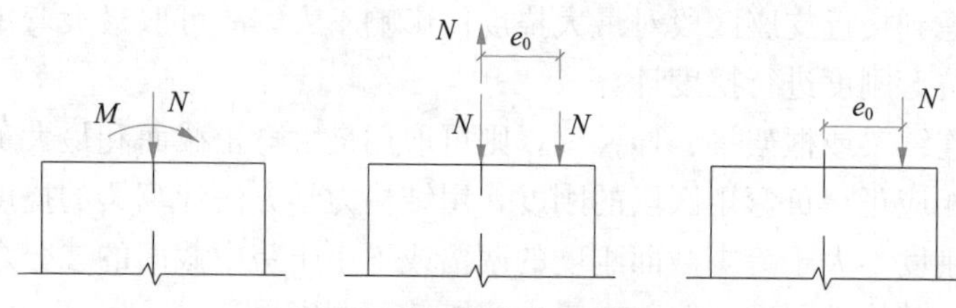

图 3-74 压弯构件的偏心距

例如，大型水池中无梁楼盖的支柱、屋架中的上弦和受压腹杆、对称框架中的中柱以及土压力作用下圆形水池的池壁等可视为轴心受压构件，如图 3-75 所示。

3.7.2 受压构件的构造要求

1. 材料强度等级

混凝土强度等级对受压构件的承载力影响较大。为了减小柱的截面尺寸，节约钢材，宜采用较高强度等级的混凝土，一般采用 C25、C30、C35、C40。在受压构件中使用高强度的钢筋其强度不能充分发挥作用，因此不宜采用高强度等级的钢筋。

2. 截面形式及尺寸

轴心受压构件一般采用正方形，只是在有特殊要求时，才采用圆形或多边形。

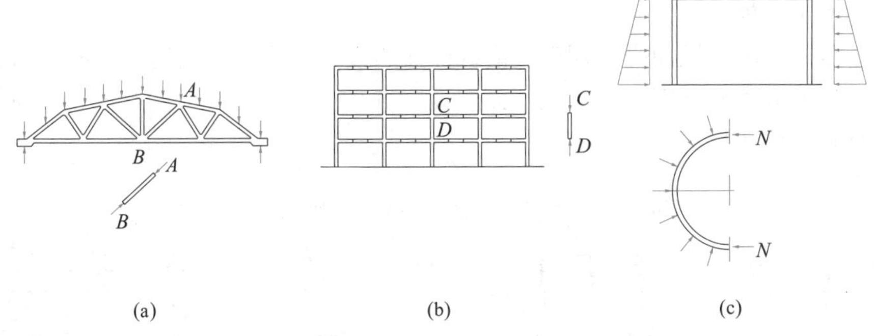

图 3-75 轴心受压构件实例

(a) 屋架中的上弦和受压腹杆；(b) 对称框架中的中柱；(c) 圆形水池的池壁环向部分

偏心受压构件一般采用矩形，但为了节约混凝土和减轻构件自重，特别是在装配式柱中，较大尺寸的柱常常采用Ⅰ字形截面。

截面尺寸要根据内力大小及构件长短来确定。对于正方形和矩形柱的截面尺寸不宜小于 250mm×250mm，为了避免构件长细比过大，承载力降低过多，常取 $l_0/b\leqslant30$，$l_0/h\leqslant25$，这里 l_0 为柱的计算长度，b 为矩形截面短边边长，h 为截面长边边长。此外，为了施工支模方便，柱截面尺寸宜取模数，在 800mm 以下者，取 50mm 的倍数；800mm 以上者，取 100mm 的倍数。

对于Ⅰ形截面，翼缘厚度不宜小于 100mm，因为翼缘太薄会使构件过早出现裂缝，同时，在靠近柱脚处的混凝土容易在车间生产过程中碰坏。腹板厚度不宜小于 80mm，否则浇捣混凝土困难。

3. 纵向钢筋

柱中配有纵向钢筋和箍筋，前者沿构件纵向布置，后者置于纵向钢筋的外侧，围成箍形，沿构件纵轴方向的距离相等，施工时与纵向钢筋绑扎或焊接在一起，构成空间骨架(图 3-76)。

轴心受压构件的纵向钢筋除了协助混凝土承受压力外，还可以防止构件突然脆性破坏及增强构件的延性，承担构件由于混凝土收缩、温度变化和荷载初始偏心等引起的附加弯矩。因此规范规定：当采用强度等级 500MPa 级钢筋时，全部纵向钢筋的最小配筋率取 0.50%；当采用强度等级 400MPa 级钢筋时，全部纵向钢筋最小配筋率取 0.55%；当采用强度等级 300MPa、335MPa 级钢筋时，全部纵向钢筋最小配筋率取 0.60%。考虑到强度等级偏高时混凝土脆性特征更为明显，因此当混凝土强度等级为 C60 及以上时，全部纵向钢筋最小配筋率上调 0.1%。同时，一侧钢筋的配筋率不应小于 0.20%。配筋过多将给施工带来困难，也不经济，全部纵向钢筋配筋率不宜大于 5%，建议采用 0.5%～2.0%。

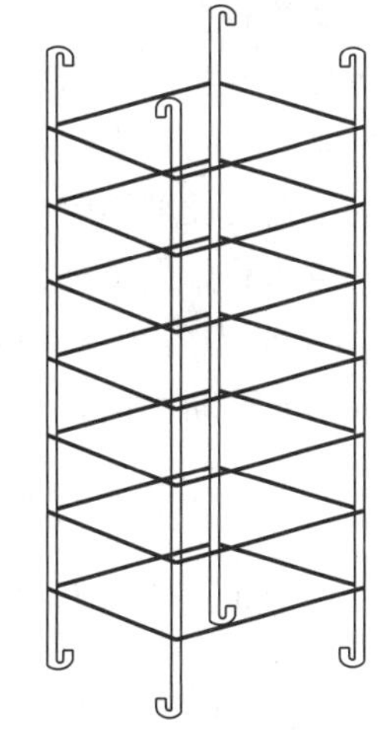

图 3-76 柱的钢筋骨架

纵向受力钢筋的直径应采用得较大一些，以增大施工时钢筋骨架的刚度和减小钢筋纵向压曲的可能性，一般不宜小于 12mm，通常在 12～32mm 范围内选用。

轴心受压构件中，纵向钢筋应沿截面的四周均匀放置，其中距不应大于 300mm，钢筋根数不得少于 4 根。

偏心受压构件中，纵向受力钢筋应沿截面短边设置。当截面高度 $h \geqslant 600$mm 时，为承受混凝土的收缩应力和温度应力，在侧面应设置直径为 10～16mm 的纵向构造钢筋，并相应地设置复合箍筋或拉筋（图 3-77）。

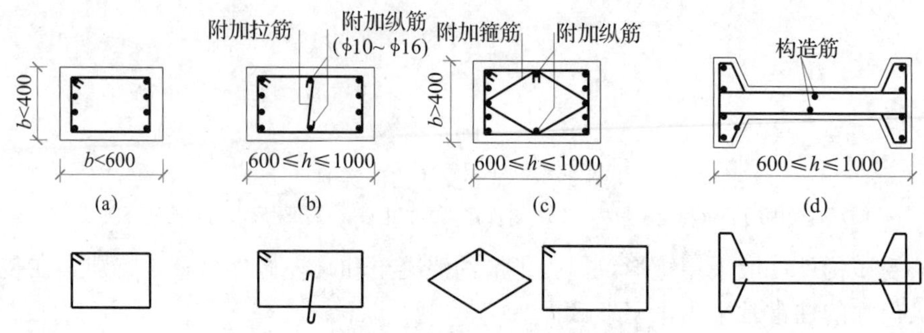

图 3-77　受压构件的箍筋形式

（a）、（b）轴心受压构件；（c）、（d）偏心受压构件

柱内纵向钢筋的净距不应小于 50mm，且不宜大于 300mm。对于水平浇筑的预制柱，其纵向钢筋的最小净距可参照梁的有关规定。

4. 箍筋

受压构件中的箍筋除了在施工中固定纵向受力钢筋的位置外，还给纵向钢筋提供了侧向支点，防止钢筋在受压时发生侧向弯曲。箍筋的数量和布置不需要计算，但为了保证箍筋的作用，在构造上应符合下列要求：

柱中及其他受压构件中的周边箍筋应做成封闭式。

箍筋的间距不应大于 400mm 及构件截面的短边尺寸，且不应大于 $15d$，d 为纵向钢筋的最小直径。

箍筋的直径不应小于 $d/4$，且不应小于 6mm，d 为纵向钢筋的最大直径。当柱中全部纵向受力钢筋的配筋率超过 3%时，箍筋直径不宜小于 8mm，箍筋间距不应大于 $10d$（d 为纵向钢筋的最小直径），且不应大于 200mm。箍筋末端应做成不小于 135°的弯钩，弯钩末端平直段长度不应小于 $10d$（d 为箍筋直径）。

当柱的截面短边大于 400mm 且各边纵向钢筋多于 3 根时，或当柱截面短边尺寸不大于 400mm 但各边纵向钢筋多于 4 根时，应设置复合箍筋（图 3-77）。图 3-77 为受压构件各种截面的箍筋示例。

3.7.3　配有纵筋和箍筋的轴心受压构件承载力计算

1. 轴心受压构件的破坏特征

钢筋混凝土柱根据构件的长细比可分为短柱 $\left(\frac{l_0}{b} \leqslant 8、\frac{l_0}{d} \leqslant 7、\frac{l_0}{i} \leqslant 28\right)$ 和长柱 $\left(\frac{l_0}{b} > 8、\frac{l_0}{d} > 7、\frac{l_0}{i} > 28\right)$ 两类，l_0 为构件的计算长度，b 为矩形截面的短边尺寸，d 为圆形截面的直径，i 为截面的最小回转半径。

轴心受压短柱的试验表明，在整个加载过程中，由于钢筋与混凝土之间存在着粘结力，两者压应变基本一致。临近破坏时，柱四周出现明显的纵向裂缝，箍筋间纵筋发生压曲，向外凸出，混凝土被压碎（图 3-78）。破坏时，钢筋应力 σ_s'先达到抗压屈服强度 f_y'；当混凝土应力 σ_c 达到 f_c 时，$N \to N_u$，柱发生破坏。

轴心受压长柱的试验表明，加载后由于初始偏心距的存在将产生附加弯矩，这样相互影响使长柱最终在弯矩和轴力共同作用下发生破坏。破坏时，首先在凹面出现纵向裂缝，接着混凝土压碎，纵筋压屈外鼓，挠度急速发展，柱失去平衡状态，凸边混凝土开裂，柱破坏（ 图 3-79)。

2. 轴心受压短柱正截面承载力计算

根据上述分析，轴心受压短柱的承载力由混凝土和钢筋两部分组成（图 3-80）。由 $\sum Y = 0$ 可得其正截面受压承载力计算公式为：

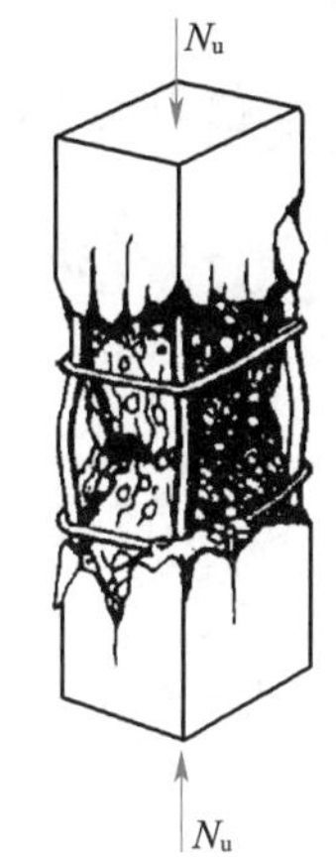

图 3-78　轴心受压短柱的破坏

图 3-79　轴心受压长柱的破坏

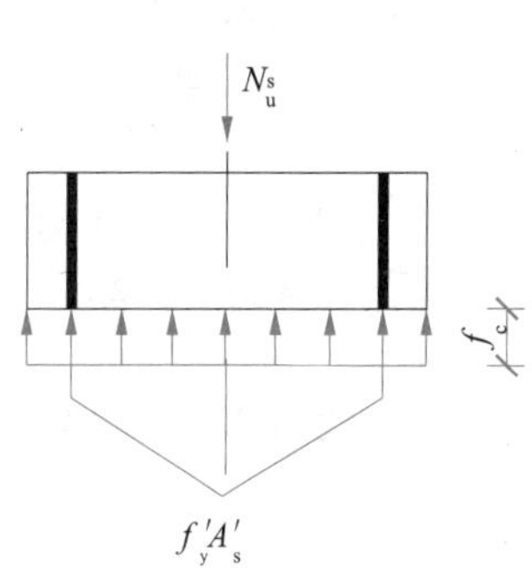

图 3-80　轴心受压短柱截面应力

$$N \leqslant N_u^s = f_c A + f_y' A_s' \tag{3-85}$$

为了保持与偏心受压构件正截面承载力计算具有相近的可靠度，上式右端乘以系数 0.9，即

$$N \leqslant N_u^s = 0.9(f_c A + f_y' A_s') \tag{3-86}$$

式中　N——轴向力设计值；

f_c——混凝土抗压强度设计值；

A——构件截面面积；

f_y'——纵向钢筋屈服抗压强度设计值；

A_s'——全部纵向钢筋的截面面积。

当纵向钢筋配筋率 $\rho' = \dfrac{A_s'}{A} > 3\%$时，式中 A 应用 $A - A_s'$来代替。

3. 轴心受压长柱正截面承载力计算

试验表明，长柱的破坏荷载 N_u^l 低于其他条件相同的短柱破坏荷载 N_u^s。《混凝土结构设计规范（2015 年版）》GB 50010—2010 中采用稳定系数 φ 表示承载力的降低程度，即

$$\varphi = \frac{N_u^l}{N_u^s} \tag{3-87}$$

式中　φ——稳定系数，其值随构件长细比的增加而减少，可按表 3-16 取用。

钢筋混凝土轴心受压构件的稳定系数 φ GB 50010—2010（2015年版） **表 3-16**

l_0/b	l_0/d	l_0/i	φ	l_0/b	l_0/d	l_0/i	φ
≤8	≤7	≤28	1.0	30	26	104	0.52
10	8.5	35	0.98	32	28	111	0.48
12	10.5	42	0.95	34	29.5	118	0.44
14	12	48	0.92	36	31	125	0.40
16	14	55	0.87	38	33	132	0.36
18	15.5	62	0.81	40	34.5	139	0.32
20	17	69	0.75	42	27.5	146	0.29
22	19	76	0.70	44	38	153	0.26
24	21	83	0.65	46	40	160	0.23
26	22.5	90	0.60	48	41.5	167	0.21
28	24	97	0.56	50	43	174	0.19

也可用下列公式近似计算稳定系数 φ，当 $\frac{l_0}{b}$ 不超过40时，公式计算值与表3-16所列数值不致超过3.5%。

$$\varphi=\frac{1}{1+0.002\left(\frac{l_0}{b}-8\right)^2} \tag{3-88}$$

当用式（3-88）计算 φ 时，对圆形截面可取 $b=\frac{\sqrt{3}}{2}d$，对任意截面可取 $b=\frac{1}{\sqrt{12}}i$。

轴心受压构件的计算长度 l_0 与其实际长度和两端支承情况有关。当两端铰支时，取为 $l_0=l$；当两端固定时，取为 $l_0=0.5l$；当一端固定，一端铰支时，取为 $l_0=0.7l$；当一端固定，一端自由时，取为 $l_0=2l$。

对于水池顶盖支柱的计算长度可取为：

当顶盖为装配式时，取 $l_0=1.0H$，H 为支柱从基础顶面到池顶梁底面的高度；当顶盖为整体式时，取 $l_0=0.7H$，H 为支柱从基础顶面到池顶梁轴线的高度；当采用无梁顶盖时，取 $l_0=H-\frac{C_t+C_b}{2}$。H 为支柱水池内部净高；C_t、C_b 分别为上、下柱帽的计算宽度。

这样，可得轴心受压长柱的正截面承载力计算公式为：

$$N\leqslant N_u^l=\varphi N_u^s=0.9\varphi(f_cA+f'_yA'_s) \tag{3-89}$$

4. 实用计算步骤

轴心受压构件承载力计算会遇到以下两种情况。

【情况1】 已知：纵向轴力设计值 N，构件的计算长度 l_0，混凝土强度等级和钢筋强度等级。

求：构件的截面尺寸和纵向钢筋的截面面积 A'_s。

【解】

第一步 先假定纵向钢筋配筋率 ρ'，一般取 $\rho'=0.5\%\sim2.0\%$。再假定稳定系数 $\varphi=1.0$。

第二步 由式（3-89）计算截面面积 A，并初步确定边长，若为正方形，则 $b=h=\sqrt{A}$。再根据所确定尺寸重新计算 A 值

$$A=\frac{N}{0.9\varphi(f_c+\rho' f'_y)} \tag{3-90}$$

第三步　计算长细比$\frac{l_0}{b}$，并根据$\frac{l_0}{b}$按表 3-16 查得 φ。将 A，φ 代入式（3-89）得

$$A'_s=\frac{\frac{N}{0.9\varphi}-f_cA}{f'_y} \tag{3-91}$$

但在一般情况下，截面尺寸可根据以往的设计经验或参考现有类似的设计而确定。这时受压钢筋截面面积可直接按第三步计算求得。

【情况 2】　已知：构件截面面积 A，构件的计算长度 l_0，受压钢筋的截面面积 A'_s，混凝土强度等级和钢筋强度等级。

求：构件的承载能力 N_u 或 $N \leqslant N_u$。

【解】

第一步　根据长细比$\frac{l_0}{b}$由表 3-16 查得 φ。

第二步　由式（3-89）计算 N_u。

第三步　判别 $N \leqslant N_u$ 是否满足。

5. 计算例题

【例 3-6】　已知某清水池装配式顶盖的中间支柱，承受由顶盖传来的轴向压力设计值 $N=1200$kN（包括柱自重），柱高 $H=5.0$m，混凝土强度等级为 C20，钢筋为 HRB400 级钢筋。

试确定柱截面尺寸及配筋。

【解】

由附表 1-1（2）及附表 1-1（6）分别查得 $f'_y=360\text{N/mm}^2$、$f_c=9.6\ \text{N/mm}^2$。

（1）确定截面面积

假定 $\varphi=1.0$，纵向钢筋配筋率 $\rho'=1.0\%$，由式（3-90）得

$$A=\frac{N}{0.9\varphi(f_c+\rho' f'_y)}=\frac{1200\times10^3}{0.9\times1.0\times(9.6+0.01\times360)}=101010.10\text{mm}^2$$

选用正方形截面，边长 $b=\sqrt{A}=\sqrt{101010.1}=317.82$mm，取 $b=350$mm。

（2）求受压钢筋截面面积

柱的计算长度 $l_0=1.0H=5.0$m，$l_0/b=14.28$，由表 3-16 线性插入可得 $\varphi=0.913$

将已知数据代入式（3-91）求纵向受拉钢筋截面面积 A'_s

$$A'_s=\frac{\frac{N}{0.9\varphi}-f_cA}{f'_y}=\frac{\frac{1200\times10^3}{0.9\times0.913}-9.6\times350\times350}{360}=789.96\text{mm}^2$$

选配 4 Φ 16（$A'_s=804.0\ \text{mm}^2$）。

箍筋选用 ϕ6@200。直径大于 $d/4=16/4=4.0$mm；间距小于 400mm，同时小于 $b=350$mm，也小于 $15d=15\times16=240$mm。满足各项构造要求。

截面配筋如图 3-81 所示。

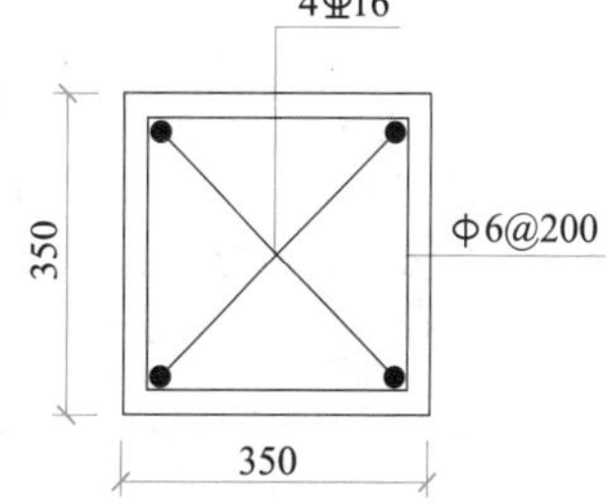

图 3-81　例 3-6 截面配筋图

3.7.4 矩形截面偏心受压构件的承载力计算

1. 偏心受压构件的两种破坏形式

试验表明，钢筋混凝土偏心受压构件的破坏，有下面两种情况：

当偏心距较小时，轴向力在截面中起主要作用，构件截面全部或大部分受压。

当偏心距很小时，构件全截面受压（图 3-82a），靠近轴向力一侧压应力较大，而另一侧压应力较小，当荷载增加到一定程度时，靠近轴向力一侧的钢筋达到了抗压屈服强度，同一侧的混凝土也随即达到极限压应变而被压碎，而远离轴向力一侧钢筋可能受拉而不屈服或受压。当偏心距很小，且靠近轴向力一侧配筋数量过多而另一侧配筋数量过少时，破坏也可能发生在远离轴向力一侧（图 3-82b）。

当偏心距较上述情况稍大，构件大部分截面受压（图 3-82c）。由于中和轴靠近受拉一侧，截面受拉边缘的拉应力很小，受拉区混凝土有可能开裂，也可能不开裂，且不论受拉钢筋配置多少，受拉钢筋中的应力都很小。最后，构件由于受压钢筋达到抗压屈服强度，同时受压区混凝土达到极限压应变而发生破坏。

如果构件受拉区钢筋配置过多，尽管偏心距较大，受拉钢筋在构件达到破坏时达不到屈服，破坏仍然是由于受压区混凝土达到极限压应变而被压碎（图 3-82d）。

我们通常把这种由于受压钢筋达到抗压屈服强度，混凝土达到极限压应变而引起的破坏称为“小偏心受压破坏”。

当偏心距较大，且受拉钢筋的数量也不过多（图 3-82e），此时，在荷载作用下靠近纵向力作用的一侧受压，另一侧受拉，随着荷载的增加，首先在受拉区产生横向裂缝，随着裂缝的不断开展，并向截面内部发展，受压区高度逐渐减小。当荷载增加到一定程度后，受拉钢筋首先达到屈服，由于钢筋塑性变形的发展，裂缝不断开展，受压区高度进一步减小，最后当受压区混凝土边缘达到极限压应变而被压碎，从而导致构件破坏，其破坏特征与适筋的双筋受弯构件类似。

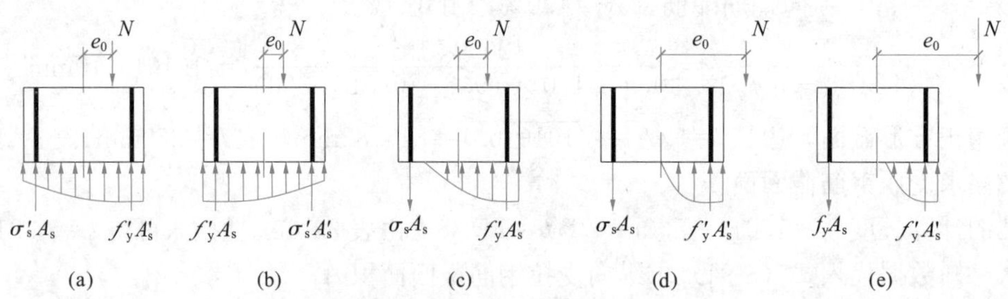

图 3-82 偏心受压构件

（a）偏心距很小，靠近轴向力一侧混凝土先压坏；（b）偏心距很小，轴向力较大，远离轴向力一侧混凝土先压坏；（c）偏心距稍大，靠近轴向力一侧混凝土压坏；（d）偏心距较大，受拉钢筋配置过多，受压区混凝土先压坏；（e）偏心距较大，受拉钢筋不过多，受拉钢筋先达屈服强度，然后受压区混凝土压坏；（a）、（b）、（c）、（d）是“小偏心受压情况”，（e）是“大偏心受压情况”

我们通常把这种由受拉钢筋首先达到屈服强度而开始破坏的构件称为“大偏心受压破坏”。

2. 矩形截面偏心受压构件的基本计算公式

(1) 大偏心受压构件 ($\xi \leqslant \xi_b$)

试验表明，大偏心受压构件的破坏特征与适筋的双筋受弯构件类似，因此受弯构件正截面承载力计算的四个基本假定也适用。截面平均应变符合平面假定，不考虑受拉区混凝土的抗拉作用，破坏时受拉钢筋应力达到屈服强度，受压钢筋的应力也达到屈服强度。受压区混凝土曲线压应力图用等效矩形应力图来代替，其强度值 $\alpha_1 f_c$，如图 3-83 所示。

根据平衡条件 $\sum X=0$ 和 $\sum M=0$ 可得

$$N \leqslant \alpha_1 f_c bx + f'_y A'_s - f_y A_s \tag{3-92}$$

$$Ne \leqslant \alpha_1 f_c bx\left(h_0 - \frac{x}{2}\right) + f'_y A'_s (h_0 - a'_s) \tag{3-93}$$

式中　e——轴向力作用点至受拉钢筋合力点的距离，且 $e=e_i+\frac{h}{2}-a_s$；

e_i——初始偏心距，且 $e_i=e_0+e_a$；

e_0——轴向力对截面重心的偏心距，$e_0=\frac{M}{N}$；

e_a——附加偏心距，取 20mm 和偏心方向截面最大尺寸的 1/30 两者中的较大值；

a_s——受拉钢筋合力至截面近边缘的距离。

适用条件：

1) $x \leqslant \xi_b h_0$

上述条件是为了保证构件破坏时，受拉钢筋应力达到抗拉屈服强度设计值 f_y。

2) $x \geqslant 2a'_s$

上述条件是保证构件破坏时，受压钢筋应力能够达到抗压屈服强度设计值 f'_y。

(2) 小偏心受压构件 ($\xi > \xi_b$)

试验表明，一般情况下，小偏心受压构件破坏时靠近轴向力作用的一侧混凝土被压碎，受压钢筋应力达到屈服强度，而另一侧的钢筋可能受拉而不屈服或受压，如图 3-84 所示。在计算时，受压区混凝土曲线压应力图取等效矩形应力图来代替。

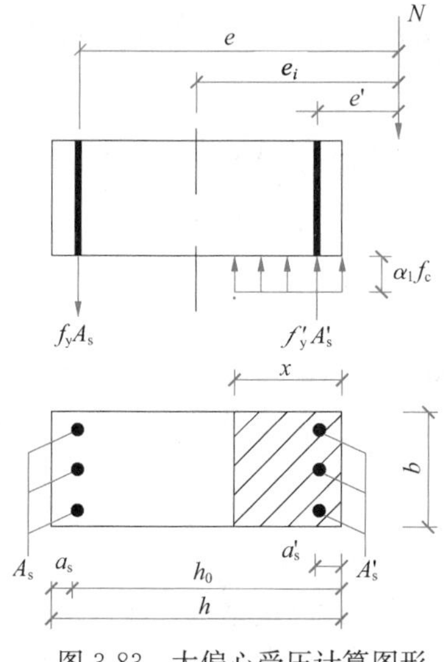

图 3-83　大偏心受压计算图形

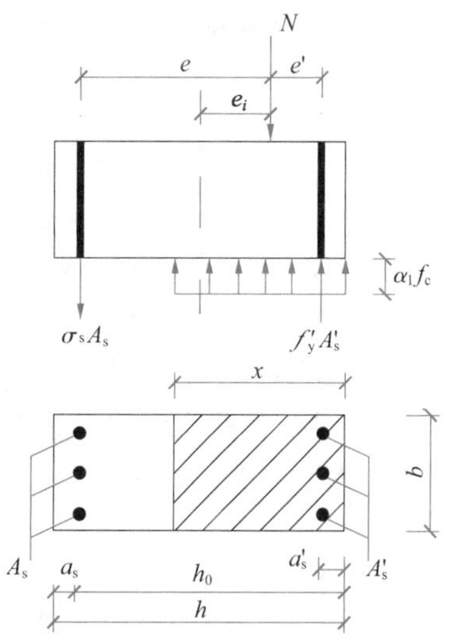

图 3-84　小偏心受压计算图形

根据平衡条件$\sum X=0$和$\sum M=0$可得

$$N\leqslant \alpha_1 f_c bx+f'_y A'_s-\sigma_s A_s \tag{3-94}$$

$$Ne\leqslant \alpha_1 f_c bx\left(h_0-\frac{x}{2}\right)+f'_y A'_s(h_0-a'_s) \tag{3-95}$$

$$Ne'\leqslant \alpha_1 f_c bx\left(\frac{x}{2}-a'_s\right)-\sigma_s A_s(h_0-a'_s) \tag{3-96}$$

式中　σ_s——钢筋A_s的应力值，近似取$\sigma_s=\dfrac{\xi-\beta_1}{\xi_b-\beta_1}f_y$，要求满足$\sigma_s\geqslant -f'_y$；

ξ、ξ_b——相对受压区高度x/h_0和相对界限受压区高度x_b/h_0；

e——轴向力作用点至受拉钢筋合力点的距离，且$e=e_i+\dfrac{h}{2}-a_s$；

e'——轴向力作用点至受压钢筋合力点的距离，且$e'=\dfrac{h}{2}-e_i-a'_s$；

其余符号同前。

当偏心距很小，且$N>f_c bh$时，也可能在远离轴向力一侧混凝土发生先压坏的现象。这时截面应力分布如图3-85所示。

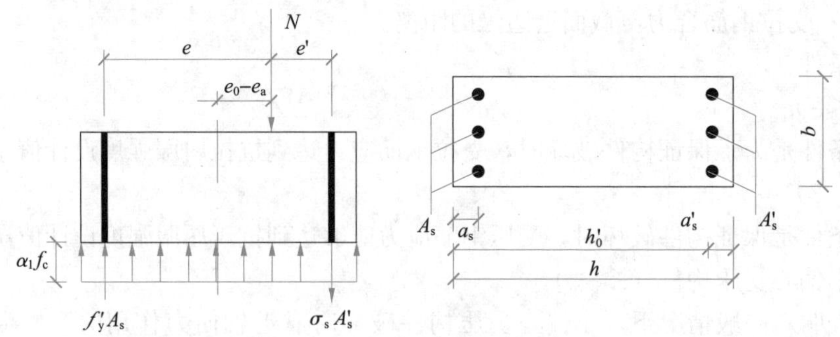

图3-85　小偏心受压计算图形（A_s受压屈服）

为了避免这种情况的发生，对小偏心受压构件除了按式（3-94）和式（3-95）或式（3-96）计算外，尚应按式（3-97）进行验算，此处初始偏心距$e_i=e_0-e_a$，这是考虑了不利方向的附加偏心距。

$$N\left[\frac{h}{2}-a'_s-(e_0-e_a)\right]\leqslant \alpha_1 f_c bh\left(h'_0-\frac{h}{2}\right)+f'_y A_s(h'_0-a_s) \tag{3-97}$$

式中　h'_0——钢筋A'_s合力点至远离纵向力较远一侧边缘的距离，即$h'_0=h-a'_s$。

（3）偏压构件中考虑P-δ效应的C_m-η_{ns}法

弯矩作用平面内截面对称的偏心受压构件，当同一主轴方向的杆端弯矩比M_1/M_2不大于0.9且轴压比不大于0.9时，若杆件的长细比满足式（3-98）的要求，可不考虑轴向压力在该方向挠曲杆件中产生的附加弯矩影响；否则，应考虑轴向压力在该方向挠曲杆件中产生的附加弯矩影响。

$$\frac{l_c}{i}\leqslant 34-12\frac{M_1}{M_2} \tag{3-98}$$

式中　M_1、M_2——已考虑侧移影响的偏心受压构件两端截面按结构弹性分析确定的对同一主轴的组合弯矩设计值，绝对值较大端为M_2，绝对值较小端为

M_1，当杆件按单曲率弯曲（图 3-86a）时，M_1/M_2 取正值，当双曲率弯曲（图 3-86b）时，M_1/M_2 取负值；

l_c ——构件的计算长度，可近似取偏心受压构件相应主轴方向上下支撑点之间的距离；

i ——偏心方向的截面回转半径。

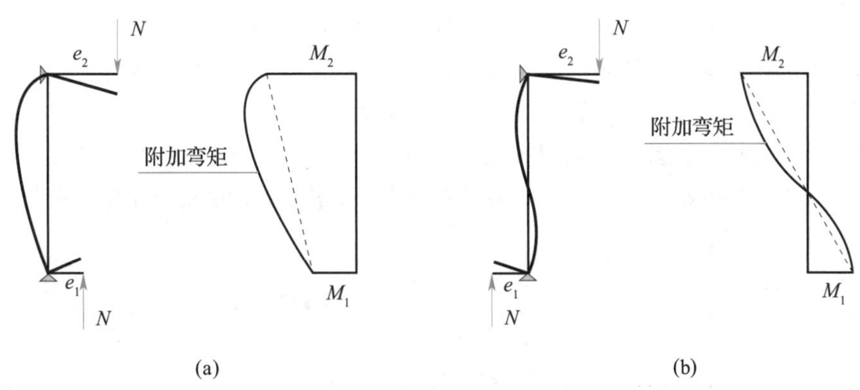

图 3-86　偏心受压构件的二阶效应

除排架结构柱外，其他偏心受压构件考虑轴向压力在挠曲杆件中产生的二阶效应后控制截面的弯矩设计值按下列公式计算：

$$M = C_m \eta_{ns} M_2 \tag{3-99}$$

$$C_m = 0.7 + 0.3\frac{M_1}{M_2} \tag{3-100}$$

$$\eta_{ns} = 1 + \frac{1}{1300(M_2/N + e_a)/h_0}\left(\frac{l_c}{h}\right)^2 \zeta_c \tag{3-101}$$

$$\zeta_c = \frac{0.5 f_c A}{N} \tag{3-102}$$

式中　C_m ——构件端截面偏心距调节系数，按式（3-100）计算，当 $C_m < 0.7$ 时，取 $C_m = 0.7$；

η_{ns} ——弯矩增大系数，按式（3-101）计算；

N ——与弯矩设计值 M_2 相应的轴向压力设计值；

ζ_c ——截面曲率修正系数，按式（3-102）计算，当计算值 $\zeta_c > 1.0$ 时，取 $\zeta_c = 1.0$；

h、h_0 ——截面高度和有效高度；

A ——构件截面面积。

当 $C_m \eta_{ns} < 1.0$ 时，取 $C_m \eta_{ns} = 1.0$。

鉴于排架结构的荷载作用复杂，其二阶效应规律还有待详细研究，提出更为合理的考虑二阶效应的设计方法。排架结构柱的二阶效应仍采用 ηl_0 法，详见《混凝土结构设计规范（2015 年版）》GB 50010—2010 第 B. 0. 4 条规定。

（4）大、小偏心受压构件的界限

大、小偏心受压构件破坏形态的根本区别在于破坏时受拉钢筋应力是否达到屈服强度，故这两种破坏形态的界限，即是在受拉钢筋达到屈服应变 ε_y 的同时，受压区混凝土边缘应变也达到极限压应变 ε_{cu}，而且，偏心受压构件破坏时的混凝土受压区应力图形同样可用等效矩形应力图形来代替，因此本章第 3.4 节推导的相对界限受压区高度 ξ_b［式（3-39）］同样适用于偏心受压构件。

当 $\xi \leqslant \xi_b$ 时，受拉钢筋将先达到屈服强度，属于大偏心受压构件；当 $\xi > \xi_b$ 时，混凝土先于钢筋达到屈服应变，属于小偏心受压构件。

（5）对称配筋矩形截面承载力计算公式

在不同荷载组合作用下，当偏心受压构件中可能出现异号弯矩且弯矩数值上相差较大时，应采用对称配筋构件，截面配筋 $A_s = A'_s$，$f_y = f'_y$。当异号弯矩在数值上相差较大时，采用对称配筋截面就会造成一定的钢筋浪费。但对称配筋偏心受压构件施工时不易发生差错，如在实际工程中，单层厂房装配式柱采用对称配筋，可避免吊装方向错误。

对称配筋时，$A_s = A'_s$，$f_y = f'_y$，即截面的两侧用相同数量的配筋和相同钢材规格。

由式（3-92）可得

$$N = \alpha_1 f_c bx$$

或

$$x = \frac{N}{\alpha_1 f_c b} \tag{3-103}$$

当 $2a'_s \leqslant x \leqslant \xi_b h_0$ 时，为大偏心受压构件，代入式（3-93），可以求得 A'_s，并使 $A_s = A'_s$。

$$A_s = A'_s = \frac{Ne - \alpha_1 f_c bx\left(h_0 - \frac{x}{2}\right)}{f'_y(h_0 - a'_s)} \tag{3-104}$$

当 $x < 2a'_s$时，仿照双筋受弯构件的处理办法，对受压钢筋 A'_s合力点取矩，计算 A_s，得：

$$A_s = A'_s = \frac{Ne'}{f_y(h_0 - a'_s)} \tag{3-105}$$

当 $\xi > \xi_b$ 时，则认为受拉钢筋达不到受拉屈服强度，属于"受压破坏"，此时按小偏心受压构件计算。当由式（3-94）代入式（3-95）计算 x（$=\xi h_0$）需要求解三次方程，计算将十分不便。为此《混凝土结构设计规范（2015 年版）》GB 50010—2010 提出矩形截面对称配筋小偏心受压构件钢筋截面面积近似计算公式：

$$A_s = A'_s = \frac{Ne - \xi(1 - 0.5\xi)\alpha_1 f_c bh_0^2}{f'_y(h_0 - a'_s)} \tag{3-106}$$

此处，相对受压区高度可按下式计算：

$$\xi = \frac{N - \xi_b \alpha_1 f_c bh_0}{\dfrac{Ne - 0.43\alpha_1 f_c bh_0^2}{(\beta_1 - \xi_b)(h_0 - a'_s)} + \alpha_1 f_c bh_0} + \xi_b \tag{3-107}$$

3. 实用计算步骤

【情况 1】 已知：轴心压力设计值 N，弯矩设计值 M，截面尺寸 $b \times h$，构件的计算长度 l_c，混凝土和钢筋的强度等级。

求：对称配筋钢筋截面面积 $A_s = A'_s$。

【解】

第一步　计算 $\frac{l_c}{i}$，若 $\frac{l_c}{i} \leqslant 34 - 12\frac{M_1}{M_2}$，则 $C_m \eta_{ns} = 1.0$，否则按式（3-99）计算 $M = C_m \eta_{ns} M_2$。

第二步　计算 $e_0 = M/N$，$e_i = e_0 + e_a$，$e = e_i + \frac{h}{2} - a'_s$。

第三步　由式（3-103）求 x

$$x=\frac{N}{\alpha_1 f_c b}$$

第四步　如果 $2a'_s \leqslant x \leqslant \xi_b h_0$ 时，为大偏压构件，由式（3-104）求 $A_s=A'_s$；

如果 $x<2a'_s$ 时，则用式（3-105）求 $A_s=A'_s$；

如果 $\xi>\xi_b$ 时，为小偏心受压构件，由式（3-106）求 $A_s=A'_s$。

4. 计算例题

【例 3-7】 某一对称配筋矩形截面偏心受压柱，截面尺寸 $b\times h=450\text{mm}\times 600\text{mm}$，作用于构件上的轴力设计值 $N=1530\text{kN}$，弯矩设计值 $M=345\text{kN}\cdot\text{m}$，计算长度 $l_0=3.0\text{m}$，混凝土强度等级 C25，纵向受力钢筋采用 HRB400，求配筋。

【解】

（1）求 x，判别大小偏心受压

混凝土强度等级 C25（$f_c=11.9\text{N/mm}^2$、$f_{cu,k}=25\ \text{N/mm}^2$），由于 $f_{cu,k}<50\ \text{N/mm}^2$，取 $\alpha_1=1.0$。

钢筋强度等级选用 HRB400（$f_y=360\ \text{N/mm}^2$、$E_s=2.1\times10^5\text{N/mm}^2$）。

由表 3-12 可得，$\xi_b=0.518$

设 $a_s=a'_s=35\text{mm}$，则 $h_0=h-a_s=600-35=565\text{mm}$

由式（3-103）得

$$x=\frac{N}{\alpha_1 f_c b}=\frac{1530\times10^3}{1.0\times11.9\times450}=285.71\text{mm}<\xi_b h_0=0.518\times565=292.67\text{mm}$$

因此，属于大偏心受压构件。

（2）计算 $A_s=A'_s$

$$i=\sqrt{\frac{I}{A}}=\frac{h}{\sqrt{12}}=\frac{600}{\sqrt{12}}=173.2\text{mm},\frac{l_0}{i}=\frac{3000}{173.2}=17.32<34-12\frac{M_1}{M_2}=22$$

故可不考虑轴向压力在该方向挠曲杆件中产生的附加弯矩影响，即 $C_m\eta_{ns}=1.0$。

$$e_0=\frac{M}{N}=\frac{345\times10^6}{1530\times10^3}=225.49\text{mm}$$

$$e_a=\frac{h}{30}=\frac{600}{30}=20\text{mm}$$

$$e_i=e_0+e_a=225.49+20=245.49\text{mm}$$

$$e=e_i+\frac{h}{2}-a_s=245.49+\frac{600}{2}-35=510.49\text{mm}$$

由式（3-104）得

$$A_s=A'_s=\frac{Ne-\alpha_1 f_c bx\left(h_0-\frac{x}{2}\right)}{f'_y(h_0-a_s)}$$

$$=\frac{1530\times10^3\times510.49-1.0\times11.9\times450\times285.71\times\left(565-\frac{285.71}{2}\right)}{360\times(565-35)}$$

$$=708.48\text{mm}^2$$

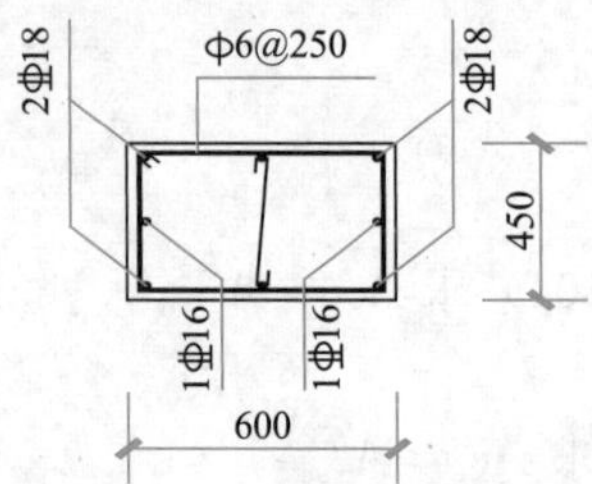

图 3-87　例 3-7 截面配筋图

选配 2Φ18+1Φ16（$A_s=A_s'=710.1\ mm^2$），箍筋选用 φ6@250，同时在长边中点配置构造纵向钢筋 2φ12 及拉筋 φ6@250（图 3-87）。

【例 3-8】 已知条件同【例 3-7】，但 $N=2200kN$，求配筋。

【解】

（1）求 x，判别大小偏心受压

设 $a_s=a_s'=35mm$，则 $h_0=h-a_s=600-35=565mm$

由式（3-103）得

$$x=\frac{N}{\alpha_1 f_c b}=\frac{2200\times10^3}{1.0\times11.9\times450}=410.83mm>\xi_b h_0=0.518\times565=292.67mm$$

因此，属于小偏心受压构件。

（2）计算 $A_s=A_s'$

$$i=\sqrt{\frac{I}{A}}=\frac{h}{\sqrt{12}}=\frac{600}{\sqrt{12}}=173.2mm,\frac{l_0}{i}=\frac{3000}{173.2}=17.32<34-12\frac{M_1}{M_2}=22$$

故可不考虑轴向压力在该方向挠曲杆件中产生的附加弯矩影响，即 $C_m\eta_{ns}=1.0$。

$$e_0=\frac{M}{N}=\frac{345\times10^6}{2200\times10^3}=156.8mm$$

$$e_a=\frac{h}{30}=\frac{600}{30}=20mm$$

$$e_i=e_0+e_a=156.8+20=176.8mm$$

$$e=e_i+\frac{h}{2}-a_s=176.8+\frac{600}{2}-35=441.8mm$$

由式（3-107）得

$$\xi=\frac{N-\xi_b\alpha_1 f_c b h_0}{\dfrac{Ne-0.43\alpha_1 f_c b h_0^2}{(\beta_1-\xi_b)(h_0-a_s')}+\alpha_1 f_c b h_0}+\xi_b$$

$$\xi=\frac{2200\times10^3-0.518\times1.0\times11.9\times450\times565}{\dfrac{2200\times10^3\times441.8-0.43\times1.0\times11.9\times450\times565^2}{(0.8-0.518)(565-35)}+1.0\times11.9\times450\times565}$$
$$+0.518=0.655$$

由式（3-106）得

$$A_s=A_s'=\frac{Ne-\xi(1-0.5\xi)\alpha_1 f_c b h_0^2}{f_y'(h_0-a_s')}$$
$$=\frac{2200\times10^3\times441.8-0.655\times(1-0.5\times0.655)\times1.0\times11.9\times450\times565^2}{360\times(565-35)}$$
$$=1147.64\ mm^2$$

选配 2Φ20+2Φ18（$A_s=A_s'=1137.0\ mm^2$），箍筋选用 φ6@250，同时在长边中点配置构造纵向钢筋 2φ12 及拉筋 φ6@250（图 3-88）。

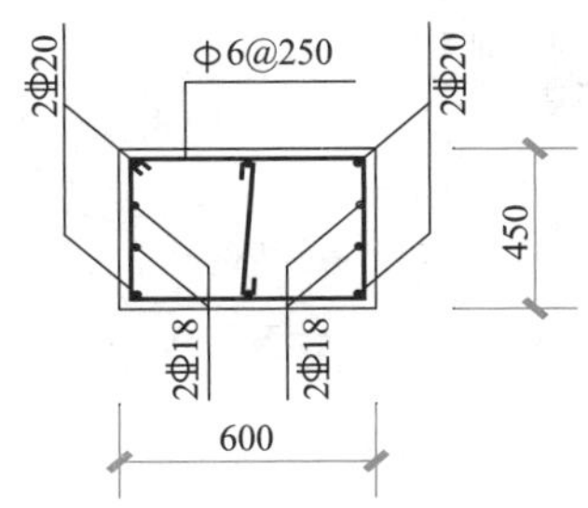

图 3-88　例 3-8 截面配筋图

3.8　钢筋混凝土受拉构件计算

3.8.1　受拉构件分类

外力的作用线与构件轴线相重合的受拉构件称为轴心受拉构件（图 3-89a）。外力的作用线不与构件轴线相重合的受拉构件称为偏心受拉构件（图 3-89b）。在实际结构中，当构件截面上同时存在轴向拉力 N 和弯矩 M 时，可以将其视为具有偏心距 $e_0=M/N$ 的偏心拉力 N 作用（图 3-90），因此，这类拉弯构件也是偏心受拉构件。

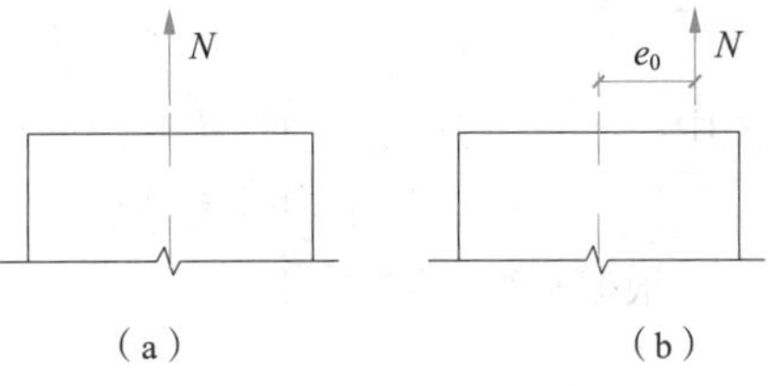

图 3-89　受拉构件示意图
(a) 轴心受拉；(b) 偏心受拉

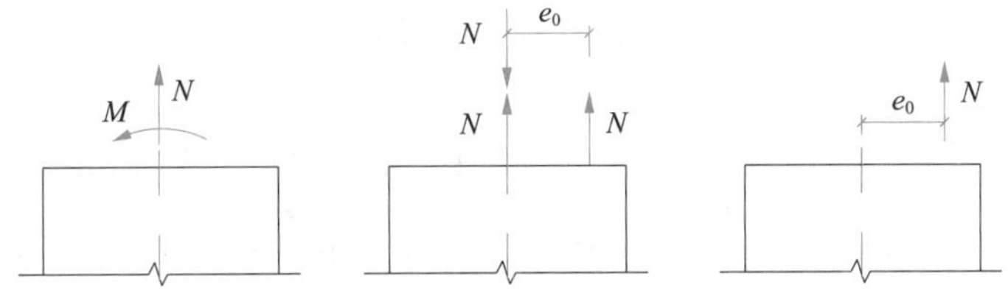

图 3-90　拉弯构件的偏心距

在实际工程中，理想的轴心受拉构件是不存在的，因为由于构件截面尺寸的施工误差、装配式构件安装定位不够准确以及钢筋位置的偏差和混凝土浇筑质量的不均匀等因素，导致构件的实际轴线偏离几何轴线而处于偏心受拉状态。但由于这类偶然因素引起的偏心很小，计算中可以忽略，于是这类构件可以看成轴心受拉构件。

工程中常见的钢筋混凝土轴心受拉构件，有圆形水池池壁（环向）、高压水管管壁（环向）（图 3-91a）以及房屋结构中屋架的受拉弦杆和腹杆等（图 3-91b）。

矩形水池在池内水压力作用下，池壁垂直截面内作用有弯矩 M 和水平方向的轴向拉力 N，处于偏心受拉状态，属于偏心受拉构件。

3.8.2　轴心受拉构件正截面承载力计算

1. 受力过程与破坏特征

轴心受拉构件从加载到破坏整个受力过程可分为两个不同的阶段（图 3-92）。

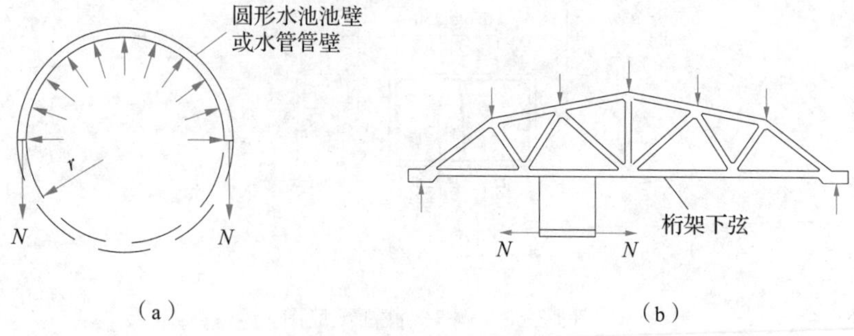

图 3-91　轴心受拉构件实例

（a）圆形水池池壁环向部分；（b）房屋中屋架的受拉弦杆和腹杆

（1）第Ⅰ阶段

混凝土开裂前，钢筋的拉应变 ε_s 与混凝土的拉应变 ε_t 相等，即 $\varepsilon_s=\varepsilon_t$。轴向拉力 N 由钢筋和混凝土共同承担。通过混凝土受拉应力—应变关系，可得

$$\sigma_s = E_s\varepsilon_s = E_s\varepsilon_t = E_s\frac{\sigma_c}{\nu E_c} = \frac{\alpha_E}{\nu}\sigma_c \tag{3-108}$$

式中　α_E——钢筋的弹性模量（E_s）与混凝土弹性模量（E_c）的比值，$\alpha_E=E_s/E_c$；

ν——混凝土弹性系数，混凝土即将开裂时，$\nu=0.5$。

根据平衡条件可得

$$N = \sigma_c A + \sigma_s A_s \tag{3-109}$$

将式（3-108）代入上式，并取 $\rho=A_s/A$，整理后可得

$$\sigma_c = \frac{N}{\left(1+\frac{\alpha_E}{\nu}\rho\right)A} \tag{3-110a}$$

$$\sigma_s = \frac{N}{\left(1+\frac{\nu}{\alpha_E\rho}\right)A_s} \tag{3-110b}$$

即将出现裂缝时，$\sigma_c=f_t$，$\nu=0.5$，则 $\sigma_s=2\alpha_E f_t$。代入式（3-109）可得出现裂缝时轴向拉力 N_{cr} 值

$$N_{cr} = f_t A + 2\alpha_E f_t A_s = (A+2\alpha_E A_s)f_t \tag{3-111}$$

（2）第Ⅱ阶段

混凝土开裂后即进入第Ⅱ阶段。首先在截面最薄弱处产生第一条裂缝，随着荷载的增加，先后在构件一些截面上出现裂缝。此时，在裂缝截面处的混凝土不再承受拉力，所有拉力均由钢筋来承担，即 $\sigma_c=0$；$\sigma_s=N/A_s$。

当钢筋应力达到抗拉屈服强度 f_y 时，裂缝开展很大，可认为构件达到了破坏状态。

2. 正截面承载力计算公式

轴心受拉构件破坏时，裂缝截面的混凝土已退出工作，全部拉力由钢筋来承担（图 3-93）。轴心受拉构件的正截面受拉承载力按下列公式计算

$$N \leqslant f_y A_s \tag{3-112}$$

式中　N——轴向拉力设计值；

f_y——纵向钢筋抗拉强度设计值；

A_s——纵向钢筋的全部截面面积。

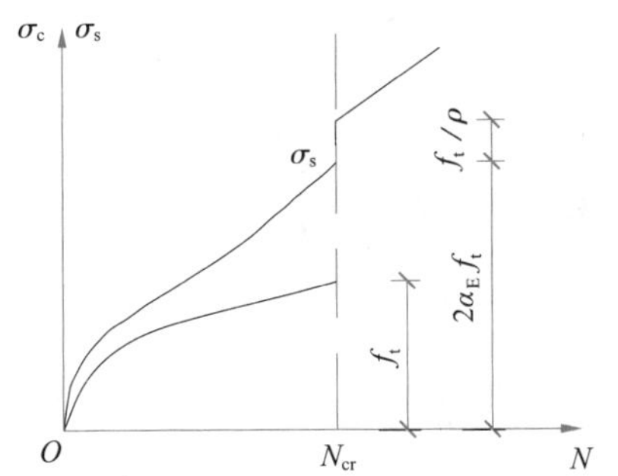

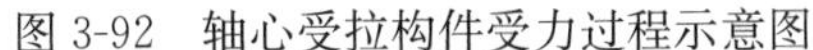

图 3-92 轴心受拉构件受力过程示意图

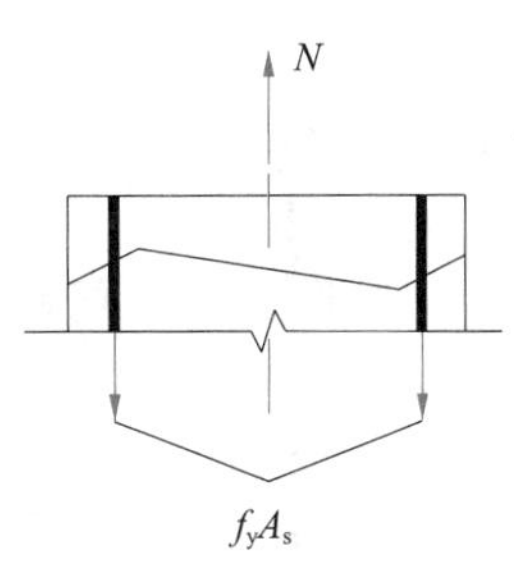

图 3-93 轴心受拉构件的承载力计算图式

3. 轴心受拉构件的抗裂度验算

《给水排水工程构筑物结构设计规范》GB 50069—2002 规定，对钢筋混凝土构筑物，当其构件在标准组合作用下处于轴心受拉的受力状态时，应按下列公式进行抗裂度验算：

$$\frac{N_k}{A_0} \leqslant \alpha_{ct} f_{tk} \tag{3-113}$$

式中 N_k——构件在标准组合作用下计算截面上的纵向力；

f_{tk}——混凝土轴心抗拉强度标准值；

A_0——计算截面的换算截面面积，$A_0 = A_c + 2\alpha_E A_s$，其中 $A_c = bh$，$\alpha_E = E_s/E_c$；

α_{ct}——混凝土拉应力限制系数，可取 0.87。

3.8.3 偏心受拉构件正截面承载力计算

1. 大、小偏心受拉的界限

偏心受拉构件的计算，按纵向拉力 N 的作用位置不同，可分为两种情况：

当纵向力 N 作用于钢筋 A_s 合力点及 A_s'的合力点范围以内（图 3-94a），即$e_0 \leqslant \frac{h}{2} - a_s$ 时，截面将不存在受压区，构件中一般都将产生贯通整个截面的裂缝。截面开裂后，裂缝截面中的混凝土完全退出工作。根据平衡条件，拉力 N 将由左、右两侧的钢筋 A_s 和 A_s'承担，它们都是受拉钢筋。我们把这种情况称为小偏心受拉。

当纵向力 N 作用于钢筋 A_s 合力点及 A_s'的合力点范围以外（图 3-94b），即$e_0 > \frac{h}{2} - a_s$ 时，截面部分受拉，部分受压，因为如果以受拉钢筋 A_s 合力点为力矩中心，则只有当截面左侧受压时才能保持平衡。我们把这种情况称为大偏心受拉。

2. 基本计算公式

（1）大偏心受拉构件

大偏心受拉构件破坏时，受拉钢筋先达到抗拉屈服强度，随着受拉钢筋塑性变形的增长，受压区高度逐步减小，最后构件受压区混凝土边缘达到极限压应变而破坏。大偏心受拉构件的破坏特征与适筋梁相似，因此受压区混凝土可等效为矩形应力图形。受拉钢筋应力达到抗拉屈服强度设计值 f_y，当 $x \geqslant 2a_s'$时，受压钢筋应力也能达到其抗压屈服强度设计值 f_y'。

由图 3-95 计算应力图形，根据平衡条件，可得大偏心受拉构件正截面承载力计算公式为：

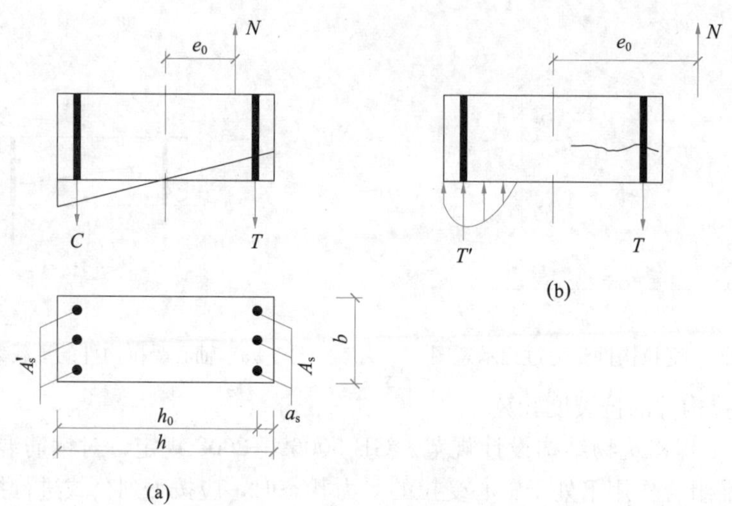

图 3-94　大、小偏心受拉的界限

（a）小偏心受拉（$e_0 \leqslant \frac{h}{2}-a_s$）；（b）大偏心受拉（$e_0 > \frac{h}{2}-a_s$）

$$N = f_y A_s - f'_y A'_s - \alpha_1 f_c bx \tag{3-114}$$

$$Ne \leqslant \alpha_1 f_c bx\left(h_0 - \frac{x}{2}\right) + f'_y A'_s (h_0 - a'_s) \tag{3-115}$$

式中　e——轴向力 N 到 A_s 合力点的距离，$e = e_0 - \frac{h}{2} + a_s$。

此时，混凝土受压区高度应符合 $x \leqslant \xi_b h_0$ 的要求，同时为了保证受压钢筋达到抗压屈服强度设计值 f'_y，还应满足 $x \geqslant 2a'_s$ 的要求。

（2）小偏心受拉构件

小偏心受拉构件破坏时，裂缝截面中混凝土全部退出工作，拉力全部由 A_s 和 A'_s 承担，当 $A_s e = A'_s e'$ 时，钢筋 A_s 和 A'_s 的应力均达到抗拉屈服强度设计值。

根据图 3-96 的计算图形，分别对 A_s 及 A'_s 取矩，可建立小偏心受拉构件的正截面承载力计算公式：

$$Ne \leqslant f_y A'_s (h_0 - a'_s) \tag{3-116}$$

$$Ne' \leqslant f_y A_s (h_0 - a'_s) \tag{3-117}$$

式中　N——轴向拉力设计值；

e——轴向拉力到 A_s 合力作用点的距离，$e = \frac{h}{2} - e_0 - a_s$；

e'——轴向拉力到 A'_s 合力作用点的距离，$e' = \frac{h}{2} + e_0 - a'_s$；

e_0——轴向拉力的偏心距，$e_0 = \frac{M}{N}$。

3. 对称配筋偏心受拉构件的承载力计算

对大偏心受拉构件，当对称配筋时，由于 $A_s = A'_s$，$f_y = f'_y$，代入式（3-114）后，必然会得到 $x < 0$，即属于 $x < 2a'_s$ 的情况，这时，可取 $x = 2a'_s$，并向 A'_s 合力点取矩计算 A_s 值，即

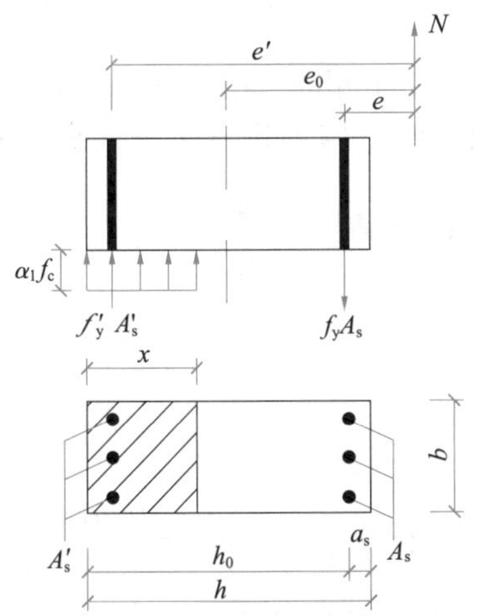

图 3-95　大偏心受拉构件的计算图形

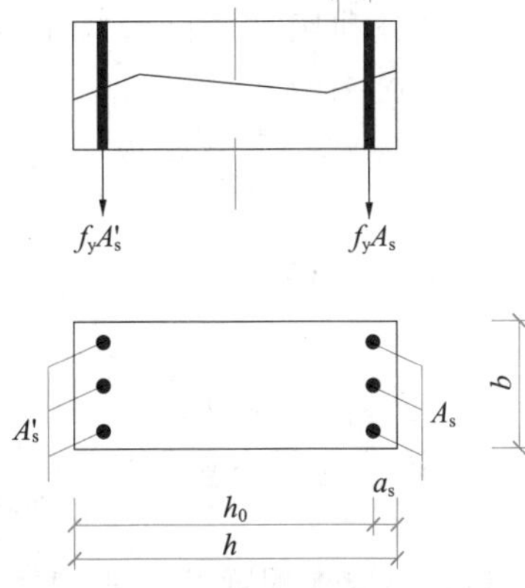

图 3-96　小偏心受拉构件的计算图形

$$A_s = A'_s = \frac{Ne'}{f_y(h_0 - a'_s)} \tag{3-118}$$

式中　$e' = e_0 + \frac{h}{2} - a'_s$。

对小偏心受拉构件，当对称配筋时，为了达到内外力的平衡，远离偏心一侧 A'_s 达不到屈服，在设计时按式（3-117）计算 A_s，即式（3-118）。

4. 计算例题

【例 3-9】 某矩形水池，池壁 $h=300$mm，通过内力分析，求得跨中水平方向的最大弯矩设计值 $M=280$kN·m/m，相应的轴力设计值 $N=140$kN/m（图 3-97）。该水池的混凝土强度等级为 C25，采用 HRB400 级钢筋。

求：水池在该处需要的 A_s 及 A'_s。

【解】（1）求 e_0，判别大、小偏心受拉

取 $a_s = a'_s = 35$mm，$h_0 = h - a_s = 300 - 35 = 265$mm

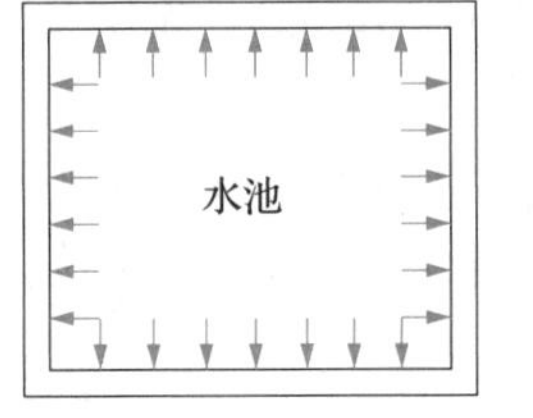

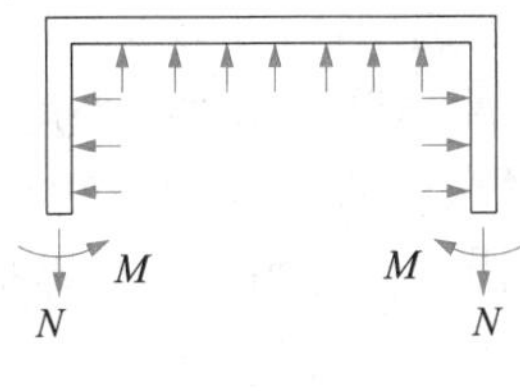

图 3-97　例 3-9 图

$$e_0 = \frac{M}{N} = \frac{140 \times 10^6}{280 \times 10^3} = 500\text{mm} > \frac{h}{2} - a_s = \frac{300}{2} - 35 = 115\text{mm}$$

因此，该截面属于大偏心受拉。

（2）求 A'_s

混凝土强度等级 C25（$f_c = 11.9$N/mm²、$f_{cu,k} = 25$ N/mm²），由于 $f_{cu,k} < 50$ N/mm²，取 $\alpha_1 = 1.0$，$\beta_1 = 0.8$，$\varepsilon_{cu} = 0.0033$。

钢筋选用 HRB400（$f_y = f'_y = 360$ N/mm²、$E_s = 2.0 \times 10^5$N/mm²）。

由表 3-12 可得，$\xi_b=0.518$

截面设计的基本步骤与双筋梁或大偏心受压构件基本相同。由于有 x、A'_s、A_s 三个未知量，可根据充分利用受压区混凝土的抗压作用，使总用钢量（A'_s+A_s）为最少的原则，取 $x=\xi_b h_0=0.518\times265=137.27\text{mm}$。

$$e=e_0-\frac{h}{2}+a_s=500-\frac{300}{2}+35=385\text{mm}$$

由式（3-115）可得

$$A'_s=\frac{Ne-\xi_b(1-0.5\xi_b)\alpha_1 f_c bh_0^2}{f'_y(h_0-a'_s)}$$
$$=\frac{280\times10^3\times385-0.518\times(1-0.5\times0.518)\times1.0\times11.9\times1000\times265^2}{360\times(265-35)}<0$$

因此，按构造要求配置 A'_s。取 $A'_s=\rho'_{min}bh_0=0.2\%\times1000\times265=530\text{mm}^2$，选配Φ 12@200($A'_s=565\ \text{mm}^2$)。这样，问题变为 A'_s已知，求 A_s。

（3）已知 A'_s，求 A'_s

$$A_{s1}=\frac{f'_yA'_s}{f_y}=\frac{360}{360}\times565=565\ \text{mm}^2$$

$$M_1=f'_yA'_s(h_0-a'_s)=360\times565\times(265-35)=46.782\times10^6\text{N}\cdot\text{mm}$$

$$M_2=Ne-M_1=280\times10^3\times385-46.782\times10^6=61.018\times10^6\text{N}\cdot\text{mm}$$

$$\alpha_s=\frac{M}{\alpha_1 f_c bh_0^2}=\frac{61.018\times10^6}{1.0\times11.9\times1000\times265^2}=0.073$$

$$\xi=1-\sqrt{1-2\alpha_s}=1-\sqrt{1-2\times0.073}=0.076<\xi_b=0.518$$

$$A_{s2}=\xi\frac{\alpha_1 f_c bh_0}{f_y}=0.076\times\frac{1.0\times11.9\times1000\times265}{360}=665.74\text{mm}^2$$

$$A_{sN}=\frac{N}{f_y}=\frac{280\times10^3}{360}=777.78\text{mm}^2$$

$$A_s=A_{s1}+A_{s2}+A_{sN}=565+665.74+777.78=2008.52\text{mm}^2$$

选用Φ 16@100($A_s=2011.0\ \text{mm}^2$)，见图 3-98。

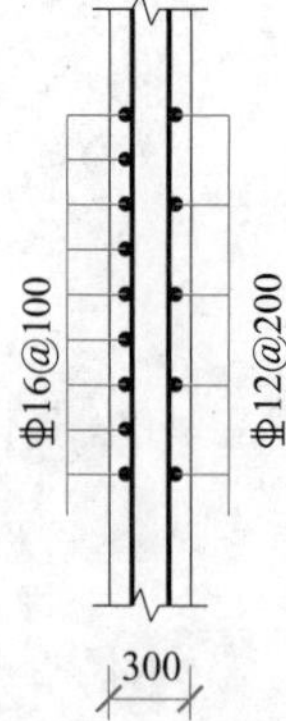

图 3-98　池壁配筋图

5. 偏心受拉构件抗裂度验算

《给水排水工程构筑物结构设计规范》GB 50069—2002 规定，对钢筋混凝土构筑物，当其构件在标准组合作用下处于小偏心受拉的受力状态时，应按下式进行抗裂度验算：

$$N_k\left(\frac{e_0}{\gamma W_0}+\frac{1}{A}\right)\leqslant\alpha_{ct}f_{tk}\qquad(3\text{-}119)$$

式中　N_k——构件在标准组合作用下计算截面上的纵向力；

e_0——轴向力对截面重心的偏心距；

f_{tk}——混凝土轴心抗拉强度标准值；

A_0——计算截面的换算截面面积，$A_0=A_c+2\alpha_E(A_s+A'_s)$，其中 $A_c=bh$，$\alpha_E=E_s/E_c$；

W_0——换算截面受拉边缘的弹性抵抗矩；

γ——截面抵抗矩塑性系数，对矩形截面为1.75；

α_{ct}——混凝土拉应力限制系数，可取0.87。

所谓换算截面是将钢筋和混凝土均视为弹性材料，按等效原则将钢筋混凝土截面换算成纯混凝土截面。换算的原则是：

（1）将钢筋换算成混凝土后，它所承担的内力不变，应变相等，根据这一原则，面积为 A_s 的钢筋换算成混凝土后的面积为 $\alpha_E A_s$；

（2）将钢筋换算成混凝土后，其形心与原钢筋截面形心重合，且对本身形心轴的惯性矩可以忽略不计。根据这一原则，图3-99（a）所示的实际钢筋混凝土截面，其换算截面将如图3-99（b）所示。

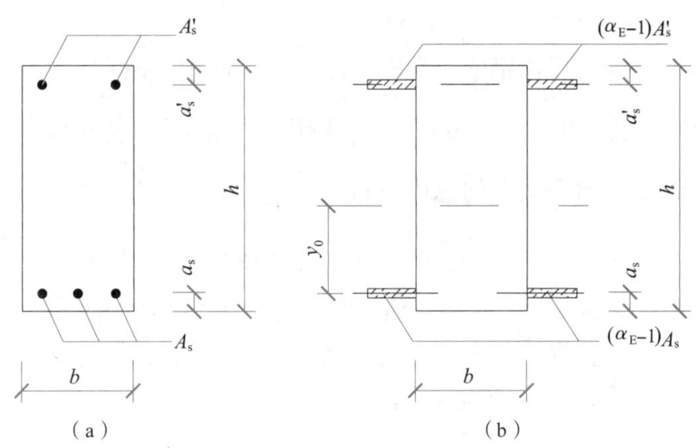

图3-99 换算截面的概念

（a）实际截面；（b）换算截面

为了确定换算截面受拉边缘的弹性抵抗矩，必须先确定换算截面的几何形心轴位置及对几何形心轴的惯性矩。设 y_0 为换算截面最大受拉边至形心轴的距离（图3-99），则

$$y_0=\frac{\frac{1}{2}bh^2+(\alpha_E-1)A'_s(h_0-a'_s)+(\alpha_E-1)A_s a_s}{bh+(\alpha_E-1)A'_s+(\alpha_E-1)A_s} \tag{3-120}$$

惯性矩为：

$$I_0=\frac{1}{12}bh^3+bh\left(\frac{h}{2}-y_0\right)^2+(\alpha_E-1)A'_s(h-a'_s-y_0)^2+(\alpha_E-1)A_s(y_0-a_s)^2 \tag{3-121}$$

则换算截面最大受拉边缘的弹性抵抗矩为：

$$W_0=\frac{I_0}{y_0} \tag{3-122}$$

当抗裂未能满足式（3-119）要求时，最有效的办法是增大截面尺寸。

6. 偏心受拉构件裂缝宽度验算

按照《给水排水工程构筑物结构设计规范》GB 50069—2002，偏心受拉构件的最大裂缝宽度 w_{max} 的计算公式：

$$w_{max}=1.8\psi\frac{\sigma_{sq}}{E_s}\left(1.5c+0.11\frac{d}{\rho_{te}}\right)(1+\alpha_1)\nu \tag{3-123}$$

$$\psi = 1.1 - \frac{0.65 f_{tk}}{\rho_{te}\sigma_{sq}\alpha_2} \tag{3-124}$$

式中 w_{max}——最大裂缝宽度（mm）；

ψ——裂缝间受拉钢筋应变不均匀系数，当 $\psi<0.4$ 时，应取 0.4，当$\psi>1.0$ 时，应取 1.0；

σ_{sq}——按长期效应准永久组合计算的截面纵向受拉钢筋应力（N/mm^2），$\sigma_{sq}=\dfrac{M_q+0.5N_q(h_0-a_s')}{A_s(h_0-a_s')}$（大偏心受拉构件），式中，$N_q$、$M_q$ 为按长期效应准永久组合作用下，计算截面上的轴向力 N 和弯矩 M，a_s'为位于偏心力一侧的钢筋至截面近侧边缘的距离；

E_s——钢筋的弹性模量（N/mm^2）；

c——最外层纵向受拉钢筋的混凝土净保护层厚度（mm）；

d——纵向受拉钢筋直径（mm），当采用不同直径的钢筋时，应取 $d=\dfrac{4A_s}{u}$，u 为纵向受拉钢筋截面的总周长；

ρ_{te}——以有效受拉混凝土截面面积计算的纵向受拉钢筋配筋率，即 $\rho_{te}=\dfrac{A_s}{0.5bh}$，$b$ 为截面计算宽度，h 为截面计算高度，A_s 为受拉钢筋的截面面积，对偏心受拉构件应取偏心力一侧的钢筋截面面积；

α_1——系数，对受弯、大偏心受压构件可取 $\alpha_1=1.0$，对大偏心受拉构件可取 $\alpha_1=0.28\left(\dfrac{1}{1+\dfrac{2e_0}{h_0}}\right)$；

ν——纵向受力钢筋表面特征系数，对光面钢筋应取 1.0，对带肋钢筋应取 0.7；

f_{tk}——混凝土轴心抗拉强度标准值；

α_2——系数，对受弯构件可取 $\alpha_2=1.0$，对大偏心受压构件可取 $\alpha_2=1-0.2\dfrac{h_0}{e_0}$，对大偏心受拉构件可取 $\alpha_2=1+0.35\dfrac{h_0}{e_0}$。

3.9 钢筋混凝土梁板结构设计

3.9.1 钢筋混凝土梁板结构的分类

1. 梁板结构的分类

钢筋混凝土梁板结构应用十分广泛，房屋建筑中的楼盖、屋盖，水池中的顶盖和底板，承受侧向水平力的矩形水池池壁和挡土墙等，都属于梁板结构。

按施工方法，钢筋混凝土梁板结构可分为：

（1）整体式（或现浇式）梁板结构

这种结构是在现场整体浇筑混凝土，具有刚度大，整体性好，抗震能力强，防水性好，结构布置灵活等特点。但其缺点是，模板用量大，施工量大，工期长，冬期施工必须采取专门的防冻防寒措施等。

（2）装配式梁板结构

这种结构是预先在施工现场以外制作梁、板构件，然后在现场装配这些预制构件。其优点是，有利于实现生产标准化和施工机械化，施工速度快，节约模板，施工不受季节的影响。但其缺点是，整体性较差，用钢量稍大。这种形式常用于圆形水池和矩形水池装配式梁板结构的顶板，如图 3-100（a）、（b）所示。

（3）装配整体式梁板结构

这种结构通常是在预制构件上预留外伸钢筋，在预制构件安装就位后再通过钢筋的连接和二次浇灌混凝土使之形成整体结构。因此，其整体性比装配式梁板结构有所改善，模板用量也可减少。

按结构形式，钢筋混凝土梁板结构可有以下类型：

（1）肋形梁板结构

肋形梁板结构是由板、梁和支柱（或承重墙）组成，可用做矩形水池的顶盖或房屋结构的屋盖和楼盖。根据梁板的布置情况，可以分为单向板肋形梁板结构和双向板肋形梁板结构两种情况，如图 3-100（c）、（d）所示。

（2）无梁板结构

无梁板结构是将钢筋混凝土板直接支承在带有柱帽的钢筋混凝土柱上，而完全不设置主梁和次梁，如图 3-100（e）所示。无梁板沿周边宜伸出边柱以外，若不伸出边柱外，则宜设置边梁或直接支承在砖墙或混凝土壁板上。周边支承在边梁上，边柱可不设置柱帽或设置半边柱帽。

（3）圆形平板

圆形平板是沿周边支承于池壁上的等厚圆板。它可用做圆形水池和水塔、水柜的顶板和底板。当水池直径较小（一般小于 6m）时，可采用无支柱圆板；当水池直径较大时，为避免圆板过厚及配筋过多，可在圆板中心设置支柱，即成为有中心支柱的圆形平板，如图 3-100（f）所示。

2. 钢筋混凝土梁板结构布置

（1）单向板和双向板的基本概念

在图 3-101 所示的承受均布荷载 q 的四边简支矩形板中，l_{02}、l_{01} 分别为其长、短跨方向的计算跨度，现在研究均布荷载 q 在长、短跨方向的传递情况。取出跨度中点两个相互垂直的单位宽度的板带来分析。设沿短跨方向传递的荷载为 q_1，沿长跨方向传递的荷载为 q_2，则

$$q = q_1 + q_2 \tag{3-125}$$

当不计相邻板对它们的影响时，上述两个板带在交点处的挠度相等，即

$$\frac{5q_1 l_{01}^4}{384EI} = \frac{5q_2 l_{02}^4}{384EI}$$

即

$$\frac{q_1}{q_2} = \left(\frac{l_{02}}{l_{01}}\right)^4 \tag{3-126}$$

故

$$q_1 = \eta_1 q,\quad q_2 = \eta_2 q \tag{3-127}$$

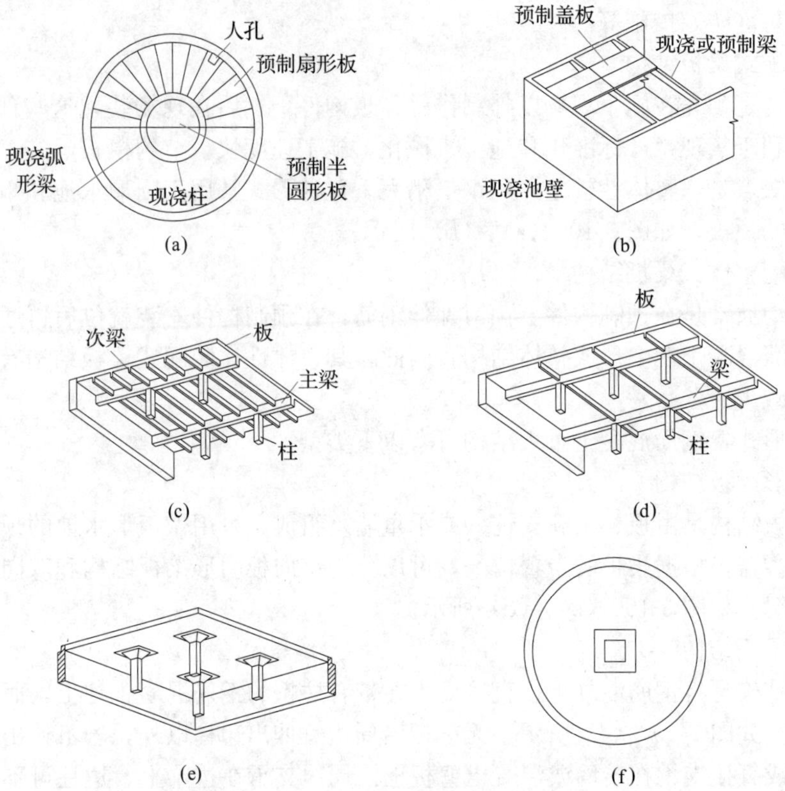

图 3-100　梁板结构

（a）圆形水池预制顶盖；（b）小型矩形水池预制顶盖；（c）单向板肋形顶盖；（d）双向板肋形顶盖；（e）无梁顶盖；（f）圆形顶盖

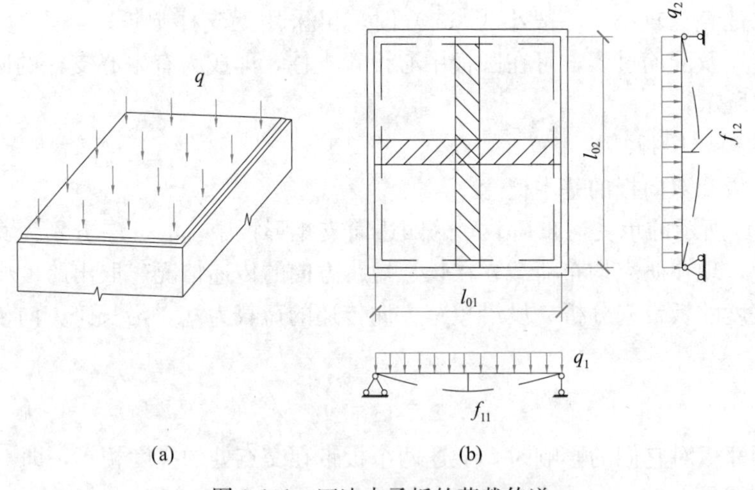

图 3-101　四边支承板的荷载传递

（a）四边支承板；（b）荷载传递计算

$$\eta_1=\frac{1}{\frac{1}{(l_{02}/l_{01})^4}+1},\quad \eta_2=\frac{1}{1+(l_{02}/l_{01})^4}$$

式中　η_1、η_2——短跨、长跨方向的荷载分配系数。

由表3-17可知，随着 l_{02}/l_{01} 的增大，η_1 逐渐增大，η_2 逐渐减小。这说明，l_{02}/l_{01} 越大，短跨方向所承担的荷载 q_1 也越大，而长跨方向所承受的荷载 q_2 越小。

短跨、长跨方向的荷载分配系数 η_1、η_2 值 **表3-17**

l_{02}/l_{01}	1	2	3	4	5	6	7
η_1	0.5	0.9412	0.9878	0.9961	0.9984	0.9992	0.9996
η_2	0.5	0.0588	0.0122	0.0039	0.0016	0.0008	0.0004

当 $l_{02}/l_{01}=2$ 时，$\eta_1=\frac{16}{17}=0.9412$，$\eta_2=\frac{1}{17}=0.0588$；当 $l_{02}/l_{01}=3$ 时，$\eta_1=\frac{81}{82}=0.9878$，$\eta_2=\frac{1}{82}=0.0122$。这说明，当 $l_{02}/l_{01}>2$ 时，此时可仅考虑沿长跨方向的支承，即荷载只沿短跨方向传递，可忽略长跨支承的作用，称这种情况的板为单向板。当 $l_{02}/l_{01}\leqslant 2$ 时，必须同时考虑沿长、短跨方向的支承，称这种情况的板为双向板。

《混凝土结构设计规范（2015年版）》GB 50010—2010 将 $l_{02}/l_{01}>3$ 作为单向板的界限，四边支承的板应按下列规定计算：

1）当长边与短边长度之比 $l_{02}/l_{01}\leqslant 2$ 时，应按双向板计算。

2）当长边与短边长度之比 $2<l_{02}/l_{01}<3$ 时，宜按双向板计算；当按沿短边方向受力的单向板计算时，应沿长边方向布置足够数量的构造钢筋。

3）当长边与短边长度之比 $l_{02}/l_{01}\geqslant 3$ 时，宜按沿短边方向受力的单向板计算，并应沿长边方向布置构造钢筋。

（2）钢筋混凝土梁板结构布置

1）整体式肋形梁板结构平面布置

① 单向板肋形梁板结构平面布置

单向板肋形梁板结构一般由板、次梁和主梁组成。楼盖则支承在柱、墙等竖向构件上。次梁的间距决定了板的跨度；主梁的间距决定了次梁的跨度；柱或墙的间距决定了主梁的跨度。单向板、次梁和主梁的常用跨度为：

单向板：1.7～2.5m，荷载较大时取较小值，一般不宜超过3m。按刚度要求，板厚不应小于其跨度的1/40（连续板）、1/35（简支板）或1/12（悬臂板）。对于有覆土的水池顶盖，板厚不应小于其跨度的1/25且不宜小于150mm。

次梁：4.0～6.0m，按刚度要求，次梁的高跨比 $h/l=1/18\sim1/12$，截面宽高比 $b/h=1/3\sim1/2$。

主梁：5.0～8.0m，按刚度要求，次梁的高跨比 $h/l=1/15\sim1/10$，截面宽高比 $b/h=1/3\sim1/2$。

单向板肋形梁板结构平面布置方案有三种形式：

A. 主梁沿横向布置，次梁沿纵向布置。这种布置，主梁与柱形成横向框架，横向抗侧刚度大，各榀横向框架由纵向的次梁相连，使结构的整体性好。

B. 主梁沿纵向布置，次梁沿横向布置。这种布置适用于横向柱距比纵向柱距大得多的情况。

C. 只布置次梁，不设主梁。这种布置仅适用于中间设有走道的砌体承重的混合结构房屋。

② 双向板肋形梁板结构平面布置

肋形梁板的所有区格都是双向板的梁板结构称为双向板肋形梁板结构。其纵、横梁交点处一般都设置钢筋混凝土柱。

双向板的跨度最大可达 5.0～7.0m，但对于有覆土的水池顶盖，一个区格的平面面积以不超过 $25m^2$ 为宜。

房屋结构中，双向板的厚度一般不宜小于 80mm，当四边简支单区格双向板的厚度不小于 $l_1/45$ 或多区格连续双向板的厚度不小于 $l_1/50$（l_1 为板的短边跨度）时，可不作挠度验算。对于有覆土的水池顶盖，由于永久荷载所占比例较大，故板的厚度应适当加大，这时，四边简支单区格双向板的厚度不宜小于$l_1/40$，多区格连续双向板的厚度不宜小于 $l_1/45$。水池顶盖的厚度不应小于 150mm。

2）圆形平板结构布置

当水池直径较小（一般小于 6m）时，可采用无支柱圆板；当水池直径较大（6～10m）时，宜在圆板中心处设置钢筋混凝土支柱，支柱的顶部扩大为柱帽（图 3-102）。柱帽的作用是增强柱子与板的连接，增大板的刚度，提高板在中间支座处的抗冲切承载力，减小板的跨内弯矩和支座弯矩以节约钢筋。

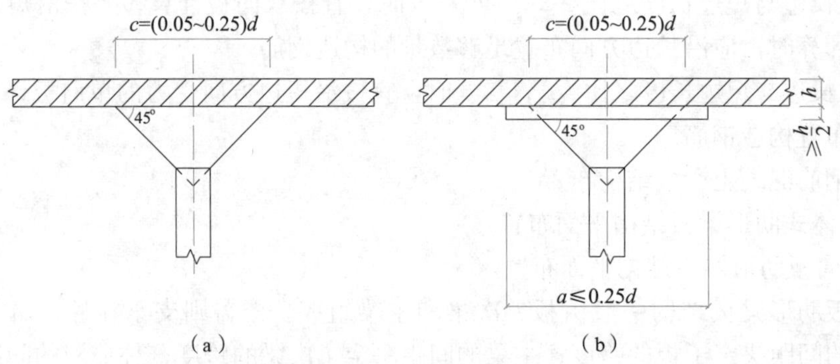

图 3-102　柱帽的形式（d—圆板直径）

(a) 无帽顶板柱帽；(b) 有帽顶板柱帽

水池中常用的柱帽形式有：

① 无帽顶板柱帽（图 3-102a），主要用于荷载较小的水池顶盖。

② 有帽顶板柱帽（图 3-102b），主要用于荷载较大（如有覆土）的水池顶盖。

为便于施工，中心支柱和柱帽通常采用正方形截面，柱帽尺寸可参见图 3-102 确定。柱帽的计算宽度 c（即柱帽两斜边与圆板底面交点之间的水平距离），一般取（0.05～0.25）d，帽顶板边长 a 不宜大于 $0.25d$，其中 d 为水池直径。

3）整体式无梁板结构布置

无梁板结构是将钢筋混凝土板直接支承在带有柱帽的钢筋混凝土柱上，而不设主、次梁。无梁板结构多采用正方形柱网，也可采用矩形柱网，但不如正方形经济。在有覆土的水池顶盖中，正方形柱网的轴线距离 l 以 3.5～4.5m 为宜。柱及柱帽通常采用正方形截面，柱帽形式与有中心支柱圆板的柱帽相同，柱帽尺寸参照图 3-103 来确定。有覆土水池的顶盖宜采用有帽顶板的柱帽。

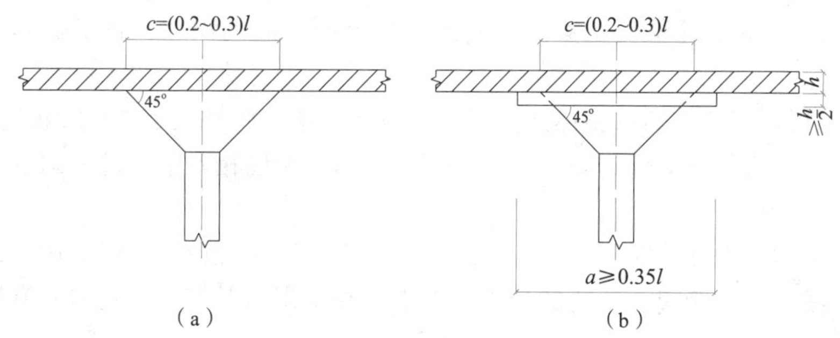

图 3-103　柱帽的形式及尺寸（l—较大柱距）

(a) 无帽顶板柱帽；(b) 有帽顶板柱帽

无梁板的厚度，当采用无帽顶板柱帽时，不宜小于 $l/32$；当采用有帽顶板柱帽时，不宜小于 $l/35$。当柱网为矩形时，l 为较大柱距。同时，在任何情况下，无梁板的厚度不宜小于 150mm。

3.9.2　整体式肋形梁板结构设计特点

1. 整体式单向板梁板结构设计

(1) 结构的内力计算

在现浇单向板肋形梁板结构中，板、次梁、主梁的计算模型为连续板或连续梁（图 3-104），其中，次梁是板的支座，主梁是次梁的支座，柱或墙壁是主梁的支座。

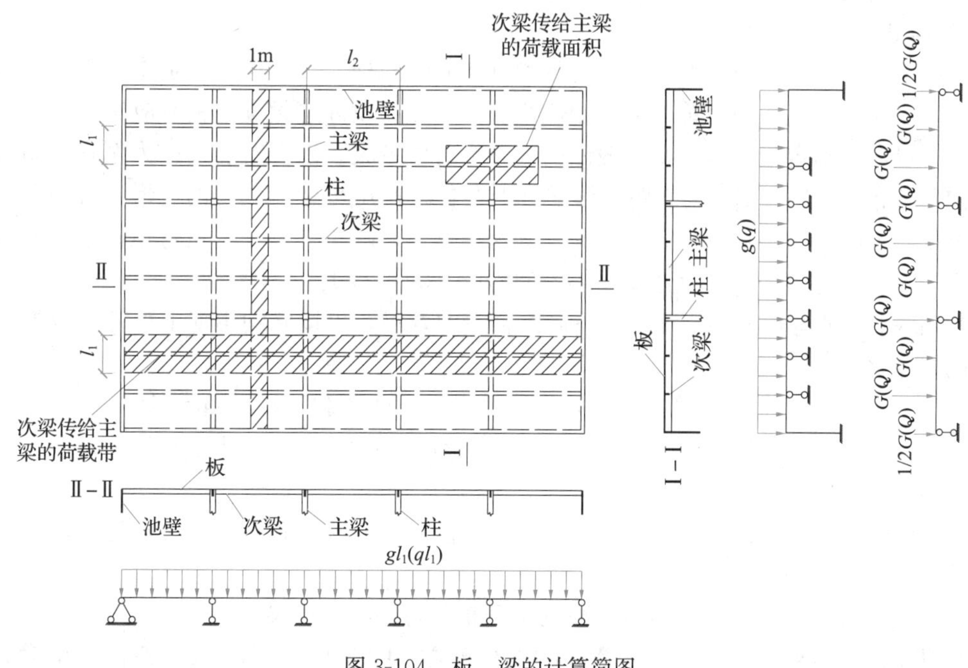

图 3-104　板、梁的计算简图

在确定计算简图时，对于涉及的支座做如下说明：

1) 忽略次梁对板、主梁对次梁的转动约束影响，当主梁与柱的线刚度比大于 5 时，柱对主梁的转动约束影响也可忽略，相应的支座可视为不动铰支座。

2）忽略次梁对板、主梁对次梁的转动约束影响所引起的误差，将以折算荷载的方式加以修正。

3）水池顶板，当它与池壁整体连接时，应按端支座为弹性固定的连续板进行计算。

跨度数超过五跨的连续梁、板，当各跨荷载相同且跨度相差不超过10%时，可按五跨等跨连续梁、板计算。

计算跨度是指内力计算时所采用的跨间长度。当按弹性理论计算时，中间跨的计算跨度取支承中心线之间的距离；边跨的计算跨度则与端支座情况有关。具体取值如下：

对于连续板：

边跨：
$$l=l_{n}+\frac{h}{2}+\frac{b}{2}$$

中间跨：
$$l=l_{n}+b$$

对于连续梁：

边跨：
$$l=\left(l_{n}+\frac{a}{2}+\frac{b}{2},l_{n}+\frac{b}{2}+0.025l_{n}\right)_{\min}$$

中间跨：
$$l=l_{n}+b$$

式中　l_n——构件净跨，即支座边到支座边的距离；

　　b——中间支座的宽度；

　　a——板或梁端部伸入砖墙内的长度；

　　h——板厚。

（2）在确定截面最大内力时需考虑的几个问题

1）荷载的不利组合

作用于构件上的荷载一般有永久荷载和可变荷载两种。永久荷载总是作用于各跨构件上。而可变荷载是以一跨为单位来改变位置的，因此在设计连续梁、板时应考虑可变荷载的不利布置，以确定梁、板内某一截面的内力绝对值最大。以五跨连续梁为例来说明可变荷载的不利布置。图3-105为五跨连续梁分别在各跨作用可变荷载时的变形、弯矩图。从图中可见，本跨支座为负弯矩，相邻跨支座为正弯矩，隔跨支座又为负弯矩；本跨的跨中为正弯矩，相邻跨的跨中为负弯矩，隔跨的跨中又为正弯矩。

从图3-105的弯矩分布规律以及不同组合后的效果，可以归纳出如下可变荷载最不利布置的规律。

① 求某跨的跨内最大正弯矩时，应在本跨布置可变荷载，然后隔跨布置。

② 求某跨的跨内最大负弯矩时，本跨不布置可变荷载，而在其左右相邻跨布置，然后隔跨布置。

③ 求某支座绝对值最大的负弯矩时，或支座左、右截面最大剪力时，应在该支座左右两跨布置可变荷载，然后隔跨布置。

设计多跨连续单向板时，可变荷载的不利布置与多跨连续梁相同。

设计多跨连续双向板时，可变荷载的不利布置如图3-106（图中带阴影的板格为布置可变荷载板格）所示。当求某板格跨中最大正弯矩时，该板格布置可变荷载，然后隔板格布置，即棋盘式布置，如图3-106所示。当求某板格支座最大负弯矩时，可变荷载各板格满跨布置。

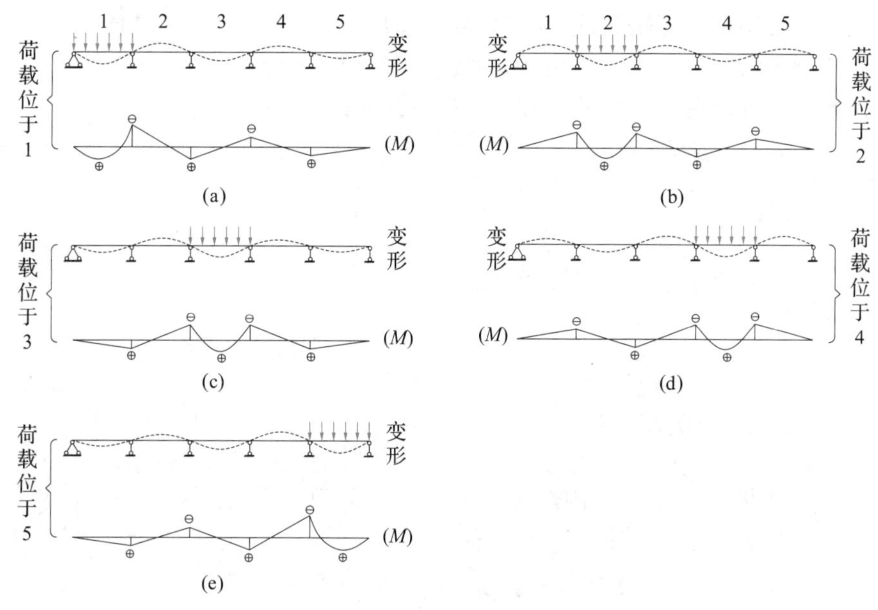

图 3-105　单跨荷载时连续梁的变形、弯矩图

2）内力包络图

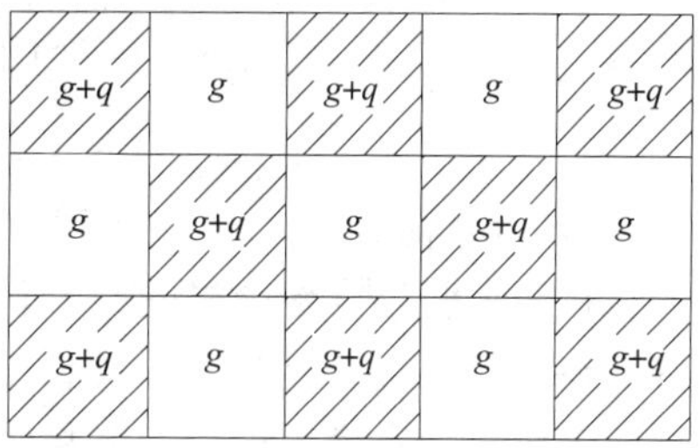

图 3-106　双向板可变荷载不利布置

可变荷载不利布置确定后，即可计算连续梁、板的内力。某截面的最不利内力是永久荷载所引起的内力和不同最不利布置可变荷载所引起的内力叠加。将构件在永久荷载和不同不利布置可变荷载作用下的内力图画在同一坐标图上，内力图的外包线所形成的图称为内力包络图，它反映构件相应截面在荷载不利组合下可能出现的内力上、下限值。图 3-107 为两跨连续梁在永久荷载和不同可变荷载组合作用下的内力图；图 3-108 为该两跨连续梁的弯矩包络图和剪力包络图。

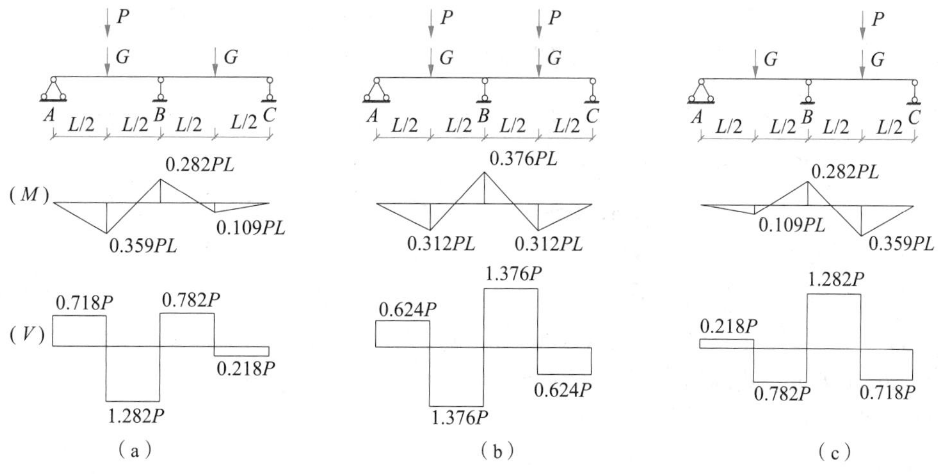

图 3-107　两跨连续梁在永久荷载和不同可变荷载组合作用下的内力图（$P=G$）

G—永久荷载；P—可变荷载；L—跨度

内力包络图是用来确定钢筋截断和弯起位置的依据。连续梁纵向钢筋的材料图形必须根据弯矩包络图来绘制。一般不必绘制剪力包络图，但当必须利用弯起钢筋抗剪时，剪力包络图是用来确定弯起钢筋需要的排数和排列位置的依据。

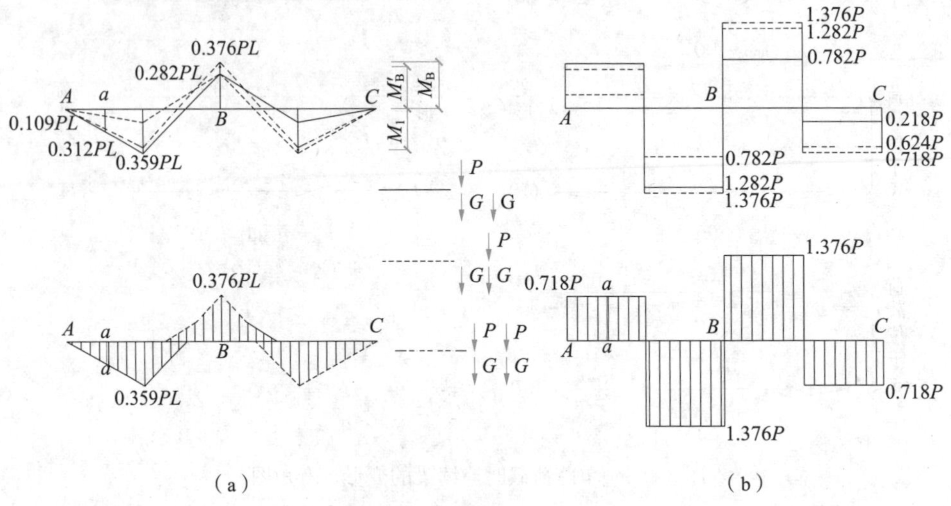

图 3-108　两跨连续梁内力包络图

（a）弯矩包络图；（b）剪力包络图

3）折算荷载

在确定肋形梁板结构的计算简图时，忽略了次梁对板、主梁对次梁的转动约束的影响，在现浇混凝土楼盖中，梁、板是整浇在一起的，当板发生弯曲转动时，支承它的次梁将产生扭转，次梁的抗扭刚度将约束板的弯曲转动，使板在支座处的实际转角比理想铰支承时的转角小，如图 3-109 所示。同样的情况发生在次梁和主梁之间。为使计算结果更符合实际，采用增大永久荷载、相应减小可变荷载，保持总荷载不变的方法来计算内力，以考虑这种有利影响。

折算荷载的取值如下：

连续板：
$$g'=g+\frac{1}{2}q,\quad q'=\frac{1}{2}q \tag{3-128}$$

连续梁：
$$g'=g+\frac{1}{4}q,\quad q'=\frac{3}{4}q \tag{3-129}$$

式中　g、q——单位长度上永久荷载、可变荷载设计值；

g'、q'——单位长度上折算永久荷载、折算可变荷载设计值。

4）支座宽度的影响——支座边缘的弯矩和剪力

按弹性理论计算连续梁、板内力时，中间跨的计算跨度取为支座中心线之间的距离，故所得的支座弯矩和剪力都是支座中心线上的值。而实际控制截面应在支座边缘，应按支座边缘的内力设计值进行配筋计算，如图 3-110 所示。

支座边缘的内力按下列公式确定：

弯矩设计值

$$M_e=M-V_0\frac{b}{2} \tag{3-130}$$

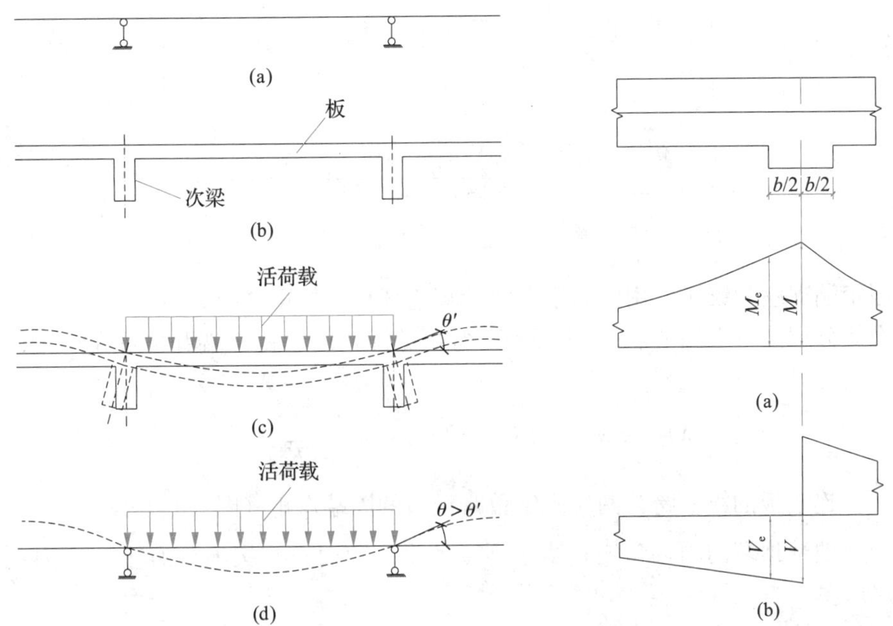

图 3-109　支座抗扭刚度的影响

图 3-110　支座边缘的弯矩和剪力

剪力设计值

$$V_e = V - (g+q)\frac{b}{2} \quad \text{（均布荷载）} \tag{3-131a}$$

$$V_e = V \quad \text{（集中荷载）} \tag{3-131b}$$

式中　M、V——支座中心处的弯矩和剪力；

V_0——按简支梁计算的支座剪力设计值（取绝对值）；

b——支座宽度。

5）端支座为弹性固定时连续板的弯矩修正

当水池顶板与池壁整体连接时，应按端支座为弹性嵌固的连续板来计算内力（图 3-111），并可用下述简化方法进行计算：

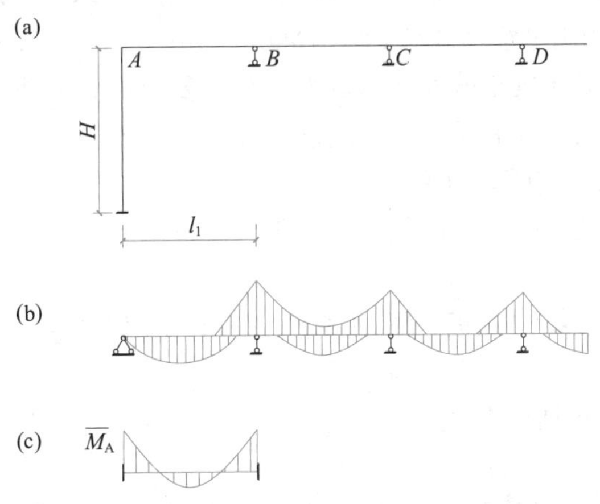

图 3-111　端支座弹性固定时连续板的内力简化计算（一）

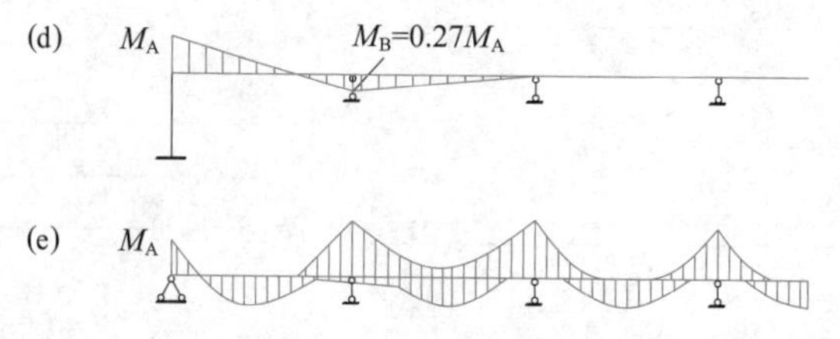

图 3-111　端支座弹性固定时连续板的内力简化计算（二）

① 先假定端支座为铰接，用内力系数法计算连续板的弯矩（图 3-110b）；

② 用力矩分配法对板端节点 A 进行一次弯矩分配，以求得板端弹性固定弯矩 M_A 的近似值：

$$M_A=\bar{M}_A-(\bar{M}_A+\bar{M}_{wA})\frac{K_{S1}}{K_{S1}+K_w} \tag{3-132}$$

式中　$\bar{M}_A$——连续板的第一跨为两端固定单跨板时的固端弯矩（图 3-111c）；

$\bar{M}_{wA}$——池壁顶端的固端弯矩，当求 M_A 的最大值时，应按池外有土，池内无水计算；

K_{S1}——顶板第一跨的线刚度，$K_{S1}=\frac{EI_{S1}}{l_1}$，$I_{S1}$ 为顶板单位宽度截面的惯性矩；

K_w——池壁线刚度，$K_w=\frac{EI_w}{H}$，I_w 为池壁单位宽度截面的惯性矩，H 为池壁计算高度。

$\bar{M}_A$ 和 $\bar{M}_{wA}$的正负号应按力矩分配法的规则确定。

③ 假定 M_A 只影响板的端部两跨，即其传递状态如图 3-111（d）所示，B 支座所产生的传递弯矩为 $M_B=0.27M_A$；

④ 将图 3-111（b）的弯矩图和图 3-111（d）的弯矩图叠加，即得端支座为弹性固定时连续板的近似弯矩图。

（3）单向板的配筋计算及构造要求

按荷载最不利布置求出连续板各控制截面（支座处截面和跨内截面）的最大弯矩后，就可以进行正截面受弯承载力计算，确定相应截面的钢筋用量（取 1m 宽的板带），可不验算板的斜截面受剪承载力。为满足给水排水工程构筑物的使用要求，需要验算裂缝宽度和挠度。

连续次梁和连续主梁应按正截面和斜截面承载力要求计算配筋，同时还需要验算裂缝宽度和挠度。在进行梁的正截面承载力和刚度计算时，跨内正弯矩区段板位于受压区，应按 T 形截面计算；在梁的支座处负弯矩区段，板位于受拉区，则应按矩形截面计算。在验算裂缝宽度时，梁的有效受拉截面面积在正弯矩区段按矩形计算，在负弯矩区段按有效受拉翼缘的 T 形截面计算。

一般整体式肋形梁板结构中板、梁的各种钢筋的作用及主要构造要求分别见表 3-18 和表 3-19。

2. 整体式双向板梁板结构设计

（1）单区格双向板的内力计算

单区格双向板的内力可根据弹性薄板理论进行计算，有关手册给出了在均布荷载作用下六种支承情况（图 3-112）双向板的弯矩系数表。计算时，只需根据实际支承情况和短

跨与长跨的比值 l_{01}/l_{02}，直接查出弯矩系数，即可算得有关弯矩：

$$m = \text{表中弯矩系数} \times ql_{01}^2 \tag{3-133}$$

式中　m——跨中或支座单位板宽内的弯矩设计值（kN·m/m）；

q——均布荷载设计值（kN/m^2）；

l_{01}——短跨方向的计算跨度（m）。

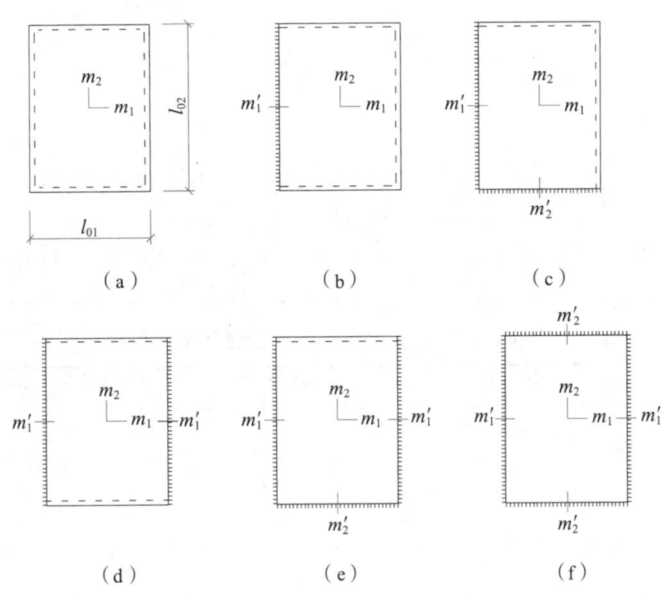

图 3-112　不同支承情况双向板

(a) 四边简支；(b) 一边固定，三边简支；(c) 两邻边固定，两邻边简支；(d) 对边固定，对边简支；(e) 三边固定，一边简支；(f) 四边固定

需要说明：当双向板的内力系数是根据材料泊松比 $\nu=0$ 制定时，当 $\nu\neq0$ 时，可按下式计算：

$$m_1^{\nu} = m_1 + \nu m_2 \tag{3-134a}$$

$$m_2^{\nu} = m_2 + \nu m_1 \tag{3-134b}$$

对于混凝土，可取 $\nu=0.2$。

整体式肋形梁板结构中板的各种钢筋的作用及主要构造要求　　表 3-18

序号	钢　筋	受力作用	构 造 作 用	主要构造要求
1	板底受力钢筋（按单位宽度计算）	抗弯（$+M$）	防止混凝土收缩裂缝	直径：6～14mm 间距：70～200mm（当板厚$h\leqslant$150mm） 70mm～1.5h，且$\leqslant$250mm（当板厚 $h>$150mm） 底部受力钢筋伸入支座$\geqslant5d$
2	板顶受力钢筋（按单位宽度计算）	抗弯（$-M$）		
3	分布钢筋（垂直于受力钢筋）	—	（1）固定受力钢筋的位置 （2）承受混凝土收缩和温度变化引起的内力 （3）承受并分布板上局部荷载产生的内力 （4）对四边支承的板，可承受在计算中未计及但实际存在的长跨方向的弯矩	数量：钢筋面积$\geqslant$15%受力钢筋截面面积，且$\geqslant$0.15%分布钢筋方向板截面面积 直径：$\geqslant$6mm 间距：$\leqslant$250mm

续表

序号	钢　筋	受力作用	构 造 作 用	主要构造要求
4	附加钢筋（垂直于主梁板面）	—	承受主梁梁肋附近的板面存在的负弯矩裂缝	数量：单位宽度内配筋面积≥1/3 跨中相应方向板底钢筋截面面积 直径：≥8mm 间距：≤200mm 伸出主梁梁肋边算起的长度≥$l_0/4$（图 3-119）
5	附加钢筋（嵌入墙内的板面）	—	防止板边因嵌固在墙体内受约束发生的负弯矩裂缝	直径：≥8mm 间距：≤200mm 伸出墙边算起的长度≥$l_0/7$（图 3-119）
6	附加钢筋（嵌入墙内的板角）	—	防止双向板四角上翘受约束而发生的负弯矩裂缝	直径：≥8mm 间距：≤200mm 伸出主梁梁肋边算起的长度≥$l_0/4$（图 3-118）

整体式肋形梁板结构中梁的各种钢筋的作用及主要构造要求　　表 3-19

序号	钢　筋	受力作用	构 造 作 用	主要构造要求
1	梁底纵向受力钢筋（按 T 形截面）	抗弯（$+M$）	（1）防止混凝土收缩裂缝 （2）固定箍筋位置	直径：10～32mm 纵筋净距：≥25mm，且≥d 全部伸入支座，伸入支座内的锚固长度（$V>0.7f_tbh_0$）： 光圆钢筋≥$15d$ 带肋钢筋≥$12d$ 混凝土保护层厚度： 附表 2-1（3）或附表 2-1（4）（给水排水构筑物）
2	梁顶纵向受力钢筋（按矩形截面）	（1）抗弯（$-M$） （2）抗弯（$+M$，当双筋截面时）	（1）抵抗由于端支座约束、温度影响或其他原因产生的负弯矩 （2）固定箍筋位置	直径：10～32mm 纵筋净距：≥30mm，且≥$1.5d$ 混凝土保护层厚度： 附表 2-1（3）或附表 2-1（4）（给水排水构筑物）
3	架立筋	—	（1）与压区混凝土共同受压，并防止压区混凝土崩裂 （2）防止混凝土收缩裂缝 （3）固定箍筋位置	直径：≥8～12mm（视梁跨度而定） 即，当梁的跨度 $l<4$m 时，直径≥8mm；当梁的跨度4m≤l≤6m 时，直径≥10mm；当梁的跨度 $l>6$m 时，直径≥12mm 架立筋与纵向受力钢筋搭接长度：≥150mm
4	腰　筋	—	（1）防止混凝土收缩裂缝 （2）固定箍筋位置	直径：10～14mm 每侧截面面积≥$0.1\%bh_w$ 间距：≤200mm （梁的腹板高度 h_w≥450mm 时必须设置）
5	弯起钢筋	（1）抗剪（V） （2）上弯后的纵向受力钢筋有时可以抗弯（$-M$）	—	弯起钢筋由纵向受力钢筋弯起而成型，其弯起角一般为 45°，当梁高>700mm 时，可以采用 60° 各排外侧纵向受力钢筋不宜弯起作负弯矩钢筋用

续表

序号	钢　筋	受力作用	构造作用	主要构造要求
6	箍　筋	(1)抗剪(V) (2)当次梁与主梁整体浇筑时，能抵抗由次梁传递给主梁的剪力	(1)固定纵向受力钢筋与架立筋 (2)防止压区纵向受压钢筋压曲 (3)防止压区混凝土崩裂 (4)防止梁在发生斜裂缝后，在纵向受拉钢筋下部产生水平撕裂裂缝	一般应沿梁全长设置 直径：6～10mm 间距：≥50mm，且≤s_{max} 与纵向受压钢筋相交的箍筋： 间距：≤15d，且≤400mm 直径：≥$d/4$

(2) 多区格连续双向板的内力计算

多区格连续双向板的计算采用以单区格板计算为基础的实用计算方法。此法假定支承梁不产生垂直位移且不扭转；同时，双向板沿同一方向相邻跨度的比值 $l_{min}/l_{max} \geqslant 0.75$，以免计算误差过大。

1) 跨中最大正弯矩

计算连续双向板跨中最大正弯矩时，永久荷载 g 满布，可变荷载 q 按棋盘式布置。对这种荷载分布情况可以分解为满布荷载 $g+\frac{q}{2}$（也称为正对称荷载）及间隔布置荷载 $+\frac{q}{2}$ 和 $-\frac{q}{2}$（也称为反对称荷载）两种情况，分别如图 3-113（b）、（c）所示。对正对称荷载情况，可以近似认为各区格板都固定支承在中间支承上；对于反对称荷载情况，可近似认为各区格板在中间支承处都是简支的。沿楼盖周边则根据实际支承情况确定。

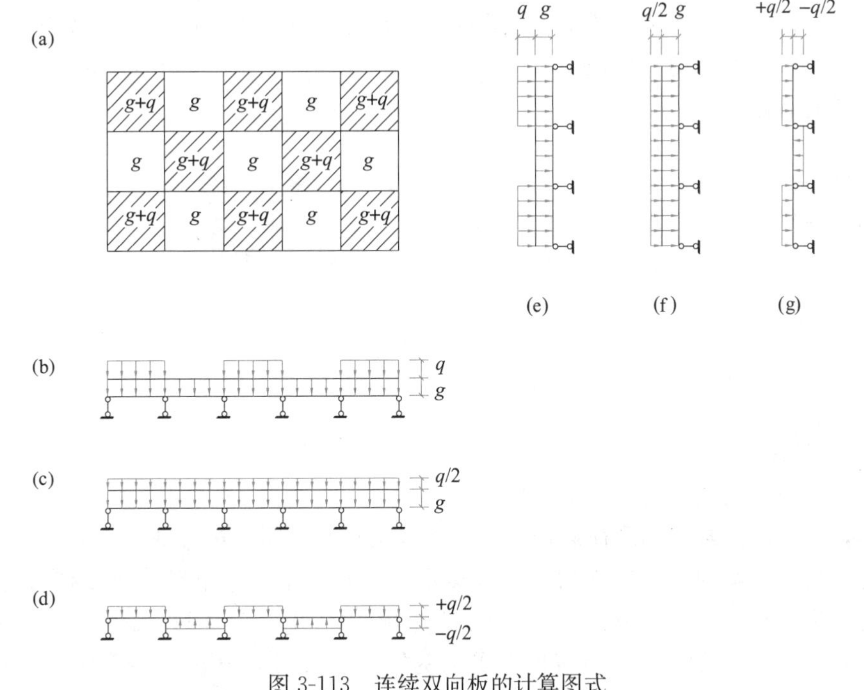

图 3-113　连续双向板的计算图式

利用有关均布荷载作用下单区格双向板内力的计算表格分别求出单区格板的跨中弯矩，然后叠加，得到各区格板的跨中最大弯矩。

2）支座最大负弯矩

计算连续双向板支座最大负弯矩时，永久荷载 g 和可变荷载 q 均满布。此时，相当于 $g+q$ 正对称荷载情况，可认为各区格板都固定在中间支承上，楼盖周边仍按实际支承情况确定，然后按单区格板计算出各支座的负弯矩。由相邻区格板分别求得的同一支座负弯矩不相等时，取绝对值较大者作为该支座最大负弯矩。

（3）双向板支承梁的计算

双向板上的荷载将就近传给支承梁，可近似认为从矩形板格四角作 45°分角线，将板格划分为四个部分，每个部分就近传给最近的支承梁。因此，长边支承梁承受梯形分布荷载，短边支承梁承受三角形分布荷载，如图 3-114 所示。

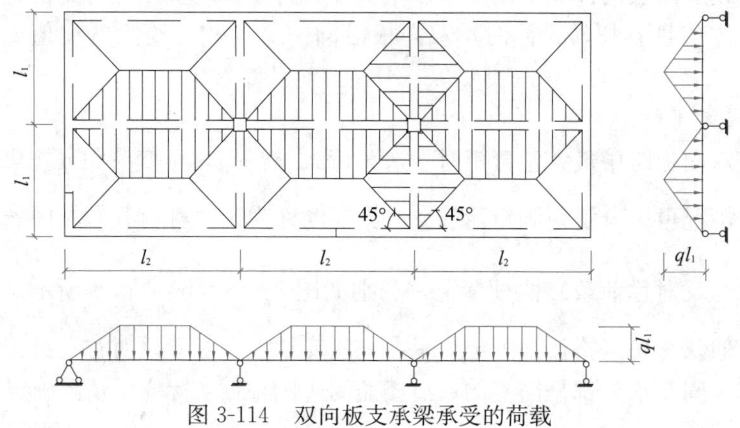

图 3-114　双向板支承梁承受的荷载

弹性理论设计计算连续梁的支座弯矩时，可按支座弯矩等效的原则，按下式将三角形荷载和梯形荷载等效为均布荷载 p_e。

三角形荷载作用时：

$$p_e = \frac{5}{8}p' \tag{3-135}$$

梯形荷载作用时：

$$p_e = (1 - 2\alpha_1^2 + \alpha_1^3)p' \tag{3-136}$$

式中　$p' = p \cdot \frac{l_{01}}{2} = (g+q) \cdot \frac{l_{01}}{2}$；

g、q——板面的均布永久荷载和均布可变荷载；

$\alpha_1 = \frac{1}{2}\frac{l_{01}}{l_{02}}$；

l_{01}、l_{02}——短跨与长跨的计算长度。

这样，三角形荷载或梯形荷载作用下的连续梁支座弯矩可按等效均布荷载 p_e 查附表 5 计算。在求得连续梁的支座弯矩后，再按实际的荷载分布（三角形分布或梯形分布），以支座弯矩作为梁端弯矩，按单跨简支梁求各跨的跨中弯矩。图 3-115 中表示出了跨中点弯矩的计算公式。跨中最大正弯矩应位于剪力为零的截面处，其位置和弯矩值一般较难导得，但对一般中间跨，可近似地取跨中弯矩作为跨中最大弯矩的近似值。

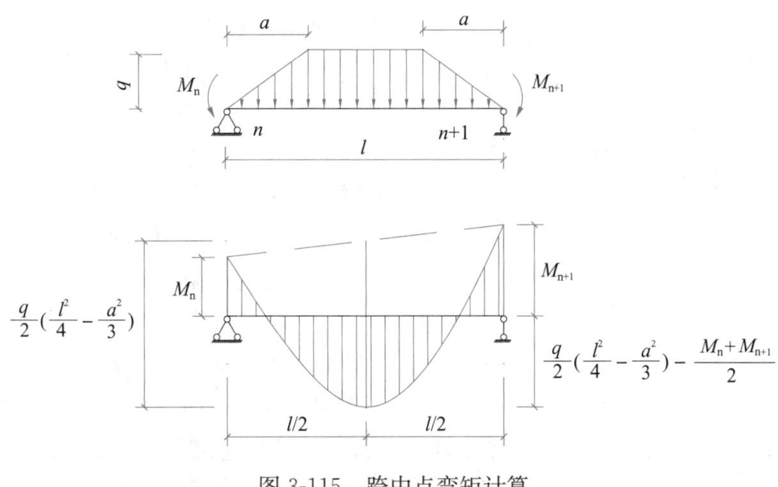

图 3-115 跨中点弯矩计算

3. 整体式肋形梁板结构的配筋图

(1) 等跨连续单向板配筋图

连续单向板内受力钢筋的弯起和截断，可按图 3-116 确定，不必绘制弯矩包络图。当板端与池壁整体连接时，端支座处钢筋的弯起和截断位置，可参照图 3-116 中间支座确定。同时，负弯矩钢筋伸入池壁的锚固长度应不小于充分利用钢筋抗拉强度的最小锚固长度（图 3-117）。

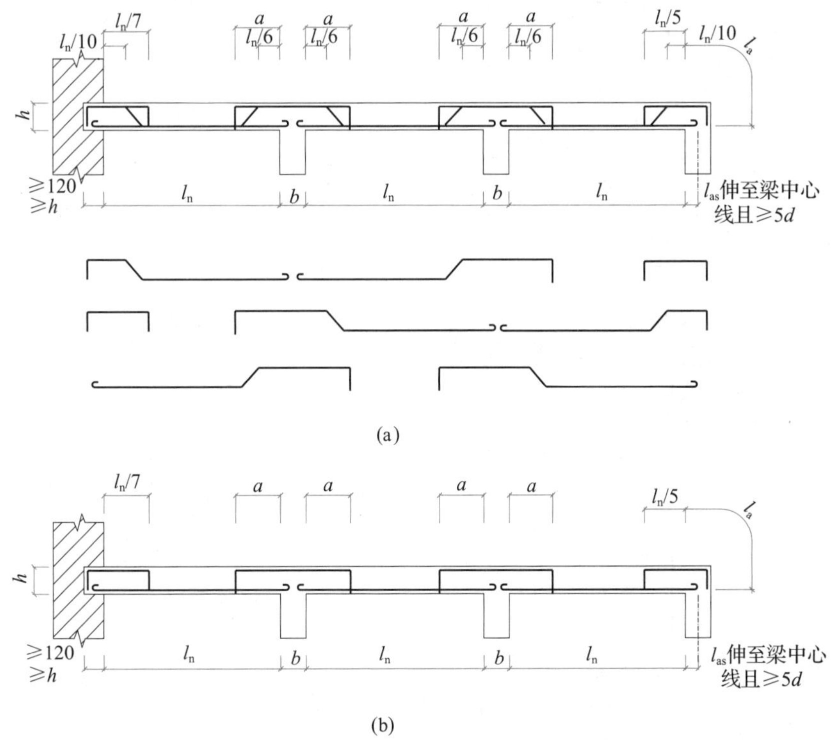

图 3-116 等跨连续单向板配筋图（l_n 为板的净跨）

(a) 弯起式；(b) 分离式

当 $q/g \leqslant 3$ 时，$a=l_n/4$；当 $q/g>3$ 时，$a=l_n/3$

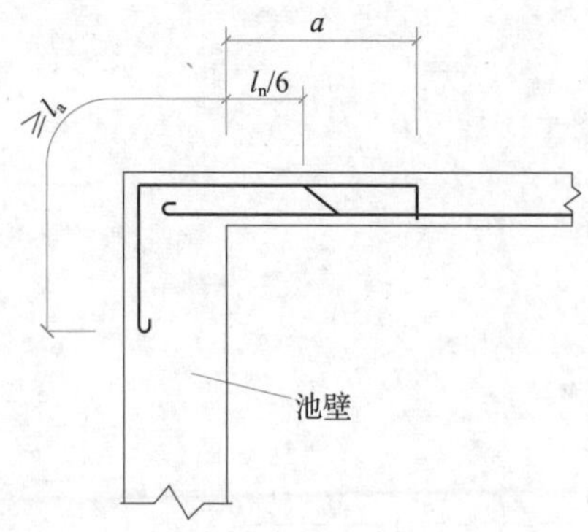

图 3-117　板端与池壁的连接

当 $q/g \leqslant 3$ 时，$a=l_n/4$；

当 $q/g > 3$ 时，$a=l_n/3$

（2）连续双向板配筋图

连续双向板的配筋形式有弯起式和分离式两种，如图 3-118 所示。按弹性理论计算的双向板跨内弯矩，是板中间部分两个相互垂直方向上的最大正弯矩，而板边部分的弯矩较小，所以，为了节约钢筋和便于施工，当双向板短边长度大于 2.5m 时可按以下方法布置钢筋，即在两个方向上各分成三个板带（两个方向的边缘板带宽度均为 l_1，l_1 为短边跨度，如图 3-118 所示），在中间板带按计算处的跨内最大弯矩确定钢筋数量，而边缘板带中的钢筋数量可减少一半，但每米宽度内不宜少于 4 根钢筋且钢筋间距不应超过允许的最大值。支座处板的负弯矩钢筋则按实际计算值沿支座均匀布置，不进行折减。

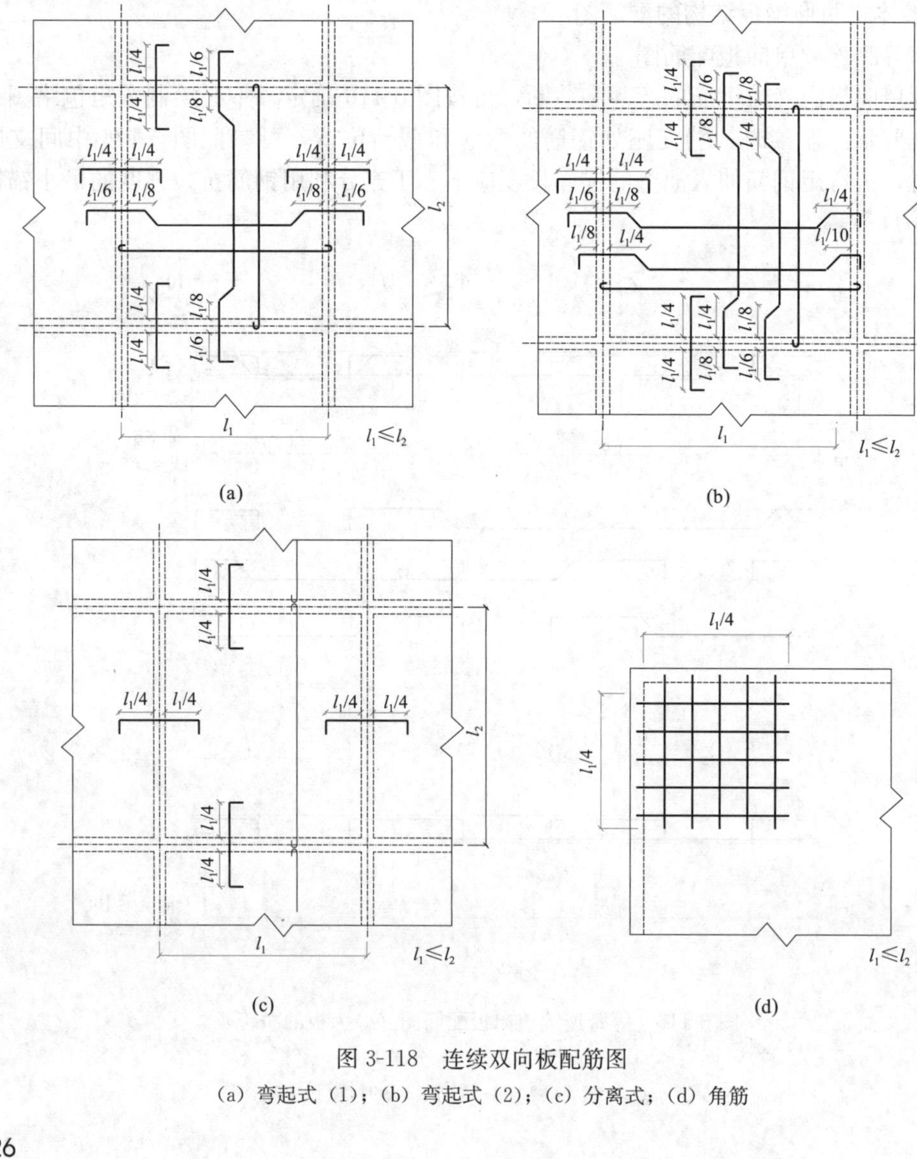

(a)

(b)

(c)

(d)

图 3-118　连续双向板配筋图

（a）弯起式（1）；（b）弯起式（2）；（c）分离式；（d）角筋

双向板的其他构造要求同单向板。

双向板支承梁的截面配筋计算与构造要求，与单向板肋形梁板结构相同。

（3）单向板的构造钢筋

单向板的构造钢筋如图 3-119 所示。

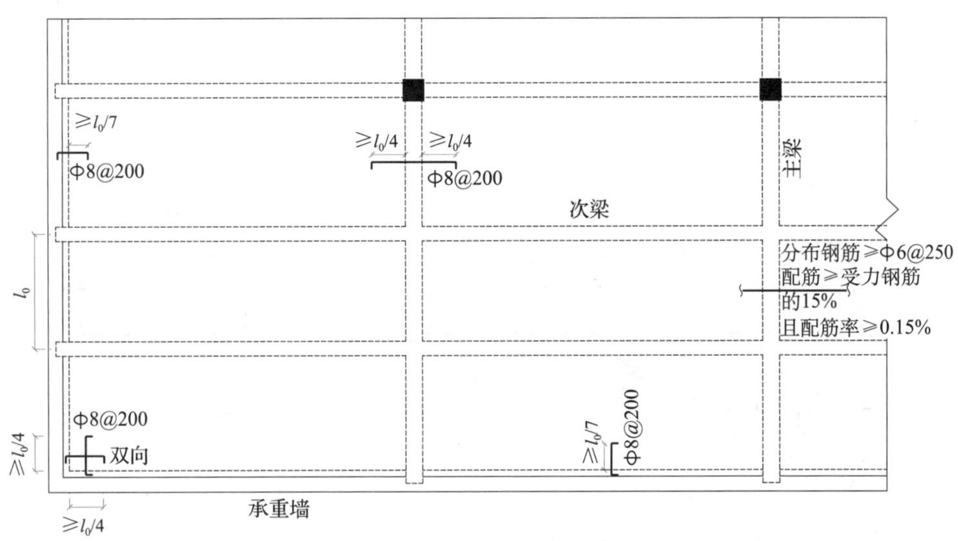

图 3-119　单向板的构造钢筋

（4）等跨连续次梁配筋图

次梁纵向受力钢筋的切断和弯起位置，原则上应按弯矩包络图来确定。对于连续次梁，若其等跨或相邻跨的跨度相差不超过 20％且均布活荷载设计值与恒荷载设计值之比值 $q/g \leqslant 3$，则其纵向受力钢筋的切断点和弯起位置，可参照图 3-120 来确定，而不必绘制弯矩包络图和材料图。

（5）主梁附加横向钢筋

在主梁与次梁相交处，在主梁高度范围内受到次梁传来的集中荷载的作用。为了防止次梁与主梁连接处主梁在次梁下面的混凝土脱落以及防止斜裂缝穿越次梁顶部造成斜截面破坏，应在集中荷载影响区 $s=2h_1+3b$ 范围内加设附加横向钢筋（箍筋、吊筋），如图 3-121 所示。附加横向钢筋可采用附加箍筋和吊筋，宜优先采用附加箍筋。附加箍筋和吊筋的总截面面积按下式计算：

$$A_{sv} \geqslant \frac{F}{f_{yv}\sin\alpha} \tag{3-137}$$

式中　A_{sv}——承受集中荷载所需的附加横向钢筋总截面面积；当采用附加吊筋时，应为左、右弯起段截面面积之和；

F——作用在梁的下部或梁截面高度范围内的集中荷载设计值；

α——附加横行钢筋与梁轴线间的夹角。

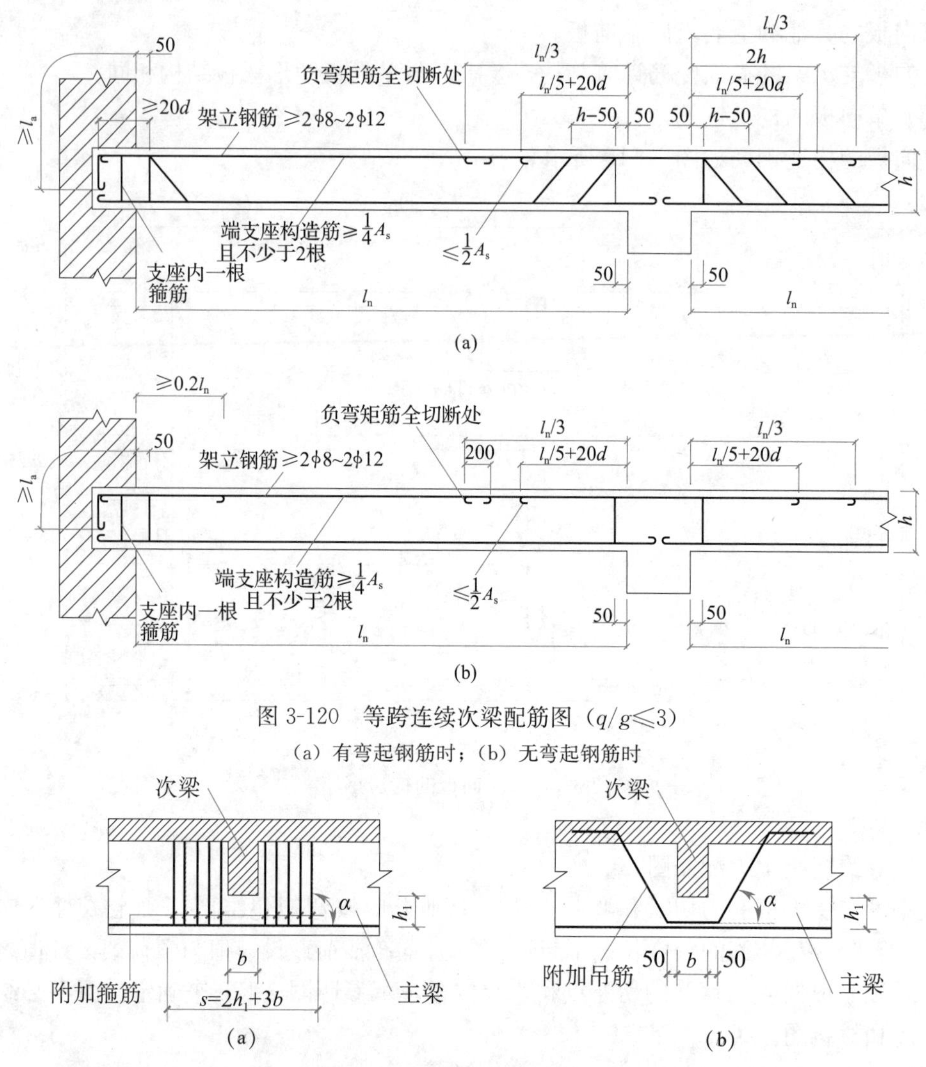

图 3-120　等跨连续次梁配筋图（$q/g \leqslant 3$）

（a）有弯起钢筋时；（b）无弯起钢筋时

图 3-121　附加横向钢筋布置

（a）附加箍筋；（b）附加吊筋

3.9.3　圆形平板结构设计特点

1. 圆形平板

（1）内力分布规律

沿周边支承的圆板，在轴对称荷载作用下，其内力和变形也具有轴对称性。图 3-122 为半径为 r 的圆板，在均布荷载 q 作用下，圆板内将产生两种弯矩，一种是作用在半径方向的径向弯矩，以 M_r 表示；另一种是作用在切线方向的切向弯矩，以 M_t 表示。若从圆板上取出的单元体 $abcd$ 各个截面上的内力如图 3-122b 所示。由于轴对称性，半径为 x 的圆周上任一点的切向弯矩 M_t 必然相等，而且径向截面上任一点的剪力也必然为零，但是沿半径方向各点的挠度和倾角却各不相同，故作用在环形截面上的径向弯矩 M_r 和剪力 V 随半径 x 的变化而变化。圆形平板的内力应用弹性力学中的薄板理论求解，限于篇幅，这里仅给出圆板径向弯矩 M_r、切向弯矩 M_t 的计算公式。

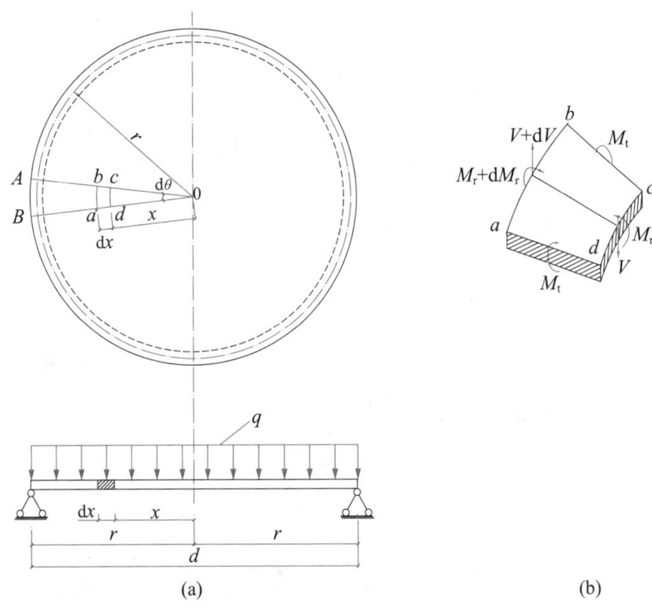

图 3-122　周边铰支圆板的内力分布

1）周边铰支的圆板

周边铰支的圆形平板，在均布荷载作用下径向弯矩和切向弯矩计算公式为：

单位弧长内的径向弯矩

$$M_r = \frac{1}{16}(3+\nu)\left[1-\left(\frac{x}{r}\right)^2\right]qr^2 = K_r qr^2 \tag{3-138}$$

沿径向单位长度内的切向弯矩

$$M_t = \frac{1}{16}\left[(3+\nu)-(1+3\nu)\left(\frac{x}{r}\right)^2\right]qr^2 = K_t qr^2 \tag{3-139}$$

式中　q——单位面积上的均布荷载；

r——圆板半径；

K_r——径向弯矩系数，且 $K_r = \frac{1}{16}(3+\nu)\left[1-\left(\frac{x}{r}\right)^2\right]$；

K_t——切向弯矩系数，且 $K_t = \frac{1}{16}\left[(3+\nu)-(1+3\nu)\left(\frac{x}{r}\right)^2\right]$；

ν——混凝土泊松比，对于混凝土，可取 $\nu=0.2$。

由式（3-138）和式（3-139）可见，在周边铰支圆板的中心处（$x=0$），径向弯矩 M_r 和切向弯矩 M_t 均达最大值，且数值相等。即

$$M_r = M_t = \frac{qr^2}{16}(3+\nu)$$

在圆板周边处（$x=r$）

$$M_r = 0,\quad M_t = \frac{qr^2}{8}(1-\nu)$$

2）周边固定的圆板

当圆板与池壁整体连接，且池壁的抗弯刚度大于圆板的抗弯刚度时，可将圆板视为周

边固定，此时，径向弯矩 M_r 和切向弯矩 M_t 分别为：

$$M_r = \frac{1}{16}\left[(1+\nu)-(3+\nu)\left(\frac{x}{r}\right)^2\right]qr^2 = K_r qr^2 \tag{3-140}$$

$$M_t = \frac{1}{16}\left[(1+\nu)-(1+3\nu)\left(\frac{x}{r}\right)^2\right]qr^2 = K_t qr^2 \tag{3-141}$$

式中 K_r——径向弯矩系数，且 $K_r = \frac{1}{16}\left[(1+\nu)-(3+\nu)\left(\frac{x}{r}\right)^2\right]$；

K_t——切向弯矩系数，且 $K_t = \frac{1}{16}\left[(1+\nu)-(1+3\nu)\left(\frac{x}{r}\right)^2\right]$。

由式（3-140）和式（3-141）可见，在周边固定的圆板的中心处（$x=0$），径向弯矩 M_r 和切向弯矩 M_t 均达最大值，且数值相等。即

$$M_r = M_t = \frac{qr^2}{16}(1+\nu)$$

在圆板周边处（$x=r$）

$$M_r = -\frac{1}{8}qr^2, \quad M_t = -\nu\frac{qr^2}{8}$$

3）周边弹性固定的圆板

当池壁与圆板整体连接，且池壁的抗弯刚度与圆板的抗弯刚度相差不大时，应考虑池壁与圆板的变形连续性，即按周边为弹性固定的圆板进行内力计算。采用叠加法计算弹性固定圆板的步骤如下：

① 按式（3-138）和式（3-139）计算周边铰支圆板的径向弯矩 M_{r1} 和切向弯矩 M_{t1}，两种弯矩的分布如图 3-123（a）所示（在弯矩图中，左边部分为 M_{r1} 图，右边部分为 M_{t1} 图）。

② 求出周边固定圆板的径向固端弯矩 $\bar{M}_{sl}$，同时求出池壁顶端固端弯矩 $\bar{M}_w$，用力矩分配法进行一次弯矩分配，可得圆板支座径向弹性固端弯矩 M_{sl} 的近似值，即

$$M_{sl} = \bar{M}_{sl} - (\bar{M}_{sl} + \bar{M}_w)\frac{K_{sl}}{K_{sl} + K_w} \tag{3-142}$$

式中 $\bar{M}_{sl}$——圆板周边单位长度上的固端弯矩，$\bar{M}_{sl} = -\frac{1}{8}qr^2$；

$\bar{M}_w$——池壁顶端单位宽度上的固端弯矩，其计算方法见第 3.10 节；

K_{sl}——圆板沿周边单位长度的边缘抗弯刚度，$K_{sl} = 0.104\frac{Eh_{sl}^3}{r}$，其中 h_{sl} 为圆板厚度，r 为圆板半径；

K_w——单位宽度池壁的边缘抗弯刚度，等厚池壁的线刚度为 $K_w = K_{M\beta}\frac{E_c h_w^3}{H}$，其中 $K_{M\beta}$ 为池壁的边缘刚度系数，E_c 为混凝土的弹性模量，h_w 为池壁厚度，H 为池壁计算高度。

③ 计算 M_{sl} 作用下周边铰支的圆板的内力，如图 3-123（b）所示，此时圆板沿任一点的径向弯矩 M_{r2} 和切向弯矩 M_{t2} 均为

$$M_{r2} = M_{t2} = M_{sl} \tag{3-143}$$

④ 将上述两种情况得到的圆板径向弯矩和切向弯矩叠加即得周边弹性固定时的圆板的径向弯矩 M_r 和切向弯矩 M_t（图 3-123c）：

$$M_r = M_{r1} + M_{r2} \tag{3-144}$$

$$M_t = M_{t1} + M_{t2} \tag{3-145}$$

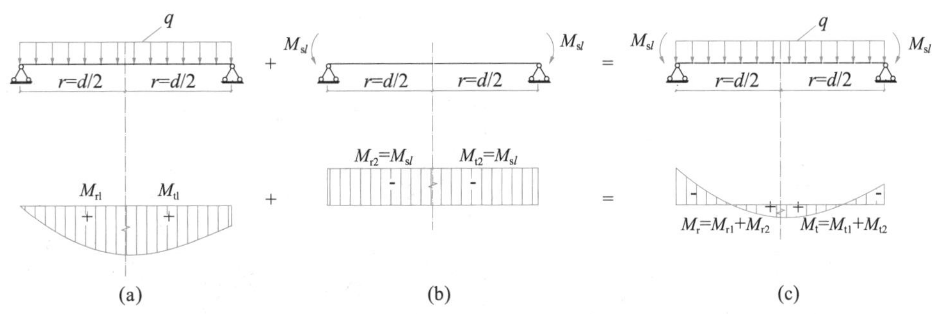

图 3-123 周边弹性固定圆板的内力

4）沿圆板周边总剪力

均布荷载作用下，不论圆板周边是铰支还是固定，最大剪力总是在周边支座处，根据平衡条件，沿周边总剪力等于圆板上的总荷载，即

$$V_{max} \times 2\pi r = q \times \pi r^2$$

由上式可得沿周边单位弧长上的最大剪力为：

$$V_{max} = \frac{1}{2}qr \tag{3-146}$$

（2）圆板的截面设计

1）圆板厚度的确定

圆形平板的厚度不应小于 100mm，且支座截面应满足以下条件：

$$V \leqslant 0.7\beta_h f_t b h_0 \tag{3-147}$$

式中 V——支座设计剪力值，且 $V=qr/2$；

β_h——截面高度影响系数，$\beta_h=\left(\frac{800}{h_0}\right)^{\frac{1}{4}}$，当 $h_0 \leqslant 800$mm 时，取 $h_0=800$mm，即 $\beta_h=1.0$，当 $h_0>2000$mm 时，取 $h_0=2000$mm，即 $\beta_h=0.80$；

f_t——混凝土轴心抗拉强度设计值；

b——由于 V 为沿周边每米弧长上的剪力值，一般 $b=1000$mm；

h_0——板的有效高度。

若不能满足式（3-147）的要求，应加大圆板的厚度。

2）截面设计

如图 3-124 所示，圆板中的受力钢筋由辐射钢筋和环形钢筋组成。辐射钢筋由径向弯矩确定，环向钢筋由切向弯矩确定。为便于布置，辐射钢筋通常按环向整圈需要量计算，即根据 $2\pi x M_r$ 按正截面受弯承载力计算半径为 x 的整圈所需的辐射钢筋截面面积。而沿半径方向每米长度内所应配置的环形钢筋的数量 A_{st} 则根据切向弯矩 M_t 的设计值由正截面受弯承载力计算来确定。

整块圆板的正弯矩辐射钢筋和负弯矩辐射钢筋各只能采用一种钢筋直径或两种不同直径的钢筋间隔布置，而根数则只能随着 x 的减小分 2～3 批有规律地切断。辐射钢筋的根数宜采用双数。周边处负弯矩辐射钢筋宜与池壁内抵抗同一弯矩的竖向钢筋连续配置。

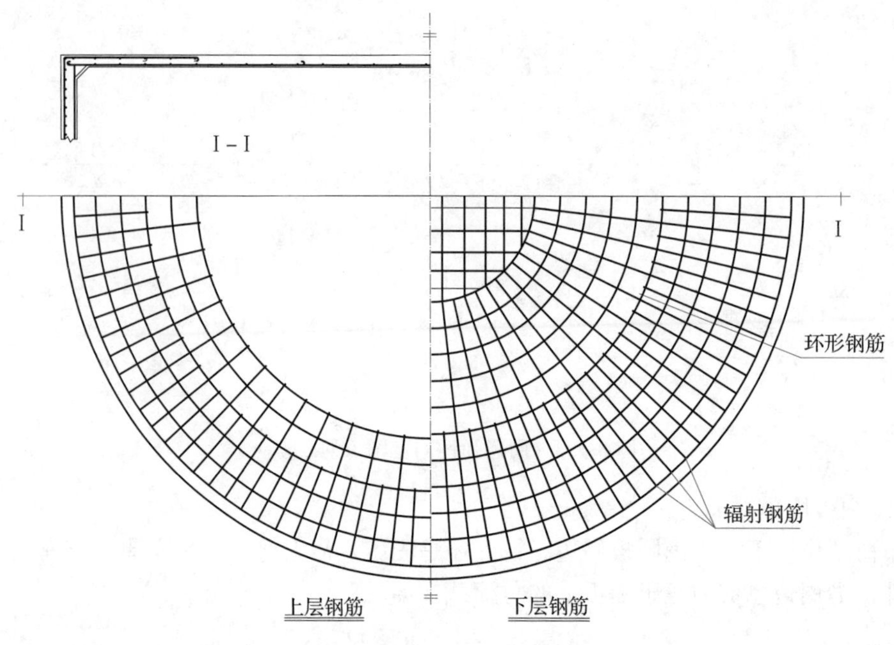

图 3-124　圆形平板配筋示意

为了避免圆心处钢筋过密，通常在距圆心 0.5m 左右范围内，可将下层辐射钢筋弯折成正方形网格（图 3-124），此正交钢筋网每一方向的钢筋间距均按圆心处的切向弯矩确定，在正方形网格范围内不再布置环形钢筋。

环向钢筋数量可沿径向划分若干个相等的区段，再按每段中的最大切向弯矩确定该段范围内的环形钢筋数量。

圆板的配筋也应遵守一般钢筋混凝土板的有关规定。辐射钢筋的切断，必须满足最大间距和最小间距的规定。正弯矩辐射钢筋伸入支座的根数，也应符合规定。

2. 中心有支柱的圆板

(1) 内力分布规律

有中心支柱圆板的计算方法与无中心支柱圆板类似，但有中心支柱圆板的内力计算公式十分烦琐。在板中距圆心处单位长度上的径向弯矩和切向弯矩可表示为：

$$M_r = \overline{K}_r q r^2 \tag{3-148}$$

$$M_t = \overline{K}_t q r^2 \tag{3-149}$$

式中　$\overline{K}_r$、$\overline{K}_t$——径向和切向弯矩系数，可根据周边支承情况和柱帽相对有效宽度 c/d 由附表 6-1（1）～附表 6-1（3）确定。

周边铰支和周边固定的有中心支柱圆板在均布荷载作用下的径向弯矩和切向弯矩分布情况，如图 3-125 所示（在弯矩图中，左边部分为 M_r 图，右边部分为 M_t 图）。

当圆板周边与池壁弹性固定时，有中心支柱圆板内力的计算步骤如下：

1）周边简支的有中心柱圆板，根据 $\rho=x/r$、$\beta=c/d$ 查相应的径向弯矩系数 $\overline{K}_r$ 和切向弯矩系数 $\overline{K}_t$，按式（3-148）和式（3-149）计算径向弯矩 M_{r1} 和切向弯矩 M_{t1}。

2）按周边固定的有中心柱圆板，求出径向固端弯矩 $\overline{M}_{sl}$，同时按两端固定池壁求出池壁顶端固端弯矩 $\overline{M}_w$。用力矩分配法进行一次弯矩分配，可得圆板支座径向弹性固端弯矩

M_{sl}的近似值，即

$$M_{sl} = \overline{M}_{sl} - (\overline{M}_{w} + \overline{M}_{sl}) \frac{K_{sl}}{K_{w} + K_{sl}} \tag{3-150}$$

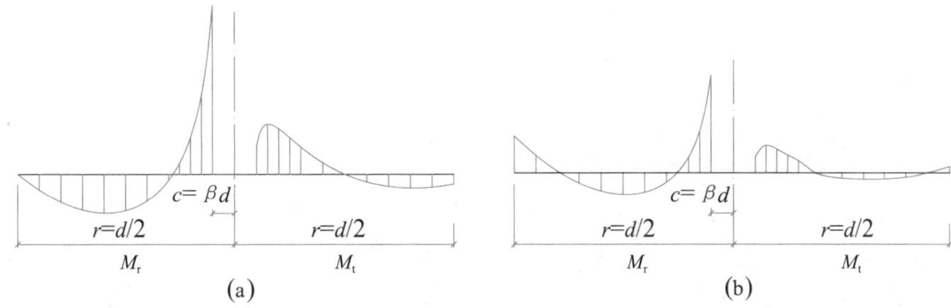

图 3-125　均布荷载作用下有中心支柱圆板的内力图

(a) 周边铰支；(b) 周边固定

式中　$\overline{M}_{sl}$——有中心支柱的圆板周边单位长度上的固端弯矩；

$\overline{M}_{w}$——池壁顶端单位宽度上的固端弯矩，其计算方法见第 3.10 节；

K_{sl}——有中心支柱的圆板沿周边单位长度的边缘抗弯刚度，$K_{sl} = k_{sl}\dfrac{Eh_{sl}^{3}}{r}$，其中 h_{sl}为圆板厚度，r 为圆板半径，k_{sl}为圆板抗弯刚度系数，由 c/d 附表 6-1 (4) 确定；

K_{w}——单位宽度池壁的边缘抗弯刚度，等厚池壁的线刚度为 $K_{w}=K_{M\beta}\dfrac{E_{c}h_{w}^{3}}{H}$，其中 $K_{M\beta}$为池壁的边缘刚度系数，E_{c} 为混凝土的弹性模量，h_{w} 为池壁厚度，H 为池壁计算高度。

3) 计算 M_{sl}作用下周边铰支有中心支柱圆板的内力，此时圆板沿任一点的径向弯矩 M_{r2}和切向弯矩 M_{t2}可表达为：

$$M_{r2} = \overline{K}_{r} M_{sl} \tag{3-151}$$

$$M_{t2} = \overline{K}_{t} M_{sl} \tag{3-152}$$

4) 将上述两种情况得到的圆板径向弯矩和切向弯矩叠加即得周边弹性固定时的圆板的径向弯矩 M_{r} 和切向弯矩 M_{t}：

$$M_{r} = M_{r1} + M_{r2} \tag{3-153a}$$

$$M_{t} = M_{t1} + M_{t2} \tag{3-153b}$$

有中心支柱圆板的正截面承载力设计及配筋方式与无中心支柱圆板相同，但有中心支柱时，板上部产生负弯矩，故此处主要受力钢筋为上层钢筋，配筋形式如图 3-126 所示。中心支柱上辐射钢筋伸入支座的锚固长度应从柱帽有效宽度 c 为直径的内切圆算起。

(2) 有中心支柱圆板的受冲切承载力计算

由于中心支柱以反力向上支承圆板，在荷载作用下，圆板有可能沿柱帽周边发生冲切破坏（图 3-127a）。冲切破坏面与水平面的夹角假定为 45°，当柱帽没有帽顶板时，冲切破坏只沿图 3-127 (b) 中的Ⅰ-Ⅰ截面发生；当柱帽有帽顶板时，冲切破坏还可能沿图 3-128 中的Ⅱ-Ⅱ截面发生。

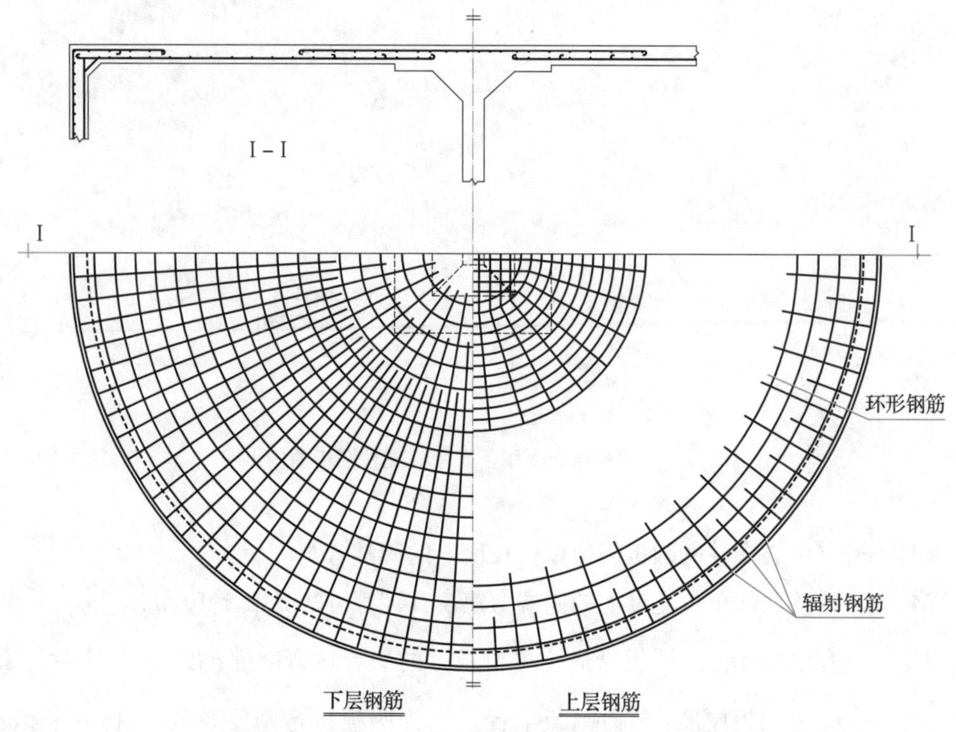

图 3-126　周边弹性固定有中心支柱圆板的钢筋布置图

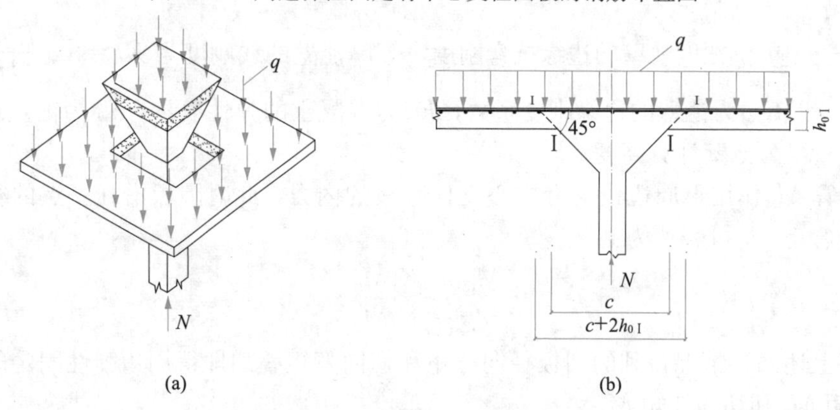

图 3-127　无帽顶板柱帽的冲切破坏

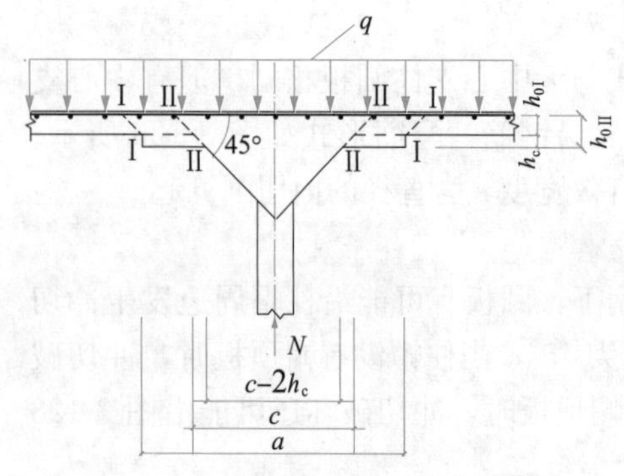

图 3-128　有帽顶板柱帽的冲切破坏

为保证不发生冲切破坏，其受冲切承载力应满足以下条件：

$$F_l \leqslant 0.7\beta_h f_t \eta u_m h_0 \tag{3-154}$$

式中　F_l——冲切荷载设计值，取柱对板的反力设计值 N 减去冲切破坏锥体范围内的板面荷载设计值，即对Ⅰ-Ⅰ截面 $F_l=N-q\ (a+2h_{0\mathrm{I}})^2$，对Ⅱ-Ⅱ截面 $F_l=N-q\ (c+2h_{0\mathrm{II}})^2$；

f_t——混凝土轴心抗拉强度设计值；

u_m——临界截面的周长，取距离集中反力作用面积周边 $h_0/2$ 处板垂直截面的最不利周长，对Ⅰ-Ⅰ截面 $u_m=4(a+h_{0\mathrm{I}})$，对Ⅱ-Ⅱ截面 $u_m=4(c-2h_c+h_{0\mathrm{II}})$；

h_0——板的有效厚度，取两个配筋方向的截面有效高度的平均值：对Ⅰ-Ⅰ截面 $h_0=h_{0\mathrm{I}}$，对Ⅱ-Ⅱ截面 $h_0=h_{0\mathrm{II}}$；

β_h——混凝土板截面高度折减系数，当 $h\leqslant 800$mm 时，取 $\beta_h=1.0$，当 $h>800$mm 时，取 $\beta_h=0.85$，其间按直线内插法取用；

η——系数，取 $\eta=(\eta_1, \eta_2)_{\min}$；

η_1——集中反力作用面积形状的影响系数，$\eta_1=0.4+\dfrac{1.2}{\beta_s}$；

η_2——临界截面周长与板截面有效高度之比的影响系数，$\eta_2=0.5+\dfrac{\alpha_s h_0}{4u_m}$；

β_s——集中反力作用面积为矩形时的长边与短边尺寸的比值，β_s 不宜大于 4，当 $\beta_s<2$ 时，取 $\beta_s=2$，当面积为圆形时，$\beta_s=2$；

α_s——板柱结构中的柱子类型的影响系数，对中柱 $\alpha_s=40$，对边柱 $\alpha_s=30$，对角柱 $\alpha_s=20$。

若图 3-127 中Ⅰ-Ⅰ截面的冲切不满足式（3-154）时，一般宜加大板厚或适当扩大帽顶板尺寸 a；若Ⅱ-Ⅱ截面的冲切不满足式（3-154）时，则宜增加帽顶板厚度 h_c 或适当扩大柱帽有效宽度 c。这些措施受到限制且板厚不小于 150mm 时，可配置受冲切箍筋或弯起钢筋（图 3-129），此时，受冲切截面应符合下列要求：

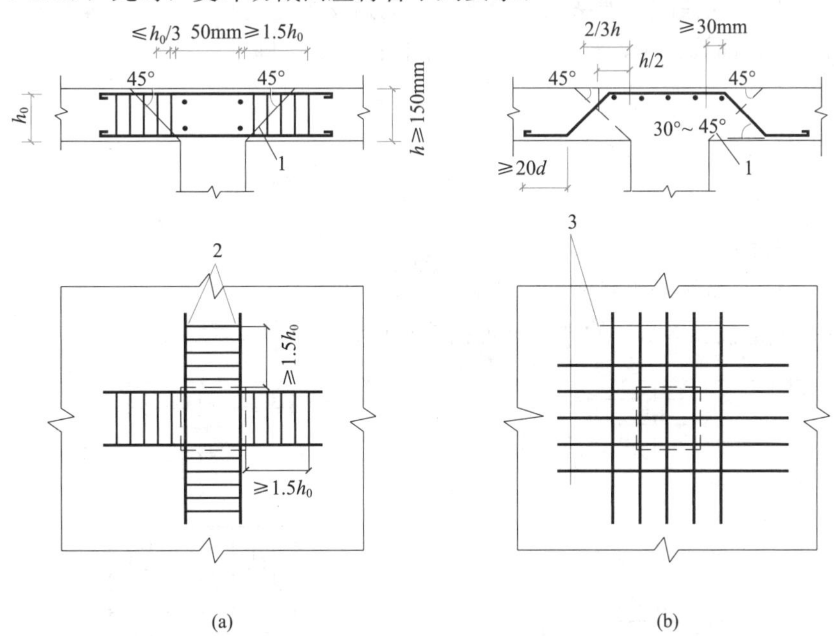

图 3-129　板中抗冲切钢筋布置

（a）箍筋；（b）弯起钢筋

1—冲切破坏锥体斜截面；2—架立筋；3—弯起钢筋不少于 3 根

$$F_l \leqslant 1.05 f_t \eta u_m h_0 \tag{3-155}$$

当配置箍筋时

$$F_l \leqslant 0.35 f_t \eta u_m h_0 + 0.8 f_{yv} A_{svu} \tag{3-156}$$

当配置弯起钢筋时

$$F_l \leqslant 0.35 f_t \eta u_m h_0 + 0.8 f_y A_{sbu} \sin \alpha \tag{3-157}$$

式中　A_{svu}——与呈 45°冲切锥体斜截面相交的全部箍筋截面面积；

A_{sbu}——与呈 45°冲切锥体斜截面相交的全部弯起钢筋截面面积；

α——弯起钢筋与板底的夹角。

为提高钢筋混凝土板受冲切承载力而配置的箍筋或弯起钢筋，应符合下列构造要求：

1）按计算所需的箍筋及相应的架立钢筋应配置在冲切破坏锥体范围内，并布置在从柱边向外不小于 $1.5h_0$ 的范围内（图 3-129a）；箍筋宜为封闭式，箍筋直径不应小于 6mm，其间距不应大于 $h_0/3$。

2）按计算所需的弯起钢筋应配置在冲切破坏锥体范围内，弯起角度可根据板的厚度在 30°～45°之间选取（图 3-129b）；弯起钢筋的倾斜段应与冲切破坏斜截面相交，其交点应在离柱边以外 $h/3$～$h/2$ 的范围内，弯起钢筋直径不应小于 12mm，且每一方向不应少于三根。

（3）中心支柱的设计

中心支柱按轴心受压构件设计。圆板传给中心支柱的轴向压力可按下列公式计算：

当圆板周边为铰支或固支，且受均布荷载作用时

$$N_t = K_N q r^2 \tag{3-158}$$

当圆板周边铰支，且板边缘作用有均匀弯矩时

$$N_t = K_N M_{sl} \tag{3-159}$$

式中　K_N——中心支柱的荷载系数，根据圆板周边支承情况和 c/d 查附表 6-1（4）确定。

在进行柱的截面设计时，轴向压力应包括柱的自重，即

$$N = N_t + \text{柱自重设计值} \tag{3-160}$$

柱计算长度可近似地按下式确定：

$$l_0 = 0.7\left(H_n - \frac{C_t + C_b}{2}\right) \tag{3-161}$$

式中　H_n——柱的净高；

C_t、C_b——柱顶部柱帽和底部反向柱帽的有效宽度。

支柱的柱帽应按图 3-130 的规定配置构造钢筋。

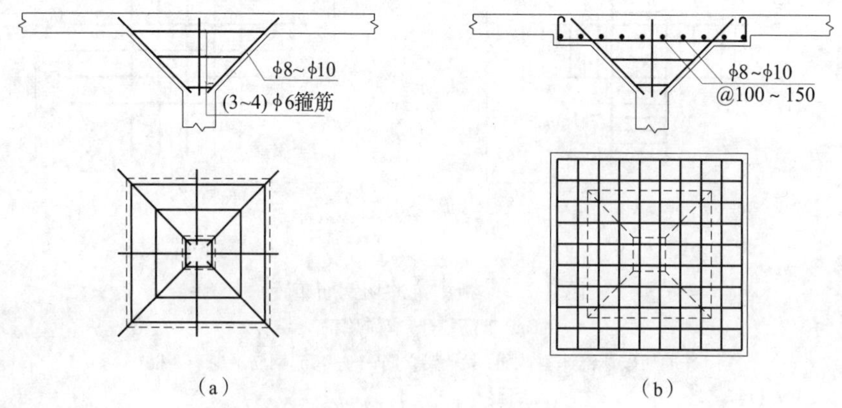

图 3-130　柱帽构造钢筋

（a）无帽顶板柱帽；（b）有帽顶板柱帽

3.10　钢筋混凝土水池设计

给水排水工程中的水池，从用途上可分为水处理用池（包括沉淀池、滤池、曝气池等）和贮水池（包括清水池、高位水池、调节池等）两大类。水池常用的平面形状有圆形或矩形，水池的池体结构一般由池壁、顶盖和底板三部分组成。按照水池工艺条件的不同，又可将水池分为有顶盖（或封闭式）和无顶盖（或敞开式）两类。给水工程中的贮水池多数是采用封闭式的，而其他水池则多采用敞开式。

本节主要介绍钢筋混凝土圆形水池及钢筋混凝土矩形水池的设计方法。

3.10.1　水池的荷载

水池上的作用主要可分为永久作用和可变作用两类。永久作用包括结构自重、土的竖向压力和侧向压力、水池内的盛水压力、结构的预加应力、地基的不均匀沉降等；可变作用包括池顶活荷载、雪荷载、地表或地下水压力（侧压力、浮托力）、结构构件的温（湿）度变化作用、地面堆积荷载等。作用于水池上的主要荷载如图3-131所示。

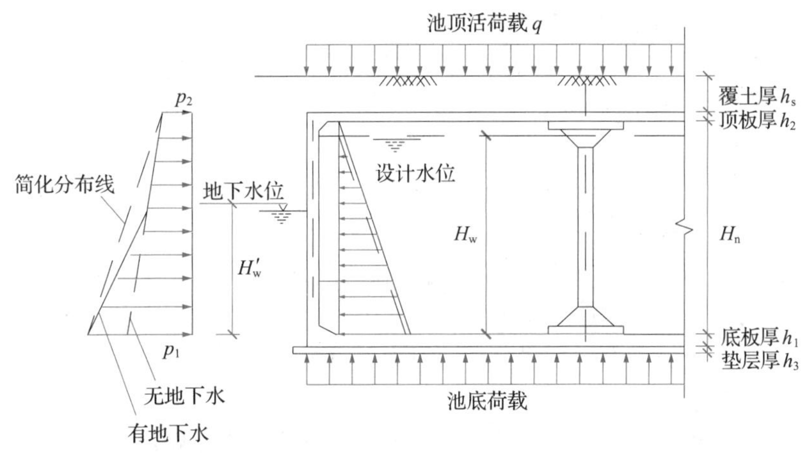

图3-131　水池的荷载

1. 池顶荷载

作用在水池顶板上的竖向荷载包括顶板自重、防水层重、覆土重、雪荷载和活荷载等。顶板结构自重和防水层自重可根据结构尺寸和材料的标准重度确定。一般现浇整体式池顶只需采用冷底子油打底再刷一道热沥青作为防水层，其重量甚微，可以忽略不计。

池顶覆土的作用主要是保温与抗浮。保温要求的覆土厚度根据室外温度确定最低气温在－10℃以上时，覆土厚度可取0.3m；－20～－10℃时，可取0.5m；－30～－20℃时，可取0.7m；低于－30℃时应取1.0m。作用于地下式水池上竖向土压力标准值按水池顶板上的覆土厚度和覆土重度标准值（一般取 $\gamma_s=18kN/m^3$）计算，并乘以竖向压力系数，压力系数可取1.0；当水池顶板的长宽比大于10时，压力系数宜取1.2。

雪荷载标准值应根据《建筑结构荷载规范》GB 50009—2012中的有关规定来确定。

雪荷载和活荷载不同时考虑，即仅取这两种荷载中数值较大的一种进行水池设计。

池顶活荷载是考虑上人、临时堆放少量材料等的重量。活荷载标准值及其永久值系数 ψ_q 按表 3-10 的规定取用。

2. 池底荷载

池底荷载是指将使底板产生内力（弯矩、剪力）的那一部分地基反力或地下水浮力。因此，只有池壁和池顶、支柱作用于底板上的集中力所引起的地基反力才会使底板产生弯曲内力，这部分地基反力由下列三项组成：

（1）由池顶可变荷载引起的，可直接取池顶可变荷载值；

（2）由池顶覆土引起的，可直接取池顶单位面积上覆土重；

（3）由池顶板自重、池壁自重及支柱自重引起的，可将池壁和所有支柱的总重除以池底面积再加上单位面积顶板自重。

3. 池壁荷载

池壁承受的荷载除池壁自重和池顶荷载引起的竖向压力和可能的端弯矩外，主要是侧向的水压力和土压力。

水压力按三角形分布，池底最大水压力标准值为：

$$p_{wk} = \gamma_w H_w \tag{3-162}$$

式中 p_{wk}——池底处的水压力标准值（kN/m^2）；

γ_w——水的重力密度，对给水处理的水池可取 $\gamma_w = 10kN/m^3$，对污水处理的水池可取 $10 \sim 18kN/m^3$；

H_w——设计水深，以“m”计。

一般水池设计水位离池内顶面 200～300mm，但为简化计算，计算时可取水压力的分布高度等于池壁的计算高度。

池壁外侧压力包括土压力、地面活荷载引起的附加侧压力及有地下水时的地下水压力。当无地下水时，池壁外侧压力呈梯形分布；当有地下水且地下水位于池顶以下时，以地下水位为界，池壁外侧压力呈折线分布，但为了简化计算，通常将有地下水时按折线分布的侧压力也取成梯形分布图形，如图 3-131 所示。

池壁土压力按主动土压力计算，顶端土压力标准值按下式计算：

$$p_{epk2} = \gamma_s (h_s + h_2) \tan^2\left(45° - \frac{\varphi}{2}\right) \tag{3-163}$$

当无地下水时，池壁底端土压力标准值为：

$$p_{epk1} = \gamma_s (h_s + h_2 + H_n) \tan^2\left(45° - \frac{\varphi}{2}\right) \tag{3-164}$$

当有地下水时，池壁底端土压力标准值为：

$$p'_{epk1} = [\gamma_s (h_s + h_2 + H_n - H'_w) + \gamma'_s H'_w] \tan^2\left(45° - \frac{\varphi}{2}\right) \tag{3-165}$$

地面活荷载引起的附加侧压力沿池壁高度为一常数，其标准值可按下式计算：

$$p_{qk} = q_k \tan^2\left(45° - \frac{\varphi}{2}\right) \tag{3-166}$$

地下水压力按三角形分布，池壁底端处的地下水压力标准值为：

$$p'_{wk} = \gamma_w H'_w \tag{3-167}$$

式中 γ_s——回填土重度，取 $\gamma_s=18\text{kN/m}^3$；

γ_s'——地下水位以下回填土的有效重度，取 $\gamma_s'=10\text{kN/m}^3$；

φ——回填土的内摩擦角，根据土壤试验确定，当缺乏试验资料时，可取$\varphi=30°$；

q_k——地面活荷载标准值，一般取 2.0kN/m^2；

h_s、h_2、H_n——池顶覆土厚度、顶板厚度和池壁净高；

H_w'——地下水位至池壁底部的距离。

池壁外侧压力应根据实际情况取上述各种侧压力的组合值。对于大多数水池，池顶处于地下水位以上，顶端外侧压力组合标准值为：

$$p_{k2}=p_{qk}+p_{epk2} \tag{3-168}$$

当底端处于地下水位以上时，底端外侧压力组合标准值为：

$$p_{k1}=p_{qk}+p_{epk1} \tag{3-169}$$

当底端处于地下水位以下时，底端外侧压力组合标准值为：

$$p_{k1}=p_{qk}+p'_{epk1}+p'_{wk} \tag{3-170}$$

除了上述荷载作用外，温度和湿度变化、地震作用等也将在水池结构中引起附加内力，在设计时必须予以考虑。一般来说，钢筋混凝土水池本身具有相当好的抗震能力，因此，下列情况可不作抗震验算，只需采取一定的抗震构造措施：

（1）设防烈度为7度的地上式及地下式水池；

（2）设防烈度为8度地下式钢筋混凝土圆形水池；

（3）设防烈度为8度的平面长宽比＜1.5，无变形缝的有顶盖地下式钢筋混凝土矩形水池。

4. 荷载分项系数及荷载组合

（1）荷载分项系数

水池荷载分项系数，对于《建筑结构荷载规范》GB 50009—2012 中已有明确规定的荷载，可按该规范的规定取值。但是，考虑到在给水排水工程中，不少构筑物的受力条件，均以永久作用为主，因此对构筑物内的盛水压力和外部土压力的作用分项系数，均规定采用 $\gamma_G=1.27$，而对结构和设备自重仍取 $\gamma_G=1.2$。对于地表水或地下水的作用分项系数取 $\gamma_Q=1.27$，而对于其他可变作用的分项系数仍取 $\gamma_Q=1.4$，并与组合系数配套使用。

但《建筑结构可靠性设计统一标准》GB 50068—2018 规定，当永久荷载效应对结构不利时，取 $\gamma_G=1.3$，当其对结构有利时，$\gamma_G\leqslant1.0$；当可变荷载效应对结构不利时，取 $\gamma_Q=1.5$。

（2）荷载组合

地下式水池进行承载力极限状态计算时，一般应考虑下列三种不同的荷载组合分别计算内力：

1）池内满水、池外无土；

2）池内无水、池外有土；

3）池内满水、池外有土。

第一种荷载组合出现在回填土以前的闭水试验，第二、第三两种组合是使用阶段的放空和满池时的荷载状态。在任何一种荷载组合中，结构自重总是存在的。对第二、第三两种荷载组合，应考虑活荷载和池外地下水压力。

对无保温措施的地上式水池，在承载力计算时，应考虑下列两种荷载组合：

1）池内满水；

2）池内满水及温（湿）度差引起的作用。

第二种荷载组合中的温（湿）度差作用应取壁面温差和湿度当量温差中的较大者进行计算。对于有顶盖的地上式水池，应考虑池顶活荷载参与组合。对于有保温措施的地上式水池，只需考虑第一种荷载组合。对于水池的底板，不论水池是否采取了保温措施，都可不计温度作用。

对于多格的矩形水池，还必须考虑某些格满水、某些格无水的不利组合，类似于连续梁活荷载最不利布置的荷载组合。

3.10.2 水池底地基承载力验算

当采用分离式底板时，地基承载力按池壁下条形基础及柱下单独基础进行验算；当采用整体式底板时，应按筏板基础进行验算。一般情况下可假定地基反力为均匀分布。底板底面处的地基反力有水池结构自重、池顶活荷载、池内满水重及基底面积范围内基底以上的土重（包括覆土）。按荷载标准组合计算的基础底面处平均压力值 p_k 应满足：

$$p_k \leqslant f_a \tag{3-171}$$

式中 f_a——修正后的地基承载力特征值，按《建筑地基基础设计规范》GB 50007—2011 的规定确定。

3.10.3 水池抗浮稳定性验算

当水池底面位于地下水位以下或位于地表滞水层内，而又无排除上层滞水措施时，地下水或地表滞水就会对水池产生浮力。当水池处于空池状态时就有被浮托起来或池底板和顶板被浮托顶裂的危险，此时，应对水池进行抗浮稳定性验算。

水池的抗浮稳定性验算一般包括整体抗浮验算和局部抗浮验算两个方面。验算时作用均取标准值，抵抗力只计算不包括池内盛水的永久作用和水池侧壁上的摩擦力。

进行水池整体抗浮稳定性验算是为了使水池不致整体向上浮动，其验算公式为：

$$\frac{G_{tk}+G_{sk}}{q_{fw,k}A} \geqslant 1.05 \tag{3-172}$$

式中 G_{tk}——水池自重标准值；

G_{sk}——池顶覆土重标准值；

A——算至池壁外周边的水池底面积；

$q_{fw,k}$——水池底面单位面积上的地下水浮托力标准值，按式（3-173）计算。

$$q_{fw,k} = \gamma_w (H'_w + h_1)\eta_{fw} \tag{3-173}$$

式中 η_{fw}——浮托力折减系数，对非岩质地基应取 1.0，对岩质地基应按其破碎程度确定；

γ_w——水的重度（kN/m^3），可按 $10kN/m^3$ 采用；

$H'_w + h_1$——由池底面算起的地下水高度。

对有中间支柱的封闭式水池，若通过池壁传递的抗浮力在总抗浮力中所占比例过大时，每个支柱所传递的抗浮力过小，则均匀分布的地下水浮力有可能使中间支柱发生向上移，引起水池底板和顶板被顶裂甚至破坏，如图3-132所示。为了避免这种危险，对有中间支柱的封闭式水池，除了按式（3-172）验算整体抗浮稳定性外，尚应按下式验算局部抗浮稳定性：

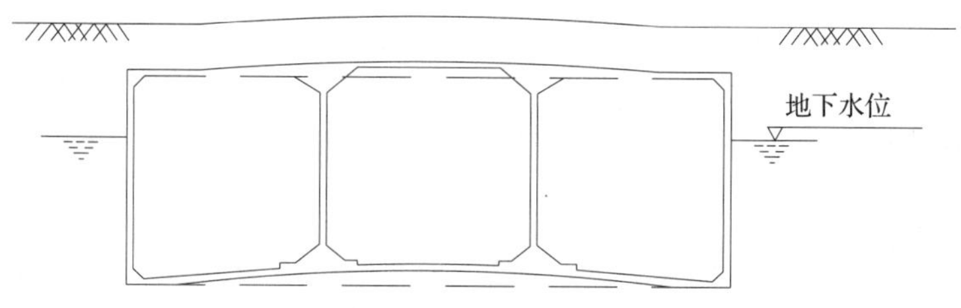

图3-132　局部抗浮不够时水池的变形

$$\frac{g_{sl1k}+g_{sl2k}+g_{sk}+\dfrac{G_{ck}}{A_{cal}}}{q_{fw,k}}\geqslant 1.05 \tag{3-174}$$

式中　g_{sk}——池顶单位面积覆土重标准值；

g_{sl1k}、g_{sl2k}——底板和顶板单位面积自重标准值；

G_{ck}——单根柱自重标准值；

A_{cal}——单根柱所辖的计算板单元面积，对两个方向柱距为 l_1 和 l_2 的正交柱网，取 $A_{cal}=l_1\cdot l_2$。

其余符号同前。

封闭式水池的抗浮稳定性不满足要求时，可采用增加池顶覆土厚度的办法来解决。开敞式水池的抗浮稳定性不满足要求时，可采用①增加水池自重；②将水池底板悬伸出池壁以外，并在其上面压土或块石；③在底板下设置锚桩等办法来解决。

3.10.4　钢筋混凝土圆形水池设计

1. 圆形水池主要尺寸

水处理池的容量、形式和空间尺寸主要由工艺设计决定；而贮水池的容量、标高和水深由工艺确定，其池形及尺寸主要由结构的经济性和场地、施工条件等因素来确定。在水池结构的内力计算以前必须先初步确定下列水池的尺寸：水池直径（d）、池高度（H）、池壁厚（h）及顶盖、底板的结构尺寸等。圆形贮水池的高度（H）一般为3.5～6.0m。容量为50～500m^{3}时，高度可取3.5～4.0m；容量为600～2000m^{3}时，高度可取4.0～4.5m。水池高度H确定后，就可根据其容量确定直径d。池壁厚度h主要取决于环向拉力作用下的抗裂要求。混凝土受力池壁与底板厚度不宜小于200mm，预制壁板的厚度可采用150mm。顶板厚度不宜小于150mm。

当水池直径较小（一般小于6.0m）时，可采用无支柱圆形平板；当水池直径较大（6.0～10.0m）时，宜在圆板中心处加设带柱帽的钢筋混凝土支柱。柱的截面尺寸要根据内力大小及构件长短来确定，宜采用正方形，且$b\times h\geqslant$250mm×250mm。为了避免构件长细比过大，承载力降低过多，常取$l_0/b\leqslant 30$。这里l_0为柱的计算长度，b为矩形截面短边边长。

2. 池壁内力分布规律

池壁内力计算时，需要先确定池壁的计算简图。水池的计算直径 d 应按池壁截面轴线确定；池壁的计算高度 H 则应根据池壁与顶盖和底板的连接方式来确定。当上、下端均为整体连接时，上端按弹性固定，下端按固定计算时，$H=H_n+\frac{h_2}{2}$（图 3-133a）。当两端均按弹性固定计算时，$H=H_n+\frac{h_1}{2}+\frac{h_2}{2}$（$h_1$ 为底板厚度，h_2 为顶板厚度）；当池壁与顶板和底板采用非整体连接时，H 应取至连接面（图 3-133b）。

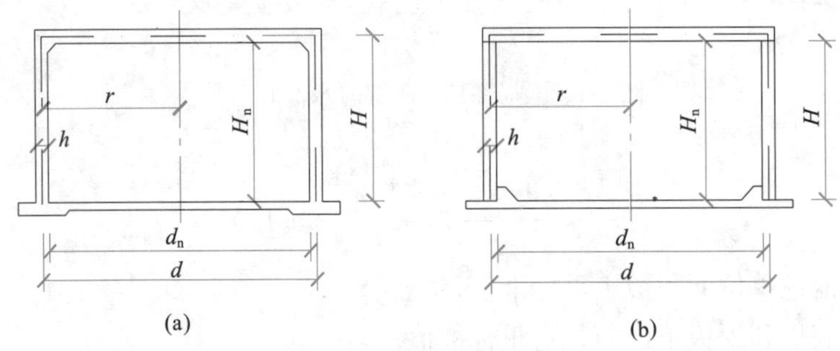

图 3-133 池壁的计算尺寸

池壁两端的支承条件应根据实际采用的连接构造方案来确定。池壁与顶盖的连接当采用图 2-66（a）时，可简化为自由端；当采用图 2-66（b）连接时，可简化为铰接；当采用图 2-66（c）连接时，可简化为弹性固定。

池壁与底板的连接当采用图 2-67（a）、（b）时可简化为铰接；当采用图 2-67（c）连接时，可简化为弹性固定；当采用图 2-67（d）连接时，且满足条件①$h_1>h$、②$a_1>h$ 且 $a_2\geqslant a_1$、③地基良好，地基土为低压缩性或中压缩性，可简化为固定。

在正常情况下，圆形水池所受的侧向压力是轴对称的，因此池壁的内力和变形也是轴对称的。在图 3-134 所示的圆形水池（图中支承条件以边界力表示）中，取出高度为 dx，环向为单位弧长的微元体，根据对称性原理，微元体各截面上作用的内力有：垂直截面上，环向力 N_θ 和环向弯矩 M_θ；在水平截面上，竖向弯矩 M_x 和剪力 V_x。且这些内力只沿池壁高度变化，而沿圆周的分布则是均匀不变的。

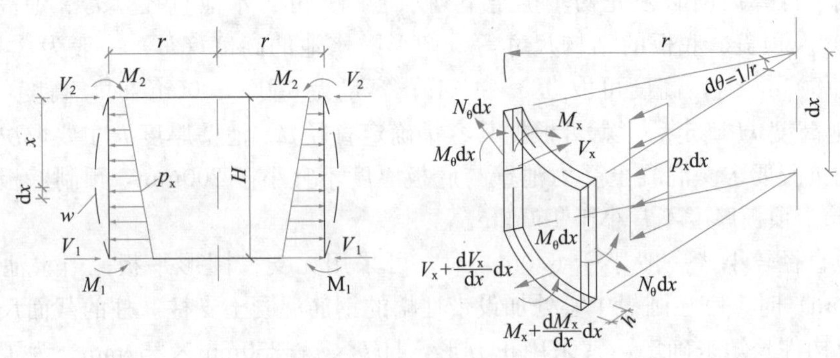

图 3-134 圆形水池壁各截面上作用的内力

由于池壁厚度 h 远小于水池的直径 d，圆形水池壁可以看成圆柱形薄壳，采用弹性力学中的薄壳理论计算池壁内力。分析表明，在池壁尺寸确定后，即$\frac{H^2}{dh}$$\left(\frac{H^2}{dh}\right.$称为池壁的特征常数$\left.\right)$为确定值时，上述所有内力仅为计算点的相对位置$\frac{x}{H}$（$x$ 为计算截面至池壁顶的距离）的函数。为便于设计中应用，对各种边界条件和荷载状态下的内力计算公式制成表格见附表 6-2（1）～附表 6-2（16）。

为了分析水池壁内力沿池壁高度方向的分布规律，以顶端自由、底端固定，顶端作用有沿圆周均匀的边缘力矩 M_0 的池壁为例。图 3-135 分别给出了在 M_0 作用下，不同$\frac{H^2}{dh}$值时池壁内所产生的竖向弯矩相对值$\frac{M_x}{M_0}$、环向力相对值$\frac{N_\theta h}{M_0}$的分布曲线。从图 3-135（a）中可以看出，当$\frac{H^2}{dh}\geqslant 8$ 时，边缘约束弯矩 M_0 对竖向弯矩 M_x 的影响区主要在作用端约 $0.4H$ 范围内，而远端弯矩接近于零。从图 3-135（b）中可以看出，当$\frac{H^2}{dh}\geqslant 24$ 时，边缘约束弯矩 M_0 对环向拉力 N_θ 的影响区主要在作用端约 $0.4H$ 范围内，而远端弯矩接近于零。这说明，边缘约束弯矩 M_0 对池壁内力的影响基本上不会传递到另一端去。

再以两端铰支，池内水压力 p 作用下的池壁为例。图 3-136 为在池内水压力作用下，不同$\frac{H^2}{dh}$值时池壁内所产生的竖向弯矩相对值$\frac{M_x}{PH^2}$、环向力相对值$\frac{N_\theta}{pr}$的分布曲线。

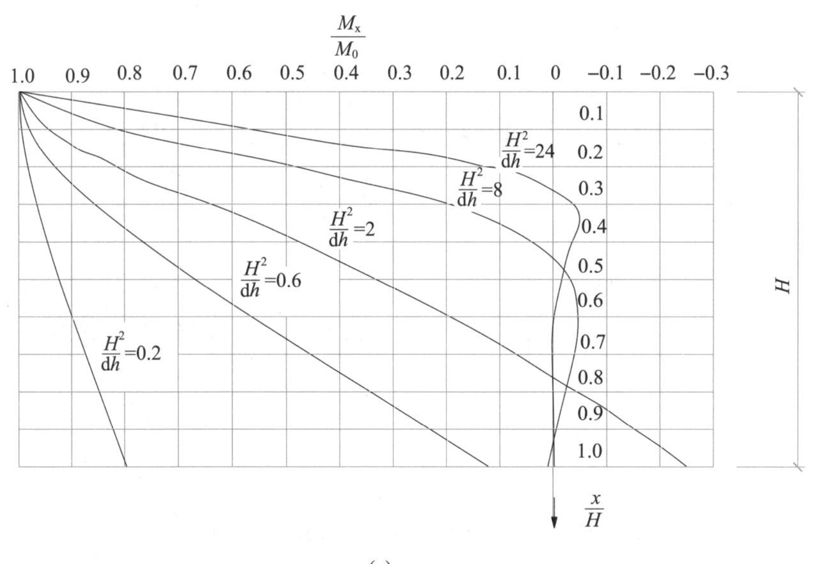

(a)

图 3-135　顶端自由、底端固定，沿顶端边缘力矩 M_0 作用下，不同$\frac{H^2}{dh}$值时池壁内所产生的内力相对值的分布曲线（一）

（a）$\frac{M_x}{M_0}$分布曲线

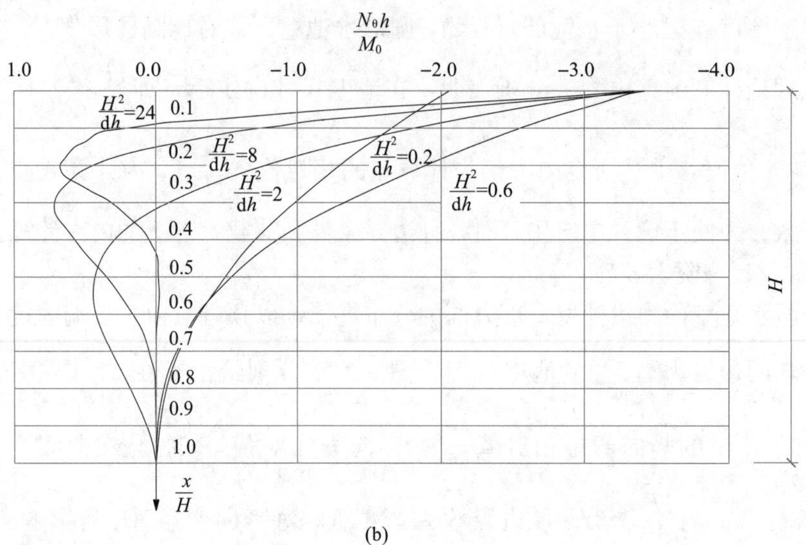

(b)

图 3-135　顶端自由、底端固定，沿顶端边缘力矩 M_0 作用下，不同$\frac{H^2}{dh}$值时池壁内所产生的内力相对值的分布曲线（二）

（b）$\frac{N_\theta h}{M_0}$分布曲线

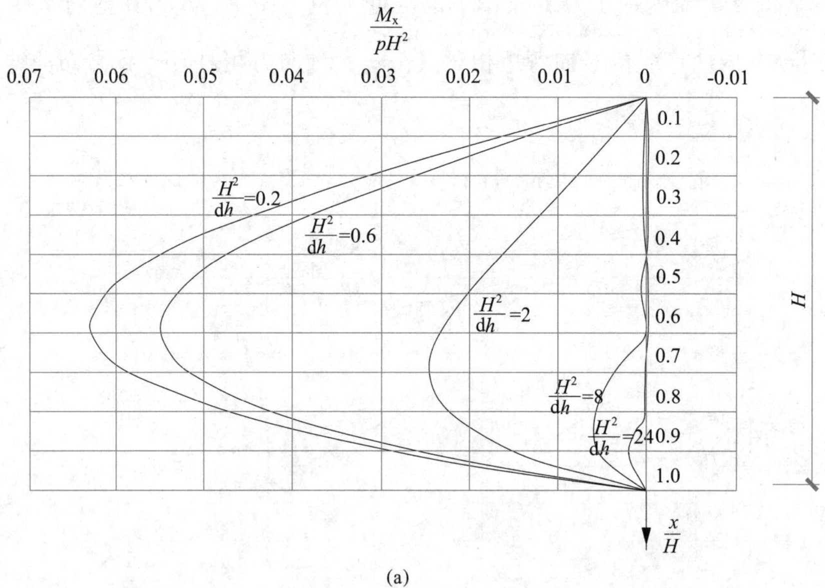

(a)

图 3-136　两端铰支，池内水压力 p 作用下，不同$\frac{H^2}{dh}$值时池壁内所产生的内力相对值分布曲线（一）

（a）$\frac{M_x}{pH^2}$的分布曲线

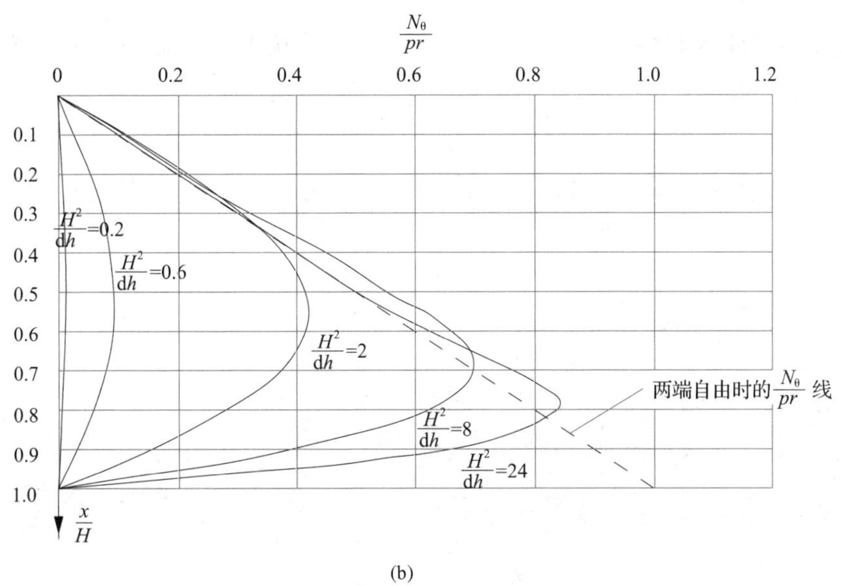

(b)

图 3-136　两端铰支，池内水压力 p 作用下，不同$\frac{H^2}{dh}$值时池壁内所产生的内力相对值分布曲线（二）

（b）$\frac{N_\theta}{pr}$的分布曲线

由图 3-136（a）中可以看出，当$\frac{H^2}{dh}\geqslant 8$ 时，底部支座对竖向弯矩 M_x 的影响区仅在下端约 0.4H 的范围内，而上端 0.6H 范围内的竖向弯矩 M_x 接近于零。当$\frac{H^2}{dh}=8$ 时，底部支座对环向拉力 N_θ 的影响区仅在下端约 0.3H 的范围内，而上端 0.7H 范围内的环向力 N_θ 的分布曲线非常接近于两端自由时 N_θ 的分布曲线（图 3-136b 中虚线），说明这一区段内的环向力 N_θ 并不受底端支座的影响。当$\frac{H^2}{dh}=24$ 时，底端支座的影响区进一步缩小到约 0.2H 的范围内。当$\frac{H^2}{dh}=2$ 时，底部支座将影响到池壁整个高度范围，使环向力大为减小，竖向弯矩则相对增大，可见此时荷载主要将由竖向承受，环向作用则明显减弱。

再以两端固定，池内均布荷载 p 作用下的池壁为例。图 3-137 为在池内均布荷载作用下，不同$\frac{H^2}{dh}$值时池壁内所产生的竖向弯矩相对值$\frac{M_x}{pH^2}$、环向力相对值$\frac{N_\theta}{pr}$的分布曲线。当$\frac{H^2}{dh}\geqslant 8$ 时，顶部及底部固端的影响仅在上端和下端各约 0.2H 的范围内，而中间 0.6H 范围内的竖向弯矩 M_x 的分布曲线均匀且接近于零。当$\frac{H^2}{dh}=2$ 时，顶端及底部固端对池壁环向力 N_θ 的影响区将扩展到整个高度范围而使环向力大为减小。当$\frac{H^2}{dh}=24$ 时，顶端及底端固定端的影响区在上端和下端各约 0.3H 的范围内，而中间 0.4H 范围内的环向力 N_θ 的分布曲线非常接近于两端自由时 N_θ 的分布曲线（图中虚线），说明这一区段内的环向力

N_θ 并不受底端支座的影响。当 $\dfrac{H^2}{dh}=56$ 时，顶端及底端支座的影响区进一步缩小到约 $0.2H$ 的范围内。

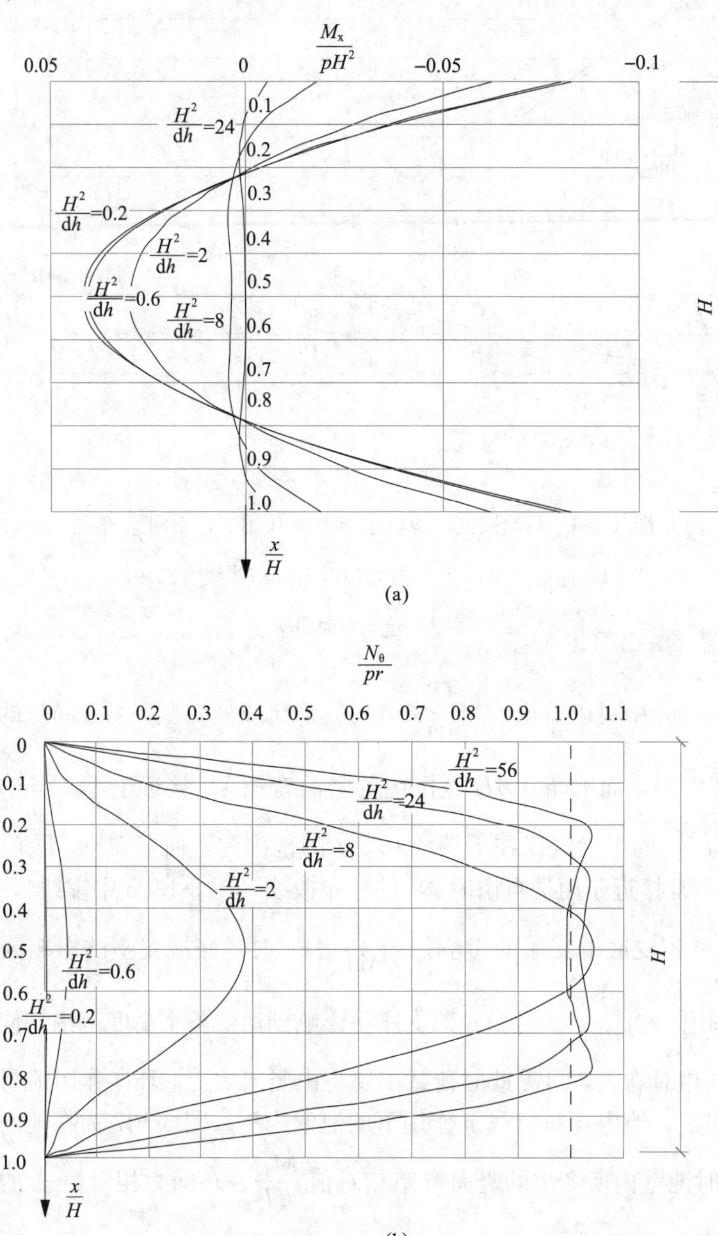

图 3-137　两端固定，池内均布压力 p 作用下，不同 $\dfrac{H^2}{dh}$ 值时池壁内所产生的内力相对值分布曲线

(a) $\dfrac{M_x}{pH^2}$ 的分布曲线；(b) $\dfrac{N_\theta}{pr}$ 的分布曲线

从上述分析可见，边缘约束力的影响区域随着 $\dfrac{H^2}{dh}$ 值的增大而迅速缩小。在工程实践

中，可根据$\frac{H^2}{dh}$值的大小分为两类，当$\frac{H^2}{dh}>2$时，通常称为长壁圆水池，计算时可以忽略两端约束力的相互影响，即计算一端约束力作用时，不管另一端为何种支承条件，均可将另一端假定为自由端；当$\frac{H^2}{dh}\leqslant 2$时，称为短壁圆水池，这时不能忽略两端约束力的相互影响，必须采用精确理论计算方法。

注意，附表 6-2（1）～附表 6-2（16）中的水池壁内力系数只列出了$\frac{H^2}{dh}\leqslant 56$的内力系数，习惯上将$\frac{H^2}{dh}>56$的圆形水池称为深池。水池的内力系数分析表明，对$\frac{H^2}{dh}=28\sim56$的池壁，约束端的影响已相当稳定地局限于离约束端 $0.25H$ 的高度范围内。在此范围外，侧压力引起的环向力基本上等于静定圆环的环向力，竖向弯矩则等于或接近于零。由此可以推知，$\frac{H^2}{dh}>56$的池壁，端部约束的影响也不超出 $0.25H$ 的范围，在此范围以外，可以只按静定圆环计算环向力；在此范围以内则应按约束端的实际边界条件计算池壁内力。这一部分池壁内力可取靠约束端高度为 $H'=\sqrt{56dh}$的一段水池，按一端有约束，另一端为自由的池壁，利用附表 6-2（1）～附表 6-2（16）中相应边界条件和荷载状况下$\frac{H^2}{dh}=56$的内力系数进行计算，如图 3-138 所示。

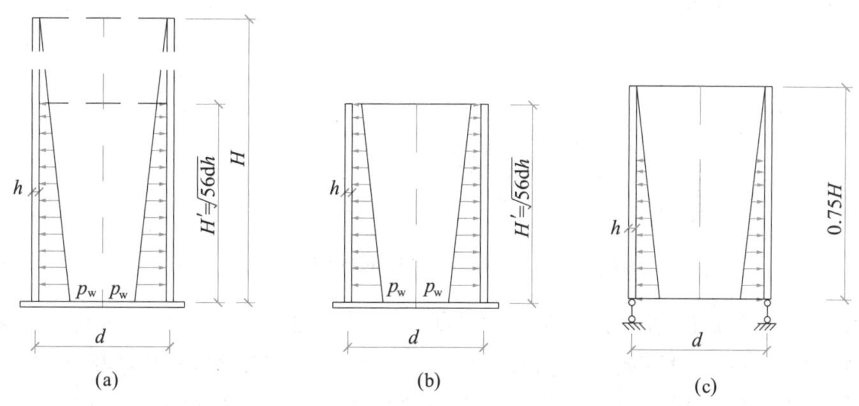

图 3-138　深池的计算简图

（a）深池荷载图；（b）竖向弯矩计算；（c）环向力计算

3. 弹性固定池壁的内力计算

弹性固定池壁的内力计算，应先确定池壁弹性固定端的边缘弯矩，视池壁边缘弯矩为外荷载，分别计算边缘弯矩和侧向荷载所引起的内力，叠加得到池壁在侧向荷载作用下，弹性固定池壁的内力。具体计算方法如下：

（1）弹性固定端边界内力的确定

对平顶和平底的圆形水池，可以认为节点无侧移，边界弯矩可用力矩分配法进行计算。池壁两端都是弹性固定的有盖圆形水池，绝大多数为长臂圆形水池，此时可以忽略两端边界力的相互影响，即在力矩分配法中，不必考虑节点间的传递，力矩分配法只需对各个节点的不平衡弯矩进行一次分配。

1）计算顶板、底板及池壁的固端弯矩

按周边固定的圆板计算荷载作用下，水池顶板、底板的固端弯矩 $\overline{M}_{sl,i}$（底板 $i=1$、顶板 $i=2$）。

按两端固定池壁计算在侧向荷载作用下，池壁上、下端固端弯矩 $\overline{M}_i$（下端 $i=1$、上端 $i=2$）。

2）计算各构件的边缘抗弯刚度

计算顶板、底板的边缘抗弯刚度 $K_{sl,i}=k_{sl,i}\dfrac{Eh_i^3}{r}$（底板 $i=1$，顶板 $i=2$）；计算池壁边缘抗弯刚度 $K_w=k_{M\beta}\dfrac{Eh^3}{H}$。

3）计算顶板、底板及池壁弹性嵌固边界力矩

各构件弹性嵌固边界弯矩为：

$$M_i=\overline{M}_i-(\overline{M}_i+\overline{M}_{sl,i})\frac{K_w}{K_w+K_{sl,i}}\quad(\text{池底 } i=1,\text{池顶 } i=2)\tag{3-175}$$

上式中各项弯矩的符号均以使节点反时针方向转动为正。

（2）池壁内力计算

边缘弯矩确定后，可将弹性支承取消，代之以铰接和边缘弯矩，池壁内力即可用叠加法求得。两端均为弹性固定的圆形水池，池内作用有水压力的长壁圆形水池为例，其内力计算过程用图 3-139 表示。

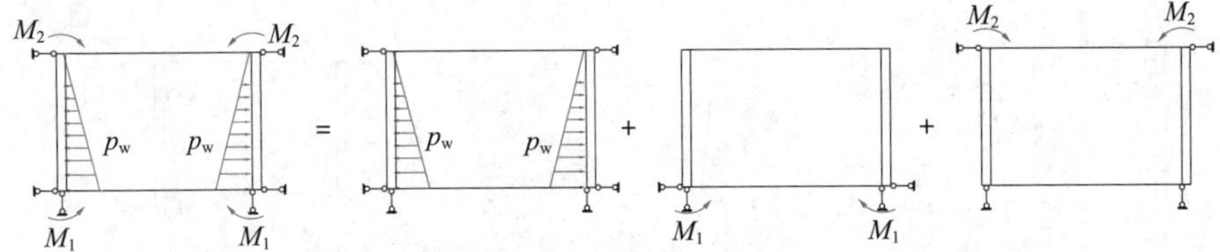

图 3-139　壁端弹性固定时的内力分析

图 3-139 等号右边的第二、三项中，根据长壁圆水池的特点，忽略了远端影响，因此把没有边界力作用的一段看成是自由端。第一、二两项的计算简图在附表 6-2 中均有现成的内力系数可以直接利用，第三项计算简图只要将附表 6-2 中的附表 6-2（12）和附表 6-2（13）倒转使用，即 x 由底端向上算起。

必须注意：在用力矩分配法计算边缘弯矩时，力矩的符号是以使节点反时针方向转动为正，但在计算水池内力时，力矩使池壁外侧受拉为正。

4. 池壁截面设计

池壁正截面承载力计算所需的环向钢筋和竖向钢筋以及斜截面受剪承载力计算属于承载力极限状态计算。而池壁在环向受拉时的抗裂验算和竖向受弯（或偏压）时的裂缝宽度验算属于正常使用极限状态验算。

池壁环向钢筋应根据最不利荷载组合所引起的环向拉力 N_θ 和环向弯矩 $M_\theta=\nu_c M_x$（ν_c 为混凝土泊松比，取 $\nu_c=0.2$）计算确定。当不考虑温（湿）度变化引起池壁内力时，环向弯矩 $M_\theta=\nu_c M_x$ 的数值通常较小，可以忽略不计，此时环向钢筋根据环向拉力 N_θ 按轴心受拉构件的正截面承载力计算确定。当考虑温（湿）度变化引起池壁内力时，环向弯矩

$M_\theta = \nu_c M_x$ 不可以忽略，此时环向钢筋根据环向拉力 N_θ 和环向弯矩 M_θ 按偏心受拉构件的正截面承载力计算确定。

池壁环向钢筋的直径不应小于 6mm，钢筋间距不应小于 70mm。当壁厚 $h<150$mm 时，钢筋间距不应大于 200mm；当壁厚 $h>150$mm 时，其间距不应大于 $1.5h$；但在任何情况下，钢筋最大间距不宜超过 250mm。

池壁竖向钢筋应根据竖向弯矩 M_x 和水池顶盖传来的竖向力 N_x 计算确定。当竖向力 N_x 较大，且相对偏心距 $e_0/h<2$（这里 $e_0=M_x/N_x$）时，应考虑 N_x 的作用，此时竖向钢筋应根据竖向弯矩 M_x 和竖向力 N_x 按偏心受压承载力计算，但不考虑纵向弯曲的影响，即取 $C_m \eta_{ns}=1.0$。池壁顶端、中部和底端应分别根据其最不利正、负弯矩计算内侧和外侧的竖向钢筋。竖向钢筋应布置在环向钢筋的外侧，以增大截面的有效高度。

池壁竖向钢筋的直径不应小于 8mm，钢筋的间距要求同环向钢筋。

对承受以拉力为主的水池壁截面，不允许裂缝的出现，应验算池壁在环向按轴心受拉或偏心受拉抗裂度，当不满足抗裂要求时，应增大池壁的厚度或提高混凝土强度等级。通常池壁的厚度是由其环向抗裂条件确定的，因此在确定水池结构尺寸时，应按池壁的环向抗裂要求初步估算池壁的厚度。

水池壁在竖向弯矩（或偏压）作用下是允许开裂的，但最大裂缝宽度计算值 w_{max} 不应超过附表 2-3（2）规定的允许限值 w_{lim}，即 $w_{max} \leqslant w_{lim}$。对清水池、给水池取 $w_{lim}=0.25$mm，对污水处理池取 $w_{lim}=0.2$mm。

圆形水池池壁中环向钢筋和竖向钢筋的配筋示意图如图 3-140 所示。

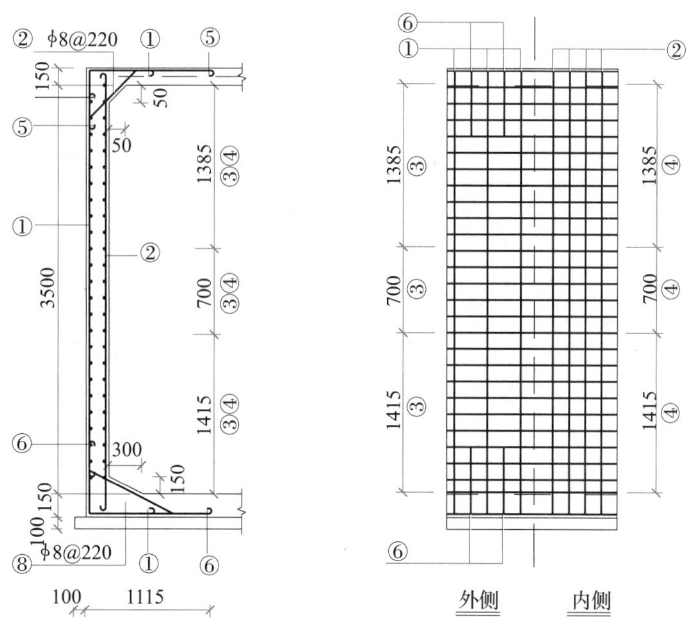

图 3-140　圆形水池池壁配筋示意图

5. 底板的内力分布规律和截面设计

当水池的底板采用整体式时，水池的底板也相当于水池的基础。对于有支柱的水池底板，通常假定池底地基反力（指使底板产生内力的那一部分地基反力或地下水浮力）均布，这样底板的内力及其分布规律与顶板相同。池底荷载是指对于无支柱的圆板，当直径不大时，也可假定地基反力均布计算。但当直径较大时，应根据有无地下水来确定计算。当无地下水时，应按弹性地基上的圆板来确定池底地基反力的分布规律；当有地下水且池底荷载主要是地下水的浮力时，则应按均布荷载计算；当池底处于地下水位变化幅度内时，圆板应按弹性地基（地下水位低于底板）和均布反力（地下水位最高）两种情况分别计算，并根据两种计算结果中的最不利内力设计。

当水池底板采用分离式时，底板不参与水池结构的受力工作，只是将其自重和直接作用在它上面的水重传给地基，通常可以认为在这种底板内不会产生弯矩和剪力，底板的厚度和配筋均按构造来确定。此时，圆形水池池壁的基础为环形基础，原则上应按支承在弹性地基上的环形基础来设计。但当水池直径较大，地基良好，且分离式底板与环形基础之间未设置分离缝时，可近似将环形基础展开成直的条形基础进行计算。

3.10.5 钢筋混凝土矩形水池设计

1. 矩形水池的分类

矩形水池是由平板组成的。组成矩形水池的各单块平板有两种类型：四边支承板和三边支承、一边自由的板。为了简化计算，根据矩形水池壁长度 L_B 和池壁高度 H_B 的比值 L_B/H_B将矩形水池的板划分为双向板和单向板进行计算。矩形水池池壁在侧向荷载作用下按单向或双向受力计算的区分条件可根据表 3-20 的规定来确定。

池壁在侧向荷载作用下单、双向受力的区分条件 GB 50069—2002　　**表 3-20**

壁板的边界条件	L_B/H_B	板的受力情况
四边支承	$L_B/H_B<0.5$	$H_B>2L_B$ 部分按水平单向计算；板端 $H_B=2L_B$ 部分按双向计算；$H_B=2L_B$ 处可视为自由端
	$0.5\leqslant L_B/H_B\leqslant 2$	按双向计算
	$L_B/H_B>2$	按竖向单向计算，水平向角隅处应考虑角隅效应引起的水平向负弯矩
三边支承、顶边自由	$L_B/H_B<0.5$	$H_B>2L_B$ 部分按水平单向计算；底部 $H_B=2L_B$ 部分按双向计算；$H_B=2L_B$ 处可视为自由端
	$0.5\leqslant L_B/H_B\leqslant 3$	按双向计算
	$L_B/H_B>3$	按竖向单向计算，水平向角隅处应考虑角隅效应引起的水平向负弯矩

图 3-141 为敞开式矩形水池的三种典型情况。图 3-141（a）（$L_B/H_B>3$）按竖向单向计算，称这种水池为挡土墙式水池；图 3-141（b）（$0.5\leqslant L_B/H_B\leqslant 3$）水池按双向计算，称这种水池为双向板式水池；图 3-141（c）（$L_B/H_H<0.5$）水池，由于沿高度方向在大于 $2L_B$ 的部分按水平方向传力，如果四周壁板长度接近时，沿高度取 1m 作为计算单元，为一水平封闭式框架，称这种水池为水平框架式水池。

2. 矩形水池的布置原则

矩形水池的结构布置，在满足工艺要求的前提下，应注意利用地形，减少用地面积；结构方案应体现受力明确，内力分布尽可能均匀。

矩形水池对混凝土收缩及温度变化比较敏感，因此当水池任一个方向的长度超过表 3-21 规定的长度时，应设置伸缩缝。伸缩缝宜做成贯通式将基础断开，缝宽不宜小于 20mm。水池的伸缩缝可采用金属、橡胶或塑胶止水带止水。但止水带终归是一个薄弱环节，因此在设计时应合理布置，尽可能减少伸缩缝，并避免伸缩缝的交叉。对于多格式水池，宜将变形缝设置在分格墙处，并做成双壁式（图 3-142）。

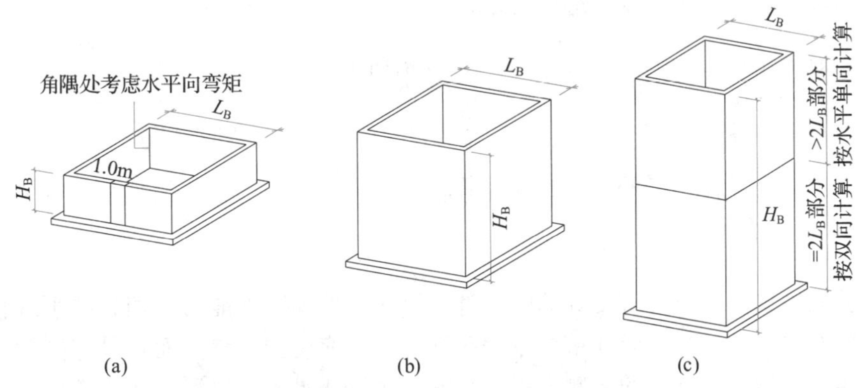

图 3-141　敞开式矩形水池的分类

(a) $L_B/H_B>3$；(b) $0.5\leqslant L_B/H_B\leqslant3$；(c) $L_B/H_B<0.5$

矩形构筑物伸缩缝最大间距 GB 50069—2002（m）　　**表 3-21**

结构类型 \ 工作条件		岩基		土基	
		露天	地下式或有保温措施	露天	地下式或有保温措施
钢筋混凝土	装配整体式	20	30	30	40
	现浇	15	20	20	30

注：1. 对地下式或有保温措施的水池，施工闭水外露时间较长时，应按露天条件设置伸缩缝。
2. 当在混凝土中加掺合料或设置混凝土后浇带以减少收缩变形时，伸缩缝间距可根据经验确定，不受表列数值限制。

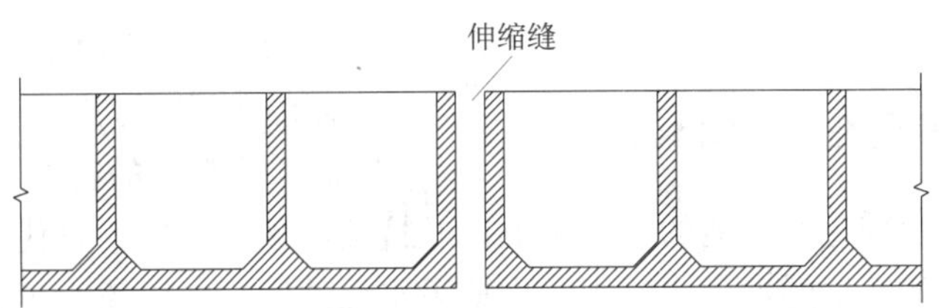

图 3-142　多格式水池的双壁式变形缝

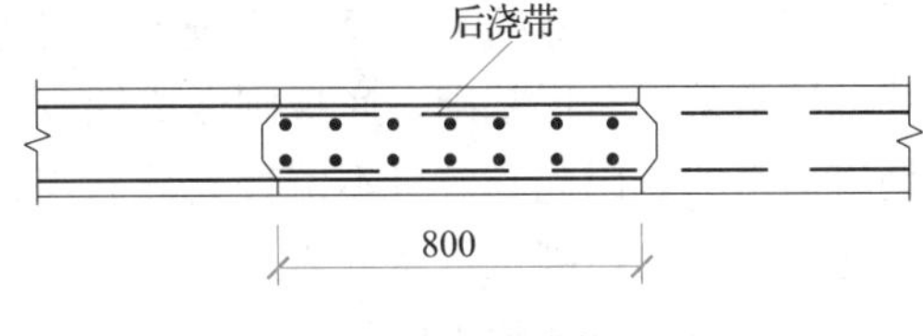

图 3-143　后浇带构造图

中等容量水池的平面尺寸应尽可能控制在不需设置伸缩缝的范围内。对平面尺寸超过温度区段长度限制不太多的水池，也可采用设置后浇带（图 3-143）的办法而不设置伸缩缝。当要求的贮水容量很大时，宜采用多个水池；当受到用地限制，必须采用单个或由多个水池连成整体的大型贮水池时，宜用横向和纵向伸缩缝将水池划分成平面尺寸相同的单元，并尽可能使各单元的结构布置统一化，以减少单元的类型而有利于设计、施工和使结构的受力工作趋于一致。

伸缩缝的常用做法如图 3-144 所示。止水片常用金属、橡胶或塑料制成。金属止水片以紫铜或不锈钢片最好，普通钢片易于锈蚀。但前两种材料价格高，目前工程中用得最多的是橡胶止水带，这种止水带能经受较大的伸缩，在阴暗潮湿的环境中具有很好的耐久性。塑料止水带可用聚氯乙烯或聚丙烯制成，它的伸缩能力要比橡胶差，但耐光和耐干燥性较好，且具有容易热烫熔接的优点，造价也较低廉，主要用于地下防水工程和水工构筑物，如隧道涵洞、沟渠等的变形缝的防水。

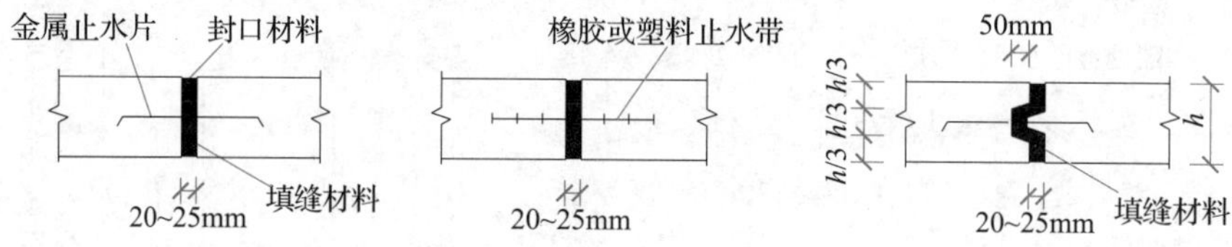

图 3-144　伸缩缝的一般做法

伸缩缝的填缝材料应具有良好的防水性、可压缩性和回弹能力。理想的填缝材料应能压缩到其原有厚度的一半，而在壁板收缩时又能回弹充满伸缩缝，而且最好能预制成板带形式，以便作为后浇混凝土的一侧模板。最好采用不透水的，但浸水后能膨胀的掺木质纤维的沥青板，也可用油浸木丝板或聚丙烯塑料板。封口材料是做在伸缩缝迎水面的不透水韧性材料。封口材料应能与混凝土面粘结牢固，可用沥青类材料加入石棉纤维、石粉、橡胶等填料，或采用树脂类高分子合成塑料制成封口带。

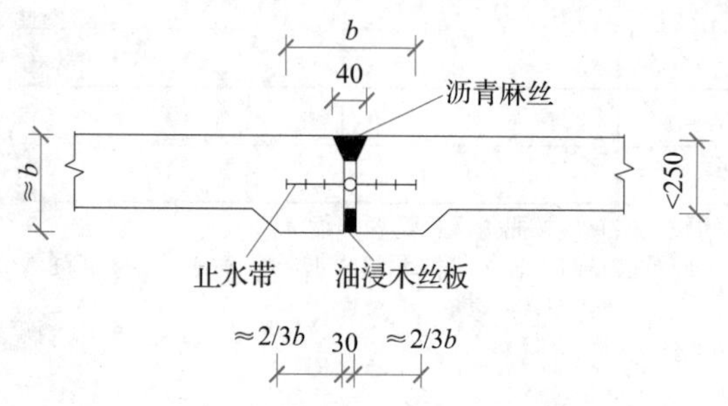

图 3-145　伸缩缝处壁板局部加厚

当伸缩缝处采用橡胶或塑料止水带，且板厚小于 250mm 时，为了保证伸缩缝处混凝土的浇灌质量及使止水带两侧的混凝土不致太薄，应将板局部加厚（图 3-145）。加厚部分的板厚宜与止水带宽度相等，每侧局部加厚的宽度以 2/3 止水带宽为宜。加厚处应增设构造钢筋。

水池的埋置深度，一般由生产工艺流程对池底所要求的标高控制。从结构的观点、减少温（湿）度变化对水池的不利影响以及抗震的角度来说，宜优先采用地下式或半地下式。但对敞开式水池的埋深应适当考虑地下水位的影响，以免为了满足抗浮稳定性要求而将底板做得很厚或需要设置锚桩，从而造成不经济。

挡土墙式水池的平面尺寸比较大，且地基良好、地下水位低于水池底面，这时池壁下基础通常采用条形基础，底板则做成铺砌式的结构方案。池壁基础与底板之间的连接必须是不透水的，因此一般可不留分离缝。当地下水位高于池底面时，如果采用有效措施来消除地下水压力，则也可将底板做成铺砌式，否则应设计成能够承受地下水压力的整体底板。对于平面尺寸较大的敞开式水池，底板应做成整体式肋形梁板结构。双向板式水池及水平框架式水池的平面尺寸一般不会很大，底板通常做成平板。

封闭式矩形水池的顶盖，当平面尺寸不大时，一般采用现浇平板；当平面尺寸较大时，大多采用现浇无梁板体系，也可采用预制梁板体系。

无顶盖挡土墙式水池，池壁顶端为自由端时，池壁宜做成变厚度，底端厚度可为顶端厚度的 1.5 倍左右。双向板式水池的池壁一般做成等厚度，但当 $1.5 \leqslant l/H \leqslant 3$，且顶边自由时，可以做成变厚度池壁。深度较大的水平框架式水池池壁可以沿高度方向分段改变池壁厚度，做成阶梯形的变厚度池壁。

对于无顶盖挡土墙式水池，当水池的平面尺寸不太大或有一个方向的壁长较小时，可以考虑在壁顶设置水平框梁和拉梁。如果壁顶设有具有一定水平向刚度的走道板，在水池结构布置时，可以利用走道板形成水平框梁（图 3-146）。水平框梁作为壁顶的抗侧移支座，可大大减小池壁底端弯矩，从而减小池壁厚度，降低钢筋用量。

对 $H>5.0$m 的挡土墙式池壁，可以利用设置扶壁的办法来减小池壁厚度（图 3-147）。扶壁可以看做是池壁及扶壁所在一侧基础板的支承肋，它将池壁和基础分割成双向板或池壁长度方向传力的多跨单向板，因而使池壁及基础板的弯矩大为减小。在竖向，扶壁则与池壁共同组成 T 形截面悬臂结构。对于地上式水池，为了使 T 形截面的翼缘处于受压区，宜将扶壁设置在池壁的内侧。

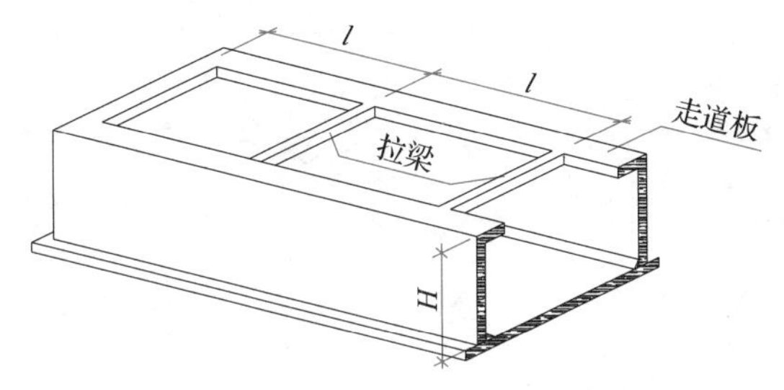

图 3-146 开敞式水池设走道板及拉梁

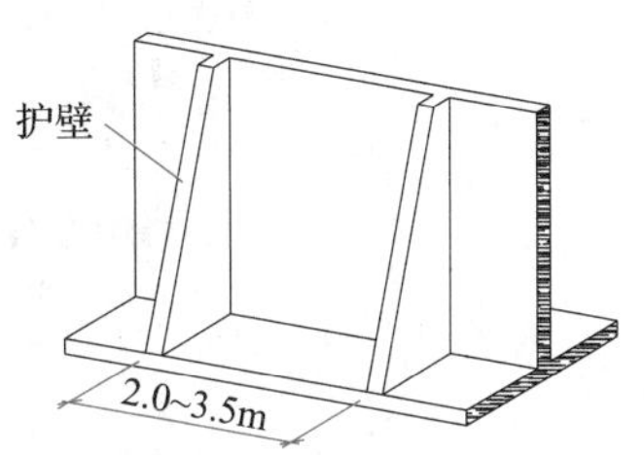

图 3-147 扶壁式池壁

3. 水池构造要求

矩形水池壁板通常采用分离式配筋。矩形水池配筋的关键在各转角处，尤其要注意转角处的内侧钢筋的构造。如果必须利用转角处的内侧钢筋来承担池内水压力引起的边缘负弯矩时，则其伸入支承边内侧的锚固长度不应小于 l_a（图 3-148a）。如果两相邻池壁的内侧水平钢筋采用连续配筋时，则常采用图 3-148（b）所示的弯折方式。

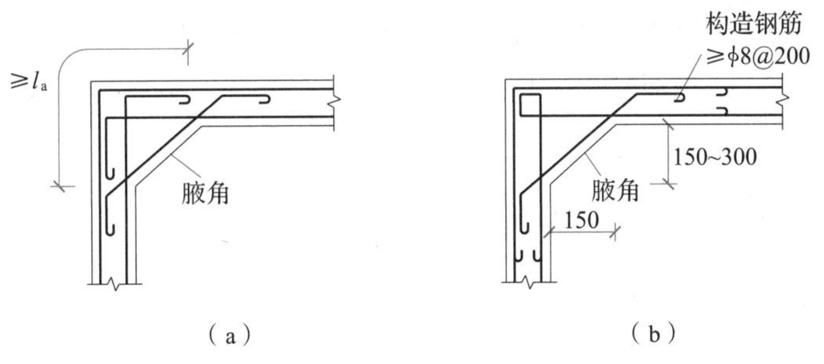

图 3-148 池壁转角处的连接构造

壁板与底板间的常用构造如图 3-149 所示。在现浇钢筋混凝土矩形水池壁板与顶板之间、壁板之间以及壁板与底板之间往往设置腋角，以增强转角处的抗弯刚度。腋角构造配筋不少于 ϕ8@200，腋角尺寸如图 3-148（b）所示。

在壁板与顶板转角处应配置 2 根附加钢筋，其直径比壁板中水平钢筋增 2～4mm；在壁板与底板转角处应配置 4 根附加钢筋，其直径比壁板中水平钢筋增 2～4mm，如图 3-150 所示。

为减小无顶盖挡土墙式水池壁底端弯矩，在水池结构布置时，可以利用走道板形成一封闭水平框梁作为顶的抗侧移支座，走道板转角处按图 3-151 均匀布置辐射钢筋。

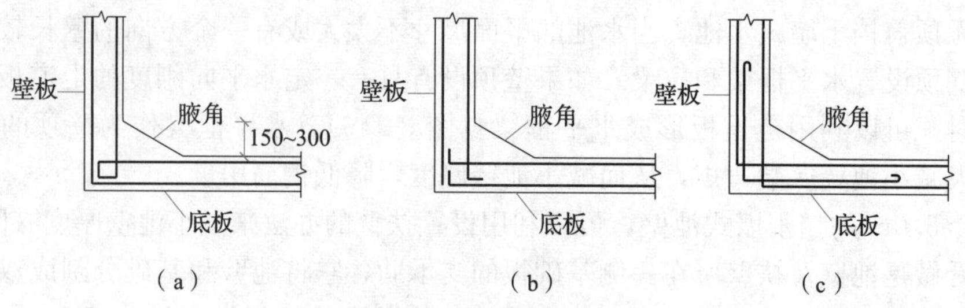

图 3-149　壁板与底板间的连接构造

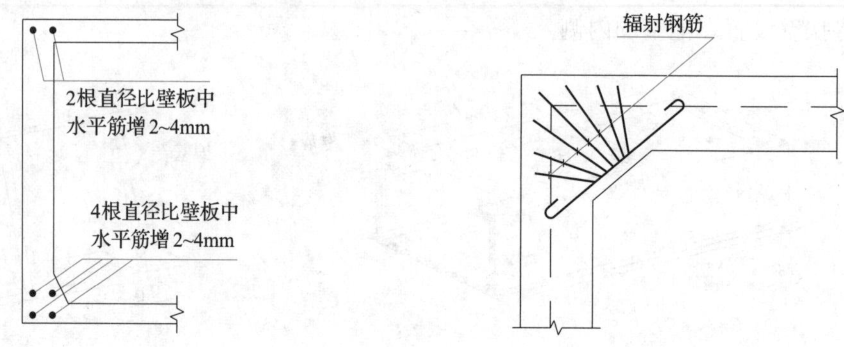

图 3-150　壁板与顶板及壁板与底板处的附加钢筋　　图 3-151　走道板转角处辐射钢筋

当在水池顶板处设置集水槽时，可按悬臂构件设计，其配筋如图 3-152 所示。当在底板处设置集水沟时，可按图 3-153 配筋。

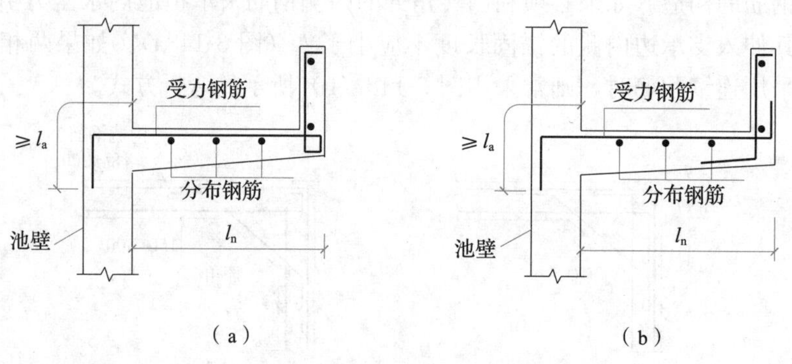

图 3-152　集水槽配筋构造

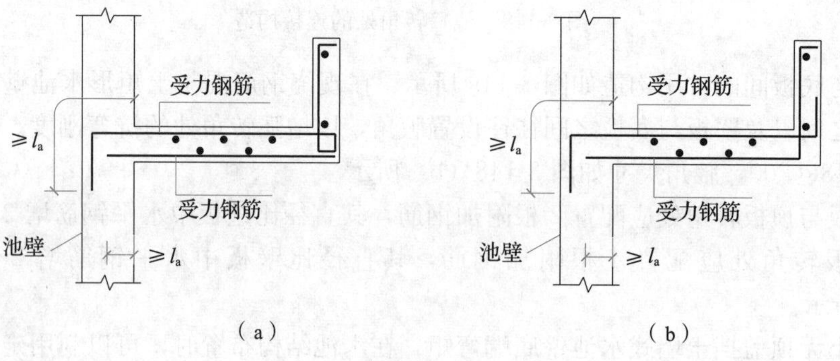

图 3-153　集水沟配筋构造

水池顶板采用现浇钢筋混凝土平板时，可按下列方法开洞：

（1）当圆洞直径（矩形孔垂直于板跨方向的宽度）不大于 300mm 时，板内受力钢筋不用切断，可直接绕过洞边，在孔边也不需采取其他措施（图 3-154）；

（2）当开孔的直径或宽度大于 300mm 但不超过 1000mm 时，孔口的每侧沿受力钢筋方向应配置加强钢筋，其钢筋截面面积不应小于开孔切断的受力钢筋截面面积的 75%；对矩形孔口的四角尚应加设斜筋（不少于 2ϕ12）；对圆形孔口尚应加设环筋（图 3-155）。

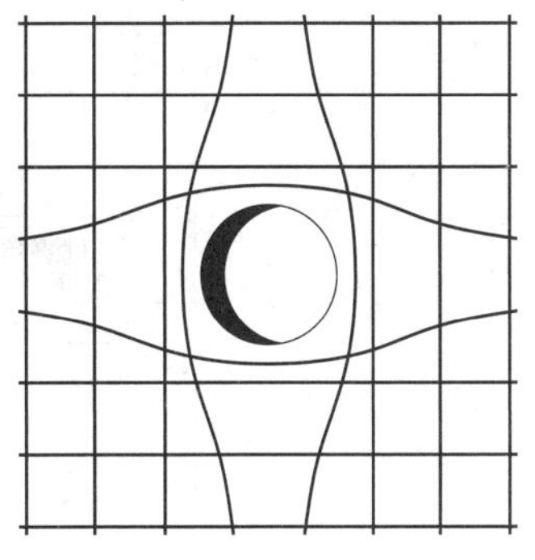

图 3-154　板上开洞构造（d 或 $b \leqslant 300$mm）

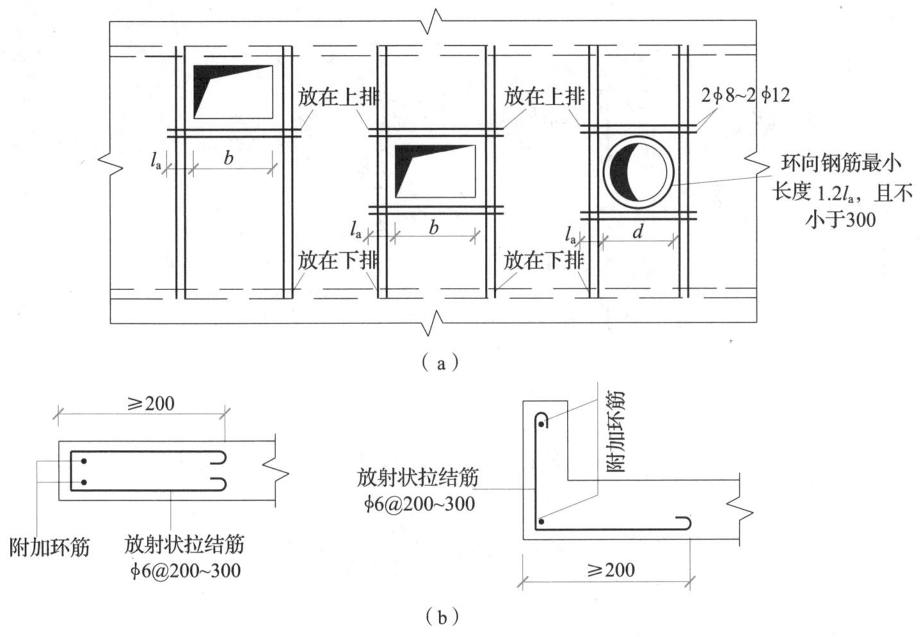

图 3-155　板上开洞构造（300mm＜d 或 b＜1000mm）

（3）当开孔的直径或宽度大于 1000mm 时，宜在孔口四周加设肋梁；当开孔的直径或宽度大于构筑物壁、板计算跨度的 1/4 时，宜对孔口设置边梁（图 3-156），梁内配筋应按计算确定。

（4）圆洞边应配置径向钢筋（图 3-155b）。

刚性连接的管道穿过钢筋混凝土壁板时，应视管道可能产生变位的条件，对孔口周边进行适当加固。当管道直径 $d \leqslant 300$mm 时，可仅在孔边设置不少于 2ϕ12 的加固环筋；管道直径 $d > 300$mm，壁板厚度不小于 300mm 时，除加固环筋外，尚应设置放射状拉结筋；当管道直径 $d > 300$mm，壁板厚小于 300mm 时，应在孔边壁厚局部加厚的基础上再设置孔边加固钢筋。孔边加劲肋的尺寸及构造形式如图 3-157 所示。

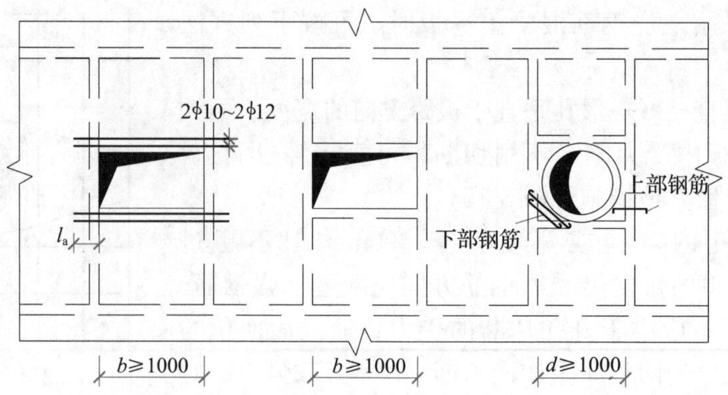

图 3-156　板上开洞构造（b 或 $d \geqslant 1000$mm）

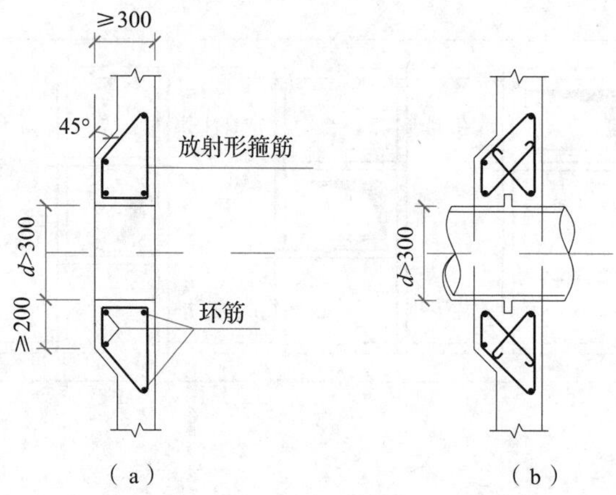

图 3-157　刚性连接管道与壁板连接构造

3.11　砌体结构设计

3.11.1　砌体结构的特点

采用块材（砖、砌块或天然石等）和砂浆（混合砂浆或水泥砂浆）砌筑而成的材料称为砌体；由砌体砌筑而成的构件称为砌体构件；由砌体构件组成的结构称为砌体结构，即砌体结构是指由块体和砂浆砌筑而成的墙、柱作为建筑物主要受力构件的结构，是砖砌体、砌块砌体和石砌体结构的总称。

比较图 3-158 所示，相同截面尺寸（$b \times h = 370$mm$\times 490$mm）、相同高度 $H = 1000$mm（计算高度取 $H_0 = H$）的砖柱、混凝土柱和钢筋混凝土柱的承载力。有关承载力的计算结果见表 3-22。

由表 3-22 可得：

（1）砖砌体（MU20、M15）的抗压强度是混凝土（C20）抗压强度的 1/2.6，而砖砌体的抗拉强度是混凝土抗拉强度的 1/5.7。在较大偏心受压（$e > 0.6y$）情况下砖柱的承载力大幅度降低。

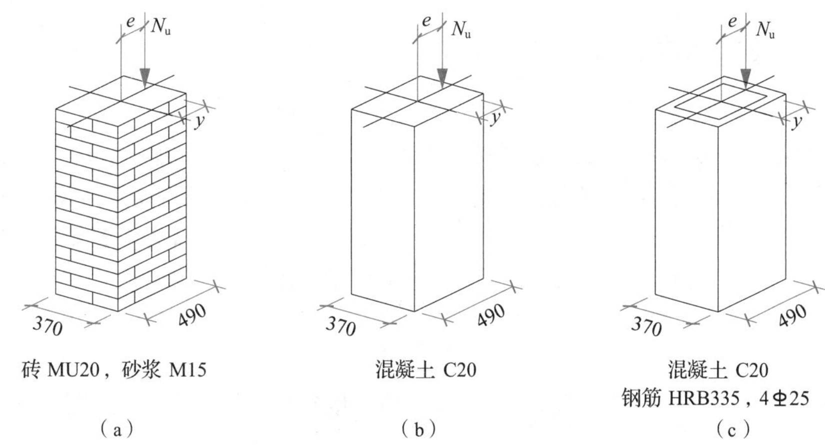

图 3-158　砖柱、混凝土柱和钢筋混凝土柱的计算简图

(a) 砖柱；(b) 混凝土柱；(c) 钢筋混凝土柱

砖柱、混凝土柱和钢筋混凝土柱的承载力（N_u）比较（kN）　　**表 3-22**

序号	偏心距	砖柱	混凝土柱	钢筋混凝土柱
1	$e=0$	934（100%）	2065（221%）	2778（297%）
2	$e=0.6y$	448（48%）	826（88%）	1533（164%）
3	$e=0.9y$	29（3%）	206（22%）	1188（127%）

注：以砖柱轴心受压（$e=0$）时的承载力 N_u 作为 100%。

(2) 砖砌体和钢筋混凝土虽然同是两种材料的复合体（前者是砖和砂浆，后者是混凝土和钢筋），但钢筋能够大大提高混凝土构件的承载力，而砖和砂浆组成的砌体的抗压强度反而低于砖或砂浆本身。

(3) 砖砌体在较大偏心受压情况下承载力会大幅度下降，在设计由砖砌体构件组成的墙体结构的布置时，应设法使它的构件在各种荷载作用下的截面内力均处于轴心受压或较小偏心受压的情况，而不是较大偏心受压情况。

通过上述分析可以得到砌体结构的如下特点：

(1) 从材料上看，由于砌体的强度低，因此砌体结构构件需要的截面尺寸大，其自重也大；并且由于砂浆和块体（砖、石、砌块）之间的粘结力较弱，因此无筋砌体结构的抗拉、抗剪和抗弯强度低，抗震及抗裂性能较差。为提高砌体的强度可采用配筋砌体，并加强抗震、抗裂构造措施。

(2) 从构件看，砌体结构中的砌体构件多为受压构件，如墙、柱、基础等，因此在进行砌体结构设计时，墙体的布置和受压构件的稳定问题显得比较重要。

(3) 从结构看，由于墙体在砌体结构中具有空间性质，因此在砌体结构的墙体设计时需要考虑它的空间工作性能。

(4) 砌体结构砌筑工作繁重，保证施工中的砌体质量很重要。

砌体结构在一般工业与民用房屋中得到广泛的应用，一般无筋砌体结构房屋 5～7 层，配筋砌体结构房屋 8～18 层。在烟囱、贮仓、挡土墙、地沟以及对抗渗性要求不高的水池等构筑物中也多采用砌体结构。

3.11.2 块材、砂浆和砌体

1. 块材的种类和强度等级

目前我国常用的块材有：烧结普通砖、烧结多孔砖、蒸压灰砂普通砖、蒸压粉煤灰普通砖、混凝土普通砖、混凝土多孔砖、混凝土砌块、天然石材等。砌块的强度等级以其抗压强度来确定，而砖的强度等级的确定，除了考虑抗压强度外，尚应考虑其抗弯强度。《砌体结构设计规范》GB 50003—2011 规定承重结构的块体的强度等级应按下列规定采用。

（1）烧结普通砖、烧结多孔砖的强度等级分为：MU30、MU25、MU20、MU15、MU10 五级。

（2）蒸压灰砂普通砖、蒸压粉煤灰普通砖的强度等级分为：MU25、MU20 和 MU15 三级。

（3）混凝土普通砖、混凝土多孔砖的强度等级分为：MU30、MU25、MU20 和 MU15 四级。

（4）混凝土砌块、轻骨料混凝土砌块的强度等级分为：MU20、MU15、MU10、MU7.5 和 MU5 五级。

（5）石材的强度等级分为：MU100、MU80、MU60、MU50、MU40、MU30 和 MU20 七级。

当空心砖、轻骨料混凝土砌块作为自承重墙时，为确保自承重墙的安全，其强度等级应采用 MU10、MU7.5、MU5 和 MU3.5。

石材的强度等级可用边长为 70mm 的立方体试块抗压强度的平均值表示。MU 表示块体的强度等级，MU（Masonry Unit）后面的数字表示以“N/mm^2”计的抗压强度值。如强度在两个等级之间，则应按相邻较低的等级采用。

2. 砂浆的种类和强度等级

工程中常用的砂浆有三种：

（1）纯水泥砂浆——不加塑性掺合料的纯水泥砂浆，具有较高的强度和较好的耐久性，但和易性差，不利于砌筑操作。

（2）混合砂浆——添加塑性掺合料的混合砂浆，具有较高的强度和耐久性，和易性和保水性较好，是应用最为广泛的一种砂浆。

（3）石灰砂浆——用于简易建筑物。

烧结普通砖、烧结多孔砖、蒸压灰砂普通砖、蒸压粉煤灰普通砖砌体采用的普通砂浆的强度等级分为：M15、M10、M7.5、M5 和 M2.5 五级。确定砂浆强度等级时应采用同类块体为砂浆强度试块的底模。如砂浆强度在两个等级之间时，采用相邻较低值。当验算施工阶段砂浆尚未硬化的新砌体强度时，可按砂浆强度为零来确定。

3. 砌体的种类

砌体根据其采用块材的不同可分为：

（1）砖砌体

砖砌体由砖和砂浆（混合砂浆或水泥砂浆）砌筑而成。砖砌体多为实心砌体，且常用做内外承重墙、围护墙和砖柱等。承重墙的厚度根据强度及稳定性的要求确定，在寒冷地区，外墙的厚度还要考虑到保暖的条件。常用的砌筑方式如图 3-159 所示。

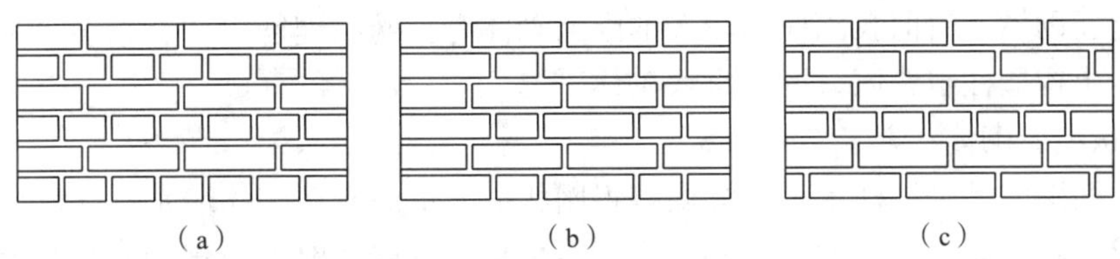

图 3-159　常用砖砌体砌筑方式

(a) 一顺一丁；(b) 梅花丁；(c) 三顺一丁

(2) 石砌体

石砌体分为料石砌体（细料石砌体、粗料石砌体和毛料石砌体）、毛石砌体和毛石混凝土砌体，如图 3-160 所示。石砌体在产石的山区采用广泛，在产石的山区较多采用毛石砌体。

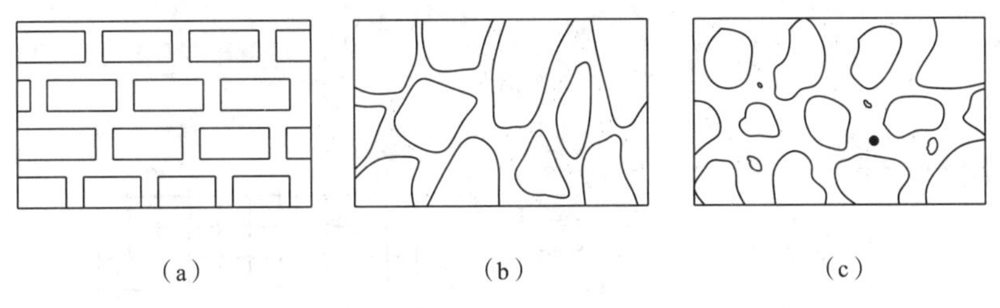

图 3-160　石砌体

(a) 料石砌体；(b) 毛石砌体；(c) 毛石混凝土砌体

(3) 砌块砌体

砌块砌体中，我国应用较多的为混凝土小型空心砌块砌体，如图 3-161 所示，由于其块体小、便于手工砌筑，在使用上较灵活，而且可以利用其孔洞做成配筋柱，其作用相当于砖砌体的构造柱，解决了抗震构造要求。

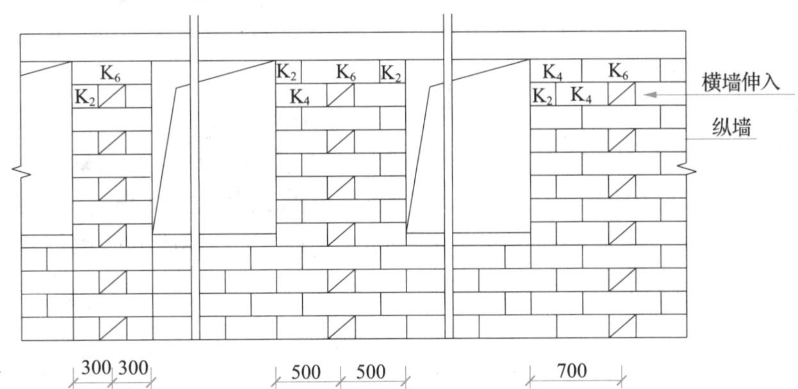

图 3-161　混凝土小型空心砌块墙体（图中 K_1～K_6 为一套砌块的型号）

砌块排列要求有规律性，并使砌体类型最少；同时排列应整齐；尽量减少通缝，使砌筑牢固。排列时应选择一套砌块的规格和型号，其中大规格的砌块占 70%以上时比较经济。

(4) 配筋砌体

为了提高砌体的强度和减小构件的截面尺寸，可在砌体内配置适量的钢筋或钢筋混凝土，形成配筋砌体。目前我国应用较多的配筋砌体有：网状配筋砌体、组合砌体、砖砌体和钢筋混凝土构造柱组合墙、配筋砌块砌体。

1）网状配筋砌体

网状配筋砌体是砌体柱水平灰缝内配置网状横向钢筋或在砌体墙水平灰缝内配置水平钢筋，构成网状配筋砌体（图 3-162）。在网状配筋砌体受压时，由于钢筋的弹性模量大于砌体的弹性模量，因此网状配筋可约束砌体的横向变形，从而提高砌体的抗压强度。

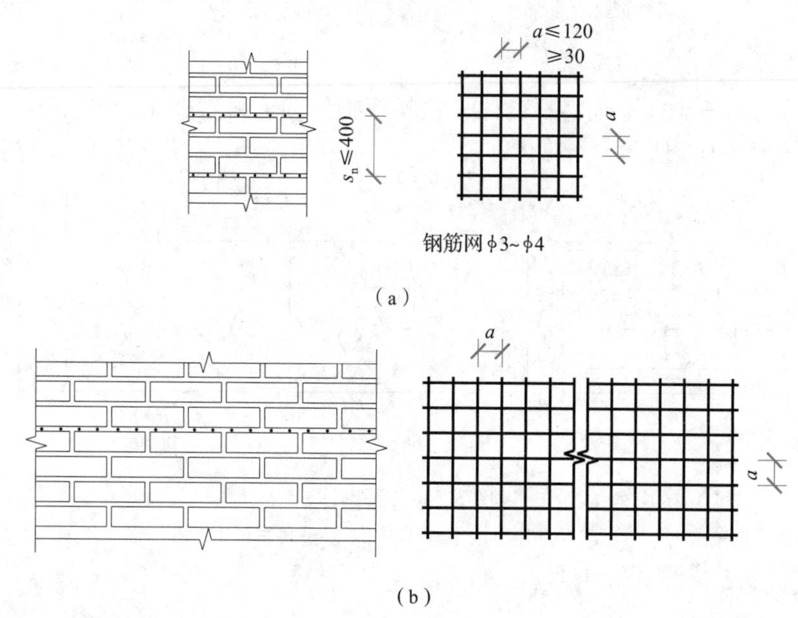

图 3-162　网状配筋砌体

（a）用方格网配筋的砖柱；（b）用方格网配筋的砖墙

网状配筋砌体主要用于高厚比 $\beta<16$ 的轴心受压构件和偏心荷载作用在核心范围内（即偏心距 $e<h/6$）的偏心受压构件。其中，$\beta=H_0/h$，H_0 为计算高度，h 为砌体截面在轴向力偏心方向的边长，e 为偏心距。

2）组合砌体

组合砌体是在砌体外侧预留的竖向凹槽内配置纵向钢筋，再浇灌混凝土或砂浆面层而形成的（图 3-163）。组合砌体主要适用于：①当荷载偏心距较大（超过核心范围）$e>1/6h$，无筋砖砌体承载力不足而截面尺寸受到限制的情况；②已建成的砖砌体构件进行加固的情况；③截面尺寸受到限制的情况。

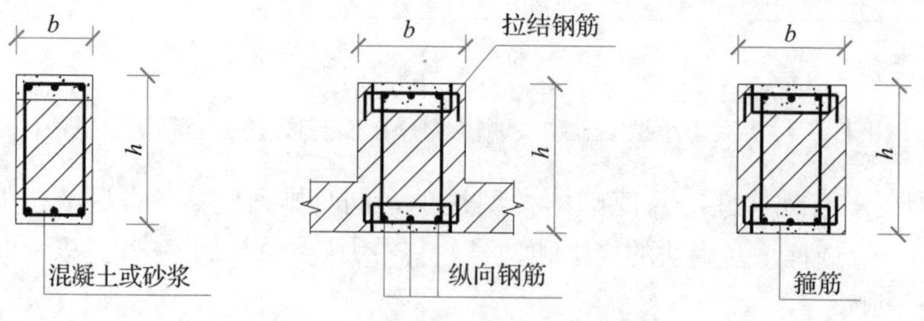

图 3-163　组合砖砌体构件截面

3）砖砌体和钢筋混凝土构造柱组合墙

砖砌体和钢筋混凝土构造柱组合墙即在砖砌体中每隔一定距离设置钢筋混凝土构造柱，并在各层楼盖处设置钢筋混凝土圈梁（图 3-164），使砖砌体墙与钢筋混凝土构造柱和圈梁组成一个整体结构共同受力，不仅可以提高墙体的承载力，还可以增强墙体的变形能力和抗倒塌能力。

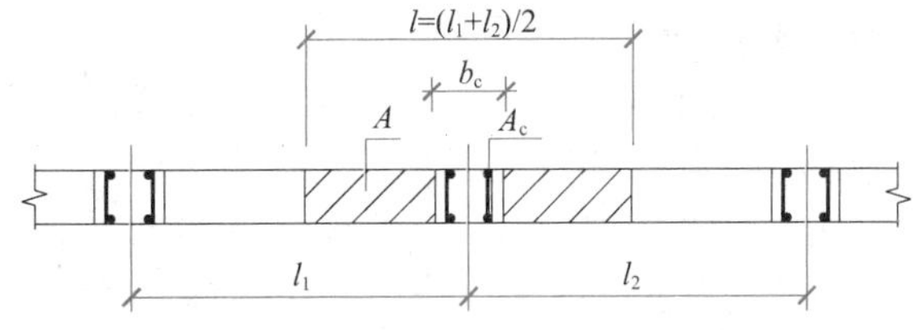

图 3-164 砖砌体和构造柱组合墙截面

4）配筋砌块砌体

配筋砌块砌体是在砌块中配置一定数量的竖向和水平钢筋，竖向钢筋一般是插入砌块上下贯通的孔中，用灌孔混凝土灌实使钢筋充分锚固（图 3-165），配筋砌体的灌孔率一般大于 50％，竖向和水平钢筋使砌块砌体形成一个共同的整体。配筋砌块砌体在受力模式上类同于混凝土剪力墙结构，即由配筋砌块剪力墙承受结构的竖向和水平作用，是结构的承重和抗侧力构件。

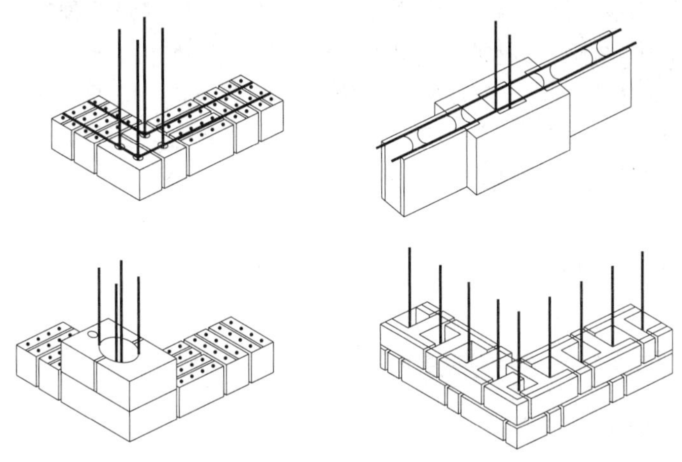

图 3-165 配筋砌块砌体

由于配筋砌块砌体的强度高，延性好，可用于大开间和高层建筑结构。配筋砌块剪力墙在地震设防烈度为 6 度、7 度、8 度和 9 度地区分别建造高度不超过 60m、55（45）m、40（30）m 和 24m 的建筑物。而且相对于钢筋混凝土结构具有不需要支模、不需要再做贴面处理及耐火性能更好等优点。

3.11.3 砌体的力学性能

1．砌体的抗压强度

抗压强度是直接影响和衡量砌体受压工作好坏的重要指标，通过对砖砌体试验研究分析，砌体受压时，砖块处于受弯、受剪、局部受压、横向受拉和应力集中等复杂应力状态，因砖的抗弯、抗拉强度很低而出现竖向裂缝，将砌体分割为若干个半砖小柱，最后因小柱的失稳而破坏。故砌体的抗压强度较小（远低于砖块的抗压强度）。归纳起来，影响砌体抗压强度的主要因素有块体和砂浆的强度等级、块体的形状与尺寸、砂浆的性能、砌筑的质量及灰缝的厚度等。

根据试验，规范规定龄期为28d的以毛截面计算的烧结普通砖和烧结多孔砖的抗压强度设计值 f，当施工质量控制等级为B级时，应按附表4-1（1）采用。当施工质量控制等级为C级时，烧结普通砖和烧结多孔砖的抗压强度设计值 f 应按附表4-1（1）中数值乘以0.89后采用。当施工质量控制等级为A级时，可将附表4-1（1）中砌体强度设计值提高5%。

其他砌体的抗压强度设计值 f 按《砌体结构设计规范》GB 50003—2011中的有关规定取值。

2. 砌体的抗拉强度、弯曲抗拉强度和抗剪强度

砌体在轴向拉力作用下，一般沿齿缝截面破坏，此时砌体的轴心抗拉强度主要取决于块体与砂浆连接面的粘结强度，由于块体与砂浆之间的粘结强度取决于砂浆的强度等级，因此砌体的轴心抗拉强度主要取决于砂浆的强度等级。

砌体受弯破坏特征可分为沿齿缝截面受弯破坏和沿水平通缝截面受弯破坏，其主要取决于块体与砂浆连接面的粘结强度，故砌体弯曲抗拉强度主要与砂浆的强度等级有关。

砌体在剪力作用下，发生沿水平灰缝破坏、沿齿缝破坏或沿阶梯形缝破坏，其中沿阶梯形缝破坏是地震中墙体破坏的常见形式。砌体的抗剪强度主要与砂浆的强度等级有关。

《砌体结构设计规范》GB 50003—2011规定龄期为28d的以毛截面计算的各类砌体的轴心抗拉强度设计值 f_t、弯曲抗拉强度设计值 f_{tm} 和抗剪强度设计值 f_v，当施工质量控制等级为B级时，应按附表4-1（2）采用。当施工质量控制等级为C级时，沿砌体灰缝破坏时的轴心抗拉强度设计值、弯曲抗拉强度设计值和抗剪强度设计值应按附表4-1（2）中数值乘以0.89后采用。当施工质量控制等级为A级时，可将附表4-1（2）中砌体强度设计值提高5%。

3.11.4 无筋砌体构件的承载力计算

1. 受压构件的承载力计算

实际工程中的砌体构件大部分为受压构件（包括轴心受压和偏心受压），在承载力计算中，对轴心受压和偏心受压构件均采用同一计算公式：

$$N \leqslant \varphi f A \tag{3-176}$$

式中 N——轴向力设计值；

φ——高厚比 β 和轴向力的偏心距 e 对受压构件承载力的影响系数，轴向力的偏心距 e 按内力设计值计算，即 $e=M/N$，对于常用砂浆强度等级（M5、M2.5及砂浆强度为0），φ 值可按《砌体结构设计规范》GB 50003—2011附录D表D.0.1-1～表D.0.1-3查取；

f——砌体抗压强度设计值，按附表4-1（1）采用；

A——受压构件截面面积，对各类砌体均按毛截面计算。对带壁柱墙，计算 A 时应考虑截面翼缘宽度。翼缘宽度可按下列规定采用：对于多层房屋，当有门窗洞口时，可取窗间墙宽度；当无门窗洞口时，每侧翼缘宽度可取壁柱高度的1/3（图3-166）。对于单层房屋，可取壁柱宽度加2/3墙高 H，即 $b_f=b+2/3H$，但不大于窗间墙宽度（有门窗洞）或相邻壁柱间的距离（无门窗洞）。

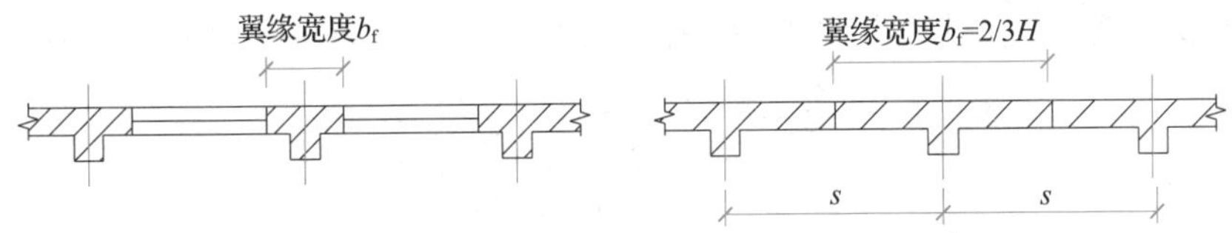

图 3-166　多层房屋带壁柱墙的计算截面翼缘宽度

另外，《砌体结构设计规范》GB 50003—2011 还规定，对矩形截面构件，当轴向力偏心方向的截面边长大于另一方向的边长时，除按偏心受压计算外，还应对较小边长方向，按轴心受压进行验算。

影响系数 φ 主要考虑了高厚比 β 和轴向力偏心距 e 对受压构件承载力的影响。

（1）高厚比 β 的影响

受压构件的高厚比 β 系指构件的计算高度 H_0 与构件的厚度 h 或折算厚度 h_T 之比，即

对于矩形截面
$$\beta=\gamma_\beta \frac{H_0}{h} \tag{3-177}$$

对于 T 形截面
$$\beta=\gamma_\beta \frac{H_0}{h_T} \tag{3-178}$$

式中　γ_β——不同砌体材料的高厚比修正系数，烧结普通砖和烧结多孔砖取 $\gamma_\beta=1.0$，混凝土普通砖、混凝土多孔砖、混凝土及轻骨料混凝土砌块取 $\gamma_\beta=1.1$，蒸压灰砂普通砖和蒸压粉煤灰普通砖、细料石取 $\gamma_\beta=1.2$，粗料石、毛石取 $\gamma_\beta=1.5$；

H_0——受压构件的计算高度，按附表 4-3（2）取用；

h——矩形截面轴向力偏心方向的边长，轴心受压时则为截面较小边长；

h_T——T 形截面的折算厚度，可近似取 $h_T\approx3.5i$，$i=\sqrt{\frac{I}{A}}$（i 为截面的回转半径，I 为截面惯性矩，A 为截面面积）。

当受压构件的高厚比 $\beta\leqslant3$ 时称为短柱；当 $\beta>3$ 时称为长柱。轴心受压长柱的承载力仅受高厚比 β 的影响，其影响系数可按下式计算

$$\varphi=\frac{1}{1+\alpha\beta^2} \tag{3-179}$$

式中　α——与砂浆强度等级有关的系数，当砂浆强度等级不小于 M5 时，取 $\alpha=0.0015$；当砂浆强度等级等于 M2.5 时，取 $\alpha=0.002$；当砂浆强度等级等于 0 时，取 $\alpha=0.009$。

（2）轴向力的偏心距 e 的影响

当构件承受偏心荷载时，随着荷载偏心距的增大，在远离荷载的截面边缘，由受压逐步过渡到受拉。由于砖砌体沿通缝截面的抗拉强度较低，截面受拉边缘相继产生水平裂缝，并不断地向荷载偏心方向延伸发展，使受压面积相应地减小，同时纵向弯曲的不利影响相应增大。所以，偏心受压构件的承载力随偏心距增大而相应降低。通过对大量试验结果的分析，$\beta\leqslant3$ 的矩形截面偏心受压构件的影响系数可按下式计算：

$$\varphi=\frac{1}{1+12\left(\frac{e}{h}\right)^2} \tag{3-180}$$

对于$\beta>3$的偏心受压长柱，还应考虑高厚比β的影响。φ的一般表达式为

$$\varphi=\frac{1}{1+12\left\{\frac{e}{h}+\sqrt{\frac{1}{12}\left(\frac{1}{\varphi_0}-1\right)}\right\}^2} \tag{3-181}$$

式中　φ_0按式（3-179）确定。

显然式（3-181）比较烦琐，为了方便应用，可编制系数表。对于常用砂浆强度等级（M5、M2.5及砂浆强度0），φ值可按《砌体结构设计规范》GB 50003—2011附录D表D.0.1-1～表D.0.1-3查取。

（3）偏心距e的限制条件

试验表明，随着偏心距的增大，在构件截面受拉边出现水平裂缝的荷载逐渐提早。为了保证使用质量，规范规定按内力设计值计算的轴向力偏心距e不宜超过$0.6y$，即

$$e\leqslant 0.6y \tag{3-182}$$

式中　y——截面重心到轴向力所在偏心方向截面边缘的距离。

当e超过上述限制要求时，可采取下列办法进行处理：

1）采取适当措施，以减小e值。例如，采取在柱顶垫块上设置凸出的钢板（图3-167a）或在垫块上边内侧预留缺口的措施（图3-167b）来减小支座压力对柱的偏心距。

2）采用配筋砌体。

2. 轴心受拉构件的承载力计算

图3-168所示砖砌圆形水池，在池内水压力作用下，环向承受轴向拉力，使池壁竖向截面处于轴心受拉状态。轴心受拉构件一般有两种破坏形式：沿直缝破坏（砂浆强度高）和沿齿缝破坏（砖强度高）。其承载力按下列公式计算：

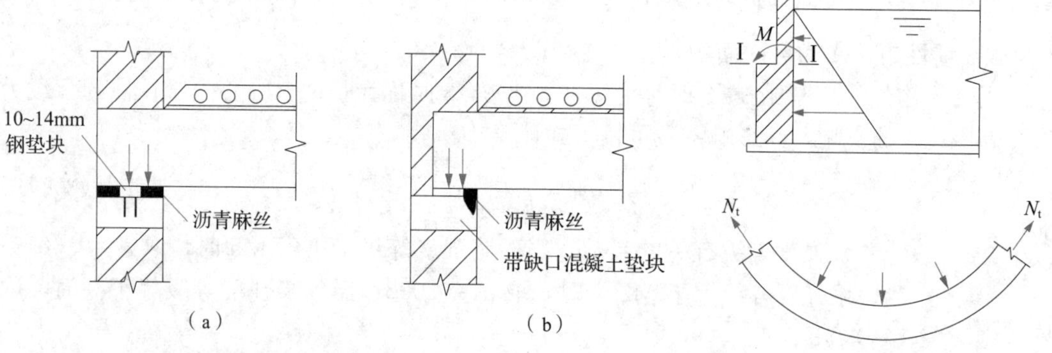

图3-167　减小轴向力偏心距e的措施

（a）设置凸出钢板；（b）采用带缺口垫块

图3-168　砖砌水池壁受力

$$N_t\leqslant Af_t \tag{3-183}$$

式中　N_t——轴心拉力设计值；

f_t——砌体的轴心抗拉强度设计值，按附表4-1（2）采用；

A——砌体截面面积。

3. 受弯构件的承载力计算

在砌体矩形水池的池壁设计中将遇到砌体的受弯（图3-168）。砌体弯曲受拉有沿齿

缝、直缝、通缝三种截面破坏形式。受弯构件的承载力除进行受弯承载力计算外，还应进行相应的受剪承载力计算。

（1）受弯

无筋砌体受弯构件的承载力计算按下列公式进行：

$$M \leqslant W f_{tm} \tag{3-184}$$

式中　M——弯矩设计值；

W——截面抵抗矩，对于矩形，$W=\frac{1}{6}bh^2$；

f_{tm}——砌体弯曲抗拉强度设计值，按附表4-1（2）采用。

（2）受剪

无筋砌体受弯构件受剪承载力计算按下列公式进行：

$$V \leqslant bz f_v \tag{3-185}$$

式中　V——剪力设计值；

z——内力臂，$z=\frac{I}{S}$，I为截面惯性矩，S为截面的面积矩，对于矩形截面，$z=\frac{2}{3}h$；

f_v——砌体抗剪强度设计值，按附表4-1（2）采用。

3.11.5　砌体局部受压承载力计算

当荷载只作用于砌体的部分截面面积上时称为局部受压。在砌体结构房屋中经常会遇到砌体局部受压的情况，例如大梁支承在砖墙或砖柱上，使砖墙或砖柱局部受压。

砌体的局部受压情况分三种：

1. 局部均匀受压

当局部面积上受有均匀分布的压力时称为局部均匀受压。试验表明，局部受压时由于砌体四面未直接承受荷载的砌体对中间局部荷载下的砌体的横向变形起着箍束作用，使产生三向应力状态，因而使局部受压砌体的抗压强度提高。

均匀局部受压承载力的计算公式如下：

$$N_l \leqslant \gamma f A_l \tag{3-186}$$

式中　N_l——局部受压面积上轴向力设计值；

A_l——局部受压面积；

γ——砌体局部抗压强度提高系数，$\gamma=1+0.35\sqrt{\frac{A_0}{A_l}-1}$，计算所得的$\gamma$值尚应满足下列规定，以避免$A_0/A_l$大于某一限值时会出现危险的劈裂破坏。

对图3-169（a）的情况，$\gamma \leqslant 2.5$；

对图3-169（b）的情况，$\gamma \leqslant 1.25$；

对图3-169（c）的情况，$\gamma \leqslant 2.0$；

对图3-169（d）的情况，$\gamma \leqslant 1.5$；

对要求灌孔的混凝土砌块砌体，在图3-169（a）、（d）的情况下，局部抗压强度提高系数γ应小于或等于1.5；对未灌孔混凝土砌块砌体，局部抗压强度提高系数γ为1.0。

A_0为影响砌体局部抗压强度的计算面积，可按图3-169确定。

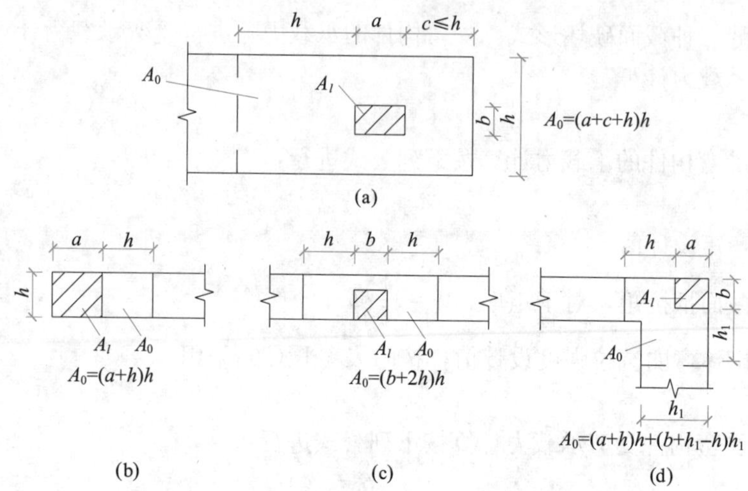

图 3-169　影响局部抗压强度的计算面积 A_0

2. 梁端局部受压

梁端局部受压是指梁端直接支承于砌体上的局部受压（图 3-170a），其有如下特点：局部受压区域在砌体截面的边缘，其有效支承长度为 a_0，在此支承范围内梁底压应力分布图形为抛物曲线；局部受压面积上除大梁的荷载产生的梁端反力 N_l 外，还可能有上层砌体传来作用于梁端的纵向力 N_0。

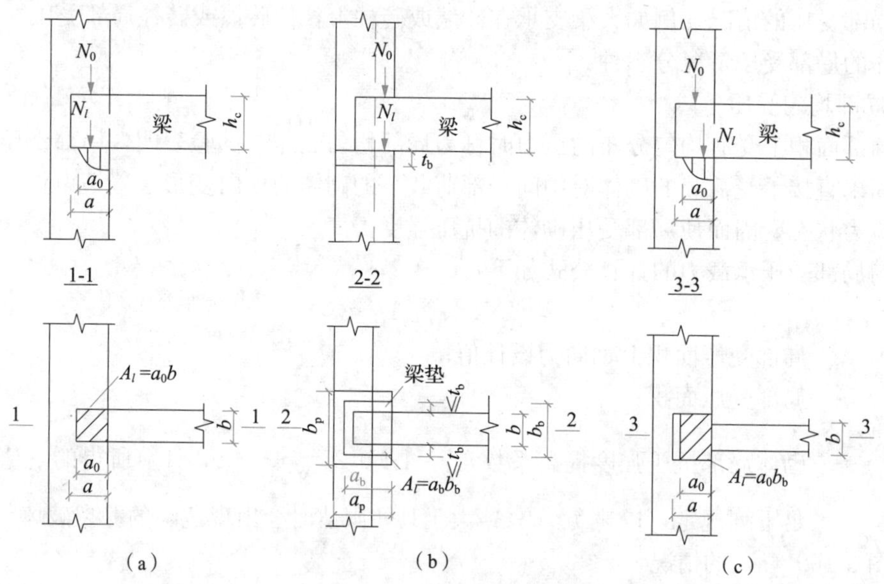

图 3-170　梁端砌体局部受压示意图

(a) 梁端支承处砌体局部受压；(b) 梁端设有垫块时砌体局部受压；(c) 垫块与梁整体时砌体局部受压

根据试验，梁端支承处砌体局部受压承载力按下式计算：

$$\psi N_0 + N_l \leqslant \eta\gamma A_l f \tag{3-187}$$

式中　ψ——上部荷载的折减系数，$\psi=1.5-0.5\dfrac{A_0}{A_l}$，当$A_0/A_l\geqslant3$ 时，取 $\psi=0$；

N_0——局部受压面积内上部轴向力设计值，$N_0=\sigma_0 A_l$，σ_0 为上部平均压应力设计值；

η——梁端底面应力图形的完整系数，一般可取 $\eta=0.7$，对于过梁或墙梁可取 $\eta=1$；

A_l——局部受压面积，$A_l=a_0 b$，b 为梁宽，a_0 为梁端有效支承长度。

在常用跨度情况下，梁端有效支承长度 a_0 可按下式计算：

$$a_0 = 10\sqrt{\frac{h_c}{f}} \tag{3-188}$$

式中　a_0——梁端有效支承长度（mm），当 $a_0>a$（a 为梁端实际支承长度）时，取 $a_0=a$；

h_c——梁的截面高度（mm）；

f——砌体的抗压强度设计值（MPa）。

3. 梁端设有刚性垫块

当梁端支承处砌体局部受压按式（3-187）计算不能满足要求时，为了扩大砌体的局部受压面积，防止砌体局部受压破坏，可在梁端下面设置混凝土或钢筋混凝土的刚性垫块（图 3-170b）。

试验表明，垫块底面积以外的砌体有协同工作的有利作用。但考虑到垫块下压应力分布不均匀的影响，可偏于安全地取 $\gamma_1=0.8\gamma$。由于翼墙位于压应力较小的边，墙参加工作程度有限，所以在确定计算面积时，只取壁柱截面而不计翼墙从壁柱挑出的部分（图 3-170b），即 $A_0=b_p h_p$（b_p 为壁柱宽度，h_p 为壁柱高度），而取 $A_l=A_b=a_b b_b$。垫块下砌体的局部受压承载力按下式计算：

$$N_0 + N_l \leqslant \varphi\gamma_1 A_b f \tag{3-189}$$

式中　N_0——垫块面积 A_b 内上部轴向力设计值，$N_0=\sigma_0 A_b$；

φ——垫块上 N_0 及 N_l 合力的影响系数，应采用 $\beta\leqslant 3$ 时的 φ 值；

γ_1——垫块外砌体面积的有利影响系数，$\gamma_1=0.8\gamma$，但不小于 1.0；

A_b——垫块面积，$A_b=a_b b_b$；

a_b——垫块伸入墙内的长度；

b_b——垫块的宽度。

当垫块与梁浇成整体（图 3-170c）时，梁端支承处砌体的局部受压承载力仍按式（3-187）计算。这时 $A_l=a_0 b_b$，而在计算 a_0 时，应考虑刚性垫块的影响，按下式确定：

$$a_0 = \delta_1\sqrt{\frac{h_c}{f}} \tag{3-190}$$

式中　δ_1——刚性垫块的影响系数，与 σ_0/f 比值有关，可按表 3-23 采用，其间的数值可采用插入法求得。垫块上 N_l 作用点的位置可取 $0.4a_0$ 处。

系数 δ_1 值表 GB 50003—2011　　**表 3-23**

σ_0/f	0	0.2	0.4	0.6	0.8
δ_1	5.4	5.7	6.0	6.9	7.8

设置刚性垫块应符合下列构造要求：

（1）垫块高度 t_b 不宜小于 180mm，自梁边算起的垫块伸入翼墙内的长度不应小于 t_b；

（2）在带壁柱墙的壁柱内设刚性垫块时，其计算面积应取壁柱范围内的面积，而不应计算翼缘部分，同时壁柱上垫块伸入翼缘内的长度不应小于 120mm；

(3) 当现浇垫块与梁端整体浇筑时，垫块可在梁高范围内设置。

3.11.6 混合结构房屋的计算方案

混合结构房屋指墙柱等竖向承重构件为砌体建造，而楼盖等水平承重构件采用混凝土或木材等其他材料建造的房屋。在进行混合结构房屋设计时，首先确定房屋的计算模式，即静力计算方案，然后进行内力分析及墙、柱设计。

1. 房屋承重结构的布置方案

一般民用混合结构房屋承重墙的布置方案有两种：

(1) 纵墙承重体系（图 3-171）

纵墙承重体系房屋竖向荷载的主要传递路线为：

板→梁（屋架）→纵向承重墙→基础→地基

纵墙是主要的承重构件，横墙只承受小部分板荷载，设置横墙的主要目的是为了满足房屋空间刚度和整体性的要求。这种承重体系房屋的空间较大，有利于使用上灵活布置。但其缺点是横向刚度较差，纵墙承受的荷载较大，纵墙较厚或要加壁柱，且设在纵墙上的门窗大小和位置受到一定的限制。

纵墙承重体系适用于使用上要求有较大空间的房屋，或隔断位置有可能变化的房屋，如教学楼、实验楼、办公楼、图书馆、食堂和中小型泵房等。

(2) 横墙承重体系（图 3-172）

楼面荷载主要传递路线为：

板→横墙→基础→地基

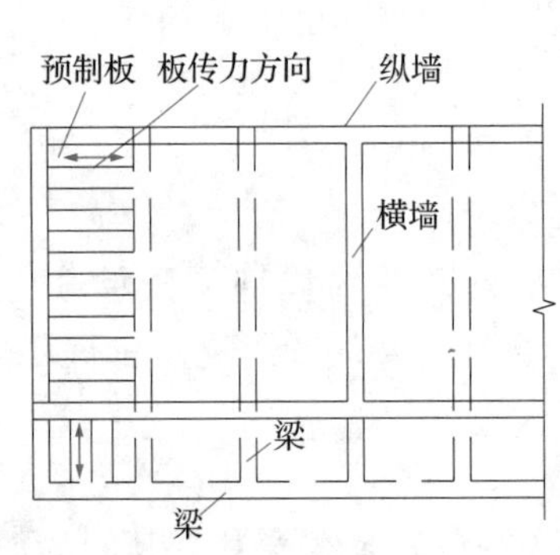

图 3-171　纵墙承重体系

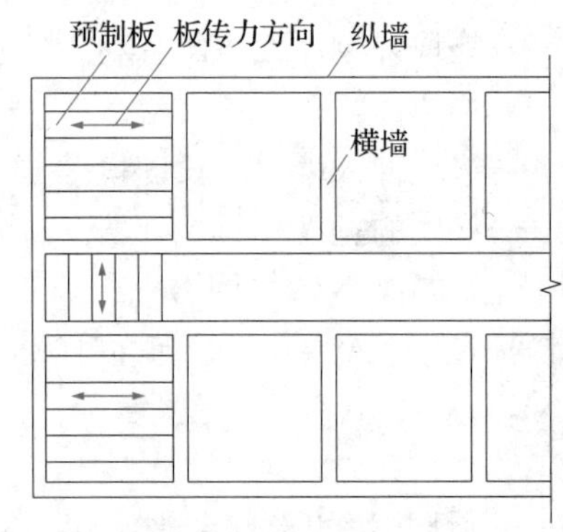

图 3-172　横墙承重体系

横墙是主要的承重构件，纵墙主要起围护、隔断和将横墙连成整体的作用。在一般情况下，纵墙的承载能力是有富余的，所以这种体系对设在纵墙上的门窗大小和位置的限制较少。这种承重体系的优点是横墙较密，所以房屋的横向刚度大，因此整体刚度也大，且结构布置简单，不用梁。其缺点是横墙占面积多，房屋布置的灵活性差。

横墙承重体系由于横墙间距较密，房间大小固定，适用于宿舍、住宅等居住建筑。

2. 静力计算方案

混合结构房屋是由屋盖（楼盖）、墙、柱及基础构成承重体系，承受作用于房屋上的全部竖向荷载和水平荷载。房屋的竖向荷载是由楼盖和屋盖直接支承，再通过墙或柱传到基础和地基。作用于外纵墙上的水平荷载，一部分通过屋盖和楼盖传给横墙，再由横墙传至基础和地基，另一部分，当横墙间距 s 不太大时，可能直接由纵墙传给横墙而再传至基础和地基（图 3-173a）。在外墙的水平反力作用下，屋盖和楼盖的工作如同一根在水平方向受弯的梁，跨中产生水平位移 f_{max}（图 3-173b）。在屋盖和楼盖传来的集中水平反力作用下，横墙工作如同一根直立的悬臂梁，楼层处的水平位移为 μ（图 3-173c）。故楼盖的最大水平位移将是两者之和，即 $y_{max}=f_{max}+\mu$（图 3-173b）。由此看来，砖砌体房屋在荷载作用下各种构件互相联系，互相影响，处于空间工作情况，房屋在水平荷载作用下产生位移的大小与房屋的空间刚度有关，而房屋空间刚度的大小，则是确定房屋静力计算方案的主要根据。

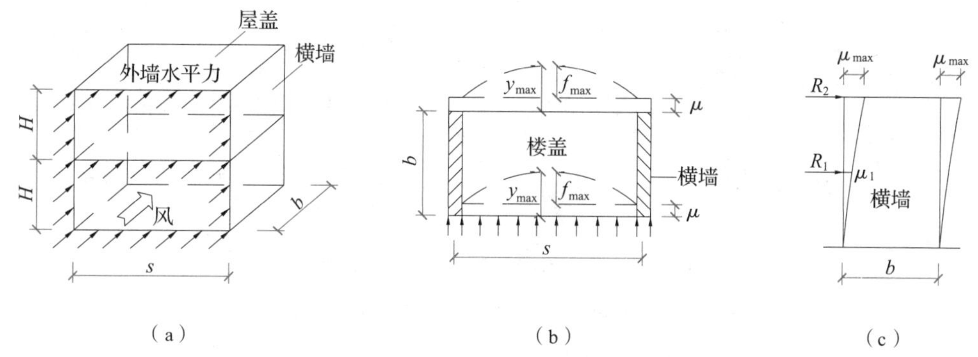

图 3-173 房屋的空间工作情况

(a) 房屋空间工作情况；(b) 楼盖或屋盖处受力情况；(c) 横墙受力情况

我国《砌体结构设计规范》GB 50003—2011，根据房屋空间刚度大小，规定砌体结构房屋的静力计算可分别按下列三种方案来进行。

(1) 刚性方案（图 3-174a）

当房屋的横墙间距 s 较小，楼盖和屋盖的水平刚度较大，则房屋的空间刚度较大，在荷载作用下，房屋的水平位移较小（$y_{max}\approx0$）。在确定墙柱的计算简图时，可以忽略房屋的水平位移，楼盖和屋盖均可作墙柱的不动铰支承（$y_{max}=0$），墙柱内力可按上端为不动铰支座支承的竖向构件进行计算。这类房屋称为刚性方案房屋。

(2) 弹性方案（图 3-174b）

当房屋的横墙间距 s 较大，楼盖和屋盖的水平刚度较小，则房屋的空间刚度较小，在荷载作用下，房屋的水平位移较大而必须考虑，故在确定墙柱的计算简图时，就不能把楼盖和屋盖视为不动铰支承，而应视为可以位移的弹性支承，墙柱内力可按有侧移的平面排架或框架计算。纵墙在水平荷载作用下按平面排架算得的墙顶侧移为 f_f。这类房屋称为弹性方案房屋。

(3) 刚弹性方案（图 3-174c）

当房屋的横向间距介于上述两种情况之间时，横墙对水平荷载作用下房屋的侧移有一定约束，但是这种作用较刚性方案时为小，即 $y_{max}\neq0$，但 $y_{max}<f_f$，于是可以把横墙看作平面排架顶部的弹性水平支承，并按此计算简图进行墙体内力计算。这类房屋称为刚弹性方案房屋。

刚弹性方案房屋墙柱的内力计算可按考虑空间工作的平面排架或框架计算。通常可以用“空间性能影响系数 η”反映横墙在各类计算方案中所起的作用。η 的定义为：

$$\eta=\frac{y_{\max}}{f_{\mathrm{f}}}\quad(\eta<1) \tag{3-191}$$

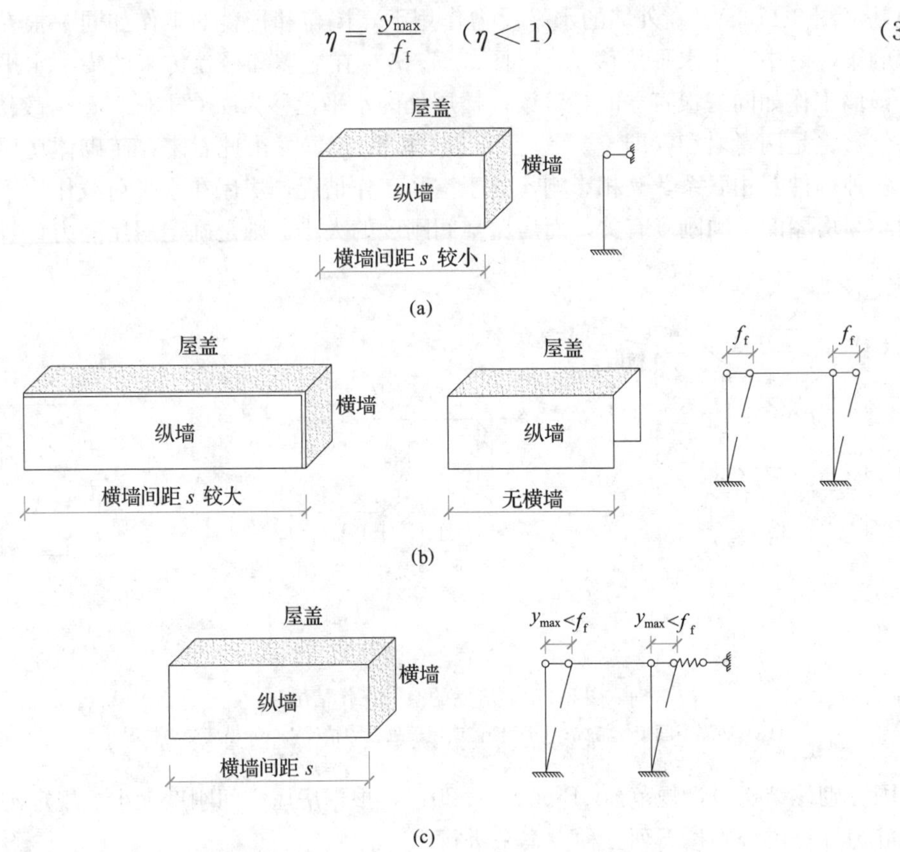

图 3-174　三种墙体内力计算简图

(a) 刚性方案；(b) 弹性方案；(c) 刚弹性方案

当 η 值较大时，表明 $y_{\max}$ 接近 f_{f}，房屋的空间性能较弱；反之，当 η 值较小时，表明房屋的空间性能较强。《砌体结构设计规范》GB 50003—2011 根据实测结果确定了空间性能影响系数 η 值（附表 4-2（2））。

由此可见，房屋静力计算方案的确定，主要取决于房屋的空间刚度，而房屋空间刚度则与楼（屋）盖的刚度及横墙间距和横墙的刚度有关。为此，规范按各种不同类型的楼（屋）盖规定了三种不同方案的横墙间距，设计时可按附表 4-2（1）来确定房屋的静力计算方案。

作为刚性或刚弹性方案房屋的横墙，其刚度必须符合要求，才能保证屋盖水平梁的支座位移不致过大，满足抗侧力横墙的要求。

规范规定，刚性或刚弹性方案房屋的横墙应符合下列要求：

（1）横墙中没有洞口或虽开有洞口，但洞口的水平截面面积不超过横墙全截面面积的 50%；

（2）横墙的厚度不宜小于 180mm；

（3）单层房屋的横墙长度不宜小于其高度；多层房屋的横墙长度，不宜小于 $H/2$（H 为横墙总高度）。

当横墙不能同时符合上述（1）、（2）、（3）项时，应对横墙的刚度进行验算，如其最

大水平位移 $\mu_{max} \leqslant \frac{H}{4000}$时，仍可视作刚性或刚弹性方案房屋的横墙。

凡符合上述刚度要求的一段横墙或其他结构构件（如框架等），也可视作刚性或刚弹性方案房屋的横墙。

3. 刚性方案房屋墙体计算

一般中小型泵房由于屋盖采用钢筋混凝土无檩体系，房屋长度不大，且两端均有山墙，因而大多属于刚性方案。这里只讨论刚性方案房屋墙、柱的内力分析和承载力计算，而刚弹性或弹性方案房屋的内力分析可参考其他有关资料。

图 3-175 是某厂泵房的平面图和剖面图。采用纵墙承重方案，山墙为 240mm 厚的实心墙，其间距为 24m，山墙平均高度为 5.6m。屋盖采用预制薄腹梁和空心屋面板，上铺油毡防水层。

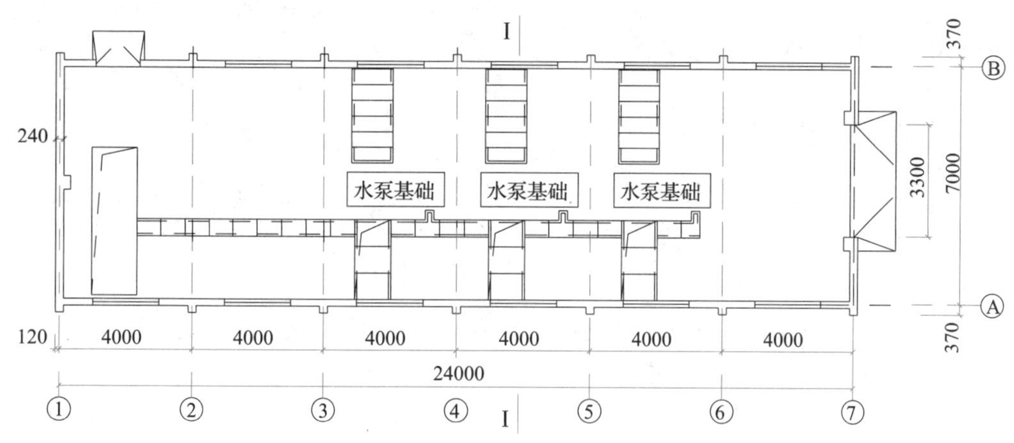

（a）

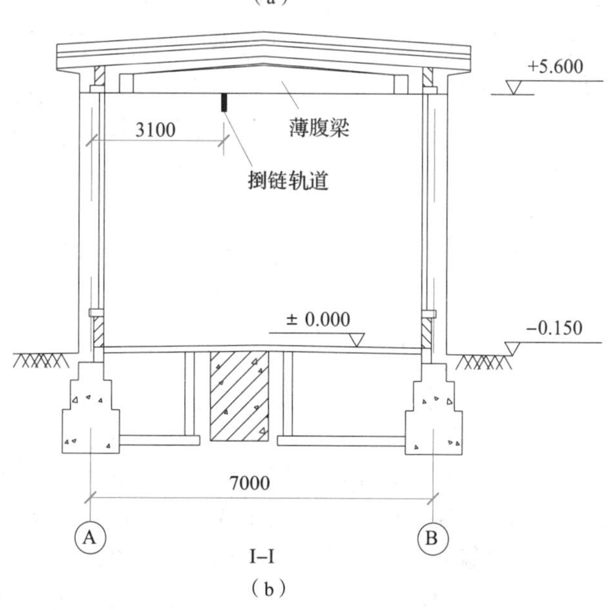

（b）

图 3-175　某泵房平面及剖面图

(a) 泵房平面图；(b) Ⅰ-Ⅰ剖面

泵房采用装配式无檩体系钢筋混凝土屋盖，横墙间距为 24m，满足附表 4-2（1）中规定的刚性方案最大间距不超过 32m 的要求，属于刚性方案。

此外，两端山墙满足横墙厚度不宜小于 180mm 的要求；一端山墙为整片墙，另一端山墙门洞宽度 3.3m，该山墙的总水平长度为 7.74m，满足门窗洞口不应超过横墙截面面积 50％的要求；满足山墙长度（7.74m）不宜小于其高度（5.6m）的要求，因此山墙在平面内的刚度满足要求。

由于刚性方案单层房屋，纵墙顶端的水平位移很小，静力计算时可以认为水平位移为零。计算时采用下列假定（图 3-176）：

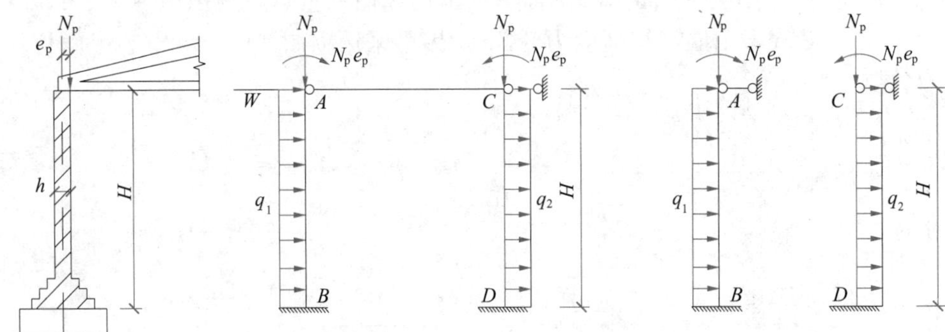

图 3-176　单层刚性方案房屋

（1）纵墙、柱下端在基础顶面处固接，上端与屋盖大梁（或屋架）铰接。

（2）屋盖结构可作为纵墙上端的不动铰支座。

根据上述假定，每片纵墙就可以按上端支承在不动铰支座和下端支承在固定支座上的竖向构件单独进行计算。

作用于计算排架上的荷载及其所引起的内力有下述几种：

（1）屋面荷载　包括屋盖构件自重、屋面活荷载（或雪荷载）。这些荷载通过屋架或屋面大梁作用于墙体顶端。由于屋架支承反力 N_p 作用点对墙体中心线来说，往往有一个偏心距 e_p（其中 $e_p=h/2-0.4a_0$，也即 N_p 到内墙边的距离取 $0.4a_0$），所以作用于墙体顶端的屋盖荷载可视为由轴心压力 N_p 和弯矩 $M=N_pe_p$ 组成，这时，其内力为（图 3-177）：

$$
\begin{aligned}
R_A &= -R_B = -\frac{3M}{2H} \\
M_A &= M \\
M_B &= -\frac{M}{2} \\
M_x &= \frac{M}{2}\left(2-3\frac{x}{H}\right)
\end{aligned}
\tag{3-192}
$$

（2）风荷载　包括作用于墙面上和屋面上的风荷载。屋面上（包括女儿墙上）的风荷载一般简化为作用于屋架和墙体连接处的集中荷载 W_0，刚性方案房屋的屋面风荷载已通过屋盖直接传至横墙，再由横墙传至基础后传给地基，所以在纵墙上不产生内力。墙面风荷载为均匀荷载，应考虑两种方向，在迎风面为压力 q_1，在背风面为吸力 q_2。

在均布荷载 q 作用下，墙体的内力为（图 3-178）：

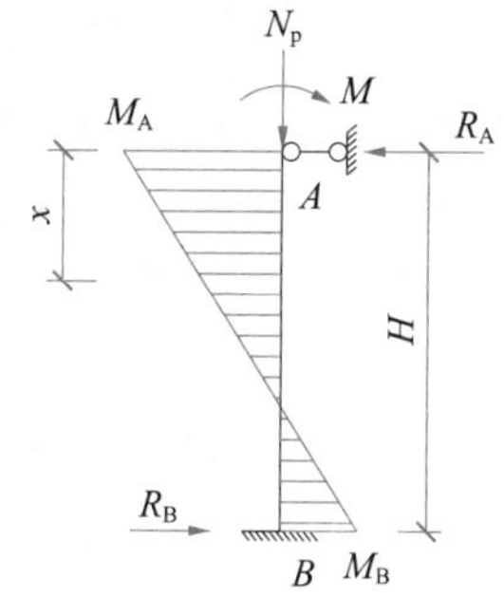

图 3-177 屋面荷载引起墙体弯矩图

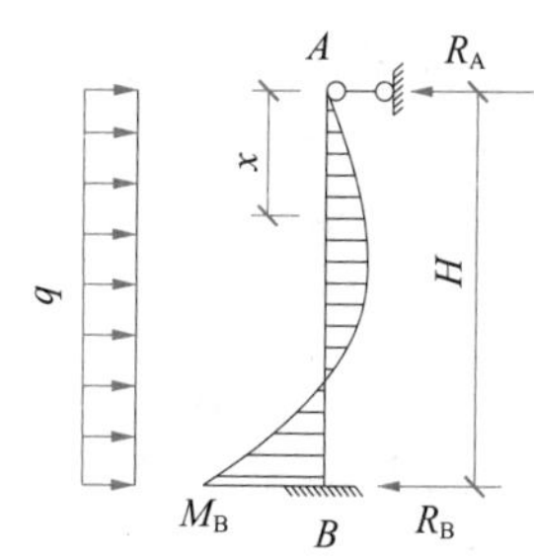

图 3-178 风荷载引起墙体弯矩图

$$R_A = \frac{3qH}{8}$$

$$R_B = \frac{5qH}{8}$$

$$M_B = \frac{qH^2}{8} \tag{3-193}$$

$$M_x = -\frac{qHx}{8}\left(3 - 4\frac{x}{H}\right)$$

当 $x = \frac{3}{8}H$ 时，$M_{max} = -\frac{9qH^2}{128}$。

对迎风面，$q = q_1$；对背风面，$q = q_2$。

（3）墙体自重 按砌体的实际自重（包括内外粉饰和门窗的自重）进行计算，作用于墙体轴线上。当墙柱为等截面柱时，自重将不会产生弯矩。但当墙柱为变截面时，上阶柱自重 G_1 对下阶柱各截面将产生弯矩 $M_1 = G_1 e_1$，此处 e_1 为上下阶柱轴线间的距离（因自重是在屋架未架设就已存在，故应按悬臂构件计算）。

截面承载力验算时，应根据使用过程中可能同时作用的荷载效应进行组合，并取其最不利者进行验算。

3.11.7 墙、柱的构造

1. 墙、柱高厚比的验算

墙、柱是受压构件，除了满足承载力要求外，还必须保证其稳定性。规范中通过验算墙柱高厚比的方法进行墙柱稳定性验算。

墙、柱的高厚比 β 系指墙柱的计算高度（H_0）与墙厚或边长（h）之比，即 $\beta = H_0/h$。墙柱的 β 越大，其稳定性越差，容易产生倾斜或受振动而产生倒塌的危险。因此进行墙、柱设计时，必须限制其高厚比，规定允许值 $[\beta]$。

（1）墙、柱高厚比验算

$$\beta = \frac{H_0}{h} \leqslant \mu_1 \mu_2 [\beta] \tag{3-194}$$

式中 H_0——墙柱的计算高度，按附表 4-3（2）采用。

h——墙厚或矩形柱与 H_0 相对应的边长。

$[\beta]$——墙、柱的允许高厚比，按附表 4-3（1）采用。

μ_1——自承重墙允许高厚比的修正系数，厚度不大于 240mm 的自承重墙，μ_1 可根据墙的厚度按下列规定采用：当 $h=240$mm 时，$\mu_1=1.2$；当 $h=90$mm 时，$\mu_1=1.5$；当 240mm$>h>$90mm 时可按插入法取值。上端为自由端的墙其 $[\beta]$ 值除按上述规定提高外，尚可提高 30%。对厚度小于 90mm 的墙，当双面用不低于 M10 的水泥砂浆抹面，包括抹面层的墙厚不小于 90mm 时，可按墙厚等于 90mm 验算高厚比。

μ_2——有门窗洞墙允许高厚比的修正系数。

μ_2 可按下式计算：

$$\mu_2=1-0.4\frac{b_s}{s} \tag{3-195}$$

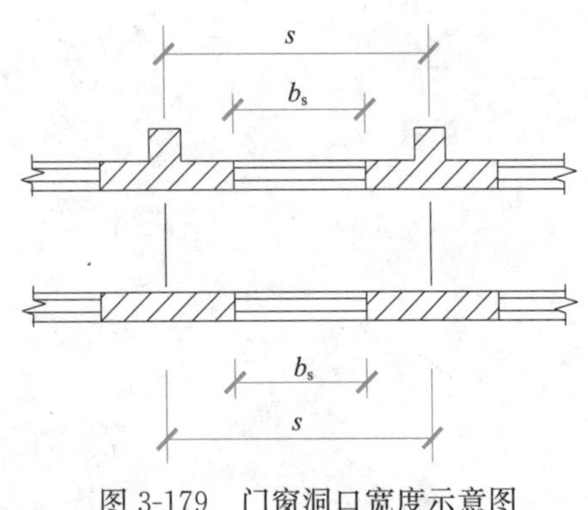

图 3-179　门窗洞口宽度示意图

式中　b_s——在宽度 s 范围内的门窗洞口总宽度（图 3-179）；

s——相邻窗间墙或壁柱之间距离。

当按式（3-195）算得的 μ_2 值小于 0.7 时，μ_2 取 0.7。当洞口高度等于或小于墙高的 1/5 时，可取 $\mu_2=1.0$。当洞口高度大于或等于墙高的 4/5 时，可按独立墙段验算高厚比。

（2）带壁柱墙的高厚比验算

1）整片墙的高厚比验算

$$\beta=\frac{H_0}{h_T}\leqslant\mu_1\mu_2[\beta] \tag{3-196}$$

式中　h_T——带壁柱墙截面的折算厚度，可近似取 $h_T\approx3.5i$；

i——带壁柱墙截面的回转半径，$i=\sqrt{\frac{I}{A}}$。I、A 分别为带壁柱墙截面的惯性矩和截面面积。

2）壁柱间墙体的高厚比验算

按式（3-194）验算，s 取壁柱间距离（图 3-179），当壁柱间墙体较高以致超过 $[\beta]$ 时，可在墙高范围内设置钢筋混凝土圈梁，而且 $b/s\geqslant1/30$（b 为圈梁的宽度）时，该圈梁可以作为壁柱间墙的不动铰支点。

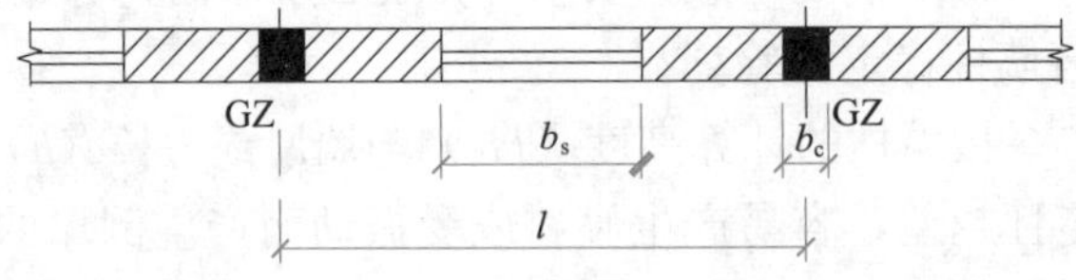

图 3-180　带构造柱的墙（GZ 为构造柱）

（3）带构造柱墙的高厚比验算

1）整片墙的高厚比验算

$$\beta=\frac{H_0}{h}\leqslant\mu_1\mu_2\mu_c[\beta] \tag{3-197}$$

$$\mu_c=1+\gamma\frac{b_c}{l} \tag{3-198}$$

式中　μ_c——带构造柱的墙允许高厚比提高系数，按式（3-198）计算；

b_c、l——构造柱沿墙长方向的宽度和间距（图3-180）；当 $b_c/l>0.25$ 时，取 $b_c/l=0.25$，当 $b_c/l<0.05$ 时，取 $b_c/l=0$；

γ——系数，对细料石砌体，$\gamma=0$；对混凝土砌块、混凝土多孔砖、粗料石、毛料石及毛石砌体，$\gamma=1.0$；对其他砌体，$\gamma=1.5$。

2）构造柱间墙的高厚比验算

由于在施工过程中大多数是先砌筑墙体后浇筑构造柱，因此应采取措施保证设构造柱的墙在施工阶段的稳定性。

构造柱间墙的高厚比按式（3-194）验算，s 取构造柱间距离，H 取墙体实际高度。

2. 墙、柱的一般构造要求

墙、柱构造上除满足高厚比要求外，还需注意满足其他一些构造要求，保证房屋工作的整体性和可靠性。

（1）在室内地面以下，室外散水坡顶面以上的砌体内，应铺设防潮层。防潮层材料一般情况下采用防水水泥砂浆。

地面以下或防潮层以下的砌体、潮湿房间的墙或环境类别2（环境类别2指潮湿的室内或室外环境）的砌体，所用材料的最低强度等级应符合表3-24的要求。

地面以下或防潮层以下的砌体、潮湿房间的墙所采用材料的最低强度等级　　表3-24

潮湿程度	烧结普通砖	混凝土普通砖 蒸压普通砖	混凝土 砌　块	石材	水泥砂浆
稍潮湿的	MU15	MU20	MU7.5	MU30	M5
很潮湿的	MU20	MU20	MU10	MU30	M7.5
含水饱和的	MU20	MU25	MU15	MU40	M10

注：1. 在冻胀地区，地面以下或防潮层以下砌体，不宜采用多孔砖，如采用时，其孔洞应用不低于M10的水泥砂浆预先灌实。当采用空心混凝土砌块时，其孔洞应采用强度等级不低于Cb20的混凝土预先灌实。
2. 对安全等级为一级或设计使用年限大于50a的房屋，表中材料强度等级应至少提高一级。

（2）承重的独立砖柱截面尺寸不应小于240mm×370mm。毛石墙的厚度不宜小于350mm，毛料石柱较小边长不宜小于400mm。

（3）填充墙、隔墙应分别采取措施与周边主体结构构件可靠连接，连接构造和嵌缝材料应能满足传力、变形、耐久和防护要求。

（4）预制钢筋混凝土板在混凝土圈梁上的支承长度不应小于80mm，板端伸出的钢筋应与圈梁可靠连接，且同时浇筑。预制钢筋混凝土板在墙上的支承长度不应小于100mm，并应按下列方法进行连接：

1）板支承于内墙时，板端钢筋伸出长度不应小于70mm，且与支座处沿墙配置的纵筋绑扎，用强度等级不低于C25的混凝土浇筑成板带。

2）板支承于外墙时，板端钢筋伸出长度不应小于100mm，且与支座处沿墙配置的纵筋绑扎，并用强度等级不低于C25的混凝土浇筑成板带。

3）预制钢筋混凝土板与现浇板对接时，预制板端钢筋应伸入现浇板中进行连接后，再浇筑现浇板。

（5）当梁的跨度大于或等于下列数值时，其支承处宜加设壁柱或采取其他加强措施。

对240mm厚的砖墙为6.0m，对180mm厚的砖墙为4.8m。对砌块、料石墙为4.8m。

（6）支承在砖砌体上的吊车梁、屋架，及跨度不小于 9m 的预制梁的端部，应采用锚固件与墙柱上的垫块锚固。

（7）不应在截面长边小于 500mm 的承重墙体、独立柱内埋设管线；不宜在墙体中穿行暗线或预留、开凿沟槽，无法避免时应采取必要的措施或按削弱后的截面验算墙体的承载力。对受力较小或未灌孔的砌块砌体，允许在墙体的竖向孔洞中设置管线。

3. 防止或减轻墙体开裂的主要措施

（1）防止或减轻温度变化引起墙体开裂的主要措施

当温度发生变化时，组成房屋结构的材料将要引起热胀冷缩，由于材料线膨胀系数和收缩率的不同，产生各自不同变形，其结果引起彼此的约束而产生应力。所以当拉应力超过其极限抗拉强度时，裂缝就会不可避免相应出现，房屋越长，温度变化时产生的拉应力越大，墙体开裂情况越严重。所以，应采取措施防止或减轻温度变化引起墙体开裂。

为了防止或减轻房屋在正常使用条件下，由温差和砌体干缩引起的墙体竖向裂缝，应在墙体中设置伸缩缝。伸缩缝应设在因温度和收缩变形可能引起应力集中、砌体产生裂缝可能性最大的地方。伸缩缝的间距可按附表 4-4 采用。

为了防止或减轻房屋顶层墙体的裂缝，可根据情况采取下列措施：

1）屋面应设置保温、隔热层。

2）屋面保温（隔热）或屋面刚性面层及砂浆找平层应设置分格缝，分格缝间距不宜大于 6m，并与女儿墙隔开，其缝宽不小于 30mm。

3）采用装配式有檩体系钢筋混凝土屋盖和瓦材屋盖。

4）顶层屋面板下设置现浇钢筋混凝土圈梁，并沿内外墙贯通，房屋两端圈梁下的墙体宜适当设置水平钢筋。

5）顶层墙体有门窗洞时，在过梁下的水平灰缝内设置 2～3 道焊接钢筋网片或 2ϕ6 钢筋，并应伸入过梁两端墙内不小于 600mm。

6）顶层及女儿墙砂浆强度等级不低于 M7.5（Mb7.5、Ms7.5）。

7）女儿墙应设置构造柱，构造柱间距不宜大于 4m，构造柱应伸至女儿墙顶并与现浇钢筋混凝土压顶整体浇筑在一起。

8）对顶层墙体施加竖向预应力。

为了防止或减轻房屋底层墙体裂缝，可根据情况采取下列措施：

1）增大基础圈梁的刚度。

2）在底层的窗台下墙体灰缝内设置 3 道焊接钢筋网片或 2ϕ6 钢筋，并伸入两边窗间墙内不小于 600mm。

3）采用钢筋混凝土窗台板，窗台板嵌入窗间墙内不小于 600mm。

墙体转角处和纵横墙交接处宜沿竖向每隔 400～500mm 设拉结钢筋，其数量为每 120mm 墙厚不少于 1ϕ6 或焊接钢筋网片，埋入长度从墙的转角或交接处算起，对实心砖墙每边不小于 600mm，对多孔砖墙和砌块墙不小于 700mm。

对防裂要求较高的墙体，可根据情况采取专门的措施。

（2）防止地基不均匀沉降引起墙体开裂的措施

1）当房屋建于土质差别较大的地基上，或房屋相邻部分的高度、荷重、结构刚度、地基基础的处理方式等有显著差别时，宜在差异处设置沉降缝。

2）设置钢筋混凝土圈梁或钢筋砖圈梁，以加强墙体刚度和稳定性。

3）软土地区房屋的体型应力求简单，尽量避免立面高低起伏和平面凹凸曲折。

4）房屋的纵墙宜贯通，横墙的间距不宜过大，一般小于建筑物宽度的1.5倍左右。

5）不宜在砖墙墙身上开过大的孔洞，若因开洞过大削弱墙身刚度时，宜设置钢筋混凝土边框等加强措施。

思考题与习题

3.1　概　　述

1. 什么是素混凝土结构、钢筋混凝土结构、预应力混凝土结构，它们各适用于哪些场合？
2. 钢筋与混凝土两种性质不同的材料能够相互共同工作的主要原因是什么？
3. 钢筋混凝土结构有何优点和缺点，采取哪些措施来改善其缺点？
4. 结构设计的主要任务是什么，结构设计的基本步骤有哪些？
5. 结构构件计算简图的简化步骤有哪些？并说明各自简化的方法。
6. 结构上的荷载按作用时间的长短和性质可分为哪几类？举例说明。

3.2　钢筋混凝土材料主要物理力学性能

1. 普通钢筋混凝土结构中常用的钢筋有哪些，分别用什么符号表示，它们的强度指标如何？
2. 试绘出有明显屈服点钢筋的应力-应变曲线，并指出各阶段的特点及各转折点的应力、应变名称。
3. 什么是条件屈服点 $\sigma_{0.2}$，它是如何确定的？
4. 钢筋冷加工（冷拉和冷拔）的目的是什么，冷加工对钢筋的性能有何影响？
5. 什么叫钢筋的冷拉，什么叫冷拉强化，什么叫时效硬化？
6. 混凝土结构对钢筋性能有什么要求？
7. 混凝土的强度指标有哪几种，各用什么符号表示，它们之间有何关系？
8. 什么是混凝土的强度等级，《混凝土结构设计规范（2015年版）》GB 50010—2010分哪几个等级？
9. 试绘出混凝土棱柱体在一次短期加载下的受压应力-应变曲线，并指出曲线的特点及 f_c、ε_0、ε_{cu} 等的特征。
10. 什么是混凝土的弹性模量，采用什么试验方法测定的？
11. 什么是混凝土的收缩和徐变，影响收缩和徐变的主要因素有哪些？
12. 什么是混凝土的耐久性，保证混凝土结构耐久性的措施有哪些？
13. 什么是混凝土的抗渗性和抗冻性，各用什么指标来衡量？
14. 钢筋与混凝土之间的粘结力主要由哪几部分组成，若要提高粘结力可采取哪些措施？
15. 钢筋的锚固长度 l_a 与钢筋的搭接长度 l_l 是如何确定的？
16. 为什么伸入支座的钢筋要有一定的锚固长度 l_{as}？
17. 为什么钢筋搭接需要一定的搭接长度 l_l，在哪些情况下钢筋不宜采用搭接接头？

3.3　结构按极限状态计算的基本原则

1. 什么是结构的设计基准期和设计使用年限？
2. 结构在规定设计使用年限内应满足哪些功能要求？
3. 什么是结构构件的极限状态，目前我国规范采用哪几类极限状态？
4. 结构构件超过承载能力极限状态有哪些标志？

5. 结构构件超过正常使用极限状态有哪些标志？

6. 试写出承载能力极限状态计算的一般公式，并对其各符号进行解释。

7. 什么是材料强度标准值、材料强度设计值，两者有何关系？

8. 什么是荷载效应标准组合，什么是荷载效应准永久组合？

9. 什么是可变荷载的标准值、可变荷载的组合值及可变荷载的准永久值？

10. 说明承载能力极限状态计算方法与正常使用极限状态计算方法的异同点。

11. 在进行正常使用极限状态验算时，不同裂缝控制等级的结构构件应满足什么要求？

3.4 钢筋混凝土受弯构件正截面承载力计算

1. 受弯构件中适筋梁从加载到破坏经历哪几个阶段，各阶段正截面上应力、应变分布规律是怎样的，各阶段的主要特征是什么，每个阶段是哪种极限状态的计算依据？

2. 什么是少筋梁、适筋梁、超筋梁，在实际工程设计时为什么应避免把梁设计成少筋梁、超筋梁？

3. 简述少筋梁、超筋梁的受力过程及破坏特征。

4. 进行正截面承载力计算时引入了哪些基本假定？

5. 单筋矩形截面梁正截面承载力的计算应力图形是如何确定的？

6. 单筋矩形截面梁正截面承载力的基本公式是如何建立的，为什么要规定适用条件？

7. 单筋矩形截面梁正截面受弯承载力的最大值如何计算，与哪些因素有关？

8. 在适筋梁的承载力计算表达式中，x 是什么，它是否是截面实际的受压区高度，x/h_0 反映了什么，为什么要对 x/h_0 加以限制？

9. 试说明 $\alpha_s=\xi$（$1-0.5\xi$）及 $\gamma_s=$（$1-0.5\xi$）的物理意义。

10. 什么叫截面相对界限受压区高度 ξ_b，它在承载力计算中的作用是什么？

11. 在钢筋混凝土梁中，配筋率是大些好还是小些好，受力钢筋的直径是选粗些好还是细些好，受力钢筋的排数是多好还是少好？

12. 在什么情况下可采用双筋梁，在双筋梁中受压钢筋起什么作用？为什么说一般情况下，用受压钢筋协助混凝土受压是不经济的？

13. 为什么在双筋矩形截面承载力计算中，必须满足 $\xi\leqslant\xi_b$ 与 $x\geqslant 2a_s'$的条件？

14. 在双筋梁中，箍筋起什么作用，对梁中箍筋的设置有什么特殊要求？

15. 为什么在《混凝土结构设计规范（2015 年版）》GB 50010—2010 中规定 HPB300、HRB335、HRB400、HRB500 级钢筋的受压强度设计值 f_y'取等于受拉钢筋强度设计值 f_y？

16. 怎样确定 T 形截面翼缘宽度 b_f'？

17. T 形截面如何分类，怎样判别第一类 T 形截面和第二类 T 形截面？

18. 怎样计算第一类 T 形截面和第二类 T 形截面的正截面承载力？

19. 当验算 T 形截面梁中的最小配筋率 ρ_{min} 时，配筋率 ρ 为什么要用腹板宽度 b 而不用翼缘宽度 b_f'？

20. 某办公楼楼面大梁承受弯矩设计值 $M=120$kN·m。试计算下列五种情况（表 3-25）的钢筋用量 A_s，并加以比较（均按一排钢筋考虑）。

五种情况的受拉钢筋 **表 3-25**

序号	b（mm）	h（mm）	混凝土强度等级	钢筋级别	A_s（mm^2）	说明
1	200	500	C20	HPB300		
2	200	500	C30	HPB300		提高混凝土强度等级
3	200	500	C20	HRB335		提高钢筋强度等级
4	250	500	C20	HPB300		加大截面宽度
5	200	600	C20	HPB300		加大截面高度

21. 已知某单筋钢筋混凝土矩形截面梁，截面尺寸 $b\times h=250\text{mm}\times500\text{mm}$，承受弯矩设计值 $M=125\text{kN}\cdot\text{m}$，混凝土强度等级 C20，钢筋强度等级为 HRB335 级。试：

（1）写出基本计算公式，并按此求 A_s；

（2）用表格法求 A_s。

22. 已知某单筋钢筋混凝土矩形截面梁，截面尺寸 $b\times h=200\text{mm}\times500\text{mm}$，混凝土强度等级 C20，采用 HRB335 级钢筋（2Φ18，$A_s=509\text{mm}^2$）。试验算梁截面上承受弯矩设计值 $M=80\text{kN}\cdot\text{m}$ 时是否安全。

23. 已知钢筋混凝土矩形截面梁，截面尺寸 $b\times h=200\text{mm}\times450\text{mm}$，承受弯矩设计值 $M=225\text{kN}\cdot\text{m}$，混凝土强度等级 C25，采用 HRB335 级钢筋，求纵向受力钢筋。

24. 同题 23，但在受压区已配置 2Φ22（$A_s'=760\text{mm}^2$）的纵向受压钢筋，试计算受拉钢筋截面面积 A_s，并与题 23 中的（A_s+A_s'）比较。

25. 已知钢筋混凝土矩形截面双筋梁，截面尺寸 $b\times h=200\text{mm}\times500\text{mm}$，承受弯矩设计值 $M=120\text{kN}\cdot\text{m}$，混凝土强度等级 C20，采用 HPB300 级钢筋，在受压区配置 2ϕ16（$A_s'=402\text{mm}^2$）受压钢筋。求 A_s。

26. 已知双筋矩形截面梁，截面尺寸 $b\times h=200\text{mm}\times450\text{mm}$，混凝土强度等级 C20，HRB335 级钢筋，配置 2Φ12 受压钢筋，3Φ25+2Φ22 受拉钢筋，试求该截面所能承受的最大弯矩设计值 M。

27. 某肋形楼盖主梁（图 3-181），截面尺寸 $b\times h=300\text{mm}\times650\text{mm}$，间距 6m，跨度 7m，采用 C25 混凝土，HRB335 级钢筋。跨中截面承受荷载设计值产生的弯矩 $M=350\text{kN}\cdot\text{m}$，求所需纵向受拉钢筋 A_s。

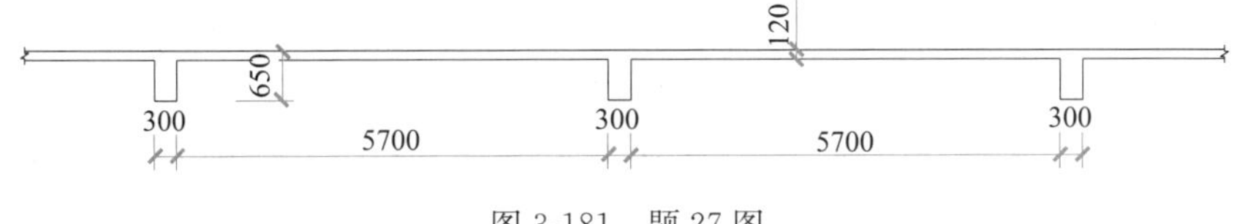

图 3-181　题 27 图

28. 有一 T 形截面吊车梁，如图 3-182 所示，按单筋截面计算，承受设计弯矩 $M=600\text{kN}\cdot\text{m}$，混凝土强度等级 C25，采用 HRB335 级钢筋，求受拉钢筋截面面积 A_s。

29. 图 3-183 是一独立梁的 T 形截面，C25 混凝土，试求：

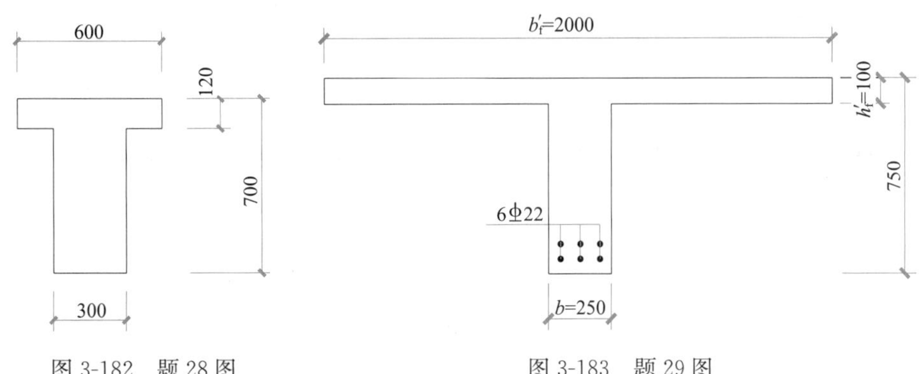

图 3-182　题 28 图　　图 3-183　题 29 图

（1）截面的受弯承载力 M_u；

（2）如 $b=250\text{mm}$，h_f'增至 150mm，M_u 能否增加？

（3）如 b 增至 400mm，h_f'增至 200mm，M_u 能否增加？

（4）同（3），b_f'增至 3000mm，M_u 能否增加？

3.5 钢筋混凝土受弯构件斜截面承载力计算

1. 受弯构件为什么会出现斜向裂缝？图 3-184 所示连续梁、伸臂梁如果有斜向裂缝，将发生在哪些部位，发生后发展方向怎样？

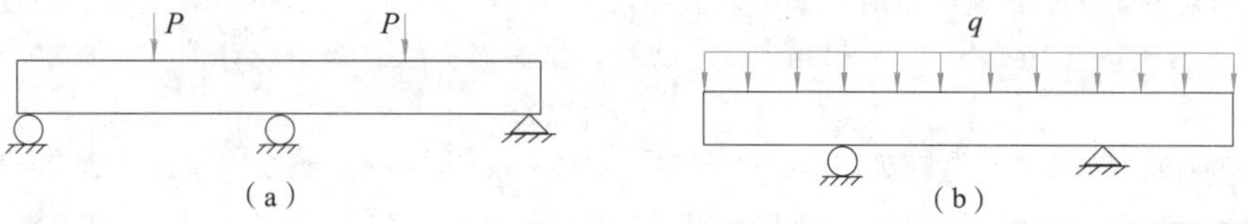

图 3-184 题 1 图

2. 什么是剪跨比 λ，它对梁的斜截面受剪承载力有什么影响？

3. 梁斜截面破坏的主要形态有哪几种，它们分别在什么情况下发生，破坏性质如何，如何防止发生斜截面破坏？

4. 有腹筋梁斜截面受剪承载力计算公式有什么限制条件，其意义如何？

5. 梁内箍筋的量是如何定义的，箍筋有哪些作用，其主要构造要求有哪些？

6. 在斜截面受剪承载力计算时，什么情况下需考虑集中荷载的影响，什么情况下则不考虑？

7. 为什么弯起钢筋的强度取 $0.8f_y$？

8. 哪些截面需要进行斜截面受剪承载力计算？

9. 试述斜截面受剪承载力的计算步骤。

10. 在一般情况下，限制箍筋及弯起钢筋最大间距的目的是什么，规定最小配箍率的目的是什么？满足箍筋最大间距时，是否必然满足最小配箍率的要求？如有矛盾，你以为该怎样处理？

11. 什么叫材料图，如何绘制，它与设计弯矩图有什么关系？

12. 什么情况下会发生斜截面弯曲破坏，应该采用哪些措施来保证不发生这种破坏？

13. 纵向受拉钢筋可以在哪里弯起？

14. 纵向受拉钢筋可以在哪里截断？

15. 已知某承受均布荷载的矩形截面简支梁，截面尺寸 $b\times h$=200mm×500mm，a_s=35mm，混凝土强度等级 C20，箍筋强度等级 HPB300 级，在支座边缘处由均布荷载产生的剪力设计值 V=110kN，试求采用 ϕ6 双肢的箍筋间距 s（仅配置箍筋）。

16. 已知 T 形截面简支梁，$b\times h$=200mm×500mm，b_f'=400mm，h_f'=100mm，由集中荷载产生的支座边缘剪力设计值 V=120kN（包括梁自重），剪跨比 λ=4，混凝土强度等级 C25，试配置该 T 形截面梁的箍筋（HPB300 级钢筋）。

17. 钢筋混凝土简支梁如图 3-185 所示，截面尺寸 $b\times h$=250mm×600mm，集中荷载设计值 P=170kN（未包括梁自重），混凝土强度等级 C25，纵向受力钢筋为 HRB335 级，箍筋为 HPB300 级钢筋，试设计该梁。

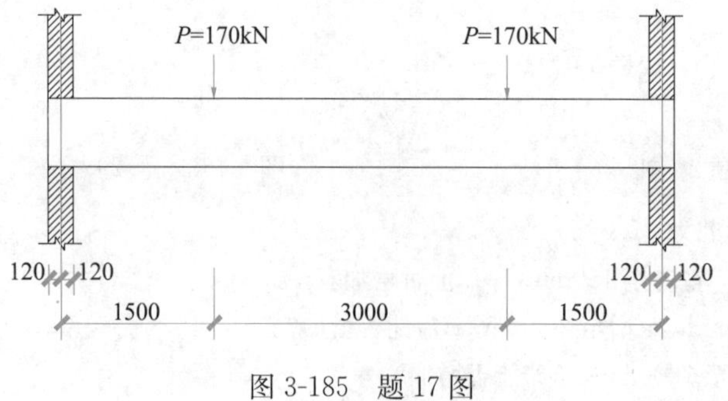

图 3-185 题 17 图

要求：(1) 确定纵向受力钢筋根数和直径；(2) 配置腹筋（要求选择箍筋和弯起钢筋）。

18. 某钢筋混凝土简支梁，箍筋配置情况见表 3-26，求梁的受剪承载力 V_u，并分析哪些因素对提高 V_u 比较有效（箍筋强度等级 HPB300 级）。

箍筋配置情况　　**表 3-26**

序号	b (mm)	h (mm)	混凝土强度等级	钢筋级别	V_u (kN)	说明
1	200	500	C25	ϕ8@200		
2	200	500	C30	ϕ8@200		提高混凝土强度等级
3	200	500	C25	ϕ8@100		加密箍筋
4	200	600	C25	ϕ8@200		加大截面高度
5	250	500	C25	ϕ8@200		加大截面宽度

19. 已知某钢筋混凝土矩形截面简支梁，计算跨度 $l=6000$mm，净跨 $l_n=5740$mm，截面尺寸 $b\times h=250\text{mm}\times550\text{mm}$，混凝土强度等级 C20，HRB335 级纵向钢筋和 HPB300 级箍筋。若已知梁的纵向受力钢筋为 4Φ22，试求：当采用 ϕ6@200 双肢箍筋和 ϕ8@200 双肢箍筋时，梁所能承受的荷载设计值 $(g+q)$ 分别为多少？

3.6　钢筋混凝土受弯构件裂缝宽度和变形的概念

1. 简述裂缝出现、分布和展开的过程和机理。

2. 最大裂缝宽度限值 w_{lim} 是根据什么确定的，为什么对于承受水压力作用构筑物的最大裂缝宽度限值 w_{lim} 要比一般结构构件严格？

3.《混凝土结构设计规范（2015 年版）》GB 50010—2010 验算的裂缝宽度是指什么裂缝，为什么《混凝土结构设计规范（2015 年版）》GB 50010—2010 对斜裂缝宽度的验算未作专门的要求？

4.《混凝土结构设计规范》(2015 年版) GB 50010—2010 规定，对允许出现裂缝的混凝土构件必须满足 $w\leqslant w_{lim}$ 的要求，当不能满足时，可采取哪些措施？

5. 为什么钢筋混凝土受弯构件的截面刚度随荷载增加及荷载持续时间的增加而减小？

6. 钢筋混凝土梁的抗弯刚度与材料力学中的梁抗弯刚度有何不同？提高受弯构件截面刚度有哪些措施，什么措施最有效？

7. 确定受弯构件变形限值主要考虑哪些因素？

8. 简述配筋率对受弯构件正截面承载力、挠度和裂缝宽度的影响。三者不能同时满足时采取什么措施？

9. 某矩形水池顶盖采用现浇单向板梁板结构，五跨连续次梁的计算简图如图 3-186 所示，次梁截面尺寸 $b\times h=200\text{mm}\times450\text{mm}$，采用 HRB335 级钢筋和 C25 的混凝土，其第 1 跨的跨中截面的 $A_s=615\text{mm}^2$ (4Φ14)，B 支座截面的 $A_s=863\text{mm}^2$ (3Φ14+2Φ16)。均布荷载标准值 $g_k=18.35$kN/m，活荷载标准值 $q_k=10.0$kN/m，准永久值系数 $\psi_q=0.1$。最大裂缝宽度限值 $w_{lim}=0.25$mm。按《给水排水工程构筑物结构设计规范》GB 50069—2002 验算第 1 跨的跨中截面的裂缝宽度是否满足要求。

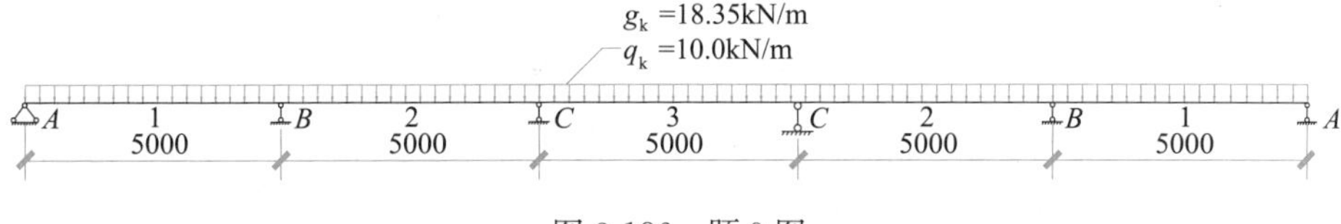

图 3-186　题 9 图

提示：

(1) 计算荷载准永久组合时应取折算荷载，即

折算恒荷载标准值 $g'_{qk}=g_k+\frac{1}{4}\psi_q q_k$；折算活荷载标准值 $q'_{qk}=\frac{3}{4}\psi_q q_k$

(2) 由荷载准永久组合值引起的最大弯矩值

第1跨中最大弯矩标准值：$M_{1qk}=(0.078g'_{qk}+0.1q'_{qk})l_0^2$

B 支座最大弯矩标准值：$M_{Bqk}=-(0.105g'_{qk}+0.085q'_{qk})l_0^2$

10. 同题9，次梁跨中截面考虑顶盖板的作用，取 $b'_f=1600$mm，$h'_f=100$mm。允许挠度限值 $f_{lim}=l_0/200$。按《混凝土结构设计规范（2015年版）》GB 50010—2010 验算第一跨跨中的挠度是否满足要求。

提示：

(1) 计算荷载标准组合时应取折算荷载，即

折算恒荷载 $g'_k=g_k+\frac{1}{4}q_k$；折算活荷载 $q'_q=\frac{3}{4}q_k$

(2) 由荷载准永久组合值引起的最大弯矩值

第1跨跨中最大弯矩标准值：$M_{1k}=(0.078g'_k+0.1q'_k)\ l_0^2$

B 支座最大弯矩标准值：$M_{Bk}=-(0.105g'_k+0.085q'_k)\ l_0^2$

(3) 第1跨跨中挠度

$$f_{max}=\frac{0.644g_k l_0^4}{100B}+\frac{0.973q_k l_0^4}{100B}$$

3.7 钢筋混凝土受压构件计算

1. 在实际工程中，哪些结构构件可按轴心受压构件计算，哪些可按偏心受压构件计算？

2. 为什么轴心受压构件宜采用高强度等级的混凝土，不宜采用高强度等级的钢筋？

3. 在轴心受压构件中配置纵向钢筋和箍筋有何意义，有哪些构造要求？

4. 如何区分轴心受压构件为长柱还是短柱，轴心受压短柱及长柱各有哪些破坏特征？

5. 稳定系数 φ 的物理意义是什么，影响 φ 的主要因素有哪些？

6. 何谓大偏心受压破坏，何谓小偏心受压破坏，大、小偏心受压破坏有何本质区别，其各在什么条件下发生？

7. 大偏心受压和受弯双筋截面的应力分布有何不同？如两者截面相同，承受的弯矩相同（图3-187），它们配筋是否相同，哪个配筋会多一些？

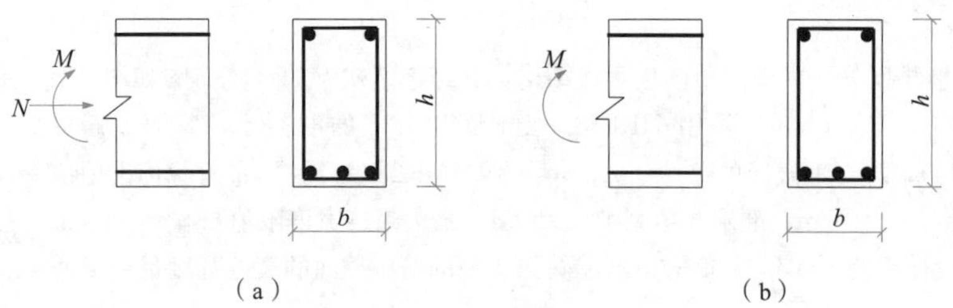

(a)　　(b)

图3-187　题7图

(a) 大偏压；(b) 双筋受弯

8. 矩形截面非对称配筋大偏心受压构件的正截面承载力计算公式是如何表达的，其适用条件如何？

9. 小偏心受压构件承载力计算公式是如何得出的？

10.《混凝土结构设计规范（2015年版）》GB 50010—2010 如何考虑偏心受压构件 P-δ 效应对承载力影响的？

11. 附加偏心距 e_a 的物理意义是什么，《混凝土结构设计规范（2015 年版）》GB 50010—2010 中 e_a 是如何取值的？

12. 判别大、小偏心受压构件的界限条件是什么？

13. 如何进行偏心受压构件对称配筋时的设计计算？

14. 某钢筋混凝土对称配筋偏心受压柱，双曲率弯曲，截面 $b \times h = 400\text{mm} \times 400\text{mm}$，$a_s = a'_s = 40\text{mm}$，采用 C20 混凝土，HRB335 级，计算高度 $l_c = 6\text{m}$。求在表 3-27 所列各内力设计值作用下的 $A_s = A'_s$，并分析讨论：

（1）对比 1、2、3，为何 N 增大，$A_s = A'_s$ 反而减少？

（2）对比 5、6、7，为何 N 增大，$A_s = A'_s$ 相应增加？

各内力设计值　　**表 3-27**

序　号	1	2	3	4	5	6	7
N（kN）	300	400	500	760.32	900	1000	1200
$M_1 = M_2$（kN·m）	100	100	100	100	100	100	100
C_m							
η_{ns}							
$M = C_m \eta_{ns} M_2$（kN·m）							
$A_s = A'_s$（mm^2）							
大偏压？小偏压？							

15. 同习题 14，将混凝土改为 C30，其余不变，求 $A_s = A'_s$，并分析讨论：

（1）对比本题和习题 14，说明提高混凝土强度等级只在什么情况下比较有效，为什么？

（2）为什么提高混凝土强度等级后有些情况下大、小偏压会发生变化？

16. 已知某水池的池壁厚 $h = 200\text{mm}$，$a_s = a'_s = 20\text{mm}$，每米长度上的内力设计值为 $N = 380\text{kN}$，双曲率弯曲，$M_1 = M_2 = 25\text{kN} \cdot \text{m}$，$C_m \eta_{ns} = 1.0$，混凝土强度等级 C25，钢筋 HPB300 级，环境为二 a 类。试按对称配筋求所需每米长度上的钢筋 $A_s = A'_s$。

17. 已知条件同习题 16，但 $N = 380\text{kN}$，$M_1 = M_2 = 50\text{kN} \cdot \text{m}$，$C_m \eta_{ns} = 1.0$，对称配筋，求每米长度上的 $A_s = A'_s$。

18. 某水厂泵房钢筋混凝土对称配筋偏压柱，截面尺寸 $b \times h = 350\text{mm} \times 550\text{mm}$，计算长度 $l_c = 4.0\text{m}$，双曲率弯曲轴向压力设计值 $N = 1200\text{kN}$，弯矩设计值 $M_1 = M_2 = 250\text{kN} \cdot \text{m}$。混凝土强度等级 C25，纵向钢筋强度等级 HRB335 级，环境为二类 a。试按对称配筋确定所需的配筋面积 $A_s = A'_s$，并绘配筋图。

19. 已知对称配筋矩形截面偏心受压柱，截面尺寸 $b \times h = 400\text{mm} \times 500\text{mm}$，计算长度 $l_c = 2.5\text{m}$，双曲率弯曲 $M_1 = M_2$，环境为二 a 类，混凝土强度等级 C30，钢筋用 HRB335 级，荷载作用的初始偏心距 $e_0 = 330\text{mm}$，每边各配置 4Φ20（$A_s = A'_s = 1256\text{mm}^2$），求此时截面所能承受的轴向力设计值 N 和弯矩设计值 M。

3.8　钢筋混凝土受拉构件计算

1. 在工程中，哪些结构构件可按轴心受拉构件计算，哪些可按偏心受拉构件计算？

2. 轴心受拉构件有哪些受力特征（开裂前、开裂瞬间、开裂后及破坏时）？

3. 如何区分大、小偏心受拉构件，它们的受力特点和破坏特征各有哪些？

4. 在计算对称配筋大偏心受拉构件时，会出现什么问题，此时如何处理？

5. 在计算对称配筋小偏心受拉构件时，会出现什么问题，此时如何处理？

6. 某一圆形水池池壁，初估池壁厚度为 200mm，混凝土强度等级为 C25，采用 HRB335 级钢筋。在水压力作用下，某1m高度内产生的环向拉力最大值为 $N_k=170\text{kN/m}$。试按承载力极限状态（$\gamma_Q=1.27$）和正常使用极限状态确定池壁厚度和池壁钢筋数量。

7. 某钢筋混凝土矩形水池，池壁厚度 $h=200\text{mm}$，混凝土强度等级为C25，钢筋为HPB300级。由内力计算水池壁单位高度的垂直截面上作用的轴向拉力设计值 $N=22.5\text{kN}$，平面外的弯矩设计值 $M=16.88\text{kN}\cdot\text{m}$（池外侧受拉）。试确定该单位长度的垂直截面中池壁内侧和外侧所需的水平受力钢筋，并绘制配筋图。

3.9　钢筋混凝土梁板结构设计

1. 何谓单向板、双向板？在图3-188中，哪些属于单向板，哪些属于双向板？图中虚线为简支边，斜线为固定边，没有表示的为自由边。

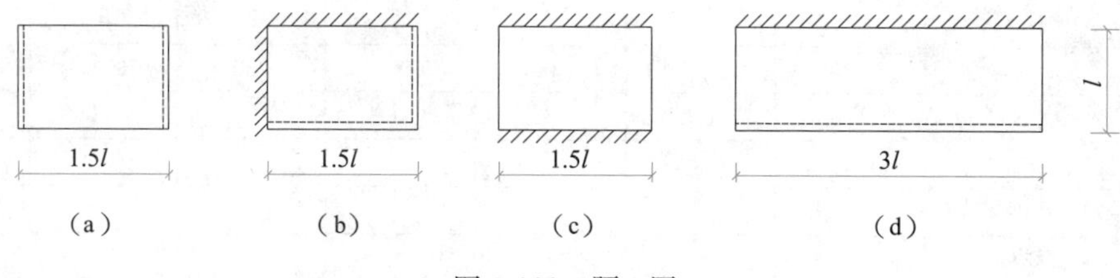

图3-188　题1图

2. 钢筋混凝土梁板结构按结构形式可分为哪些类型？

3. 现浇单向板梁板结构，按弹性理论计算时，采用了哪些主要的简化假定？

4. 何谓内力包络图？两跨连续梁如图3-189所示，承受集中荷载作用，永久荷载设计值 $G=20\text{kN}$，可变荷载设计值 $Q=20\text{kN}$，绘出它们的弯矩包络图和剪力包络图。

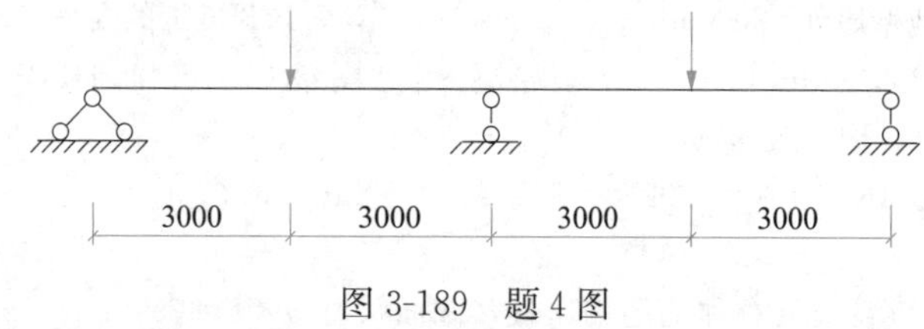

图3-189　题4图

5. 按弹性理论计算单向板梁板结构时，对板和次梁为什么要采用折算荷载，如何取值？

6. 简述端支座为弹性固定时连续板的内力计算方法。

7. 多跨连续双向板的内力如何计算？

8. 简述周边弹性固定圆板的内力计算方法。

9. 在竖向均布荷载作用下，圆形平板内将产生哪几种内力，其内力分布规律如何？（以沿周边简支圆形平板为例）

10. 试说明圆形平板的截面设计方法，并绘出其配筋图。

11. 如何进行有中心支柱圆板的受冲切承载力计算？

3.10　钢筋混凝土水池设计

1. 钢筋混凝土地下式水池池壁承受哪些荷载，它们各自是如何计算的？

2. 作用于水池底板上的荷载有哪些？

3. 地下式水池进行承载力计算时，应考虑哪几种荷载组合，为什么？荷载分项系数如何取值？

4. 当中间有柱的封闭式水池底位于地下水位以下时，为什么除了进行水池整体稳定性验算外，还应进行水池局部抗浮稳定性验算？

5. 在池内水压力作用下，圆形水池池壁内将产生哪几种内力，其内力分布规律如何？（以顶端自由、底端固定圆形水池为例）

6. 试说明圆形水池壁截面设计的方法，并绘出其配筋图。

7. 敞开式矩形水池是如何分类的，分哪几类？

8. 现浇钢筋混凝土水池顶板开洞时，应如何处理？

3.11　砌体结构设计

1. 何谓砌体结构，有何特点？

2. 常用块体材料有哪几类，怎样确定块体材料的等级？

3. 配筋砌体有哪几种，它们受压破坏时各自的应力状态如何？

4. 为什么砌体的抗压强度要比单块砖的抗压强度低？

5. 轴心受压构件和偏心受压构件承载力计算公式有何异同，偏心影响系数 φ 是如何确定的？

6. 矩形截面（370mm×490mm）短柱，采用 MU10 砖、M5 混合砂浆砌筑，试问：

（1）刚砌完后立即承受轴心压力，它的承载力 F=？（以 kN 计）

（2）砌完一个月后，再承受轴心压力，其承载力 F=？（以 kN 计）

7. 砌体强度设计值有哪几种？写出其大小顺序。

8. 影响无筋砌体受压构件承载力的主要因素有哪些？

9. 梁端局部受压分哪几种情况，各种情况应如何计算？试比较其异同点。

10. 什么是砌体局部抗压强度提高系数 γ，《砌体结构设计规范》GB 50003—2011 是如何取值的？

11. 当梁端支承处局部承载力不满足要求时，可采取哪些措施？

12. 何谓混合结构，按结构的承重体系及竖向荷载的传递路线可分为哪几类承重体系？试比较其优缺点。

13. 刚性方案、弹性方案、刚弹性方案在受力分析中的基本区别是什么，划分混合结构房屋静力计算方案的依据是什么？

14.《砌体结构设计规范》GB 50003—2011 规定，刚性和刚弹性方案房屋的横墙应符合哪些要求？何时应验算横墙水平位移？

15. 为什么要验算墙、柱高厚比 β？写出验算公式，并说明各参数的意义。

16. 怎样验算带壁柱墙的高厚比 β？

17. 防止或减轻墙体开裂的主要构造措施有哪些？

18. 怎样确定单层刚性方案房屋墙、柱的计算简图？并简述其理由。

19. 某单层房屋，层高 6m，采用钢筋混凝土装配式屋盖，平面尺寸及墙体布置如图 3-190 所示，你认为能否按刚性方案进行墙体承载力验算？如不能，应作如何修改？并作修改前及修改后的墙体高厚比验算。

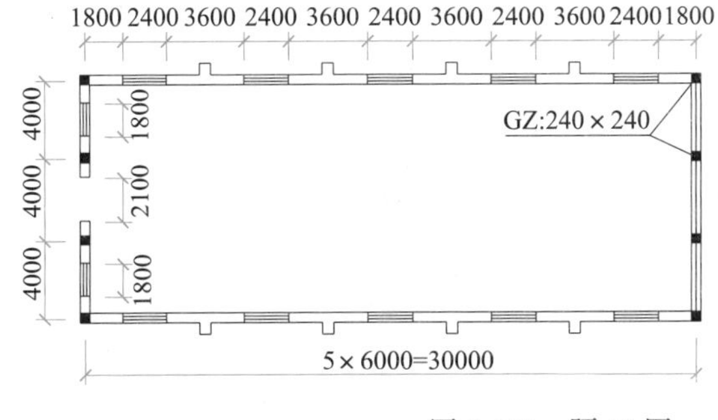

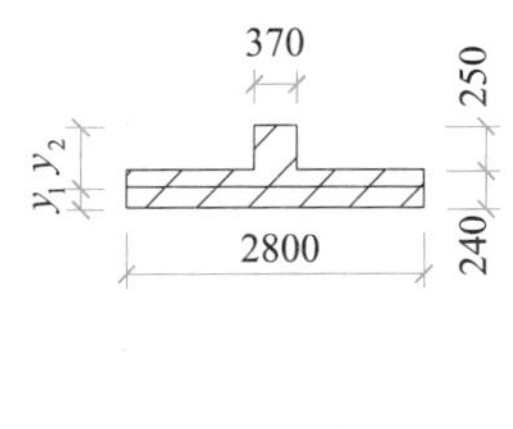

图 3-190　题 19 图

20. 图 3-190 所示单层厂房平面，长 30m、宽 12m，采用轻钢屋盖，层高 5.0m，采用 MU10 砖、M5 砂浆砌筑，构造柱为 240mm×240mm。试：

（1）确定房屋的静力计算方案，并画出计算简图。

（2）验算纵墙的高厚比。

第 4 章　地基与基础

建筑结构的全部竖向荷载和水平荷载都要由下面的土层来承担。受建筑结构影响的那一部分地层称为地基；将建筑物的全部荷载传给地基的结构称为基础。本章对常见的地基与基础设计进行讨论。

4.1　土的物理性质和分类

4.1.1　土的组成与特性

土是连续、坚固的岩石在漫长岁月的风化作用下形成的大小悬殊的颗粒，经过不同自然力量的搬运、堆积，最后在各种自然环境中生成的沉积物。土的物质成分包括作为土骨架的固体矿物颗粒、孔隙中的水（包括其溶解物质）以及气体。因此，土是由颗粒（固相）、水（液相）和气（气相）所组成的三相体系。

1. 土的固体颗粒

土的固体颗粒（土粒）的大小和形状、矿物成分及其组成情况是决定土的物理力学性质的重要因素。在自然界中存在的土是由大小不同的土粒组成的。土粒的粒径由粗到细逐渐变化时，土的性质相应地发生变化，例如随着土粒粒径的变细，土的性质由无黏性变化到有黏性。因此，可以按不同粒径范围的土粒分为若干粒组，各个粒组随着粒径范围的不同而呈现出一定质的变化。表 4-1 根据粒径界限 200mm、20mm、2mm、0.05mm 和 0.005mm 把土粒分为漂石（块石）颗粒、卵石（碎石）颗粒、圆砾（角砾）颗粒、砂粒、粉粒（也称粉土粒）及黏粒（也称黏土粒）。

土粒粒组的划分　　**表 4-1**

粒组名称		粒径范围（mm）	一 般 特 征
漂石（块石）颗粒 卵石（碎石）颗粒		＞200 20～200	透水性很大，无黏性，无毛细水
圆（角）砾颗粒	粗 中 细	10～20 5～10 2～5	透水性很大，无黏性，毛细水上升高度不超过粒径大小
砂粒	粗 中 细 极细	0.5～2 0.25～0.5 0.1～0.25 0.05～0.1	易透水，当混入云母等杂质时透水性减小，而压缩性增加；无黏性，遇水不膨胀，干燥时松散；毛细水上升高度不大，随粒径变小而增大
粉粒	粗 细	0.01～0.05 0.005～0.01	透水性小，湿时稍有黏性，遇水膨胀小，干时稍有收缩；毛细水上升高度较大较快，极易出现冻胀现象
黏粒		＜0.005	透水性很小，湿时有黏性，可塑性，遇水膨胀大，干时收缩显著；毛细水上升高度大，但速度较慢

土粒的矿物成分主要取决于母岩的成分及其所经受的风化作用。不同的矿物成分对土的性质有着不同的影响，其中以细粒土的矿物成分尤为重要。

漂石、卵石、砾石等粗大土粒都是岩石经物理风化形成的碎屑，它们的矿物成分与母岩相同，属多矿物颗粒。

砂粒大部分是母岩中的单矿物颗粒，如石英、长石和云母等。其中石英的抗化学风化的能力强，在砂粒中尤为多见。

粉粒的矿物成分是多样性的，主要是石英和 $MgCO_3$、$CaCO_3$ 等难溶盐颗粒。

黏粒是岩石碎屑中细颗粒经化学或生化作用生成的不同于母岩的次生矿物，其矿物成分主要有黏土矿物、氧化物、氢氧化物和各种难溶盐类（如 $CaCO_3$ 等）。

2. 土中的水

在自然条件下，土中的水可以处于液态、固态或气态。土中细粒越多，即土的分散度越大，水对土的性质的影响也越大。

当土中温度在冰点以下时，土中就出现固态水，并以冰夹层、冰透镜体或粒状冰晶的形态存在于土中，形成“冻土”。土中存在固态水时，强度增大，但冻土融化后，强度急剧下降。土中的气态水对土的性质影响不大。

存在于土中的液态水可分为结合水和自由水两大类。

结合水是指受电分子吸引力吸附于土粒表面的水，可分为强结合水（吸着水）和弱结合水（薄膜水）两种。强结合水是指紧靠土粒表面的结合水。它的性质接近固态，不能流动，没有溶解能力，不能传递静水压力，只有在 105℃ 以上温度下才能蒸发。弱结合水是紧靠在强结合水的外围形成一层结合水膜。它仍然不能传递静水压力，但水膜较厚的弱结合水能向邻近的较薄的水膜缓慢转移。当土中含有较多弱结合水时，土具有一定的可塑性。

自由水为存在于土粒表面电场影响范围以外的水。其性质和普通水一样，能够传递静水压力。冰点为 0℃，有溶解能力。自由水按其移动所受作用力的不同，可分为重力水和毛细水。重力水为存在于地下水位以下的透水土层中的地下水，对土粒有浮力作用。重力水对土中的应力状态和开挖基槽、基坑以及修筑地下构筑物时所应采取的排水、防水有重要影响。而毛细水是受到水与空气交界面处表面张力作用的自由水。毛细水存在于潜水水位以上的透水土层中。

3. 土中的气

土中的气体存在于土孔隙中未被水占据的部位。在粗粒的沉积物中常见到与大气相连通的空气，它对土的力学性质影响不大。在细粒土中则常存在与大气隔绝的气泡，使土在外力作用下的弹性变形增加，透水性减小。

在淤泥和泥炭等含有机质的土中，由于微生物的分解作用，在土中积蓄了可燃性气体（如甲烷等），使土层在自重作用下长期得不到压密，而形成高压缩性土层。

4.1.2 土的三相比例指标

土是由颗粒（固相）、水（液相）和气（气相）所组成的三相体系（图4-1）。采用土的三相比例指标来度量土的三相组成关系。这些指标包括：土粒相对密度、含水量、重力密度、孔隙比、孔隙率和饱和度等。

(1) 土粒相对密度是指土粒重量 W_s 与同体积的 4℃时水的重量之比，用 d_s 表示。

$$d_s = \frac{W_s}{V_s} \cdot \frac{1}{\gamma_w} \tag{4-1}$$

式中 γ_w——水在 4℃时单位体积的重量，取 $10kN/m^3$。

土粒相对密度取决于土的矿物成分，它的数值一般为 2.6～2.8；有机质土为 2.4～2.5；泥炭土为 1.5～1.8。同一种类的土，其相对密度 d_s 变化很小。

(2) 土的含水量是指土中水的重量与土粒重量之比，用 w 表示，以百分数计。

$$w = \frac{W_w}{W_s} \times 100\% \tag{4-2}$$

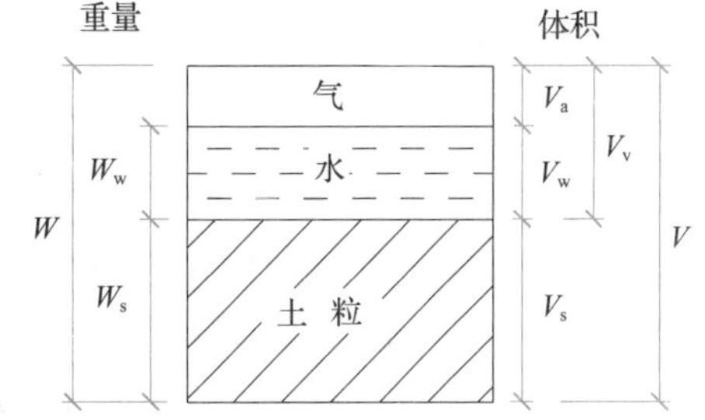

图 4-1 土的三相组成示意图
W_s—土粒重量；W_w—土中水重量；
W—土的总重量，$W=W_s+W_w$；
V_s—土粒体积；V_w—土中水体积；
V_a—土中气体积；V_v—土中孔隙体积；
V—土的总体积，
$V=V_s+V_w+V_a$

含水量是土湿度的一个重要指标。天然土层的含水量变化范围很大，它与土的种类、埋藏条件及其所处的自然地理环境等有关。

(3) 土的重力密度是指单位体积的土的重量（kN/m^3），即

$$\gamma = \frac{W}{V} \tag{4-3}$$

天然状态下土的重力密度变化范围较大，一般黏性土 $\gamma=18$～$20kN/m^3$；砂土 $\gamma=16$～$20kN/m^3$；腐殖土 $\gamma=15$～$17kN/m^3$。

(4) 土的干重度是指土单位体积中固体颗粒部分的重量，即

$$\gamma_d = \frac{W_s}{V} \tag{4-4}$$

在工程上常把干重度作为评价土体紧密程度的标准，以控制填土工程的施工质量。

(5) 土的饱和重度是指土孔隙中充满水时的单位体积重量，即

$$\gamma_{sat} = \frac{W_s + V_v\gamma_w}{V} \tag{4-5}$$

(6) 土的浮重度是指在地下水位以下，单位土体积中土粒的重量扣除浮力后，即为单位土体积中土粒的有效重量，即

$$\gamma' = \frac{W_s - V_s\gamma_w}{V} \tag{4-6}$$

(7) 土的孔隙比是土中孔隙体积与土粒体积之比，即

$$e = \frac{V_v}{V_s} \tag{4-7}$$

孔隙比是一个重要的物理指标，可以用来评价天然土层的密实度。一般 $e<0.6$ 的土是密实的低压缩性土，$e>1.0$ 的土是疏松的高压缩性土。

(8) 土的孔隙率是土中孔隙所占体积与总体积之比，以百分数表示，即

$$n = \frac{V_v}{V} \times 100\% \tag{4-8}$$

(9) 土的饱和度是指土中被水充满的孔隙体积与孔隙总体积之比，以百分数计，即

$$S_r = \frac{V_w}{V_v} \times 100\% \tag{4-9}$$

砂土根据饱和度 S_r 的指标值分为稍湿（$S_r \leqslant 50\%$）、很湿（$50\% < S_r \leqslant 80\%$）与饱和（$S_r > 80\%$）三种状态。

上述三相比例指标中，土粒相对密度 d_s、含水率 w 和重力密度 γ 三个指标是通过试验测定的，其余指标均可由土粒相对密度 d_s、含水率 w 和重度 γ 导得，见表 4-2。

土的三相比例指标换算公式 **表 4-2**

名称	符号	三相比例表达式	常用换算公式	常见数值范围
相对密度	d_s	$d_s=\frac{W_s}{V_s}\cdot\frac{1}{\gamma_w}$	$d_s=\frac{S_r e}{w}$	一般黏性土：2.70～2.76 砂土：2.65～2.69
含水量	w	$w=\frac{W_w}{W_s}\times100\%$	$w=\frac{S_r e}{d_s}$；　$w=\left(\frac{\gamma}{\gamma_d}-1\right)$	20%～60%
重力密度	γ	$\gamma=\frac{W}{V}$	$\gamma=\gamma_d\ (1+w)$；　$\gamma=\frac{d_s+S_r e}{1+e}$	16～20kN/m³
干重度	γ_d	$\gamma_d=\frac{W_s}{V}$	$\gamma_d=\frac{\gamma}{1+w}$；　$\gamma_d=\frac{d_s}{1+e}$	13～18kN/m³
饱和重度	γ_{sat}	$\gamma_{sat}=\frac{W_s+V_v\gamma_w}{V}$	$\gamma_{sat}=\frac{d_s+e}{1+e}$	18～23kN/m³
浮重度	γ'	$\gamma'=\frac{W_s-V_s\gamma_w}{V}$	$\gamma'=\gamma_{sat}-1$；　$\gamma'=\frac{d_s-1}{1+e}$	8～13kN/m³
孔隙比	e	$e=\frac{V_v}{V_s}$	$e=\frac{d_s}{\gamma_d}-1$；　$e=\frac{d_s\ (1+w)}{\gamma}-1$	一般黏性土：0.40%～1.20% 砂土：0.30%～0.90%
孔隙率	n	$n=\frac{V_v}{V}\times100\%$	$n=\frac{e}{1+e}$；　$n=\left(1-\frac{\gamma_d}{d_s}\right)$	一般黏性土：30%～60% 砂土：25%～45%
饱和度	S_r	$S_r=\frac{V_w}{V_v}\times100\%$	$S_r=\frac{wd_s}{e}$；　$S_r=\frac{w\gamma_d}{n}$	0%～100%

4.1.3　地基岩土的分类

地基内通常是由若干层各类土组成的（图 4-2b）。作为建筑地基的岩土，可分为岩石、碎石土、砂土、粉土、黏性土和人工填土。

（1）岩石——指颗粒间牢固连接，呈整体或具有节理裂隙的岩体。作为建筑物地基，除应确定岩石的地质名称外，尚应划分其坚硬程度和完整程度。根据岩块的饱和单轴抗压强度 f_{rk}，岩石的坚硬程度分为坚硬岩、较硬岩、较软岩、软岩和极软岩；根据其风化程度可分为未风化岩石、微风化岩石、中风化岩石、强风化岩石和全风化岩石。岩石的划分可按《建筑地基基础设计规范》GB 50007—2011 中的有关规定确定。

（2）碎石土——指粒径大于 2mm 的颗粒含量超过全重 50%的土。碎石土根据颗粒级配及形状可分为漂石、块石（粒径大于 200mm 的颗粒含量超过全重量 50%）、卵石、碎石（粒径大于 20mm 的颗粒含量超过全重量 50%）、圆砾或角砾（粒径大于 2mm 的颗粒含量超过全重量 50%）。

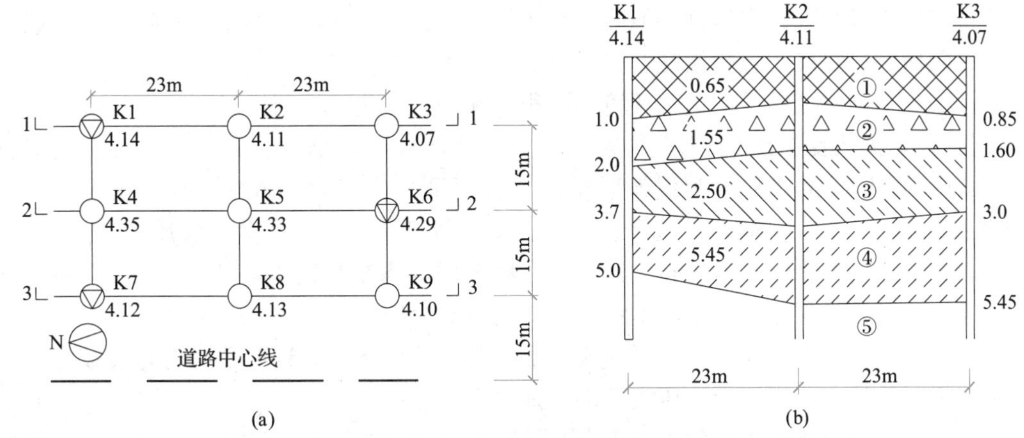

图4-2　钻孔钻探平面和土层分布情况

(a) 钻孔钻探平面；(b) 1—1工程地质剖面（单位：m）

①杂填土；②淤泥质黏土；③粉质黏土；④粉土；⑤中砂

(3) 砂土——指粒径大于2mm的颗粒含量不超过全重50%、粒径大于0.075mm的颗粒含量超过全重50%的土。

砂土根据颗粒级配可分为砾砂（粒径大于2mm的颗粒占全量25%～50%）、粗砂（粒径大于0.5mm的颗粒超过全重50%）、中砂（粒径大于0.25mm的颗粒超过全重50%）、细砂（粒径大于0.075mm的颗粒超过全重85%）和粉砂（粒径大于0.075mm的颗粒超过全重50%）。

(4) 黏性土——指粒径比粉土更细，具有明显黏性的土。由于含水量的不同，而分别处于坚硬、硬塑、可塑、软塑及流塑状态。

土由可塑状态转到软塑状态的界限含水量称为液限，用 w_L 表示。采用锥式液限仪来测定，即重量76g圆锥体沉入土样中深度为10mm，这时土样的含水量就是液限 w_L 值。土由硬塑状态转到可塑状态的界限含水量称为塑限，用 w_p 表示。采用搓条法测定，即用双手将天然湿度的土样搓成直径小于10mm的小圆球，放在毛玻璃板上再用手掌慢慢搓滚成小土条，若土条搓到直径为3mm时恰好开始断裂，这时断裂土条的含水量就是塑限 w_p 值。

塑性指数是指液限 w_L 和塑限 w_p 的差值，即土处在可塑状态的含水量变化范围，用 I_p 表示，即：

$$I_p = w_L - w_p \tag{4-10}$$

液性指数是指黏性土的天然含水量和塑限的差值与塑性指数之比，用 I_L 表示，即

$$I_L = \frac{w - w_p}{I_p} \tag{4-11}$$

塑性指数 $I_p > 10$ 的土称为黏性土。黏性土按塑性指数 I_p 的指标值分为：黏土（$I_p > 17$）、粉质黏土（$10 < I_p \leqslant 17$）。

黏性土根据液性指数 I_L 可分为坚硬（$I_L \leqslant 0$）、硬塑（$0 < I_L \leqslant 0.25$）、可塑（$0.25 < I_L \leqslant 0.75$）、软塑（$0.75 < I_L \leqslant 1$）、流塑（$I_L > 1$）等状态。

塑性指数 $I_p \leqslant 10$ 且粒径大于0.075mm的颗粒含量不超过全重50%的土称为粉土。

(5) 特殊土是指在特定地理环境或人为条件下形成的特殊性质的土。它的分布一般具有明显的区域性。特殊土包括淤泥、红黏土和人工填土等。

淤泥——在静水或缓慢的流水环境中沉积，并经生物化学作用形成，其天然含水量 w 大于液限 w_L，天然孔隙比 $e \geqslant 1.5$ 的黏性土。天然含水量 w 大于液限 w_L 而天然孔隙比 $1.0 \leqslant e < 1.5$ 的黏性土或粉土为淤泥质土。含有大量未分解的腐殖质，有机质含量大于60%的土为泥炭；有机含量大于或等于10%且小于或等于60%的土为泥炭质土。

红黏土——碳酸盐岩系的岩石经红土化作用形成的高塑性黏土，其液限 w_L 一般大于50%。经再搬运后仍保留红黏土基本特征，其液限 w_L 大于45%的土应为次生红黏土。

人工填土——指由于人类活动而形成的堆积物，其物质成分较杂乱，均匀性较差。人工填土按组成物质分为素填土、压实填土、杂填土和冲填土。

素填土——指由碎石土、砂土、粉土、黏性土等组成的填土。经过压实或夯实的素填土为压实填土。

杂填土——指含有大量建筑垃圾、工业废料或生活垃圾等杂物的填土。

冲填土——指由水力冲填泥砂形成的填土。

4.2 地基土中的应力与变形

建筑物使地基土中原有的应力状态发生变化，从而引起地基变形，出现基础沉降。地基应力一般包括土自重应力和由建筑物引起的附加应力。

4.2.1 地基土中的应力

1. 自重应力

土是由颗粒、水和气所组成的三相非连续介质。若把土体简化为连续体，而应用连续介质力学（例如弹性力学）来研究土中的应力的分布时，应注意到，土中任意截面上都包括有骨架和孔隙的面积在内，所以在地基应力计算时都只考虑土中某单位面积上的平均应力。必须指出，只有通过土粒接触点传递的粒间应力才能使土粒彼此挤紧，从而引起土体的变形，而且粒间应力又是影响土体强度的一个重要因素，所以粒间应力又称为有效应力。因此，土的自重应力即土自身有效重力在土体中所引起的应力。

在计算土中自重应力时，假定天然地面是一个无限大的水平面，因此在任意竖直面和水平面上均无剪应力存在。如果地面下土质均匀，土层的天然重度为 γ，则在天然地面下任意深度 z 处 $a-a$ 水平面上的竖直自重应力 p_{cz}，可取作用于该水平面上任一单位面积的土柱体自重 $\gamma z \times 1$ 计算，即

$$p_{cz} = \gamma z \tag{4-12}$$

p_{cz}沿水平面均匀分布，且与 z 成正比，即随深度按直线规律分布，如图 4-3 所示。一般情况下，地基土是由不同重度的土层所组成，如图 4-4 所示，天然地面下深度 z 范围内各层土的厚度自上而下分别为h_1，h_2，…，h_i，…，h_n。则成层土深度 z 处的竖向有效自重应力为：

$$p_{cz} = \gamma_1 h_1 + \gamma_2 h_2 + \cdots + \gamma_n h_n = \sum_{i=1}^{n} \gamma_i h_i \tag{4-13}$$

式中　n——从天然地面起到深度 z 处的土层数；

h_i——第 i 层土的厚度（m）；

γ_i——第 i 层土的天然重度。

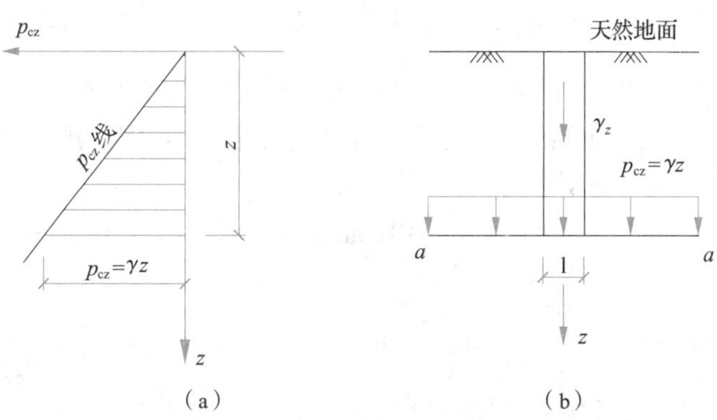

图4-3　均质土中竖向自重应力

（a）沿深度的分布；（b）任意水平面的分布

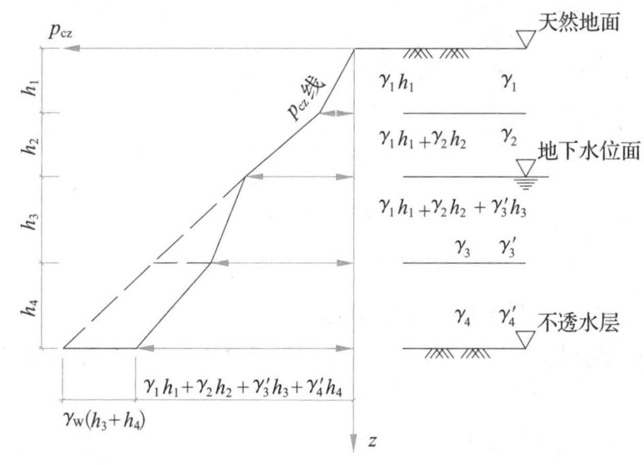

图4-4　成层土中竖向自重应力沿深度的分布

若土层位于地下水位以下，由于受到水的浮力作用，单位体积中，土颗粒所受的重力扣除浮力后的重度称为土的有效重度 γ_i'，这时计算土自重应力应取土的有效重度 γ_i' 代替天然重度 γ_i。

$$\gamma_i' = \gamma_i - \gamma_w \tag{4-14}$$

式中　γ_w——水的重度，一般取 $10kN/m^3$。

2. 基底压应力

建筑物荷载通过基础底面作用于地基，产生基底压应力，此基底压应力也是地基反作用于基础的基底反力，故又称基底接触应力。

基底压力分布规律通常采用预埋于基底不同部位处的压力盒来测定。实测结果表明：基底压力分布是与基础刚度、作用于基础上的荷载大小和分布、地基土的力学性质以及基础的埋深等许多因素有关。对于工业与民用建筑，当基底尺寸较小时（例如柱下独立基础、墙下条形基础等），一般基底压力分布可近似地按直线分布的图形计算，即可按材料力学公式进行简化计算。

竖向荷载作用下的基底压力假定为均匀分布（图 4-5），此时基底平均压力 p_k 可按下列公式计算：

$$p_k = \frac{F_k + G_k}{A} \tag{4-15}$$

式中 p_k——相应于作用的标准组合时，基础底面处的平均压力值（kPa）；

F_k——相应于作用的标准组合时，上部结构传至基础顶面的竖向力值（kN）；

G_k——基础自重和基础上的土重（kN）；

A——基础底面积（m^2），对矩形截面 $A=b\times l$，b、l 分别为矩形基底的宽度和长度。

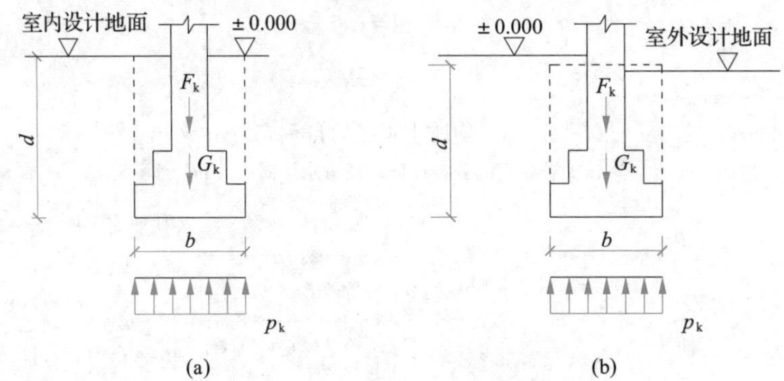

图 4-5 轴向荷载作用下基底压力分布

(a) 内墙或内柱基础；(b) 外墙或外柱基础

对于荷载沿长度方向均匀分布的条形基础，则沿长度方向取单位长度（即l=1m）计算基底平均压力 p_k，此时式（4-15）中取 $A=b$，而 F_k 及 G_k 则为基础计算单元内的相应值。

在偏心荷载作用下的矩形基础（图 4-6），设计时通常基底长边方向取与偏心方向一致，此时两端边缘最大压力 $p_{k,max}$ 与最小压力 $p_{k,min}$ 按下列公式计算：

$$p_{k,max} = \frac{F_k + G_k}{A} + \frac{M_k}{W} \tag{4-16a}$$

$$p_{k,min} = \frac{F_k + G_k}{A} - \frac{M_k}{W} \tag{4-16b}$$

式中 M_k——相应于作用的标准组合时，作用于基础底面的力矩值（kN·m）；

W——基础底面的抵抗矩（m^3），$W=\frac{1}{6}lb^2$；

$p_{k,min}$——相应于作用的标准组合时，基础底面边缘的最小压力设计值（kPa）；

$p_{k,max}$——相应于作用的标准组合时，基础底面边缘的最大压力设计值（kPa）；

其余符号同前。

将偏心荷载的偏心距 $e=\frac{M_k}{F_k+G_k}$ 代入式（4-16）得：

$$p_{k,max} = \frac{F_k + G_k}{A}\left(1 + \frac{6e}{b}\right) \tag{4-17a}$$

$$p_{k,\min}=\frac{F_k+G_k}{A}\left(1-\frac{6e}{b}\right) \tag{4-17b}$$

由上式可见，当 $e<\frac{1}{6}b$ 时，基底压力分布图呈梯形（图 4-6a）；当 $e=\frac{1}{6}b$ 时，则呈三角形（图 4-6b）；当 $e>\frac{1}{6}b$ 时，按式（4-17）计算结果，距偏心荷载较远的基底边缘反力为负值，即 $p_{k,\min}<0$（图 4-6c）。由于基底与地基之间不能承受拉力，此时基底与地基局部脱开，而使基底压力重新分布。因此，根据偏心荷载与基底反力平衡条件，荷载合力 F_k+G_k 应通过三角形分布图形的形心（图 4-6c），由此可得基底边缘的最大压力 $p_{k,\max}$ 为：

$$p_{k,\max}=\frac{2(F_k+G_k)}{3la} \tag{4-18}$$

式中　a——合力作用点至基础底面最大压力边缘的距离（m）；

l——垂直于力矩作用方向的基础底面边长（m）。

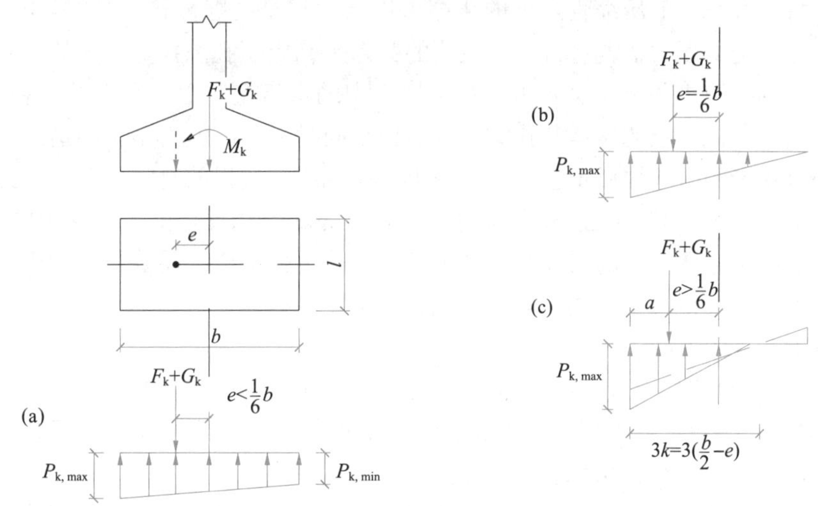

图 4-6　偏心荷载作用下的矩形基底压力分布图

3. 基底附加压力

由于一般浅基础总是埋置在天然地面下一定深度处，该处原有的土自重应力因开挖基坑而卸除。因此，由建筑物建造后的基底压力中应扣除基底处原先存在于土中自重应力后，才是基底平面处新增加于地基的基底附加压力，即基底平均附加压力 p_0。其值按下式计算（图 4-7）：

$$p_0=p_k-p_c \tag{4-19}$$

式中　p_k——基底平均压力（kPa）；

p_c——土中自重应力（kPa），基底处 $p_c=\gamma_p d$；

γ_p——基础底面标高以上天然土层的加权平均重度（kN/m^3），$\gamma_p=(\gamma_1 h_1+\gamma_2 h_2+\cdots+\gamma_n h_n)/(h_1+h_2+\cdots+h_n)$，其中地下水位

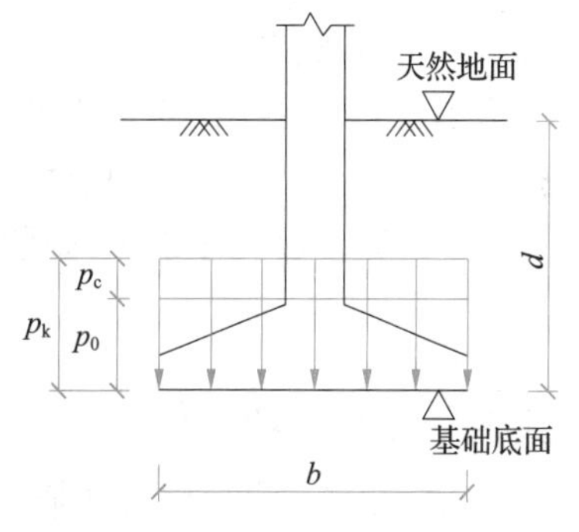

图 4-7　基底平均附加压力计算

以下应取浮重度；

d——基础埋深（m），一般从天然地面起算，$d=h_1+h_2+\cdots+h_n$。

4. 土中附加应力

有了基底附加压力，把它作用在视为弹性半空间体地基上的局部荷载，然后按弹性力学求解出地基中任意一点的附加应力。在计算地基中的附加应力时，一般假定地基是各向同性的、均质的线性变形体，且在深度和水平方向都是无限延伸的半空间体，这样就可以直接采用弹性力学中关于弹性半空间的理论解答，对在各种不同荷载（如集中、均布、三角形荷载等）作用下的求解请参阅有关教材。

4.2.2 地基的变形

土是由颗粒（固相）、水（液相）和气（气相）所组成的三相体系，土的体积为固体颗粒所占的体积 V_s 和孔隙（颗粒间的液体和气体）所占的体积 V_v 之和。土在压力作用下体积缩小的特征称为土的压缩性，土的压缩可以认为只是孔隙体积 V_v 的缩小。因此，土的压缩可由土承受的压力 p 与孔隙比 e 变化的关系来确定。孔隙比 e 越大的土，压缩性也越大。饱和土的孔隙中甚至充满着水，必须把土中的水挤走，土中孔隙的体积才能减小，土才会被压缩。因此，土的压缩和孔隙中水的挤走同时发生。但由于土的透水性不同，不同的土其中水挤走的时间快慢很不同，因而土体完成压缩过程的时间也很不一样。对透水性大的饱和无黏性土，其压缩过程在短时间内就可完成。相反，由于黏性土的透水性低，饱和黏性土压缩稳定所需要的时间要比砂土长得多，也就是说土需要较长的固结时间。这就是建筑物完成全部沉降量需要一段时间过程的重要原因。

1. 压缩曲线和压缩指标

计算地基沉降量时，必须取得土的压缩性指标。土的压缩性指标包括压缩系数 a、压缩模量 E_s 等。在一般工程中，常用不允许原状土产生侧向变形（完全侧限条件）的室内压缩试验来测定土的压缩性指标。

通过压缩试验可测定各级压力 p 作用下土样稳定后的孔隙比 e 的变化规律。土的孔隙比与所受压力的关系曲线称为土的压缩曲线，其坐标系常用 $e-p$ 曲线（图 4-8）表示。

压缩曲线越陡，土孔隙比 e 随着压力 p 的增加而减小越显著，说明土的压缩性越高。曲线上任一点的切线斜率 a 就表示了相应压力 p 作用下土的压缩性：

$$a=-\frac{\mathrm{d}e}{\mathrm{d}p} \tag{4-20}$$

式中，负号表示随着压力 p 的增加，e 逐渐减小。

当压力从土中某点原来的自重应力 p_1 增加到外荷载作用下的土中应力 p_2 时，相应的孔隙比由 e_1 减小到 e_2，此时，土的压缩性可用图 4-9 中割线的斜率表示，割线与横坐标的夹角 α 的正切称为土的压缩系数，即

$$a=\tan\alpha=\frac{\Delta e}{\Delta p}=\frac{e_1-e_2}{p_2-p_1} \tag{4-21}$$

式中 a——土的压缩系数（$\mathrm{MPa^{-1}}$）；

p_1——一般是指地基某深度处土中的竖向自重应力（kPa）；

p_2——地基某深度处土中自重应力与附加应力之和（kPa）；

e_1——相应于 p_1 作用下压缩稳定后的孔隙比；

e_2——相应于 p_2 作用下压缩稳定后的孔隙比。

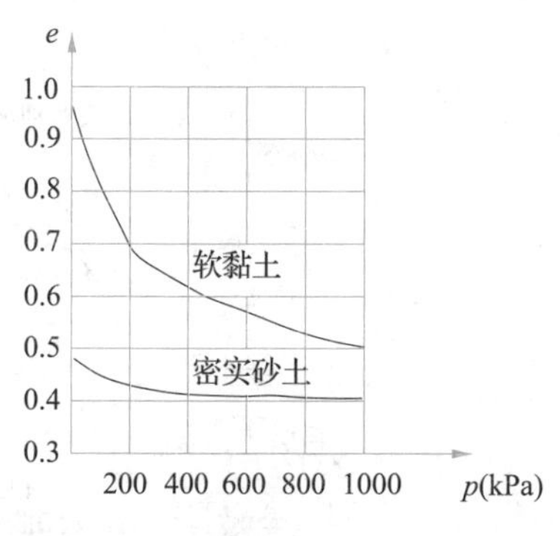

图 4-8 土的压缩曲线（$e-p$）曲线

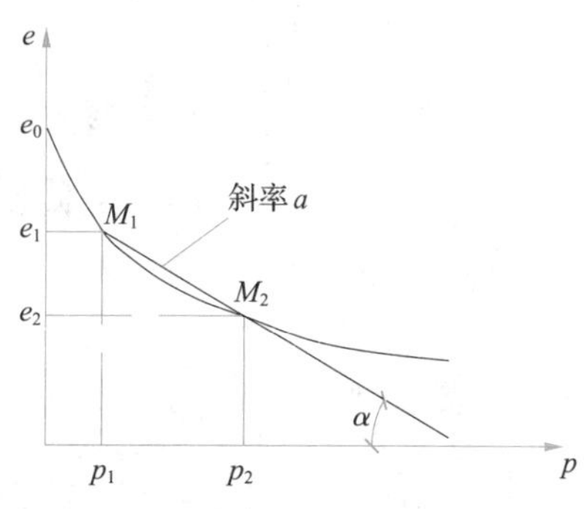

图 4-9 压缩系数 a 确定

为便于工程应用，通常采用压力间隔由 $p_1=100$kPa 增加到 $p_2=200$kPa 时所得到的压缩系数 a_{1-2}来评定土的压缩性如下：

当 $a_{1-2}<0.1\text{MPa}^{-1}$时，为低压缩性土；

当 $0.1\text{MPa}^{-1}\leqslant a_{1-2}<0.5\text{MPa}^{-1}$时，为中压缩性土；

当 $a_{1-2}\geqslant 0.5\text{MPa}^{-1}$时，为高压缩性土。

根据 $e-p$ 曲线，还可以求出土的另一个压缩性指标——压缩模量 E_s。土压缩模量 E_s 是指土在完全侧限条件下的竖向附加压应力与相应的应变增量之比值，按下式计算：

$$E_s=\frac{1+e_0}{a} \tag{4-22}$$

式中 E_s——土的压缩模量（MPa）；

a——土的压缩系数（MPa^{-1}），按式（4-21）计算；

e_0——土的天然孔隙比，且 $e_0=\dfrac{d_s\ (1+w_0)}{\gamma_0}-1$，其中 d_s、w_0、γ_0 分别为土粒相对密度、土样的初始含水率和初始重度。

2. 地基的最终沉降量 s

地基附加压应力传到某一面上的压应力分布是不均匀的，假设地基土是由无数个直径相同的小圆组成，当地基表面作用一个集中力 $P=1$kN 时，传到某一面上的压应力分布就近似于一条抛物线，它的最大值将比 1kN 小得多（图 4-10a）。同理，对于承受建筑物压力的地基来说，它的各个土层承受的附加压应力也有类似的性质，归纳起来有以下三个特点：

（1）基础底面以下某一深度处的水平面上各点的附加压应力不相等，其中以基础中心线处应力值最大，向两侧逐渐减小（图 4-10b）。

（2）距离基础底面越深，附加压应力的分布范围越广。在同一垂直线上的附加应力分布随深度而变化，深度越深，附加应力值越小（图 4-10c）。

（3）土层距基础底面一定深度后，它的附加应力值很小，压缩量也就很小，以致可以认为建筑物的存在对这个土层以及以下的所有土层都没有影响。因此，对于任何建筑物来说，它的地基都有一个计算深度，超过这个深度的土层，都可以不予考虑。

地基计算深度，对于宽度小于 3m 的独立基础，在无相邻基础影响时，可取为基础宽度的 3 倍。

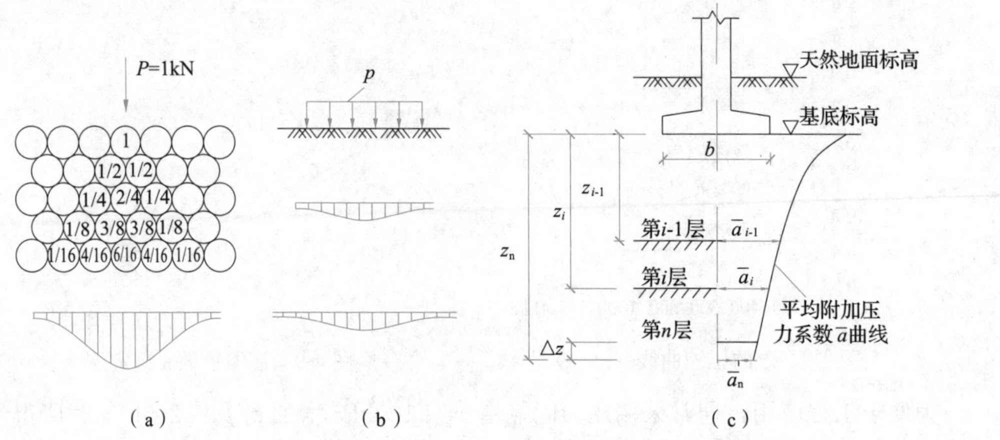

图 4-10　地基压应力分布

（a）模型示意；（b）基础底面以下不同深度处压应力分布；（c）地基竖向自重应力曲线和竖向附加应力曲线

建筑物的沉降，是在地基计算深度内各层土层发生压缩的结果。地基的最终沉降量通常采用分层总和法进行计算，即在地基压缩层范围内划分为若干分层计算各分层的压缩量，然后求其总和。计算时应先按基础荷载、基础形状和尺寸以及土的有关指标求得土中应力的分布（包括基底附加压力、地基中土的自重应力和附加应力）。

计算地基最终沉降量的分层总和法，通常假定地基土压缩时不允许侧向变形，即采用完全侧限条件下的压缩指标。为了弥补这样得到的沉降量偏小的缺点，通常取基底中心下的附加应力进行计算。

《建筑地基基础设计规范》GB 50007—2011 所推荐的地基最终沉降量计算方法采用了各天然土层单一的压缩性指标并运用了平均附加应力系数，还规定了计算地基压缩层厚度的标准以及地基沉降计算的经验系数值。

地基最终沉降量 s 可按下式计算：

$$s=\psi_s s'=\psi_s\sum_{i=1}^{n}\frac{p_0}{E_{si}}(z_i\bar{a}_i-z_{i-1}\bar{a}_{i-1}) \tag{4-23}$$

式中　s——地基最终沉降量（mm）；

s'——按分层总和法计算出的地基沉降量；

ψ_s——沉降计算经验系数，根据地区沉降观测资料及经验确定，也可采用表 4-3 数值；

n——地基沉降计算深度范围内所划分的土层数（图 4-10c）；

p_0——对应于荷载效应准永久组合时的基础底面处的附加压应力值（kPa）；

E_{si}——基础底面下第 i 层土的压缩模量，按实际应力范围取值（MPa）；

z_i、z_{i-1}——基础底面至第 i 层土、第 $i-1$ 层土底面的距离（m）；

$\bar{a}_i$、$\bar{a}_{i-1}$——基础底面计算点至第 i 层土、第 $i-1$ 层土底面范围内平均附加应力系数，对于矩形（包括条形）基础，它是l/b和z/b的函数，根据规范有关表查用。

沉降计算经验系数 ψ_s GB 50007—2011　　表 4-3

$\overline{E}_s$（MPa） 基底附加压力	2.5	4.0	7.0	15.0	20.0
$p_0 \geqslant f_{ak}$	1.4	1.3	1.0	0.4	0.2
$p_0 \leqslant 0.75f_{ak}$	1.1	1.0	0.7	0.4	0.2

注：$\overline{E}_s$ 为沉降计算深度范围内压缩模量的当量值，应按下式计算

$$\overline{E}_s = \frac{\sum A_i}{\sum \frac{A_i}{E_{si}}} \tag{4-24}$$

式中　A_i——第 i 层土的附加应力系数沿土层厚度的积分值。

地基压缩层的计算厚度 z_n 是指基础底面至压缩层下限的深度。《建筑地基基础设计规范》GB 50007—2011 规定 z_n 应满足下列条件：由该深度处向上取计算层厚 Δz（图 4-10c），计算所得的压缩变形值 $\Delta s'_n$ 不大于 z_n 深度范围内总的计算变形值 $\sum_{i=1}^{n}\Delta s'_i$ 的 2.5%，即应满足下式要求（必须考虑相邻荷载的影响）：

$$\Delta s'_n \leqslant 0.025\sum_{i=1}^{n}\Delta s'_i \tag{4-25}$$

式中　$\Delta s'_i$——在计算范围内，第 i 层土的计算沉降值（mm）；

$\Delta s'_n$——在由计算深度向上取厚度为 Δz 的土层计算沉降值（mm），Δz 按表 4-4 确定。

Δz GB 50007—2011　　表 4-4

b（m）	$b \leqslant 2$	$2 < b \leqslant 4$	$4 < b \leqslant 8$	$8 < b$
Δz（m）	0.3	0.6	0.8	1.0

建筑物的地基变形计算值 Δ，不应大于地基变形允许值，即

$$\Delta \leqslant [\Delta] \tag{4-26}$$

式中　$[\Delta]$——地基的允许变形值，它是根据建筑物的结构特点、使用条件和地基土的类别来确定的，见表 4-5。

建筑物的地基变形允许值 $[\Delta]$ GB 50007—2011　　表 4-5

变形特征		地基土类型	
		中、低压缩性土	高压缩性土
砌体承重结构基础的局部倾斜		0.002	0.003
工业与民用建筑相邻柱基的沉降差	框架结构	0.002L	0.003L
	砌体墙填充的边排架	0.0007L	0.001L
	当基础不均匀沉降时不产生附加应力的结构	0.005L	0.005L
单层排架结构（柱距为 6m）柱基的沉降量（mm）		(120)	200
桥式吊车轨面的倾斜（按不调整轨道考虑）	纵向	0.004	
	横向	0.003	

续表

变形特征		地基土类型	
		中、低压缩性土	高压缩性土
多层和高层建筑的整体倾斜	$H_g \leqslant 24$ m	0.004	
	24 m$< H_g \leqslant$60 m	0.003	
	60 m$< H_g \leqslant$100 m	0.0025	
	$>$100 m	0.002	

注：1. 本表数值为建筑物地基实际最终变形允许值；
2. 有括号者仅适用于中压缩性土；
3. L 为相邻柱基的中心距离（mm）；H_g 为自室外地面起算的建筑物高度（m）；
4. 倾斜指基础倾斜方向两端点的沉降差与其距离的比值；
5. 局部倾斜指砌体承重结构沿纵向 6～10m 内基础两点的沉降差与其距离的比值。

4.2.3 结构设计时应考虑的地基问题

（1）在建筑物个体设计前，必须对建筑物所在的场地布置钻孔（图 4-2a），进行地质勘探，以掌握地基土层的变化情况以及各土层的物理力学特性指标。钻孔个数、间距、深度应根据建筑物的重要性、建筑结构对不均匀沉降的敏感性、基础的类型和宽度、建筑物所在场地的复杂程度等因素确定。

详细勘察勘探点布置和勘探孔深度，应根据建筑物特性和岩土工程条件确定。

详细勘察的勘探点宜按建筑物周边线和角点布置，对无特殊要求的其他建筑物可按建筑物或建筑群的范围布置；重大设备基础应单独布置勘探点，重大的动力机器基础和高耸构筑物，勘探点不宜少于 3 个。对土质地基，详细勘察的勘探点间距可参考表 4-6 确定。

详细勘察的勘探点间距 GB 50021—2001（2009 年版）（m） **表 4-6**

地基复杂程度	勘探点间距	地基复杂程度	勘探点间距
一级（复杂）	10～15	三级（简单）	30～50
二级（中等复杂）	15～30		

详细勘察的勘探孔深度应能控制地基主要受力层，当基础宽度（b）不大于 5m 时，勘探孔深度对条形基础不应小于 3.0b，对单独柱基础不应小于 1.5b，且不应小于 5m。对需要作变形计算的地基，控制性勘探孔的深度应超过地基变形计算深度。地基变形计算深度，对中、低压缩性土可取附加压力等于上覆土层有效自重压力 20%的深度；对于高压缩性土层可取附加压力等于上覆土层有效自重压力 10%的深度。

详细勘察时，采取土试样和进行原位测试的勘探点数量，应根据地层结构、地基土的均匀性和设计要求确定，对地基基础设计等级为甲级的建筑物每栋不应少于 3 个。每个场地每一主要土层的原状土试样或原位测试数据不应少于 6 件（组）。在地基主要受力层内，对厚度大于 0.5m 的夹层或透镜体，应采取土试样或进行原位测试；当土层性质不均匀时，应增加取土数量或原位测试工作量。

（2）在掌握地基的土层变化和各层土的特性指标后，应按照建筑物的使用要求、建筑结构的需要，确定基础的埋置深度以及相应的地基持力层和地基承载力特征值 f_a。这项工作一般由地质勘察部门根据勘察资料和建筑结构类型提出建议，由结构设计人员作最后决定，或者由勘察部门和结构设计人员协商决定。在估算常用建筑物的基础面积和基础形式时，f_a 可取按 100～200kN/m^2 作初步考虑。

（3）对于比较重要的建筑物，或者虽然是一般性的建筑物但结构对沉降的敏感性较大，以及建筑物所在场地土质情况复杂时，在确定地基承载力并完成基础设计后，还需要计算建筑物的最终沉降量。这样做的目的在于计算出建筑物各个基础或基础各点的沉降量以及它们之间的差值——沉降差，判定它们是否超出容许范围，对建筑物有无危害，以便决定是否修改地基或基础设计方案。

建筑物地基设计的要点：

（1）建筑物宜埋置在砂土或黏性土上，埋置深度至少在土的冰冻线以下。

（2）建筑物通过基础将全部重力荷载和其他作用传给地基。基础底面承受均匀或不均匀压力，但不能承受拉力。地基承载力一般可按 100～200kN/m^2 考虑。

（3）在进行建筑物地基设计的同时，要进行建筑结构的基础设计。

（4）建筑物允许有沉降，但不允许有过大的不均匀沉降。对表 4-7 所列范围内设计等级为丙级的建筑物可不作变形验算，但如有下列情况之一时，仍应作变形验算：

1）地基承载力特征值小于 130kPa，且体形复杂的建筑；

2）相邻基础荷载差异较大，可能引起地基产生过大的不均匀沉降时；

3）软弱地基上的建筑物存在偏心荷载时；

4）相邻建筑距离近，可能发生倾斜时；

5）地基内有厚度较大或厚薄不均的填土，其自重固结未完成时。

可不作地基变形计算设计等级为丙级的建筑物范围 GB 50007—2011　　**表 4-7**

<table>
<tr><td rowspan="2">地基主要受力层情况</td><td colspan="3">地基承载力特征值 f_{ak}（kPa）</td><td>80≤f_{ak}<100</td><td>100≤f_{ak}<130</td><td>130≤f_{ak}<160</td><td>160≤f_{ak}<200</td><td>200≤f_{ak}<300</td></tr>
<tr><td colspan="3">各土层坡度（%）</td><td>≤5</td><td>≤10</td><td>≤10</td><td>≤10</td><td>≤10</td></tr>
<tr><td rowspan="5">建筑类型</td><td colspan="3">砌体承重结构、框架结构（层数）</td><td>≤5</td><td>≤5</td><td>≤6</td><td>≤6</td><td>≤7</td></tr>
<tr><td rowspan="4">单层排架结构（6m柱距）</td><td rowspan="2">单跨</td><td>吊车额定起重量（t）</td><td>10～15</td><td>15～20</td><td>20～30</td><td>30～50</td><td>50～100</td></tr>
<tr><td>厂房跨度（m）</td><td>≤18</td><td>≤24</td><td>≤30</td><td>≤30</td><td>≤30</td></tr>
<tr><td rowspan="2">多跨</td><td>吊车额定起重量（t）</td><td>5～10</td><td>10～15</td><td>15～20</td><td>20～30</td><td>30～75</td></tr>
<tr><td>厂房跨度（m）</td><td>≤18</td><td>≤24</td><td>≤30</td><td>≤30</td><td>≤30</td></tr>
</table>

注：1. 地基主要受力层系指条形基础底面下深度为 $3b$（b 为基础底面宽度），独立基础下为 $1.5b$，且厚度均不小于 5m 的范围（二层以下一般的民用建筑除外）；

2. 地基主要受力层中如有承载力特征值小于 130kPa 的土层时，表中砌体承重结构的设计，应符合规范的要求；

3. 表中砌体承重结构和框架结构均指民用建筑，对于工业建筑可按厂房高度、荷载情况折合成与其相当的民用建筑层数；

4. 表中吊车额定起重量的数值系指最大值。

必须计算沉降时，沉降差要限制在表 4-5 规定的允许范围内。一般来说，建筑物较小的最终沉降量在 100mm 以内，较大的沉降量可达 1000～2000mm。沉降量的绝对值越大，发生过大不均匀沉降的可能性也越大。

在必要情况下，需要分别预估建筑物在施工期间和使用期间的地基变形值，以便预留建筑物有关部分之间的净空，并考虑连接方法和施工顺序。此时，一般多层建筑在施工期间完成的沉降量，对于砂土可以认为其最终沉降量已完成80%以上，对于其他低压缩性土可以认为已完成最终沉降量的50%～80%，对于中压缩性土可以认为已完成20%～50%，对于高压缩性土可以认为已完成5%～20%。

4.3 基础设计

4.3.1 基础概述

基础是建筑物和地基间的连接体，其作用是把建筑物中柱、墙、筒体等竖向结构构件传来的荷载分散给地基，使基础底面的土压力不超过地基的长期承载能力。根据基础所用材料的性质可分为无筋扩展基础和扩展基础。

1. 无筋扩展基础

无筋扩展基础通常是由砖、块石、毛石、素混凝土、三合土和灰土等材料建造的基础，这些材料虽然有较好的抗压性能，但其抗拉、抗剪强度低。为避免基础内的拉应力和剪应力超过其材料强度而开裂破坏，在设计时，要求基础的外伸宽度和基础高度的比值在一定限度内，保持基础有较大相对高度，而不致发生弯曲变形，此类基础称无筋扩展基础。

无筋扩展基础可用于六层和六层以下（三合土基础不宜超过四层）的民用建筑和砌体承重的厂房和轻型厂房。无筋扩展基础又可分为墙下无筋扩展条形基础（图 4-11a）和柱下无筋扩展独立基础（图 4-11b）。

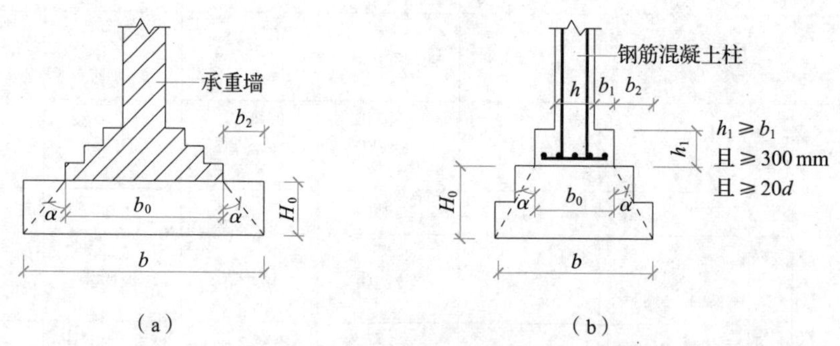

图 4-11 无筋扩展基础构造示意（d—柱中纵向钢筋直径）

(a) 墙下无筋扩展基础；(b) 柱下无筋扩展基础

2. 扩展基础

当无筋扩展基础的尺寸不能同时满足地基承载力和基础埋深的要求时，则需要采用扩展基础。扩展基础系指柱下钢筋混凝土独立基础和墙下钢筋混凝土条形基础。

当外荷载较大且存在弯矩和水平荷载，同时地基承载力又较低时，无筋扩展基础受台阶宽高比限制已不再适用，应采用钢筋混凝土基础。钢筋混凝土基础（扩展基础）具有较好的抗剪能力和抗弯能力，可用扩展基础底面积的方法来满足地基承载力的要求，且不增加基础的埋深。钢筋混凝土基础主要有独立基础、条形基础、筏板基础、箱形基础和壳体基础等类型。

（1）钢筋混凝土独立基础

钢筋混凝土独立基础主要是柱下基础，通常有现浇和预制两种基础（图4-12）。一般轴心受压柱下的基础底面形状采用正方形，而偏心受压柱下的基础底面形状则采用矩形。

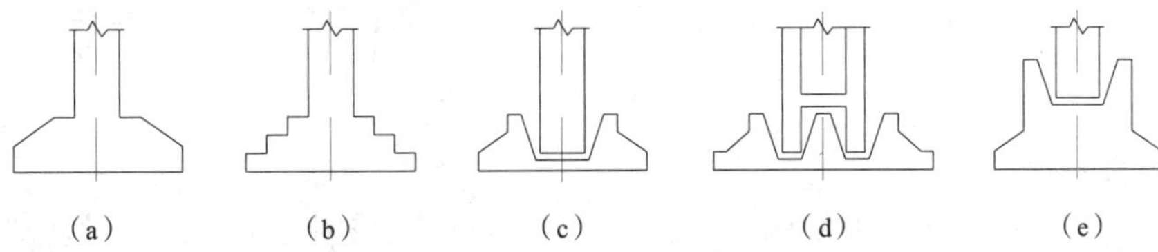

图4-12　钢筋混凝土独立基础

（a）现浇锥形基础；（b）现浇台阶形基础；（c）预制杯形基础；

（d）预制双杯形基础；（e）预制高杯形基础

（2）钢筋混凝土条形基础

钢筋混凝土条形基础可分为墙下钢筋混凝土条形基础、柱下钢筋混凝土条形基础和十字交叉钢筋混凝土条形基础。

墙下钢筋混凝土条形基础可分为不带肋和带肋两种（图4-13），后者能增加基础整体刚度，减小不均匀沉降。

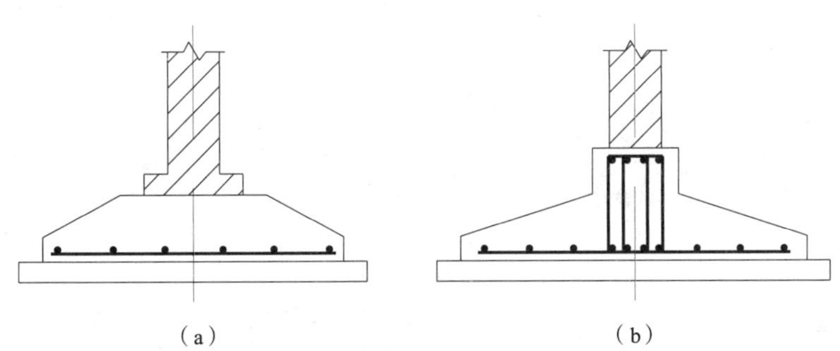

图4-13　墙下钢筋混凝土条形基础

（a）不带肋；（b）带肋

当地基承载力较低且柱下钢筋混凝土独立基础的底面面积不能承受上部结构传来的荷载作用时，常把若干柱子的基础连成一条，从而构成柱下条形基础（图4-14）。柱下钢筋混凝土条形基础设置的目的在于将承受的集中荷载较均匀地分布到条形基础底面面积上，以减小地基反力，并通过形成的基础整体刚度来调整可能产生的不均匀沉降。

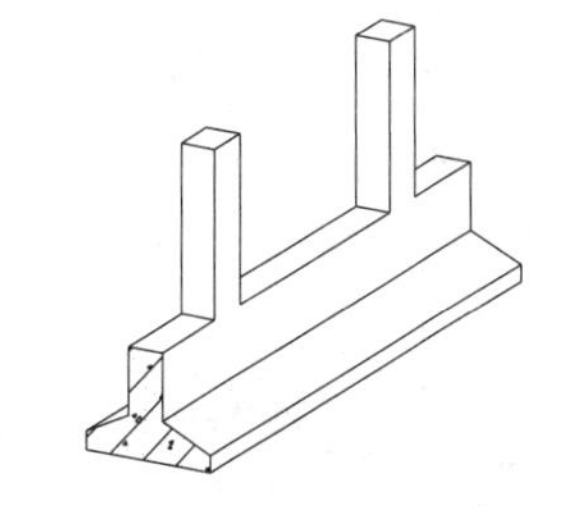

图4-14　柱下钢筋混凝土单向条形基础

当采用单向条形基础的底面面积仍不能承受上部结构荷载的作用时，可把纵横柱的基础均连在一起，从而成为十字交叉钢筋混凝土条形基础（图4-15）。

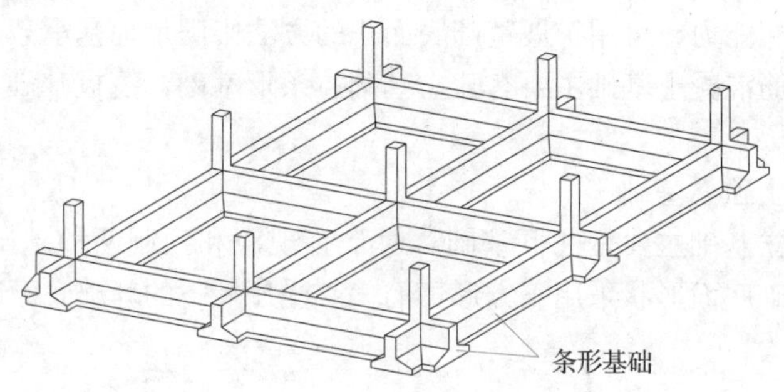

图 4-15　十字交叉条形基础

（3）筏板基础

当地基承载力低，而上部结构传来的荷载较大，以致采用十字交叉条形基础仍不能提供足够的底面面积来满足地基承载力要求时，可采用筏板基础。它类似于倒置的楼盖（图 4-16），比十字交叉形基础有更大的整体刚度，有利于调整地基的不均匀沉降，较能适应上部结构荷载分布的变化。特别对于有地下室的房屋或大型贮液结构，如水池、油库等，筏板基础是一种比较理想的基础结构。

筏板基础可分为平板式和梁板式两种类型。平板式筏板基础是柱子直接支承在一块等厚度（0.5～2.5m）的钢筋混凝土平板上（图 4-16a）。在纵、横柱列方向的筏板顶面加梁肋（图 4-16b、图 4-16c），即形成梁板式筏板基础，这时板的厚度虽比平板式小得多，但其刚度较大，能承受更大的弯矩。

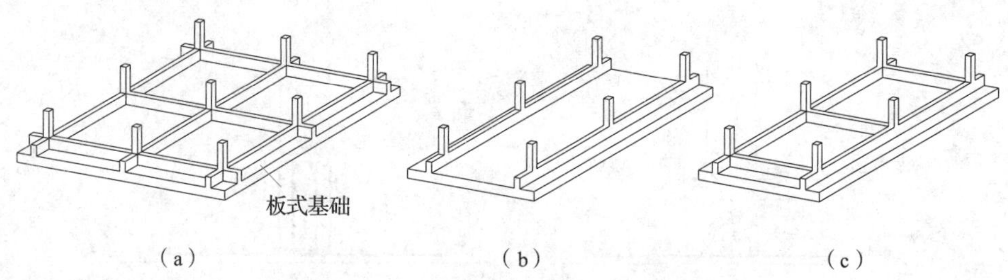

图 4-16　筏板基础

（a）片筏基础；（b）单向肋式筏形基础；（c）双向肋式筏形基础

（4）箱形基础

箱形基础是由钢筋混凝土底板、顶板和纵横向内、外隔墙组成。箱形基础刚度大，其相对弯曲通常小于 0.33‰，所产生的沉降通常较为均匀，且箱形基础空腹部分可作为地下室，与实体基础相比可减小基底压力及建筑物的沉降。当地基承载力较低，上部结构传来的荷载较大，采用十字交叉条形基础无法满足承载力要求，又不允许采用桩基时，可采用箱形基础（图 4-17a）。为了加大箱形基础的底板刚度，也可采用“套箱式”的箱形基础（图 4-17b）。

（5）壳体基础

为了充分发挥钢筋和混凝土材料的受力特点，可以使用结构内力主要是轴向压力的壳体结构作为一般工业与民用建筑的柱基和筒形构筑物（如水塔等）的基础，壳体基础根据形状的不同有多种形式（图 4-18）。

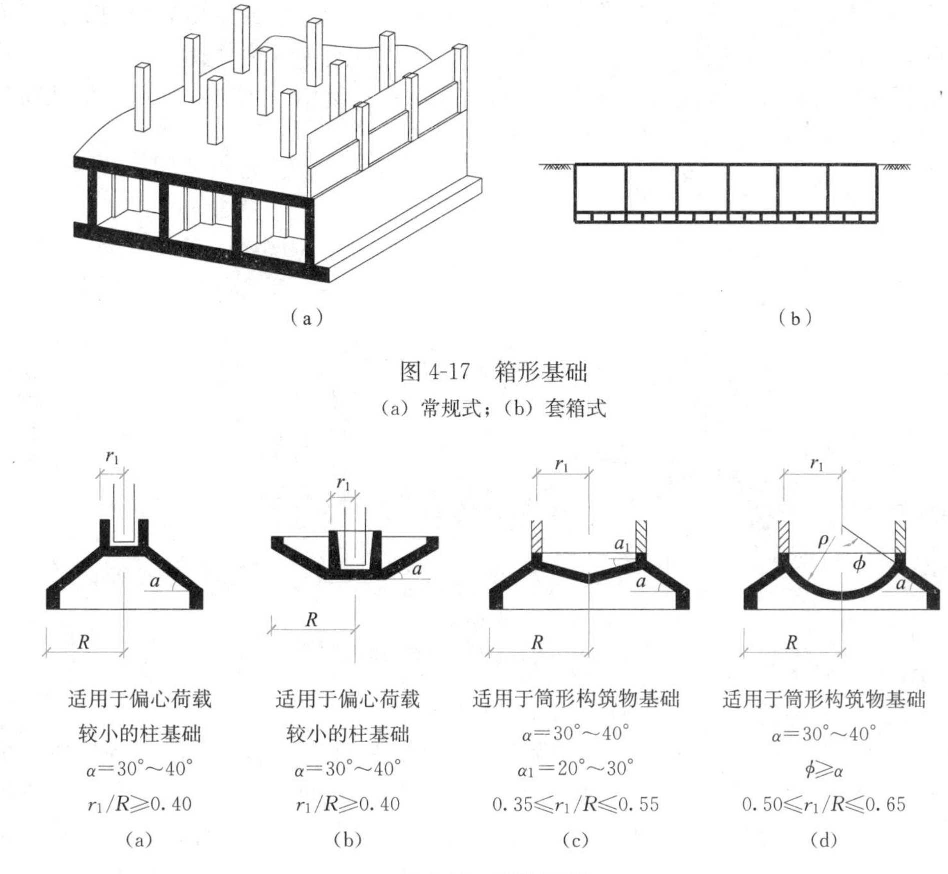

图 4-17　箱形基础

(a) 常规式；(b) 套箱式

图 4-18　壳体基础

(a) 正圆锥壳；(b) 倒圆锥壳；(c) M 形组合壳；(d) 内球外锥组合壳

壳体基础可节省材料，但其施工技术则要求较高，目前主要用于筒形构筑物的基础。

独立基础、条形基础（包括十字交叉条形基础）、筏板基础、箱形基础及壳体基础等都属于浅埋基础，埋深不大于 3～6m，可以用普通开挖基槽的方法施工。但若建筑物场地浅层的土质不良、无法满足建筑物对地基承载力和变形的要求，而又不适宜采取地基处理时，就可以考虑采用深基础，利用下部坚实土层或岩层作为持力层。深基础主要有桩基础、墩基础、沉井基础和地下连续墙等几种类型，其中以桩基础应用最为广泛。

桩基础是通过支承上部结构承台和埋入土中的桩群顶部连接成的整体（图 4-19）。桩基中的桩有竖直桩和倾斜桩两种。工业与民用建筑物大多采用竖直桩以承受竖向荷载。桩的作用是将桩所承受的荷载传递到更硬、更密实或压缩性较小的地基持力层上。

按桩的传递荷载途径不同，可分端承桩和摩擦桩。端承桩把荷载从桩顶传递到桩底，由桩底支承在坚实土层上；摩擦桩则通过桩表面和四周土间的摩擦力或附着力逐渐把荷载传递到周围地基上。按承台位置可以分为高桩承台基础和低桩承台基础。低桩承台的承台底面位于地面以下（图 4-19a）；高桩承台的承台底面位于地面以上，其结构特点是部分桩身沉入土中，部分桩身外露在地面以上（图 4-19b），与前者相比可避免或减少墩台的水下作业，施工方便、经济。然而高桩承台基础刚度较小，承台及桩身露出地面的部分周围无土来共同承受水平外力，故桩身内力和位移都要大于同样水平外力作用下的低桩承台，其稳定性也要比低桩承台差。低承台桩基在一般房屋和构造物中使用，而高承台桩基通常用于桥梁和港口工程中。

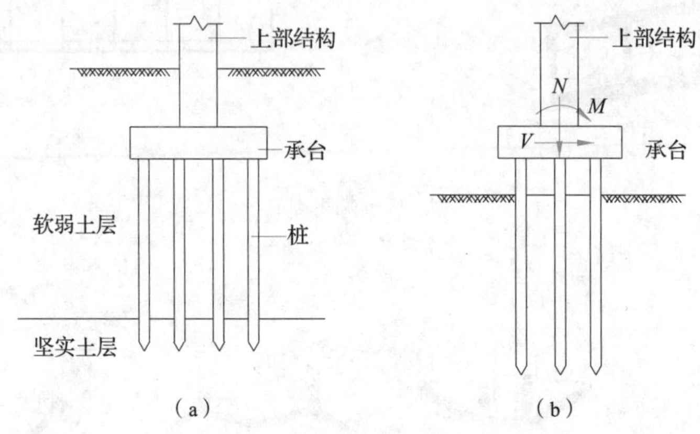

图 4-19　桩基础示意图

（a）低桩承台基础；（b）高桩承台基础

按施工方法的不同，桩有预制桩和灌注桩两类。

预制桩系指借助于专用机械设备将预先制作好的具有一定形状、刚度和构造的桩打入、压入或振入土中的桩。预制桩按材料可分为钢筋混凝土桩、预应力混凝土桩、钢桩和木桩。实心方形预制钢筋混凝土桩是应用最普遍的一种桩形，截面尺寸为 200mm×200mm～600mm×600mm，桩长在现场制作时可达 25～30m，在工厂预制时一般不超过 12m，否则应分节预制，然后在沉桩过程中加以接长。分节预制的桩应保证接头的质量，满足桩身承受轴力、弯矩和剪力的要求；与普通钢筋混凝土桩相比，预制预应力混凝土桩的强度与重度的比值大，含钢率低，耐冲击、耐久性和抗腐蚀性能好，以及穿透能力强，因此特别适合于用作超长桩（桩长大于 50m）和需要穿越夹砂层的情况；钢桩有钢管桩和 H 形桩两种。前者系由钢板卷焊而成，常见直径为 ϕ406mm、ϕ609mm、ϕ914mm 和 ϕ1200mm 几种；后者系一次轧制成型。

灌注桩系指在工程现场通过机械钻孔、钢管挤土或人力挖掘等手段在地基土中形成桩孔，并在其内放置钢筋笼、灌注混凝土而做成的桩。根据成孔的方法不同，灌注桩可分为沉管灌注桩、钻孔灌注桩和挖孔灌注桩等几类。

沉管灌注桩是采用振动沉管打桩机械或锤击沉管打桩机，将带有活瓣式桩尖或锥形封口桩尖，或预制钢筋混凝土桩尖的钢管沉入土中，然后边灌注混凝土、边振动或边锤击、边拔出钢管而形成灌注桩。该方法具有施工方便、快捷，造价低的优点，是国内目前采用较多的一种灌注桩。沉管灌注桩的施工程序一般包括沉管、放笼、灌注、拔管四个步骤，如图 4-20 所示。

每根桩的容许承载力与埋入土的状态、桩的截面尺寸、桩所用材料以及桩尖埋入坚实土层的深度有关，一般为 300～1500kN。桩的实际承载力宜用现场荷载试验确定。保证安全的容许承载力约为现场荷载试验所得极限承载力的 50％。

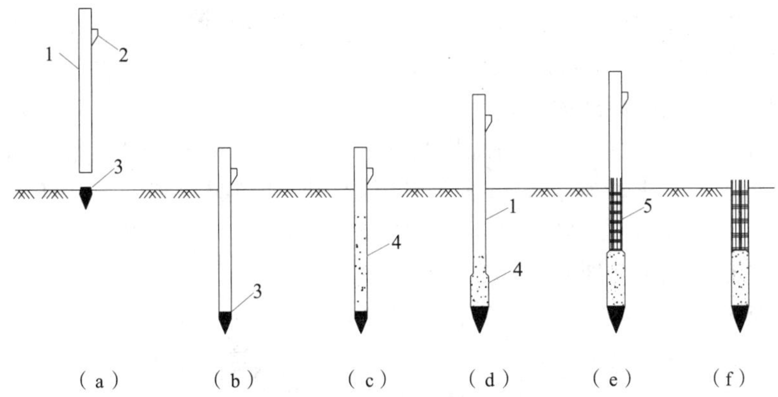

图 4-20　沉管灌注桩的施工顺序

(a) 打桩机就位；(b) 沉管；(c) 浇灌混凝土；(d) 边拔管、边振动；
(e) 安放钢筋笼，继续浇灌混凝土；(f) 成型
1—桩管；2—混凝土注入口；3—预制桩尖；4—混凝土；5—钢筋笼

与其他深基础相比，桩基础的适用范围如下：

(1) 地基上层土质软弱而下部埋藏有可作为桩端持力层的坚实地层；

(2) 除了承受较大的竖向荷载外，还承受水平荷载及大偏心荷载；

(3) 当上部结构形式对基础的不均匀沉降相当敏感时；

(4) 用于有动力荷载及周期性荷载的基础，需要减小机器基础的振幅，减弱机器振动对结构的影响；

(5) 地下水位很高，采用其他深基础形式施工时排水有困难的场合；

(6) 位于水中的构筑物，如桥梁、码头等；

(7) 有大面积地面堆载的建筑物；

(8) 因地基沉降对邻近建筑物产生相互影响时；

(9) 地震区，在可液化地基中，采用桩基穿越可液化土层并伸入下部密实稳定土层，可消除或减轻液化对建筑物的危害。

但也应注意某些不宜采用桩基础的场合：

(1) 上层土比下层土坚硬得多，且上层土较厚的情况；

(2) 地基自身变形还没有得到稳定的新回填土区域；

(3) 大量使用地下水的地区。

4.3.2　基础的埋置深度

基础底面到天然地面的垂直距离称为基础的埋置深度。在满足地基稳定和变形要求前提下，基础应尽量浅埋，当上层地基的承载力大于下层土时，宜利用上层土作为持力层。除岩石地基外，基础的埋深不宜小于 0.5m。为了保护基础，基础顶面一般不露出地面，要求基础顶面低于地面至少 0.1m。

影响基础埋深的条件很多，应综合考虑以下条件：

(1) 建筑物的用途，有无地下室、设备基础和地下设施，基础的形式和构造

当有地下室、设备基础和地下设施时，基础的埋深还要结合建筑设计标高的要求确定。

基础的埋深还取决于基础的形式和构造，例如为了防止无筋扩展基础本身出现材料破坏，基础的构造高度往往很大，因此无筋扩展基础的埋深要大于钢筋混凝土基础（扩展基础）。

（2）作用在地基上的荷载大小和性质

基础埋置深度与作用在地基上的荷载大小和性质有关。对于作用有较大水平荷载的基础，还应满足稳定性要求，当这类基础建筑在岩石地基上时，基础埋深还应满足抗滑要求。对于受有上拔力的结构基础，也要求有较大的埋深，以满足抗拔要求。

（3）工程的地质和水文地质条件

根据工程地质条件选择合适的土层作为基础的持力层是确定基础的重要因素。直接支承基础的土称为持力层，其下的各土层称为下卧层。必须选择强度足够、稳定可靠的土层作为持力层，才能保证地基的稳定性、减小建筑物的沉降。

当上层土的承载力低于下层土的承载力时，应将基础埋置在下层承载力高的土层上；但如果上层松软土很厚，基础需要深埋时，必须考虑施工是否方便、是否经济，并应与其他如加固上层土或用短柱基础等方案综合比较分析后再确定。

当基础埋置在易风化的软质岩层上时，施工时应在基坑开挖后立即铺筑垫层。

当有地下水存在时，基础底面应尽量埋置在地下水位以上，以免地下水对基坑开挖施工质量的影响。若基础底面必须埋置在地下水位以下时，应考虑施工时的基坑排水、坑壁支护等措施，以及地下水有无侵蚀性等因素，并采取相应的措施，防止地基土在施工时受到干扰。

（4）相邻建筑物的基础埋深

为了保证新建建筑物施工期间相邻的原有建筑物的安全和正常使用，新建建筑物的基础埋深不宜深于相邻原有建筑物的基础埋深。当新建建筑物的基础埋深必须超过原有建筑物的基础埋深时，为了避免新建建筑物对原有建筑物的影响，设计时应考虑与原有基础保持一定的净距。其距离应根据荷载大小和土质条件而定，一般取相邻基础底面高差的1～2倍（图4-21）。若上述要求不能满足，也可采用其他措施，如分段施工、设临时加固支撑、板桩、水泥搅拌桩挡土墙或地下连续墙等施工措施，或加固原有的建筑物地基等。

（5）地基土冻胀和融陷的影响

冬季时，土中含有的水会冻结形成冻土，细粒土层有冻胀的特点。当基础埋于冻胀土内时，由于土体的膨胀会在基础周围和基础底部产生冻胀力使基础上抬（图4-22）。当温度升高土体解冻时，由于土中水分的高度集中，使土质变得十分松软而引起融陷，且建筑物各部分的融陷也是不均匀的。多次冻融会使建筑物遭受严重破坏。所以，在季节性冻土地区，基础应埋在冻结深度以下。在冻胀较大的地基上，还应根据情况采取相应的防冻害措施。

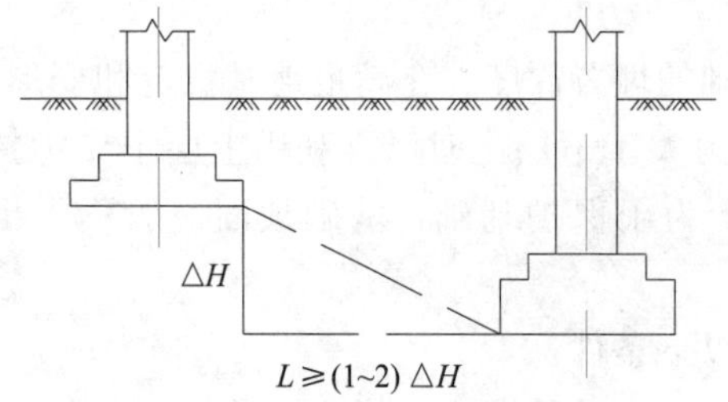

图4-21　埋深不同的相邻基础

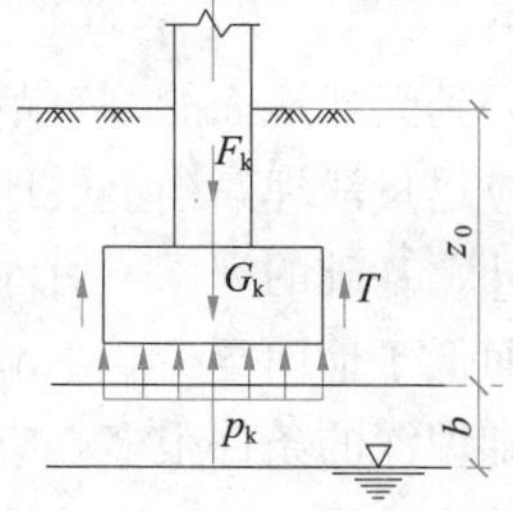

图4-22　作用于基础上的冻胀力

4.3.3　地基承载力的确定及验算

基础设计首先必须保证在荷载作用下地基应具有足够的承载力，为此验算时应满足下列要求：

当轴心荷载作用时

$$p_k \leqslant f_a \tag{4-27}$$

当偏心荷载作用时，除符合式（4-27）要求外，尚应符合下式要求：

$$p_{k,max} \leqslant 1.2f_a \tag{4-28}$$

式中　p_k——相应于作用的标准组合时，基础底面处的平均压力值，对偏压构件取 $p_k=(p_{k,max}+p_{k,min})/2$；

$p_{k,max}$——相应于作用的标准组合时，基础底面边缘的最大压力值；

f_a——修正后的地基承载力特征值。

1. 地基承载力特征值的确定

地基承载力特征值可由载荷试验或其他原位测试、公式计算，并结合工程实践等方法综合确定。

（1）《建筑地基基础设计规范》GB 50007—2011 规定，当偏心距 $e \leqslant 0.033b$（b 为基础底面宽度）时，根据土的抗剪强度指标确定地基承载力特征值可按下式计算，并满足变形要求：

$$f_a = M_b\gamma b + M_d\gamma_0 d + M_c c_k \tag{4-29}$$

式中　f_a——由土的抗剪强度指标确定的地基承载力特征值（kPa）；

M_b、M_d、M_c——承载力系数，按表 4-8 确定；

b——基础底面宽度（m），b>6m 时，取 b=6m，对于砂土，b<3m 时，取 b=3m；

c_k——基底下一倍短边宽度的深度范围内土的黏聚力标准值（kPa）。

承载力系数 M_b、M_d、M_c GB 50007—2011　　**表 4-8**

土的内摩擦角标准值 φ_k（°）	M_b	M_d	M_c	土的内摩擦角标准值 φ_k（°）	M_b	M_d	M_c
0	0	1.00	3.14	22	0.61	3.44	6.04
2	0.03	1.12	3.32	24	0.80	3.87	6.45
4	0.06	1.25	3.51	26	1.10	4.37	6.90
6	0.10	1.39	3.71	28	1.40	4.93	7.40
8	0.14	1.55	3.93	30	1.90	5.59	7.95
10	0.18	1.73	4.17	32	2.60	6.35	8.55
12	0.23	1.94	4.42	34	3.40	7.21	9.22
14	0.29	2.17	4.69	36	4.20	8.25	9.97
16	0.36	2.43	5.00	38	5.00	9.44	10.80
18	0.43	2.27	5.31	40	5.80	10.84	11.73
20	0.51	3.06	5.66				

注：φ_k（°）为基底下一倍短边宽度的深度范围内土的内摩擦角标准值。

（2）当基础宽度大于 3m 或埋深大于 0.5m 时，从载荷试验或其他原位测试、经验值等方法确定的地基承载力特征值，尚应按下式进行修正：

$$f_a = f_{ak} + \eta_b\gamma(b-3) + \eta_d\gamma_m(d-0.5) \tag{4-30}$$

式中　f_a——修正后的地基承载力特征值（kPa）；

f_{ak}——地基承载力特征值（kPa）；

η_b、η_d——基础宽度和埋深的地基承载力修正系数，按所求承载力的土层类别查表 4-9；

γ——基础底面以下土的重度，地下水位以下取浮重度（kN/m^3）；

b——基础底面宽度（m），当宽度小于 3m 时，按 3m 考虑，大于 6m 时，按 6m 考虑；

γ_m——基础底面以上土的加权平均重度，地下水位以下取浮重度（kN/m^3）；

d——基础埋置深度（m），一般自室外地面标高算起；在填土整平地区，可自填土地面标高算起；但填土在上部结构施工后完成时，应从天然地面标高算起。在其他情况下，应从室内地面标高算起。

承载力修正系数 GB 50007—2011 **表 4-9**

土的类别		η_b	η_d
淤泥和淤泥质土		0	1.0
人工填土 e 或 I_L 大于或等于 0.85 的黏性土		0	1.0
红黏土	含水比 $a_w>0.8$	0	1.2
	含水比 $a_w\leqslant0.8$	0.15	1.4
大面积压实填土	压实系数大于 0.95、黏粒含量 $\rho_c\geqslant10\%$ 的粉土	0	1.5
	最大干密度大于 2100 kg/m^3 的级配砂石	0	2.0
粉土	黏粒含量 $\rho_c\geqslant10\%$ 的粉土	0.3	1.5
	黏粒含量 $\rho_c<10\%$ 的粉土	0.5	2.0
e 及 I_L 均小于 0.85 的黏性土		0.3	1.6
粉砂、细砂（不包括很湿与饱和时的稍密状态）		2.0	3.0
中砂、粗砂、砾砂和碎石土		3.0	4.4

注：1. 强风化和全风化的岩石，可参照所风化成的相应土类取值，其他状态下的岩石不修正；
2. 含水比是指土的天然含水量与液限的比值；
3. 大面积压实填土是指填土范围大于两倍基础宽度的填土。

2. 浅埋基础的地基承载力验算

(1) 轴向荷载作用

对于墙下基础，取 1m 墙体长度为计算单元，要求基础底面中心线与墙体截面中心线重合；对柱下独立基础，要求独立基础底面形心与柱中心重合。为此，轴向荷载作用下基础底面积的设计要求（图 4-23）为：

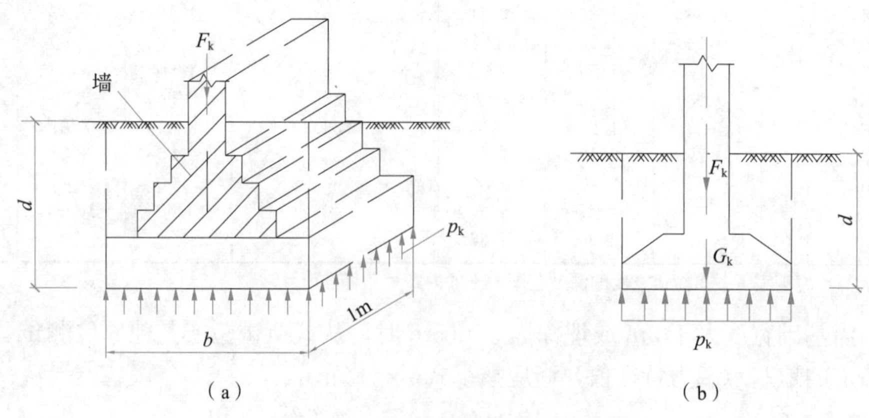

图 4-23 轴向荷载作用下的基础
(a) 墙下条形基础；(b) 柱下独立基础

当基础上仅有竖向荷载作用，且荷载通过基础底面形心时（图4-23），基础底面平均压应力 p_k（按式4-15计算）必须满足下列要求

$$p_k=\frac{F_k+G_k}{A}\leqslant f_a \tag{4-31}$$

式中 F_k——相应于作用的标准组合时，上部结构传至基础顶面的竖向力值（kN）；

G_k——基础自重和基础上的土重（kN），$G_k=\gamma Ad$；

γ——基础与台阶上土的平均重度（kN/m^3），可近似按 $20kN/m^3$ 计算；

d——基础埋深（m）；

A——基础底面积（m^2）。

根据地基承载力验算公式（4-31），可得基础底面面积

$$A\geqslant\frac{F_k}{f_a-\gamma d} \tag{4-32}$$

当基础底面为正方形时，底边尺寸可按下式确定

$$b=l=\sqrt{A} \tag{4-33}$$

对于条形基础，可沿基础长度方向取单位长度1m进行计算，求出基础宽度

$$b\geqslant\frac{F_k}{f_a-\gamma d} \tag{4-34}$$

（2）偏心荷载作用

此时基底压应力可按式（4-16a）或式（4-16b）计算。式中，F_k 为相应于荷载效应标准组合时，上部结构传至基础顶面的竖向力值，M_k 为相应于荷载效应标准组合时，作用于基底的力矩值。对矩形基础（图4-24），当 $e\leqslant 1/6b$ 时，基底的最大压力 $p_{k,max}$ 与最小压力 $p_{k,min}$ 按式（4-17a）和式（4-17b）计算。计算出来的 $p_{k,max}$、$p_{k,min}$ 必须满足式（4-27）和式（4-28）的要求，即

$$p_k=\frac{p_{k,max}+p_{k,min}}{2}\leqslant f_a \tag{4-35a}$$

$$p_{k,max}\leqslant 1.2f_a \tag{4-35b}$$

为防止基础过分倾斜，通常要求 $p_{k,min}\geqslant 0$，即偏心距 $e\leqslant b/6$。

对偏心荷载作用下的基础底面尺寸，由于未知数较多，不能用公式直接求出。通常的计算步骤为：

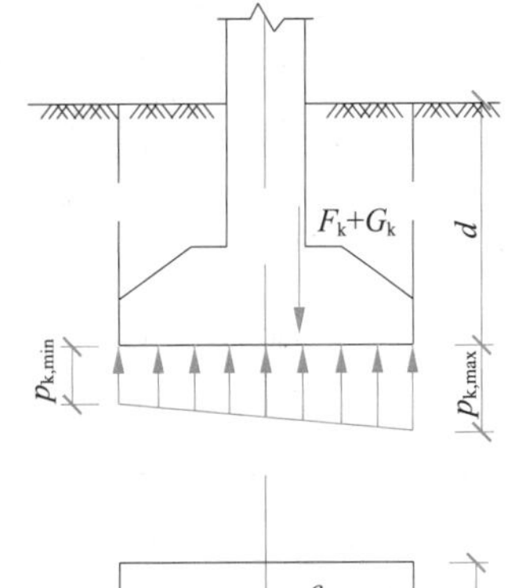

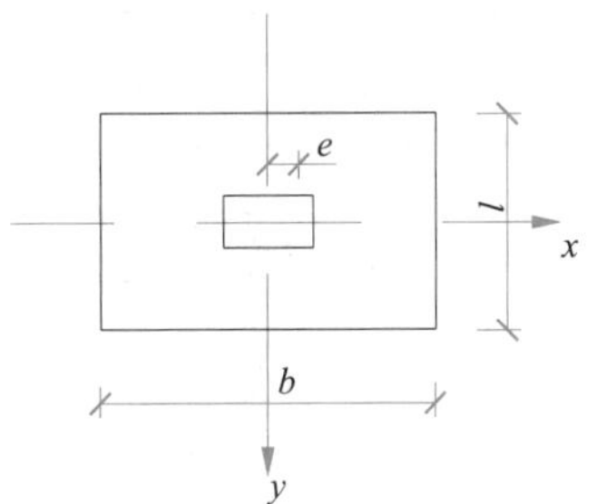

图4-24 偏心荷载作用的基础

（1）按轴心荷载作用条件，利用式（4-32）初步估算所需的基底面积 A；

（2）根据偏心距 e 的大小，将基础的底面积增大20%～40%，并以适当的比例（一般 b/l 控制在1.0～1.5之间）确定基础底面的长度 b 和宽度 l；

（3）按式（4-17a）和式（4-17b）计算基底最大压力 $p_{k,max}$ 和最小压力 $p_{k,min}$，并应使其满足式（4-35）的要求。如不满足式（4-35）的要求时，应调整基础底面尺寸，直到满足为止。

3. 地基软弱下卧层承载力验算

当地基压缩层范围内存在软弱下卧层（地基承载力显著低于持力层的土层）时，按持力层土承载力计算出基础的底面尺寸后，还必须按式（4-36）对软弱下卧层进行验算：

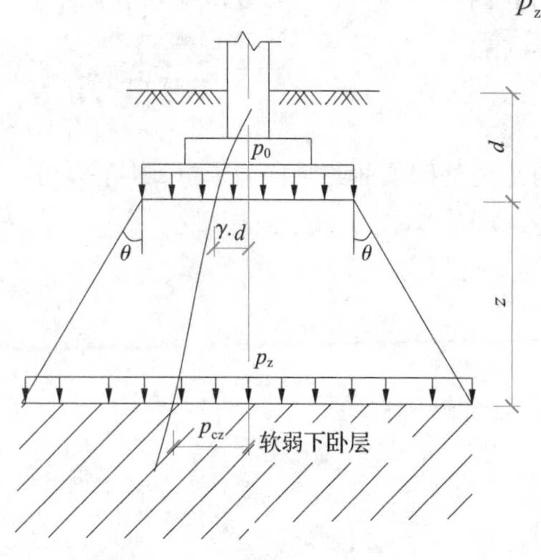

图 4-25　软弱下卧层顶的压力

$$p_z + p_{cz} \leqslant f_{az} \tag{4-36}$$

式中　p_z——相应于作用的标准组合时，软弱下卧层顶面处的附加压力值（kPa）；

p_{cz}——软弱下卧层顶面处土的自重压力值（kPa）；

f_{az}——软弱下卧层顶面处经深度修正后地基承载力特征值（kPa）。

当上层土与下卧层土压缩模量比不小于 3 时，附加应力 p_z 采用应力扩散角理论的概念来计算。如图 4-25 所示，假定基底处的附加压力往下传递时，按某一角度向外扩散，并均匀分布在扩散后的面积上。这样，根据扩散前、后总压力相等的条件可得

$$p_z = \frac{lbp_0}{(b + 2z\tan\theta)(l + 2z\tan\theta)} \tag{4-37a}$$

式中　b——矩形基础底边的宽度（m）；

l——矩形基础底边的长度（m）；

p_0——基础底面的平均附加压力（kPa），$p_0 = p_k - p_c$，其中 p_k 为基底平均压力，p_c 为土中自重应力；

z——基础底面至软弱下卧层顶面的距离（m）；

θ——地基压力扩散线与垂直线的夹角（°），可按表 4-10 采用。

地基压力扩散角 θ　　**表 4-10**

$\frac{E_{s1}}{E_{s2}}$	z/b	
	0.25	0.50
3	6°	23°
5	10°	25°
10	20°	30°

注：1. E_{s1} 为上层土压缩模量；E_{s2} 为下层土压缩模量。
2. z/b 在 0.25 与 5.0 之间可插值取用。

必须指出，持力层应有相当的厚度才能使压力扩散，一般认为厚度 z 小于 $b/4$ 时，便不再考虑压力的扩散作用，此时应取 $\theta=0°$，必要时，宜由试验确定。当 $z/b>0.5$ 时，θ 值不变。

对条形基础，仅考虑宽度方向的扩散，并沿基础纵向取 $l=1$m 为计算单元，于是可得

$$p_z = \frac{p_0 \cdot b}{b + 2z\tan\theta} \tag{4-37b}$$

4.3.4　无筋扩展基础截面设计

1. 无筋扩展基础的设计原则

由于无筋扩展基础通常是由砖、块石、毛石、素混凝土、三合土和灰土等材料建造

的，这些材料具有抗压强度高而抗拉、抗剪强度低的特点，所以在进行无筋扩展基础设计时必须使基础主要承受压应力，并保证基础内产生的拉应力和剪应力都不超过材料强度的设计值。具体设计中主要通过对基础的外伸宽度与基础高度的比值进行验算来实现。同时，其基础宽度还应满足地基承载力的要求。

2. 无筋扩展基础的构造要求

在设计无筋扩展基础时，应根据其材料特点满足相应的构造要求。

(1) 砖基础

砖基础采用的砖强度等级应不低于 MU10，砂浆强度等级应不低于 M5，在地下水位以下或地基土潮湿时应采用水泥砂浆砌筑。基础底面以下一般先做 100mm 厚的混凝土垫层，混凝土强度等级为 C10。

(2) 毛石基础

毛石基础采用的材料为未加工或稍作修整的未风化的硬质岩石，其高度一般不小于 200mm。当毛石形状不规则时，其高度应不小于 150mm。砂浆强度等级应不低于 M5。

(3) 石灰三合土基础

石灰三合土基础是由石灰、砂和骨料（矿渣、碎砖或碎石）加适量的水充分搅拌均匀后，铺在基槽内分层夯实而成。三合土的体积比为 1∶2∶4 或 1∶3∶6（石灰∶砂∶骨料），在基槽内每层虚铺 220mm，夯实至 150mm。

(4) 灰土基础

灰土基础由熟化后的石灰和黏土按比例拌合并夯实而成。常用的配合比（体积比）为 3∶7 或 2∶8，铺在基槽内分层夯实，每层虚铺 220～250mm，夯实至 150mm。其最小干密度要求为：粉土 15.5kN/m^3，粉质黏土 15.0kN/m^3，黏土 14.5kN/m^3。

(5) 混凝土和毛石混凝土基础

混凝土基础一般用 C15 以上的素混凝土做成。毛石混凝土基础是在混凝土基础中埋入 25%～30%（体积比）的毛石形成，且用于砌筑的石块直径不宜大于 300mm。

3. 无筋扩展基础的设计计算步骤

(1) 初步选定基础高度 H_0

混凝土基础的高度 H_0 不宜小于 200mm，一般为 300mm。对石灰三合土基础和灰土基础，基础高度 H_0 应为 150mm 的倍数。砖基础的高度应符合砖的模数，标准砖的规格为 240mm×115mm×53mm，八五砖的规格为 220mm×105mm×43mm。在布置基础剖面图时，大放脚的每皮宽度 b_1 和高度 h_1 值见表 4-11。

大放脚的每皮宽度 b_1 和高度 h_1 值（mm）　　**表 4-11**

宽度、高度	标准砖	八五砖
宽度 $b_1=h_1/2$	60	55
高度 h_1	120	110

(2) 基础宽度 b 的确定

先根据地基承载力条件确定基础宽度。再按下式进一步验算基础的宽度：

$$b \leqslant b_0 + 2H_0 \tan\alpha \tag{4-38}$$

式中　b_0——基础顶面的砌体宽度（图 4-11）；

H_0——基础高度；

$\tan\alpha$——基础台阶宽高比的允许值，且 $\tan\alpha=b_2/H_0$，可按表 4-12 选用；

b_2——基础的外伸长度。

无筋扩展基础台阶宽高比的允许值 GB 50007—2011　　**表 4-12**

基础材料	质量要求	台阶宽高比的允许值		
		$p_k\leqslant100$	$100<p_k\leqslant200$	$200<p_k\leqslant300$
混凝土基础	C15 混凝土	1∶1.00	1∶1.00	1∶1.25
毛石混凝土基础	C15 混凝土	1∶1.00	1∶1.25	1∶1.50
砖基础	砖不低于 MU10 砂浆不低于 M5	1∶1.50	1∶1.50	1∶1.50
毛石基础	砂浆不低于 M5	1∶1.25	1∶1.50	—
灰土基础	体积比 3∶7 或 2∶8 的灰土。其最小干密度： 粉土 1550 kg/m³ 粉质黏土 1500kg/m³ 黏土 1450kg/m³	1∶1.25	1∶1.50	—
三合土基础	体积比 1∶2∶4～1∶3∶6（石灰∶砂∶骨料），每层约虚铺 220mm，夯至 150mm	1∶1.50	1∶2.00	—

注：1. p_k 为作用的标准组合时，基础底面处的平均压力值（kPa）；
2. 阶梯形毛石基础的每阶伸出宽度，不宜大于 200mm；
3. 当基础由不同材料叠合而成时，应对接触部分作抗压验算。

混凝土基础单侧扩展范围内基础底面处的平均压应力值超过 300kPa 时，尚应按下式对台阶高度变化处的断面进行受剪承载力验算：

$$V_s\leqslant0.366f_tA \tag{4-39}$$

式中 V_s——相应于作用的基本组合时的地基土平均净反力产生的沿墙边缘或变阶处单位长度的剪力设计值；

f_t——混凝土轴心抗拉强度设计值；

A——沿墙边缘或变阶处混凝土基础单位长度面积。

如地基承载力符合要求，则可采用原先选定的基础宽度和高度，否则应调整基础高度重新验算，直至满足要求为止。

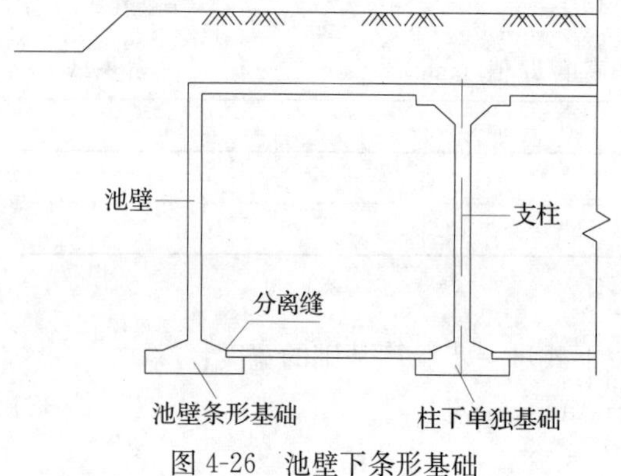

图 4-26　池壁下条形基础

4.3.5　扩展基础设计

钢筋混凝土墙下条形基础是建筑物、构筑物中经常遇到的扩展基础，其截面构造简单、施工方便，如底板不受地下水压力作用的水池（底板由构造确定），在地基较好时，可采用图 4-26 所示的基础，在池壁下设条形基础。

墙下条形基础截面在上述方法求出基础底宽（长度方向取 1m）后进行计算，其内容包括基础底板高度和底板配筋。

为求出基础底板高度和配筋，将基础底板视为倒置的两侧挑出的悬臂板，在地基净反力作用下的受弯构件。

地基净反力指作用于倒置悬臂板上的板面荷载，其值为基底压应力 p 与自重 G 产生的均匀压力之差，即上部结构传至基础顶面的竖向荷载设计值 F 引起的基底净压力 p_n。

轴心荷载作用下

$$p_n=\frac{F}{b} \tag{4-40}$$

偏心荷载作用下

$$p_{n,max}=\frac{F}{b}+\frac{6M}{b^2} \tag{4-41a}$$

$$p_{n,min}=\frac{F}{b}-\frac{6M}{b^2} \tag{4-41b}$$

这里，荷载 F（kN/m）、M（kN·m/m）为单位长度数值。

1. 基础高度的确定

基础高度是由混凝土受剪承载力确定，验算部位是悬臂板最大剪力处的截面，即验算底板根部截面Ⅰ-Ⅰ处的剪力设计值 $V_Ⅰ$（kN/m）

$$V_Ⅰ\leqslant 0.7f_t h_0 \tag{4-42}$$

式中　轴心荷载作用时

$$V_Ⅰ=\frac{b_Ⅰ}{b}F \tag{4-43a}$$

偏心荷载作用时

$$V_Ⅰ=\frac{b_Ⅰ}{2b}[(2b-b_Ⅰ)\,p_{n,max}+b_Ⅰ p_{n,min}] \tag{4-43b}$$

$b_Ⅰ$——验算截面Ⅰ-Ⅰ距基础边缘的距离（图4-27）。当墙体材料为混凝土时，$b_Ⅰ$ 等于基础边缘至墙脚的距离 a，当墙体材料为砖墙且墙脚伸出1/4砖长时，$b_Ⅰ=a+1/4$ 砖长；

h_0——基础底板根部截面Ⅰ-Ⅰ有效高度（mm），当基础设垫层时，混凝土的保护层厚度不宜小于40mm，无垫层时，混凝土的保护层厚度不宜小于70mm；

f_t——基础混凝土轴心抗拉强度设计值。

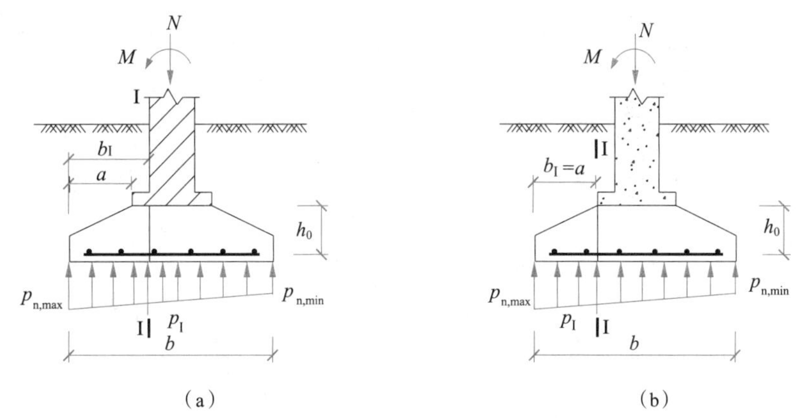

图4-27　墙下条形基础的验算截面

（a）砖墙情况；（b）混凝土墙情况

2. 基础底板的配筋

验算截面Ⅰ-Ⅰ的弯矩设计值 $M_Ⅰ$（kN·m/m）

$$M_{\mathrm{I}}=\frac{1}{2}V_{\mathrm{I}}b_{\mathrm{I}} \tag{4-44}$$

计算每延米基础底板的受力钢筋截面面积 A_s（mm^2/m）

$$A_s=\frac{M_{\mathrm{I}}}{0.9f_yh_0} \tag{4-45}$$

式中　f_y——钢筋抗拉强度设计值。

3. 构造要求

（1）墙下条形基础一般采用锥形截面，其边缘高度一般不宜小于200mm，坡度 $i \leqslant 1:3$。基础高度小于250mm时，也可做成等厚板。阶梯形基础的每阶高度，宜为300～500mm。

（2）基础混凝土强度等级不应低于C20。

（3）基底下宜设置素混凝土垫层，垫层厚度不宜小于70mm，混凝土强度等级不宜低于C10。

（4）扩展基础受力钢筋最小配筋率不应小于0.15%，底板受力钢筋的最小直径不应小于10mm，间距不应大于200mm，也不应小于100mm。

（5）墙下钢筋混凝土条形基础纵向分布钢筋的直径不应小于8mm，间距不应大于300mm，每延米分布钢筋的面积应不小于受力钢筋面积的15%。

（6）当有垫层时，钢筋的保护层厚度不应小于40mm；无垫层时，不应小于70mm。

（7）当柱下钢筋混凝土独立基础的边长和墙下钢筋混凝土条形基础的宽度≥2.5m时，底板受力钢筋的长度可取边长或宽度的0.9，并宜交错布置。

4. 例题

【例4-1】　某单层泵房采用钢筋混凝土条形基础，墙厚240mm，池壁传到基础顶面的竖向轴力设计值 $N=300\mathrm{kN/m}$，竖向弯矩设计值 $M=30.0\mathrm{kN\cdot m/m}$，如图4-28所示。由地基承载力条件确定条形基础底面宽度为2.0m，试设计该基础。

【解】

（1）选用基础混凝土强度等级为C20（$f_t=1.1\mathrm{N/mm^2}$），受力钢筋强度等级HPB300（$f_y=270\mathrm{N/mm^2}$）

（2）由式（4-41）计算基础边缘处的最大和最小地基净反力

$$p_{n,\max}=\frac{F}{b}+\frac{6M}{b^2}=\frac{300}{2.0}+\frac{6\times30.0}{2.0^2}=195.0\mathrm{kPa}$$

$$p_{n,\min}=\frac{F}{b}-\frac{6M}{b^2}=\frac{300}{2.0}-\frac{6\times30.0}{2.0^2}=105.0\mathrm{kPa}$$

（3）计算验算截面的剪力设计值［式（4-43b）］及弯矩设计值［式（4-44）］

验算截面距基础边缘的距离 $b_{\mathrm{I}}=\frac{1}{2}$（2.0−0.24）=0.88m

基础验算截面Ⅰ-Ⅰ的剪力设计值：

$$V_{\mathrm{I}}=\frac{b_{\mathrm{I}}}{2b}[(2b-b_{\mathrm{I}})p_{n,\max}+b_{\mathrm{I}}p_{n,\min}]$$

$$=\frac{0.88}{2\times2.0}[(2\times2.0-0.88)\times195+0.88\times105.0]=154.2\mathrm{kN/m}$$

$$M_{\mathrm{I}}=\frac{1}{2}V_{\mathrm{I}}b_{\mathrm{I}}=\frac{1}{2}\times 154.2\times 0.88=67.85\mathrm{kN\cdot m/m}$$

（4）由式（4-42）计算基础有效高度

$$h_0\geqslant\frac{V_{\mathrm{I}}}{0.7f_{\mathrm{t}}}=\frac{154.2}{0.7\times 1.1}=200.3\mathrm{mm}$$

基础边缘高度取 200mm，基础高度 h 取 350mm

则有效高度 h_0=350−45=305mm>200.3mm，合适。

（5）基础每延米受力钢筋截面面积［式（4-45）］

$$A_{\mathrm{s}}=\frac{M_{\mathrm{I}}}{0.9f_{\mathrm{y}}h_0}=\frac{67.86\times 10^6}{0.9\times 270\times 305}=915.60\mathrm{mm^2/m}$$

选配受力钢筋 ϕ14@160（A_s=961.88mm^2/m），沿垂直于砖墙长度方向配置。在墙的长度方向配置 ϕ8@300（A_s=168mm^2/m，受力钢筋面积的 15%=961.88×15%=144.28mm^2/m）的分布钢筋。基础垫层厚度 100mm，垫层混凝土强度等级 C10。

基础配筋图如图 4-29 所示。

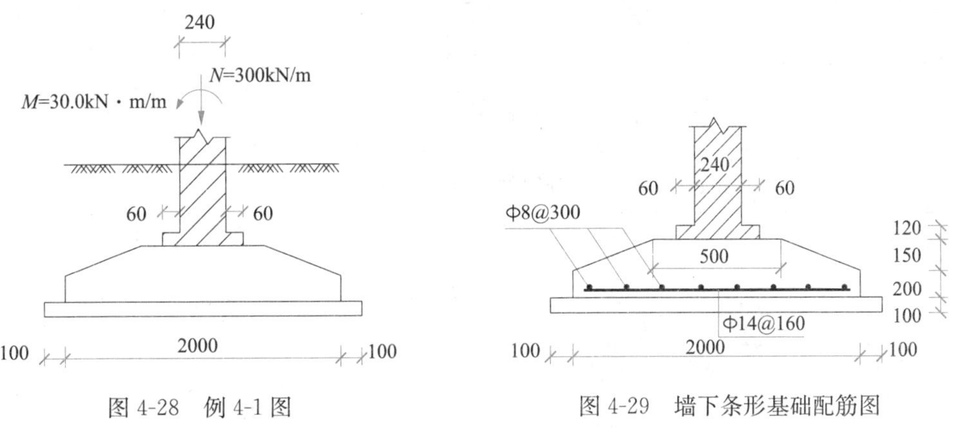

图 4-28　例 4-1 图　　　图 4-29　墙下条形基础配筋图

4.3.6　设置沉降缝时的基础处理

建筑物有过大的不均匀沉降时会使墙体开裂。因此，除在上部结构设计中要作各种考虑外（如合理布置建筑平面、合理布置结构体系、合理布置圈梁、减轻墙体自重、采用架空地板代替室内填土等），在基础结构体系设计时宜有以下考虑：

（1）当同一建筑物中的各部分由于基础沉降而产生显著沉降差，有可能产生结构难以承受的内力和变形时，可采用沉降缝将两部分分开。沉降缝不但应贯通上部结构，而且应贯通基础本身。基础沉降缝的做法一般有三种类型：

1）基础做成一端悬挑式（图 4-30a）；

2）基础做成犬牙交错式（图 4-30b）；

3）上部构件做成静定构件连接式（图 4-30c）。

基础沉降缝的宽度一般可按下列经验数值取用，有抗震要求时，沉降缝的宽度还应符合防震缝宽度的要求。

1）2～3 层建筑物，不小于 50～80mm；

2）4～5 层建筑物，不小于 80～120mm；

3）5 层以上建筑物，不小于 120mm。

（2）由于相邻建筑物的沉降相互影响，相邻建筑物之间应留有间隔。间隔距离可按表 4-13 取用。

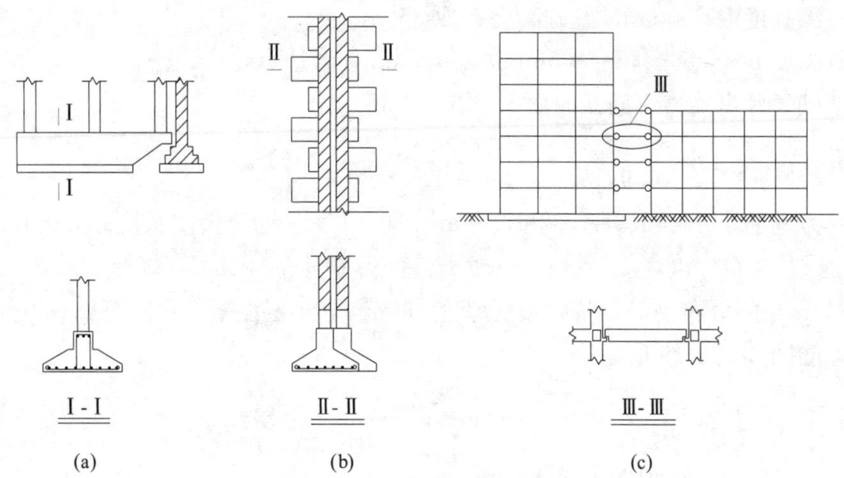

图 4-30　基础沉降缝的几种类型

相邻建筑物基础间隔的净距（m）GB 50007—2011　　表 4-13

影响建筑物的预估平均沉降量（mm）	被影响建筑物的长高比	
	$2.0 \leqslant L/H_f < 3.0$	$3.0 \leqslant L/H_f < 5.0$
70～150	2～3	3～6
160～250	3～6	6～9
260～400	6～9	9～12
＞400	9～12	≥12

注：1. L 为建筑物长度或沉降缝分割的单元长度（m）；H_f 为自基础底面标高算起的建筑物高度（m）；
2. 当被影响建筑物的长高比为 $1.5 < L/H_f < 2.0$ 时，其间距可适当缩小。

（3）对基础结构自身设计应考虑以下方面：

1）不均匀沉降要求严格的建筑物，可选用较小基底压力的基础。

2）对建筑体形复杂、荷载差异较大的建筑结构，可采用整体的箱形基础和筏形基础，加强基础整体刚度，降低土压力。

3）对可能产生较大不均匀沉降的区段，可调整各部分的基础宽度，降低土压力，或增加埋置深度，减小附加压力。

（4）按下列程序进行基础及上部结构施工：

1）当拟建相邻建筑物轻重悬殊时，应先施工重的部分建筑物，重的部分建筑物沉降大，待重建筑物基本建成后，沉降基本稳定，再施工轻的部分建筑物，使后期沉降基本接近。

2）当拟建建筑物群内有采用桩基的建筑物时，应首先进行该工程的施工。

3）有可能产生较大不均匀沉降的地段，设置后浇带，分段施工。也即将有较大不均匀沉降的区段用后浇带隔开，先行施工；待这两区段的沉降基本稳定后，再进行后浇带区段的施工，将两区段连接起来。

4.4 软弱地基

4.4.1 软弱土的种类及其特性

软弱土系指抗剪强度较低、压缩性较高、渗透性较小的淤泥、淤泥质土、某些冲填土和杂填土以及其他高压缩性土。建筑物主要受力层由软弱土组成的地基称为软弱地基。在建筑地基的局部范围内有高压缩性土层时，应按局部软弱土层考虑。软弱地基是在工程实践中最需要人工处理的地基。

1. 软土的特性

软土是淤泥和淤泥质土的总称，它是在静水或在流速缓慢的环境中沉积，经生物化学作用形成，且成土年代较近。天然软土主要分布在沿海一带、河口三角洲以及内陆河、湖、港汊地区及其附近。

软土有如下特征指标：①小于0.075mm粒径的土粒占土样总重的50%以上；②天然孔隙比$e>1.0$；③天然含水率$w>$土的液限I_L；④压缩性高（在0.5～2.0MPa之间变化）；⑤渗透性差（在10^{-8}～10^{-5}之间变化）；⑥灵敏度高（在4～10之间变化）。

软土是一种可塑性很强的土，具有承载力低、压缩变形大、变形持续时间长、结构性很强的特性。因此，在软土地基上修建建筑物，如果不作任何处理，一般不能承受建筑物较大的荷载（软土地基的容许承载力约为60～80kPa），且可能出现局部剪切破坏甚至整体滑动的危险。此外，软土地基上建筑物的沉降和不均匀沉降也是比较大的。据统计，大型构筑物（如水池、油罐等）的沉降量一般超过500mm，甚至达到1500mm以上。

2. 冲填土的特性

冲填土是指在整理和疏通江河航道，或有计划地围海造地时，用挖泥船通过泥浆将挟有大量水分的泥沙吹送至岸上洼地形成的沉积土。在我国长江、广州珠江、上海黄浦江两岸以及天津海河等沿海地区，均分布着不同性质的冲填土。

冲填土的工程性质主要取决于颗粒组成、均匀性和排水固结条件。如以黏性土为主的冲填土往往是欠固结的，其强度较低且压缩性较高，一般需经过人工处理后才能作为建筑物的地基；如以砂土或其他粗颗粒土所组成的冲填土，其性质基本上与砂性土相似，可按砂性土考虑是否需要进行地基处理。

3. 杂填土的特性

杂填土是由人类活动而任意堆填的建筑垃圾、工业废料、生活垃圾等杂物，组成物质杂乱，成因很不规则，分布极不均匀，结构松散，并普遍存在于古老城镇区域。杂填土的主要特征是强度低、压缩性高和均匀性差，即使在同一建筑物场地的不同位置，其地基承载力和压缩性也有较大的差异。杂填土未经人工处理一般不宜作为持力层。

4. 其他压缩性土

饱和松散粉细砂及部分粉土，在机械振动、地震等动力荷载作用下，有可能会产生液化或震陷变形。在基坑开挖时，也可能会产生流砂或管涌，因此，对于这类地基土往往需要进行地基处理。

特殊土地基大部分带有地区性特点，包括湿陷性黄土、膨胀土和冻土等，其性质和特点将在本章第 4.5 节特殊性土地基中介绍。

4.4.2 软弱土地基利用和处理

1. 软弱土地基利用

利用软弱土层作为持力层时，可按下列规定：

(1) 淤泥和淤泥质土，宜利用其上覆较好土层作为持力层，当上覆土层较薄，应采取避免施工时对淤泥和淤泥质土扰动的措施。

(2) 冲填土、建筑垃圾和性能稳定的工业废料，当均匀性和密实度较好时，均可利用作为轻型建筑物地基的持力层。

(3) 对于有机质含量较多的生活垃圾和对基础有侵蚀性的工业废料等杂填土，未经处理不宜作为持力层。

2. 软弱土地基处理方法分类与适用范围

地基处理的目的是为了提高地基的承载力和保证地基的稳定、降低地基的压缩性、减少地基的沉降和不均匀沉降、防止地震时地基土的振动液化以及消除特殊性土的湿陷性、胀缩性和冻胀性。

地基处理方式按时间可分为临时处理和永久处理；按处理深度可分为浅层处理和深层处理；按处理土的特性对象可分为砂性土处理和黏性土处理，饱和土处理和非饱和土处理。但最常用的划分方法是按地基处理作用机理，分为置换、夯实、挤密、排水、胶结、加筋和冷热等处理方法。

(1) 换填垫层法

换填垫层法是将浅层软弱土层或不均匀土层部分或全部挖去，然后换填坚硬、较粗颗粒的材料，并分层夯实至要求的密实度。换填垫层法可有效地处理荷载不大的建筑物地基问题，适用于浅层软弱土层或不均匀土层的地基处理，具体适用范围见表 4-14。换填垫层根据换填材料不同可分为土、石垫层和土工合成材料加筋垫层。垫层材料可选用砂石、粉质黏土、灰土（体积比为 2∶8 或 3∶7）、粉煤灰、矿渣及其他工业废渣、土工合成材料加筋垫层等。试验表明，对于不同材料的垫层，其极限承载力还是比较接近的，且不同材料垫层上建筑物的沉降特点也基本相同。

土工合成材料加筋垫层是分层铺设土工合成材料及换填材料的换填垫层。作为加筋的土工合成材料应采用抗拉强度较高、受力时伸长率不大于 4%～5%、耐久性好、抗腐蚀的土工格栅、土工格室、土工垫或土工织物等土工合成材料；垫层填料宜用碎石、角砾、砂砾、粗砂、中砂或粉质黏土等材料。

换填垫层的厚度应根据软弱土的深度以及下卧土层的承载力确定，通常宜控制在 3m 以内较为经济，但也不应小于 0.5m，因为太薄，则换填垫层的作用就不明显。

换填法的适用范围　　表 4-14

垫层种类	适用范围
砂（砂石、碎石）垫层	适用于一般饱和、非饱和的软弱土和水下黄土地基处理。不宜用于湿陷性黄土地基，也不宜用于大面积堆载、密集基础和动力基础下的软土地基处理，砂垫层不宜用于地下水流速快和流量大地区的地基处理
素土垫层	适用于中小型工程及大面积回填和湿陷性黄土的地基处理
灰土垫层（体积比为2：8或3：7）	适用于中小型工程，尤其大面积回填和湿陷性黄土的地基处理
粉煤灰垫层	适用于厂房、机场、港区陆域和堆场等工程的大面积填筑
干渣垫层	适用于中小型建筑工程，尤其是适用于地坪、堆场等工程的大面积地基处理和场地平整。对于受酸性或碱性废水影响的地基不得采用干渣垫层
加筋垫层	加筋土和土锚适用于填土的路堤和挡墙结构；土钉适用于土坡加固稳定；土工合成材料适用于砂土、黏性土和软土

（2）排水固结法

排水固结法是在建筑物建造之前，在场地上进行加载预压、真空预压或真空和堆载联合预压，使土体中部分孔隙水逐步排出，地基固结，土体强度逐渐提高，沉降提前完成的方法。排水固结法适用于处理含水率大、压缩性高、强度低、透水性差，且沉降持续时间很长的淤泥质土、淤泥、冲填土等饱和黏性地基。采用排水固结法可以使土体的强度增长，地基承载力提高；相对于预压荷载的地基沉降，在处理期间部分消除或基本消除，使建筑物在使用期间不会产生不利的沉降或沉降差。

土体中的孔隙水是靠地面荷载所产生的应力将其挤出的，所以加载系统的设计和选择关系到预压排水的固结效果。

1）堆载预压法是指在建筑物施工前，在软土表面分级堆置砂石料、钢锭等荷载，使地基土压实、沉降、固结，从而提高地基承载力和减少建筑物建成后的沉降量，达到预定标准后再卸载，建造建筑物。堆载预压处理地基时，对深厚软黏土地基应设置塑料排水带或砂井等排水竖井；当软土层厚度不大或软土层含较多薄粉夹砂层，且固结速率能满足工期要求时，可不设置排水竖井。这种地基处理方法计量明确，施工技术简单，对地质条件的要求也适应性广，但这种方法的工程量很大，投资高，特别是当堆载用料来源有困难时，则更不经济。

2）真空预压法是在需要加固的软土地基表面先铺设砂垫层，然后埋设排水竖井，再用不透气的封闭膜使其与大气隔绝，薄膜四周埋入土中，通过埋设于砂垫层内的吸水管道，用真空装置进行抽气，将膜内空气排出，使膜内外产生一个气压差，这部分压差相当于作用在地基上的预压荷载。真空预压是通过覆盖于地面的密封膜下抽真空，使膜内外形成气压差，使黏土层产生固结压力。即在总应力不变的情况下，通过减小孔隙水压力来增加有效应力的方法。加固土层上覆盖有厚度大于5m以上的回填土或承载力较高的黏性土层时，不宜采用真空预压加固。

3）真空和堆载联合预压法

真空和堆载联合预压法具有真空预压和堆载预压的双重效果。在堆载和真空压力作用下，地基土由于排水距离缩短，孔隙水压力的压差加大，排水速率加快，有效应力进一步提高，承载力能得到较大的提高；同时，由于真空产生负压，使土体产生向内收缩变形，可以抵消因堆载引起的向外挤出变形，地基不会因填土速率快而出现稳定性问题。当设计地基预压荷载大于 80kPa 时，应在真空预压抽真空的同时再施加定量的堆载。

（3）密实法

土的密实原理是利用各种机械功能，在短时间内促使土的孔隙比减小，密实度增加，从而达到增加地基承载力、减少地基沉降的目的。利用密实原理处理地基的方法有：碾压、夯实、挤密和振密等四类。以上四类方法适用于非饱和黏性土以及饱和或非饱和的砂土类。

1）碾压法是利用各种压实机械（如压路机、铲运机等）的机械重量对土进行压实。由于机械的重量有限，压实功能小，压实的影响深度很浅，所以碾压法主要用于地下水位以上填土的压实。

2）夯实法是利用机械冲击能来击实地基。根据冲击能的大小可分为（重锤）夯实法和强夯法两类。

（重锤）夯实法是用起重机械将夯锤提高到一定的高度后，然后将其自由下落，利用冲击能将地基夯实。夯锤的质量为 1.5～3.2t，落距为 2.5～4.5m，夯击遍数一般 6～10 遍后，夯实的影响深度一般能达到锤直径的 1 倍左右，约 1.2m。（重锤）夯实法主要适用于稍湿的杂填土、黏性土、砂性土、湿陷性黄土和碎石土、砂土、粗粒土与低饱和度细粒土的分层填土等地基。

强夯法采用的夯锤质量一般为 10～60t，落距一般为 6～40m，其夯击能量特别大。因此，强夯法适用于处理碎石土、砂土、低饱和度的粉土与黏性土、湿陷性黄土、素填土和杂填土等地基。

3）挤密地基是指利用沉管、冲击、夯实、振冲、振动沉管等方法在土中挤压、振动成孔，使桩孔周围土体得到挤密、振密，并向桩孔内分层填料（如碎石、砂、灰土、石灰或矿渣等）形成的地基。适用于处理湿陷性黄土、砂土、粉土、素填土和杂填土等地基。

当以消除地基土的湿陷性为主要目的时，宜选用土桩挤密法。当以提高地基土的承载力或增强其水稳定性为主要目的时，宜选用灰土桩（或其他具有一定胶凝强度桩如二灰桩、水泥土桩等）挤密法。当以消除地基土液化为主要目的时，宜选用振冲或振动挤密法。

（4）复合地基

复合地基是指部分土体被增强或被置换，形成的由地基土和增强体共同承担荷载的人工地基。常用的复合地基类型和适用范围：

1）砂石桩复合地基。是指将碎石、砂或砂石挤压入已成的孔中，形成密实砂石增强体的复合地基。砂石桩施工方法，根据成孔的方式不同可分为振冲法、振动沉管法等。根据桩体材料可分为碎石桩、砂石桩和砂桩。碎石桩、砂石桩施工可采用振冲法或沉管法，砂桩施工可采用沉管法。砂石桩复合地基适用于处理松散砂土、粉土，挤密效果好的素填土、杂填土等地基。

2）水泥土搅拌桩复合地基。是指由水泥、粉煤灰、碎石等混合料加水拌合形成增强体的复合地基。水泥土搅拌桩的施工工艺分为浆液搅拌法（也称湿法）和粉体搅拌法（也称干法）。适用于处理淤泥、淤泥质土、素填土、软-可塑黏性土、松散-中密粉细砂、稍密-中密粉土、松散-稍密中粗砂和砾砂、黄土等土层。不适用于含大孤石或障碍物较多且不易清除的杂填土、硬塑及坚硬的黏性土、密实的砂类土以及地下水渗流影响成桩质量的土层。当地基土的天然含水率小于30%（黄土含水率小于25%）、大于70%时不应采用干法。寒冷地区冬期施工时，应考虑负温对处理效果的影响。

3）旋喷桩复合地基。是指高压水泥浆通过钻杆由水平方向的喷嘴喷出，形成喷射流，以此切割土体并与土拌合形成水泥土增强体的复合地基。旋喷桩复合地基适用在淤泥、淤泥质土、一般黏性土、粉土、砂土、黄土、素填土等地基中高压旋喷注浆形成增强土的地基处理。高压旋喷桩施工根据工程需要和土质条件，可分别采用单管法、双管法和三管法。旋喷桩复合地基宜在基础和桩顶之间设置褥垫层，其厚度可取200～300mm，其材料可选用中砂、粗砂、级配砂石等，最大粒径不宜大于30mm。

4）土桩、灰土桩复合地基。是指素土、灰土填入孔内分层夯实形成增强体的复合地基。适用于处理地下水位以上粉土、黏性土、素填土和杂填土等地基，可处理地基的厚度宜为3～15m。当地基土的含水率大于24%、饱和度大于65%时，应通过现场试验确定其适用性。桩顶标高以上应设置200～600mm厚的褥垫层，其材料可根据工程要求采用灰土、水泥土等。

5）夯实水泥土桩复合地基。是指将水泥和土按比例拌合均匀，在孔内分层夯实形成增强体的复合地基。适用于处理地下水位以上的粉土、黏性土、素填土和杂填土等地基，可处理地基的厚度不宜大于10m。夯实水泥土桩可只在建筑物基础范围内布置。在桩顶标高以上应设置100～300mm厚的褥垫层，其材料可选用粗砂、中砂、碎石等，最大粒径不宜大于20mm。

6）水泥粉煤灰碎石桩复合地基。适用于处理黏性土、粉土、砂土和自重固结完成的素填土地基。对淤泥和淤泥质土应根据地区经验或通过现场试验确定其适用性。水泥粉煤灰碎石桩应选择承载力和模量相对较高的土层作为桩端持力层。在基础和桩顶之间设置褥垫层，其厚度宜取0.4～0.6倍桩径，其材料可选用中砂、粗砂、级配砂石和碎石等，最大粒径不宜大于30mm。

7）柱锤冲扩桩复合地基。适用于地下水位以上的杂填土、粉土、黏性土、素填土和黄土等地基，对地下水位以下饱和松软土层，应通过现场试验确定其适用性。地基处理深度不宜超过10m，复合地基承载力特征值不宜超过160kPa。在桩顶部应铺设200～300mm厚砂石垫层。桩体材料可采用碎砖三合土（生石灰：碎砖：黏性土＝1：2：4）、级配砂石、矿渣、灰土、水泥混合土、干硬性混凝土等。

8）多桩型复合地基。是指两种及两种以上不同材料增强体或由同一材料增强体而桩长不同时形成的复合地基，适用于处理存在浅层欠固结土、湿陷性土、液化土等特殊土，或场地土层具有不同深度持力层以及存在软弱下卧层，地基承载力和变形要求较高时的地基。多桩复合地基中，二种桩可选择不同直径、不同持力层；对复合地基承载力贡献较大或用于控制复合土层变形的长桩，应选择相对更好的持力层并应穿越软弱下卧层。对浅部存在有较好持力层的正常固结土选择多桩型复合地基方案时，可采用刚性长桩与刚性短桩、刚性长桩与柔性短桩的组合方案。

（5）化学加固法

化学加固法是将某些能固化的化学浆液，采用压力注入或机械拌入，把土颗粒胶结起来的施工方法，其能改善地基土的物理力学性质。化学加固地基处理方法主要有注浆法、深层搅拌法等。

注浆法是利用液压、气压或电化学的方法，通过注浆管把浆液均匀地注入地层中，浆液以充填、渗透和挤密等方法，进入土颗粒之间的裂隙中，将原来松散的土体胶结成一个整体，从而形成强度高、防渗和化学稳定性好的固结体。根据注入材料的不同，注浆法可分为水泥注浆和化学注浆两类。

1）水泥注浆是把一定水胶比的水泥浆溶液注入土中。由于加固土层的情况以及对地基的要求不同，可以采用不同的施工方法。对于砂、石等有较大裂隙的土，可采用水胶比1∶1的水泥砂浆直接灌注，通常称为渗透注浆。对于细颗粒土，孔隙小，渗透性低，水泥浆液不易进入土的孔隙中，因此常借助于压力把浆液注入。根据注压力的大小和方式，有三种不同的施工方法：压密注浆、劈裂注浆和高压喷射注浆。

对软弱土处理，可选用以水泥为主剂的浆液，也可选用水泥和水玻璃的双液型混合浆液，在有地下水流动的情况下，不应采用单液水泥浆液。

2）化学注浆是向土中注入一种或几种化学溶液，利用其化学反应的生成物填充土的孔隙或将土的颗粒胶结起来，从而达到改善土性质的目的。这种方法主要是用来处理黄土等非饱和土或渗透性较好的土。注浆加固适用于砂土、粉土、黏性土和人工填土等地基加固。

根据加固目的可分别选用水泥浆液、硅化浆液、碱液等固化剂。渗透系数k=0.1～80m/d的砂土和黏性土宜采用压力双液硅化注浆；渗透系数k=0.1～2m/d的地下水位以上的湿陷性黄土可采用无压或压力单液硅化注浆；自重湿陷性黄土宜采用无压单液硅化注浆。碱液注浆加固适用于处理地下水位以上渗透系数k=0.1～2m/d的湿陷性黄土地基，在自重湿陷性黄土场地采用时应通过试验确定其适应性。

（6）微型桩加固

微型桩加固适用于新建建筑物的地基处理，也可用于既有建筑地基加固。微型桩加固按桩型、施工工艺可分为树根桩法、静压桩法、注浆钢管桩法。微型桩加固后的地基，当桩与承台整体连接时，可按桩基础设计；不整体连接时应按复合地基设计，按复合地基设计时，褥垫层厚度不宜大于100mm。

树根桩法适用于淤泥、淤泥质土、黏性土、粉土、砂土、碎石土及人工填土等地基处理。静压桩法适用于淤泥、淤泥质土、黏性土、粉土和人工填土等地基处理。在已施工的钢管桩周进行注浆处理，形成注浆钢管桩加固地基的方法适用于桩周软土层较厚、桩侧阻力较小的地基加固处理工程。

地基处理是一门技术性和经验性很强的应用科学。不同的建筑物对地基的要求也不同。因此，在选择地基处理方案时，应考虑上部结构、基础和地基的共同作用，并经过技术经济比较，选用处理地基或加强上部结构和处理地基相结合的方案。

常用地基处理方法的分类、加固原理和适用范围，见表4-15所列。

常用地基处理方法的分类、加固原理和适用范围 **表 4-15**

分类	地基处理方法	加固原理	适用范围
换填垫层法	机械碾压法	将浅层软弱土层或不均匀土层部分或全部挖去，然后换填坚硬、较粗颗粒的材料，并分层碾压或夯实至要求的密实度。按换填材料不同可分为土、石垫层和土工合成材料加筋垫层等，可提高持力层的承载力，减小沉降量，消除或部分消除土的湿陷性或胀缩性，防止土的冻胀作用，以及改善土的抗液化性能	适用于处理浅层软土地基、湿陷性黄土地基、膨胀土地基、季节性冻土地基、素填土和杂填土地基
	重锤夯实法		适用于地下水位以下稍湿的黏性土、砂土、湿陷性黄土、杂填土以及分层填土地基
	平板振动法		适用于处理无黏性土或黏粒含量少和透水性好的杂填土地基
排水固结法	堆载预压	通过设置塑料排水带或砂井等排水竖井，改善地基的排水条件，并采取堆载预压、真空预压或真空和堆载联合预压等措施，使土体中部分孔隙水逐步排出，地基固结，土体强度逐渐提高，沉降提前完成	适用于处理含水率大、压缩性高、强度低、透水性差，且沉降持续时间很长的淤泥质土、淤泥、冲填土等饱和黏性地基，但需要预压的荷载和时间条件，对于厚度较大的泥炭层则要慎重对待
	真空预压		
	真空和堆载联合预压		
深层密实法	挤密法	利用沉管、冲击、夯实、振冲、振动沉管等方法在土中挤压、振动成孔，使桩孔周围土体得到挤密、振密，并向桩孔内分层填料（如碎石、砂、灰土、石灰或矿渣等）形成复合地基，从而提高地基承载力，减小沉降量，消除或部分消除土的湿陷性或液化性	适用于处理湿陷性黄土、砂土、粉土，素填土和杂填土等地基。当以消除地基土的湿陷性为主要目的时，宜选用土桩挤密法。当以提高地基土的承载力或增强其水稳定性为主要目的时，宜选用灰土桩（或其他具有一定胶凝强度桩如二灰桩、水泥土桩等）挤密法。当以消除地基土液化为主要目的时，宜选用振冲或振动挤密法
	强夯法	利用强大的夯击能量，迫使深层土液化和动力固结而使土体密实	适用于处理碎石土、砂土、低饱和度的粉土与黏性土、湿陷性黄土、素填土和杂填土等地基
人工地基法	砂石桩复合地基	将碎石、砂或砂石挤压入已成的孔中，形成密实砂石增强体的复合地基	适用于处理松散砂土、粉土，挤密效果好的素填土、杂填土等地基
	水泥土搅拌桩复合地基	由水泥、粉煤灰、碎石等混合料加水拌合形成增强体的复合地基	适用于处理淤泥、淤泥质土、素填土、软-可塑黏性土、松散-中密粉细砂、稍密-中密粉土、松散-稍密中粗砂和砾砂、黄土等土层。不适用于含大孤石或障碍物较多且不易清除的杂填土、硬塑及坚硬的黏性土，密实的砂类土以及地下水渗流影响成桩质量的土层
	旋喷桩复合地基	高压水泥浆通过钻杆由水平方向的喷嘴喷出，形成喷射流，以此切割土体并与土拌合形成水泥土增强体的复合地基	适用于淤泥、淤泥质土、一般黏性土、粉土、砂土、黄土、素填土等地基中高压旋喷注浆形成增强土的地基处理
	土桩、灰土桩复合地基	将素土、灰土填入孔内分层夯实形成增强体的复合地基	适用于处理地下水位以上粉土、黏性土、素填土和杂填土等地基，可处理地基的厚度宜为3～15m
	夯实水泥土桩复合地基	将水泥和土按比例拌合均匀，在孔内分层夯实形成增强体的复合地基	适用于处理地下水位以上的粉土、黏性土、素填土和杂填土等地基，可处理地基的厚度不宜大于10m
	水泥粉煤灰碎石桩复合地基	由水泥、粉煤灰、碎石、石屑和砂等混合料加水拌合形成的高粘结强度桩与桩间土组合成复合地基	适用于处理黏性土、粉土、砂土和自重固结完成的素填土地基

续表

分类	地基处理方法	加固原理	适用范围
人工地基法	柱锤冲扩桩复合地基	反复将柱状重锤提到高处使其自由下落冲击成孔，然后分层填料夯实形成扩大状体，与桩间土组合成复合地基	适用于地下水位以上的杂填土、粉土、黏性土、素填土和黄土等地基，对地下水位以下饱和松软土层，应通过现场试验确定其适用性
	多桩型复合地基	两种及两种以上不同材料增强体或由同一材料增强体而桩长不同时形成的复合地基	适用于处理存在浅层欠固结土、湿陷性土、液化土等特殊土，或场地土层具有不同深度持力层以及存在软弱下卧层，地基承载力和变形要求较高时的地基
化学加固法	注浆法	通过注入水泥浆或化学浆液，或将水泥等浆液进行喷射或机械搅拌等施工，使土粒胶结，用以提高地基承载力、减少沉降、增加稳定性和防止渗漏，防止砂土液化	适用于处理岩基、砂土、粉土、淤泥质黏土、粉质黏土、黏土和一般填土
	高压喷射注浆法		适用于处理淤泥、淤泥质土、黏性土、粉土、黄土、砂土、人工填土等地基。当土中含有较多的大粒径块石、坚硬黏土、大量植物根茎或有过多的有机质时，应根据现场试验结果确定其适用程度
	水泥土搅拌法		适用于处理淤泥、淤泥质土、粉土和含水率较高，且地基承载力标准值不大于120kPa的黏性土。当用于处理泥炭土或地下水具有侵蚀性时，宜通过试验确定其适用程度
微型桩加固	树根桩法	在软弱土层上设置树根桩、碎石桩等，使这种人工复合的土体，具有抗拉、抗压、抗剪和抗弯等作用，用于提高地基承载力、增加地基的稳定性和减小沉降	适用于淤泥、淤泥质土、黏性土、粉土、砂土、碎石土及人工填土等地基处理
	静压桩法		适用于淤泥、淤泥质土、黏性土、粉土和人工填土等地基处理
	注浆钢管桩法		适用于桩周软土层较厚、桩侧阻力较小的地基加固处理工程

4.4.3 软弱土地基的工程措施

1. 建筑措施

在满足使用和其他要求的前提下，建筑体形应力求简单。当建筑体形比较复杂时，宜根据其平面形状和高度差异情况，在适当的部位用沉降缝将其分为若干个刚度较好的单元；当高度差异或荷载差异较大时，可将两者隔开一定距离，当拉开距离后两单元必须连接时，应采用能自由沉降的连接构造。

建筑物的下列部位，宜设置沉降缝：

(1) 建筑平面的转角部位；

(2) 高度差异或荷载差异处；

(3) 长高比过大的砌体承重结构或钢筋混凝土框架结构的适当部位；

(4) 地基土的压缩性有显著差异处；

(5) 建筑结构或基础类型不同处；

(6) 分期建造房屋的交界处。

沉降缝应有足够的宽度，当房屋层数为二或三层时，沉降缝宽度可取 50～80mm；当房屋层数为四或五层时，沉降缝宽度可取 80～120mm；当房屋层数为五层以上时，沉降缝宽度不小于 120mm。

建筑物各组成部分的标高，应根据可能产生的不均匀沉降采取相应的措施。室内地坪和地下设施的标高应根据预估量予以提高。建筑物各部分（或设备之间）有连系时，可将沉降较大者标高提高。建筑物与设备之间应留净空。当建筑物有管道穿过时，应预留孔洞，或采取柔性的管道接头等措施。

2. 结构措施

为减少建筑物沉降和不均匀沉降，可采取下列措施：

（1）选择轻型结构，减轻墙体自重，采取架空地板代替室内填土；

（2）设置地下室或半地下室，采取覆土少、自重轻的基础形式；

（3）调整各部分的荷载分布、基础宽度或埋置深度；

（4）对不均匀沉降要求严格的建筑物，可选用较小的基底压力。

对于建筑体形复杂、荷载差异较大的框架结构，可采用箱基、桩基、筏基等加强基础整体刚度，减少不均匀沉降。

对于砌体承重结构房屋，宜采用下列措施增强整体刚度和承载力：

（1）对三层和三层以上的房屋，其长高比 L/H_f（H_f 为自基础底面标高算起的建筑物高度）宜小于或等于 2.5；当房屋的长高比为 $2.5<L/H_f\leqslant 3.0$ 时，宜做到纵墙不转折或少转折，并应控制其内横墙间距或增强基础刚度和承载力。当房屋的预估最大沉降量小于或等于 120mm 时，其长高比可不受限制。

（2）墙体内宜设置钢筋混凝土圈梁或钢筋砖圈梁。

（3）在墙体上开洞时，宜在开洞部位配筋或采用构造柱及圈梁加强。

圈梁应按下列要求设置：

（1）在多层房屋的基础和顶层宜各设置一道，其他各层可隔层设置，必要时也可层层设置。单层工业厂房可结合基础梁、连系梁、过梁等酌情设置。

（2）圈梁应设置在外墙、内纵墙和主要内横墙上，并宜在平面内连成封闭系统。

4.5　特殊性土地基

4.5.1　特殊性土类及其分布

我国地域辽阔，从沿海到内陆，山区到平原，分布着多种多样的土类。由于不同的地理环境、气候条件、地质成因、历史过程、物质成分和次生变化等原因，使某些土类具有与一般土类显然不同的特殊性质，当其作为建筑物地基时，如果不注意到这些特点，就可能造成事故。人们把具有特殊工程性质的土类称为特殊性土。各种天然形成的特殊性土的地理分布，存在着一定的规律，表现出一定的区域性的特点。

我国主要的区域性特殊土包括软土、湿陷性黄土、膨胀土、季节冻土及盐渍土等六大类。表 4-16 为我国的主要特殊性土类、分布及成土环境。

我国的主要特殊性土类、分布及成土环境　　表 4-16

序号	土类名称	主要分布区域	自然环境与成土原因	主要工程特性
1	软土	东南沿海，如上海、宁波、温州、福州等，此外内陆湖泊地区也有局部分布	滨海、三角洲沉积；湖泊沉积地下水位高，由水流搬运沉积而成	强度低、压缩性高，渗透性小
2	黄土	西北内陆地区，如青海、甘肃、宁夏、陕西、山西、河南等	干旱、半干旱气候环境，降雨量少，蒸发量大，年降雨量小于 500mm。由风搬运沉积而成	湿陷性
3	红土	云南、四川、贵州、广西、鄂西、湘西等	碳酸盐岩系北纬 33°以南，温暖湿润气候，以残坡积为主	不均匀性，结构性缝隙发育
4	膨胀土	云南、四川、贵州、广西、河南等	温暖湿润，雨量充沛，年降雨量 700～1700mm，具备良好化学风化条件	膨胀和收缩特性
5	盐渍土	新疆、青海、西藏、甘肃、宁夏、内蒙古等内陆地区，此外尚有滨海部分地区	荒漠、半荒漠地区，年降雨量小于 100mm，蒸发量高达 3000mm 以上的内陆地区，沿海受海水浸渍或海退影响	盐胀性、融陷性和腐蚀性
6	冻土	青藏高原和大小兴安岭，东西部一些高山顶部	高纬度寒冷地区	冻胀性、融陷性

4.5.2 黄土地基

1. 黄土的分布和特征

黄土是一种在第四纪时期形成的特殊堆积物，颜色以黄为主，有灰黄、褐黄等；含有大量粉粒（粒径为 0.005～0.075mm）；富含碳酸盐类，往往具有肉眼可见的大孔隙。以风力搬运堆积，又未经次生扰动，不具层理的称为原生黄土；而由风成因以外的其他成因堆积而成的，常具有层理和砂或砾石夹层，则称为次生黄土或黄土状土。

具有天然含水率的黄土，不受水浸湿，一般强度较高，压缩性较小。如在一定压力下受水浸湿，土的结构迅速破坏，并产生显著附加下沉的黄土，称为湿陷性黄土；而在一定压力下受水浸湿，无显著附加下沉的黄土则称为非湿陷性黄土。湿陷性黄土又分为非自重湿陷性和自重湿陷性两种。非自重湿陷性黄土是在上覆土的饱和自重压力作用下受水浸湿，不产生显著附加下沉的湿陷性黄土。自重湿陷性黄土则是在上覆土的饱和自重压力作用下受水浸湿，产生显著附加下沉的湿陷性黄土。在一定压力下，由于黄土湿陷而引起的建筑物不均匀沉降是造成黄土地区地基事故的主要原因。

我国的湿陷性黄土，一般呈黄色或褐黄色，粉粒含量常占土重的 55%以上，含有大量的碳酸盐、硫酸盐和氯化物等可溶性盐类，天然孔隙比在 1.0 左右，一般具有肉眼可见的大孔隙，竖直节理发育，能保持直立的天然边坡。

黄土的湿陷性随黄土天然含水量的减小、孔隙比的增大而加大，其还随压力的增大而增大，但压力增加到一定数值后，黄土的湿陷性却又随压力的增加而减小。由于黄土形成的地质年代和所处的自然地理环境的不同，它的外貌特征和工程特性有明显的差异。黄土按形成年代的早晚可分为老黄土和新黄土。

老黄土形成的年代早，土质密实，颗粒均匀，无大孔或略具大孔结构。除离石黄土层上部有轻微湿陷性外，一般不具有湿陷性，常出露于山西高原、豫西山前高地、渭北高原、陕甘和陇西高原。

新黄土一般具有湿陷性和高压缩性，承载力基本值一般为75～130kPa。多分布于河漫滩、低级阶地、山间洼地的表层，黄土塬、梁、峁的坡脚，洪积扇或山前坡积地带。

2. 黄土的湿陷性及其评价

湿陷性是黄土最主要的工程特征。所谓湿陷性是指黄土浸水后在外荷载或自重的作用下发生下沉的现象。

黄土的湿陷性是根据湿陷系数δ_s大小作出评价的。湿陷系数由室内压缩试验测定。在压缩仪中将原状试样逐级加压到规定的压力p，待其压缩稳定后测得试样高度h_p，然后加水浸湿，测得下沉稳定后的高度h'_p。设土样的原始高度为h_0，则湿陷系数δ_s可按下式计算：

$$\delta_s=\frac{h_p-h'_p}{h_0}\times100\% \tag{4-46}$$

测定湿陷系数δ_s的试验压力应按土样深度和基底压力确定。土样深度自基础底面算起，基底标高不确定时，自地面下1.5m算起；《湿陷性黄土地区建筑标准》GB 50025—2018规定，试验压力P应按下列条件取值：

1）基底压力小于300kPa时，基底下10m以内的土层应用200kPa；10m以下至非湿陷性黄土层顶面，应用其上覆土的饱和自重压力。

2）基底压力不小于300kPa时，宜用实际基底压力；当上覆土的饱和自重压力大于实际基底压力时，应用其上覆土的饱和自重压力。

3）对压缩性较高的新近堆积的黄土，基底下5m以内的土层宜用100～150kPa压力；5～10m和10m以下至非湿陷性黄土层顶面，应分别用200kPa和上覆土的饱和自重压力。

在这个压力下，当$\delta_s<0.015$时，应定为非湿陷性黄土；当$\delta_s\geqslant0.015$时，应定为湿陷性黄土。利用湿陷系数δ_s可把湿陷性黄土按湿陷性的强弱分为：轻微湿陷性黄土（$0.015\leqslant\delta_s\leqslant0.030$）、中等湿陷性黄土（$0.030<\delta_s\leqslant0.070$）、强烈湿陷性黄土（$\delta_s>0.070$）三类。

3. 黄土地基的湿陷性等级

在土自重压力下受水浸湿后发生湿陷现象的黄土称为自重湿陷性黄土。在这类地基上进行工程活动时，即使很轻的建筑物也会发生大量的沉降。而非自重湿陷性黄土地区，就不会出现这种情况。因此可根据自重压力作用下的湿陷量，对黄土地基进行评价。

自重湿陷量的计算值Δ_{zs}可按自重压力下的湿陷系数进行计算：

$$\Delta_{zs}=\beta_0\sum_{i=1}^{n}\delta_{zsi}h_i \tag{4-47}$$

式中　δ_{zsi}——第i层土的自重湿陷系数；

h_i——第i层土的厚度（mm）；

β_0——因地区土质而异的修正系数，在缺乏实测资料时，①区（陇西地区）取1.5、②区（陇东-陕北-晋西地区）取1.20、③区（关中地区）取0.90、其他地区取0.5；

n——计算厚度内湿陷性土层的数目。

湿陷性黄土地基受水浸湿饱和，其湿陷量计算值 Δ_s 按自重应力和附加应力计算：

$$\Delta_s = \sum_{i=1}^{n} \alpha\beta\delta_{si}h_i \tag{4-48}$$

式中 δ_{si}——第 i 层土的湿陷系数；

h_i——第 i 层土的厚度（mm）；

β——考虑基底下地基土的受力状态及地区等因素的修正系数，在缺乏实测资料时，可按表 4-17 的规定取值；

α——不同深度地基土浸水机率系数，按本地区经验取值，无地区经验时可按表 4-18 取值，对地下水有可能上升至湿陷性土层内或侧向浸水影响不可避免的区段，取 $\alpha=1.0$；

Δ_s——湿陷量计算值（mm），应自基础底面（基底标高不确定时，自地面下 1.5m）算起。在非自重湿陷性黄土地区，累计至基底下 10m 深度止，当地基压缩层深度大于 10m 时累计至压缩层深度。在自重湿陷性黄土场地，累计至非湿陷性黄土层的顶面止。控制性勘探点未穿透湿陷性黄土层时，累计至控制勘探点深度止。其中湿陷系数值小于 0.015 的土层不累计。

修正系数 β GB 50025—2018 **表 4-17**

<table>
<tr><th colspan="2">位置及深度</th><th>β</th></tr>
<tr><td colspan="2">基底下 0～5m</td><td>1.5</td></tr>
<tr><td rowspan="2">基底下 5～10m</td><td>非自重湿陷性黄土场地</td><td>1.0</td></tr>
<tr><td>自重湿陷性黄土场地</td><td>所在地区的 β_0 值且不小于 1.0</td></tr>
<tr><td rowspan="2">基底下 10m 以下至非湿陷性黄土层顶面或控制性勘探孔深度</td><td>非自重湿陷性黄土场地</td><td>①区、②区取 1.0，其余地区取工程所在地区的 β_0 值</td></tr>
<tr><td>自重湿陷性黄土场地</td><td>取工程所在地区的 β_0 值</td></tr>
</table>

浸水机率系数 α GB 50025—2018 **表 4-18**

基础底面下深度 z(m)	α
$0 \leqslant z \leqslant 10$	1.0
$10 < z \leqslant 20$	0.9
$20 < z \leqslant 25$	0.6
$z > 25$	0.5

湿陷性黄土地基的湿陷等级，应根据湿陷量的计算值和自重湿陷量的计算值等因素判定（表 4-19）。

湿陷性黄土地基的湿陷等级 GB 50025—2018 **表 4-19**

<table>
<tr><th rowspan="2">场地湿陷类型
Δ_{zs}(mm)
Δ_s(mm)</th><th>非自重湿陷性场地</th><th colspan="2">自重湿陷性场地</th></tr>
<tr><th>$\Delta_{zs} \leqslant 70$</th><th>$70 < \Delta_{zs} \leqslant 350$</th><th>$\Delta_{zs} > 350$</th></tr>
<tr><td>$50 < \Delta_s \leqslant 100$</td><td rowspan="2">Ⅰ（轻微）</td><td>Ⅰ（轻微）</td><td rowspan="2">Ⅱ（中等）</td></tr>
<tr><td>$100 < \Delta_s \leqslant 300$</td><td>Ⅱ（中等）</td></tr>
<tr><td>$300 < \Delta_s \leqslant 700$</td><td>Ⅱ（中等）</td><td>Ⅱ（中等）或Ⅲ（严重）</td><td>Ⅲ（严重）</td></tr>
<tr><td>$\Delta_s > 700$</td><td>Ⅱ（中等）</td><td>Ⅲ（严重）</td><td>Ⅳ（很严重）</td></tr>
</table>

注：$70 < \Delta_{zs} \leqslant 350$，$300 < \Delta_s \leqslant 700$ 一档的划分，当湿陷量的计算值 $\Delta_s > 600$mm、自重湿陷量的计算值 $\Delta_{zs} > 300$mm 时，可判为Ⅲ级，其他情况可判为Ⅱ级。

4．湿陷性黄土场地建筑物的设计措施

防止或减小建筑物地基浸水湿陷的设计措施包括：地基基础措施、防水措施和结构措施。应根据场地湿陷类型、地基湿陷等级和地基处理后下部未处理湿陷性黄土层的湿陷起始压力值或剩余湿陷量，结合当地建筑经验和施工条件等因素，综合确定采取的工程设计措施（表 4-20）。对一般湿陷性黄土地基的甲、乙、丙三类建筑采取的措施以地基处理措施为主；对大厚度湿陷性黄土地基上的甲类建筑，原则上应消除地基的全部湿陷量，但当湿陷性土层厚度特别大时，全部处理确有困难，采用《湿陷性黄土地区建筑标准》GB 50025—2018 第 6.1.2 条第 2 款规定的最小处理厚度时，应采取加强防水措施、结构措施等其他措施补偿，确保安全可靠；大厚度湿陷性黄土地基上的乙、丙类建筑，应采取以地基处理为主，更加严格的防水措施，加强建筑物的基础及上部刚度，宜采取能调整建筑物沉降变形的基础形式。如钢筋混凝土条基或筏形基础等，尽可能避免独立基础；对丁类建筑可不进行地基处理，采取以防水措施为主。

湿陷性黄土场地建筑物工程设计措施　　　　**表 4-20**

<table>
<tr><th>建筑类别</th><th colspan="2">地基处理措施</th><th>防水措施</th><th>结构措施</th></tr>
<tr><td rowspan="4">甲类</td><td colspan="2">非自重湿陷性黄土场地，应将基础底面以下附加压力与上覆土的饱和自重压力之和大于湿陷起始压力的所有土层进行处理，或处理至地基压缩层的深度</td><td rowspan="2">基本防水措施</td><td rowspan="2">一般地区规划设计</td></tr>
<tr><td colspan="2">自重湿陷性黄土场地，对一般湿陷性黄土地基，应将基础底面以下湿陷性黄土层全部处理</td></tr>
<tr><td colspan="2">大厚度湿陷性黄土地基时，基础底面以下具有自重湿陷性的黄土层应全部处理，且应将附加压力与上覆土饱和自重压力之和大于湿陷起始压力的非自重湿陷性黄土层一并处理</td><td>基本防水措施</td><td>一般地区规划设计</td></tr>
<tr><td colspan="2">大厚度湿陷性黄土地基时，地下水位无上升可能，或上升对建筑物不产生有害影响，且按本条第 1 款规定计算的地基处理厚度大于 25m 时，处理厚度可适当减小，但不得小于 25m</td><td>捡漏防水措施或严格防水措施</td><td>加强上部结构刚度</td></tr>
<tr><td rowspan="2">乙类</td><td colspan="2">非自重湿陷性黄土场地，处理深度不应小于地基压缩层深度的 2/3，且下部未处理湿陷性黄土层的湿陷起始压力值不应小于 100kPa；
自重湿陷性黄土场地，处理深度不应小于基底下湿陷性土层的 2/3，且下部未处理湿陷性黄土层的剩余湿陷量不应小于 150mm</td><td>捡漏防水措施</td><td>结构措施</td></tr>
<tr><td colspan="2">大厚度湿陷性黄土地基，基础底面以下其自重湿陷性的黄土应全部处理，且应将附加压力与上覆土饱和自重压力之和大于湿陷起始压力的非自重湿陷性黄土层的 2/3 一并处理；处理厚度大于 20m 时，可适当减小，但不得小于 20m</td><td>严格防水措施</td><td>加强上部结构刚度，采用刚度好的基础形式，并宜按防水要求处理</td></tr>
<tr><td rowspan="2">丙类</td><td rowspan="2">消除地基部分湿陷量的最小处理厚度应符合《湿陷性黄土地区建筑标准》GB 50025—2018 表 6.1.5 的规定</td><td>地基湿陷等级Ⅰ级</td><td>基本防水措施</td><td>结构措施</td></tr>
<tr><td>地基湿陷等级Ⅱ～Ⅳ级</td><td>捡漏防水措施</td><td>结构措施</td></tr>
<tr><td rowspan="3">丁类</td><td rowspan="3">地基可不处理</td><td>地基湿陷等级Ⅰ级</td><td>基本防水措施</td><td>—</td></tr>
<tr><td>地基湿陷等级Ⅱ级</td><td>基本防水措施</td><td>结构措施</td></tr>
<tr><td>地基湿陷等级Ⅲ、Ⅳ级</td><td>捡漏防水措施</td><td>结构措施</td></tr>
</table>

（1）地基基础措施

湿陷性黄土地基基础措施包括：地基处理（消除地基的全部或部分湿陷量）、将基础设置在非湿陷性土层上、采用桩基础穿透全部湿陷性黄土层。

湿陷性黄土地基处理的原理，主要是破坏湿陷性黄土的大孔结构，以便全部或部分消除地基的湿陷性，从根本上避免或削弱湿陷现象的发生。地基处理的方法应根据建筑类别和场地工程地质条件等因素，经技术经济比较后综合确定，可选用表 4-21 中的一种或多种方法组合。

湿陷性黄土地基处理方法 GB 50025—2018　　**表 4-21**

序号	处理方法	适用范围	可处理的湿陷性黄土层厚度（m）
1	垫层法	地下水位以上	1～3
2	夯实法	S_r≤60%的湿陷性黄土	3～12
3	挤密法	S_r≤65%，w≤22%的湿陷性黄土	5～25
4	预浸水法	湿陷程度中等～强烈的自重湿陷性黄土场地	地表下 6m 以下的湿陷性土层
5	注浆法	可靠性较好的湿陷性黄土（需经试验验证注浆效果）	现场试验确定
6	其他方法	经试验研究或工程实践证明行之有效	现场试验确定

（2）防水措施

防止或减小建筑物地基浸水湿陷的防水措施包括基本防水措施、捡漏防水措施、严格防水措施、侧向防水措施。防水措施宜根据场地湿陷类型和采取的地基基础措施选择使用。

1）基本防水措施：在总平面设计、场地排水、地面防水、排水沟、管道敷设、建筑物散水、屋面排水、管道材料和连接等方面采取措施，防水雨水或生产、生活用水的渗漏。

2）捡漏防水措施：在基本防水措施的基础上，对防护范围内的地下管道，增设捡漏管沟和捡漏井。

3）严格防水措施：在捡漏防水措施的基础上，提高防水地面、排水沟、捡漏管沟和捡漏井等设施的材料标准，如增设可靠的防水层、采用钢筋混凝土排水沟等。

4）侧向防水措施：在建筑物周围采取防止水从建筑物外侧渗入地基中的措施，如设置防水帷幕、增大地基处理外放尺寸等。

湿陷性黄土地基如果不受水浸湿，那么地基即使不作处理，湿陷也不会发生。因此，既要注意整个建筑物场地的排水、防水问题，又要考虑单体建筑物的防水措施；既要保证建筑物使用过程中地基不被浸湿，也要做好施工阶段的排水、防水工作。

1）建筑场地的防水措施

尽量选择具有排水畅通或利于组织场地排水的地形条件；避免受洪水威胁或新建水库、人工湖等可能引起地下水上升的地段；保证满足埋地管道、排水沟、雨水明沟和水池等与建筑物之间的防护距离的规定；确保管道和贮水构筑物的工程质量，以免漏水；场地内应设置排水沟等。

建筑场地平整后的坡度，在建筑物周围 6m 内（防护范围内）不宜小于 2%，当为不透水地面时，可适当减小；建筑物周围 6m 外（防护范围外）不宜小于 0.5%。建筑物周围 6m 内应平整场地，当为填方时，应分层夯（压）实，压实系数不得小于 0.95；当为挖方时，在自重湿陷性黄土场地，表面夯（压）实后宜设置 150～300mm 厚的灰土面层，压实系数不得大于0.95。

防护范围内的雨水明沟不应漏水。自重湿陷性黄土场地沟宜设置混凝土雨水明沟；防护范围外的雨水明沟，宜作防水处理，沟底下设灰土或土垫层。

2）单体建筑物的防水措施

沿建筑物外墙设置具有一定宽度的混凝土散水，有利于屋面水、地面水顺利地排向雨水明沟或其他排水系统，以远离建筑物，避免雨水直接从外墙基础侧面渗入地基。建筑物中经常受水浸湿或可能积水的地面应采用严格的防水措施，其防水地面应设防水层；给水、排水管道设计时，室内管道宜明装，暗设管道应设置便于检修的设施；室外管道宜布置在防护范围外，布置在防护范围内的地下管道，应采取防水措施。无论是明装还是暗装，管道本身的强度及接口的严密性均是防止建筑物湿陷事故的第一道防线，所以管道接口应严密不漏水，并应具有柔性。

3）施工阶段的防水措施

湿陷性黄土场地上建筑物及附属工程施工，应采取防止施工用水、场地雨水和邻近管道渗漏水渗入建筑物地基的措施，减少流入量并及时排除流入积水，防止积水侵入建筑地基引起湿陷或产生其他有害作用。

应合理布置用水较多的现场临设、加工场地、材料堆场、搅拌站、水池、淋灰池以及给水、排水设施等。应先施工防排水设施，降低地基浸水概率，同时，合理安排施工顺序，及时回填基坑，将建筑地基受水侵入引起湿陷的可能性尽量降低。建筑场地的防洪工程应在雨季到来之前完成，以防止洪水淹没现场引起地基湿陷等灾害。

施工期间应尽可能将现场临时设施布置在地形较低或地下水流向的下游地段，使其远离主要建筑物，以防止临时设施渗漏水侵入建筑地基造成湿陷。要求临时给水排水管道敷设在场地冻结深度以下，以防止管道冻裂或压坏。

（3）结构措施

采取结构措施以减小或调整建筑物的不均匀沉降，或使结构适应地基的变形。

1）加强建筑物的整体性和空间刚度

建筑物的体形和纵横墙布置，应有利于加强其空间刚度，并具有适应或抵抗湿陷变形的能力。多层砌体承重结构的建筑，体形应简单、长高比不宜大于3。

砌体承重结构建筑的窗间墙宽度，在承受主梁处或开间轴线处，不应小于主梁或开间轴线间距的1/3，并不应小于1.0m；在其他承重墙处，不应小于0.6m。门窗洞口边缘至建筑物转角处（或变形缝）的间距不应小于1.0m。当不能满足要求时，应在孔洞周边采用钢筋混凝土框加强，或在转角及轴线处加设构造柱或芯柱。

2）选择适宜的结构和基础形式

大厚度湿陷性黄土地基上的建筑，加强建筑物的整体性和空间刚度，采用适宜的基础形式和结构体系，增强建筑物抵抗不均匀沉降的能力。基础应采用钢筋混凝土箱基、筏基、交叉梁条基等形式；结构宜采用现浇钢筋混凝土框架、框架剪力墙、剪力墙等体系，多层建筑也可采用砌体结构体系，但各楼层均应设置封闭交叉圈梁和构造柱。

3）加强砌体和构件的刚度

多层砌体承重结构建筑，不得采用空斗墙和无筋过梁。乙、丙类建筑的基础内和屋面檐口处，均应设置钢筋混凝土圈梁。乙、丙类中的多层建筑，应每层设置钢筋混凝土圈梁。当单层厂房的檐口高度大于 6m 时，宜增设钢筋混凝土圈梁。丁类建筑地基湿陷等级为Ⅱ级时，应在基础内和屋面檐口处设置配筋砂浆带；地基湿陷等级为Ⅲ级、Ⅳ级时，宜增设钢筋混凝土圈梁。对采用严格防水措施的多层建筑，应每层设置钢筋混凝土圈梁。

各层圈梁均匀设在外墙、内纵墙和对整体刚度起重要作用的内横墙上，横向圈梁的水平间距不宜大于 16m。圈梁在同一标高处闭合，遇有洞口时应上下搭接，搭接长度不应小于其竖向间距的 2 倍，且不得小于 1m。

在纵横圈梁交界处的墙体内，宜设置钢筋混凝土构造柱或芯柱。

（4）储水构筑物的设计措施

储水构筑物（如蓄水池、消防水池、化粪池等储水设施）应根据其重要性、刚度、容量大小、地基湿陷等级，并结合当地建筑经验，采取设计措施。

埋地管道与储水构筑物之间或储水构筑物相互之间的防护距离：在自重湿陷性黄土场地内，应与建筑物之间的防护距离的规定相同（表 4-22）。当不能满足要求时，应加强池体的防渗漏处理。在非自重湿陷性黄土场地内，可按一般地区的规定设计。

埋地管道、排水沟、雨水明沟和水池等与建筑物之间的防护距离 GB 50025—2018（m）

表 4-22

建筑类别	地基湿陷等级			
	Ⅰ	Ⅱ	Ⅲ	Ⅳ
甲类	—	—	8～9	11～12
乙类	5	6～7	8～9	10～12
丙类	4	5	6～7	8～9
丁类	—	5	6	7

注：1. 陇西地区（Ⅲ区）和陇东-陕北-晋西地区（Ⅲ区），当湿陷性黄土层的厚度大于 12m 时，压力管道与各类建筑的防护距离，不宜小于湿陷性黄土层的厚度；

2. 当湿陷性黄土层内有碎石土、砂土夹层时，防护距离宜大于表中数值；

3. 采用基本防水措施的建筑，其防护距离不得小于一般地区的规定。

储水构筑物存在渗漏的可能，因此技术经济合理时，建筑物防护范围内的储水构筑物宜架空明设于地面（包括地下式地面）以上。当埋设于地下时，应与建筑物之间保持一定的防护距离，以降低建筑物地基浸水风险。

储水构筑物应采用防渗现浇钢筋混凝土结构。预埋件和穿过池壁的套管，应在浇灌混凝土前埋设，不得事后钻孔、凿洞。

水池类构筑物的地基处理应采用整片土（或灰土）垫层。在非自重湿陷性黄土场地内，灰土垫层厚度不宜小于 0.30m，土垫层的厚度不宜小于 0.50m；在自重湿陷性黄土场地内，对一般水池，宜设 1.0～2.5m 厚的土（或灰土）垫层，对特别重要的水池，宜消除地基的全部湿陷量。土（或灰土）垫层的压缩系数不得小于 0.97。基槽侧向宜采用灰土回填，其压实系数不应小于 0.94。

4.5.3 膨胀土地基

膨胀土一般强度高，压缩性低，故易误认为良好的地基，实际上由于它具有强烈的吸水膨胀和失水收缩的变形特性，导致建筑物隆起和下沉开裂而破坏，故膨胀土地基对建筑物的危害很大。膨胀土在我国分布较为广泛，在云南、广西、贵州、湖北、河南、安徽、四川、山东、河北、陕西、江苏和广东等地均有不同的范围分布。它们大多分布于当地排水基准面以上的二级阶地及其以上的台地、丘陵、山前缓坡、垅岗地段。其分布特点是不具绵延性和区域性，多呈零星分布且厚度不均。

1. 膨胀土的工程特性及其对工程的危害

膨胀土的工程特性主要有：

(1) 胀缩性

膨胀土一般指土中黏粒成分主要由强亲水性的蒙脱石和伊利石矿物组成，同时具有显著的吸水膨胀和失水收缩两种变形特性的黏性土。土中蒙脱石含量越多，其膨胀量和膨胀力也越大；土的初始含水率越低，其膨胀量与膨胀力也越大；击实膨胀土的膨胀性比原状膨胀土大，密实度越高，膨胀性也越大。

(2) 崩解性

膨胀土浸水后体积膨胀，几分钟即完全崩解；弱膨胀土则崩解缓慢且不完全。

(3) 多裂隙性

膨胀土中的裂隙主要包括垂直裂隙、水平裂隙和斜交裂隙三种类型。这些裂隙将土层分割成具有一定几何形状的块体，从而破坏了土体的完整性，容易造成边坡的塌滑。

(4) 超固结性

膨胀土大多具有超固结性，天然孔隙比小，初始结构强度高。

(5) 风化特性

膨胀土受气候因素的影响很敏感，极易产生风化作用。基坑开挖后，在风化作用下，土体很快会产生破裂、剥落，从而造成土体结构破坏，强度降低。

(6) 强度衰减性

由于膨胀土的超固结性，初期强度极高，现场开挖困难，然而随着胀缩效应和风化作用时间的增加，其抗剪强度又大幅度衰减。

膨胀土的土中黏粒成分主要由亲水性矿物组成，同时具有显著的吸水膨胀和失水收缩特征，其自由膨胀率大于或等于 40%的黏性土。

由于上述特性，膨胀土对工程造成的危害是十分严重的。建造在膨胀土地基上易遭受破坏的大多为埋置较浅的低层建筑物，一般为三层以下的民房。房屋损坏具有季节性和成群性两大特点，房屋墙面角端的裂缝常表现为山墙上的对称或不对称的倒八字形缝（图 4-31a)。外纵墙下部出现水平缝（图 4-31b)，墙体外倾并有水平错动。由于土的胀缩交替变形，还会使墙体出现交叉裂缝（图 4-31c)。

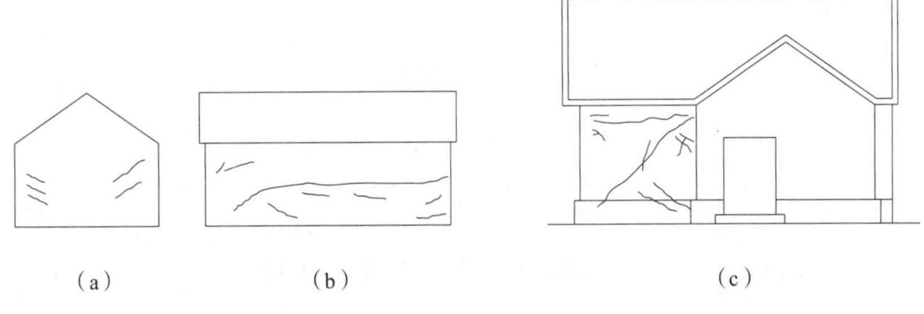

图 4-31　膨胀土地基上房屋墙面裂缝

(a) 山墙倒八字缝；(b) 外墙水平裂缝；(c) 墙交叉裂缝

房屋的独立砖柱可能发生水平断裂，并伴有水平位移和转动。隆起的地坪，多出现纵向裂缝，并常与室外地裂相连。在地裂通过建筑物的地方，建筑物墙体上出现上小下大的竖向或斜向裂缝。

膨胀土的边坡极不稳定，易产生浅层滑坡，并引起房屋和构筑物的开裂。

2. 膨胀土地基的分类及评价

膨胀土的判别指标可分为三类：

第一类是根据膨胀土潜在的膨胀势来衡量，指标有膨胀性指标 K_e、压实指标 K_d 和吸水指标 K_w；

第二类是根据土的表观膨胀率来评价，这类指标有自由线膨胀率 δ_e、自由膨胀率 δ_{ef}、膨胀率 δ_{ep}、线缩率 δ_{si} 和体缩率 δ_v 等；

第三类是矿物成分及含量等间接性指标，如活动性指标 K_A、缩限 w_s 和缩性指标 I_s 等。上述这些指标的表达式和判别界限见表 4-23，凡有一项达到或超过表中的临界值时，即可判别为膨胀土。

膨胀土的判别标准 GB 50112—2013　　**表 4-23**

序号	指标名称	计算公式	临界值	
			国外	国内
1	膨胀性指标 K_e	$K_e=\frac{e_L-e}{1+e}$	>0.4	0.2 或 0.4
2	压实指标 K_d	$K_d=\frac{e_L-e}{e_L-e_p}$	≥1.0	≥0.5 或 0.8
3	活动性指标 K_A	$K_A=\frac{I_p}{A}$	>1.25	≥0.6 或≥1.0
4	吸水指标 K_w	$K_w=\frac{w_L-w_{sr}}{w_{sr}}$	>0.4	≥0.4 或≥1.0
5	自由线膨胀率 δ_e	$\delta_e=\frac{h_t-h_0}{h_0}\times100\%$	>0.5%	>1.0%
6	缩限 w_s	—	<12%	<12%
7	缩性指标 I_s	$I_s=w_L-w_s$	>20	—
8	线缩率 δ_{si}	$\delta_{si}=\frac{h_s-h_0}{h_0}\times100\%$	>5%	—
9	膨胀率 δ_{ep}	$\delta_{ep}=\frac{h_p-h_0}{h_0}\times100\%$	>1.0%	—
10	体缩率 δ_v	$\delta_v=\frac{V_0-V_s}{V_0}\times100\%$	—	—
11	自由膨胀率 δ_{ef}	$\delta_{ef}=\frac{V_{we}-V_0}{V_0}\times100\%$	—	>40%

注：e_L 为液限时孔隙比；e_p 为塑限时孔隙比；I_p 为塑性指数；A 为小于 0.002mm 粒径颗粒含量（%）；w_L、w_s 分别为液限、缩限；w_{sr}为土样饱和时含水率；h_0 为试样原始高度；h_t、h_p 为试样在无荷载和有荷载条件下膨胀稳定后的高度；h_s 为试样烘干后的高度；V_{we}、V_0 为试样浸水膨胀和烘干收缩后的体积。

我国《膨胀土地区建筑技术规范》GB 50112—2013 中，膨胀土采用膨胀潜势分类（表 4-24）。

膨胀土的膨胀潜势分类 GB 50112—2013　　**表 4-24**

自由膨胀率 δ_{ef}（%）	$40 \leqslant \delta_{ef} < 65$	$65 \leqslant \delta_{ef} < 90$	$\delta_{ef} \geqslant 90$
膨胀潜势	弱	中	强

场地天然地表下 1m 处土的含水量等于或接近最小值或地面有覆盖且无蒸发可能，以及建筑物在使用期间，经常有水浸湿的地基，可按膨胀变形量计算。场地天然地表下 1m 处土的含水量大于 1.2 倍塑限含水量或直接受高温作用的地基，可按收缩变形量计算。其他情况下可按胀缩变形量计算。

地基土的膨胀变形量 s_c 应按式（4-49）计算：

$$s_c = \psi_c \sum_{i=1}^{n} \delta_{epi} h_i \tag{4-49}$$

式中　ψ_c——计算膨胀变形量的经验系数，宜根据当地经验确定，无经验时三层及三层以下建筑物可采用 0.6；

δ_{epi}——基础底面下第 i 层土在平均自重压力与对应于荷载效应准永久值组合时的平均附加应力之和作用下的膨胀率（用小数计），由室内试验确定；

h_i——第 i 层土的计算厚度（mm）；

n——基础底面至计算深度（大气影响深度）内所划分的土层数。

根据膨胀变形量 s_c 可将膨胀土地基的膨胀等级划分为三级（表 4-25）。建筑物可能受损坏的程度见表 4-26。

膨胀土地基膨胀等级 GB 50112—2013　　**表 4-25**

膨胀变形量 s_c（mm）	$15 \leqslant s_c < 35$	$35 \leqslant s_c < 70$	$s_c \geqslant 70$
等　级	Ⅰ	Ⅱ	Ⅲ

房屋损坏程度标准 GB 50112—2013　　**表 4-26**

损 坏 程 度	承重墙裂缝最大宽度（mm）	最大变形幅度（mm）
轻微	≤15	≤30
中等	16～50	30～60
严重	＞50	＞60

3. 膨胀土地基的工程措施

（1）设计措施

1）建筑场地选择

建筑物应尽量布置在胀缩性较弱和土质比较均匀的地段。山区建筑应根据山区地基的特点，妥善地进行总平面布置，并进行竖向设计，避免大挖大填，建筑物应依山布置，同时应利用和保护天然排水系统，并设置必要的排洪、截流和导流等排水措施。

2）建筑措施

在满足使用功能的前提下，建筑物的体形应力求简单，建筑物选址宜位于膨胀土层厚度均匀、地形坡度小的地段。屋面排水宜采用外排水，水落管不得设在沉降缝处，且其下端距散水面不应大于 300mm。建筑物场地应设置有组织排水系统。建筑物四周应设散水，散水面层宜采用 C15 混凝土或沥青混凝土，散水垫层宜采用 2 8 灰土或三合土。散水面伸缩缝间距不应大于 3m。

3）结构措施

建筑物结构设计时应选择适宜的结构体系和基础形式，应加强基础和上部结构的整体强度和刚度。

砌体结构设计时，承重墙体应采用实心墙，墙厚不应小于 240mm，砌体强度等级不应低于 MU10，砌筑砂浆强度等级不应低于 M5，不应采用空斗墙、砖拱、无砂大孔混凝土和无筋中型砌块。

砌体结构除应在基础顶部和屋盖处设置一道钢筋混凝土圈梁外，对于Ⅰ级、Ⅱ级膨胀土地基的多层房屋，其他楼层可隔层设置圈梁，对于Ⅲ级膨胀土地基上的多层房屋，应每层设置圈梁。

砌体结构应设置构造柱，构造柱设置在房屋的外墙拐角、楼电梯间、内外墙交接处、开间大于 4.2m 的房间纵横墙交接处或隔开间横墙与内纵墙交接处。

4）地基处理措施

膨胀土地基上建筑物的基础埋置深度不应小于 1m；膨胀土地基处理可采用换土、土性改良、砂石或灰土垫层等方法。膨胀土地基换土可采用非膨胀土、灰土或改良土，换土厚度应通过变形计算确定；膨胀土土性改良可采用掺和水泥、石灰等材料，掺和比和施工工艺应通过试验确定。

(2) 施工措施

地基基础施工宜采取分段作业，施工过程中基坑（槽）不得暴晒或泡水。地基基础工程宜避开雨天施工，雨期施工时，应采取防水措施。

基坑（槽）开挖时，应及时采取封闭措施。土方开挖应在基底设计标高以上预留 150～300mm 土层，并应待下一工序开始前继续挖除，验槽后，应及时浇筑混凝土垫层或采取其他封闭措施。

基础施工出地面后，基坑（槽）应及时分层回填，填料宜选用非膨胀土或经改良后的膨胀土，回填压实系数不应小于 0.94。

散水应在室内地面做好后立即施工。施工前应先夯实基土，基土为回填土时，应检查回填土质量，不符合质量要求时，应重新处理。

管道及其附属建筑物的施工，宜采用分段快速作业法。水池、水沟等水工构筑物应符合防漏、防渗要求，混凝土浇筑时不宜留施工缝。水池、水塔等溢水装置与排水管沟连通。

屋面施工完毕，应及时安装天沟、落水管，并应与排水系统及时相连。

(3) 其他措施

膨胀土场地内的建筑物、管道、地面排水、环境绿化、边坡、挡土墙等使用期间，应按设计要求进行维护管理。

场区内的绿化，应按设计要求的品种和距离种植，并应定期修剪，绿化地带浇水应控制水量。

给水管和排水管宜铺设在防渗管沟中，并应设置便于检修的检查井等措施，管道接口应严密不漏水，并宜采用柔性接头。检查井应设置在管沟末端和管沟沿线分段检查处，井内应设置集水坑。

地下管道及其附属构筑物的基础，宜设置防渗垫层。

思 考 题

4.1　土的物理性质和分类

1. 土的物质成分有哪些，为什么说土是三相体系？

2. 根据粒径界限，可将土粒分为哪几组，各粒组的一般特征有哪些？

3. 度量土三相组成关系的比例指标有哪些，哪些指标需通过试验测定？

4. 建筑地基土可分为哪几类？

5. 液限 w_L、塑限 w_p、液性指数 I_L、塑性指数 I_p 有什么不同，它们是如何确定的？

6. 试根据塑性指数 I_p 和液性指数 I_L 对黏性土进行分类。

4.2　地基土中的应力与变形

1. 由不同重度的土层组成的地基土，其自重应力 p_{cz} 沿深度的变化规律如何？

2. 土的重度和有效重度有何区别？

3. 地基的基底压力分布规律通常采用什么方法测定，为什么基底压力可按材料力学公式进行计算？

4. 试绘出偏心距 $e=\frac{M_k}{F_k+G_k}>\frac{1}{6}b$（$b$ 为力矩作用方向的基础底面边长）的矩形基础基底压应力分布图形，并表明其大小。

5. 何谓基底附加压力，基底附加压力与基底压力有何关系？

6. 土的压缩指标有哪些，压缩指标越大其压缩性越大还是越小？

7. 试说明《建筑地基基础设计规范》GB 50007—2011 地基最终沉降量的计算方法。

4.3　基 础 设 计

1. 试述刚性基础和柔性基础的区别。

2. 深基础主要有哪些类型，哪种类型的深基础应用最为广泛？

3. 在什么情况下应采用桩基础，什么情况下不宜采用桩基础？

4. 预制桩可以分为哪几类，各类桩的优点和适用条件是什么？

5. 何谓基础的埋置深度，影响基础埋深有哪些因素？

6. 确定地基承载力的方法有哪些？

7. 地基反力分布假设有哪些？其适用条件各是什么？

8. 试比较墙下条形基础与柱下独立基础在确定截面高度方法上的区别。

9. 为什么在进行基础配筋计算时，基底反力需采用净反力 p_n？

10. 当地基压缩层范围内存在软弱下卧层时，为什么在按持力层容许承载力确定出基础底面尺寸后，还需对软弱下卧层进行验算？

11. 什么情况下需进行地基变形的验算？变形控制特征有哪些？

12. 为什么砌体承重结构基础规定由局部倾斜控制？

13. 为什么框架结构、排架结构的变形由沉降差控制？

14. 为什么高耸结构、多层和高层建筑物基础的变形由倾斜控制？

4.4　软 弱 地 基

1. 何谓软弱土，具有什么特性？

2. 软土具有哪些特性?
3. 地基处理的目的是什么?
4. 哪些土的地基需进行处理，地基处理的方法有哪些，地基处理方法的选择应考虑哪些原则问题?
5. 换填法适用条件是什么?
6. 密实法处理地基的方法有哪几种，为什么密实法对饱和软土的效果没有非饱和土好?
7. 试比较表层压实法、重锤夯实法和强夯法的特点。
8. 简述超载预压法的基本概念以及如何合理地确定超载量的大小。

4.5 特殊性土地基

1. 特殊土包括哪几类，自然环境和成土原因是什么，各具有哪些工程特性?
2. 何谓湿陷性黄土、自重湿陷性黄土与非自重湿陷性黄土?
3. 黄土地基的湿陷性等级是如何划分的?
4. 黄土湿陷性指标是如何测定的，湿陷性的评价标准如何?
5. 湿陷性黄土地基处理的方法有哪些，适用条件是什么?
6. 在黄土地基上建筑的工程设计措施有哪些?
7. 膨胀土有哪些工程特性，对工程结构有哪些危害?
8. 膨胀土地基的膨胀等级是如何划分的?
9. 在膨胀土地基上建筑的工程措施有哪些?

第5章　应用实例

5.1　钢筋混凝土水池顶盖设计

5.1.1　设计资料

某矩形水池顶盖平面尺寸为25.0m×18.0m，池高4.0m，池壁厚度为200mm，允许水池内设置8根钢筋混凝土柱（假定柱截面尺寸300mm×300mm），顶盖平面图见图5-1。采用钢筋混凝土顶板，顶板与池壁的连接近似地按铰接考虑。试设计此水池顶盖。

荷载及材料如下：

（1）池顶覆土厚度为300mm（$\gamma_s=18kN/m^3$）；

（2）池顶均布活荷载标准值为$q_k=5kN/m^3$，活荷载的准永久值系数$\psi_q=0.1$；

（3）顶盖底面用20mm厚水泥砂浆抹面（$\gamma=20kN/m^3$）。

（4）材料强度等级：混凝土强度等级C25，主梁和次梁的纵向受力钢筋采用HRB335级，板、主次梁的箍筋采用HPB300级。

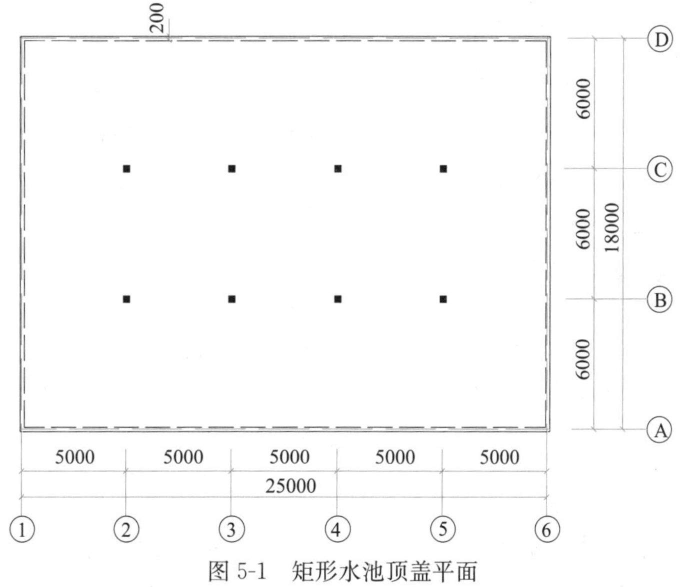

图5-1　矩形水池顶盖平面

5.1.2　单向板肋形梁板结构设计

1. 结构布置及构件截面尺寸确定

（1）柱网尺寸

确定主梁的跨度为6.0m，次梁的跨度为5.0m，即柱距为5.0m×6.0m。主梁每跨内布置 2 根次梁，板的跨度为 2.0m。

（2）板厚度（h）

对于有覆土的水池顶盖，板厚 $h \geqslant \frac{1}{25}l = \frac{1}{25} \times 2000 = 80\text{mm}$，且不宜小于 100mm，所以取板厚 $h=100\text{mm}$。

（3）次梁截面尺寸（$b \times h$）

根据刚度要求，$h=\left(\frac{1}{18} \sim \frac{1}{12}\right)l=\left(\frac{1}{18} \sim \frac{1}{12}\right) \times 5000=277.78 \sim 416.67\text{mm}$，取 $h=450\text{mm}$。截面宽度 $b=\left(\frac{1}{3} \sim \frac{1}{2}\right)h$，取 $b=200\text{mm}$。

（4）主梁截面尺寸（$b \times h$）

根据刚度要求，$h=\left(\frac{1}{15} \sim \frac{1}{10}\right)l=\left(\frac{1}{15} \sim \frac{1}{10}\right) \times 6000=400 \sim 600\text{mm}$，取 $h=600\text{mm}$。截面宽度 $b=\left(\frac{1}{3} \sim \frac{1}{2}\right)h$，取 $b=250\text{mm}$。

水池顶盖结构平面布置如图 5-2 所示。

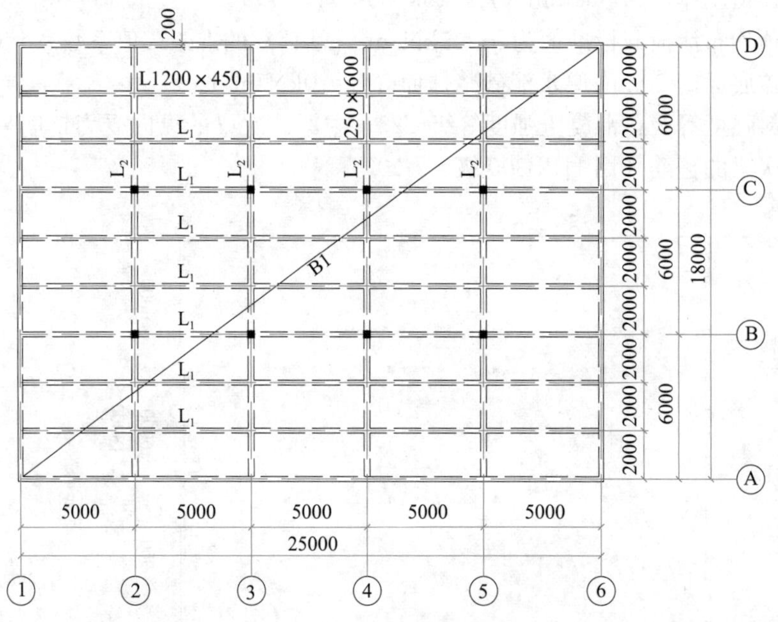

图 5-2　楼盖结构平面布置图

2. 板的设计

根据《混凝土结构设计规范（2015 年版）》GB 50010—2010 规定，本设计中板区格长边与短边之比为：$\frac{5.0}{2.0}=2.5$，介于 2～3 之间，宜按双向板进行设计。但也可按沿短边方向受力的单向板计算，在沿长边方向布置足够数量的构造钢筋来处理。

（1）计算简图

按弹性理论计算，取 1m 板宽作为计算单元，计算跨度：

边跨　$l_1=l_n+b/2+h/2=(2000-200)+200/2+200/2=2000\text{mm}$

中跨　$l_2 = l_n + b = (2000-200)+200 = 2000\text{mm}$

（2）荷载计算

恒载标准值 g_k：

300mm 厚覆土　　$0.3\times18=5.4\text{kN/m}^2$

100mm 钢筋混凝土板　　$0.10\times25=2.5\ \text{kN/m}^2$

20mm 水泥砂浆抹面　　$0.02\times20=0.4\ \text{kN/m}^2$

小计　　$g_k=8.30\ \text{kN/m}^2$

活荷载标准值 q_k：　　$q_k=5.0\text{kN/m}^2$

恒载设计值 g：　　$g=1.3g_k=1.3\times8.3=10.79\text{kN/m}^2$

活载设计值 q：　　$q=1.5q_k=1.5\times5.0=7.5\text{kN/m}^2$

考虑梁板整体性对内力的影响，计算折减荷载：

$$g'=g+\frac{1}{2}q=10.79+\frac{7.5}{2}=14.54\text{kN/m}^2\left(g_k'=g_k+\frac{1}{2}q_k=8.3+\frac{5}{2}=10.8\text{kN/m}^2\right)$$

$$q'=\frac{1}{2}q=\frac{7.5}{2}=3.75\text{kN/m}^2\left(q_k'=\frac{1}{2}q_k=\frac{5}{2}=2.5\text{kN/m}^2\right)$$

计算单元上的荷载为：

$g'=14.54\text{kN/m}$（$g_k'=10.8\text{kN/m}$），$q'=3.75\ \text{kN/m}$（$q_k'=2.5\text{kN/m}$）

注：括号内值为荷载标准值。

计算简图如图 5-3 所示。

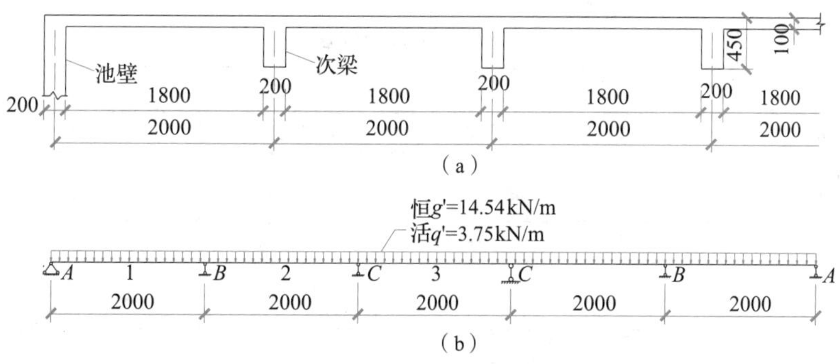

图 5-3　板的计算简图

（3）内力计算

连续跨数实际为 9 跨，按 5 跨连续单向板进行内力计算（附表 5-3）。

跨中正弯矩：

$$M_{1,\max}=(0.078g'+0.1q')l_1^2=(0.078\times14.54+0.1\times3.75)\times2.0^2=6.04\text{kN}\cdot\text{m}$$

$$M_{2,\max}=(0.033g'+0.079q')l_2^2=(0.033\times14.54+0.079\times3.75)\times2.0^2=3.10\text{kN}\cdot\text{m}$$

$$M_{3,\max}=(0.046g'+0.085q')l_2^2=(0.046\times14.54+0.085\times3.75)\times2.0^2=3.95\text{kN}\cdot\text{m}$$

B 支座弯矩：

$$M_{B,\max}=-(0.105g'+0.119q')\left(\frac{l_1+l_2}{2}\right)^2$$

$$=-(0.105\times14.54+0.119\times3.75)\times2.0^2=-7.89\text{kN}\cdot\text{m}$$

B 支座边缘处的弯矩：

$$M_{Be}=M_{B,max}-V_0\frac{b}{2}=-M_{B,max}-\frac{(g+q)l_2}{2}\frac{b}{2}$$

$$=-7.89+\frac{(10.79+7.5)\times 2.0}{2}\times\frac{0.2}{2}=-6.06\text{kN}\cdot\text{m}$$

C 支座弯矩：

$$M_{C,max}=-(0.079g'+0.111q')l_2^2$$

$$=-(0.079\times 14.54+0.111\times 3.75)\times 2.0^2=-6.26\text{kN}\cdot\text{m}$$

C 支座边缘处的弯矩：

$$M_{Ce}=M_{C,max}-V_0\frac{b}{2}=-M_{C,max}-\frac{(g+q)l_2}{2}\frac{b}{2}$$

$$=-6.26+\frac{(10.79+7.5)\times 2.0}{2}\times\frac{0.2}{2}=-4.43\text{kN}\cdot\text{m}$$

（4）配筋计算

板厚 h=100mm，按《给水排水工程钢筋混凝土水池结构设计规程》CECS 138：2002，板中受力钢筋的混凝土保护层厚度取 30mm，故 a_s=35mm，h_0=100−35=65mm。

板正截面承载力计算结果见表 5-1。

C25 混凝土：$f_c=11.9\text{N/mm}^2$、$f_t=1.27\text{N/mm}^2$（$f_{tk}=1.87\text{N/mm}^2$）、$E_c=2.8\times 10^4\text{N/mm}^2$

HPB300 钢筋：$f_y=f'_y=270\text{N/mm}^2$、$E_s=2.1\times 10^5\text{N/mm}^2$

板正截面承载力计算 **表 5-1**

截面	边跨跨中	第一内支座	第二跨中	中间支座	中间跨中
M(kN·m)	6.04	−6.06	3.10	−4.43	3.95
$\alpha_s=\frac{M}{\alpha_1 f_c bh_0^2}$	0.1201	0.1205	0.0617	0.0881	0.0786
$\xi=1-\sqrt{1-2\alpha_s}$	0.1283	0.1288	0.0637	0.0924	0.0820
$A_s=\xi\frac{\alpha_1 f_c bh_0}{f_y}$ (mm²/m)	367.56	368.99	182.49	264.71	234.92
实际钢筋（mm²/m）	ϕ8@130 A_s=386.90	ϕ8@130 A_s=386.90	ϕ8@190 A_s=264.70	ϕ8@190 A_s=264.70	ϕ8@190 A_s=264.70
配筋率验算	$\rho=\frac{A_s}{bh}=\frac{264.70}{1000\times 100}=0.265\%>\rho_{min}=\left(0.2\%,\ 45\frac{f_t}{f_y}\%\right)_{max}=0.212\%$				

（5）裂缝宽度验算

第一跨跨中裂缝宽度验算：

板的恒载标准值 g_k=8.30kN/m，活荷载 q_k=5.0kN/m，活载准永久值 $q_q=\psi_q q_k$=0.1×5.0=0.5kN/m，则折算荷载为：

$$g'_q=g_k+\frac{1}{2}q_q=8.3+\frac{0.5}{2}=8.55\text{kN/m}$$

$$q'_q=\frac{1}{2}q_q=\frac{0.5}{2}=0.25\text{kN/m}$$

由荷载准永久组合产生的跨中最大弯矩为：

$M_{1q}=(0.078g'_q+0.1q'_q)l_1^2=(0.078\times8.55+0.1\times0.25)\times2.0^2=2.77\text{kN}\cdot\text{m}$

裂缝宽度验算所需的各项参数为：

$$\sigma_{sq}=\frac{M_{1q}}{0.87A_sh_0}=\frac{2.77\times10^6}{0.87\times386.90\times65}=126.60\text{N/mm}^2$$

$$\rho_{te}=\frac{A_s}{A_{te}}=\frac{386.90}{0.5\times1000\times100}=0.0077<0.01,\text{取}\ \rho_{te}=0.01$$

$$\psi=1.1-\frac{0.65f_{tk}}{\rho_{te}\sigma_{sq}\alpha_2}=1.1-\frac{0.65\times1.78}{0.01\times126.60\times1.0}=0.186<0.4,\text{取}\ \psi=0.4$$

最大裂缝宽度：

$$\begin{aligned}w_{max}&=1.8\psi\frac{\sigma_{sq}}{E_s}\left(1.5c+0.11\frac{d}{\rho_{te}}\right)(1+\alpha_1)\upsilon\\&=1.8\times0.4\times\frac{126.60}{2.1\times10^5}\times\left(1.5\times30+0.11\times\frac{8.0}{0.01}\right)(1+0)\times1.0\\&=0.058\text{mm}<0.25\text{mm}(\text{满足要求})\end{aligned}$$

其他各支座及各跨中截面的最大裂缝宽度，经验算均未超过规范限值，验算过程从略。

（6）挠度验算

给水排水工程水池结构的有关规范对一般贮水池顶盖构件的挠度限值没有明确的规定。在实际工程设计时，通常根据经验对梁、板的跨高比设定在一定范围内即可不验算挠度。这里按《混凝土结构设计规范（2015 年版）》GB 50010—2010 规定，一般楼、屋盖受弯构件的挠度限值进行验算。

《混凝土结构设计规范（2015 年版）》GB 50010—2010 规定，一般楼、屋盖受弯构件按荷载效应标准组合并考虑荷载长期作用影响计算的最大挠度，当 l<7m 时，不应超过 l/200（l 为构件的计算跨度）。

等截面等跨的多跨连续梁板的最大挠度一般产生在第一跨内。本例的梁板均只验算第一跨，且均取跨中点挠度进行验算。虽然实际的最大挠度均产生在略偏近于端支座一侧，但取跨中点挠度进行控制所带来的误差甚小，可以忽略不计。

1）第一跨正弯矩区段的刚度计算

按荷载标准组合计算的第一跨中最大弯矩为：

$M_{1k}=(0.078g'_k+0.1q'_k)l_1^2=(0.078\times10.8+0.1\times2.5)\times2.0^2=4.37\text{kN}\cdot\text{m}$

由荷载准永久组合产生的跨中最大弯矩为：

$M_{1q}=(0.078g'_q+0.1q'_q)l_1^2=(0.078\times8.55+0.1\times0.25)\times2.0^2=2.77\text{kN}\cdot\text{m}$

计算短期刚度所需的参数：

$$\sigma_{sk}=\frac{M_{1k}}{0.87A_sh_0}=\frac{4.37\times10^6}{0.87\times386.9\times65}=199.73\text{N/mm}^2$$

$$\rho_{te}=\frac{A_s}{A_{te}}=\frac{386.9}{0.5\times1000\times100}=0.0077<0.01,\text{取}\ \rho_{te}=0.01$$

$$\psi=1.1-\frac{0.65f_{tk}}{\rho_{te}\sigma_{sk}}=1.1-\frac{0.65\times1.78}{0.01\times199.73}=0.5207>0.4,\text{取}\ \psi=0.5207$$

$$\gamma'_f=\frac{(b'_f-b)h'_f}{bh_0}=0$$

则第一跨正弯矩区段的短期刚度为：

$$B_{1s}=\frac{E_sA_sh_0^2}{1.15\psi+0.2+\frac{6\alpha_E\rho}{1+3.5\gamma_f'}}=\frac{2.1\times10^5\times386.9\times65^2}{1.15\times0.5207+0.2+6\times\frac{2.1\times10^5}{2.8\times10^4}\times\frac{386.9}{1000\times65}}$$

$$=3.22\times10^{11}\text{N}\cdot\text{mm}^2$$

考虑长期作用影响的刚度为：

$$B_1=\frac{M_{1k}}{M_{1q}(\theta_1-1)+M_{1k}}B_{1s}$$

$$=\frac{4.37}{2.77\times(2-1)+4.37}\times3.22\times10^{11}=1.97\times10^{11}\text{N}\cdot\text{mm}^2$$

2）B 支座负弯矩区段的刚度计算

在计算第一跨的挠度时所采用的活荷载分布状态应该是使第一跨跨中产生最大正弯矩的活荷载分布状态，此时 B 支座的负弯矩也应按这种活荷载分布状态进行计算。如果用 M'_{Bk}、M'_{Bq} 分别表示在这种活荷载分布状态下 B 支座的荷载效应标准组合值和荷载效应准永久组合值，则

$$M'_{Bk}=-(0.105g'_k+0.053q'_k)\left(\frac{l_1+l_2}{2}\right)^2$$

$$=-(0.105\times10.8+0.053\times2.5)\times2.0^2=-5.07\text{kN}\cdot\text{m}$$

$$M'_{Bq}=-(0.105g'_q+0.053q'_q)\left(\frac{l_1+l_2}{2}\right)^2$$

$$=-(0.105\times8.55+0.053\times0.25)\times2.0^2=-3.64\text{kN}\cdot\text{m}$$

在 B 支座边缘截面相应的弯矩分别为：

$$M'_{B,e,k}=M'_{Bk}-V_0\frac{b}{2}=-M'_{Bk}-\frac{(g'_k+q'_k)l_{02}}{2}\frac{b}{2}$$

$$=-5.07+\frac{(10.8+2.5)\times2.0}{2}\times\frac{0.2}{2}=-3.74\text{kN}\cdot\text{m}$$

$$M'_{B,e,q}=M'_{Bq}-V_0\frac{b}{2}=-M'_{Bq}-\frac{(g'_q+q'_q)l_{02}}{2}\frac{b}{2}$$

$$=-3.64+\frac{(8.55+0.25)\times2.0}{2}\times\frac{0.2}{2}=-2.76\text{kN}\cdot\text{m}$$

计算短期刚度所需的参数：

$$\sigma_{sk}=\frac{M'_{B,e,k}}{0.87A_sh_0}=\frac{3.74\times10^6}{0.87\times386.9\times65}=170.94\text{N/mm}^2$$

$$\rho_{te}=\frac{A_s}{A_{te}}=\frac{386.9}{0.5\times1000\times100}=0.0077<0.01,\text{取}\ \rho_{te}=0.01$$

$$\psi=1.1-\frac{0.65f_{tk}}{\rho_{te}\sigma_{sk}}=1.1-\frac{0.65\times1.78}{0.01\times170.94}=0.423>0.4,\text{取}\ \psi=0.423$$

$$\gamma_f'=\frac{(b_f'-b)h_f'}{bh_0}=0$$

则 B 支座负弯矩区段的短期刚度为：

$$B_{Bs}=\frac{E_sA_sh_0^2}{1.15\psi+0.2+\frac{6\alpha_E\rho}{1+3.5\gamma_f'}}=\frac{2.1\times10^5\times386.9\times65^2}{1.15\times0.423+0.2+6\times\frac{2.1\times10^5}{2.8\times10^4}\times\frac{386.9}{1000\times65}}$$

$$=3.597\times10^{11}\text{N}\cdot\text{mm}^2$$

考虑长期作用影响的刚度为：

$$B_B = \frac{M'_{Bk}}{M'_{Bq}(\theta_1 - 1) + M'_{Bk}} B_{Bs}$$

$$= \frac{5.07}{3.64 \times (2-1) + 5.07} \times 3.597 \times 10^{11} = 2.09 \times 10^{11} \text{N} \cdot \text{mm}^2$$

可见 B_B 与 B_1 很接近，满足 $0.5B_1 < B_B < 2B_1$，按《混凝土结构设计规范（2015 年版）》GB 50010—2010 可取整跨刚度 B_1 为计算挠度，这样的简化使挠度计算大为方便。

第一跨跨中挠度验算：

$$f = \frac{0.644 g_k l_1^4}{100B_1} + \frac{0.973 q_k l_1^4}{100B_1} = \frac{0.644 \times 10.8 \times 2000^4}{100 \times 1.97 \times 10^{11}} + \frac{0.973 \times 2.5 \times 2000^4}{100 \times 1.97 \times 10^{11}}$$

$$= 7.63\text{mm} < \frac{l_1}{200} = \frac{2000}{200} = 10\text{mm(符合要求)}$$

（7）板的配筋图

板的配筋如图 5-4（a）所示。板中配筋除计算外，还应配置构造钢筋如分布钢筋和长边方向支座附加钢筋等。分布钢筋采用 ϕ8@250，每米板宽的分布钢筋的截面面积为 201mm^2，大于 $15\%A_s = 15\% \times 386.9 = 58.04\text{mm}^2$，同时大于该方向截面面积的 0.15%，即 $0.15\% \times 1000 \times 100 = 150\ \text{mm}^2$。

板端与池壁整体连接，端支座处钢筋的截断位置见图 5-4（b）所示，图中：

$$a = \frac{1}{4} l_n = \frac{1}{4} \times 1800 = 450\text{mm}\left(\frac{q}{g} = \frac{6.5}{9.96} = 0.65 < 3\right);$$

伸入支座的锚固长度 $l_a = \alpha \dfrac{f_y}{f_t} d = 0.16 \times \dfrac{210}{1.27} \times 8 = 211.65\text{mm} < 250\text{mm}$，取 300mm。

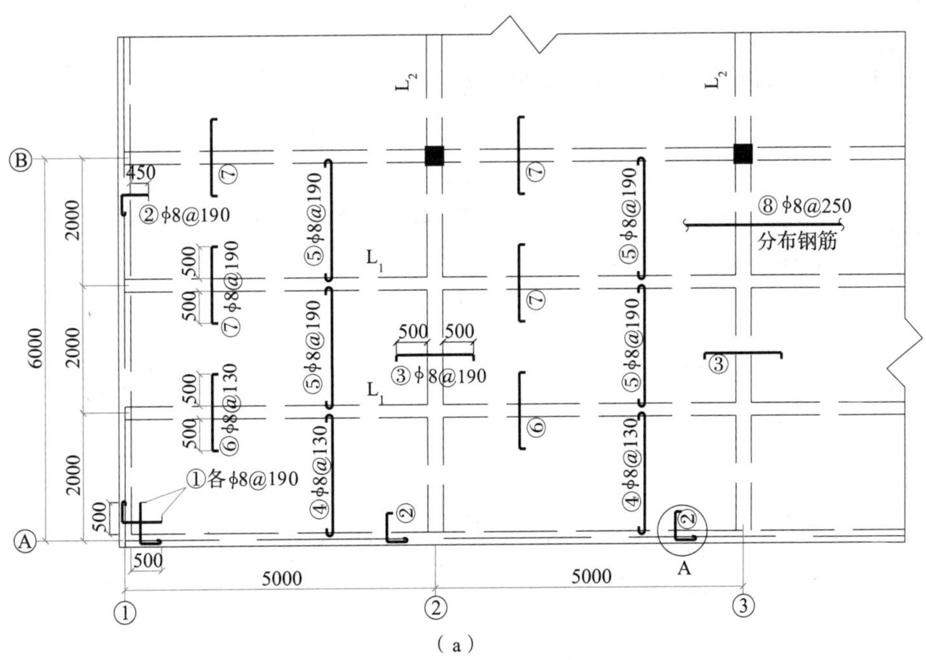

（a）

图 5-4　板配筋图（板厚 100mm）（一）

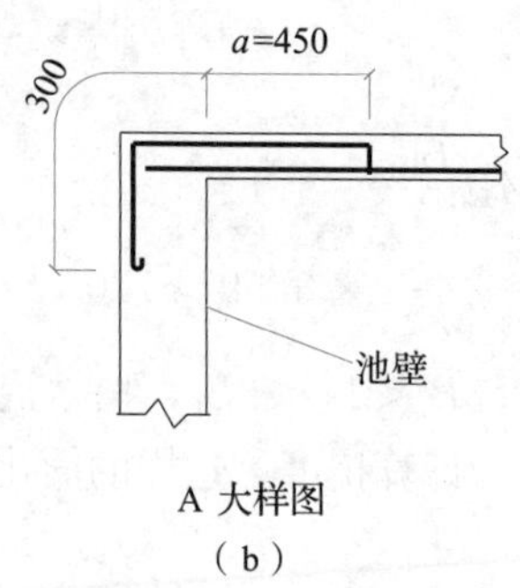

（b）

图 5-4　板配筋图（板厚 100mm）（二）

3. 次梁的设计

（1）计算简图

按弹性理论计算次梁内力，计算跨度：

边跨 $l_1=l_{n1}+\frac{a}{2}+\frac{b}{2}=\left(5000-\frac{200}{2}-\frac{250}{2}\right)+\frac{200}{2}+\frac{250}{2}=5000\text{mm}$

中跨 $l_2=l_{n2}+b=(5000-250)+250=5000\text{mm}$

（2）荷载计算

板传来的荷载标准值　　　$8.3\times2.0=16.6\text{kN/m}$

梁自重标准值　　　$0.2\times(0.45-0.1)\times25=1.75\ \text{kN/m}$

小计　　　$g_k=18.35\ \text{kN/m}$

恒载设计值　　　$g=1.3g_k=1.3\times18.35=23.86\ \text{kN/m}$

板传来的活载标准值　　　$5\times2.0=10.0\ \text{kN/m}$

小计　　　$q_k=10.0\ \text{kN/m}$

活载设计值　　　$q=1.5q_k=1.5\times10.0=15.0\ \text{kN/m}$

考虑主梁扭转刚度的影响，取折算荷载为：

$$g'=g+\frac{1}{4}q=23.86+\frac{15.0}{4}=27.61\text{kN/m}$$

$$q'=\frac{3}{4}q=\frac{3\times15.0}{4}=11.25\text{kN/m}$$

计算简图如图 5-5 所示。

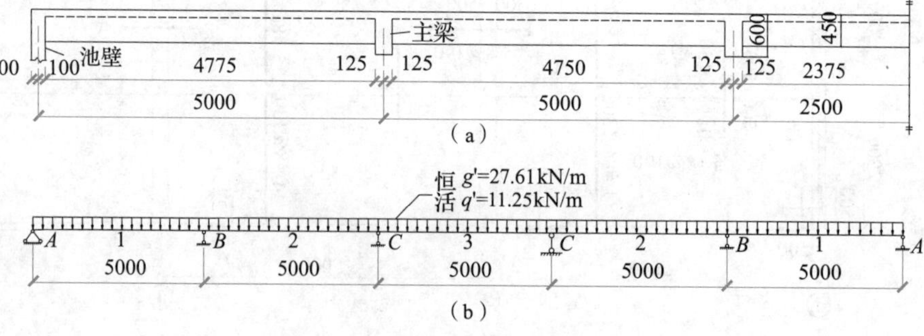

图 5-5　次梁计算简图

(3) 内力计算

按5跨连续梁计算跨中和支座弯矩以及各支座左右截面的剪力值(附表5-3)。

跨中正弯矩:

$$M_{1,\max}=(0.078g'+0.1q')l_1^2=(0.078\times27.61+0.1\times11.25)\times5.0^2=81.97\text{kN}\cdot\text{m}$$

$$M_{2,\max}=(0.033g'+0.079q')l_2^2=(0.033\times27.61+0.079\times11.25)\times5.0^2=45.00\text{kN}\cdot\text{m}$$

$$M_{3,\max}=(0.046g'+0.085q')l_2^2=(0.046\times27.61+0.085\times11.25)\times5.0^2=55.66\text{kN}\cdot\text{m}$$

支座弯矩:

$$M_{B,\max}=-(0.105g'+0.119q')l_1^2$$
$$=-(0.105\times27.61+0.119\times11.25)\times5.0^2=-105.95\text{kN}\cdot\text{m}$$

$$M_{C,\max}=-(0.079g'+0.111q')l_2^2$$
$$=-(0.079\times27.61+0.111\times11.25)\times5.0^2=-85.75\text{kN}\cdot\text{m}$$

支座边缘处的内力:

$$M_{B,e}=M_{B,\max}-V_0\frac{b}{2}=-M_{B,\max}-\frac{(g+q)l_2}{2}\frac{b}{2}$$
$$=-105.95+\frac{(27.61+11.25)\times5.0}{2}\times\frac{0.25}{2}=-93.81\text{kN}\cdot\text{m}$$

$$M_{C,e}=M_{C,\max}-V_0\frac{b}{2}=-M_{C,\max}-\frac{(g+q)l_2}{2}\frac{b}{2}$$
$$=-85.75+\frac{(27.61+11.25)\times5.0}{2}\times\frac{0.25}{2}=-73.61\text{kN}\cdot\text{m}$$

A 支座右侧剪力

$$V_{A,\max}=0.394g'l_1+0.447q'l_1$$
$$=0.394\times27.61\times5.0+0.447\times11.25\times5.0=79.54\text{kN}$$

A 支座右侧边缘剪力

$$V_{A,e}=V_{A,\max}-(g+q)\frac{b}{2}=79.54-(27.61+11.25)\times\frac{0.25}{2}=74.68\text{kN}$$

B 支座左侧剪力

$$V_{B左,\max}=0.606g'l_1+0.620q'l_1$$
$$=0.606\times27.61\times5.0+0.620\times11.25\times5.0=118.53\text{kN}$$

B 支座左侧边缘剪力

$$V_{B左,e}=V_{B左,\max}-(g+q)\frac{b}{2}=118.53-(27.61+11.25)\times\frac{0.25}{2}=113.67\text{kN}$$

B 支座右侧剪力

$$V_{B右,\max}=0.526g'l_2+0.598q'l_2$$
$$=0.526\times27.61\times5.0+0.598\times11.25\times5.0=106.25\text{kN}$$

B 支座右侧边缘剪力

$$V_{B右,e}=V_{B右,\max}-(g+q)\frac{b}{2}=106.25-(27.61+11.25)\times\frac{0.25}{2}=101.39\text{kN}$$

C 支座左侧剪力

$$V_{C左,\max}=0.474g'l_2+0.576q'l_2$$
$$=0.474\times27.61\times5.0+0.576\times11.25\times5.0=97.84\text{kN}$$

C 支座左侧边缘剪力

$$V_{C左,e}=V_{C左,max}-(g+q)\frac{b}{2}=97.84-(27.61+11.25)\times\frac{0.25}{2}=92.98\text{kN}$$

C 支座右侧剪力

$$\begin{aligned}V_{C右,max}&=0.500g'l_2+0.591q'l_2\\&=0.500\times27.61\times5.0+0.591\times11.25\times5.0=102.27\text{kN}\end{aligned}$$

C 支座右侧边缘剪力

$$V_{C右,e}=V_{C右,max}-(g+q)\frac{b}{2}=102.27-(27.61+11.25)\times\frac{0.25}{2}=97.41\text{ kN}$$

（4）正截面承载力计算

梁跨中按 T 形截面计算，其翼缘宽度 b_f'可取下面两项中的较小者：

$$b_f'=\frac{l}{3}=\frac{5000}{3}=1666.7\text{mm},b_f'=b+s_n=200+1800=2000\text{mm}$$

故取 $b_f'=1666.7$mm。

根据《给水排水工程钢筋混凝土水池结构设计规程》CECS 138：2002，钢筋混凝土保护层厚度为 35mm，故对跨中 T 形截面，取 $a_s=45$mm，有效高度 $h_0=h-a_s=450-45=405$mm（按一排钢筋考虑），$h_0=h-a_s=450-70=380$mm（按两排钢筋考虑）。

判别各跨 T 形截面的类型：

$$\begin{aligned}M&=\alpha_1f_cb_f'h_f'\left(h_0-\frac{h_f'}{2}\right)=1.0\times11.9\times1666.7\times100\times\left(405-\frac{100}{2}\right)\\&=704.1\times10^6\text{N}\cdot\text{mm}=704.1\text{kN}\cdot\text{m}>M_{1max}=81.97\text{kN}\cdot\text{m}\end{aligned}$$

故第 1、第 2 及第 3 跨中均属于第一类 T 形截面。

次梁的正截面承载力计算结果见表 5-2。

次梁正截面承载力计算 **表 5-2**

截面	1	B	2	C	3
弯矩（kN·m）	81.97	−93.81	45.00	−73.61	55.66
h_0(mm)	405	380	405	380	405
截面类型	第一类 T 形	矩形	第一类 T 形	矩形	第一类 T 形
$\alpha_s=\frac{M}{\alpha_1f_cbh_0^2}$	—	0.2730	—	0.2142	—
$\alpha_s=\frac{M}{\alpha_1f_cb_f'h_0^2}$	0.0252	—	0.0138	—	0.0171
$\gamma_s=\frac{1}{2}(1+\sqrt{1-2\alpha_s})$	0.9872	0.8369	0.9931	0.8780	0.9914
$A_s=\frac{M}{\gamma_sh_0f_y}$（mm²）	683.40	983.27	372.94	735.42	462.08
实际钢筋	2Φ16+2Φ14 710.0 mm²	5Φ16 1005.5 mm²	2Φ12+1Φ14 380.1mm²	3Φ16+1Φ14 756.9mm²	3Φ14 461.7 mm²
配筋率验算	$\rho=\frac{A_s}{bh}=\frac{380.1}{200\times450}=0.422\%>\left(0.2\%,45\frac{f_t}{f_y}\%\right)_{max}=0.2\%$				

（5）斜截面承载力计算

$h_w = h - h'_f = 450 - 100 = 350\text{mm}$，$\frac{h_w}{b} = \frac{350}{200} = 1.75 < 4$，截面尺寸可按下式验算：

$$V \leqslant 0.25\beta_c f_c bh_0$$

次梁斜截面受剪承载力计算结果见表5-3。

当 $V > 0.7f_t bh_0$ 时，配箍率满足 $\rho_{sv} = \frac{nA_{sv1}}{bs} \geqslant \rho_{sv,min} = 0.24\frac{f_t}{f_{yv}}$

故 $s \leqslant \frac{nA_{sv1}f_{yv}}{0.24bf_t} = \frac{2 \times 28.3 \times 270}{0.24 \times 200 \times 1.27} = 250.7\text{mm}$，取箍筋间距为140mm，沿梁长不变。

次梁斜截面受剪承载力计算　　**表5-3**

截面	A	$B_左$	$B_右$	$C_左$	$C_右$
V（kN）	74.68	113.67	101.39	92.98	97.41
$0.25\beta_c f_c bh_0$（kN）	$V<241.0$	$V<241.0$	$V<241.0$	$V<241.0$	$V<241.0$
$0.7f_t bh_0$（kN）	$V>72.0$	$V>72.0$	$V>72.0$	$V>72.0$	$V>72.0$
箍筋肢数、直径	双肢，$\phi6$	双肢，$\phi6$	双肢，$\phi6$	双肢，$\phi6$	双肢，$\phi6$
$s=\frac{f_{yv}nA_{sv1}h_0}{V-0.7f_t bh_0}$（mm）	构造要求	148.56	210.65	295.13	243.66
实际配箍	$\phi6@140$	$\phi6@140$	$\phi6@140$	$\phi6@140$	$\phi6@140$
最小配箍率验算	$\rho_{sv}>\rho_{sv,min}$	$\rho_{sv}>\rho_{sv,min}$	$\rho_{sv}>\rho_{sv,min}$	$\rho_{sv}>\rho_{sv,min}$	$\rho_{sv}>\rho_{sv,min}$

（6）裂缝宽度验算

次梁恒载标准值 $g_k = 18.35\text{kN/m}$，活载标准值 $q_k = 10.0\ \text{kN/m}$，其准永久值 $q_q = \psi_q q_k = 0.1 \times 10.0 = 1.0\text{kN/m}$。则次梁按荷载准永久值组合计算时的折算荷载值为：

折算荷载值 $g'_q = g_k + \frac{1}{4}q_q = 18.35 + \frac{1}{4} \times 1.0 = 18.6\ \text{kN/m}$

$$q'_q = \frac{3}{4}q_q = \frac{3}{4} \times 1.0 = 0.75\ \text{kN/m}$$

1）第一跨跨中裂缝宽度验算

由荷载准永久组合引起的跨中最大弯矩为：

$$M_{1q} = (0.078g'_q + 0.1q'_q)l_1^2 = (0.078 \times 18.6 + 0.1 \times 0.75) \times 5.0^2 = 38.15\text{kN} \cdot \text{m}$$

则，

$$\sigma_{sq} = \frac{M_{1q}}{0.87A_s h_0} = \frac{38.15 \times 10^6}{0.87 \times 710.0 \times 405} = 152.50\text{N/mm}^2$$

$$\rho_{te} = \frac{A_s}{A_{te}} = \frac{710.0}{0.5 \times 200 \times 450} = 0.0158 > 0.01$$

$$\psi = 1.1 - \frac{0.65f_{tk}}{\rho_{te}\sigma_{sq}\alpha_2} = 1.1 - \frac{0.65 \times 1.78}{0.0158 \times 152.50 \times 1.0} = 0.62 > 0.4$$

$$d = \frac{4A_s}{u} = \frac{4 \times 710.0}{2\pi\ (16 + 14)} = 15.07$$

最大裂缝宽度：

$$w_{max}=1.8\psi\frac{\sigma_{sq}}{E_s}\left(1.5c+0.11\frac{d}{\rho_{te}}\right)(1+\alpha_1)\upsilon$$

$$=1.8\times0.62\times\frac{152.50}{2.1\times10^5}\times\left(1.5\times35+0.11\times\frac{15.07}{0.0115}\right)(1+0)\times1.0$$

$$=0.128\text{mm}<0.25\text{mm}(\text{满足要求})$$

2）B 支座裂缝宽度验算

由荷载准永久组合引起的 B 支座最大弯矩为：

$$M_{Bq}=-(0.105g'_q+0.119q'_q)l_1^2$$

$$=-(0.105\times18.6+0.119\times0.75)\times5.0^2=-51.06\text{kN}\cdot\text{m}$$

支座边缘处的内力：

$$M_{B,e,q}=M_{Bq}-V_0\frac{b}{2}=-M_{Bq}-\frac{(g'_q+q'_q)l_2}{2}\frac{b}{2}$$

$$=-51.06+\frac{(18.6+0.75)\times5.0}{2}\times\frac{0.25}{2}=-45.0\text{kN}\cdot\text{m}$$

则，

$$\sigma_{sq}=\frac{M_{1q}}{0.87A_sh_0}=\frac{45.0\times10^6}{0.87\times1005.5\times380}=135.37\text{N/mm}^2$$

$$\rho_{te}=\frac{A_s}{A_{te}}=\frac{1005.5}{0.5\times200\times450}=0.0223>0.01$$

$$\psi=1.1-\frac{0.65f_{tk}}{\rho_{te}\sigma_{sq}\alpha_2}=1.1-\frac{0.65\times1.78}{0.0223\times135.37\times1.0}=0.717>0.4$$

最大裂缝宽度：

$$w_{max}=1.8\psi\frac{\sigma_{sq}}{E_s}\left(1.5c+0.11\frac{d}{\rho_{te}}\right)(1+\alpha_1)\upsilon$$

$$=1.8\times0.717\times\frac{135.37}{2.1\times10^5}\times\left(1.5\times38+0.11\times\frac{16}{0.0223}\right)(1+0)\times1.0$$

$$=0.113\text{mm}<0.25\text{mm}(\text{满足要求})$$

次梁负弯矩钢筋的混凝土保护层厚度为板的保护层厚度加板的负弯矩钢筋的直径，即 $c=30+8=38\text{mm}$。

第 2 跨的跨中截面经过验算最大裂缝宽度也未超过限值，验算过程从略。

（7）挠度验算

荷载标准组合计算时，次梁的折算荷载为：

$$g'_k=g_k+\frac{1}{4}q_k=18.35+\frac{10.0}{4}=20.85\text{kN/m}$$

$$q'_k=\frac{3}{4}q_k=\frac{3\times10.0}{4}=7.50\text{kN/m}$$

1）第 1 跨正弯矩区段的刚度计算

按荷载标准组合计算的跨中最大弯矩为：

$$M_{1k}=(0.078g'_k+0.1q'_k)l_1^2=(0.078\times20.85+0.1\times7.5)\times5.0^2=59.41\text{kN}\cdot\text{m}$$

由裂缝验算知荷载准永久组合引起的第 1 跨的跨中弯矩为：

$$M_{1q}=38.15\text{kN}\cdot\text{m}$$

计算短期刚度所需的参数：

$$\sigma_{sk}=\frac{M_{1k}}{0.87A_sh_0}=\frac{59.4\times10^6}{0.87\times710.0\times405}=237.48\text{N/mm}^2$$

$$\rho_{te}=\frac{A_s}{A_{te}}=\frac{710.0}{0.5\times200\times450}=0.0158>0.01$$

$$\rho=\frac{A_s}{bh_0}=\frac{710.0}{200\times405}=0.0088$$

$$\psi=1.1-\frac{0.65f_{tk}}{\rho_{te}\sigma_{sk}}=1.1-\frac{0.65\times1.78}{0.0158\times237.48}=0.792>0.4$$

$$\gamma'_f=\frac{(b'_f-b)h'_f}{bh_0}=\frac{(1666.7-200)\times100}{200\times405}=1.8$$

则第1跨正弯矩区段的短期刚度为：

$$B_{1s}=\frac{E_sA_sh_0^2}{1.15\psi+0.2+\dfrac{6\alpha_E\rho}{1+3.5\gamma'_f}}$$

$$=\frac{2.1\times10^5\times710.0\times405^2}{1.15\times0.792+0.2+6\times\dfrac{2.1\times10^5}{2.8\times10^4}\times\dfrac{0.0088}{1+3.5\times1.8}}$$

$$=2.099\times10^{13}\text{N}\cdot\text{mm}^2$$

考虑长期作用影响的刚度为：

$$B_1=\frac{M_{1k}}{M_{1q}(\theta_1-1)+M_{1k}}B_{1s}$$

$$=\frac{59.41}{38.15\times(2-1)+59.41}\times2.099\times10^{13}=1.278\times10^{13}\text{N}\cdot\text{mm}^2$$

2) B 支座负弯矩区段的刚度计算

相应于 M_{1k} 的荷载标准组合引起的 B 支座负弯矩为：

$$M'_{Bk}=-(0.105g'_k+0.085q'_k)l_1^2$$

$$=-(0.105\times20.85+0.085\times7.5)\times5.0^2=-70.67\text{kN}\cdot\text{m}$$

支座边缘处的负弯矩为：

$$M'_{B,e,k}=M'_{Bk}-V_{0k}\frac{b}{2}=-M'_{Bk}-\frac{(g'_k+q'_k)l_2}{2}\frac{b}{2}$$

$$=-70.67+\frac{(20.85+7.5)\times5.0}{2}\times\frac{0.25}{2}=-61.81\text{kN}\cdot\text{m}$$

相应于 M_{1q} 的荷载准永久组合引起的 B 支座负弯矩为：

$$M'_{Bq}=-(0.105g'_q+0.085q'_q)l_1^2$$

$$=-(0.105\times18.6+0.085\times0.35)\times5.0^2=-49.57\text{kN}\cdot\text{m}$$

支座边缘处的负弯矩为：

$$M'_{B,e,q}=M'_{Bq}-V_{0q}\frac{b}{2}=-M'_{Bk}-\frac{(g'_q+q'_q)l_2}{2}\frac{b}{2}$$

$$=-49.57+\frac{(18.6+0.35)\times5.0}{2}\times\frac{0.25}{2}=-43.65\text{kN}\cdot\text{m}$$

计算短期刚度所需的参数：

$$\sigma_{sk}=\frac{M'_{B,e,k}}{0.87A_sh_0}=\frac{61.81\times10^6}{0.87\times1005.5\times380}=185.94\text{N/mm}^2$$

$$\rho_{te}=\frac{A_s}{A_{te}}=\frac{1005.5}{0.5\times200\times450+(1666.7-200)\times100}=0.0053<0.01$$

取 $\rho_{te}=0.01$

$$\psi=1.1-\frac{0.65f_{tk}}{\rho_{te}\sigma_{sk}}=1.1-\frac{0.65\times1.78}{0.01\times185.94}=0.478>0.4$$

则 B 支座负弯矩区段的短期刚度为：

$$B_{Bs}=\frac{E_sA_sh_0^2}{1.15\psi+0.2+\frac{6\alpha_E\rho}{1+3.5\gamma'_f}}=\frac{2.1\times10^5\times1005.5\times380^2}{1.15\times0.478+0.2+6\times\frac{2.1\times10^5}{2.8\times10^4}\times\frac{1005.5}{200\times380}}$$

$$=2.267\times10^{13}\text{N}\cdot\text{mm}^2$$

对于翼缘位于受拉区的倒T形截面，荷载长期作用影响系数 θ 应增大20%，则考虑长期作用影响的刚度为：

$$B_B=\frac{M'_{Bk}}{M'_{Bq}(1.2\theta-1)+M'_{Bk}}B_{Bs}$$

$$=\frac{70.67}{49.57\times(1.2\times2-1)+70.67}\times2.267\times10^{13}=1.231\times10^{13}\text{N}\cdot\text{mm}^2$$

可见，$0.5B_1<B_B<2B_1$，按规范可取整跨刚度 B_1 为计算挠度，则第1跨跨中挠度验算：

$$f=\frac{0.644g_kl_1^4}{100B_1}+\frac{0.973q_kl_1^4}{100B_1}=\frac{0.644\times20.8\times5000^4}{100\times1.278\times10^{13}}+\frac{0.973\times7.5\times5000^4}{100\times1.278\times10^{13}}$$

$$=10.12\text{mm}<\frac{l_1}{200}=\frac{5000}{200}=25\text{mm}(\text{符合要求})$$

（8）次梁的配筋图

次梁配筋构造要点：

1）伸入池壁支座时，梁顶面纵向钢筋的锚固长度按下式确定

$$l=l_a=\alpha\frac{f_y}{f_t}d=0.14\times\frac{300}{1.27}\times16=529.13\text{mm},\text{取}\ 600\text{mm}$$

2）伸入池壁支座时，梁底面纵向钢筋的锚固长度

$$l\geqslant12d=12\times16=192\text{mm},\text{取}\ 300\text{mm}$$

3）梁底面纵向钢筋伸入中间支座的长度应满足

$$l\geqslant12d=12\times16=192\text{mm},\text{取}\ 300\text{mm}$$

4）纵向钢筋的截断点距支座的距离

$\frac{q}{g}=\frac{15.0}{23.86}=0.629<3$，连续次梁的纵向受力钢筋的切点和弯起位置，可按构造来确定，而不必绘制弯矩包络图和材料图。

$$l=\frac{l_n}{5}+20d=\frac{4800}{5}+20\times16=1280\text{mm},\text{取}\ 1300\text{mm}$$

$$l=\frac{l_n}{3}=\frac{4800}{3}=1600\text{mm},\text{取}\ 1600\text{mm。}$$

确定次梁的配筋图如图5-6所示。

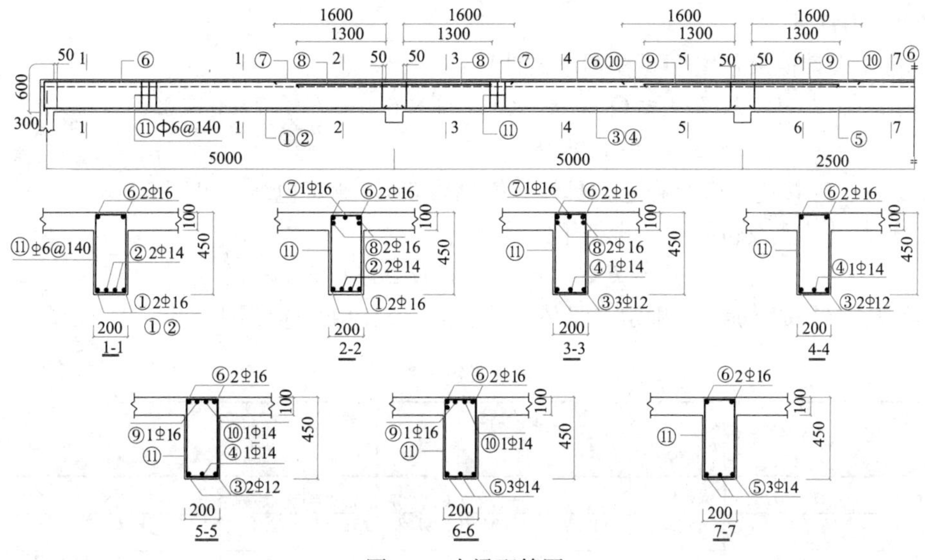

图 5-6　次梁配筋图

4. 主梁的设计

(1) 计算简图

按弹性理论计算主梁内力，计算跨度：

边跨 $l_1 = l_{n1} + \frac{a}{2} + \frac{b}{2} = \left(6000 - \frac{200}{2} - \frac{300}{2}\right) + \frac{200}{2} + \frac{300}{2} = 6000\text{mm}$

中跨 $l_2 = l_{n2} + b = (6000 - 300) + 300 = 6000\text{mm}$

(2) 荷载计算

次梁传来的恒载标准值　　18.35×5.0=91.75kN

主梁自重标准值　　0.25×(0.6−0.1)×2.0×25=6.25kN

小计　　G_k=98.0kN

次梁传来的活载标准值　　10.0×5.0=50kN

小计　　Q_k=50kN

恒载设计值　　$G=\gamma_G G_k$=1.3×98.0=127.4kN

活载设计值　　$Q=\gamma_Q Q_k$=1.5×50.0=75.0kN

计算简图如图 5-7 所示。

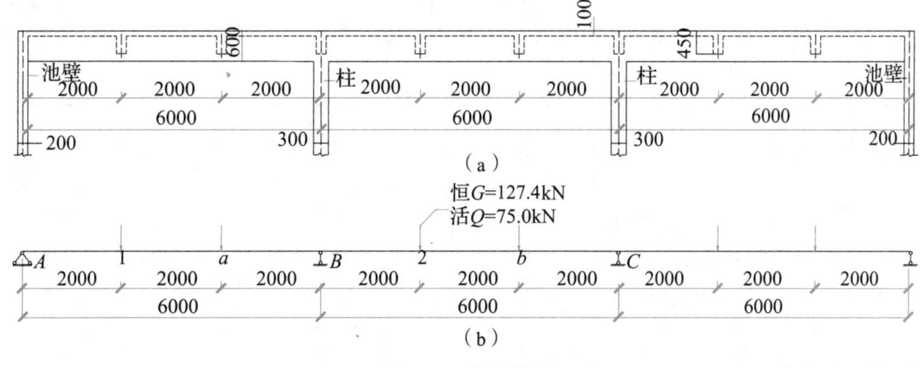

图 5-7　计算简图

(3) 内力计算

1）弯矩设计值及包络图，根据下式计算：

$$M = k_1Gl + k_2Ql = k_1 \times 127.4 \times 6.0 + k_2 \times 75.0 \times 6.0$$
$$= 764.4k_1 + 450.0k_2$$

系数 k_1、k_2 按附表 5-2 确定，具体计算见表 5-4，弯矩包络图见图 5-8（a）。

2）剪力设计值及包络图，根据下式计算：

$$V = k_1G + k_2Q = 127.4k_1 + 75.0k_2$$

系数 k_1、k_2 按附表 5-2 确定，具体计算见表 5-5，剪力包络图见图 5-8（b）。

主梁弯矩计算 **表 5-4**

序号	荷载简图	$\frac{k}{M_1}$	$\frac{k}{M_a}$	$\frac{k}{M_B}$	$\frac{k}{M_2}$	$\frac{k}{M_b}$	$\frac{k}{M_C}$	弯矩示意图
①	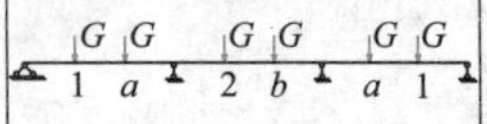 G G 1 a G G 2 b G G a 1	0.244 186.51	0.155* 118.48	−0.267 −204.10	0.067 51.22	0.067 51.22	−0.267 −204.10	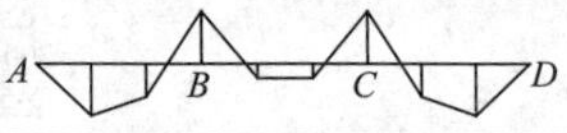 A B C D
②	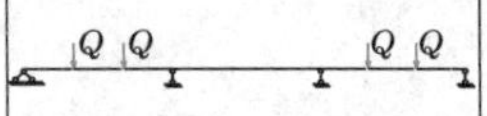 Q Q Q Q	0.289 130.05	0.244* 109.80	−0.133 −59.85	−0.133 −59.85	−0.133 −59.85	−0.133 −59.85	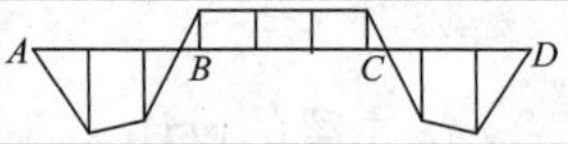 A B C D
③	 Q Q	−0.044* −19.80	−0.089* −40.05	−0.133 −59.85	0.200 90.0	0.200 90.0	−0.133 −59.85	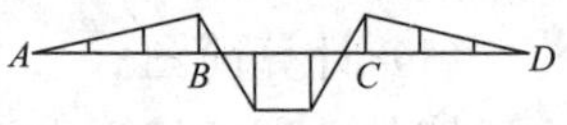 A B C D
④	 Q Q Q Q	0.229 103.05	0.126* 56.70	−0.311 −139.95	0.096* 43.20	0.170 76.5	−0.089 −40.05	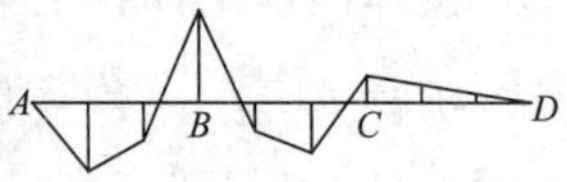 A B C D
⑤	 Q Q Q Q	−0.089/3 −13.35	−0.059* −26.55	−0.089 −40.05	0.170 76.5	0.096* 43.20	−0.311 −139.95	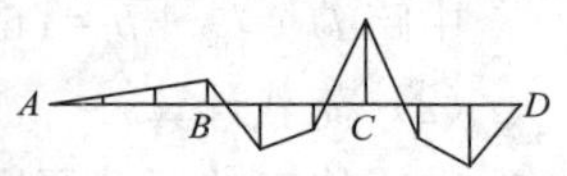 A B C D
内力组合	①+②	316.56	228.28	−263.95	−8.57	−8.57	−263.95	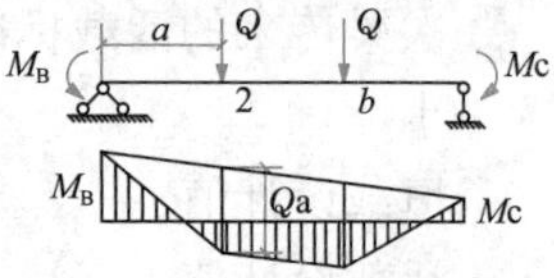
	①+③	166.71	78.43	−263.95	141.22	141.22	−263.95	*此处的弯矩可通过隔离体，由平衡条件确定，如图所示：
	①+④	289.56	175.18	−344.05	94.42	127.72	−244.15	
	①+⑤	173.16	91.93	−244.15	127.72	94.42	−344.05	M_B a Q 2 Q b Mc
最不利内力	组合项次	①+③	①+③	①+④	①+②	①+②	①+⑤	
	M_{min}(kN·m)	166.71	78.43	−344.05	−8.57	−8.57	−344.05	M_B Qa Mc
	组合项次	①+②	①+②	①+⑤	①+③	①+③	①+④	
	M_{max}(kN·m)	316.56	228.28	−244.15	141.22	141.22	−263.95	

主梁剪力值计算 **表 5-5**

序号	荷载简图	$\frac{k}{V_A}$	$\frac{k}{V_{Bl}}$	$\frac{k}{M_{Br}}$	剪力示意图
①	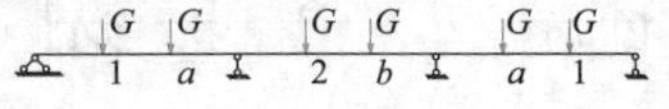 G G 1 a G G 2 b G G a 1	0.733 93.38	−1.267 −162.42	1.000 127.4	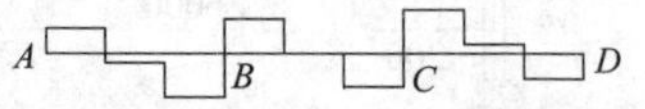 A B C D
③	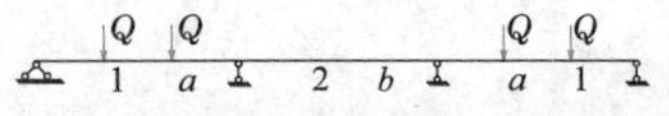 Q Q 1 a 2 b Q Q a 1	0.866 64.95	−1.134 −85.05	0 0	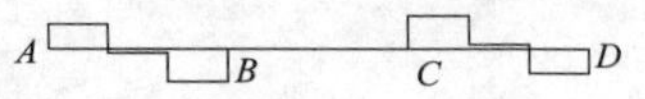 A B C D
④	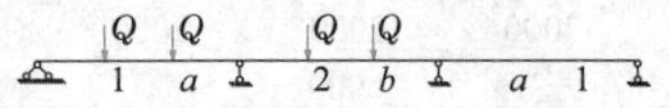 Q Q 1 a Q Q 2 b a 1	0.689 51.68	−1.311 −98.33	1.222 91.65	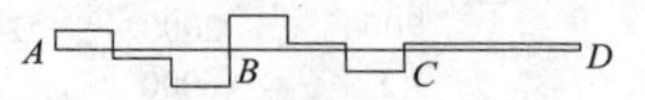 A B C D
⑤	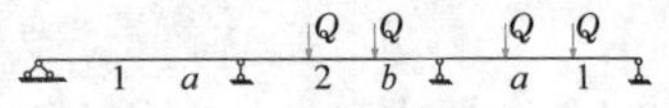 1 a Q Q 2 b Q Q a 1	−0.089 −6.68	−0.089 −6.68	0.778 58.35	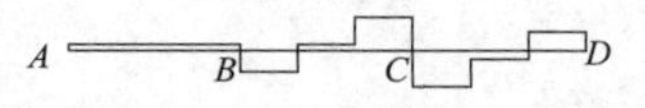 A B C D

续表

序号	荷载简图	$\frac{k}{V_A}$	$\frac{k}{V_{Bl}}$	$\frac{k}{M_{Br}}$	剪力示意图
内力组合	①+③	158.33	−247.47	127.40	注：跨中剪力值由静力平衡确定
	①+④	145.06	−260.75	219.05	
	①+⑤	86.70	−169.10	185.75	
最不利内力	组合项次	①+③	①+④	①+④	
	$\lvert V\rvert_{max}$(kN)	158.33	260.75	219.05	

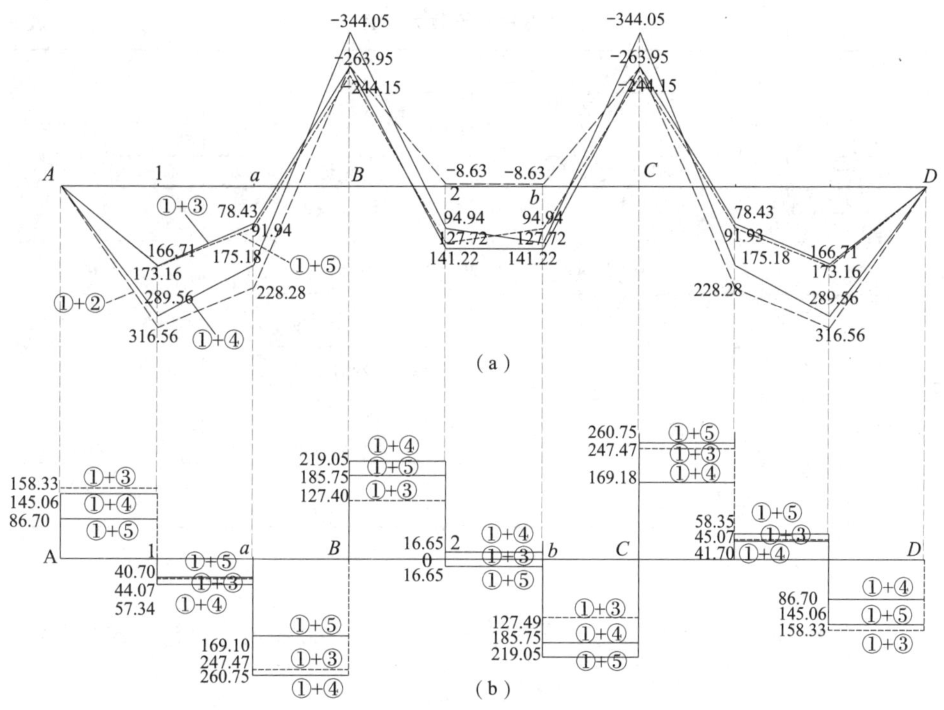

图 5-8　主梁弯矩包络图和剪力包络图

(a) 弯矩包络图；(b) 剪力包络图

(4) 正截面承载力计算

各跨中截面按 T 形截面计算，其翼缘宽度 b_f'取下列两项中的较小者。

$$b_f' = \frac{l}{3} = \frac{6000}{3} = 2000\text{mm}$$

$$b_f' = b + s_n = 200 + 4800 = 5000\text{mm}$$

取 $b_f'=2000$mm。

第 1 跨中的截面有效高度按两排钢筋考虑，则 $h_0=600-70=530$mm。

第 2 跨跨中弯矩较第 1 跨小，故第 2 跨跨中按一排钢筋考虑，则 $h_0=600-45=555$mm。

B、C 支座按矩形截面计算，按两排钢筋考虑：$h_0=600-90=510$mm。

T 形截面类型的判别弯矩为：

$$M = \alpha_1 f_c b_f' h_f'\left(h_0 - \frac{h_f'}{2}\right) = 1.0\times 11.9\times 2000\times 100\times\left(530-\frac{100}{2}\right) = 1142.4\text{kN}\cdot\text{m}$$

$M>M_1$、$M>M_2$，故第 1、2 跨的跨中均属于第一类 T 形截面。

各支座边缘弯矩：

B 支座边缘处，

$$M_{B,e}=M_B-V_0\frac{b}{2}=M_B-(G+Q)\frac{b}{2}$$

$$=-334.05+(127.4+75.0)\times\frac{0.3}{2}=-313.69\text{kN}\cdot\text{m}$$

主梁正截面承载力计算过程见表 5-6。

主梁正截面承载力计算 **表 5-6**

截面	1	B	2
弯矩（kN·m）	316.56	−313.69	141.22
h_0(mm)	530	510	555
截面类型	第一类 T 形	矩形	第一类 T 形
$\alpha_s=\frac{M}{\alpha_1 f_c bh_0^2}$	—	0.4054	—
$\alpha_s=\frac{M}{\alpha_1 f_c b_f' h_0^2}$	0.0474	—	0.0193
$\gamma_s=\frac{1}{2}(1+\sqrt{1-2\alpha_s})$	0.9757	0.7175	0.9903
$A_s=\frac{M}{\gamma_s h_0 f_y}$(mm²)	2040.53	2857.51	856.48
实际钢筋	2Φ20+3Φ25 2101.1mm²	4Φ25+3Φ20 2906.2mm²	3Φ20 942mm²
配筋率验算	$\rho=\frac{A_s}{bh}>\left(0.2\%,\ 45\frac{f_t}{f_y}\%\right)_{max}=0.2\%$		

（5）斜截面承载力计算

$h_w=h-h_f'=600-100=500\text{mm}$，$\frac{h_w}{b}=\frac{500}{250}=2.0<4$，截面尺寸可按下式验算：

$$V\leqslant 0.25\beta_c f_c bh_0$$

主梁斜截面受剪承载力计算结果见表 5-7。

主梁斜截面受剪承载力计算 **表 5-7**

截面	A	$B_左$	$B_右$
V(kN)	158.33	260.75	219.05
$0.25\beta_c f_c bh_0$(kN)	$V<394.19$	$V<379.31$	$V<379.31$
$0.7f_t bh_0$(kN)	$V>117.79$	$V>113.35$	$V>113.35$
箍筋肢数、直径	双肢，ϕ8	双肢，ϕ8	双肢，ϕ8
$s=\frac{f_{yv}nA_{sv1}h_0}{V-0.7f_t bh_0}$(mm)	355.10	93.98	131.06
实际配箍	ϕ8@90	ϕ8@90	ϕ8@130
最小配箍率验算	$\rho_{sv}>\rho_{sv,min}$	$\rho_{sv}>\rho_{sv,min}$	$\rho_{sv}>\rho_{sv,min}$

注：$\rho_{sv,min}=0.24\frac{f_t}{f_{yv}}=0.24\times\frac{1.27}{270}=0.113\%$。

（6）裂缝宽度验算

主梁的恒载标准值 $G_k=98\text{kN}$，活载标准值 $Q_k=50\text{kN}$，活载准永久值 $Q_q=\psi_q Q_k=$

0.1×50=5.0kN。

1）第一跨裂缝宽度验算

由荷载准永久组合引起的跨中最大弯矩为：

$$M_{1q}=(0.244G_k+0.289Q_q)l_1$$
$$=(0.244\times98+0.289\times5.0)\times6.0=152.14\text{kN}\cdot\text{m}$$

则，

$$\sigma_{sq}=\frac{M_{1q}}{0.87A_sh_0}=\frac{152.14\times10^6}{0.87\times2101.1\times530}=157.04\text{N/mm}^2$$

$$\rho_{te}=\frac{A_s}{A_{te}}=\frac{2101.0}{0.5\times250\times600}=0.028>0.01$$

$$\psi=1.1-\frac{0.65f_{tk}}{\rho_{te}\sigma_{sq}\alpha_2}=1.1-\frac{0.65\times1.78}{0.028\times157.04\times1.0}=0.8369>0.4$$

$$d=\frac{4A_s}{u}=\frac{4\times2101.1}{\pi(2\times20+3\times25)}=23.26\text{ mm}$$

最大裂缝宽度：

$$w_{max}=1.8\psi\frac{\sigma_{sq}}{E_s}\left(1.5c+0.11\frac{d}{\rho_{te}}\right)(1+\alpha_1)\nu$$
$$=1.8\times0.8369\times\frac{157.04}{2.1\times10^5}\times\left(1.5\times35+0.11\times\frac{23.26}{0.028}\right)(1+0)\times1.0$$
$$=0.162\text{mm}<0.25\text{mm}(\text{满足要求})$$

2）B 支座边裂缝宽度验算

由荷载准永久组合引起的 B 支座最大负弯矩为：

$$M_{Bq}=-(0.267G_k+0.311Q_q)l$$
$$=-(0.267\times98+0.311\times5)\times6.0=-166.33\text{kN}\cdot\text{m}$$

B 支座边缘最大负弯矩为：

$$M_{B,e,q}=M_{Bq}-V_0\frac{b}{2}=-166.33+(98+5)\times\frac{0.25}{2}=153.46\text{kN}\cdot\text{m}$$

则，

$$\sigma_{sq}=\frac{M_{B,e,q}}{0.87A_sh_0}=\frac{153.46\times10^6}{0.87\times2906.2\times510}=119.01\text{N/mm}^2$$

$$\rho_{te}=\frac{A_s}{A_{te}}=\frac{2906.2}{0.5\times250\times600}=0.0388>0.01$$

$$\psi=1.1-\frac{0.65f_{tk}}{\rho_{te}\sigma_{sq}\alpha_2}=1.1-\frac{0.65\times1.78}{0.0388\times119.01\times1.0}=0.8494>0.4$$

$$d=\frac{4A_s}{u}=\frac{4\times2906.2}{\pi(4\times25+3\times20)}=23.13\text{mm}$$

主梁支座负弯矩钢筋的保护层厚度 c 应为板保护层厚度 30mm 加板内负弯矩钢筋直径 8mm 再加次梁负弯矩钢筋直径 16mm，即 $c=30+8+16=54$mm。

最大裂缝宽度：

$$w_{max}=1.8\psi\frac{\sigma_{sq}}{E_s}\left(1.5c+0.11\frac{d}{\rho_{te}}\right)(1+\alpha_1)\nu$$
$$=1.8\times0.8494\times\frac{119.01}{2.1\times10^5}\times\left(1.5\times54+0.11\times\frac{23.13}{0.0388}\right)(1+0)\times1.0$$

$$=0.127\text{mm}<0.25\text{mm}(\text{满足要求})$$

其他支座及跨中最大裂缝宽度均未超过限值，计算过程从略。

（7）挠度验算

第 1 跨正弯矩区段的刚度计算：

按荷载标准组合计算的跨中最大弯矩为：

$$M_{1k}=(0.244G_k+0.289Q_k)l_1$$
$$=(0.244\times98+0.289\times50)\times6.0=230.17\text{kN}\cdot\text{m}$$

由裂缝验算知荷载准永久组合引起的第 1 跨跨中弯矩为：

$$M_{1q}=(0.244G_k+0.289Q_q)l_1$$
$$=(0.244\times98+0.289\times5.0)\times6.0=152.14\text{kN}\cdot\text{m}$$

计算短期刚度所需的参数：

$$\sigma_{sk}=\frac{M_{1k}}{0.87A_sh_0}=\frac{230.17\times10^6}{0.87\times2101.1\times530}=237.58\text{N/mm}^2$$

$$\rho_{te}=\frac{A_s}{A_{te}}=\frac{2101.1}{0.5\times250\times600}=0.028>0.01$$

$$\rho=\frac{A_s}{bh_0}=\frac{2101.1}{250\times530}=0.016$$

$$\psi=1.1-\frac{0.65f_{tk}}{\rho_{te}\sigma_{sk}}=1.1-\frac{0.65\times1.78}{0.028\times237.58}=0.926>0.4$$

$$\gamma'_f=\frac{(b'_f-b)h'_f}{bh_0}=\frac{(2000-250)\times100}{250\times530}=1.32$$

则第 1 跨正弯矩区段的短期刚度为：

$$B_{1s}=\frac{E_sA_sh_0^2}{1.15\psi+0.2+\dfrac{6\alpha_E\rho}{1+3.5\gamma'_f}}=\frac{2.1\times10^5\times2101.1\times530^2}{1.15\times0.926+0.2+6\times\dfrac{2.1\times10^5}{2.8\times10^4}\times\dfrac{0.016}{1+3.5\times1.32}}$$

$$=8.897\times10^{13}\text{N}\cdot\text{mm}^2$$

考虑长期作用影响的刚度为：

$$B_1=\frac{M_{1k}}{M_{1q}(\theta_1-1)+M_{1k}}B_{1s}$$

$$=\frac{230.17}{152.14\times(2-1)+230.17}\times8.897\times10^{13}=5.357\times10^{13}\text{N}\cdot\text{mm}^2$$

B 支座负弯矩区段的刚度计算：

相应于 M_{1k} 的荷载标准组合引起的 B 支座负弯矩为：

$$M'_{Bk}=-(0.267G_k+0.133Q_k)l$$
$$=-(0.267\times98+0.133\times50)\times6.0=-196.9\text{kN}\cdot\text{m}$$

支座边缘处的负弯矩为：

$$M'_{B,e,k}=M'_{Bk}-V_{0k}\frac{b}{2}=-M'_{Bk}-(G_k+Q_k)\frac{b}{2}$$

$$=-196.9+(98+50)\times\frac{0.30}{2}=-174.7\text{kN}\cdot\text{m}$$

相应于 M_{1q} 的荷载准永久组合引起的 B 支座负弯矩为：

$$M'_{Bq}=-(0.267G_k+0.133Q_q)l$$

$$=-(0.267\times 98+0.133\times 5.0)\times 6.0=-161.0\text{kN}\cdot\text{m}$$

支座边缘处的负弯矩为：

$$M'_{\text{B,e,q}}=M'_{\text{Bq}}-V_{0\text{q}}\frac{b}{2}=-M'_{\text{Bk}}-(G_{\text{k}}+Q_{\text{q}})\frac{b}{2}$$

$$=-161.0+(98+5.0)\times\frac{0.30}{2}=-145.55\text{kN}\cdot\text{m}$$

计算短期刚度所需的参数：

$$\sigma_{\text{sk}}=\frac{M'_{\text{B,e,k}}}{0.87A_{\text{s}}h_0}=\frac{145.55\times 10^6}{0.87\times 2906.2\times 510}=112.88\text{N/mm}^2$$

$$\rho_{\text{te}}=\frac{A_{\text{s}}}{A_{\text{te}}}=\frac{2906.2}{0.5\times 250\times 600+(2000-250)\times 100}=0.0116>0.01,\text{取 }\rho_{\text{te}}=0.0116$$

$$\rho=\frac{A_{\text{s}}}{bh_0}=\frac{2906.2}{250\times 510}=0.0228$$

$$\psi=1.1-\frac{0.65f_{\text{tk}}}{\rho_{\text{te}}\sigma_{\text{sk}}}=1.1-\frac{0.65\times 1.78}{0.0116\times 112.88}=0.216<0.4,\text{取 }\psi=0.4$$

则 B 支座负弯矩区段的短期刚度为：

$$B_{\text{Bs}}=\frac{E_{\text{s}}A_{\text{s}}h_0^2}{1.15\psi+0.2+\dfrac{6\alpha_{\text{E}}\rho}{1+3.5\gamma'_{\text{f}}}}=\frac{2.1\times 10^5\times 2906.2\times 510^2}{1.15\times 0.4+0.2+6\times\dfrac{2.1\times 10^5}{2.8\times 10^4}\times 0.0228}$$

$$=9.415\times 10^{13}\text{N}\cdot\text{mm}^2$$

对于翼缘位于受拉区的倒 T 形截面，荷载长期作用影响系数 θ 应增大 20%，则考虑长期作用影响的刚度为：

$$B_{\text{B}}=\frac{M'_{\text{Bk}}}{M'_{\text{Bq}}(1.2\theta-1)+M'_{\text{Bk}}}B_{\text{Bs}}$$

$$=\frac{196.9}{161.0\times(1.2\times 2-1)+196.9}\times 9.415\times 10^{13}=4.390\times 10^{13}\text{N}\cdot\text{mm}^2$$

可见，$0.5B_1<B_{\text{B}}<2B_1$，按规范可取整跨刚度 B_1 为计算挠度，则第一跨的跨中挠度验算：

$$f=\frac{1.883G_{\text{k}}l_1^3}{100B_1}+\frac{2.716Q_{\text{k}}l_1^3}{100B_1}=\frac{1.883\times(98.0\times 10^3)\times 6000^3}{100\times 5.357\times 10^{13}}+\frac{2.716\times(50\times 10^3)\times 6000^3}{100\times 5.357\times 10^{13}}$$

$$=12.92\text{mm}<\frac{l}{200}=\frac{6000}{200}=30\text{mm(符合要求)}$$

(8) 主梁的附加钢筋计算

由次梁传给主梁的全部集中荷载设计值为：

$$F=1.3\times 91.75+1.5\times 50=194.275\text{kN}$$

考虑此集中荷载全部由吊筋承受，所需的吊筋截面面积为：

$$A_{\text{sb}}=\frac{F}{2f_{\text{y}}\sin 45^\circ}=\frac{194.275\times 10^3}{2\times 300\times 0.707}=457.98\text{mm}^2$$

吊筋选配 2Φ18（$A_{\text{sb}}=509\text{mm}^2$）

(9) 主梁的配筋图

主梁纵向钢筋的弯起和切断应根据弯矩图来确定，主梁配筋图见图 5-9。

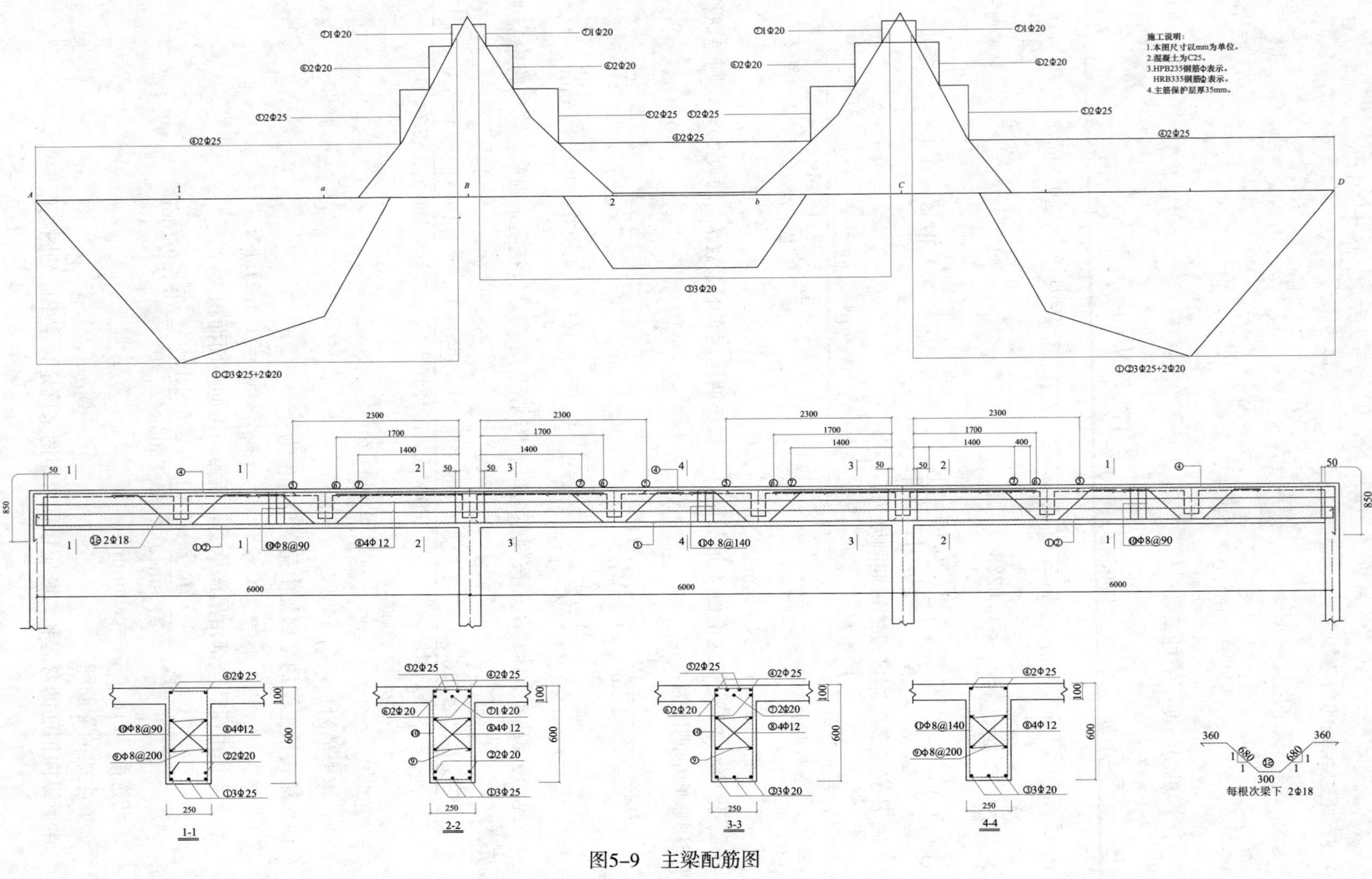
施工说明：
1.本图尺寸以mm为单位。
2.混凝土为C25。
3.HPB235钢筋Φ表示，HRB335钢筋Φ表示。
4.主筋保护层厚35mm。
每根次梁下 2Φ18
1-1
2-2
3-3
4-4

图5-9 主梁配筋图

当纵向钢筋在受拉区截断时，截断点离该钢筋充分利用点的距离应大于 $1.2l_a+1.7h_0$，截断点离该钢筋不需要点的距离应大于 $1.3h_0$ 和 $20d$；当纵向钢筋在受压区截断时，截断点离该钢筋充分利用点的距离应大于 $1.2l_a+h_0$，截断点离该钢筋不需要点的距离应大于 h_0 和 $20d$。

$l_a=\xi l_{ab}=\xi\left(\alpha\dfrac{f_y}{f_t}d\right)$。当 $d=20$mm 时，$l_a=1.0\times\left(0.14\times\dfrac{300}{1.27}\times20\right)=661.42$mm；当 $d=25$mm 时，$l_a=1.0\times\left(0.14\times\dfrac{300}{1.27}\times25\right)=826.77$mm。

5.2 钢筋混凝土圆形水池设计

5.2.1 设计资料

某钢筋混凝土圆形清水池的主要尺寸：水池净直径 $d_n=9.0$m、水池净高度 $H_n=3.5$m 及水池壁厚 $h=200$mm，如图 5-10 所示。采用整体式钢筋混凝土结构，试设计此水池结构。

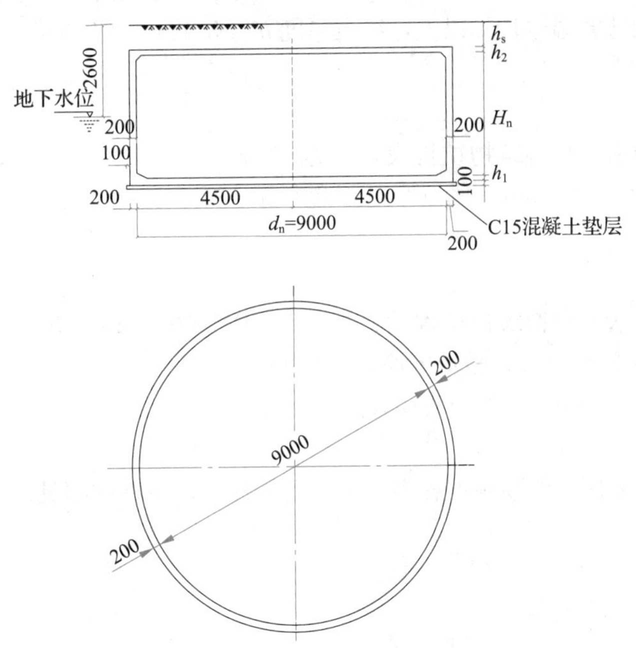

图 5-10 圆形清水池的布置图

荷载及材料如下：

1. 水池构造

水池内壁、顶板底及支柱表面均用 25mm 厚 1∶2 水泥砂浆抹面；水池外壁及顶面均刷冷底子油一道热沥青一道。池底板下设置 100mm 厚 C15 混凝土垫层。

2. 荷载取值

水池顶盖可变荷载标准值 $q_k=1.5\text{kN/m}^2$；

基本雪压：按《建筑结构荷载规范》GB 50009—2012 确定，水池所在地区 $S_0=0.3kN/m^2$；

材料重度：钢筋混凝土 $\gamma_{钢筋混凝土}=25\ kN/m^3$、素混凝土 $\gamma_{混凝土}=23kN/m^3$、覆土 $\gamma_s=18kN/m^3$、土的有效重度 $\gamma_s'=10\ kN/m^3$、水泥砂浆 $\gamma_{砂浆}=20kN/m^3$、水 $\gamma_w=10\ kN/m^3$。

3. 地质资料

由勘测报告提供的资料表明，地下水位于地面（±0.000 标高）以下 2.6m 处，地面 1.5m 以下为粉质黏土土层，土颗粒重度为 $27kN/m^3$，孔隙率 $e=1.0$，内摩擦角 $\varphi=30°$，地基承载力特征值 $f_a=100kN/m^2$。

4. 材料

柱混凝土强度等级：C20～C30，水池混凝土强度等级：不应低于 C25；

柱中受力钢筋采用 HRB335 级、箍筋采用 HPB300 级；水池中受力钢筋均采用 HPB300 级。

5.2.2 水池结构布置、截面尺寸、计算简图

1. 水池结构布置

根据设计要求，水池净直径 $d_n=9.0m$，宜采用中心有柱的圆形水池。根据水池所在地区室内外计算最低气温－10℃以上，覆土厚度 $h_s\geqslant300mm$，本设计暂取 $h_s=700mm$。

2. 水池截面尺寸

（1）顶板、底板

根据《给水排水工程构筑物结构设计规范》GB 50069—2002 规定，混凝土水池的受力底板厚度不宜小于 200mm；顶板厚度不宜小于 150mm。故取顶板 $h_2=150mm$、底板 $h_1=200mm$。

（2）池壁

根据《给水排水工程构筑物结构设计规范》GB 50069—2002 规定，混凝土水池的受力壁板厚度不宜小于 200mm，故取壁厚 $h=200mm$。

水池净高 $H_n=3.5m$、水池净直径 $d_n=9.0m$。

（3）柱帽

有覆土水池，采用有帽顶板的柱帽。选用上柱柱帽、下柱柱帽见图 5-11 所示。

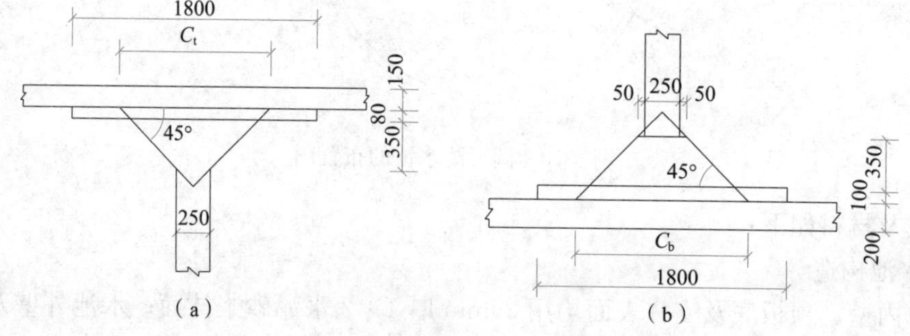

图 5-11 上柱柱帽、下柱柱帽

（a）上柱柱帽；（b）下柱柱帽

上柱柱帽的计算宽度：$C_t=250+(350+80)\times2=1110\text{mm}$

下柱柱帽的计算宽度：$C_b=(250+100)+(350+100)\times2=1250\text{mm}$

（4）柱

柱截面尺寸采用正方形，且 $b\times h\geqslant250\text{mm}\times250\text{mm}$，取 $b\times h=250\text{mm}\times250\text{mm}$。则，柱的计算长度

$$l_0=0.7\left(H_n-\frac{C_t+C_b}{2}\right)=0.7\times\left(3.5-\frac{1.11+1.25}{2}\right)=1.624\text{m}$$

$\frac{l_0}{b}=\frac{1.624}{0.25}=6.5<30$，可以。

综上所述，圆形清水池的结构布置如图 5-12 所示。

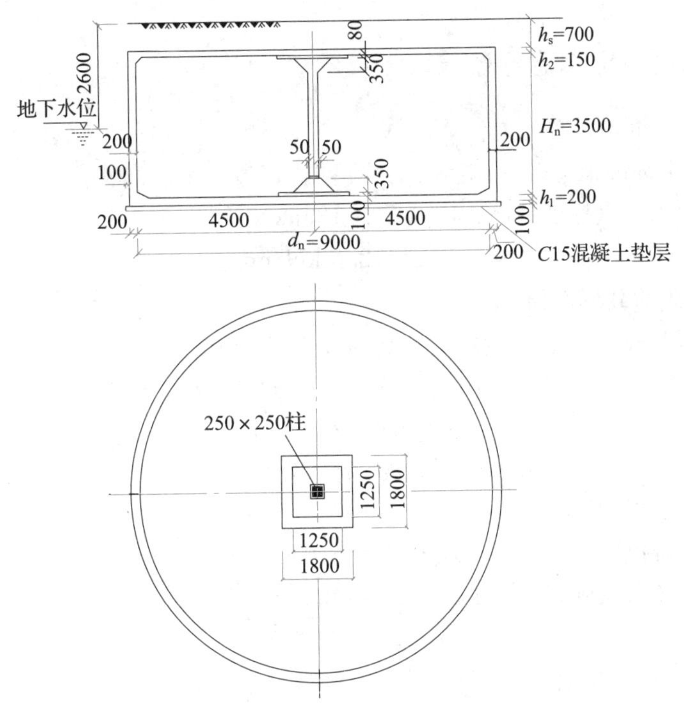

图 5-12　圆形清水池的结构布置图

3. 计算简图

池顶和池底与池壁的连接设计成弹性嵌固。

池壁的计算高度：$H=H_n+\frac{h_1}{2}+\frac{h_2}{2}=3500+\frac{200}{2}+\frac{150}{2}=3675\text{mm}$

水池计算直径：$d=d_n+h=9000+200=9200\text{mm}$

顶板、底板均按有中心支柱圆形平板计算，顶板及底板中心支柱的柱帽计算宽度分别为 $C_t=1.11\text{m}$、$C_b=1.25\text{m}$。

水池的计算简图见图 5-13 所示。

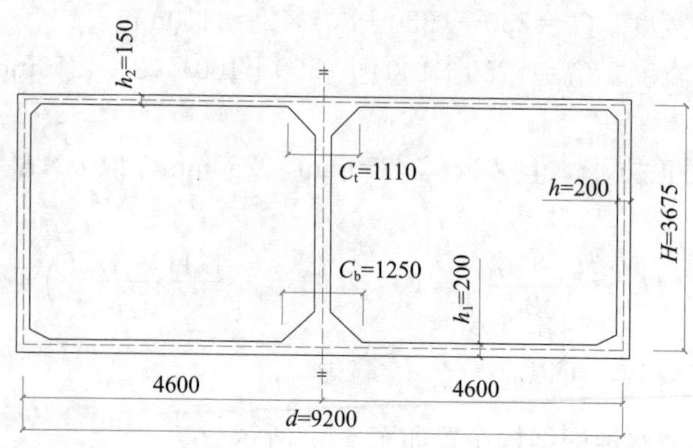

图 5-13 水池计算简图

5.2.3 水池抗浮稳定性验算

1. 水池自重标准值计算

(1) 覆土自重标准值 g_{sk}

700mm 厚覆土自重标准值　$18\times0.70=12.6\text{kN/m}^2$

$$g_{sk}=12.6\ \text{kN/m}^2$$

(2) 顶盖永久荷载标准值 $g_{sl,2,k}$

150mm 厚顶盖板　$25\times0.15=3.75\text{kN/m}^2$

25mm 厚 1∶2 水泥砂浆　$20\times0.025=0.5\ \text{kN/m}^2$

$$g_{sl,2,k}=4.25\ \text{kN/m}^2$$

注：现浇整体式池顶采用冷底子油打底再刷一道热沥青作为防水层，其重量甚微，可以忽略不计。

(3) 底板自重标准值 $g_{sl,1,k}$

200mm 厚底盖板　$25\times0.20=5.0\ \text{kN/m}^2$

25mm 厚 1∶2 水泥砂浆　$20\times0.025=0.5\ \text{kN/m}^2$

$$g_{sl,1,k}=5.5\text{kN/m}^2$$

(4) 水池壁自重标准值 $G_{tk,1}$

200mm 厚水池壁　$\gamma_{钢筋混凝土}\ [\pi\ (d_n+h)\times h\times(H_n+h_1+h_2)]$

$$=25\times[\pi\times(9.0+0.20)\times0.20\times(3.5+0.15+0.20)]=556.4\text{kN}$$

25mm 厚 1∶2 水泥砂浆抹面

$$\gamma_{砂浆}\times\pi\times d_n\times H_n\times0.025=20\times\pi\times9.0\times3.5\times0.025=49.48\text{kN}$$

$$G_{tk,1}=605.88\text{kN}$$

(5) 柱子及柱帽自重标准值 G_{ck}

$$25\times[(0.08+0.10)\times1.8^2+(3.5-2\times0.35-0.08-0.10)\times0.25^2+\frac{1}{6}(0.95^3-0.25^3)+\frac{1}{6}(1.05^3-0.35^3)]=26.83\text{kN}$$

柱子粉饰层自重标准值：

$$20\times[(3.5-2\times0.35-0.08-0.10)\times0.25\times4]\times0.025=1.31\text{kN}$$

$$G_{ck}=28.14\text{kN}$$

2. 整体抗浮验算

池顶覆土重标准值　$G_{sk}=g_{sk}\times\frac{\pi}{4}\ (d_n+2h)^2=12.6\times\frac{\pi}{4}\ (9.0+2\times0.20)^2=874.4\text{kN}$

池顶自重标准值　$G_{sl,2,k}=g_{sl,2,k}\times\frac{\pi}{4}d_n^2=4.25\times\frac{\pi}{4}\times9.0^2=270.37\text{kN}$

池底自重标准值　$G_{sl,1,k}=g_{sl,1,k}\times\frac{\pi}{4}d_n^2=5.5\times\frac{\pi}{4}\times9.0^2=349.90\text{kN}$

池壁自重标准值：$G_{tk,1}=605.88\text{kN}$

柱子及柱帽自重标准值：$G_{ck}=28.14\text{kN}$

水池总自重标准值：$G_{tk}=270.37+349.90+605.88+28.14=1254.29\text{kN}$

总抗浮力标准值 G_R

$$G_R=G_{sk}+G_{tk}=874.4+1254.29=2128.69\text{kN}$$

水池底面上浮托力标准值 q_{fw}

$$q_{fw}=\gamma_w(\overline{H}+h_1)\eta_{fw}=10.0\times(1.75+0.20)\times1.0=19.5\text{kN/m}^2$$

其中，η_{fw} 为浮托力折减系数，取 $\eta_{fw}=1.0$。

水池底面上总浮托力标准值 Q_{fw}

$$Q_{fw}=q_{fw}\times A=q_{fw}\times\frac{\pi}{4}\times(d_n+2\times h)^2=19.5\times\frac{\pi}{4}\times(9.0+2\times0.20)^2=1353.26\text{kN}$$

$$\frac{G_R}{Q_{fw}}=\frac{2128.69}{1353.26}=1.57>1.05(\text{满足要求})$$

3. 局部抗浮验算

池底单位面积上抗浮力 g_R

$$g_R=g_{sk}+g_{sl,2,k}+g_{sl,1,k}+\frac{G_{ck}}{A_{cal}}$$

$$=12.6+4.25+5.5+\frac{28.14}{\frac{\pi}{4}\times4.5^2}=24.12\text{kN/m}^2$$

上式近似地取中心支柱自重分布在直径为 $d_n/2$ 的中心区域内。d_n 为水池净直径，$d_n=9.0\text{m}$。

$$\frac{g_R}{q_{fw}}=\frac{24.12}{19.5}=1.24>1.05(\text{满足要求})$$

5.2.4　水池荷载计算

1. 顶板荷载

(1) 永久荷载标准值

无覆土时，池顶荷载仅考虑顶板自重（包括粉饰）标准值，即

$$g_{sl,2,k}=4.25\text{kN/m}^2$$

$$g_{sl,2}=\gamma_G g_{sl,2,k}=1.3\times4.25=5.525\text{kN/m}^2$$

有覆土时，池顶荷载包括顶板自重（包括粉饰）标准值和覆土自重标准值，即

$$g_{sl,2,k}=4.25+12.6=16.85\text{kN/m}^2$$

$$g_{sl,2}=\gamma_G g_{sl,2,k}=1.3\times16.85=21.905\text{kN/m}^2$$

(2) 可变荷载标准值

取池顶雪荷载和可变荷载两者的较大值，即

$$q_{sl,2,k}=(1.5,0.3)_{max}=1.5\text{kN/m}^2$$

$$q_{sl,2}=\gamma_Q g_{sl,2,k}=1.5\times1.5=2.25\text{kN/m}^2$$

2. 底板荷载

(1) 永久荷载标准值

池顶无覆土时，池底永久荷载标准值为：

$$g_{sl,1,k}=\text{池顶永久荷载标准值}+\frac{\text{池壁和支柱及柱帽自重标准值}}{\text{底面积}}$$

$$g_{sl,1,k}=4.25+\frac{605.88+28.14}{\frac{\pi}{4}\times(9.0+2\times0.20)^2}=13.39\text{kN/m}^2$$

$$g_{sl,1}=\gamma_G q_{sl,1,k}=1.3\times13.39=17.407\text{kN/m}^2$$

池顶有覆土时，池底永久荷载标准值为：

$$g_{sl,1,k}=\text{池顶永久荷载标准值}+\frac{\text{池壁和支柱及柱帽自重标准值}}{\text{底面积}}$$

$$g_{sl,1,k}=16.85+\frac{605.88+28.14}{\frac{\pi}{4}\times(9.0+2\times0.20)^2}=25.99\text{kN/m}^2$$

$$g_{sl,1}=\gamma_G g_{sl,1,k}=1.3\times25.99=33.787\text{kN/m}^2$$

(2) 可变荷载标准值

$$q_{sl,1,k}=q_{sl,2,k}=1.5\text{kN/m}^2$$

$$q_{sl,1}=\gamma_Q q_{sl,1,k}=1.5\times1.5=2.25\text{kN/m}^2$$

3. 池壁荷载

池底处的最大水压力 p_{wk}

$p_{wk}=\gamma_w H_n=10.0\times3.5=35\text{kN/m}^2$ （γ_w 为水的重度，取 $\gamma_w=10.0\text{kN/m}^3$）

$p_w=\gamma_Q p_{wk}=1.3\times35=45.50\text{kN/m}^2$ （γ_Q 为水压力分项系数，取 1.3）

池壁顶端土压力标准值 $p_{epk,2}$

$$p_{epk,2}=\gamma_s(h_s+h_2)\tan^2\left(45°-\frac{\varphi}{2}\right)=18\times(0.7+0.15)\tan^2\left(45°-\frac{30°}{2}\right)=5.10\text{kN/m}^2$$

地面可变荷载引起的池壁附加侧压力沿池壁高度为一常数，其标准值 p_{qk}

$$p_{qk}=q_k\tan^2\left(45°-\frac{\varphi}{2}\right)=1.5\times\tan^2\left(45°-\frac{30°}{2}\right)=0.5\text{kN/m}^2$$

地下水压按三角形分布，池壁底端处的地下水压力标准值 p'_{wk}

$$p'_{wk}=\gamma_w H'_w=10\times1.75=17.5\text{kN/m}^2$$

底端土压力标准值 $p_{epk,1}$

$$\begin{aligned}p_{epk,1}&=\gamma_s(h_s+h_2+H_n-H'_w)\tan^2\left(45°-\frac{\varphi}{2}\right)+\gamma'_s H'_w\tan^2\left(45°-\frac{\varphi}{2}\right)\\&=18\times(0.7+0.15+3.5-1.75)\times\tan^2\left(45°-\frac{30°}{2}\right)+10\times1.75\times\tan^2\left(45°-\frac{30°}{2}\right)\\&=21.43\text{kN/m}^2\end{aligned}$$

故池顶外侧的压力设计值 p_2

$$p_2=\gamma_G p_{epk,2}+\gamma_Q p_{qk}=1.3\times5.10+1.5\times0.5=7.38\text{kN/m}^2$$

池底外侧的压力设计值 p_1

$$p_1=\gamma_G p_{epk,1}+\gamma_Q p_{qk}+\gamma_Q p'_{wk}$$

$$=1.3\times21.43+1.5\times0.5+1.3\times17.5=51.36\text{kN/m}^2$$ （γ_Q 为水压力分项系数，取1.3）

综上所述，水池的荷载分布如图5-14所示。

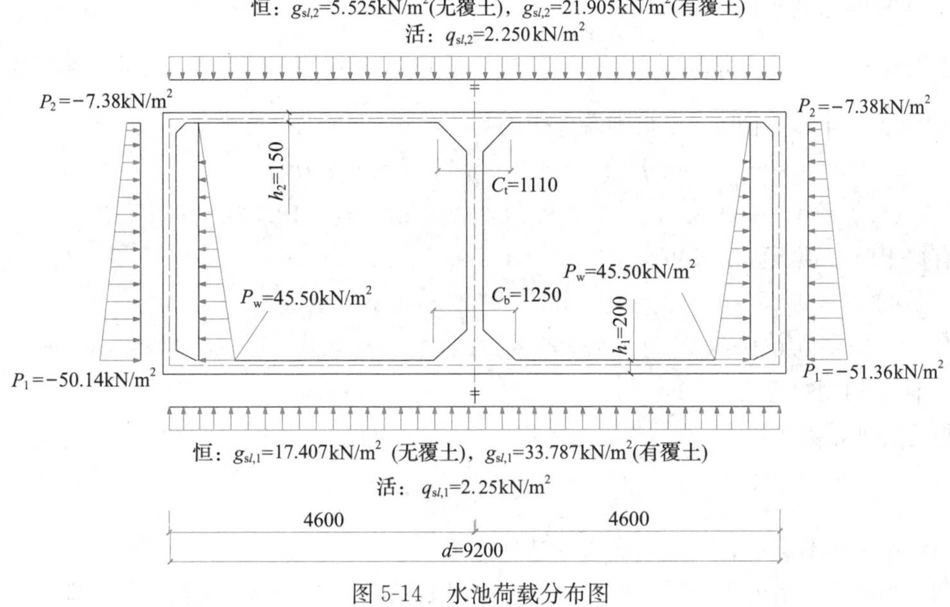

图5-14 水池荷载分布图

5.2.5 地基承载力验算

覆土重、水池自重及垫层重的荷载采用标准值；混凝土垫层的重度取 $\gamma_c=23\text{kN/m}^3$；池顶可变荷载标准值 $q_k=1.5\text{kN/m}^2$。则地基土的应力为 p_k：

$$p_k=\text{池顶可变荷载标准值}(q_k)+\text{池顶覆土重标准值}(\gamma_s h_s)+\frac{\text{水池总重标准值}(G_{tk})}{\text{底面积}\left[\frac{\pi}{4}(d_n+2h)^2\right]}$$

$$+\text{池底单位面积水重标准值}(\gamma_w H_n)+\text{单位面积垫层重标准值}(\gamma_c h_3)$$

即，

$$p_k=q_k+\gamma_s h_s+\frac{G_{tk}}{\frac{\pi}{4}(d_n+2h)^2}+\gamma_w H_n+\gamma_c h_3$$

$$=1.5+18\times0.7+\frac{1254.29}{\frac{\pi}{4}(9.0+2\times0.20)^2}+10\times3.5+23\times0.10$$

$$=69.47\text{kN/m}^2<f_a=100\text{kN/m}^2$$ （满足要求）

5.2.6 顶板、底板及池壁的固端弯矩计算

1. 顶板的固端弯矩

由附表6-1（1）查得，当 $\beta=\frac{C_t}{d}=\frac{1.11}{9.20}=0.121$、$\rho=\frac{x}{r}=1.0$ 时，顶板固端弯矩系数

为－0.0519。当无覆土时，顶板固端弯矩为：

$$\overline{M}_{sl,2}=-0.0519q_{sl,2}r^2=-0.0519\times(\gamma_G g_{sl,2k})r^2$$
$$=-0.0519\times(1.3\times4.25)\times4.6^2=-6.07\text{kN}\cdot\text{m/m}$$

有覆土时，顶板固端弯矩为：

$$\overline{M}_{sl,2}=-0.0519q_{sl,2}r^2=-0.0519\times(\gamma_G g_{sl,2k}+\gamma_Q q_k)r^2$$
$$=-0.0519\times(1.3\times16.85+1.5\times1.5)\times4.6^2=-26.53\text{kN}\cdot\text{m/m}$$

2. 底板的固端弯矩

由附表 6-1（1）查得，当 $\beta=\dfrac{C_b}{d}=\dfrac{1.25}{9.20}=0.136$、$\rho=\dfrac{x}{r}=1.0$ 时，顶板固端弯矩系数为－0.0504。当无覆土时，顶板固端弯矩为：

$$\overline{M}_{sl,1}=-0.0504q_{sl,1}r^2=-0.0504\times(\gamma_G g_{sl,1k})r^2$$
$$=-0.0504\times(1.3\times13.39)\times4.6^2=-18.56\text{kN}\cdot\text{m/m}$$

有覆土时，顶板固端弯矩为：

$$\overline{M}_{sl,1}=-0.0504q_{sl,1}r^2=-0.0504\times(\gamma_G g_{sl,1k}+\gamma_Q q_k)r^2$$
$$=-0.0504\times(1.3\times25.99+1.5\times1.5)\times4.6^2=-38.43\text{kN}\cdot\text{m/m}$$

3. 池壁的固端弯矩

池壁特征常数为：

$$\frac{H^2}{dh}=\frac{3.675^2}{9.2\times0.20}=7.34$$

（1）第一种荷载组合（池内满水、池外无土）

当池内满水、池外无土时，池壁固端弯矩可利用附表 6-2（3）进行计算，即

底端（$x=1.0H$）：

$$\overline{M}_1=-0.0161p_w H^2=-0.0161(\gamma_Q p_{wk})H^2$$
$$=-0.0161\times(1.3\times35)\times3.675^2=-9.89\text{kN}\cdot\text{m/m}(\text{内壁受拉})$$

顶端（$x=0.0H$）：

$$\overline{M}_2=-0.00446p_w H^2=-0.00446(\gamma_Q p_{wk})H^2$$
$$=-0.00446\times(1.3\times35)\times3.675^2=-2.74\text{kN}\cdot\text{m/m}(\text{内壁受拉})$$

（2）第二种荷载组合（池内无水、池外有土）

当池内无水、池外有土时，将梯形分布的外侧压力分解成两部分，一部分为三角形荷载，一部分为矩形荷载，然后利用附表 6-2（3）和附表 6-2（8），用叠加法计算池壁固端弯矩，即

底端（$x=1.0H$）：

$$\overline{M}_1=-0.0161(p_1-p_2)H^2-0.0205p_2H^2$$
$$=-0.0161\times(-51.36+7.38)\times3.675^2+0.0205\times7.38\times3.675^2$$
$$=11.65\text{kN}\cdot\text{m/m}(\text{外壁受拉})$$

顶端（$x=0.0H$）：

$$\overline{M}_2=-0.00446(p_1-p_2)H^2-0.0205p_2H^2$$
$$=-0.00446\times(-51.36+7.38)\times3.675^2+0.0205\times7.38\times3.675^2$$
$$=4.69\text{kN}\cdot\text{m/m}(\text{外壁受拉})$$

(3) 第三种荷载组合(池内满水、池外有土)

这时,将上述两种荷载组合的固端弯矩叠加,即可得池内满水、池外有土时的固端弯矩,即

底端($x=1.0H$):

$$\overline{M}_1=-9.89+11.65=1.76\text{kN}\cdot\text{m/m(外壁受拉)}$$

顶端($x=0.0H$):

$$\overline{M}_2=-2.74+4.69=1.95\text{kN}\cdot\text{m/m(外壁受拉)}$$

4. 顶板、底板及池壁弹性嵌固边界力矩

(1) 各构件的边缘抗弯刚度

1) 顶板(周边固定)

$\beta=\dfrac{C_t}{d}=\dfrac{1.11}{9.20}=0.121$,查附表 6-1 (4) 可得 $k_{sl,2}=0.319$

$$K_{sl,2}=k_{sl,2}\frac{Eh_2^3}{r}=0.319\times\frac{E\times150^3}{4600}=234.05E$$

2) 底板(周边固定)

$\beta=\dfrac{C_b}{d}=\dfrac{1.25}{9.20}=0.136$,查附表 6-1 (4) 可得 $k_{sl,1}=0.3256$

$$K_{sl,1}=k_{sl,1}\frac{Eh_1^3}{r}=0.3256\times\frac{E\times200^3}{4600}=566.26E$$

3) 池壁(两端固定)

$\dfrac{H^2}{dh}=7.34$,查附表 6-2 (16) 可得 $k_{M\beta}=0.858$

$$K_w=k_{M\beta}\frac{Eh^3}{H}=0.858\times\frac{E\times200^3}{3675}=1867.76E$$

(2) 顶板、底板及池壁弹性嵌固边界力矩计算

1) 第一种荷载组合(池内满水、池外无土)时的固端弯矩

各构件的固端弯矩:

$$\overline{M}_1=9.89\text{kN}\cdot\text{m/m};\overline{M}_2=-2.74\text{kN}\cdot\text{m/m}$$

$$\overline{M}_{sl,1}=18.56\text{kN}\cdot\text{m/m};\overline{M}_{sl,2}=-6.07\text{kN}\cdot\text{m/m}$$

上述弯矩符号已按力矩分配法的规则作了调整,即以使节点反时针转动为正。

各构件弹性嵌固边界弯矩为:

底端

$$M_1=\overline{M}_1-(\overline{M}_1+\overline{M}_{sl,1})\frac{K_w}{K_w+K_{sl,1}}$$

$$=9.89-(9.89+18.56)\times\frac{1867.76E}{1867.76E+566.26E}$$

$$=-11.94\text{kN}\cdot\text{m/m(壁外受拉)}$$

$$M_{sl,1}=\overline{M}_{sl,1}-(\overline{M}_1+\overline{M}_{sl,1})\frac{K_{sl,1}}{K_w+K_{sl,1}}$$

$$=18.56-(9.89+18.56)\times\frac{566.26E}{1867.76E+566.26E}$$

$$=11.94\text{kN}\cdot\text{m/m(板外受拉)}$$

顶端：
$$M_2=\overline{M}_2-(\overline{M}_2+\overline{M}_{sl,2})\frac{K_w}{K_w+K_{sl,2}}$$
$$=-2.74-(-2.74-6.07)\times\frac{1867.76E}{1867.76E+234.05E}$$
$$=5.09\text{kN}\cdot\text{m/m}\text{（壁外受拉）}$$
$$M_{sl,2}=\overline{M}_{sl,2}-(\overline{M}_2+\overline{M}_{sl,2})\frac{K_{sl,2}}{K_w+K_{sl,2}}$$
$$=-6.07-(-2.74-6.07)\times\frac{234.05E}{1867.76E+234.05E}$$
$$=-5.09\text{kN}\cdot\text{m/m(板外受拉)}$$

2）第二种荷载组合（池内无水、池外有土）时的边界弯矩

各构件的固端弯矩：
$$\overline{M}_1=-11.65\text{kN}\cdot\text{m/m};\overline{M}_2=4.69\text{kN}\cdot\text{m/m}$$
$$\overline{M}_{sl,1}=38.43\text{kN}\cdot\text{m/m};\overline{M}_{sl,2}=-26.53\text{kN}\cdot\text{m/m}$$

底端：
$$M_1=\overline{M}_1-(\overline{M}_1+\overline{M}_{sl,1})\frac{K_w}{K_w+K_{sl,1}}$$
$$=-11.65-(-11.65+38.43)\times\frac{1867.76E}{1867.76E+566.26E}$$
$$=-32.20\text{kN}\cdot\text{m/m}\text{（壁外受拉）}$$
$$M_{sl,1}=\overline{M}_{sl,1}-(\overline{M}_1+\overline{M}_{sl,1})\frac{K_{sl,1}}{K_w+K_{sl,1}}$$
$$=38.43-(-11.65+38.43)\times\frac{566.26E}{1867.76E+566.26E}$$
$$=32.20\text{kN}\cdot\text{m/m(板外受拉)}$$

顶端：
$$M_2=\overline{M}_2-(\overline{M}_2+\overline{M}_{sl,2})\frac{K_w}{K_w+K_{sl,2}}$$
$$=4.69-(4.69-26.53)\times\frac{1867.76E}{1867.76E+234.05E}$$
$$=24.10\text{kN}\cdot\text{m/m}\text{（壁外受拉）}$$
$$M_{sl,2}=\overline{M}_{sl,2}-(\overline{M}_2+\overline{M}_{sl,2})\frac{K_{sl,2}}{K_w+K_{sl,2}}$$
$$=-26.53-(4.69-26.53)\times\frac{234.05E}{1867.76E+234.05E}$$
$$=-24.10\text{kN}\cdot\text{m/m(板外受拉)}$$

3）第三种荷载组合（池内满水、池外有土）时的边界弯矩

各构件的固端弯矩：
$$\overline{M}_1=-1.76\text{kN}\cdot\text{m/m};\overline{M}_2=1.95\text{kN}\cdot\text{m/m}$$
$$\overline{M}_{sl,1}=38.43\text{kN}\cdot\text{m/m};\overline{M}_{sl,2}=-26.53\text{kN}\cdot\text{m/m}$$

底端：
$$M_1=\overline{M}_1-(\overline{M}_1+\overline{M}_{sl,1})\frac{K_w}{K_w+K_{sl,1}}$$
$$=-1.76-(-1.76+38.43)\times\frac{1867.76E}{1867.76E+566.26E}$$
$$=-29.90\text{kN}\cdot\text{m/m}\text{（壁外受拉）}$$

$$M_{sl,1}=\overline{M}_{sl,1}-(\overline{M}_1+\overline{M}_{sl,1})\frac{K_{sl,1}}{K_w+K_{sl,1}}$$

$$=38.43-(-1.76+38.43)\times\frac{566.26E}{1867.76E+566.26E}$$

$$=29.90\text{kN}\cdot\text{m/m}(\text{板外受拉})$$

顶端：

$$M_2=\overline{M}_2-(\overline{M}_2+\overline{M}_{sl,2})\frac{K_w}{K_w+K_{sl,2}}$$

$$=1.95-(1.95-26.53)\times\frac{1867.76E}{1867.76E+234.05E}$$

$$=23.79\text{kN}\cdot\text{m/m}\ (\text{壁外受拉})$$

$$M_{sl,2}=\overline{M}_{sl,2}-(\overline{M}_2+\overline{M}_{sl,2})\frac{K_{sl,2}}{K_w+K_{sl,2}}$$

$$=-26.53-(1.95-26.53)\times\frac{234.05E}{1867.76E+234.05E}$$

$$=-23.79\text{kN}\cdot\text{m/m}(\text{板外受拉})$$

5. 顶板结构内力计算

(1) 顶板弯矩

由以上计算结果可以看出，使顶板产生跨中正弯矩的是第三种荷载组合；而使顶板产生最大边缘负弯矩的是第二种荷载组合。但这两组不同荷载组合下的边界弯矩接近相等，故为了简化计算，均以第二种荷载组合进行计算。

顶板可取如图5-15所示的计算简图。顶板弯矩利用附表6-1（2）和附表6-1（3）以叠加法求得。径向弯矩和切向弯矩的设计值分别见表5-8和表5-9，径向弯矩和切向弯矩的分布见图5-16。

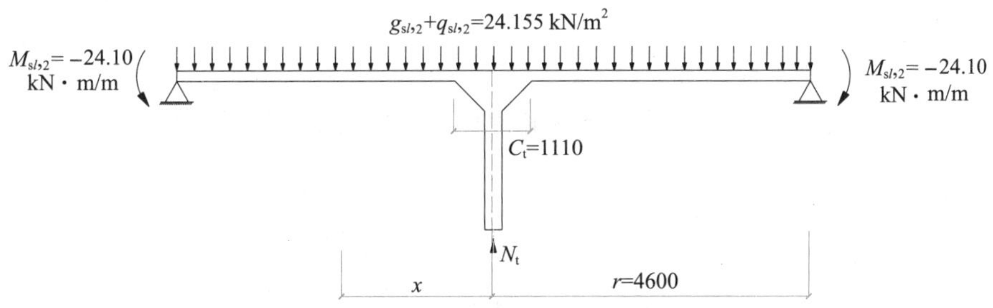

图5-15　顶板计算简图（第二种荷载组合）

顶板的径向弯矩 M_r　　　　表5-8

计算截面 $\xi=\frac{x}{r}$	$g_{sl,2}+q_{sl,2}$作用下的M_r (kN·m/m)		$M_{sl,2}$作用下的M_r (kN·m/m)		M_r (kN·m/m)	$M_r\times2\pi x$ (kN·m)
	$\overline{K}_r$	$\overline{K}_r\times(g_{sl,2}+q_{sl,2})\times r^2$	$\overline{K}_r$	$\overline{K}_r\times M_{sl,2}$		
	①	②	③	④	⑤=②+④	⑤×$2\pi x$
0.121	−0.2236	−114.29	−1.8179	43.81	−70.48	−246.48
0.2	−0.0724	−37.01	−0.7229	17.42	−19.59	−113.24
0.4	0.0344	17.58	0.1513	−3.65	13.93	161.05
0.6	0.0555	28.37	0.5449	−13.13	15.24	264.29
0.5	0.0406	2075	0.8046	−19.39	1.36	31.45
1.00	0.0000	0	1.0000	−24.10	−24.1	−696.55

注：$(g_{sl,2}+q_{sl,2})\times r^2=(1.3\times16.85+1.5\times1.5)\times4.6^2=511.12$kN·m/m；$M_{sl,2}=-24.10$kN·m/m。

顶板的切向弯矩 M_t 表 5-9

计算截面 $\xi=\frac{x}{r}$	$g_{sl,2}+q_{sl,2}$作用下的 M_t (kN·m/m)		$M_{sl,2}$作用下的 M_t (kN·m/m)		M_t (kN·m/m)
	$\overline{K}_t$	$\overline{K}_t\times(g_{sl,2}+q_{sl,2})\times r^2$	$\overline{K}_t$	$\overline{K}_t\times M_{sl,2}$	
	①	②	③	④	⑤=②+④
0.121	−0.0373	−19.07	−0.3031	7.31	−11.76
0.2	−0.0594	−30.36	−0.5348	12.89	−17.47
0.4	−0.0176	−9.00	−0.2497	6.18	−2.82
0.6	0.0100	5.11	0.0348	−0.84	4.27
0.5	0.0193	9.87	0.2563	−6.18	3.69
1.00	0.0139	7.11	0.4341	−10.46	−3.35

注：同表 5-8 注。

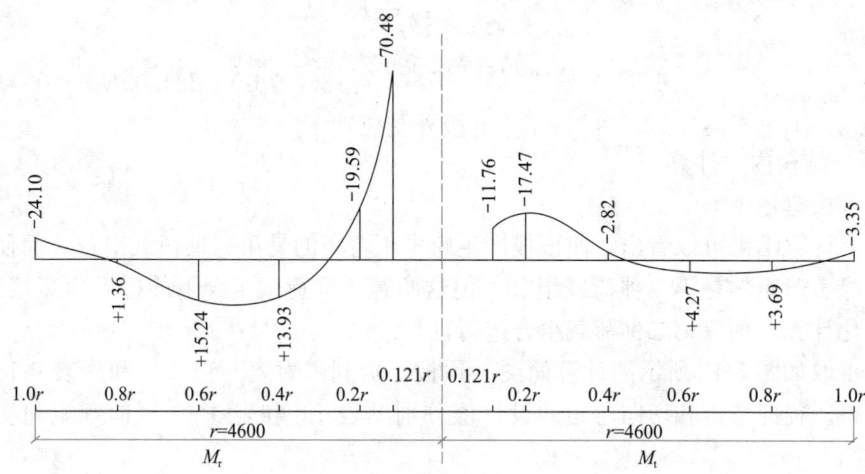

图 5-16 顶板弯矩图（kN·m/m）

（2）顶板传给中心支柱的轴向压力

顶板传给中心支柱的轴向力可以利用附表 6-1（4）的系数按下式计算：

$$N_t = 1.419(g_{sl,2}+q_{sl,2})r^2 + 8.925M_{sl,2}$$
$$= 1.419\times 511.12 + 8.925\times(-24.10) = 510.19\text{kN}$$

（3）顶板周边剪力

$$V_{sl,2} = \frac{(g_{sl,2}+q_{sl,2})\times\frac{\pi d_n^2}{4} - N_t}{\pi d_n}$$

$$= \frac{24.155\times\frac{\pi\times 9.0^2}{4} - 510.19}{\pi\times 9.0} = 36.31\text{kN/m}$$

6. 底板内力计算

（1）底板弯矩

底板的计算简图如图 5-17 所示。

使底板产生最大负弯矩的荷载组合为第二种荷载组合，此时的荷载组合值为：

$$g_{sl,1}+q_{sl,1} = 1.3\times 25.99 + 1.5\times 1.5 = 36.037\text{kN/m}^2$$

$$M_{sl,1} = -32.20\text{kN}\cdot\text{m/m}(\text{板外受拉})$$

使底板跨中产生最大正弯矩的荷载组合为第三种荷载组合，此时的荷载组合值为：

$$g_{sl,1}+q_{sl,1}=1.3\times25.99+1.5\times1.5=36.037\text{kN/m}^2$$

$$M_{sl,1}=-29.90\text{kN}\cdot\text{m/m}(\text{板外受拉})$$

但两种组合仅 $M_{sl,1}$ 有微小的差别（相对差不超过10%），故底板内力均按第二种荷载组合计算。底板的径向弯矩和切向弯矩的设计值分别见表5-10和表5-11，径向弯矩和切向弯矩的分布见图5-18。

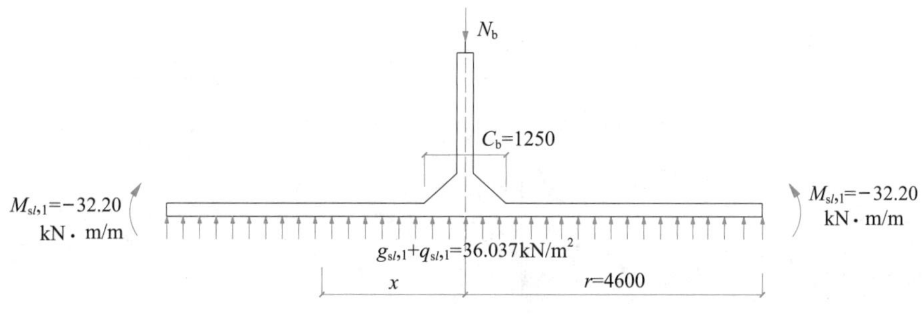

图5-17　底板计算简图

底板的径向弯矩 M_r　　　　**表5-10**

计算截面 $\xi=\frac{x}{r}$	$g_{sl,1}+q_{sl,1}$作用下的 M_r (kN·m/m)		$M_{sl,1}$作用下的 M_r (kN·m/m)		M_r (kN·m/m)	$M_r\times2\pi x$ (kN·m)
	$\overline{K}_r$	$\overline{K}_r\times(g_{sl,1}+q_{sl,1})\times r^2$	$\overline{K}_r$	$\overline{K}_r\times M_{sl,1}$		
	①	②	③	④	⑤=②+④	⑤×2πx
0.136	−0.2050	−156.32	−1.7091	55.03	−101.29	−398.15
0.2	−0.0849	−64.74	−0.8293	26.70	−38.05	−219.95
0.4	0.0304	23.18	0.1183	−3.81	19.37	223.94
0.6	0.0538	41.03	0.5303	−17.08	23.95	415.33
0.8	0.0399	30.43	0.8001	−25.76	4.67	107.98
1.00	0.000	0	1.000	−32.20	−32.20	−930.67

注：$(g_{sl,1}+q_{sl,1})\times r^2=(1.3\times25.99+1.5\times1.5)\times4.6^2=762.54\text{kN}\cdot\text{m/m}$；$M_{sl,1}=-32.20\text{kN}\cdot\text{m/m}$。

底板的切向弯矩 M_t　　　　**表5-11**

计算截面 $\xi=\frac{x}{r}$	$g_{sl,1}+q_{sl,1}$作用下的 M_t (kN·m/m)		$M_{sl,1}$作用下的 M_t (kN·m/m)		M_t (kN·m/m)
	$\overline{K}_t$	$\overline{K}_t\times(g_{sl,1}+q_{sl,1})\times r^2$	$\overline{K}_t$	$\overline{K}_t\times M_{sl,1}$	
	①	②	③	④	⑤=②+④
0.136	−0.0342	−26.08	−0.2848	9.17	−16.91
0.2	−0.0539	−41.10	−0.4892	15.75	−25.35
0.4	−0.0181	−13.80	−0.2538	8.17	−5.63
0.6	0.0091	6.94	0.0262	−0.84	6.10
0.8	0.0184	14.03	0.2486	−8.00	6.03
1.00	0.0132	10.07	0.4284	−13.80	−3.73

注：同表5-10注。

（2）底板周边剪力

底板周边剪力可按下式计算：

$$V_{sl,1}=\frac{(g_{sl,1}+q_{sl,1})\times\frac{\pi d_n^2}{4}-N_b}{\pi d_n}$$

式中，N_b 为中心支柱底端对板的压力，可按下式计算：

$$N_b = N_t + 柱自重设计值 = 510.19 + 1.3 \times 28.14 = 546.77\text{kN}$$

$$V_{sl,1} = \frac{36.037 \times \frac{\pi \times 9.0^2}{4} - 546.77}{\pi \times 9.0} = 61.75\text{kN/m}$$

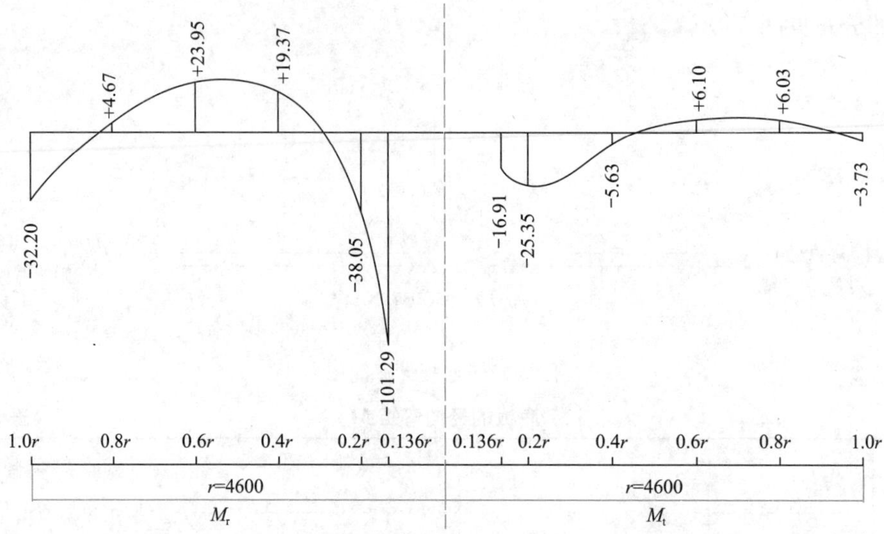

图 5-18　底板弯矩图（kN·m/m）

7. 池壁内力计算

(1) 第一组荷载组合（池内满水、池外无土）

按图 5-19 所示的原则进行计算。$2 < \frac{H^2}{dh} = \frac{3.675^2}{9.2 \times 0.2} = 7.34 < 65$，属于长壁水池。池壁承受的荷载设计值为：$p_w = 45.50\text{kN}\cdot\text{m/m}$；底端边界弯矩 $M_1 = 11.94\text{kN}\cdot\text{m/m}$（壁外受拉）；顶端边界弯矩 $M_2 = 5.09\text{kN}\cdot\text{m/m}$（壁外受拉）。

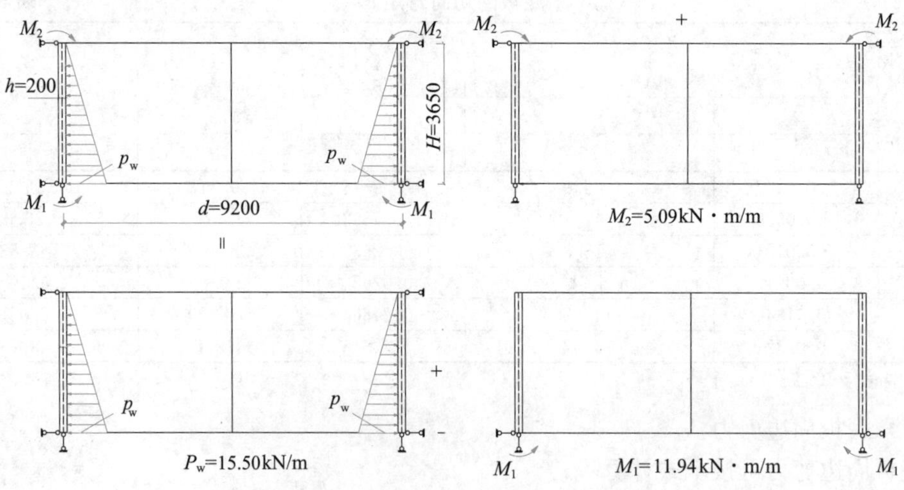

图 5-19　壁端弹性固定时的内力分析

池壁环向力 N_θ 的计算见表 5-12。池壁竖向弯矩 M_x 的计算见表 5-13。

池壁环向力 N_θ 按下列公式计算：

$$N_\theta = k_{N_\theta,1} p_w r + k_{N_\theta,2} \frac{M_1}{h} + k_{N_\theta,3} \frac{M_2}{h}$$

式中　$k_{N_\theta,1}$、$k_{N_\theta,2}$、$k_{N_\theta,3}$——环向拉力系数，由附表6-2（6）和附表6-2（13）查得。

第一种荷载组合（池内满水、池外无土）下环向力 N_θ　　表5-12

$\frac{x}{H}$	x（m）	水压力作用		池底 M_1 作用		顶端 M_2 作用		N_θ（kN/m）
		k_{N_θ}	$k_{N_\theta} p_w r$	k_{N_θ}	$k_{N_\theta} \frac{M_1}{h}$	k_{N_θ}	$k_{N_\theta} \frac{M_2}{h}$	
		①	②	③	④	⑤	⑥	②+④+⑥
0.0	0.000	0.000	0	−0.032	−1.91	0.000	0	−1.19
0.1	0.364	0.1074	22.48	−0.044	−2.63	0.9935	25.29	45.14
0.2	0.727	0.2145	44.90	−0.050	−2.99	1.0566	26.89	68.80
0.3	1.091	0.3295	68.97	−0.0366	−2.19	0.7588	19.31	86.09
0.4	1.45	0.450	94.19	0.0247	1.48	0.420	10.69	106.36
0.5	1.818	0.566	118.46	0.1683	10.05	0.1683	4.28	132.79
0.6	2.181	0.656	137.30	0.420	25.07	0.0247	0.63	163.00
0.7	2.545	0.684	143.16	0.7588	45.30	−0.0366	−0.93	187.53
0.8	2.908	0.602	126.00	1.0566	63.08	−0.050	−1.27	187.81
0.9	3.272	0.369	77.23	0.9935	59.31	−0.044	−1.12	135.42
1.0	3.635	0.000	0	0.000	0	−0.032	−0.81	−0.81

注：1. x 从顶端算起；

2. 表中 $p_w r$=45.50×4.6=209.30kN/m；$\frac{M_1}{h}=\frac{11.94}{0.20}$=59.70kN/m；$\frac{M_2}{h}=\frac{5.09}{0.20}$=25.45kN/m。

池壁竖向弯矩 M_x 按下式计算：

$$M_x = k_{M_{x1}} p_w H^2 + k_{M_{x2}} M_1 + k_{M_{x3}} M_2$$

式中　$k_{M_{x1}}$、$k_{M_{x2}}$、$k_{M_{x3}}$——竖向弯矩系数，由附表6-2（5）和附表6-2（12）查得。

第一种荷载组合（池内满水、池外无土）下的竖向弯矩 M_x　　表5-13

$\frac{x}{H}$	x(m)	水压力作用		池底 M_1 作用		顶端 M_2 作用		M_x（kN·m/m）
		k_{M_x}	$k_{M_x} p_w H^2$	k_{M_x}	$k_{M_x} M_1$	k_{M_x}	$k_{M_x} M_2$	
		①	②	③	④	⑤	⑥	②+④+⑥
0.0	0.000	0.000	0	0.000	0	1.000	5.090	5.090
0.1	0.364	−0.00016	−0.098	−0.001	−0.012	0.5315	2.705	2.595
0.2	0.727	−0.00026	−0.160	−0.011	−0.131	0.198	1.008	0.717
0.3	1.091	−0.0002	−0.123	−0.0275	−0.328	0.016	0.814	0.363
0.4	1.45	0.00013	0.080	−0.048	−0.573	−0.056	−0.285	−0.778
0.5	1.818	0.00102	0.627	−0.065	−0.776	−0.065	−0.331	−0.480
0.6	2.181	0.00245	1.506	−0.056	−0.669	−0.048	−0.244	0.593
0.7	2.545	0.00445	2.735	0.016	0.190	−0.0275	−0.140	2.786
0.8	2.908	0.0062	3.810	0.198	2.364	−0.011	−0.056	6.118
0.9	3.272	0.0054	3.318	0.5315	6.346	−0.001	−0.005	9.659
1.0	3.635	0.000	0	1.000	11.940	0.000	0	11.940

注：1. x 从顶端算起；

2. 表中 $p_w H^2$=45.50×3.675²=614.51kN/m；M_1=11.94kN·m/m；M_2=5.09kN·m/m。

池壁两端的剪力计算如下：

底端
$$V_1=-0.107p_wH+5.008\frac{M_1}{H}$$
$$=-0.107\times45.50\times3.675+5.008\times\frac{11.94}{3.675}$$
$$=1.621\text{kN/m}（向外）$$

顶端
$$V_2=0.00165p_wH+5.008\frac{M_2}{H}$$
$$=0.00165\times45.50\times3.675+5.008\times\frac{5.09}{3.675}$$
$$=7.212\text{kN/m}（向外）$$

以上剪力计算公式及剪力系数见附表 6-2（6）和附表 6-2（13）。

（2）第二组荷载组合（池内无水、池外有土）

这时池壁承受的荷载为：土压力 $p_1=-51.36\text{kN/m}^2$，$p_2=-7.38\ \text{kN/m}^2$；底端边界弯矩 $M_1=32.20\text{kN}\cdot\text{m/m}$（壁外受拉），顶端边界弯矩 $M_2=24.10\text{kN}\cdot\text{m/m}$（壁外受拉）。

将池外梯形分布的土压力分解为两部分（图 5-20），其中三角形部分的底端最大值为：

$$q=p_1-p_2=-51.36-(-7.38)=-43.98\text{kN/m}^2$$

矩形部分为：

$$p=p_2=-7.38\text{kN/m}^2$$

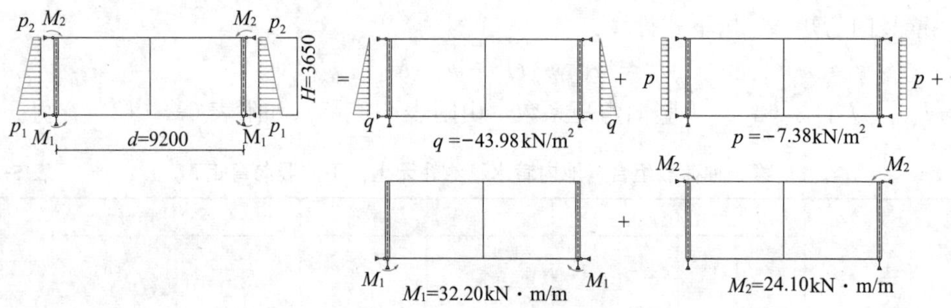

图 5-20　壁端弹性固定时的内力分析

这种荷载组合下的环向力计算见表 5-14，竖向弯矩计算见表 5-15。表中矩形荷载作用下的环向力系数和竖向弯矩系数，分别由附表 6-2（11）和附表 6-2（10）查得。

第二种荷载组合（池内无水、池外有土）下环向力 N_θ　　**表 5-14**

$\frac{x}{H}$	x（m）	三角形荷载作用		矩形荷载作用		池底 M_1 作用		顶端 M_2 作用		N_θ（kN/m）
		k_{N_θ}	$k_{N_\theta}qr$	k_{N_θ}	$k_{N_\theta}pr$	k_{N_θ}	$k_{N_\theta}\frac{M_1}{h}$	k_{N_θ}	$k_{N_\theta}\frac{M_2}{h}$	
		①	②	③	④	⑤	⑥	⑦	⑧	②+④+⑥+⑧
0.0	0.000	0.000	0	0.000	0	−0.032	−5.15	0.000	0	−5.15
0.1	0.364	0.1074	−21.73	0.473	−16.06	−0.044	−7.08	0.9935	119.72	74.85
0.2	0.727	0.2145	−43.40	0.816	−27.70	−0.050	−8.05	1.0566	127.32	48.17
0.3	1.091	0.3295	−66.04	1.014	−34.43	−0.0366	−5.89	0.7588	91.44	−14.92
0.4	1.45	0.450	−91.04	1.106	−37.55	0.0247	3.98	0.420	50.61	−74.00

续表

$\frac{x}{H}$	x（m）	三角形荷载作用		矩形荷载作用		池底 M_1 作用		顶端 M_2 作用		N_θ（kN/m）
		k_{N_θ}	$k_{N_\theta}qr$	k_{N_θ}	$k_{N_\theta}pr$	k_{N_θ}	$k_{N_\theta}\frac{M_1}{h}$	k_{N_θ}	$k_{N_\theta}\frac{M_2}{h}$	
		①	②	③	④	⑤	⑥	⑦	⑧	②+④+⑥+⑧
0.5	1.818	0.566	−114.51	1.131	−38.40	0.1683	27.10	0.1683	20.28	−105.53
0.6	2.181	0.656	−132.72	1.106	−37.55	0.420	67.62	0.0247	2.98	−99.67
0.7	2.545	0.684	−138.38	1.014	−34.43	0.7588	122.17	−0.0366	−4.41	−55.05
0.8	2.908	0.602	−121.79	0.816	−27.70	1.0566	170.11	−0.050	−6.03	14.59
0.9	3.272	0.369	−74.65	0.473	−16.06	0.9935	159.95	−0.044	−5.30	63.94
1.0	3.635	0.000	0	0.000	0	0.000	0	−0.032	−3.86	−3.86

注：1. x 从顶端算起；

2. 表中 $qr=-43.98\times4.6=-202.31$kN/m；$pr=-7.38\times4.6=-33.95$kN/m；$\frac{M_1}{h}=\frac{32.20}{0.2}=161.0$kN/m；$\frac{M_2}{h}=\frac{24.10}{0.2}=120.50$kN/m。

第二种荷载组合（池内无水、池外有土）下的竖向弯矩 M_x　　**表 5-15**

$\frac{x}{H}$	x(m)	三角形荷载作用		矩形荷载作用		池底 M_1 作用		顶端 M_2 作用		M_x（kN·m/m）
		k_{M_x}	$k_{M_x}qH^2$	k_{M_x}	$k_{M_x}pH^2$	k_{M_x}	$k_{M_x}M_1$	k_{M_x}	$k_{M_x}M_2$	
		①	②	③	④	⑤	⑥	⑦	⑧	②+④+⑥+⑧
0.0	0.000	0.000	0	0.000	0	0.000	0	1.000	24.100	24.100
0.1	0.364	−0.00016	0.095	0.00569	−0.567	−0.001	−0.032	0.5315	12.800	12.305
0.2	0.727	−0.00026	0.154	0.00595	−0.593	−0.011	−0.354	0.198	4.771	3.979
0.3	1.091	−0.0002	0.119	0.00425	−0.424	−0.0275	−0.886	0.016	0.386	−0.805
0.4	1.45	0.00013	−0.077	0.00265	−0.264	−0.048	−1.546	−0.056	−1.350	−3.237
0.5	1.818	0.00102	−0.606	0.00195	−0.194	−0.065	−2.093	−0.065	−1.567	−4.460
0.6	2.181	0.00245	−1.455	0.00265	−0.264	−0.056	−1.803	−0.048	−1.157	−4.679
0.7	2.545	0.00445	−2.643	0.00425	−0.424	0.016	0.520	−0.0275	−0.663	−4.245
0.8	2.908	0.0062	−3.683	0.00595	−0.593	0.198	6.376	−0.011	−0.265	1.835
0.9	3.272	0.0054	−3.207	0.00569	−0.567	0.5315	17.114	−0.001	−0.024	13.316
1.0	3.635	0.000	0	0.00	0	1.000	32.200	0.000	0	32.200

注：1. x 从顶端算起；

2. 表中 $qH^2=-43.98\times3.675^2=-593.98$kN·m/m；$pH^2=-7.38\times3.675^2=-99.67$kN·m/m；$M_1=32.20$kN·m/m；$M_2=24.10$kN·m/m。

矩形荷载作用下的剪力系数由附表 6-2（11）查得。池壁两端的剪力计算如下：

底端

$$V_1=-0.107qH+5.008\frac{M_1}{H}-0.0979pH$$

$$=-0.107\times(-43.98)\times3.675+5.008\times\frac{32.20}{3.675}-0.0979\times(-7.38)\times3.675$$

$$=63.83\text{kN/m(向外)}$$

顶端

$$V_2 = -0.00165qH + 5.008\frac{M_2}{H} - 0.00979pH$$

$$= -0.00165 \times (-43.98) \times 3.675 + 5.008 \times \frac{24.10}{3.675} - 0.00979 \times (-7.38) \times 3.675$$

$$= 33.37\text{kN/m}(\text{向外})$$

以上剪力计算公式及剪力系数见附表 6-2（6）、附表 6-2（13）和附表 6-2（11）。

（3）第三种荷载组合（池内满水、池外有土）

如图 5-21 所示，这时池壁承受的荷载设计值为：$p_w = 45.50$kN·m/m

土压力：$p_1 = -51.36$ kN/m²，$p_2 = -7.38$kN/m²

底端边界弯矩：$M_1 = 29.90$kN·m/m（壁外受拉）

顶端边界弯矩：$M_2 = 23.79$kN·m/m（壁外受拉）

池壁环向力和竖向弯矩的计算分别见表 5-16 和表 5-17。

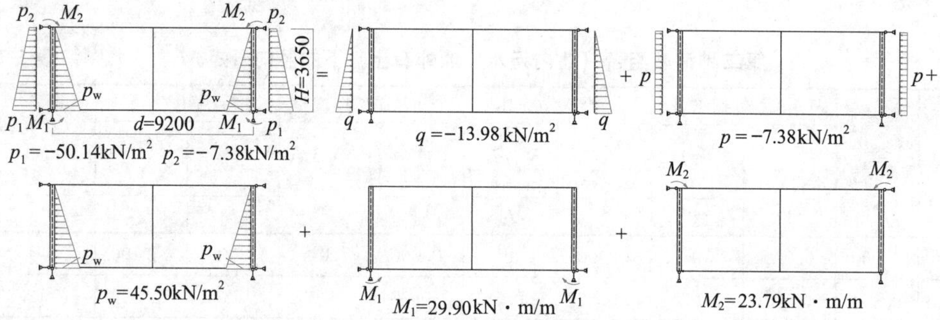

图 5-21　壁端弹性固定时的内力分析

第三种荷载组合（池内满水、池外有土）下环向力 N_θ　　　**表 5-16**

$\frac{x}{H}$	x(m)	水压力作用（表 5-12②）	土压力作用		池底 M_1 作用		顶端 M_2 作用		N_θ (kN/m)
			三角形荷载（表 5-14②）	矩形荷载（表 5-14④）	k_{N_θ}	$k_{N_\theta}\frac{M_1}{h}$	k_{N_θ}	$k_{N_\theta}\frac{M_2}{h}$	
		①	②	③	④	⑤	⑥	⑦	①+②+③+⑤+⑦
0.0	0.000	0	0	0	−0.032	−4.78	0.000	0	−4.78
0.1	0.364	22.48	−21.73	−16.06	−0.044	−6.58	0.9935	118.18	96.29
0.2	0.727	44.90	−43.40	−27.70	−0.050	−7.48	1.0566	125.68	92.00
0.3	1.091	68.97	−66.04	−34.43	−0.0366	−5.47	0.7588	90.26	53.29
0.4	1.45	94.19	−91.04	−37.55	0.0247	3.69	0.420	49.96	19.25
0.5	1.818	118.46	−114.51	−38.40	0.1683	25.16	0.1683	20.02	10.73
0.6	2.181	137.30	−132.72	−37.55	0.420	62.79	0.0247	2.94	32.76
0.7	2.545	143.16	−138.38	−34.43	0.7588	113.44	−0.0366	−4.35	79.449
0.8	2.908	126.00	−121.79	−27.70	1.0566	157.96	−0.050	−5.95	128.52
0.9	3.272	77.23	−74.65	−16.06	0.9935	148.53	−0.044	−5.23	129.82
1.0	3.635	0	0	0	0.000	0	−0.032	−3.81	−3.81

注：1. x 从顶端算起；

2. $\frac{M_1}{h} = \frac{29.90}{0.20} = 149.50$kN/m；$\frac{M_2}{h} = \frac{23.79}{0.20} = 118.95$kN/m。

第三种荷载组合（池内满水、池外有土）下的竖向弯矩 M_x **表 5-17**

$\frac{x}{H}$	x(m)	水压力作用（表 5-13②）	土压力作用		池底 M_1 作用		顶端 M_2 作用		M_x（kN·m/m）
			三角形荷载（表 5-15②）	矩形荷载（表 5-15④）	k_{M_x}	$k_{M_x}M_1$	k_{M_x}	$k_{M_x}M_2$	
		①	②	③	④	⑤	⑥	⑦	①+②+③+⑤+⑦
0.0	0.000	0	0	0	0.000	0	1.000	23.790	23.790
0.1	0.364	−0.098	0.095	−0.567	−0.001	−0.030	0.5315	12.644	12.044
0.2	0.727	−0.160	0.154	−0.593	−0.011	−0.329	0.198	4.710	3.782
0.3	1.091	−0.123	0.119	−0.424	−0.0275	−0.822	0.016	0.381	−0.869
0.4	1.45	0.080	−0.077	−0.264	−0.048	−1.435	−0.056	−1.332	−3.028
0.5	1.818	0.627	−0.606	−0.194	−0.065	−1.944	−0.065	−1.546	−3.663
0.6	2.181	1.506	−1.455	−0.264	−0.056	−1.674	−0.048	−1.142	−3.029
0.7	2.545	2.735	−2.643	−0.424	0.016	0.480	−0.0275	−0.654	−0.508
0.8	2.908	3.810	−3.683	−0.593	0.198	5.920	−0.011	−0.262	5.192
0.9	3.272	3.318	−3.207	−0.567	0.5315	15.892	−0.001	−0.024	15.412
1.0	3.635	0	0	0	1.000	29.900	0.000	0	29.900

注：1. x 从顶端算起；
2. $M_1=29.90$kN·m/m；$M_2=23.79$kN·m/m。

池壁两端的剪力计算如下：

底端

$$V_1=-0.107(p_w+q)H+5.008\frac{M_1}{H}-0.0979pH$$

$$=-0.107\times(45.50-43.98)\times3.675+5.008\times\frac{29.90}{3.675}-0.0979\times(-7.38)\times3.675$$

$$=42.80\text{kN/m(向外)}$$

顶端

$$V_2=-0.00165(p_w+q)H+5.008\frac{M_2}{H}-0.0979pH$$

$$=-0.00165\times(45.50-43.98)\times3.675+5.008\times\frac{23.79}{3.675}-0.0979\times(-7.38)\times3.675$$

$$=35.07\text{kN/m(向外)}$$

以上剪力计算公式及剪力系数见附表 6-2（6）、附表 6-2（11）和附表 6-2（13）。

（4）池壁最不利内力的确定——内力叠合图的绘制

根据以上计算结果所绘出的环向力和竖向弯矩叠合图，如图 5-22 所示。叠合图的外包线即为最不利内力图，由图中可以看出，环向拉力由第一、第三两种荷载组合控制，竖向弯矩主要由第二种荷载组合控制。

剪力只需选择绝对值最大者作为计算依据。比较前面的计算结果，可知最大剪力产生于第二种荷载组合下的底端，即 $V_{max}=63.83$kN/m。

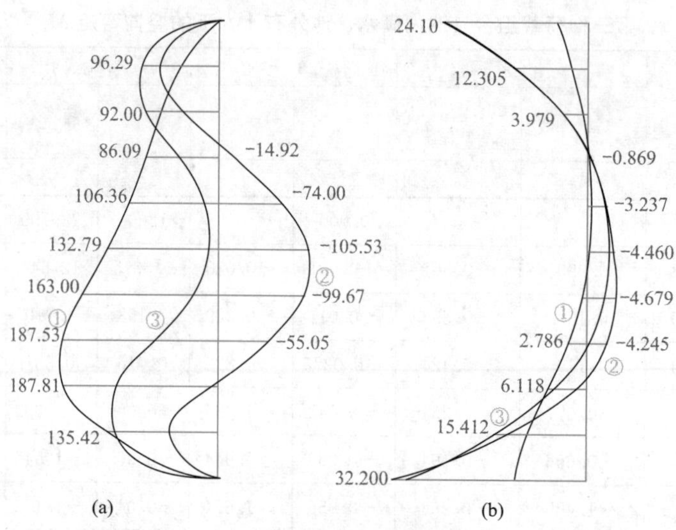

图 5-22　池壁内力叠合图

（a）环向拉力 N_θ；（b）竖向弯矩 M_x

①—第一种荷载组合；②—第二种荷载组合；③—第三种荷载组合

5.2.7　截面设计

1. 顶盖结构

（1）顶板钢筋计算

采用径向钢筋和环向钢筋来抵抗两个方向的弯矩，为了便于排列，径向钢筋按计算点处整个圆周上所需的钢筋截面面积来计算。

取钢筋净保护层厚度为 30mm。径向钢筋置于环向钢筋的外侧，则径向钢筋的 a_s 取 35mm，在顶板边缘及跨间，截面有效高度均为 $h_0=150-35=115$mm；在中心支柱柱帽周边处，板厚应包括帽顶板厚在内，则 $h_0=150+80-35=195$mm。

池体混凝土强度等级 C25（$f_c=11.9\text{N/mm}^2$、$f_t=1.27\text{N/mm}^2$），钢筋采用 HPB300 级（$f_y=270\text{N/mm}^2$）。

径向钢筋的计算见表 5-18，表中：

$$\alpha_s=\frac{M_r}{\alpha_1 f_c b h_0^2}=\frac{M_r}{1.0\times 11.9\times 1000\times h_0^2}=\frac{M_r}{1.19\times 10^4 h_0^2}$$

$$\xi=1-\sqrt{1-2\alpha_s}$$

$$A_s=\xi b h_0\frac{\alpha_1 f_c}{f_y}=\xi\times 2\pi x\times h_0\frac{1.0\times 11.9}{270}=0.277\xi x h_0$$

A_s 为半径为 x 的整个圆周上所需钢筋面积。当混凝土强度等级为 C25 时，板的最小配筋率取 $\left(0.2\%,\ 45\frac{f_t}{f_y}\%\right)_{\max}$，即 $\rho_{\min}=0.212\%$，对应的 $A_{s,\min}$ 为：

$$A_{s,\min}=0.212\%\times 2\pi x\times h=0.0133xh$$

因此，当 $\xi>\dfrac{0.0133}{0.277}\dfrac{h}{h_0}=0.048\dfrac{h}{h_0}$ 时，应按上述确定钢筋截面面积。

径向钢筋计算表 表5-18

截面		M_r (10^6N·mm/m)	h_0 (mm)	α_s	ξ	A_s (mm^2)	配筋
x/r	x(mm)						
0.121	556.6	−70.48	196	0.1542	0.1684	5087.38	34ϕ14 A_s=5232.6mm^2
0.2	920	−19.59	115	0.1245	0.1334	3908.36	
0.4	1840	13.93	115	0.0885	0.0928	5437.71	58ϕ12 A_s=6559.8mm^2
0.6	2760	15.24	115	0.0968	0.1020	8965.19	116ϕ12 A_s=13119.6mm^2
0.8	3680	1.36	115	0.0086	0.0086	1007.85	
1.00	4600	−24.10	115	0.1531	0.1671	24478.49	262ϕ12 A_s=29632.2mm^2

注：r=4.6m。

环向钢筋的计算见表5-19。表中A_s为每米宽度内的钢筋截面面积。环向钢筋置于径向钢筋内侧，取a_s=50mm，各截面的有效高度h_0=150−50=100mm，因此：

$$\alpha_s = \frac{M_t}{\alpha_1 f_c b h_0^2} = \frac{M_t}{1.0\times11.9\times1000\times100^2} = \frac{M_t}{1.19\times10^8}$$

$$\xi = 1-\sqrt{1-2\alpha_s}$$

$$A_s = \xi b h_0\frac{\alpha_1 f_c}{f_y} = \xi\times1000\times100\times\frac{1.0\times11.9}{270} = 4407.41\xi$$

环向钢筋计算表 表5-19

截面		M_t (10^6N·mm/m)	α_s	ξ	A_s (mm^2)	配筋
x/r	x(mm)					
0.121	556.6	−10.85	0.091	0.096	423.11	ϕ10@120 A_s=654.17mm^2
0.2	920	−16.13	0.136	0.148	652.30	
0.4	1840	−2.74	0.023	0.0233	102.69	ϕ8@120 A_s=419.2mm^2
0.6	2760	3.94	0.033	0.034	149.85	ϕ8@120 A_s=419.2mm^2
0.8	3680	3.41	0.029	0.029	127.82	ϕ8@120 A_s=419.2mm^2
1.00	4600	−3.11	0.026	0.026	114.59	ϕ8@120 A_s=419.2mm^2

（2）顶板裂缝宽度验算

1）径向弯矩作用下的裂缝宽度验算

①x=0.121r=0.5566m处，M_r=−70.48kN·m/m。全圈配置34ϕ14，相当于每米弧长内的钢筋截面面积为：

$$A_s = \frac{5232.6}{2\pi\times0.5566} = 1496.22\text{mm}^2/\text{m}$$

按A_{te}计算的配筋率为：

$$\rho_{te} = \frac{A_s}{A_{te}} = \frac{1496.22}{0.5\times1000\times230} = 0.0130 > 0.01$$

池顶荷载设计值与准永久值的比值为：

$$\gamma_q = \frac{1.3 \times 4.25 + 1.3 \times 12.6 + 1.5 \times 1.5}{4.25 + 12.6 + 1.5 \times 0.4} = 1.384$$

则正常使用极限状态下按荷载效应准永久组合计算的径向弯矩值 $M_{r,q}$ 可按下式计算：

$$M_{r,q} = \frac{M_r}{\gamma_q} = \frac{-70.48}{1.354} = -50.93\text{kN} \cdot \text{m/m}$$

裂缝截面的钢筋拉应力为：

$$\sigma_{sq} = \frac{M_{r,q}}{0.87 h_0 A_s} = \frac{50.93 \times 10^6}{0.87 \times 195 \times 1496.22} = 200.64\text{N/mm}^2$$

钢筋应变不均匀系数为：

$$\psi = 1.1 - \frac{0.65 f_{tk}}{\rho_{te} \sigma_{sq} \alpha_2} = 1.1 - \frac{0.65 \times 1.78}{0.0130 \times 200.64 \times 1.0} = 0.6564 > 0.4$$

裂缝宽度验算如下：

$$\begin{aligned} w_{max} &= 1.8\psi \frac{\sigma_{sq}}{E_s}\left(1.5c + 0.11\frac{d}{\rho_{te}}\right)(1+\alpha_1)\nu \\ &= 1.8 \times 0.6564 \times \frac{200.64}{2.1 \times 10^5}\left(1.5 \times 30 + 0.11 \times \frac{14}{0.0130}\right) \times (1+0) \times 1.0 \\ &= 0.185\text{mm} < 0.25\text{mm}(\text{满足要求}) \end{aligned}$$

②$x=0.6r=2.76\text{m}$ 处，$M_r=15.24\text{kN} \cdot \text{m/m}$。全圈配置 116ϕ12，相当于每米弧长内的钢筋截面面积为：

$$A_s = \frac{13119.6}{2\pi \times 2.76} = 756.54\text{mm}^2/\text{m}$$

按 A_{te} 计算的配筋率为：

$$\rho_{te} = \frac{A_s}{A_{te}} = \frac{756.54}{0.5 \times 1000 \times 150} = 0.01$$

则正常使用极限状态下按荷载效应准永久组合计算的径向弯矩值 $M_{r,q}$ 可按下式计算：

$$M_{r,q} = \frac{M_r}{\gamma_q} = \frac{-15.24}{1.384} = -11.01\text{kN} \cdot \text{m/m}$$

裂缝截面的钢筋拉应力为：

$$\sigma_{sq} = \frac{M_{r,q}}{0.87 h_0 A_s} = \frac{11.01 \times 10^6}{0.87 \times 115 \times 756.54} = 145.46\text{N/mm}^2$$

钢筋应变不均匀系数为：

$$\psi = 1.1 - \frac{0.65 f_{tk}}{\rho_{te} \sigma_{sq} \alpha_2} = 1.1 - \frac{0.65 \times 1.78}{0.01 \times 145.46 \times 1.0} = 0.3046 < 0.4, \text{取 } \psi = 0.4$$

裂缝宽度验算如下：

$$\begin{aligned} w_{max} &= 1.8\psi \frac{\sigma_{sq}}{E_s}\left(1.5c + 0.11\frac{d}{\rho_{te}}\right)(1+\alpha_1)\upsilon \\ &= 1.8 \times 0.4 \times \frac{145.46}{2.1 \times 10^5} \times \left(1.5 \times 30 + 0.11 \times \frac{12}{0.01}\right)(1+0) \times 1.0 \\ &= 0.088\text{mm} < 0.25\text{mm}(\text{满足要求}) \end{aligned}$$

同理，可以验算 $x=1.0r=4.6\text{m}$ 处的裂缝宽度未超过允许值，计算过程从略。

2）切向弯矩作用下的裂缝宽度验算

由表 5-19 可以判定只需验算 $x=0.2r=0.92\text{m}$ 处的裂缝宽度，该处 $M_t=-17.47\text{kN} \cdot \text{m/m}$，

按荷载长期效应组合计算的切向弯矩值：

$$M_{t,q}=\frac{M_t}{\gamma_q}=\frac{-17.47}{1.384}=-12.62\text{kN}\cdot\text{m/m}$$

每米宽度内的钢筋截面面积为：A_s=713.64mm^2（ϕ10@110）

按 A_{te} 计算的配筋率为：

$$\rho_{te}=\frac{A_s}{A_{te}}=\frac{713.64}{0.5\times1000\times150}=0.0095<0.01,\text{取}\ \rho_{te}=0.01$$

裂缝截面的钢筋拉应力为：

$$\sigma_{sq}=\frac{M_{t,q}}{0.87h_0A_s}=\frac{12.62\times10^6}{0.87\times100\times713.64}=203.26\text{N/mm}^2$$

钢筋应变不均匀系数为：

$$\psi=1.1-\frac{0.65f_{tk}}{\rho_{te}\sigma_{sq}\alpha_2}=1.1-\frac{0.65\times1.78}{0.01\times203.26\times1.0}=0.5308>0.4$$

裂缝宽度验算如下：

$$\begin{aligned}w_{max}&=1.8\psi\frac{\sigma_{sq}}{E_s}\left(1.5c+0.11\frac{d}{\rho_{te}}\right)(1+\alpha_1)\upsilon\\&=1.8\times0.5308\times\frac{203.26}{2.1\times10^5}\times\left(1.5\times45+0.11\times\frac{10}{0.01}\right)(1+0)\times1.0\\&=0.185\text{mm}<0.25\text{mm}(\text{满足要求})\end{aligned}$$

（3）顶板边缘受剪承载力验算

顶板边缘每米弧长的剪力设计值为 $V_{sl,2}$=36.31kN/m，顶板边缘每米板长内的受剪承载力为：

$$\begin{aligned}V_u&=0.7f_tbh_0=0.7\times1.27\times1000\times115=102235\text{N/m}\\&=102.2\text{kN/m}>V_{sl,2}=36.31\text{kN/m}(\text{满足要求})\end{aligned}$$

（4）顶板受冲切承载力验算

顶板在中心支柱的反力作用下，应按图 5-23 所示验算是否可能沿Ⅰ-Ⅰ截面或Ⅱ-Ⅱ截面发生冲切破坏。

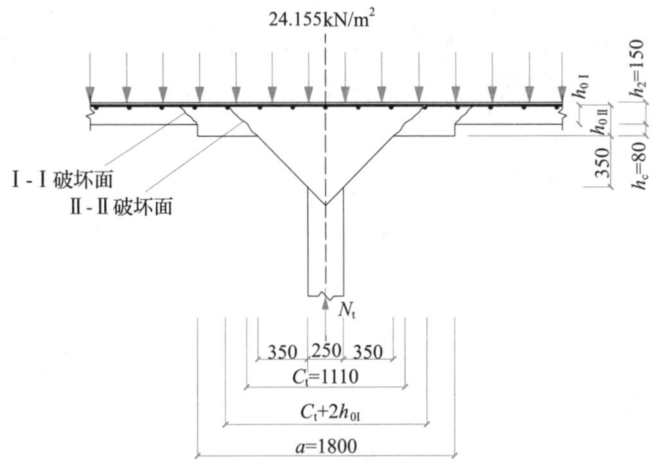

图 5-23　柱帽处受冲切承载力计算简图

1）Ⅰ-Ⅰ截面验算

对Ⅰ-Ⅰ截面，冲切力计算公式可表示为：

$$F_l = N_t - (g_{sl,2} + q_{sl,2})(a + 2h_{0\text{I}})^2$$

由前面已经算得支柱反力，即支柱顶端所承受轴向力 $N_t = 510.19\text{kN}$，顶板荷载 $(g_{sl,2} + q_{sl,2}) = 24.155\text{kN/m}^2$，而 $a = 1800\text{mm}$，$h_{0\text{I}} = 115\text{mm}$，则

$$F_l = 510.19 - 24.155 \times (1.8 + 2 \times 0.115)^2 = 410.65\text{kN}$$

Ⅰ-Ⅰ截面的计算周长为：

$$u_m = 4(a + h_{0\text{I}}) = 4 \times (1800 + 115) = 7660\text{mm}$$

Ⅰ-Ⅰ截面的受冲切承载力为：

$$0.7f_t\eta u_m h_{0\text{I}} = 0.7 \times 1.27 \times 0.65 \times 7660 \times 115 = 509028.1\text{N}$$
$$= 509.03\text{kN} > F_l = 410.65\text{kN}(\text{满足要求})$$

上式中，$\eta = \eta_2 = 0.5 + \frac{\alpha_s h_0}{4u_m} = 0.5 + \frac{40 \times 115}{4 \times 7660} = 0.65$。

2）Ⅱ-Ⅱ截面验算

Ⅱ-Ⅱ截面的冲切力为：

$$F_l = N_t - (g_{sl,2} + q_{sl,2})(C_t + 2h_{0\text{I}})^2$$
$$= 510.19 - 24.155 \times (1.11 + 2 \times 0.115)^2 = 466.82\text{kN}$$

计算周长为：

$$u_m = 4(C_t - 2h_c + h_{0\text{II}}) = 4 \times (1110 - 2 \times 80 + 195) = 4580\text{mm}$$

Ⅱ-Ⅱ截面的受冲切承载力为：

$$0.7f_t\eta u_m h_{0\text{II}} = 0.7 \times 1.27 \times 0.926 \times 4580 \times 195 = 735212.42\text{N}$$
$$= 735.2\text{kN} > F_l = 466.82\text{kN}(\text{满足要求})$$

上式中，$\eta = \eta_2 = 0.5 + \frac{\alpha_s h_0}{4u_m} = 0.5 + \frac{40 \times 195}{4 \times 4580} = 0.926$。

(5) 中心支柱配筋计算

中心支柱按轴心受压构件计算。轴向压力设计值为：

$$N = N_t + \text{柱重设计值} = 510.19 + 1.3 \times 28.14 = 546.77\text{kN}$$

式中，28.14kN 为包括上、下帽顶板及柱帽自重在内的柱重标准值。严格地说，柱重中不应包括下端柱帽及帽顶板的重量，但此项重量在 N 值中所占比例甚微，不扣除偏于安全，故为简化计算，未予扣除。

支柱计算长度近似地取为：

$$l_0 = 0.7\left(H_n - \frac{C_t + C_b}{2}\right) = 0.7 \times \left(3.5 - \frac{1.11 + 1.25}{2}\right) = 1.624\text{m}$$

柱截面尺寸为 $b \times h = 250\text{mm} \times 250\text{mm}$，则柱长细比为：

$$\frac{l_0}{b} = \frac{1624}{250} = 6.5 < 8.0$$

可取 $\varphi = 1.0$，则由

$$N \leqslant 0.9\varphi(f'_y A'_s + f_c A)$$

可得

$$A'_s=\frac{N/0.9-\varphi f_c A}{\varphi f'_y}=\frac{546.77/0.9-1.0\times 11.9\times 250^2}{1.0\times 300}<0$$

故按构造配筋，选用4Φ14（$A'_s=615\text{mm}^2$），配筋率$\rho=\frac{A'_s}{bh}=\frac{615}{250^2}=0.984\%>0.6\%$，一侧纵向钢筋的配筋率为$\rho=\frac{0.984\%}{2}=0.492\%>0.2\%$，符合要求。箍筋按构造要求，选用ϕ8@200。

2. 底板的截面设计和验算

底板的截面设计和验算过程从略，读者可以参照顶板截面设计和验算的内容及方法，这里仅给出相应的底板配筋图。

3. 池壁

(1) 环向钢筋计算

根据图5-22（a）的N_θ叠合图，考虑环向钢筋沿池壁高度分三段配置，即：

1）0～0.4H（顶部0～1.47m），$N_\theta=96.29\text{kN/m}$。每米高所需要的环向钢筋截面面积为：

$$A_s=\frac{N_\theta}{f_y}=\frac{96.29\times 10^3}{270}=356.63\text{mm}^2/\text{m}<\rho_{\min}bh\times 2$$
$$=0.212\%\times 1000\times 200\times 2=848.0\text{mm}^2/\text{m}$$

应取$A_s=848.0\text{mm}^2/\text{m}$，分内外两排配置，每排用ϕ10@140，$A_s=1122\text{mm}^2/\text{m}>A_{s,\min}=848.0\text{mm}^2/\text{m}$。

2）0.4H～0.6H（顶部1.47～2.205m），$N_\theta=163.00\text{kN/m}$。每米高所需要的环向钢筋截面面积为：

$$A_s=\frac{N_\theta}{f_y}=\frac{163.00\times 10^3}{270}=603.70\text{mm}^2/\text{m}<\rho_{\min}bh\times 2$$
$$=0.212\%\times 1000\times 200\times 2=848.0\text{mm}^2/\text{m}$$

应取$A_s=848.0\text{mm}^2/\text{m}$，分内外两排配置，每排用ϕ10@140，$A_s=1122\text{mm}^2/\text{m}$。

3）0.6H～H（顶部2.205～3.675m），$N_\theta=187.81\text{kN/m}$。每米高所需要的环向钢筋截面面积为：

$$A_s=\frac{N_\theta}{f_y}=\frac{187.81\times 10^3}{270}=695.59\text{mm}^2/\text{m}<\rho_{\min}bh\times 2$$
$$=0.212\%\times 1000\times 200\times 2=848.0\text{mm}^2/\text{m}$$

同上，每排用ϕ10@140，$A_s=1122\text{mm}^2/\text{m}$。

(2) 按环向拉力作用下的抗裂要求验算池壁厚度

池壁的环向抗裂验算属于正常使用极限状态验算，应按荷载标准效应组合计算的最大环向拉力$N_{\theta k,\max}$进行验算。$N_{\theta k,\max}$可用最大环拉力设计值$N_{\theta,\max}$除以一个综合的荷载分项系数γ来确定。由前已经算得$N_{\theta,\max}=187.81\text{kN/m}$，此值是由第一种荷载组合（池内满水、池外无土）引起的，根据前面的荷载分项系数取值情况，可取$\gamma=1.27$，则

$$N_{\theta k,\max}=\frac{N_{\theta,\max}}{\gamma}=\frac{187.81}{1.27}=147.88\text{kN/m}$$

由$N_{\theta k,\max}$引起的池壁环向拉应力按下式计算：

$$\sigma_{ck}=\frac{N_{\theta k,max}}{A_c+2\alpha_E A_s}=\frac{147.88\times10^3}{200\times1000+2\times7.5\times1122}=0.6887\text{N/mm}^2$$

式中，$\alpha_E=\frac{E_s}{E_c}=\frac{2.1\times10^5}{2.8\times10^4}=7.5$。

$$\sigma_{ck}=0.6887\text{N/mm}^2<\alpha_{ct}f_{tk}=0.87\times1.78=1.55\text{N/mm}^2$$

抗裂符合要求，说明池壁厚度足够。

（3）斜截面受剪承载力验算

池壁最大剪力设计值 V_{max}＝63.86kN/m，此值是由第二种荷载组合（池内无水、池外有土）引起的。取池壁钢筋净保护层厚度 30mm，则对竖向钢筋可取 a_s＝35mm，$h_0=h-a_s=200-35=165$mm。池壁的受剪承载力为：

$$V_u=0.7f_tbh_0=0.7\times1.27\times1000\times165=146685\text{N/m}$$
$$=146.7\text{kN/m}>V_{max}=63.86\text{kN/m}(\text{满足要求})$$

（4）竖向钢筋计算

1）顶端

顶端 M_2＝24.10kN·m/m（壁外受拉），由第二种荷载组合（池内无水、池外有土）引起，相应的每米宽池壁轴向压力设计值即为顶板周边每米弧长的剪力设计值，即 $N_{x2}=V_{sl,2}$＝36.31kN/m。相对偏心距为

$$\frac{e_0}{h}=\frac{M_2}{N_{x2}h}=\frac{24.10}{36.31\times0.20}=3.319>2.0$$

此时，通常可以忽略轴向压力的影响，按受弯构件计算，即

$$\alpha_s=\frac{M_2}{\alpha_1f_cbh_0^2}=\frac{24.10\times10^6}{1.0\times11.9\times1000\times165^2}=0.0744$$

$$\gamma_s=\frac{1}{2}(1+\sqrt{1-2\alpha_s})=\frac{1}{2}(1+\sqrt{1-2\times0.0744})=0.9613$$

$$A_s=\frac{M_2}{\gamma_sh_0f_y}=\frac{24.10\times10^6}{0.9613\times165\times270}=562.74\text{mm}^2/\text{m}$$

考虑到顶板和池壁顶端的配筋连续性，池壁顶端也和顶板边缘抗弯钢筋一样，采用 ϕ12@110（A_s＝1028 mm²/m＞ρ_{min}bh＝0.212％×1000×200＝424 mm²/m），满足最小配筋量的要求、整个池壁的根数为 262 根，与顶板是一致的。

2）底端

底端 M_1＝32.20kN·m/m（壁外受拉），由第二种荷载组合（池内无水、池外有土）引起，相应的每米宽池壁轴向压力设计值即为顶板周边每米弧长的剪力设计值，即

$$N_{x1}=V_{sl,1}+\text{每米宽池壁自重设计值}$$
$$=61.75+\frac{605.88\times1.3}{\pi\times9.2}=89.00\text{kN/m}$$

相对偏心距为

$$\frac{e_0}{h}=\frac{M_1}{N_{x1}h}=\frac{32.20}{89.00\times0.2}=1.809<2.0$$

考虑到底板和池壁底端的配筋连续性，池壁底端也和底板边缘抗弯钢筋一样，采用 ϕ12@110（A_s＝1028 mm²/m＞$\rho_{min}bh$＝0.212％×1000×200＝424mm²/m），满足最小配筋量的要

求、整个池壁的根数为 262 根，与底板是一致的。池壁内侧选用 ϕ10@130，$A_s'=604.0\ mm^2/m$。

将 N_{x1} 作用点转换到能产生偏心力矩 M_1 的地方，同时考虑附加偏心距 e_a 的影响。对受拉钢筋合力作用点的偏心距为：

$$e=e_0+e_a+\frac{h}{2}-a_s=\frac{M_1}{N_{x1}}+e_a+\frac{h}{2}-a_s$$

$$=\frac{32.20\times10^6}{89.00\times10^3}+20+\frac{200}{2}-35=446.80\text{mm}$$

$$e'=e-h_0+a_s'=446.80-165+35=316.80\text{mm}$$

计算受压区高度：

$$x=(h_0-e)+\sqrt{(h_0-e)^2+\frac{2(f_yA_se+f_y'A_s'e')}{\alpha_1f_cb}}$$

$$=(165-446.80)+\sqrt{(165-446.80)^2+\frac{2\times(270\times1028\times446.80-270\times604\times316.80)}{1.0\times11.9\times1000}}$$

$$=20.81\text{mm}<2a_s'=70\text{mm}$$

故按 $x<2a_s'$ 的情况核算承载力，即

$$N_u=\frac{f_yA_s(h_0-a_s')}{e-h_0+a_s'}=\frac{270\times1028\times(165-35)}{446.80-165+35}=113897.73\text{N/m}$$

$$=113.90\text{kN/m}>N_{x1}=89.00\text{kN/m}$$

说明配筋符合要求。

3）外侧跨中及内侧配筋

从图 5-22（b）可以看出，使内侧受拉的弯矩最大值位于 $x=0.6H=2.205\text{m}$，其值为 $M_x=-4.679\text{kN}\cdot\text{m/m}$。该处相应的轴向压力可取 $V_{sl,2}$ 加 $0.6H$ 的一段池壁自重设计值，即

$$N_x=V_{sl,2}+0.6H\ \text{池壁自重设计值}=36.31+\frac{605.88\times1.3}{\pi\times9.2}\times0.6=52.66\text{kN}$$

相对偏心距为

$$\frac{e_0}{h}=\frac{M_x}{N_xh}=\frac{4.679}{52.66\times0.20}=0.444<2.0$$

应按偏心受压构件计算，由于 $\frac{e_0}{h}=0.444>0.3$，可以按大偏心受压构件计算。

对于 $b\times h=1000\text{mm}\times200\text{mm}$ 的截面来说，N_x 及 M_x 值均甚小，故可以先按构造配筋，只需复核截面承载力，如果承载力足够，即证明按构造配筋成立。根据受压构件（包括偏心受压构件）全部纵向钢筋配筋率不应小于 $\rho_{min}=0.6\%$，一侧纵向钢筋配筋率不应小于 0.2%的要求，池壁每侧钢筋截面面积不应小于：

$$A_{s,min}=A'_{s,min}=0.3\%bh=0.3\%\times1000\times115=345.0\text{mm}^2/\text{m}$$

故外侧采用 ϕ12@220＋ϕ8@220，$A_s'=742\text{mm}^2/\text{m}$。即池壁两端外侧正弯矩钢筋 ϕ12@110 中的一半上下拉通，另一半则按弯矩包络图切断，而池壁中部另加 ϕ8@220 与池上下切断的搭接构成池壁外侧钢筋。池壁内侧选用 ϕ10@130，$A_s'=604\text{mm}^2/\text{m}$，沿全高布置。现在按此配筋验算该截面承载力。

将 N_x 作用点转换到能产生偏心力矩 M_x 的地方，同时考虑附加偏心距 e_a 的影响。对受拉钢筋合力作用点的偏心距为：

$$e = e_0 + e_a + \frac{h}{2} - a_s = \frac{M_x}{N_x} + e_a + \frac{h}{2} - a_s$$

$$= \frac{4.675 \times 10^6}{52.66 \times 10^3} + 20 + \frac{200}{2} - 35 = 173.85\text{mm}$$

$$e' = e - h_0 + a_s' = 173.85 - 165 + 35 = 43.85\text{mm}$$

计算受压区高度

$$x = (h_0 - e) + \sqrt{(h_0 - e)^2 + \frac{2(f_y A_s e + f_y' A_s' e')}{\alpha_1 f_c b}}$$

$$= (165 - 173.85) + \sqrt{(165 - 173.85)^2 + \frac{2 \times (270 \times 604 \times 173.85 - 270 \times 742 \times 43.85)}{1.0 \times 11.9 \times 1000}}$$

$$= 49.17\text{mm} < 2a_s' = 70\text{mm}$$

故按 $x < 2a_s'$ 的情况核算承载力，即

$$N_u = \frac{f_y A_s (h_0 - a_s')}{e - h_0 + a_s'} = \frac{270 \times 604 \times (165 - 35)}{173.85 - 165 + 35} = 483475.49\text{N/m}$$

$$= 483.48\text{kN/m} > N_x = 52.66\text{kN/m}$$

说明按构造配筋符合要求。

（5）竖向弯矩作用下的裂缝宽度验算

池壁顶端：池壁顶部弯矩与配筋均与顶板边缘相同，顶板边缘验算裂缝宽度未超过允许值，故可以判断池壁顶部裂缝宽度也不会超过允许值。池壁中部弯矩值甚小，配筋由构造控制，超出受力甚多，裂缝宽度不必验算。

池壁底端：为了确定荷载准永久组合效应计算的弯矩值 M_{1q}，近似且偏于安全地取综合荷载分项系数 $\gamma_q = 1.27$，则

$$M_{1q} = \frac{M_1}{\gamma_q} = \frac{32.20}{1.27} = 25.35\text{kN} \cdot \text{m/m}$$

按 A_{te} 计算的配筋率为：

$$\rho_{te} = \frac{A_s}{A_{te}} = \frac{1028}{0.5 \times 1000 \times 200} = 0.0103 > 0.01$$

裂缝截面的钢筋拉应力为：

$$\sigma_{sq} = \frac{M_{1q}}{0.87 h_0 A_s} = \frac{25.35 \times 10^6}{0.87 \times 165 \times 1028} = 171.78\text{N/mm}^2$$

钢筋应变不均匀系数为：

$$\psi = 1.1 - \frac{0.65 f_{tk}}{\rho_{te} \sigma_{sq} \alpha_2} = 1.1 - \frac{0.65 \times 1.78}{0.0103 \times 171.78 \times 1.0} = 0.4461 > 0.4$$

所以，取 $\psi = 0.4461$

裂缝宽度验算如下：

$$w_{max} = 1.8 \psi \frac{\sigma_{sq}}{E_s} \left(1.5c + 0.11 \frac{d}{\rho_{te}}\right)(1 + \alpha_1) \upsilon$$

$$= 1.8 \times 0.4461 \times \frac{171.78}{2.1 \times 10^5} \times \left(1.5 \times 30 + 0.11 \times \frac{12}{0.0103}\right)(1 + 0) \times 1.0$$

$$= 0.114\text{mm} < 0.25\text{mm}（满足要求）$$

5.2.8　绘制施工图

顶板内径向钢筋及池壁内竖向钢筋的截断点位置，可以通过绘制材料图并结合构造要求来确定。

图 5-24 是确定顶板径向钢筋截断点的材料图，必须注意，由于径向钢筋是按整个周长上的总量考虑的，故最不利弯矩图也必须是按周长计算的全圈总径向弯矩图。即 $2\pi x M_r$ 的分布图，$2\pi x M_r$ 值已列在表 5-8 的最后一栏。

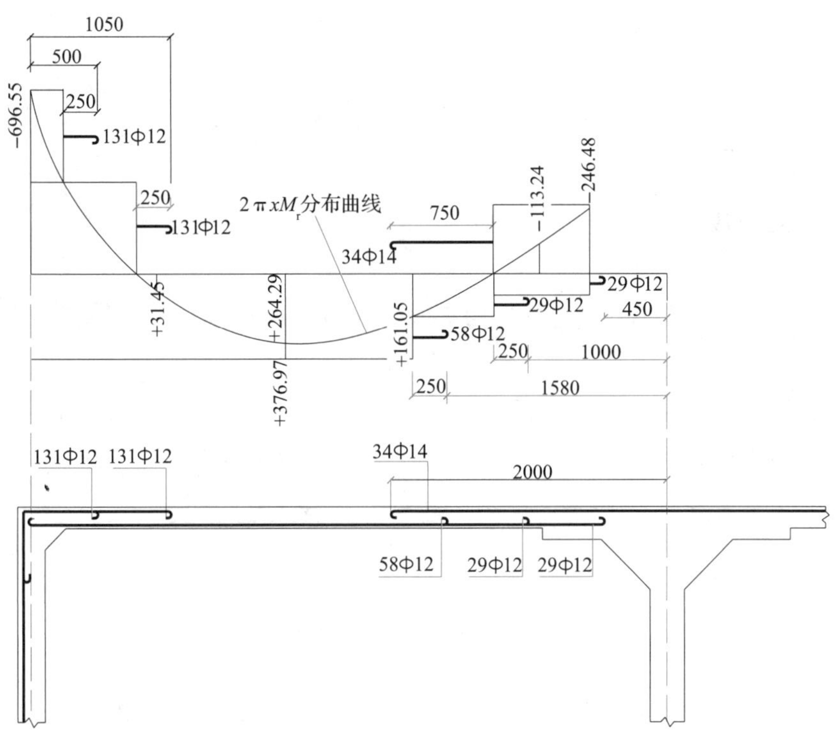

图 5-24　顶板径向钢筋切断点的确定

截面的抵抗弯矩可按下式确定：

$$M_u = \gamma_s h_0 A_s f_y$$

式中　A_s——半径为 x 处的圆周上实际配置的径向钢筋总截面面积；

γ_s——内力臂系数，根据配筋指标值 ξ 确定。

$$\xi = \frac{A_s f_y}{2\pi x h_0 \alpha_1 f_c}$$

注意：抵抗弯矩图 M_u 随 x 值的减小而略有减小，M_u 分布线为略带倾斜的直线。

中心支柱顶部的径向负弯矩钢筋全部伸过负弯矩区后一次截断。这部分的材料图可以不画，但其伸过反弯点的长度，既要满足锚固长度的要求，又必须达到切向弯矩分布图的弯矩变号处，以便于架立柱帽上的环向负弯矩钢筋。根据这一原则，本设计确定的实际切断点在离柱轴线 2000mm 处。

同理，底板径向钢筋切断点见图 5-25。

图 5-26 为池壁 1m 宽竖条的竖向钢筋包络图及竖向钢筋材料图，其画法与普通梁没有

区别。池壁内侧钢筋因不截断，故内侧钢筋的材料图不必画。在画外侧材料图时考虑因最小配筋率需要在高度中部增设的 ϕ8@220。

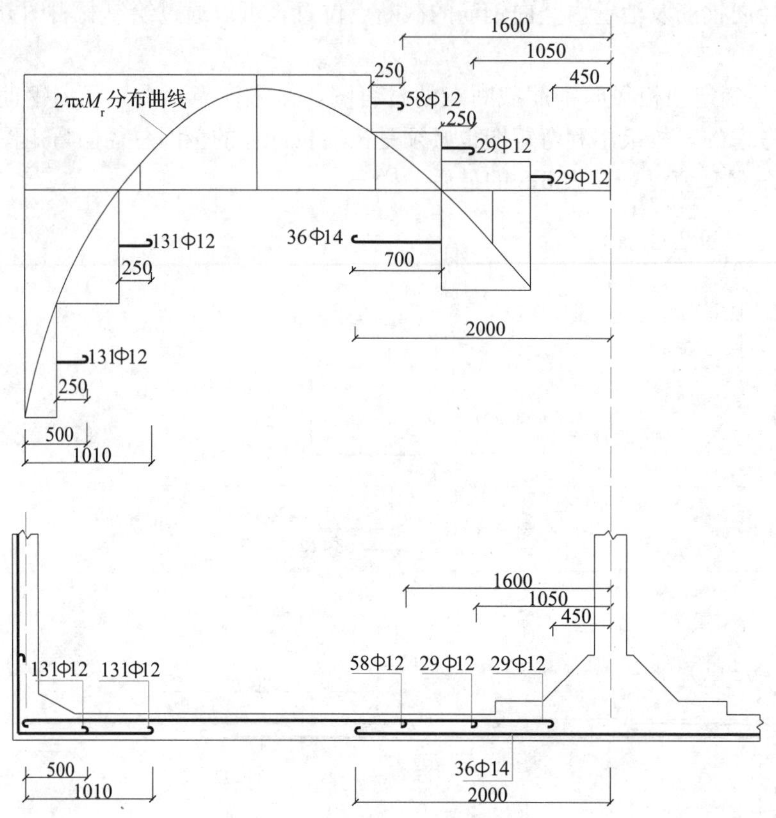

图 5-25　底板径向钢筋切断点

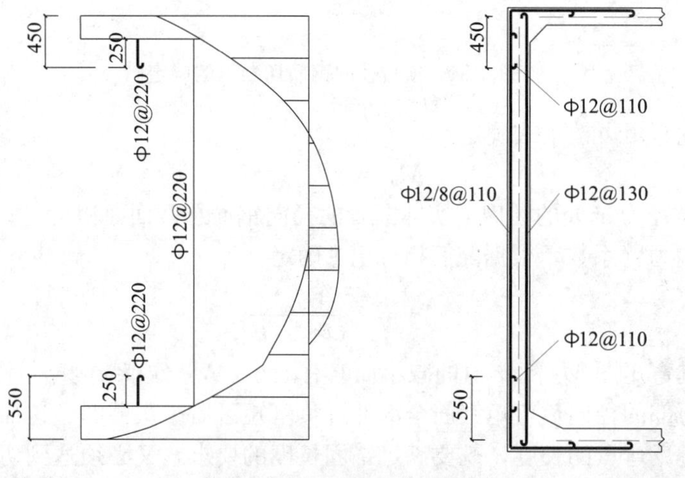

图 5-26　池壁竖向配筋图

图 5-27 是池壁及支柱配筋图。柱帽钢筋和池壁上、下端腋角处的钢筋是按构造配置的。图 5-28 是顶板配筋图。图 5-29 是底板配筋图。

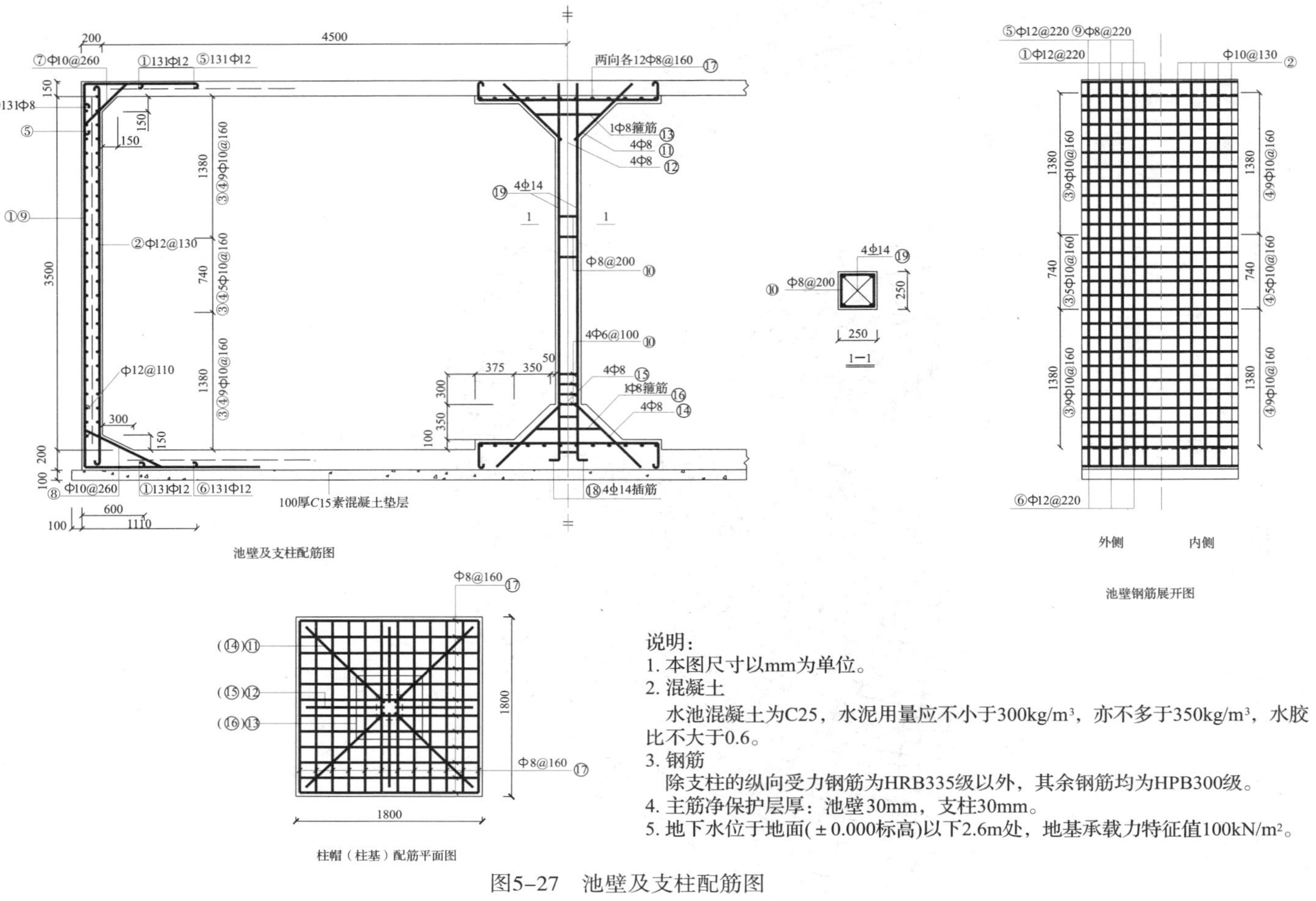

说明：

1. 本图尺寸以mm为单位。
2. 混凝土

　水池混凝土为C25，水泥用量应不小于300kg/m³，亦不多于350kg/m³，水胶比不大于0.6。

3. 钢筋

　除支柱的纵向受力钢筋为HRB335级以外，其余钢筋均为HPB300级。

4. 主筋净保护层厚：池壁30mm，支柱30mm。
5. 地下水位于地面(±0.000标高)以下2.6m处，地基承载力特征值100kN/m²。

图5-27　池壁及支柱配筋图

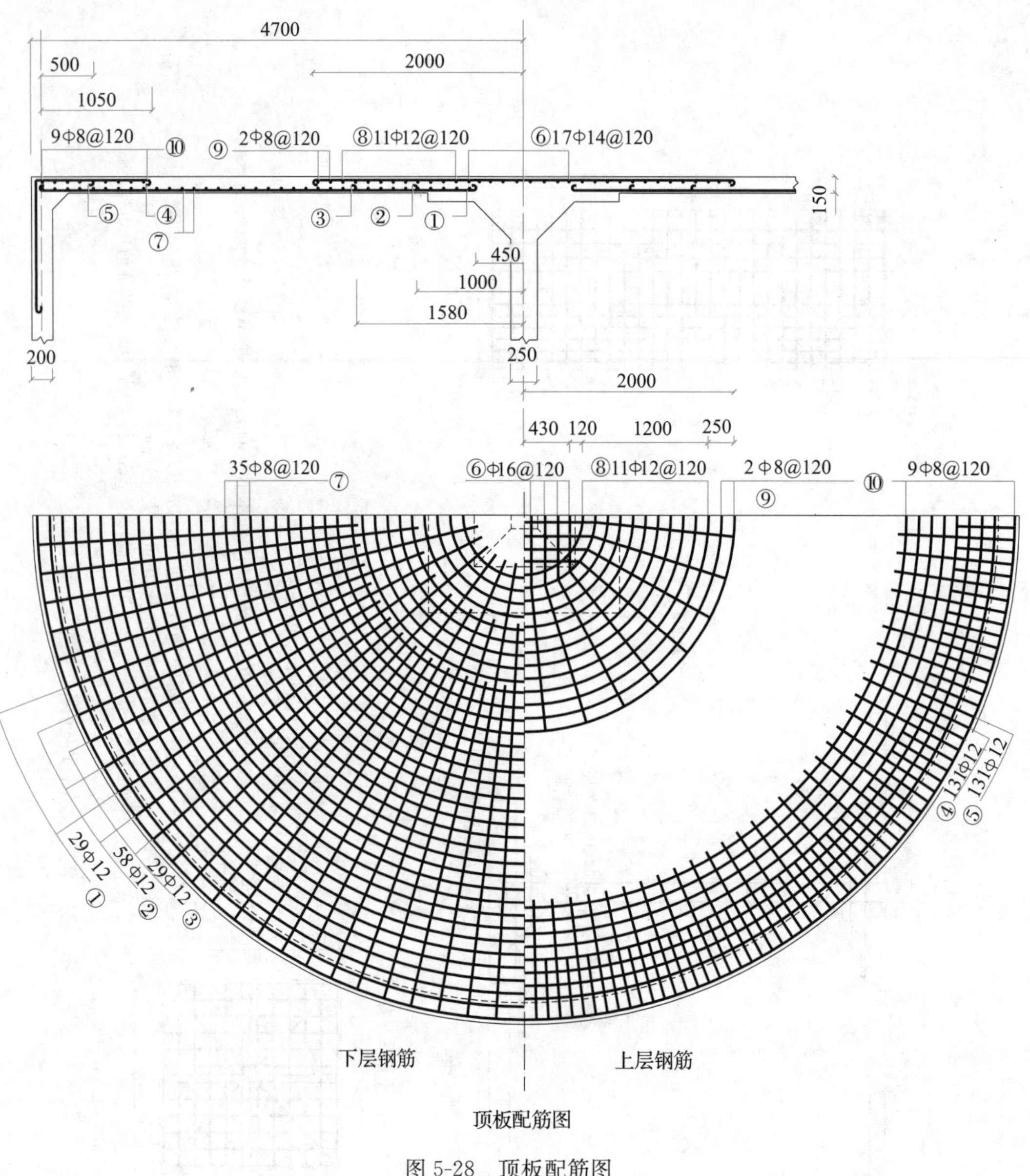
4700
500
2000
1050
9Φ8@120
⑩
⑨
2Φ8@120
⑧11Φ12@120
⑥17Φ14@120
⑤
④
⑦
③
②
①
150
450
1000
1580
200
250
2000
430
120
1200
250
35Φ8@120
⑦
⑥Φ16@120
⑧11Φ12@120
2 Φ8@120
⑨
⑩
9Φ8@120
29Φ12
①
58Φ12
②
29Φ12
③
④131Φ12
⑤131Φ12
下层钢筋
上层钢筋
顶板配筋图

图 5-28　顶板配筋图

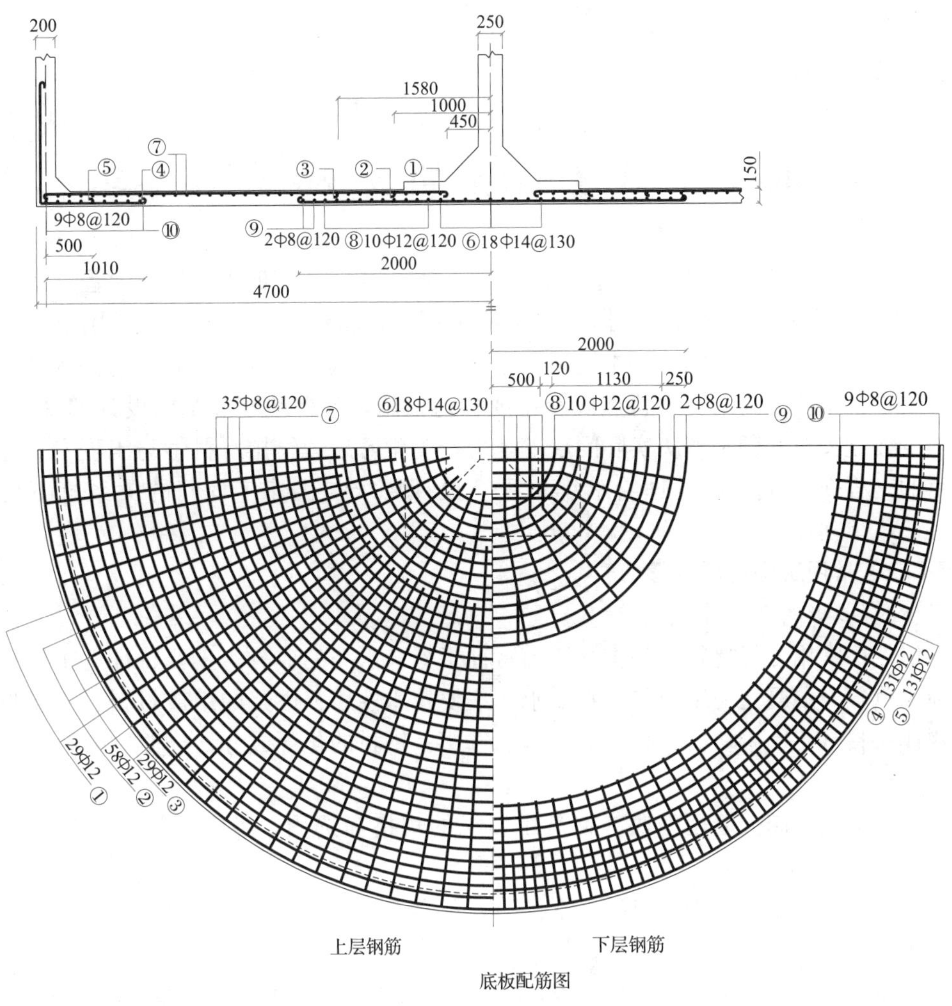
200
250
1580
1000
450
⑦
⑤
④
③
②
①
150
9Φ8@120
⑩
⑨
2Φ8@120
⑧10Φ12@120
⑥18Φ14@130
500
1010
2000
4700
2000
500
120
1130
250
35Φ8@120
⑦
⑥18Φ14@130
⑧10 Φ12@120
2Φ8@120
⑨
⑩
9Φ8@120
29Φ12
①
58Φ12
②
29Φ12
③
④ 131Φ12
⑤ 131Φ12
上层钢筋
下层钢筋
底板配筋图

图 5-29　底板配筋图

附录　土建工程基础课程知识体系

“土建工程基础”是给排水科学与工程专业重要的一门专业技术基础课程，核心学时36学时。通过本课程的学习，掌握土建工程常用工程材料的基本性能、适用范围和使用条件，掌握建筑物和构筑物的基本构造，掌握基本受力状态下钢筋混凝土构件的截面设计方法、给水排水构筑物的受力特点以及主要构造措施，掌握地基与基础设计的基本知识。培养学生独立分析问题和解决实际问题的能力，为学好后续给排水科学与工程专业课程和在今后的工程实践中正确处理给水排水工艺设计要求与土建工程间的关系打下良好的基础。

WWE-CEB1 常用工程材料（核心）

最少时间：6学时。

知识点：常用工程材料的基本性质与特征指标；水泥的成分、主要特征、主要技术性质及适用范围；混凝土的组成与材料要求、主要技术性质；砂浆的组成材料、主要技术性质；块体材料（砖、砌块、石材）的规格、选用；钢材的化学成分、分类与选用。

学习目标：

（1）了解砌墙砖、墙用砌块、砌筑用石材的规格和选用，了解钢材的化学成分及其影响。

（2）基本掌握常用工程材料的基本性质，基本掌握常用水泥的主要技术性质，基本掌握混凝土、砂浆的组成和材料要求。

（3）掌握常用水泥的适用范围，掌握混凝土的主要技术性质，掌握常用砂浆的选用，掌握建筑钢材的分类和选用。

WWE-CEB2 其他工程材料（选修）

知识点：沥青材料的品种、组成、基本性能与选用；保温材料的品种、技术性能及用途。

学习目标：

（1）了解各类沥青防水材料的技术性质。了解常用保温材料的技术性能及用途。

（2）掌握屋面防水工程材料的选用。

WWE-CEB3 建筑物与构筑物的构造（核心）

最少时间：6学时。

知识点：建筑物的构造组成；基础的类型与构造以及与管道的关系；墙体的类型与构造以及与管道的关系；楼（地）面的类型与构造以及与管道的关系；屋顶的类型与构造以及与管道的关系；楼梯的组成、尺寸及其构造；门、窗的类型与构造；变形缝的种类、作用与构造。

学习目标：

（1）了解建筑物的分类、等级划分，了解建筑物的构造组成，了解常用基础的类型和构造，了解墙体、楼地面的分类和构造，了解楼梯的组成和构造，了解门窗、屋面的形式和构造，了解变形缝的性质、作用和设置原则。

（2）掌握基础、墙体、楼板层与管道的处理方法。掌握屋面防水的构造处理方法。掌握变形缝的构造处理方法。

WWE-CEB4 结构与构件设计（核心）

最少时间：16 学时。

知识点：结构设计的主要内容和步骤；钢筋和混凝土材料的主要物理力学性能；结构的可靠度、极限状态与实用表达式；钢筋混凝土受弯构件正截面承载力计算、斜截面承载力计算、裂缝宽度与挠度验算；钢筋混凝土轴心受压和偏心受压构件承载力计算；钢筋混凝土轴心受拉和偏心受拉构件承载力计算；钢筋混凝土梁板结构的布置、结构设计特点、配筋与构造要求；钢筋混凝土水池结构布置、池壁的受力分析、配筋与构造要求。

学习目标：

（1）了解结构设计的主要内容与程序，了解混凝土结构的耐久性要求，了解钢筋混凝土受弯构件裂缝宽度和变形的概念。

（2）基本掌握结构计算简图的简化方法，基本掌握工程结构按极限状态计算的基本原则。

（3）掌握钢筋混凝土材料强度与变形性能，掌握结构极限状态设计的实用表达式，掌握在弯、剪、（偏）拉、（偏）压基本受力状态下钢筋混凝土构件的截面设计方法、构造要求，掌握钢筋混凝土水池顶盖的受力特点及主要构造要求，掌握钢筋混凝土圆形水池的受力特点以及主要构造措施。

WWE-CEB5 砌体结构设计（核心）

最少时间：2 学时。

知识点：砌体的种类、力学性能和承载力计算；混合结构房屋的计算方案；墙柱高厚比的验算；防止墙体开裂等主要构造措施。

学习目标：

（1）了解砌体的种类，了解防止墙体开裂等主要构造措施。

（2）基本掌握砌体的力学性能、承载力计算方法，混合结构房屋的计算方案确定方法。

（3）掌握墙柱高厚比的验算方法，掌握刚性方案房屋墙体的受力计算方法。

WWE-CEB6 地基与基础（核心）

最少时间：6 学时。

知识点：土的物理性质和物理状态指标；地基土的工程分类；土中各种应力的分布与计算；地基变形特点和计算方法；浅基础的设计方法。

学习目标：

（1）了解地基土的组成与特性，了解土的物理性质和物理状态指标，了解地基岩土的分类。

（2）基本掌握地基土中各种应力的分布规律与计算方法、基本掌握地基沉降量的计算方法。

（3）掌握浅基础设计方法、构造要求。

WWE-CEB7 软弱土地基（选修）

知识点：软弱土的种类及其特点；地基利用和处理方法；软弱土地基的工程措施。

学习目标：

（1）了解软弱土特性、软弱土地基利用、处理方法。

（2）掌握软弱土地基的工程措施。

WWE-CEB8 特殊性土地基（选修）

知识点：黄土的特性、工程措施；膨胀土的工程特点、工程措施。

学习目标：

（1）了解黄土特性，了解膨胀土的工程特点。

（2）基本掌握黄土地基的湿陷性等级，基本掌握膨胀土地基的分类评价方法。

（3）掌握黄土地基、膨胀土地基的工程措施。

WWE-CEB9 应用实例（选修）

知识点：混凝土配合比设计方法；钢筋混凝土水池顶盖设计方法；钢筋混凝土圆形水池设计方法。

学习目标：

（1）基本掌握混凝土配合比设计方法。

（2）掌握钢筋混凝土水池顶盖设计方法。

（3）掌握钢筋混凝土圆形水池设计方法。

附　　表

附表 1-1　钢筋和混凝土的强度值

普通钢筋强度标准值 GB 50010—2010（2015 年版）　　**附表 1-1（1）**

牌　　号		符号	公称直径 d(mm)	屈服强度标准值 f_{yk}(N/mm²)	极限强度标准值 f_{stk}(N/mm²)
热轧钢筋	HPB300	ϕ	6～14	300	420
	HRB335	Φ	6～14	335	455
	HRB400 HRBF400 RRB400	Φ Φ^F Φ^R	6～50	400	540
	HRB500 HRBF500	Φ Φ^R	6～50	500	630

普通钢筋强度设计值 GB 50010—2010（2015 年版）　　**附表 1-1（2）**

牌　　号		抗拉强度设计值 f_y(N/mm²)	抗压强度设计值 f'_y(N/mm²)
热轧钢筋	HPB300	270	270
	HRB335	300	300
	HRB400、HRBF400、RRB400	360	360
	HRB500、HRBF500	435	435

预应力钢筋强度标准值 GB 50010—2010（2015 年版）　　**附表 1-1（3）**

种　　类		符号	公称直径 d(mm)	屈服强度标准值 f_{pyk}(N/mm²)	极限强度标准值 f_{ptk}(N/mm²)
中强度预应力钢丝	光面 螺旋肋	ϕ^{PM} ϕ^{HM}	5、7、9	620	800
				780	970
预应力螺纹钢筋	螺纹	ϕ^{T}	18、25、32、40、50	785	980
				930	1080
				1080	1230
消除应力钢丝	光面 螺旋肋	ϕ^{P} ϕ^{H}	5	—	1570
				—	1860
			7	—	1570
			9	—	1470
				—	1570

续表

种类		符号	公称直径 d（mm）	屈服强度标准值 f_{pyk}（N/mm²）	极限强度标准值 f_{ptk}（N/mm²）
钢绞线	1×3（三股）	ϕ^S	8.6、10.8、12.9	——	1570
				——	1860
				——	1960
	1×7（七股）		9.5、12.7、15.2、17.8	——	1720
				——	1860
				——	1960
			21.6	——	1860

注：极限强度标准值为1960N/mm² 的钢绞线作后张预应力配筋时，应有可靠的工程经验。

预应力钢筋强度设计值 GB 50010—2010（2015年版） **附表 1-1（4）**

种类	极限强度标准值 f_{ptk}（N/mm²）	抗拉强度设计值 f_{py}（N/mm²）	抗压强度设计值 f'_{py}（N/mm²）
中强度预应力钢丝	800	510	410
	970	650	
	1270	810	
消除应力钢丝	1470	1040	410
	1570	1110	
	1860	1320	
钢绞线	1570	1110	390
	1720	1220	
	1860	1320	
	1960	1390	
预应力螺纹钢筋	980	650	410
	1080	770	
	1230	900	

注：当预应力筋的强度标准值不符合附表 1-1（3）的规定时，其强度设计值应进行相应的比例换算。

混凝土强度标准值 GB 50010—2010（2015年版） **附表 1-1（5）**

强度种类	混凝土强度等级													
	C15	C20	C25	C30	C35	C40	C45	C50	C55	C60	C65	C70	C75	C80
f_{ck}（N/mm²）	10.0	13.4	16.7	20.1	23.4	26.8	29.6	32.4	35.5	38.5	41.5	44.5	47.4	50.2
f_{tk}（N/mm²）	1.27	1.54	1.78	2.01	2.20	2.39	2.51	2.64	2.74	2.85	2.93	2.99	3.05	3.11

混凝土强度设计值 GB 50010—2010（2015年版） **附表 1-1（6）**

强度种类	混凝土强度等级													
	C15	C20	C25	C30	C35	C40	C45	C50	C55	C60	C65	C70	C75	C80
f_c（N/mm²）	7.2	9.6	11.9	14.3	16.7	19.1	21.1	23.1	25.3	27.5	29.7	31.8	33.8	35.9
f_t（N/mm²）	0.91	1.10	1.27	1.43	1.57	1.71	1.80	1.89	1.96	2.04	2.09	2.14	2.18	2.22

附表 1-2 钢筋和混凝土的弹性模量

钢筋弹性模量 GB 50010—2010（2015 年版） **附表 1-2（1）**

牌号或种类	弹性模量 E_s（$\times 10^5 N/mm^2$）
HPB300 钢筋	2.10
HRB335、HRB400、HRB500 钢筋 HRBF400、HRBF500、RRB400 钢筋 预应力螺纹钢筋	2.00
消除应力钢丝、中强度预应力钢丝	2.05
钢绞线	1.95

注：必要时可采用实测的弹性模量。

混凝土弹性模量 GB 50010—2010（2015 年版） **附表 1-2（2）**

混凝土强度等级	C15	C20	C25	C30	C35	C40	C45	C50	C55	C60	C65	C70	C75	C80
E_c（$\times 10^4 N/mm^2$）	2.20	2.55	2.80	3.00	3.15	3.25	3.35	3.45	3.55	3.60	3.65	3.70	3.75	3.80

注：当有可靠试验时，弹性模量可根据实测数据确定。

附表 2-1 混凝土构件的环境类别

混凝土结构的环境类别 GB 50010—2010（2015 年版） **附表 2-1（1）**

环境类别		条 件
一		室内正常环境 无侵蚀性静水浸没环境
二	a	室内潮湿环境； 非严寒和非寒冷地区的露天环境； 非严寒和非寒冷地区与无侵蚀性的水及土壤直接接触环境； 严寒和寒冷地区的冰冻线以下与无侵蚀性的水或土壤直接接触环境
	b	干湿交替环境； 水位频繁变动环境； 严寒和寒冷地区的露天环境； 严寒和寒冷地区的冰冻线以上与无侵蚀性的水或土壤直接接触环境
三 a		严寒和寒冷地区冬季水位变动环境； 受除冰盐影响环境； 海风环境
三 b		盐渍土环境； 受除冰盐作用环境； 海岸环境
四		海水环境
五		受人为和自然的侵蚀性物质影响的环境

注：1. 室内潮湿环境是指构件表面经常处于结露或湿润状态的环境；
2. 严寒和寒冷地区的划分应符合国家现行标准《民用建筑热工设计规范》GB 50176 规定，严寒地区指累年最冷月平均温度低于或等于－10℃的地区。寒冷地区指累年最冷月平均温度高于－10℃、低于或等于 0℃的地区；
3. 海岸环境和海风环境宜根据当地情况，考虑主导风向及结构所处迎风、背风部位等因素的影响，由调查研究和工程经验确定；
4. 受除冰盐影响环境是指受到除冰盐盐雾影响的环境；受除冰盐作用环境是指被除冰盐溶液溅射的环境以及使用除冰盐地区的洗车房、停车楼等建筑；
5. 暴露的环境是指混凝土结构表面所处的环境。

结构混凝土耐久性的基本要求 GB 50010—2010（2015 年版）　　**附表 2-1（2）**

环境类别	最大水胶比	最低混凝土强度等级	最大氯离子含量（%）	最大碱含量（kg/m^3）
一	0.65	C20	0.30	不限制
二 a	0.55	C25	0.20	3.0
二 b	0.50（0.55）	C30（C25）	0.15	3.0
三 a	0.45（0.50）	C35（C30）	0.15	3.0
三 b	0.40	C40	0.10	3.0

注：1. 氯离子含量指其占胶凝材料总量的百分率；
2. 预应力构件混凝土中的最大氯离子含量为 0.06%，最低混凝土强度等级宜按表中规定提高两个等级；
3. 素混凝土构件的水胶比及最低强度等级的要求可适当放松；
4. 当有可靠工程经验时，处于二类环境中的最低混凝土强度等级可降低一个等级；
5. 严寒和寒冷地区二 b、三 a 类环境中的混凝土应使用引气剂，并可采用括号中的有关参数；
6. 当使用非碱活性骨料时，对混凝土中的碱含量可不作限制。

混凝土保护层最小厚度（mm）GB 50010—2010（2015 年版）　　**附表 2-1（3）**

环境类别	板、墙、壳	梁、柱、杆
一	15	20
二 a	20	25
二 b	25	35
三 a	30	40
三 b	40	50

注：1. 构件中受力钢筋的保护层厚度不应小于钢筋的公称直径 d；
2. 混凝土保护层厚度不大于 C25 时，表中保护层厚度数值应增加 5mm；
3. 钢筋混凝土基础宜设置混凝土垫层，基础中钢筋的混凝土保护层厚度应从垫层顶面算起，且不应小于 40mm。
4. 当梁、柱、墙中纵向受力钢筋的混凝土保护层厚度大于 50mm 时，宜对保护层采取有效的构造措施。当保护层内配置防裂、防剥落的钢筋网片时，网片钢筋的保护层厚度不应小于 25mm。

受力钢筋的混凝土保护层最小厚度（mm）GB 50069—2002　　**附表 2-1（4）**

构 件 类 别	工 作 条 件	保护层最小厚度
墙、板、壳	与水、土接触或高湿度	30
	与污水接触或受水汽影响	35
梁、柱	与水、土接触或高湿度	35
	与污水接触或受水汽影响	40
基础、底板	有垫层的下层筋	40
	无垫层的下层筋	70

注：1. 墙、板、壳内的分布钢筋的混凝土净保护层最小厚度不应小于 20mm；梁、柱内箍筋的混凝土净保护层最小厚度不应小于 25mm；
2. 表列保护层厚度系按混凝土强度等级不低于 C25 给出，当采用混凝土等级低于 C25 时，保护层厚度应增加 5mm；
3. 不与水、土接触或不受水汽影响的构件，其钢筋的混凝土保护层的最小厚度，应按现行的《混凝土结构设计规范（2015 版）》GB 50010—2010 的有关规定采用；
4. 当构筑物位于沿海环境，受盐雾侵蚀显著时，构件的最外层钢筋的混凝土最小保护层厚度不应少于 45mm；
5. 当构筑物的构件外表设有水泥砂浆抹面或其他涂料等质量确有保证的保护措施时，表列要求钢筋的混凝土保护层厚度可酌情减小，但不得低于处于正常环境的要求。

附表 2-2　受弯构件的挠度限值 f_{lim} GB 50010—2010（2015 年版）

构件类型		挠度限值
吊车梁	手动吊车	$l_0/500$
	电动吊车	$l_0/600$
屋盖、楼盖及楼梯构件	当 $l_0<7$m 时	$l_0/200$（$l_0/250$）
	当 $7\text{m}\leqslant l_0\leqslant 9$m 时	$l_0/250$（$l_0/300$）
	当 $l_0>9$m 时	$l_0/300$（$l_0/400$）

注：1. 表中 l_0 为构件的计算跨度；计算悬臂构件的挠度限值时，其计算跨度 l_0 按实际悬臂长度的 2 倍取用；
2. 表中括号中的数值适用于使用上对挠度有较高要求的构件；
3. 如果构件制作时预先起拱，且使用上也允许，则在验算挠度时，可将计算所得的挠度值减去起拱值；对预应力混凝土构件，尚可减去预加应力所产生的反拱值；
4. 构件制作时的起拱值和预加力产生的反拱值，不宜超过构件在相应荷载组合作用下的计算挠度值。

附表 2-3　结构构件的裂缝控制等级及最大裂缝宽度

结构构件的裂缝控制等级和最大裂缝宽度限值 w_{lim}

GB 50010—2010（2015 年版）　　**附表 2-3（1）**

环境类别	钢筋混凝土结构		预应力混凝土结构	
	控制裂缝等级	最大裂缝宽度限值（mm）	控制裂缝等级	最大裂缝宽度限值（mm）
一	三级	0.30（0.40）	三级	0.20
二 a	三级	0.20	三级	0.10
二 b	三级	0.20	二级	—
三 a、三 b	三级	0.20	一级	—

注：1. 对处于年平均相对湿度小于 60%地区一类环境下的受弯构件，其最大裂缝宽度限值可采用括号内的数值；
2. 在一类环境条件下，对于钢筋混凝土屋架、托架及需做疲劳验算的吊车梁，其最大裂缝宽度限值应采用 0.20mm；对钢筋混凝土屋面梁和托梁，其最大裂缝宽度限值应采用 0.30mm；
3. 在一类环境条件下，对于预应力混凝土屋架、托架及双向板体系，应按二级裂缝控制等级进行验算；对一类环境下的预应力屋面梁、托梁、单向板体系，应按表中二 a 级环境的要求进行验算；在一类和二 a 类环境下需做疲劳验算的预应力混凝土吊车梁，应按裂缝控制等级不低于二级的构件进行验算；
4. 表中规定的预应力混凝土构件的裂缝控制等级和最大裂缝宽度限值仅适用于正截面的验算；预应力混凝土构件的斜截面裂缝控制验算应符合有关规定；
5. 对于烟囱、筒仓和处于液体压力作用下的结构构件，其裂缝控制要求应符合专门标准的有关规定；
6. 对于处于四、五类环境条件下的结构构件，其裂缝控制要求应符合专门标准的有关规定；
7. 表中的最大裂缝宽度限值用于验算荷载作用引起的最大裂缝宽度。

钢筋混凝土构筑物和管道的最大裂缝宽度限值 w_{lim} GB 50069—2002　**附表 2-3（2）**

类　别	部位或环境条件	最大裂缝宽度允许值（mm）
水处理构筑物、水池、水塔	清水池、给水水质净化处理构筑物	0.25
	污水处理构筑物、水塔的水柜	0.20
泵房	贮水间、格栅间	0.20
	其他地面以下部分	0.25
取水头部	常水位以下部分	0.25
	常水位以上温度变化部分	0.20

注：沉井结构的施工阶段最大裂缝宽度限值可取 0.25mm。

附表 3-1 钢筋混凝土矩形截面受弯构件正截面受弯承载力计算系数表

钢筋混凝土矩形截面受弯构件正截面受弯承载力计算系数表 **附表 3-1**

ξ	γ_s	α_s	ξ	γ_s	α_s
0.01	0.995	0.010	0.33	0.835	0.275
0.02	0.990	0.020	0.34	0.830	0.282
0.03	0.985	0.030	0.35	0.825	0.289
0.04	0.980	0.039	0.36	0.820	0.295
0.05	0.975	0.048	0.37	0.815	0.301
0.06	0.970	0.058	0.38	0.810	0.309
0.07	0.965	0.067	0.39	0.805	0.314
0.08	0.960	0.077	0.40	0.800	0.320
0.09	0.955	0.085	0.41	0.795	0.326
0.10	0.950	0.095	0.42	0.790	0.332
0.11	0.945	0.104	0.43	0.785	0.337
0.12	0.940	0.113	0.44	0.780	0.343
0.13	0.935	0.121	0.45	0.775	0.349
0.14	0.930	0.130	0.46	0.770	0.354
0.15	0.925	0.139	0.47	0.765	0.359
0.16	0.920	0.147	0.48	0.760	0.365
0.17	0.915	0.155	0.482	0.759	0.366
0.18	0.910	0.164	0.49	0.755	0.370
0.19	0.905	0.172	0.50	0.750	0.375
0.20	0.900	0.180	0.51	0.745	0.380
0.21	0.895	0.188	0.518	0.741	0.384
0.22	0.890	0.196	0.52	0.740	0.385
0.23	0.885	0.203	0.53	0.735	0.390
0.24	0.880	0.211	0.54	0.730	0.394
0.25	0.857	0.219	0.55	0.725	0.399
0.26	0.870	0.226	0.56	0.720	0.403
0.27	0.865	0.234	0.57	0.715	0.408
0.28	0.860	0.241	0.576	0.712	0.410
0.29	0.855	0.248	0.58	0.710	0.412
0.30	0.850	0.255	0.59	0.705	0.416
0.31	0.845	0.262	0.60	0.700	0.420
0.32	0.840	0.269	0.614	0.693	0.426

注：1. 表中 ξ=0.482 以上的数值不适用于 HRB500 级钢筋；ξ=0.518 以上的数值不适用于 HRB400 级钢筋；ξ=0.55 以上的数值不适用于 HRB335 级钢筋；

2. 混凝土强度等级≤C50；

3. $\gamma_s=1-0.5\xi$、$\alpha_s=\xi(1-0.5\xi)$。

附表 3-2 钢筋计算面积表

钢筋的公称直径、公称截面面积及理论重量 **附表 3-2**

公称直径（mm）	不同根数钢筋的公称截面面积（mm^2）									单根钢筋理论重量（kg/m）
	1	2	3	4	5	6	7	8	9	
6	28.3	57	85	113	142	170	198	226	255	0.222
8	50.3	101	151	201	252	302	352	402	453	0.395
10	78.5	157	236	314	393	471	550	628	707	0.617
12	113.1	226	339	452	565	678	791	904	1017	0.888
14	153.9	308	461	615	769	923	1077	1231	1385	1.21
16	201.1	402	603	804	1005	1206	1407	1608	1809	1.58

续表

公称直径(mm)	不同根数钢筋的公称截面面积（mm^2）									单根钢筋理论重量(kg/m)
	1	2	3	4	5	6	7	8	9	
18	254.5	509	763	1017	1272	1527	1781	2036	2290	2.00 (2.11)
20	314.2	628	942	1256	1570	1884	2199	2513	2827	2.47
22	380.1	760	1140	1520	1900	2281	2661	3041	3421	2.98
25	490.9	982	1473	1964	2454	2945	3436	3927	4418	3.85 (4.10)
28	615.8	1232	1847	2463	3079	3695	4310	4926	5542	4.83
32	804.2	1609	2413	3217	4021	4826	5630	6434	7238	6.31 (6.65)
36	1017.9	2036	3054	4072	5089	6107	7125	8143	9161	7.99
40	1256.1	2513	3770	5027	6283	7540	8796	10053	11310	9.87 (10.34)
50	1963.5	3928	5892	7856	9820	11784	13748	15712	17676	15.42 (16.28)

注：括号内为预应螺纹钢筋的数值。

附表 3-3　纵向受力钢筋的最小配筋百分率（%）

纵向受力钢筋的最小配筋百分率（%）　　**附表 3-3**

受力类型			最小配筋百分率（%）
受压构件	全部纵向钢筋	强度等级 500MPa	0.50
		强度等级 400MPa	0.55
		强度等级 300MPa、335MPa	0.60
	一侧纵向钢筋		0.20
受弯构件、偏心受拉、轴心受拉构件一侧的受拉钢筋			0.20 和 $45f_t/f_y$ 中的较大值

注：1. 受压构件全部纵向钢筋最小配筋百分率，当采用 C60 以上强度等级的混凝土时，应按表中规定增加 0.1；
2. 板类受弯构件（不包括悬臂板）的受拉钢筋，当采用强度等级 400MPa、500MPa 的钢筋时，其最小配筋百分率应允许采用 0.15 和 $45f_t/f_y$ 中的较大值；
3. 偏心受拉构件中的受压钢筋，应按受压构件一侧纵向钢筋考虑；
4. 受压构件的全部纵向钢筋和一侧纵向钢筋的配筋率以及轴心受拉构件和小偏心压构件一侧受拉钢筋的配筋率应按全截面面积计算；
5. 受弯构件、大偏心受拉构件一侧受拉钢筋的配筋率应按全截面面积扣除受压翼缘面积 $(b_f'-b)h_f'$ 后的截面面积计算；
6. 当钢筋沿构件截面周边布置时，“一侧纵向钢筋”系指沿受力方向两个对边中的一边布置的纵向钢筋。

附表 4-1　砌体的强度

烧结普通砖和烧结多孔砖砌体的抗压强度设计值 f（MPa）GB 50003—2011

附表 4-1（1）

砖强度等级	砂浆强度等级					砂浆强度
	M15	M10	M7.5	M5	M2.5	0
MU30	3.94	3.27	2.93	2.59	2.26	1.15
MU25	3.60	2.98	2.68	2.37	2.06	1.05
MU20	3.22	2.67	2.39	2.12	1.84	0.94
MU15	2.79	2.31	2.07	1.83	1.60	0.82
MU10	—	1.89	1.69	1.50	1.30	0.67

注：1. 当砌体用强度等级小于 M5.0 的水泥砂浆砌筑时，应按表中数值 f 乘以 0.90 后采用；
2. 当烧结多孔砖的孔洞率大于 30%时，表中数值应乘以 0.9；
3. 施工阶段砂浆尚未硬化的新砌体的强度和稳定性，可按砂浆强度等级为零进行验算；
4. 对于冬期施工采用掺盐砂浆法施工的砌体，砂浆强度等级按常温施工强度等级提高一级时，砌体强度和稳定性可不验算。

沿砌体灰缝截面破坏时砌体的轴心抗拉强度设计值、弯曲抗拉强度设计值和抗剪强度设计值（MPa）GB 50003—2011 **附表 4-1（2）**

序号	强度类别	破坏特征及砌体种类		砂浆强度等级			
				≥M10	M7.5	M5	M2.5
1	轴心抗拉 f_t	沿齿缝	烧结普通砖、烧结多孔砖	0.19	0.16	0.13	0.09
			混凝土普通砖、混凝土多孔砖	0.19	0.16	0.13	—
			蒸压灰砂普通砖、蒸压粉煤灰普通砖	0.12	0.10	0.08	—
			混凝土和轻骨料混凝土砌块	0.09	0.08	0.07	—
			毛石	—	0.07	0.06	0.04
2	弯曲抗拉 f_{tm}	沿齿缝	烧结普通砖、烧结多孔砖	0.33	0.29	0.23	0.17
			混凝土普通砖、混凝土多孔砖	0.33	0.29	0.23	—
			蒸压灰砂普通砖、蒸压粉煤灰普通砖	0.24	0.20	0.16	—
			混凝土和轻骨料混凝土砌块	0.11	0.09	0.08	—
			毛石	—	0.11	0.09	0.07
		沿通缝	烧结普通砖、烧结多孔砖	0.17	0.14	0.11	0.08
			混凝土普通砖、混凝土多孔砖	0.17	0.14	0.11	—
			蒸压灰砂普通砖、蒸压粉煤灰普通砖	0.12	0.10	0.08	—
			混凝土和轻骨料混凝土砌块	0.08	0.06	0.05	—
3	抗剪 f_v	烧结普通转、烧结多孔砖		0.17	0.14	0.11	0.08
		混凝土普通砖、混凝土多孔砖		0.17	0.14	0.11	—
		蒸压灰砂普通砖、蒸压粉煤灰普通砖		0.12	0.10	0.08	—
		混凝土和轻骨料混凝土砌块		0.09	0.08	0.06	—
		毛石		—	19	0.16	0.11

注：1. 当砌体用强度等级小于 M5.0 的水泥砂浆砌筑时，应按表中数值 f 乘以 0.80 后采用；

2. 对于用形状规则的块体砌筑的砌体，当搭接长度与块体高度的比值小于 1 时，其轴心抗拉强度设计值 f_t 和弯曲抗拉强度设计值 f_{tm} 应按表中数值乘以搭接长度与块体高度比值后采用；

3. 表中数值是依据普通砂浆砌筑的砌体确定，采用经研究性试验且通过技术鉴定的专用砂浆砌筑的蒸压灰砂普通砖、蒸压粉煤灰普通砖砌体，其抗剪强度设计值按相应普通砂浆强度等级砌筑的烧结普通砖砌体采用；

4. 对混凝土普通砖、混凝土多孔砖、混凝土和轻集料混凝土砌块砌体，表中的砂浆强度等级分别为：≥Mb10、Mb7.5 及 Mb5。

附表 4-2 房屋的静力计算方案

房屋的静力计算方案 GB 50003—2011 **附表 4-2（1）**

	屋盖或楼盖类型	刚性方案	刚弹性方案	弹性方案
1	整体式、装配整体式和装配式无檩体系钢筋混凝土屋盖或钢筋混凝土楼盖	$s<32$	$32\leqslant s\leqslant 72$	$s>72$

续表

	屋盖或楼盖类型	刚性方案	刚弹性方案	弹性方案
2	装配式有檩体系钢筋混凝土屋盖、轻钢屋盖和有密铺望板的木屋盖或木楼盖	$s<20$	$20\leqslant s\leqslant 48$	$s>48$
3	瓦材屋面的木屋盖和轻钢屋盖	$s<16$	$16\leqslant s\leqslant 36$	$s>36$

注：1. 表中 s 为房屋横墙间距，其单位为米；
　　2. 对无山墙或伸缩缝处无横墙的房屋，应按弹性方案考虑。

房屋各层的空间性能影响系数 η_i GB 50003—2011　　　　**附表 4-2（2）**

屋盖或楼盖类型	横墙间距 s（m）														
	16	20	24	28	32	36	40	44	48	52	56	60	64	68	72
1（同附表 4-2（1））	—	—	—	—	0.33	0.39	0.45	0.50	0.55	0.60	0.64	0.68	0.71	0.74	0.77
2（同附表 4-2（1））	—	0.35	0.45	0.54	0.61	0.68	0.73	0.78	0.82	—	—	—	—	—	—
3（同附表 4-2（1））	0.37	0.49	0.60	0.68	0.75	0.81	—	—	—	—	—	—	—	—	—

注：i 取 $1\sim n$，n 为房屋的层数。

附表 4-3　墙柱允许高厚比［β］值

墙柱允许高厚比［β］值 GB 50003—2011　　　　**附表 4-3（1）**

砌体类型	砂浆强度等级	墙	柱
无筋砌体	≥M7.5 或 Mb7.5、Ms7.5 M5.0 或 Mb5.0、Ms5.0 M2.5	26 24 22	17 16 15
配筋砌块砌体	—	30	20

注：1. 毛石墙、柱允许高厚比应按表中数值降低 20%；
　　2. 带有混凝土或砂浆面层的组合砖砌体构件的允许高厚比，可按表中数值提高 20%，但不得大于 28；
　　3. 验算施工阶段砂浆尚未硬化的新砌体构件高厚比时，允许高厚比对墙取 14，对柱取 11。

受压构件的计算高度 H_0 GB 50003—2011　　　　**附表 4-3（2）**

房屋类型			柱		带壁柱墙或周边拉结的墙		
			排架方向	垂直排架方向	$s>2H$	$2H\geqslant s>H$	$s\leqslant H$
有吊车的单层房屋	变截面柱上段	弹性方案	$2.5H_u$	$1.25H_u$	$2.5H_u$		
		刚性 刚弹性方案	$2.0H_u$	$1.25H_u$	$2.0H_u$		
	变截面柱下段		$1.0H_l$	$0.8H_l$	$1.0H_l$		
无吊车的单层和多层房屋	单跨	弹性方案	$1.5H$	$1.0H$	$1.5H$		
		刚弹性方案	$1.2H$	$1.0H$	$1.2H$		

续表

房屋类型			柱		带壁柱墙或周边拉结的墙		
			排架方向	垂直排架方向	$s>2H$	$2H \geqslant s>H$	$s \leqslant H$
无吊车的单层和多层房屋	多跨	弹性方案	$1.25H$	$1.0H$	$1.25H$		
		刚弹性方案	$1.1H$	$1.0H$	$1.1H$		
	刚性方案		$1.0H$	$1.0H$	$1.0H$	$0.4s+0.2H$	$0.6s$

注：1. 表中 H_u 为变截面柱的上段高度；H_l 为变截面柱的下段高度；s 为相邻横墙间的距离；
2. 对于上端为自由端的构件，$H_0=2H$；
3. 独立砖柱，当无柱间支撑时，柱在垂直排架方向的 H_0 应按表中系数乘以 1.25 后采用；
4. 对有吊车的房屋，当荷载组合不考虑吊车作用时，变截面柱上段的计算高度可按表中数值采用；变截面柱下段的计算高度可按下列规定采用：
(1) 当 $H_u/H \leqslant 1/3$ 时，按无吊车房屋的 H_0；
(2) 当 $1/3<H_u/H<1/2$ 时，按无吊车房屋的 H_0 乘以修正系数 μ，$\mu=1.3-0.3I_u/I_l$，I_u 为变截面柱上段的惯性矩，I_l 为变截面柱下段惯性矩；
(3) 当 $H_u/H \geqslant 1/2$ 时，按无吊车房屋的 H_0，但在确定 β 值时，应采用上柱截面。
上述规定也适用于无吊车房屋的变截面柱；
5. 自承重墙的计算高度应根据周边支承或拉接条件确定；
6. H 为构件高度，按下列规定采用：
在房屋底层，为楼板顶面到构件下端支点的距离，下端支点的位置，可取在基础顶面。当埋置较深且有刚性地坪时，可取室外地面下 500mm 处。
在房屋其他层次，为楼板或其他水平支点间的距离；
对无壁柱的山墙，可取层高加山墙尖高度的 1/2；对带壁柱的山墙可取壁柱处的山墙高度。

附表 4-4　砌体房屋伸缩缝的最大间距

砌体房屋伸缩缝的最大间距 GB 50003—2011　　**附表 4-4**

屋盖或楼盖类别		间距（m）
整体式或装配整体式钢筋混凝土结构	有保温层或隔热层的屋盖、楼盖	50
	无保温层或隔热层的屋盖	40
装配式无檩体系钢筋混凝土结构	有保温层或隔热层的屋盖、楼盖	60
	无保温层或隔热层的屋盖	50
装配式有檩体系钢筋混凝土结构	有保温层或隔热层的屋盖	75
	无保温层或隔热层的屋盖	60
瓦材屋盖、木屋盖或楼盖、轻钢屋盖		100

注：1. 对烧结普通砖、烧结多孔砖、配筋砌块砌体房屋取表中数值；对石砌体、蒸压灰砂普通砖、蒸压粉煤灰普通砖、混凝土砌块、混凝土普通砖、混凝土多孔砖房屋，取表中数值乘以 0.8 的系数，当墙体有可靠外保温措施时，其间距可取表中数值；
2. 在钢筋混凝土屋面上挂钩瓦的屋盖应按钢筋混凝土屋盖采用；
3. 层高大于 5m 的烧结普通砖、多孔砖、配筋砌块砌体结构单层房屋，其伸缩缝间距可按表中数值乘以 1.3；
4. 温差较大且变化频繁地区和严寒地区不采暖的房屋及构筑物墙体的伸缩缝的最大间距，应按表中数值予以适当减小；
5. 墙体的伸缩缝应与结构的其他变形缝相重合，缝宽度应满足各种变形缝的变形要求；在进行立面处理时，必须保证缝隙的变形作用。

附表 5　等截面连续梁在常用荷载作用下的内力及挠度系数

1. 在均布及三角形荷载作用下

$$M=\text{表中系数}\times ql^2$$
$$V=\text{表中系数}\times ql$$

$$f = \text{表中系数} \times \frac{ql^4}{100EI}$$

2. 在集中荷载作用下

$$M = \text{表中系数} \times Pl$$
$$V = \text{表中系数} \times P$$
$$f = \text{表中系数} \times \frac{Pl^3}{100EI}$$

3. 弯矩 M——截面上部受压，下部受拉者为正；剪力 V——对邻近截面产生顺时针方向力矩者为正；挠度 f——向下变位者为正。

两 跨 梁 **附表 5-1**

荷载图	跨内最大弯矩		支座弯矩	剪 力			跨度中点挠度	
	M_1	M_2	M_B	V_A	$V_{B左}$ $V_{B右}$	V_C	f_1	f_2
q; 1, 2; A, B, C; l, l	0.070	0.070	−0.125	0.375	−0.625 0.625	−0.375	0.521	0.521
q; M_1, M_2	0.096	—	−0.063	0.437	−0.563 0.563	0.063	0.912	−0.391
P, P	0.156	0.156	−0.188	0.312	−0.688 0.688	−0.312	0.911	0.911
P	0.203	—	−0.094	0.406	−0.594 0.594	0.094	1.497	−0.586
P, P	0.222	0.222	−0.333	0.667	−1.333 1.333	−0.667	1.466	1.466
P	0.278	—	−0.167	0.833	−1.167 1.167	0.167	2.508	−1.042

附表 5-2

三　跨　梁

荷载图	跨内最大弯矩		支座弯矩		剪力				跨度中点挠度		
	M_1	M_2	M_B	M_C	V_A	$V_{B左}$ $V_{B右}$	$V_{C左}$ $V_{C右}$	V_D	f_1	f_2	f_3
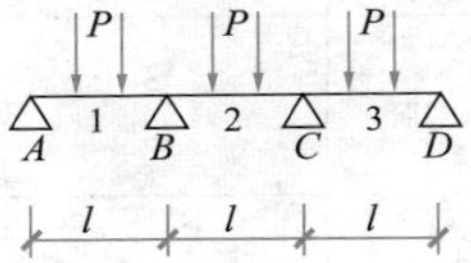 P P P, 1 2 3, A B C D, l l l	0.244	0.067	−0.267	−0.267	0.733	−1.267 1.000	−1.000 1.267	−0.733	1.883	0.216	1.883
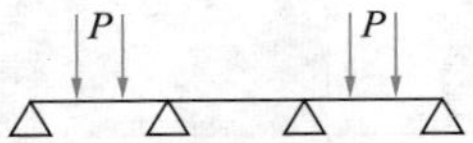 P P	0.289	—	−0.133	−0.133	0.866	−1.134 0	0 1.134	−0.866	2.716	−1.667	2.716
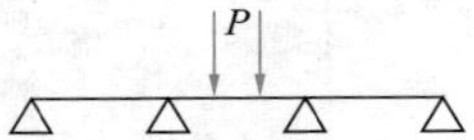 P	—	0.200	−0.133	−0.133	−0.133	−0.133 1.000	1.000 −0.133	0.133	−0.833	1.883	−0.833
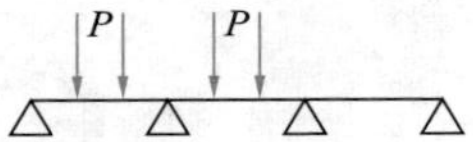 P P	0.229	0.170	−0.311	−0.089	0.689	−1.311 1.222	−0.778 0.089	0.089	1.605	1.049	−0.556
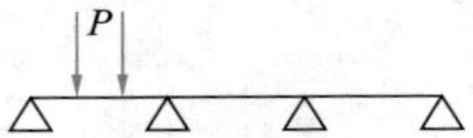 P	0.274	—	−0.178	0.044	0.822	−1.178 0.222	0.222 −0.044	−0.044	2.438	−0.833	0.278

五 跨 梁

附表 5-3

荷载图	跨内最大弯矩			支座弯矩				剪力						跨度中点挠度				
	M_1	M_2	M_3	M_B	M_C	M_D	M_E	V_A	$V_{B左}$ $V_{B右}$	$V_{C左}$ $V_{C右}$	$V_{D左}$ $V_{D右}$	$V_{E左}$ $V_{E右}$	V_F	f_1	f_2	f_3	f_4	f_5
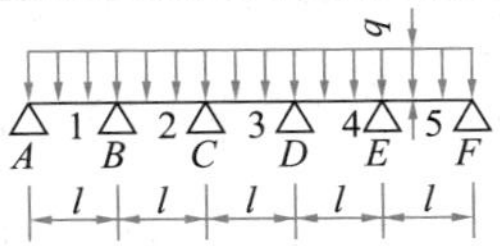	0.078	0.033	0.046	-0.105	-0.079	-0.079	-0.105	0.394	-0.606 0.526	-0.474 0.500	-0.500 0.474	-0.526 0.606	-0.394	0.644	0.151	0.315	0.151	0.644
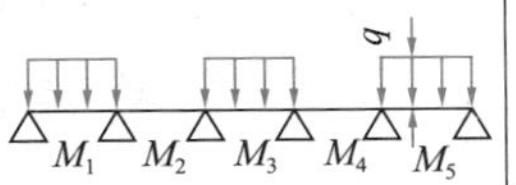	0.100	—	0.085	-0.053	-0.040	-0.040	-0.053	0.447	-0.553 0.013	0.013 0.500	-0.500 -0.013	-0.013 0.553	-0.447	0.973	-0.576	0.809	-0.576	0.973
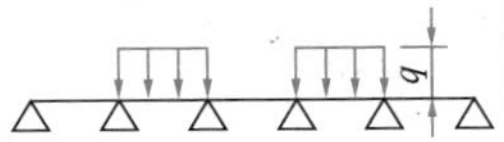	—	0.079	—	-0.053	-0.040	-0.040	-0.053	-0.053	-0.053 0.513	-0.487 0	0 0.487	-0.513 0.053	0.053	-0.329	0.727	-0.493	0.727	-0.329
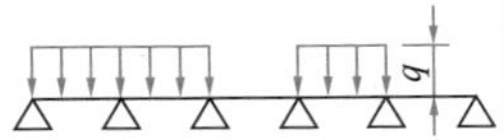	0.073	②0.059 0.078	—	-0.119	-0.022	-0.044	-0.051	0.380	-0.620 0.598	-0.402 -0.023	-0.023 0.493	-0.507 0.052	0.052	0.555	0.420	-0.411	0.704	-0.321
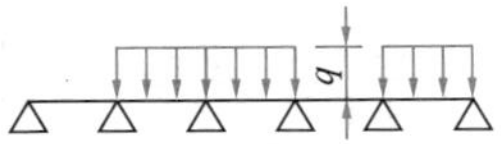	①— 0.098	0.055	0.064	-0.035	-0.111	-0.020	-0.057	-0.035	-0.035 0.424	-0.576 0.591	-0.409 -0.037	-0.037 0.557	-0.443	-0.217	0.390	0.480	-0.486	0.943
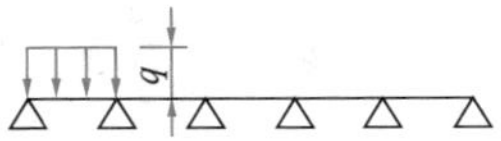	0.094	—	—	-0.067	0.018	-0.005	0.001	0.433	-0.567 0.085	0.085 -0.023	-0.023 0.006	0.006 -0.001	-0.001	0.883	-0.307	0.082	-0.022	0.008
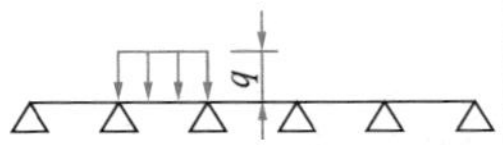	—	0.074	—	-0.049	-0.054	0.014	-0.004	-0.049	-0.049 0.495	-0.505 0.068	0.068 -0.018	-0.018 0.004	0.004	-0.307	0.659	-0.247	0.067	-0.022
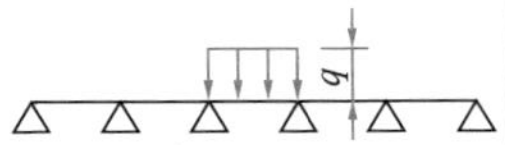	—	—	0.072	0.013	-0.053	-0.053	0.013	0.013	0.013 -0.066	-0.066 0.500	-0.500 0.066	0.066 -0.013	-0.013	0.082	-0.247	0.644	-0.247	0.082

附表 6-1　有中心支柱圆板的内力系数

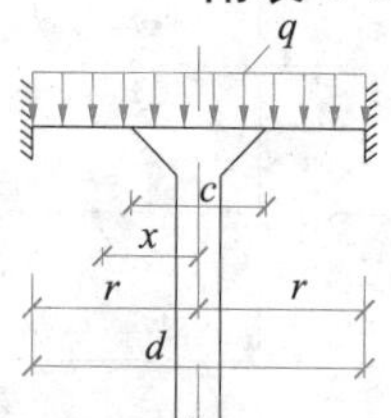

周边固定、均布荷载作用下的弯矩系数

$\rho=\frac{x}{r}$，$\beta=\frac{c}{d}$，$\nu=\frac{1}{6}$

$M_r=\overline{K}_r qr^2$，$M_t=\overline{K}_t qr^2$

附表 6-1（1）

	径向弯矩系数 $\overline{K}_r$					切向弯矩系数 $\overline{K}_t$				
ρ \ β	0.05	0.10	0.15	0.20	0.25	0.05	0.10	0.15	0.20	0.25
0.05	−0.2098					−0.0350				
0.10	−0.0709	−0.1433				−0.0680	−0.0239			
0.15	−2.0258	−0.0614	−0.1088			−0.0535	−0.0403	−0.0181		
0.20	−0.0120	−0.0229	−0.0514	−0.0862		−0.0383	−0.0348	−0.0268	−0.0144	
0.25	0.0143	−0.0020	−0.0193	−0.0425	−0.0698	−0.0257	−0.0259	−0.0238	−0.0190	−0.0116
0.30	0.0245	0.0143	0.0008	0.0156	−0.0349	−0.0154	−0.0174	−0.0178	−0.0167	−0.0139
0.40	0.0344	0.0293	0.0224	0.0137	0.0033	−0.0010	0.0037	0.0060	−0.0075	−0.0084
0.50	0.0347	0.0326	0.0294	0.0250	0.0196	0.0073	0.0049	0.0026	0.0005	−0.0012
0.60	0.0275	0.0275	0.0268	0.0253	0.0231	0.0109	0.0090	0.0072	0.0054	0.0038
0.70	0.0140	0.0156	0.0167	0.0174	0.0176	0.0105	0.0093	0.0081	0.0069	0.0058
0.80	−0.0052	−0.0023	0.0004	0.0027	0.0047	0.0067	0.0062	0.0057	0.0052	0.0046
0.90	−0.0296	−0.0256	−0.0217	−0.0179	−0.0144	0.0001	0.0000	0.0002	0.0003	0.0005
1.00	−0.0589	−0.0540	−0.0490	−0.0441	−0.0393	0.0098	−0.0090	−0.0082	−0.0074	−0.0066

注：表中符号以下边受拉为正，上边受拉为负。以下各表均相同。

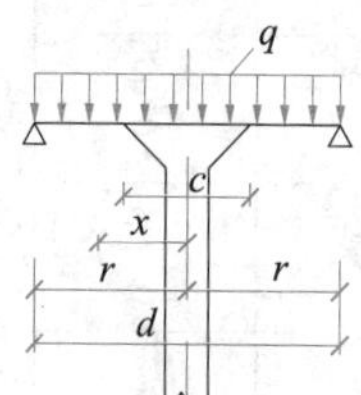

周边铰支、均布荷载作用下的弯矩系数

$\rho=\frac{x}{r}$，$\beta=\frac{c}{d}$，$\nu=\frac{1}{6}$

$M_r=\overline{K}_r qr^2$，$M_t=\overline{K}_t qr^2$

附表 6-1（2）

	径向弯矩系数 $\overline{K}_r$					切向弯矩系数 $\overline{K}_t$				
ρ \ β	0.05	0.10	0.15	0.20	0.25	0.05	0.10	0.15	0.20	0.25
0.05	−0.3674					−0.0612				
0.10	−0.1360	−0.2497				−0.1244	−0.0416			
0.15	−0.0613	−0.1167	−0.1876			−0.1030	−0.0736	−0.0313		
0.20	−0.0198	−0.0539	−0.0970	−0.1470		−0.0788	−0.0671	−0.0487	−0.0245	
0.25	0.0077	−0.0160	−0.0456	−0.0797	−0.1175	−0.0579	−0.0539	−0.0459	−0.0343	−0.0196
0.30	0.0270	0.0094	−0.0124	−0.0373	−0.0649	−0.0405	−0.0402	−0.0375	−0.0323	−0.0251
0.40	0.0510	0.0400	0.0267	0.0116	−0.0050	−0.0141	−0.0169	−0.0186	−0.0191	−0.0184
0.50	0.0617	0.0544	0.0456	0.0357	0.0249	0.0038	0.0001	−0.0030	−0.0051	−0.0072

续表

β / ρ	径向弯矩系数 $\overline{K}_r$ 0.05	0.10	0.15	0.20	0.25	切向弯矩系数 $\overline{K}_t$ 0.05	0.10	0.15	0.20	0.25
0.60	0.0630	0.0580	0.0521	0.0455	0.0385	0.0153	0.0115	0.0081	0.0050	0.0025
0.70	0.0566	0.0533	0.0494	0.0452	0.0405	0.0218	0.0182	0.0148	0.0117	0.0090
0.80	0.0435	0.0416	0.0393	0.0367	0.0340	0.0239	0.0206	0.0175	0.0147	0.0122
0.90	0.0245	0.0236	0.0226	0.0244	0.0202	0.0223	0.0194	0.0167	0.0142	0.0120
1.00	0.0000	0.0000	0.0000	0.0000	0.0000	0.0173	0.0149	0.0126	0.0104	0.0086

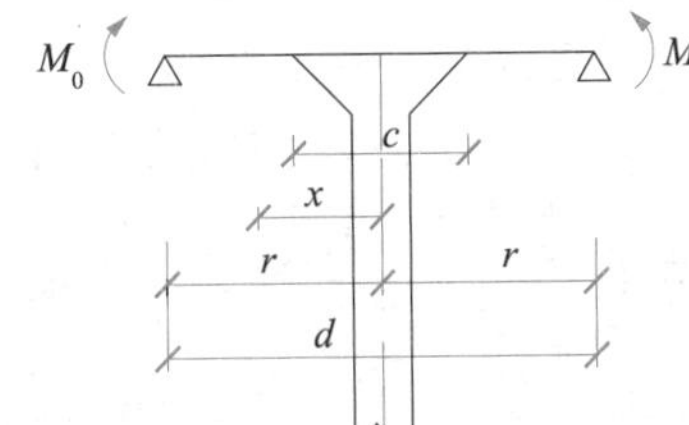

周边铰支、周边均布弯矩作用下的弯矩系数

$\rho=\frac{x}{r}$，$\beta=\frac{c}{d}$，$\nu=\frac{1}{6}$

$M_r=\overline{K}_r M_0$，$M_t=\overline{K}_t M_0$

附表 6-1（3）

β / ρ	径向弯矩系数 $\overline{K}_r$ 0.05	0.10	0.15	0.20	0.25	切向弯矩系数 $\overline{K}_t$ 0.05	0.10	0.15	0.20	0.25
0.05	−2.6777					−0.4463				
0.10	−1.1056	−1.9702				−0.9576	−0.3284			
0.15	−0.6024	−1.0236	−1.6076			−0.8403	−0.6163	−0.2679		
0.20	−0.3148	−0.5739	−0.9286	−1.3770		−0.6877	−0.5986	−0.4467	−0.2295	
0.25	−0.1128	−0.2927	−0.5361	−0.8415	−1.2142	−0.5482	−0.5173	−0.4512	−0.3476	−0.2024
0.30	0.0437	−0.0903	−0.2697	−0.4934	−0.7650	−0.4257	−0.4263	−0.4006	−0.3546	−0.2830
0.40	0.2807	0.1940	0.0876	−0.0478	−0.2108	−0.2225	−0.2439	−0.2577	−0.2620	−0.2555
0.50	0.4592	0.4037	0.3312	0.2427	0.1367	−0.0595	−0.0877	−0.1133	−0.1350	−0.1519
0.60	0.6030	0.5653	0.5167	0.4576	0.3873	0.0757	0.0469	0.0182	−0.0088	−0.0338
0.70	0.7235	0.6987	0.6670	0.6286	0.5830	0.1911	0.1639	0.1360	0.1086	0.0821
0.80	0.8273	0.8125	0.7936	0.7708	0.7439	0.2916	0.2670	0.2415	0.2162	0.1912
0.90	0.9186	0.9118	0.9032	0.8929	0.8808	0.3806	0.3591	0.3367	0.3144	0.2925
1.00	1.0000	1.0000	1.0000	1.0000	1.0000	0.4604	0.4420	0.4231	0.4045	0.3863

有中心支柱圆板的中心支柱荷载系数 k_N 及板边抗弯刚度系数 k **附表 6-1（4）**

c/d		0.05	0.1	0.15	0.2	0.25
中心支柱荷载系数 k_N	均布荷载周边固定	0.839	0.919	1.007	1.101	1.2
	均布荷载周边铰支	1.32	1.387	1.463	1.542	1.625
	沿周边作用 M	8.16	8.66	9.29	9.99	10.81
圆板抗弯刚度系数 k		0.29	0.309	0.332	0.358	0.387

附录 6-2　圆形水池池壁内力系数表

附表 6-2（1）

荷载情况：三角形荷载 q　　　竖向弯矩 $M_x = k_{Mx} q H^2$

支承条件：底固定，顶自由

符号规定：外壁受拉为正　　　环向弯矩 $M_\theta = \frac{1}{6} M_x$

$\frac{H^2}{dh}$	竖向弯矩系数 k_{Mx}（0.0H 为池顶，1.0H 为池底）														$\frac{H^2}{dh}$
	0.0H	0.1H	0.2H	0.3H	0.4H	0.5H	0.6H	0.7H	0.75H	0.8H	0.85H	0.9H	0.95H	1.0H	
0.2	0.0000	0.0001	0.0003	−0.0024	−0.0071	−0.0155	−0.0287	−0.0478	−0.0598	−0.0737	−0.0896	−0.1077	−0.1279	−0.1506	0.2
0.4	0.0000	0.0006	0.0015	0.0015	−0.0004	−0.0056	−0.0151	−0.0302	−0.0402	−0.0520	−0.0658	−0.0817	−0.0993	−0.1203	0.4
0.6	0.0000	0.0009	0.0029	0.0046	0.0048	0.0023	−0.0430	−0.0161	−0.0243	−0.0344	−0.0463	−0.0604	−0.0767	−0.0954	0.6
0.8	0.0000	0.0011	0.0037	0.0063	0.0079	0.0071	0.0026	−0.0069	−0.0139	−0.0227	−0.0334	−0.0462	−0.0613	−0.0786	0.8
1.0	0.0000	0.0012	0.0040	0.0073	0.0097	0.0099	0.0068	−0.0012	−0.0074	−0.0153	−0.0251	−0.0370	−0.0511	−0.0675	1.0
1.5	0.0000	0.0012	0.0041	0.0076	0.0107	0.0122	0.0109	0.0053	−0.0005	−0.0060	−0.0143	−0.0246	−0.0371	−0.0519	1.5
2	0.0000	0.0010	0.0035	0.0068	0.0099	0.0118	0.0114	0.0074	0.0035	−0.0020	−0.0092	−0.0184	−0.0207	−0.0434	2
3	0.0000	0.0006	0.0023	0.0046	0.0071	0.0091	0.0097	0.0077	0.0051	0.0012	−0.0043	−0.0117	−0.0212	−0.0331	3
4	0.0000	0.0003	0.0013	0.0028	0.0046	0.0065	0.0076	0.0068	0.0052	0.0024	−0.0019	−0.0080	−0.0162	−0.0266	4
5	0.0000	0.0001	0.0006	0.0016	0.0029	0.0046	0.0059	0.0059	0.0049	0.0028	−0.0006	−0.0057	−0.0128	−0.0222	5
6	0.0000	0.0000	0.0003	0.0008	0.0018	0.0032	0.0046	0.0051	0.0045	0.0030	−0.0003	−0.0041	−0.0104	−0.0190	6
7	0.0000	0.0000	0.0001	0.0004	0.0011	0.0023	0.0036	0.0044	0.0041	0.0030	0.0008	−0.0030	0.0087	−0.0166	7
8	0.0000	0.0000	0.0000	0.0001	0.0007	0.0016	0.0029	0.0038	0.0037	0.0030	0.0011	−0.0022	−0.0074	−0.0148	8
9	0.0000	0.0000	−0.0001	0.0000	0.0004	0.0011	0.0023	0.0033	0.0034	0.0028	0.0013	−0.0016	−0.0063	−0.0139	9
10	0.0000	0.0000	−0.0001	−0.0001	0.0002	0.0008	0.0018	0.0029	0.0061	0.0027	0.0016	−0.0011	−0.0055	−0.0121	10
12	0.0000	0.0000	−0.0001	−0.0001	0.0000	0.0004	0.0012	0.0022	0.0025	0.0024	0.0016	−0.0005	−0.0043	−0.0103	12
14	0.0000	0.0000	−0.0001	−0.0001	−0.0001	0.0002	0.0008	0.0017	0.0021	0.0022	0.0016	−0.0001	−0.0034	−0.0089	14
16	0.0000	0.0000	0.0000	−0.0001	−0.0001	0.0000	0.0005	0.0013	0.0017	0.0019	0.0015	−0.0002	−0.0028	−0.0079	16
20	0.0000	0.0000	0.0000	0.0000	−0.0001	0.0000	0.0002	0.0008	0.0012	0.0015	0.0014	0.0004	−0.0020	−0.0064	20
24	0.0000	0.0000	0.0000	0.0000	0.0000	−0.0001	0.0001	0.0005	0.0008	0.0012	0.0012	0.0006	−0.0014	−0.0054	24
28	0.0000	0.0000	0.0000	0.0000	0.0000	0.0000	0.0000	0.0003	0.0006	0.0009	0.0011	0.0006	−0.0010	−0.0047	28
32	0.0000	0.0000	0.0000	0.0000	0.0000	0.0000	0.0000	0.0002	0.0004	0.0007	0.0010	0.0007	−0.0008	−0.0041	32
40	0.0000	0.0000	0.0000	0.0000	0.0000	0.0000	0.0000	0.0001	0.0002	0.0005	0.0007	0.0006	−0.0004	−0.0033	40
48	0.0000	0.0000	0.0000	0.0000	0.0000	0.0000	0.0000	0.0000	0.0001	0.0003	0.0006	0.0006	−0.0002	−0.0028	48
56	0.0000	0.0000	0.0000	0.0000	0.0000	0.0000	0.0000	0.0000	0.0000	0.0002	0.0004	0.0005	−0.0001	−0.0024	56

附表 6-2（2）

荷载情况：三角形荷载 q　　环向力 $N_{\theta}=k_{N\theta}qr$

支承条件：底固定，顶自由

符号规定：环向力受拉为正，剪力向外为正　　剪　力 $V_x=k_{vx}qH$

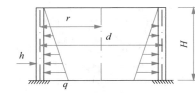

$\frac{H^2}{dh}$	环向力系数 $k_{N\theta}$（0.0H 为池顶，1.0H 为池底）													剪力系数 k_{vx}		$\frac{H^2}{dh}$
	0.0H	0.1H	0.2H	0.3H	0.4H	0.5H	0.6H	0.7H	0.75H	0.8H	0.85H	0.9H	0.95H	1.0H	顶端	底端	
0.2	0.054	0.047	0.041	0.034	0.027	0.021	0.015	0.009	0.007	0.005	0.003	0.001	0.000	0.000	0.000	−0.477	0.2
0.4	0.152	0.134	0.116	0.098	0.080	0.062	0.045	0.028	0.021	0.014	0.008	0.004	0.001	0.000	0.000	−0.434	0.4
0.6	0.225	0.201	0.177	0.152	0.126	0.100	0.073	0.047	0.035	0.024	0.015	0.007	0.002	0.000	0.000	−0.398	0.6
0.8	0.266	0.241	0.216	0.190	0.161	0.131	0.098	0.065	0.049	0.034	0.021	0.010	0.003	0.000	0.000	−0.372	0.8
1.0	0.283	0.262	0.240	0.216	0.189	0.157	0.121	0.082	0.063	0.044	0.027	0.013	0.004	0.000	0.000	−0.354	1.0
1.5	0.271	0.269	0.266	0.258	0.243	0.216	0.177	0.126	0.098	0.071	0.044	0.022	0.006	0.000	0.000	−0.322	1.5
2	0.229	0.251	0.272	0.286	0.287	0.270	0.231	0.172	0.137	0.100	0.064	0.032	0.009	0.000	0.000	−0.298	2
3	0.135	0.202	0.267	0.322	0.357	0.363	0.332	0.260	0.212	0.158	0.103	0.053	0.015	0.000	0.000	−0.261	3
4	0.066	0.162	0.256	0.340	0.403	0.431	0.411	0.336	0.278	0.212	0.140	0.073	0.021	0.000	0.000	−0.234	4
5	0.021	0.135	0.244	0.346	0.428	0.476	0.471	0.398	0.336	0.259	0.175	0.093	0.027	0.000	0.000	−0.213	5
6	0.002	0.119	0.234	0.345	0.441	0.505	0.516	0.450	0.386	0.303	0.207	0.111	0.033	0.000	0.000	−0.196	6
7	−0.008	0.109	0.225	0.340	0.445	0.524	0.550	0.494	0.429	0.342	0.238	0.129	0.039	0.000	0.000	−0.184	7
8	−0.011	0.103	0.218	0.334	0.445	0.534	0.575	0.531	0.468	0.378	0.266	0.147	0.045	0.000	0.000	−0.173	8
9	−0.011	0.100	0.212	0.328	0.442	0.541	0.595	0.563	0.503	0.411	0.293	0.164	0.051	0.000	0.000	−0.164	9
10	−0.010	0.098	0.208	0.322	0.438	0.543	0.610	0.590	0.533	0.441	0.319	0.180	0.057	0.000	0.000	−0.156	10
12	−0.006	0.097	0.202	0.312	0.428	0.543	0.629	0.634	0.586	0.496	0.366	0.211	0.068	0.000	0.000	−0.144	12
14	−0.003	0.098	0.199	0.306	0.420	0.538	0.639	0.667	0.628	0.542	0.409	0.241	0.079	0.000	0.000	−0.134	14
16	−0.001	0.098	0.198	0.302	0.413	0.532	0.643	0.691	0.662	0.583	0.448	0.269	0.090	0.000	0.000	−0.126	16
20	0.000	0.099	0.198	0.299	0.404	0.521	0.641	0.721	0.712	0.648	0.515	0.321	0.111	0.000	0.000	−0.114	20
24	0.000	0.100	0.199	0.298	0.400	0.511	0.635	0.736	0.745	0.698	0.572	0.367	0.131	0.000	0.000	−0.104	24
28	0.000	0.100	0.200	0.299	0.398	0.505	0.627	0.742	0.767	0.735	0.620	0.410	0.150	0.000	0.000	−0.097	28
32	0.000	0.100	0.200	0.299	0.398	0.502	0.620	0.743	0.780	0.764	0.661	0.449	0.169	0.000	0.000	−0.091	32
40	0.000	0.100	0.200	0.300	0.399	0.499	0.609	0.738	0.792	0.803	0.726	0.517	0.204	0.000	0.000	−0.082	40
48	0.000	0.100	0.200	0.300	0.400	0.498	0.603	0.729	0.793	0.826	0.773	0.575	0.237	0.000	0.000	−0.075	48
56	0.000	0.100	0.200	0.300	0.400	0.499	0.600	0.721	0.789	0.837	0.809	0.625	0.268	0.000	0.000	−0.070	56

附表 6-2（3）

荷载情况：三角形荷载 q　　竖向弯矩 $M_x = k_{Mx} q H^2$

支承条件：两端固定

符号规定：外壁受拉为正　　环向弯矩 $M_\theta = \frac{1}{6} M_x$

$\frac{H^2}{dh}$	竖向弯矩系数 k_{Mx}（0.0H 为池顶，1.0H 为池底）														$\frac{H^2}{dh}$
	0.0H	0.1H	0.2H	0.3H	0.4H	0.5H	0.6H	0.7H	0.75H	0.8H	0.85H	0.9H	0.95H	1.0H	
0.2	−0.0332	−0.0184	−0.0047	0.0071	0.0159	0.0208	0.0206	0.0145	0.0088	0.0013	−0.0081	−0.0198	−0.0336	−0.0499	0.2
0.4	−0.0328	−0.0182	−0.0046	0.0070	0.0157	0.0205	0.0204	0.0143	0.0088	0.0014	−0.0080	−0.0195	−0.0333	−0.0494	0.4
0.6	−0.0322	−0.0179	−0.0045	0.0069	0.0154	0.0201	0.0200	0.0142	0.0087	0.0014	−0.0078	−0.0192	−0.0328	−0.0488	0.6
0.8	−0.0313	−0.0174	−0.0044	0.0066	0.0149	0.0196	0.0196	0.0139	0.0086	0.0015	−0.0075	−0.0187	−0.0321	−0.0479	0.8
1.0	−0.0302	−0.0168	−0.0043	0.0064	0.0144	0.0189	0.0190	0.0136	0.0085	0.0016	−0.0072	−0.0181	−0.0312	−0.0467	1.0
1.5	−0.0270	−0.0151	−0.0040	0.0055	0.0127	0.0169	0.0172	0.0126	0.0081	0.0019	−0.0062	−0.0163	−0.0287	−0.0434	1.5
2	−0.0235	−0.0131	−0.0036	0.0046	0.0109	0.0147	0.0153	0.0116	0.0077	0.0022	−0.0051	−0.0144	−0.0258	−0.0396	2
3	−0.0169	−0.0095	−0.0028	0.0029	0.0075	0.0106	0.0116	0.0095	0.0068	0.0027	−0.0030	−0.0106	−0.0203	−0.0323	3
4	−0.0120	−0.0068	−0.0022	0.0017	0.0050	0.0074	0.0087	0.0077	0.0060	0.0030	−0.0015	−0.0077	−0.0160	−0.0266	4
5	−0.0086	−0.0049	−0.0017	0.0010	0.0032	0.0052	0.0065	0.0064	0.0053	0.0031	−0.0004	−0.0056	−0.0128	−0.0223	5
6	−0.0063	−0.0036	−0.0013	0.0005	0.0021	0.0037	0.0050	0.0054	0.0047	0.0031	0.0003	−0.0041	−0.0105	−0.0191	6
7	−0.0048	−0.0027	−0.0010	0.0002	0.0014	0.0026	0.0039	0.0046	0.0042	0.0031	0.0008	−0.0030	−0.0087	−0.0167	7
8	−0.0038	−0.0020	−0.0008	0.0001	0.0009	0.0018	0.0030	0.0039	0.0038	0.0030	0.0011	−0.0022	−0.0074	−0.0149	8
9	−0.0031	−0.0016	−0.0006	0.0000	0.0006	0.0013	0.0024	0.0034	0.0034	0.0029	0.0013	−0.0016	−0.0064	−0.0134	9
10	−0.0026	−0.0013	−0.0004	0.0000	0.0003	0.0009	0.0019	0.0029	0.0031	0.0027	0.0014	−0.0012	−0.0055	−0.0122	10
12	−0.0019	−0.0008	−0.0002	0.0000	0.0001	0.0005	0.0012	0.0022	0.0025	0.0024	0.0016	−0.0005	−0.0043	−0.0103	12
14	−0.0015	−0.0006	−0.0001	0.0000	0.0000	0.0002	0.0008	0.0017	0.0021	0.0022	0.0016	−0.0001	−0.0034	−0.0089	14
16	−0.0012	−0.0004	−0.0001	0.0000	0.0000	0.0001	0.0005	0.0013	0.0017	0.0019	0.0015	0.0002	−0.0023	−0.0079	16
20	−0.0009	−0.0003	0.0000	0.0000	0.0000	0.0000	0.0002	0.0008	0.0012	0.0015	0.0014	0.0004	−0.0020	−0.0064	20
24	−0.0007	−0.0002	0.0000	0.0000	0.0000	0.0000	0.0001	0.0005	0.0008	0.0012	0.0012	0.0006	−0.0014	−0.0054	24
28	−0.0005	−0.0001	0.0000	0.0000	0.0000	0.0000	0.0000	0.0003	0.0006	0.0009	0.0011	0.0006	−0.0010	−0.0047	28
32	−0.0004	−0.0001	0.0000	0.0000	0.0000	0.0000	0.0000	0.0002	0.0004	0.0007	0.0010	0.0007	−0.0008	−0.0041	32
40	−0.0003	0.0000	0.0000	0.0000	0.0000	0.0000	0.0000	0.0001	0.0002	0.0005	0.0007	0.0006	−0.0004	−0.0033	40
48	−0.0002	0.0000	0.0000	0.0000	0.0000	0.0000	0.0000	0.0000	0.0001	0.0003	0.0006	0.0006	−0.0002	−0.0028	48
56	−0.0002	0.0000	0.0000	0.0000	0.0000	0.0000	0.0000	0.0000	0.0000	0.0002	0.0004	0.0005	−0.0001	−0.0024	56

附表 6-2（4）

荷载情况：三角形荷载 q　　　　环向力 $N_\theta = k_{N\theta} q r$

支承条件：两端固定

符号规定：环向力受拉为正，剪力向外为正　　剪　力 $V_x = k_{vx} q H$

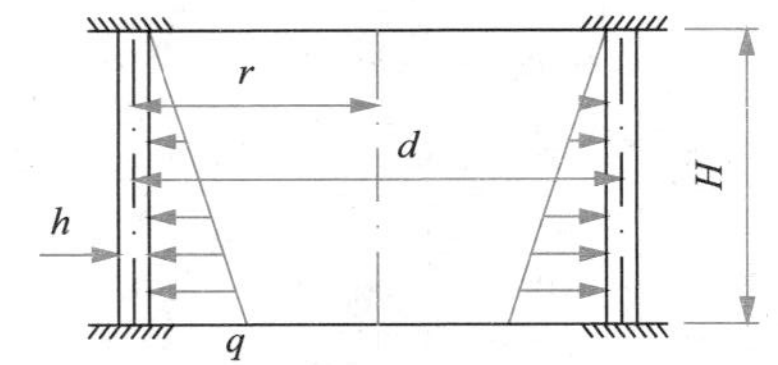

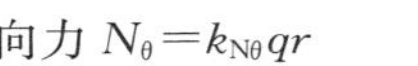

$\frac{H^2}{dh}$	环向力系数 $k_{N\theta}$（0.0H 为池顶，1.0H 为池底）												剪力系数 k_{vx}		$\frac{H^2}{dh}$
	0.0H	0.1H	0.2H	0.3H	0.4H	0.5H	0.6H	0.7H	0.75H	0.8H	0.85H	0.9H	0.95H	1.0H	顶端	底端	
0.2	0.000	0.000	0.001	0.002	0.002	0.002	0.002	0.002	0.001	0.001	0.001	0.000	0.000	0.000	−0.149	−0.349	0.2
0.4	0.000	0.001	0.003	0.006	0.008	0.010	0.000	0.007	0.006	0.004	0.003	0.001	0.000	0.000	−0.148	−0.347	0.4
0.6	0.000	0.002	0.008	0.014	0.019	0.021	0.020	0.016	0.013	0.010	0.006	0.003	0.001	0.000	−0.145	−0.344	0.6
0.8	0.000	0.004	0.013	0.024	0.032	0.037	0.035	0.028	0.023	0.017	0.011	0.006	0.002	0.000	−0.141	−0.340	0.8
1.0	0.000	0.006	0.020	0.036	0.049	0.056	0.053	0.043	0.035	0.026	0.017	0.008	0.002	0.000	−0.136	−0.335	1.0
1.5	0.000	0.012	0.040	0.072	0.099	0.113	0.109	0.087	0.071	0.053	0.035	0.018	0.005	0.000	−0.121	−0.318	1.5
2	0.000	0.019	0.062	0.112	0.154	0.176	0.171	0.138	0.113	0.085	0.055	0.028	0.008	0.000	−0.105	−0.300	2
3	0.000	0.030	0.101	0.184	0.255	0.295	0.291	0.239	0.198	0.150	0.099	0.051	0.015	0.000	−0.075	−0.265	3
4	0.000	0.038	0.127	0.233	0.327	0.384	0.386	0.325	0.272	0.208	0.139	0.073	0.021	0.000	−0.053	−0.237	4
5	0.000	0.043	0.143	0.263	0.373	0.445	0.457	0.394	0.334	0.259	0.175	0.093	0.028	0.000	−0.039	−0.215	5
6	0.000	0.045	0.151	0.279	0.400	0.484	0.508	0.449	0.386	0.304	0.208	0.112	0.034	0.000	−0.029	−0.198	6
7	0.000	0.047	0.155	0.288	0.414	0.510	0.546	0.495	0.431	0.343	0.239	0.130	0.040	0.000	−0.023	−0.184	7
8	0.000	0.048	0.157	0.291	0.422	0.526	0.575	0.533	0.470	0.380	0.267	0.148	0.045	0.000	−0.019	−0.173	8
9	0.000	0.048	0.158	0.292	0.425	0.536	0.596	0.565	0.505	0.412	0.294	0.164	0.051	0.000	−0.016	−0.164	9
10	0.000	0.049	0.159	0.295	0.425	0.541	0.611	0.592	0.535	0.443	0.319	0.181	0.057	0.000	−0.014	−0.157	10
12	0.000	0.051	0.161	0.291	0.421	0.543	0.631	0.636	0.587	0.497	0.366	0.215	0.068	0.000	−0.012	−0.144	12
14	0.000	0.053	0.164	0.290	0.416	0.540	0.641	0.668	0.629	0.543	0.409	0.241	0.079	0.000	−0.010	−0.134	14
16	0.000	0.056	0.168	0.290	0.412	0.534	0.644	0.691	0.662	0.583	0.448	0.269	0.090	0.000	−0.009	−0.126	16
20	0.000	0.061	0.175	0.292	0.405	0.522	0.642	0.721	0.712	0.648	0.515	0.321	0.111	0.000	−0.007	−0.114	20
24	0.000	0.065	0.182	0.295	0.401	0.513	0.635	0.736	0.745	0.698	0.572	0.367	0.131	0.000	−0.006	−0.104	24
28	0.000	0.068	0.186	0.297	0.400	0.506	0.607	0.742	0.767	0.735	0.620	0.410	0.150	0.000	−0.005	−0.097	28
32	0.000	0.071	0.190	0.299	0.399	0.502	0.620	0.743	0.780	0.764	0.661	0.449	0.169	0.000	−0.005	−0.091	32
40	0.000	0.076	0.194	0.301	0.400	0.499	0.609	0.738	0.792	0.803	0.726	0.517	0.204	0.000	−0.004	−0.082	40
48	0.000	0.079	0.197	0.301	0.400	0.498	0.603	0.729	0.792	0.825	0.773	0.574	0.236	0.000	−0.003	−0.075	48
56	0.000	0.082	0.198	0.301	0.400	0.499	0.600	0.721	0.789	0.837	0.808	0.623	0.269	0.000	−0.003	−0.070	56

附表 6-2（5）

荷载情况：三角形荷载 q　　竖向弯矩 $M_x = k_{Mx} q H^2$

支承条件：两端铰支

符号规定：外壁受拉为正　　环向弯矩 $M_\theta = \frac{1}{6} M_x$

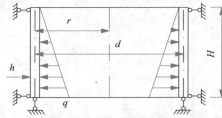

$\frac{H^2}{dh}$	竖向弯矩系数 k_{Mx}（0.0H 为池顶，1.0H 为池底）													$\frac{H^2}{dh}$
	0.0H	0.1H	0.2H	0.3H	0.4H	0.5H	0.6H	0.7H	0.75H	0.8H	0.85H	0.9H	0.95H	1.0H	
0.2	0.0000	0.0161	0.0313	0.0445	0.0549	0.0613	0.0628	0.0585	0.0558	0.0473	0.0388	0.0281	0.0152	0.0000	0.2
0.4	0.0000	0.0151	0.0293	0.0418	0.0517	0.0579	0.0596	0.0557	0.0514	0.0453	0.0372	0.0271	0.0147	0.0000	0.4
0.6	0.0000	0.0136	0.0265	0.0379	0.0470	0.0530	0.0549	0.0517	0.0479	0.0423	0.0349	0.0255	0.0139	0.0000	0.6
0.8	0.0000	0.0119	0.0232	0.0334	0.0417	0.0474	0.0495	0.0471	0.0438	0.0389	0.0323	0.0237	0.0130	0.0000	0.8
1.0	0.0000	0.0102	0.0199	0.0288	0.0363	0.0416	0.0440	0.0424	0.0397	0.0355	0.0296	0.0219	0.0121	0.0000	1.0
1.5	0.0000	0.0064	0.0128	0.0189	0.0245	0.0291	0.0319	0.0319	0.0305	0.0278	0.0237	0.0178	0.0100	0.0000	1.5
2	0.0000	0.0039	0.0079	0.0120	0.0162	0.0202	0.0232	0.0244	0.0238	0.0222	0.0193	0.0148	0.0085	0.0000	2
3	0.0000	0.0012	0.0027	0.0047	0.0073	0.0103	0.0133	0.0155	0.0159	0.0155	0.0140	0.0112	0.0066	0.0000	3
4	0.0000	0.0003	0.0008	0.0017	0.0034	0.0056	0.0083	0.0108	0.0116	0.0118	0.0111	0.0091	0.0056	0.0000	4
5	0.0000	−0.0001	0.0000	0.0005	0.0016	0.0033	0.0056	0.0080	0.0089	0.0094	0.0091	0.0078	0.0049	0.0000	5
6	0.0000	−0.0002	−0.0002	0.0000	0.0007	0.0019	0.0039	0.0061	0.0071	0.0078	0.0078	0.0068	0.0044	0.0000	6
7	0.0000	−0.0002	−0.0003	−0.0002	0.0002	0.0012	0.0027	0.0048	0.0058	0.0065	0.0067	0.0060	0.0040	0.0000	7
8	0.0000	−0.0001	−0.0002	−0.0002	0.0000	0.0007	0.0020	0.0038	0.0048	0.0056	0.0059	0.0054	0.0036	0.0000	8
9	0.0000	−0.0001	−0.0002	−0.0002	−0.0001	0.0004	0.0014	0.0031	0.0040	0.0048	0.0052	0.0049	0.0034	0.0000	9
10	0.0000	−0.0001	−0.0001	−0.0002	−0.0002	0.0002	0.0010	0.0025	0.0034	0.0042	0.0047	0.0045	0.0031	0.0000	10
12	0.0000	0.0000	−0.0001	−0.0001	−0.0002	0.0000	0.0005	0.0017	0.0025	0.0032	0.0038	0.0038	0.0028	0.0000	12
14	0.0000	0.0000	0.0000	−0.0001	−0.0001	−0.0001	0.0002	0.0012	0.0013	0.0026	0.0032	0.0033	0.0025	0.0000	14
16	0.0000	0.0000	0.0000	0.0000	−0.0001	−0.0001	0.0001	0.0008	0.0014	0.0021	0.0027	0.0029	0.0023	0.0000	16
20	0.0000	0.0000	0.0000	0.0000	0.0000	−0.0001	0.0000	0.0004	0.0008	0.0014	0.0020	0.0024	0.0019	0.0000	20
24	0.0000	0.0000	0.0000	0.0000	0.0000	−0.0001	−0.0001	0.0002	0.0005	0.0010	0.0015	0.0019	0.0017	0.0000	24
28	0.0000	0.0000	0.0000	0.0000	0.0000	0.0000	0.0001	0.0001	0.0003	0.0007	0.0012	0.0016	0.0015	0.0000	28
32	0.0000	0.0000	0.0000	0.0000	0.0000	0.0000	0.0001	0.0000	0.0002	0.0005	0.0010	0.0014	0.0014	0.0000	32
40	0.0000	0.0000	0.0000	0.0000	0.0000	0.0000	0.0000	0.0000	0.0000	0.0003	0.0006	0.0010	0.0011	0.0000	40
48	0.0000	0.0000	0.0000	0.0000	0.0000	0.0000	0.0000	0.0000	0.0000	0.0001	0.0004	0.0008	0.0010	0.0000	48
56	0.0000	0.0000	0.0000	0.0000	0.0000	0.0000	0.0000	0.0000	0.0000	0.0001	0.0003	0.0006	0.0008	0.0000	56

附表 6-2（6）

荷载情况：三角形荷载 q　　　　环向力 $N_\theta = k_{N\theta} qr$

支承条件：两端铰支

符号规定：环向力受拉为正，剪力向外为正　　剪　力 $V_x = k_{vx} qH$

$\frac{H^2}{dh}$	环向力系数 $k_{N\theta}$（0.0H 为池顶，1.0H 为池底）														剪力系数 k_{vx}		$\frac{H^2}{dh}$
	0.0H	0.1H	0.2H	0.3H	0.4H	0.5H	0.6H	0.7H	0.75H	0.8H	0.85H	0.9H	0.95H	1.0H	顶端	底端	
0.2	0.000	0.004	0.007	0.009	0.011	0.012	0.012	0.010	0.009	0.007	0.006	0.004	0.002	0.000	−0.163	−0.329	0.2
0.4	0.000	0.013	0.025	0.035	0.042	0.045	0.044	0.038	0.034	0.028	0.022	0.015	0.008	0.000	−0.152	−0.319	0.4
0.6	0.000	0.027	0.052	0.073	0.087	0.093	0.091	0.079	0.070	0.059	0.046	0.031	0.016	0.000	−0.137	−0.303	0.6
0.8	0.000	0.043	0.083	0.115	0.138	0.149	0.145	0.127	0.112	0.094	0.074	0.051	0.026	0.000	−0.120	−0.285	0.8
1.0	0.000	0.059	0.113	0.159	0.190	0.205	0.201	0.176	0.156	0.131	0.103	0.071	0.036	0.000	−0.102	−0.266	1.0
1.5	0.000	0.092	0.177	0.249	0.301	0.328	0.324	0.287	0.255	0.216	0.170	0.117	0.060	0.000	−0.064	−0.225	1.5
2	0.000	0.112	0.218	0.308	0.376	0.414	0.414	0.371	0.333	0.283	0.224	0.155	0.079	0.000	−0.038	−0.194	2
3	0.000	0.127	0.248	0.358	0.448	0.507	0.523	0.483	0.440	0.379	0.303	0.212	0.109	0.000	−0.012	−0.157	3
4	0.000	0.125	0.248	0.365	0.468	0.546	0.582	0.555	0.512	0.448	0.363	0.256	0.133	0.000	−0.002	−0.135	4
5	0.000	0.119	0.238	0.357	0.469	0.562	0.617	0.607	0.568	0.504	0.412	0.294	0.154	0.000	0.001	−0.121	5
6	0.000	0.112	0.227	0.345	0.462	0.567	0.639	0.648	0.613	0.550	0.455	0.328	0.173	0.000	0.002	−0.110	6
7	0.000	0.107	0.217	0.333	0.453	0.567	0.653	0.676	0.649	0.590	0.493	0.359	0.190	0.000	0.002	−0.102	7
8	0.000	0.108	0.210	0.323	0.444	0.563	0.661	0.699	0.679	0.624	0.527	0.386	0.206	0.000	0.001	−0.096	8
9	0.000	0.100	0.204	0.316	0.435	0.558	0.665	0.717	0.704	0.653	0.557	0.412	0.221	0.000	0.001	−0.090	9
10	0.000	0.099	0.201	0.310	0.428	0.552	0.667	0.731	0.725	0.678	0.584	0.435	0.235	0.000	0.001	−0.086	10
12	0.000	0.098	0.198	0.302	0.416	0.541	0.665	0.750	0.756	0.720	0.631	0.477	0.261	0.000	0.000	−0.078	12
14	0.000	0.098	0.197	0.299	0.408	0.530	0.659	0.761	0.778	0.753	0.670	0.514	0.284	0.000	0.000	−0.072	14
16	0.000	0.099	0.197	0.297	0.403	0.521	0.651	0.766	0.793	0.779	0.703	0.547	0.306	0.000	0.000	−0.068	16
20	0.000	0.100	0.199	0.297	0.398	0.509	0.636	0.766	0.810	0.816	0.756	0.604	0.344	0.000	0.000	−0.060	20
24	0.000	0.100	0.200	0.298	0.397	0.502	0.624	0.760	0.816	0.839	0.796	0.650	0.378	0.000	0.000	−0.055	24
28	0.000	0.100	0.200	0.299	0.397	0.499	0.614	0.752	0.817	0.853	0.826	0.690	0.409	0.000	0.000	−0.051	28
32	0.000	0.100	0.200	0.300	0.398	0.497	0.608	0.743	0.813	0.861	0.849	0.724	0.436	0.000	0.000	−0.048	32
40	0.000	0.100	0.200	0.300	0.399	0.497	0.600	0.728	0.803	0.867	0.881	0.778	0.485	0.000	0.000	−0.043	40
48	0.000	0.100	0.200	0.300	0.400	0.498	0.598	0.716	0.791	0.865	0.900	0.820	0.527	0.000	0.000	−0.039	48
56	0.000	0.100	0.200	0.300	0.400	0.490	0.597	0.708	0.780	0.859	0.911	0.853	0.564	0.000	0.000	−0.036	56

附表 6-2（7）

荷载情况：矩形荷载 p　　环向力 $N_\theta = k_{N\theta} pr$

支承条件：底固定，顶自由

符号规定：环向力受拉为正，剪力向外为正　　剪　力 $V_x = k_{vx} pH$

$\frac{H^2}{dh}$	环向力系数 $k_{N\theta}$（0.0H 为池顶，1.0H 为池底）														剪力系数 k_{vx}		$\frac{H^2}{dh}$
	0.0H	0.1H	0.2H	0.3H	0.4H	0.5H	0.6H	0.7H	0.75H	0.8H	0.85H	0.9H	0.95H	1.0H	顶端	底端	
0.2	0.202	0.175	0.149	0.122	0.097	0.072	0.050	0.030	0.022	0.014	0.008	0.004	0.001	0.000	0.000	−0.919	0.2
0.4	0.577	0.502	0.427	0.352	0.279	0.209	0.145	0.088	0.064	0.042	0.025	0.011	0.003	0.000	0.000	−0.766	0.4
0.6	0.875	0.763	0.652	0.541	0.432	0.327	0.228	0.140	0.102	0.068	0.040	0.019	0.005	0.000	0.000	−0.640	0.6
0.8	1.061	0.930	0.799	0.668	0.538	0.412	0.291	0.181	0.132	0.089	0.053	0.025	0.006	0.000	0.000	−0.555	0.8
1.0	1.167	1.029	0.891	0.752	0.613	0.474	0.339	0.214	0.157	0.107	0.064	0.030	0.008	0.000	0.000	−0.498	1.0
1.5	1.258	1.131	1.002	0.869	0.730	0.584	0.433	0.283	0.212	0.147	0.089	0.043	0.011	0.000	0.000	−0.416	1.5
2	1.248	1.146	1.042	0.931	0.807	0.668	0.513	0.347	0.264	0.185	0.114	0.055	0.015	0.000	0.000	−0.369	2
3	1.161	1.113	1.061	0.997	0.913	0.798	0.646	0.461	0.360	0.259	0.163	0.081	0.023	0.000	0.000	−0.309	3
4	1.084	1.072	1.057	1.029	0.978	0.889	0.749	0.555	0.442	0.324	0.208	0.106	0.030	0.000	0.000	−0.270	4
5	1.035	1.043	1.047	1.043	1.015	0.949	0.824	0.632	0.512	0.381	0.249	0.128	0.037	0.000	0.000	−0.242	5
6	1.008	1.024	1.038	1.045	1.034	0.987	0.881	0.695	0.571	0.432	0.287	0.150	0.044	0.000	0.000	−0.221	6
7	0.995	1.012	1.029	1.042	1.043	1.012	0.923	0.747	0.623	0.478	0.322	0.171	0.051	0.000	0.000	−0.204	7
8	0.989	1.005	1.021	1.037	1.045	1.027	0.955	0.791	0.668	0.520	0.354	0.190	0.057	0.000	0.000	−0.191	8
9	0.988	1.001	1.015	1.030	1.043	1.037	0.979	0.829	0.708	0.558	0.385	0.209	0.064	0.000	0.000	−0.180	9
10	0.990	0.999	1.010	1.024	1.040	1.041	0.998	0.861	0.744	0.592	0.414	0.228	0.070	0.000	0.000	−0.171	10
12	0.993	0.997	1.003	1.014	1.031	1.043	1.022	0.913	0.804	0.654	0.467	0.262	0.082	0.000	0.000	−0.156	12
14	0.997	0.998	1.000	1.007	1.022	1.040	1.035	0.951	0.853	0.707	0.515	0.295	0.094	0.000	0.000	−0.145	14
16	0.999	0.998	0.998	1.003	1.015	1.034	1.042	0.979	0.892	0.752	0.558	0.325	0.106	0.000	0.000	−0.135	16
20	1.000	0.999	0.998	0.999	1.005	1.022	1.042	1.015	0.949	0.825	0.632	0.382	0.129	0.000	0.000	−0.121	20
24	1.000	1.000	0.999	0.998	1.000	1.013	1.036	1.033	0.986	0.880	0.694	0.432	0.150	0.000	0.000	−0.110	24
28	1.000	1.000	1.000	0.999	0.999	1.006	1.028	1.041	1.011	0.922	0.747	0.478	0.171	0.000	0.000	−0.102	28
32	1.000	1.000	1.000	0.999	0.998	1.002	1.021	1.043	1.026	0.954	0.791	0.520	0.190	0.000	0.000	−0.096	32
40	1.000	1.000	1.000	1.000	0.999	0.999	1.010	1.039	1.041	0.997	0.861	0.592	0.228	0.000	0.000	−0.086	40
48	1.000	1.000	1.000	1.000	0.999	0.998	1.003	1.030	1.043	1.022	0.913	0.654	0.262	0.000	0.000	−0.078	48
56	1.000	1.000	1.000	1.000	1.000	1.000	1.000	1.022	1.040	1.035	0.951	0.707	0.295	0.000	0.000	−0.072	56

附表 6-2（8）

荷载情况：矩形荷载 p　　竖向弯矩 $M_x = k_{Mx} p H^2$

支承条件：两端固定

符号规定：外壁受拉为正　　环向弯矩 $M_\theta = \frac{1}{6} M_x$

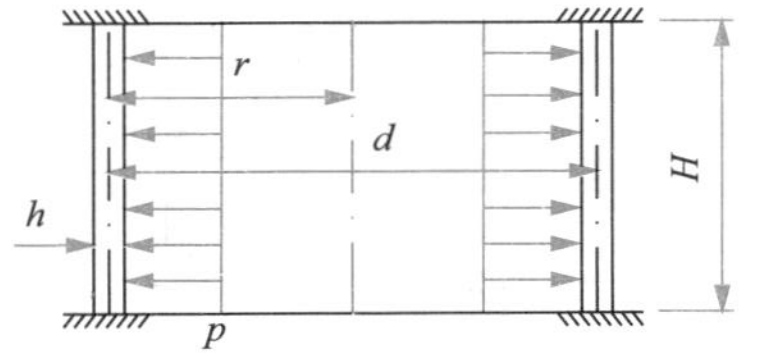

$\frac{H^2}{dh}$	竖向弯矩系数 k_{Mx}（0.0H 为池顶，1.0H 为池底）														$\frac{H^2}{dh}$
	0.0H	0.1H	0.2H	0.3H	0.4H	0.5H	0.6H	0.7H	0.75H	0.8H	0.85H	0.9H	0.95H	1.0H	
0.2	−0.0831	−0.0382	−0.0033	0.0216	0.0365	0.0415	0.0365	0.0216	0.0104	−0.0033	−0.0195	−0.0382	−0.0594	−0.0831	0.2
0.4	−0.0822	−0.0377	−0.0032	0.0214	0.0361	0.0410	0.0361	0.0214	0.0103	−0.0032	−0.0192	−0.0377	−0.0587	−0.0822	0.4
0.6	−0.0809	−0.0370	−0.0031	0.0210	0.0354	0.0402	0.0354	0.0210	0.0102	−0.0031	−0.0188	−0.0370	−0.0577	−0.0809	0.6
0.8	−0.0791	−0.0361	−0.0029	0.0205	0.0345	0.0391	0.0345	0.0205	0.0100	−0.0029	−0.0183	−0.0361	−0.0564	−0.0791	0.8
1.0	−0.0770	−0.0349	−0.0027	0.0199	0.0334	0.0378	0.0334	0.0199	0.0098	−0.0027	−0.0176	−0.0349	−0.0547	−0.0770	1.0
1.5	−0.0704	−0.0314	−0.0021	0.0181	0.0300	0.0339	0.0300	0.0181	0.0091	−0.0021	−0.0156	−0.0314	−0.0497	−0.0704	1.5
2	−0.0631	−0.0275	−0.0014	0.0162	0.0262	0.0295	0.0262	0.0162	0.0084	−0.0014	−0.0133	−0.0275	−0.0441	−0.0631	2
3	−0.0493	−0.0201	−0.0001	0.0124	0.0191	0.0212	0.0191	0.0124	0.0070	−0.0001	−0.0091	−0.0201	−0.0335	−0.0493	3
4	−0.0386	−0.0145	0.0008	0.0095	0.0136	0.0148	0.0136	0.0095	0.0058	0.0008	−0.0058	−0.0145	−0.0253	−0.0386	4
5	−0.0309	−0.0104	0.0015	0.0074	0.0098	0.0104	0.0098	0.0074	0.0050	0.0015	−0.0036	−0.0104	−0.0195	−0.0309	5
6	−0.0255	−0.0076	0.0019	0.0059	0.0071	0.0073	0.0071	0.0059	0.0044	0.0019	−0.0020	−0.0076	−0.0154	−0.0255	6
7	−0.0215	−0.0057	0.0021	0.0048	0.0052	0.0052	0.0052	0.0048	0.0039	0.0021	−0.0010	−0.0057	−0.0124	−0.0215	7
8	−0.0186	−0.0042	0.0022	0.0040	0.0039	0.0037	0.0039	0.0040	0.0035	0.0022	−0.0002	−0.0042	−0.0103	−0.0186	8
9	−0.0164	−0.0032	0.0023	0.0034	0.0030	0.0026	0.0030	0.0034	0.0032	0.0023	0.0003	−0.0032	−0.0087	−0.0164	9
10	−0.0147	−0.0024	0.0023	0.0029	0.0023	0.0019	0.0023	0.0029	0.0029	0.0023	0.0007	−0.0024	−0.0074	−0.0147	10
12	−0.0122	−0.0014	0.0022	0.0022	0.0013	0.0009	0.0013	0.0022	0.0024	0.0022	0.0011	−0.0014	−0.0056	−0.0122	12
14	−0.0104	−0.0007	0.0020	0.0017	0.0008	0.0004	0.0008	0.0017	0.0020	0.0020	0.0013	−0.0007	−0.0045	−0.0104	14
16	−0.0091	−0.0003	0.0019	0.0013	0.0005	0.0001	0.0005	0.0013	0.0017	0.0019	0.0013	−0.0003	−0.0036	−0.0091	16
20	−0.0073	0.0002	0.0015	0.0008	0.0002	−0.0001	0.0002	0.0008	0.0012	0.0015	0.0013	0.0002	−0.0025	−0.0073	20
24	−0.0061	0.0004	0.0012	0.0005	0.0000	−0.0001	0.0000	0.0005	0.0009	0.0012	0.0012	0.0004	−0.0018	−0.0061	24
28	−0.0052	0.0005	0.0010	0.0003	0.0000	−0.0001	0.0000	0.0003	0.0006	0.0010	0.0011	0.0005	−0.0013	−0.0052	28
32	−0.0046	0.0006	0.0008	0.0002	0.0000	−0.0001	0.0000	0.0002	0.0005	0.0008	0.0010	0.0006	−0.0010	−0.0046	32
40	−0.0037	0.0006	0.0005	0.0001	0.0000	0.0000	0.0000	0.0001	0.0002	0.0005	0.0007	0.0006	−0.0006	−0.0037	40
48	−0.0030	0.0006	0.0003	0.0000	0.0000	0.0000	0.0000	0.0000	0.0001	0.0003	0.0006	0.0006	−0.0004	−0.0030	48
56	−0.0026	0.0005	0.0002	0.0000	0.0000	0.0000	0.0000	0.0000	0.0001	0.0002	0.0005	0.0005	−0.0004	−0.0026	56

附表 6-2（9）

荷载情况：矩形荷载 p　　　　环向力 $N_\theta = k_{N\theta} pr$

支承条件：两端固定

符号规定：环向力受拉为正，剪力向外为正　　剪　力 $V_x = k_{vx} pH$

$\frac{H^2}{dh}$	环向力系数 $k_{N\theta}$（0.0H 为池顶，1.0H 为池底）														剪力系数 k_{vx}		$\frac{H^2}{dh}$
	0.0H	0.1H	0.2H	0.3H	0.4H	0.5H	0.6H	0.7H	0.75H	0.8H	0.85H	0.9H	0.95H	1.0H	顶端	底端	
0.2	0.000	0.001	0.002	0.003	0.004	0.005	0.004	0.003	0.003	0.002	0.001	0.001	0.000	0.000	−0.499	−0.499	0.2
0.4	0.000	0.002	0.008	0.014	0.018	0.013	0.018	0.014	0.011	0.008	0.005	0.002	0.001	0.000	−0.495	−0.495	0.4
0.6	0.000	0.005	0.017	0.030	0.039	0.042	0.039	0.030	0.024	0.017	0.011	0.005	0.002	0.000	−0.489	−0.489	0.6
0.8	0.000	0.010	0.030	0.052	0.068	0.073	0.068	0.052	0.041	0.030	0.019	0.010	0.003	0.000	−0.480	−0.480	0.8
1.0	0.000	0.014	0.046	0.079	0.102	0.111	0.102	0.079	0.063	0.046	0.029	0.014	0.004	0.000	−0.470	−0.470	1.0
1.5	0.000	0.030	0.093	0.160	0.208	0.225	0.208	0.160	0.128	0.092	0.059	0.030	0.008	0.000	−0.440	−0.440	1.5
2	0.000	0.047	0.147	0.251	0.326	0.352	0.326	0.251	0.201	0.147	0.094	0.047	0.013	0.000	−0.405	−0.405	2
3	0.000	0.081	0.251	0.432	0.545	0.589	0.545	0.423	0.340	0.251	0.161	0.081	0.023	0.000	−0.341	−0.341	3
4	0.000	0.111	0.336	0.558	0.713	0.767	0.713	0.558	0.452	0.336	0.218	0.111	0.032	0.000	−0.290	−0.290	4
5	0.000	0.136	0.402	0.657	0.829	0.889	0.829	0.657	0.536	0.402	0.263	0.136	0.039	0.000	−0.253	−0.253	5
6	0.000	0.157	0.455	0.729	0.908	0.969	0.908	0.729	0.601	0.455	0.301	0.157	0.046	0.000	−0.227	−0.227	6
7	0.000	0.177	0.499	0.782	0.961	1.020	0.961	0.782	0.651	0.499	0.335	0.177	0.052	0.000	−0.207	−0.207	7
8	0.000	0.195	0.537	0.824	0.996	1.052	0.996	0.824	0.693	0.537	0.365	0.195	0.058	0.000	−0.192	−0.192	8
9	0.000	0.213	0.571	0.857	1.020	1.071	1.020	0.857	0.729	0.571	0.392	0.213	0.064	0.000	−0.180	−0.180	9
10	0.000	0.230	0.602	.0.884	1.036	1.081	1.036	0.884	0.760	0.602	0.419	0.230	0.070	0.000	−0.171	−0.171	10
12	0.000	0.263	0.658	0.926	1.052	1.086	1.052	0.926	0.812	0.658	0.468	0.263	0.082	0.000	−0.156	−0.156	12
14	0.000	0.294	0.707	0.958	1.057	1.079	1.057	0.958	0.855	0.707	0.514	0.294	0.094	0.000	−0.144	−0.144	14
16	0.000	0.325	0.751	0.981	1.056	1.068	1.056	0.981	0.892	0.751	0.556	0.325	0.106	0.000	−0.135	−0.135	16
20	0.000	0.381	0.823	1.013	1.047	1.044	1.047	1.013	0.947	0.823	0.631	0.381	0.128	0.000	−0.121	−0.121	20
24	0.000	0.432	0.879	1.031	1.036	1.025	1.036	1.031	0.985	0.879	0.694	0.432	0.149	0.000	−0.110	−0.110	24
28	0.000	0.478	0.922	1.040	1.027	1.012	1.027	1.040	0.010	0.922	0.747	0.478	0.171	0.000	−0.102	−0.102	28
32	0.000	0.520	0.954	1.042	1.019	1.004	1.019	1.042	0.026	0.954	0.793	0.520	0.193	0.000	−0.096	−0.096	32
40	0.000	0.593	0.398	1.039	1.008	0.997	1.008	1.039	0.042	0.998	0.863	0.593	0.226	0.000	−0.086	−0.086	40
48	0.000	0.654	1.022	1.030	1.003	0.996	1.003	1.030	0.043	1.022	0.909	0.654	0.255	0.000	−0.078	−0.078	48
56	0.000	0.707	1.035	1.022	1.000	0.997	1.000	1.022	.0.038	1.035	0.936	0.707	0.298	0.000	−0.072	−0.072	56

附表 6-2（10）

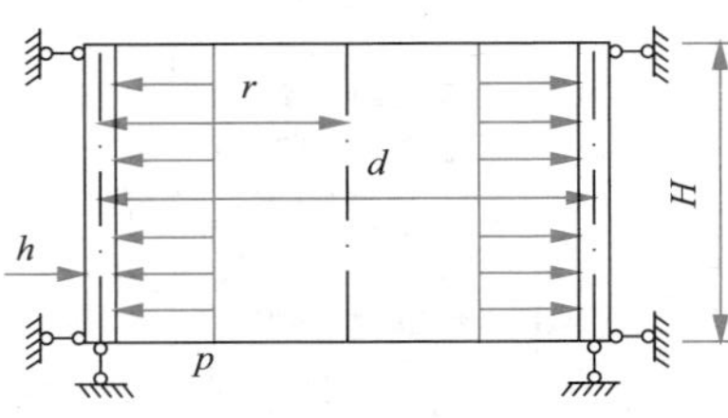

荷载情况：矩形荷载 p　　竖向弯矩 $M_x=k_{Mx}pH^2$

支承条件：两端铰支

符号规定：外壁受拉为正　　环向弯矩 $M_\theta=\frac{1}{6}M_x$

$\frac{H^2}{dh}$	竖向弯矩系数 k_{Mx}（0.0H 为池顶，1.0H 为池底）														$\frac{H^2}{dh}$
	0.0H	0.1H	0.2H	0.3H	0.4H	0.5H	0.6H	0.7H	0.75H	0.8H	0.85H	0.9H	0.95H	1.0H	
0.2	0.0000	0.0422	0.0786	0.1030	0.1177	0.1226	0.1177	0.1030	0.0920	0.0786	0.0626	0.0422	0.0234	0.0000	0.2
0.4	0.0000	0.0422	0.0746	0.0976	0.1113	0.1158	0.1113	0.0976	0.0873	0.0746	0.0596	0.0422	0.0223	0.0000	0.4
0.6	0.0000	0.0391	0.0688	0.0896	0.1020	0.1060	0.1020	0.0896	0.0803	0.0688	0.0551	0.0391	0.0208	0.0000	0.6
0.8	0.0000	0.0356	0.0622	0.0805	0.0912	0.0947	0.0912	0.0805	0.0723	0.0622	0.0500	0.0356	0.0190	0.0000	0.8
1.0	0.0000	0.0321	0.0554	0.0712	0.0803	0.0832	0.0803	0.0712	0.0642	0.0554	0.0448	0.0321	0.0172	0.0000	1.0
1.5	0.0000	0.0243	0.0406	0.0508	0.0564	0.0581	0.0564	0.0508	0.0464	0.0406	0.0333	0.0243	0.0133	0.0000	1.5
2	0.0000	0.0187	0.0301	0.0364	0.0394	0.0403	0.0394	0.0364	0.0337	0.0301	0.0252	0.0187	0.0104	0.0000	2
3	0.0000	0.0124	0.0182	0.0202	0.0205	0.0205	0.0205	0.0202	0.0195	0.0182	0.0160	0.0124	0.0073	0.0000	3
4	0.0000	0.0094	0.0125	0.0126	0.0117	0.0113	0.0117	0.0126	0.0128	0.0125	0.0115	0.0094	0.0057	0.0000	4
5	0.0000	0.0077	0.0094	0.0085	0.0071	0.0065	0.0071	0.0085	0.0091	0.0094	0.0091	0.0077	0.0048	0.0000	5
6	0.0000	0.0066	0.0075	0.0061	0.0045	0.0039	0.0045	0.0061	0.0070	0.0075	0.0075	0.0066	0.0043	0.0000	6
7	0.0000	0.0059	0.0063	0.0046	0.0030	0.0023	0.0030	0.0046	0.0055	0.0063	0.0065	0.0059	0.0039	0.0000	7
8	0.0000	0.0053	0.0053	0.0036	0.0020	0.0013	0.0020	0.0036	0.0045	0.0053	0.0057	0.0053	0.0036	0.0000	8
9	0.0000	0.0048	0.0046	0.0028	0.0013	0.0007	0.0013	0.0028	0.0038	0.0046	0.0051	0.0048	0.0033	0.0000	9
10	0.0000	0.0044	0.0040	0.0023	0.0009	0.0003	0.0009	0.0023	0.0032	0.0040	0.0046	0.0044	0.0031	0.0000	10
12	0.0000	0.0038	0.0032	0.0015	0.0003	−0.0001	0.0003	0.0015	0.0024	0.0032	0.0038	0.0038	0.0028	0.0000	12
14	0.0000	0.0033	0.0025	0.0011	0.0001	−0.0002	0.0001	0.0011	0.0018	0.0025	0.0032	0.0033	0.0025	0.0000	14
16	0.0000	0.0029	0.0021	0.0007	0.0000	−0.0002	0.0000	0.0007	0.0014	0.0021	0.0027	0.0029	0.0023	0.0000	16
20	0.0000	0.0024	0.0014	0.0004	−0.0001	−0.0002	−0.0001	0.0004	0.0008	0.0014	0.0020	0.0024	0.0019	0.0000	20
24	0.0000	0.0019	0.0010	0.0002	−0.0001	−0.0001	−0.0001	0.0002	0.0005	0.0010	0.0015	0.0019	0.0017	0.0000	24
28	0.0000	0.0016	0.0007	0.0001	−0.0001	−0.0001	−0.0001	0.0001	0.0003	0.0007	0.0012	0.0016	0.0015	0.0000	28
32	0.0000	0.0014	0.0005	0.0000	−0.0001	0.0000	−0.0001	0.0000	0.0002	0.0005	0.0010	0.0014	0.0013	0.0000	32
40	0.0000	0.0010	0.0003	0.0000	0.0000	0.0000	0.0000	0.0000	0.0000	0.0003	0.0006	0.0010	0.0011	0.0000	40
48	0.0000	0.0008	0.0001	0.0000	0.0000	0.0000	0.0000	0.0000	0.0000	0.0001	0.0004	0.0008	0.0009	0.0000	48
56	0.0000	0.0006	0.0001	0.0000	0.0000	0.0000	0.0000	0.0000	0.0000	0.0001	0.0003	0.0006	0.0008	0.0000	56

附表 6-2（11）

荷载情况：矩形荷载 p　　　　　环向力 $N_\theta = k_{N\theta} pr$

支承条件：两端铰支

符号规定：环向力受拉为正，剪力向外为正　　　剪　力 $V_x = k_{vx} pH$

$\frac{H^2}{dh}$	环向力系数 $k_{N\theta}$（0.0H 为池顶，1.0H 为池底）														剪力系数 k_{vx}		$\frac{H^2}{dh}$
	0.0H	0.1H	0.2H	0.3H	0.4H	0.5H	0.6H	0.7H	0.75H	0.8H	0.85H	0.9H	0.95H	1.0H	顶端	底端	
0.2	0.000	0.007	0.014	0.019	0.023	0.024	0.023	0.019	0.017	0.014	0.011	0.007	0.004	0.000	−0.492	−0.492	0.2
0.4	0.000	0.028	0.054	0.073	0.086	0.090	0.086	0.073	0.064	0.054	0.042	0.028	0.014	0.000	−0.471	−0.471	0.4
0.6	0.000	0.059	0.111	0.152	0.178	0.186	0.178	0.152	0.133	0.111	0.086	0.059	0.030	0.000	−0.440	−0.440	0.6
0.8	0.000	0.094	0.177	0.242	0.2830	0.297	0.2830	0.242	0.212	0.177	0.137	0.094	0.048	0.000	−0.405	−0.405	0.8
1.0	0.000	0.130	0.245	0.334	0.391	0.410	0.391	0.334	0.293	0.245	0.190	0.130	0.066	0.000	−0.368	−0.368	1.0
1.5	0.000	0.209	0.393	0.536	0.625	0.655	0.625	0.536	0.471	0.393	0.306	0.209	0.106	0.000	−0.289	−0.289	1.5
2	0.000	0.267	0.501	0.679	0.790	0.828	0.790	0.679	0.598	0.501	0.390	0.267	0.136	0.000	−0.233	−0.233	2
3	0.000	0.339	0.628	0.841	0.970	1.014	0.970	0.841	0.745	0.628	0.491	0.339	0.173	0.000	−0.169	−0.169	3
4	0.000	0.381	0.696	0.920	1.050	1.092	1.050	0.920	0.820	0.696	0.549	0.381	0.196	0.000	−0.137	−0.137	4
5	0.000	0.413	0.742	0.963	1.086	1.125	1.086	0.963	0.866	0.742	0.590	0.413	0.213	0.000	−0.120	−0.120	5
6	0.000	0.440	0.777	0.990	1.101	1.135	1.101	0.990	0.898	0.777	0.624	0.440	0.229	0.000	−0.109	−0.109	6
7	0.000	0.465	0.807	1.009	1.106	1.134	1.106	1.009	0.924	0.807	0.654	0.465	0.243	0.000	−0.100	−0.100	7
8	0.000	0.489	0.833	1.023	1.105	1.127	1.105	1.023	0.945	0.833	0.682	0.489	0.257	0.000	−0.094	−0.094	8
9	0.000	0.512	0.857	1.033	1.101	1.116	1.101	1.033	0.963	0.857	0.708	0.512	0.271	0.000	−0.089	−0.089	9
10	0.000	0.534	0.879	1.041	1.095	1.105	1.095	1.041	0.979	0.879	0.733	0.534	0.284	0.000	−0.085	−0.085	10
12	0.000	0.575	0.918	1.053	1.081	1.081	1.081	1.053	1.005	0.918	0.778	0.575	0.310	0.000	−0.078	−0.078	12
14	0.000	0.612	0.950	1.060	1.067	1.060	1.067	1.060	1.025	0.950	0.817	0.612	0.333	0.000	−0.072	−0.072	14
16	0.000	0.646	0.976	1.063	1.054	1.042	1.054	1.063	1.040	0.976	0.851	0.646	0.355	0.000	−0.068	−0.068	16
20	0.000	0.703	1.014	1.063	1.034	1.018	1.034	1.063	1.058	1.014	0.905	0.703	0.394	0.000	−0.061	−0.061	20
24	0.000	0.750	1.038	1.058	1.021	1.004	1.021	1.058	1.065	1.038	0.946	0.750	0.428	0.000	−0.055	−0.055	24
28	0.000	0.790	1.053	1.051	1.012	0.997	1.012	1.051	1.066	1.053	0.976	0.790	0.459	0.000	−0.051	−0.051	28
32	0.000	0.823	1.062	1.043	1.006	0.995	1.006	1.043	1.063	1.062	0.999	0.823	0.486	0.000	−0.048	−0.048	32
40	0.000	0.878	1.067	1.028	1.000	0.995	1.000	1.028	1.052	1.067	1.030	0.878	0.537	0.000	−0.043	−0.043	40
48	0.000	0.920	1.065	1.017	0.993	0.997	0.993	1.017	1.040	1.065	1.062	0.920	0.588	0.000	−0.039	−0.039	48
56	0.000	0.973	1.059	1.008	0.997	0.999	0.997	1.008	1.092	1.059	1.066	0.973	0.652	0.000	−0.036	−0.036	56

附表 6-2（12）

荷载情况：底端力矩 M_0　　竖向弯矩 $M_x = k_{Mx} M_0$

支承条件：底铰支，顶自由

符号规定：外壁受拉为正　　环向弯矩 $M_\theta = \frac{1}{6} M_x$

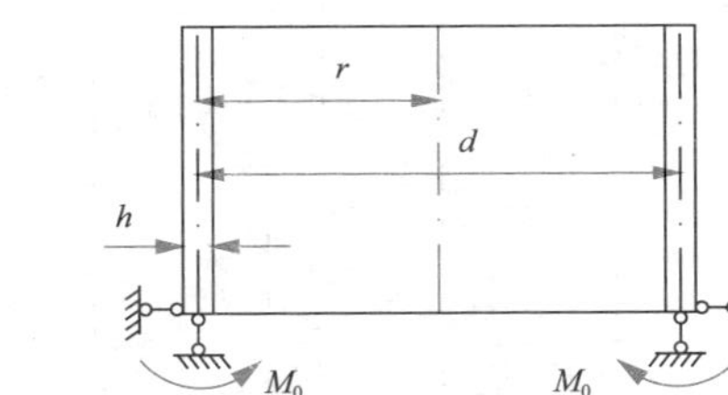

$\frac{H^2}{dh}$	竖向弯矩系数 k_{Mx}（0.0H 为池顶，1.0H 为池底）														$\frac{H^2}{dh}$
	0.0H	0.1H	0.2H	0.3H	0.4H	0.5H	0.6H	0.7H	0.75H	0.8H	0.85H	0.9H	0.95H	1.0H	
0.2	0.000	0.014	0.055	0.119	0.205	0.309	0.428	0.560	0.629	0.701	0.774	0.849	0.924	1.000	0.2
0.4	0.000	0.013	0.052	0.113	0.196	0.298	0.416	0.548	0.619	0.692	0.767	0.844	0.922	1.000	0.4
0.6	0.000	0.012	0.047	0.104	0.182	0.280	0.397	0.530	0.603	0.678	0.756	0.836	0.918	1.000	0.6
0.8	0.000	0.010	0.040	0.091	0.164	0.258	0.373	0.507	0.582	0.660	0.741	0.826	0.912	1.000	0.8
1.0	0.000	0.008	0.033	0.078	0.143	0.232	0.345	0.481	0.557	0.639	0.725	0.814	0.906	1.000	1.0
1.5	0.000	0.003	0.014	0.041	0.089	0.163	0.269	0.408	0.490	0.580	0.677	0.781	0.889	1.000	1.5
2	0.000	−0.002	−0.002	0.009	0.040	0.100	0.197	0.337	0.424	0.522	0.630	0.748	0.872	1.000	2
3	0.000	−0.007	−0.021	−0.031	0.024	0.011	0.090	0.225	0.317	0.426	0.550	0.690	0.842	1.000	3
4	0.000	−0.008	−0.026	−0.045	−0.053	−0.036	0.025	0.148	0.240	0.353	0.488	0.644	0.817	1.000	4
5	0.000	−0.007	−0.024	−0.044	−0.060	−0.057	−0.015	0.094	0.182	0.296	0.438	0.606	0.796	1.000	5
6	0.000	−0.005	−0.019	−0.038	−0.058	−0.065	−0.039	0.054	0.137	0.249	0.394	0.572	0.777	1.000	6
7	0.000	−0.003	−0.013	−0.030	−0.051	−0.066	−0.053	0.024	0.101	0.210	0.357	0.541	0.760	1.000	7
8	0.000	0.002	−0.008	−0.023	−0.043	−0.063	−0.061	0.001	0.071	0.176	0.323	0.514	0.744	1.000	8
9	0.000	0.000	−0.005	−0.016	−0.035	−0.058	−0.065	−0.017	0.046	0.147	0.293	0.488	0.729	1.000	9
10	0.000	0.000	−0.002	−0.010	−0.028	−0.052	−0.067	−0.031	0.025	0.122	0.266	0.465	0.715	1.000	10
12	0.000	0.001	0.001	−0.003	−0.016	−0.041	−0.065	−0.050	−0.006	0.080	0.219	0.423	0.689	1.000	12
14	0.000	0.001	0.002	0.001	−0.008	−0.030	−0.058	−0.061	−0.028	0.047	0.180	0.386	0.666	1.000	14
16	0.000	0.001	0.002	0.002	−0.003	−0.021	−0.051	−0.066	−0.043	0.021	0.147	0.353	0.644	1.000	16
20	0.000	0.000	0.001	0.003	0.002	−0.009	−0.036	−0.066	−0.060	−0.016	0.094	0.296	0.606	1.000	20
24	0.000	0.000	0.000	0.002	0.003	−0.002	−0.024	−0.060	−0.066	−0.039	0.054	0.250	0.572	1.000	24
28	0.000	0.000	0.000	0.001	0.003	0.001	−0.014	−0.052	−0.067	−0.053	0.024	0.210	0.541	1.000	28
32	0.000	0.000	0.000	0.000	0.002	0.003	−0.008	−0.043	−0.063	−0.061	0.001	0.176	0.514	1.000	32
40	0.000	0.000	0.000	0.000	0.001	0.003	0.000	−0.028	−0.053	−0.067	−0.031	0.122	0.465	1.000	40
48	0.000	0.000	0.000	0.000	0.000	0.001	0.002	−0.016	−0.041	−0.065	−0.050	0.080	0.423	1.000	48
56	0.000	0.000	0.000	0.000	0.000	0.001	0.003	−0.008	−0.030	−0.059	−0.061	0.047	0.386	1.000	56

附表 6-2（13）

荷载情况：底端力矩 M_0　　　　环向力 $N_\theta = k_{N\theta}\frac{M_0}{h}$

支承条件：底铰支，顶自由

符号规定：环向力受拉为正，剪力向外为正　　剪　力 $V_x = k_{vx}\frac{M}{H}$

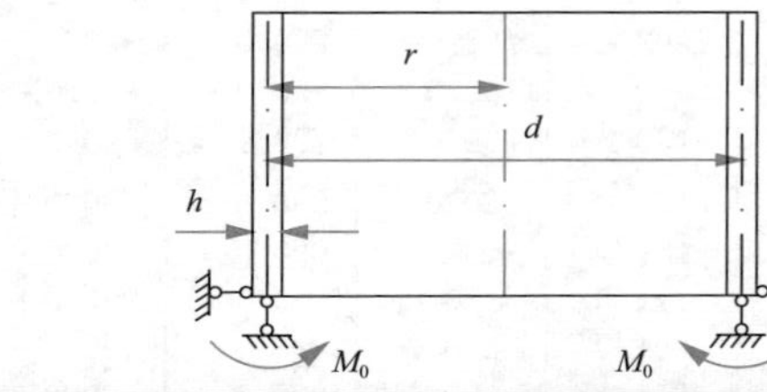

$\frac{H^2}{dh}$	环向力系数 $k_{N\theta}$（0.0H 为池顶，1.0H 为池底）														剪力系数 k_{vx}		$\frac{H^2}{dh}$
	0.0H	0.1H	0.2H	0.3H	0.4H	0.5H	0.6H	0.7H	0.75H	0.8H	0.85H	0.9H	0.95H	1.0H	顶端	底端	
0.2	7.318	6.633	5.946	5.257	4.562	3.858	3.319	2.400	2.021	1.635	1.241	0.837	0.424	0.000	0.000	1.518	0.2
0.4	3.396	3.160	2.895	2.638	2.371	2.085	1.772	1.419	1.225	1.016	0.790	0.547	0.284	0.000	0.000	1.596	0.4
0.6	1.991	1.920	1.847	1.767	1.673	1.552	1.392	1.177	1.043	0.887	0.708	0.502	0.267	0.000	0.000	1.651	0.6
0.8	1.235	1.271	1.305	1.331	1.340	1.318	1.248	1.107	1.003	0.872	0.710	0.513	0.278	0.000	0.000	1.756	0.8
1.0	0.754	0.863	0.969	1.068	1.148	1.914	1.185	1.095	1.011	0.893	0.739	0.542	0.297	0.000	0.000	1.879	1.0
1.5	0.102	0.305	0.507	0.704	0.885	1.035	1.127	1.123	1.071	0.976	0.830	0.625	0.351	0.000	0.000	2.226	1.5
2	−0.175	0.050	0.276	0.503	0.724	0.926	1.079	1.139	1.114	1.040	0.904	0.695	0.398	0.000	0.000	2.576	2
3	−0.294	−0.115	0.069	0.267	0.486	0.720	0.944	1.101	1.127	1.097	0.993	0.792	0.469	0.000	0.000	3.192	3
4	−0.234	−0.126	−0.011	0.129	0.310	0.537	0.795	1.024	1.095	1.109	1.041	0.858	0.524	0.000	0.000	3.698	4
5	−0.152	−0.101	−0.042	0.045	0.183	0.391	0.661	0.941	1.049	1.103	1.070	0.909	0.571	0.000	0.000	4.135	5
6	−0.086	−0.073	−0.052	−0.005	0.096	0.277	0.546	0.861	1.999	1.088	1.089	0.951	0.612	0.000	0.000	4.528	6
7	−0.042	−0.050	−0.052	−0.032	0.038	0.191	0.449	0.784	1.949	1.066	1.098	0.984	0.648	0.000	0.000	4.890	7
8	−0.014	−0.033	−0.047	−0.045	0.000	0.126	0.366	0.712	1.893	1.039	1.101	1.011	0.680	0.000	0.000	5.227	8
9	0.002	−0.020	−0.040	−0.050	−0.024	0.076	0.296	0.644	1.840	1.009	1.099	1.033	0.709	0.000	0.000	5.544	9
10	0.010	−0.012	−0.033	−0.048	−0.038	0.039	0.237	0.582	1.788	0.977	1.093	1.051	0.735	0.000	0.000	5.844	10
12	0.013	−0.002	−0.019	−0.039	−0.048	−0.009	0.145	0.470	0.689	0.910	1.071	1.076	0.780	0.000	0.000	6.402	12
14	0.009	0.002	−0.010	−0.028	−0.046	−0.034	0.079	0.376	0.599	0.842	1.042	1.091	0.819	0.000	0.000	6.915	14
16	0.006	0.003	−0.003	−0.018	−0.039	−0.045	0.033	0.297	0.518	0.775	1.009	1.099	0.853	0.000	0.000	7.393	16
20	0.001	0.002	0.002	−0.005	−0.023	−0.046	−0.021	0.176	0.381	0.652	0.935	1.099	0.907	0.000	0.000	8.265	20
24	0.000	0.001	0.002	0.000	−0.011	−0.036	−0.042	0.093	0.273	0.513	0.859	1.087	0.950	0.000	0.000	9.054	24
28	0.000	0.000	0.0001	0.002	−0.004	−0.025	−0.048	0.037	0.190	0.448	0.784	1.065	0.984	0.000	0.000	9.779	28
32	0.000	0.000	0.001	0.002	0.000	−0.016	−0.045	0.001	0.126	0.336	0.712	1.039	1.011	0.000	0.000	10.454	32
40	0.000	0.000	0.000	0.001	0.002	−0.004	−0.032	−0.037	0.040	0.237	0.582	0.977	1.050	0.000	0.000	11.688	40
48	0.000	0.000	0.000	0.000	0.002	−0.001	−0.019	−0.047	−0.008	0.145	0.470	0.910	1.076	0.000	0.000	12.804	48
56	0.000	0.000	0.000	0.000	0.002	−0.002	−0.009	−0.046	−0.033	0.079	0.376	0.812	1.091	0.000	0.000	13.830	56

附表 6-2（14）

荷载情况：顶端力矩 M_0　　竖向弯矩 $M_x = k_{Mx} M_0$

支承条件：底固定，顶自由

符号规定：外壁受拉为正　　环向弯矩 $M_\theta = \frac{1}{6} M_x$

$\frac{H^2}{dh}$	竖向弯矩系数 k_{Mx}（0.0H 为池顶，1.0H 为池底）														$\frac{H^2}{dh}$
	0.0H	0.1H	0.2H	0.3H	0.4H	0.5H	0.6H	0.7H	0.75H	0.8H	0.85H	0.9H	0.95H	1.0H	
0.2	1.000	0.996	0.986	0.970	0.950	0.928	0.903	0.878	0.865	0.851	0.838	0.825	0.811	0.978	0.2
0.4	1.000	0.989	0.958	0.912	0.855	0.791	0.721	0.648	0.611	0.573	0.536	0.498	0.460	0.423	0.4
0.6	1.000	0.981	0.932	0.860	0.772	0.673	0.568	0.459	0.404	0.348	0.292	0.237	0.181	0.125	0.6
0.8	1.000	0.975	0.911	0.819	0.709	0.588	0.462	0.332	0.267	0.201	0.136	0.070	0.005	−0.061	0.8
1.0	1.000	0.970	0.893	0.786	0.661	0.526	0.387	0.248	0.178	0.109	0.040	−0.029	−0.098	−0.167	1.0
1.5	1.000	0.957	0.853	0.717	0.567	0.416	0.270	0.131	0.064	−0.002	−0.066	−0.131	−0.194	−0.258	1.5
2	1.000	0.945	0.815	0.653	0.478	0.332	0.193	0.069	0.013	−0.042	−0.094	−0.146	−0.197	−0.248	2
3	1.000	0.919	0.741	0.539	0.354	0.202	0.087	0.003	−0.031	−0.061	−0.087	−0.113	−0.137	−0.161	3
4	1.000	0.894	0.676	0.445	0.251	0.111	0.022	−0.029	−0.045	−0.057	−0.065	−0.072	−0.078	−0.084	4
5	1.000	0.872	0.619	0.368	0.176	0.051	−0.015	−0.043	−0.047	−0.047	−0.046	−0.043	−0.030	−0.035	5
6	1.000	0.850	0.568	0.305	0.119	0.013	−0.034	−0.045	−0.043	−0.038	−0.031	−0.024	−0.016	−0.008	6
7	1.000	0.829	0.522	0.253	0.077	−0.012	−0.043	−0.042	−0.036	−0.029	−0.020	−0.012	−0.003	0.005	7
8	1.000	0.810	0.480	0.209	0.045	−0.027	−0.045	−0.037	−0.029	−0.021	−0.013	−0.005	0.003	0.011	8
9	1.000	0.791	0.442	0.171	0.021	−0.037	−0.043	−0.030	−0.022	−0.015	−0.007	−0.001	0.005	0.012	9
10	1.000	0.772	0.408	0.139	0.002	−0.041	−0.040	−0.024	−0.017	−0.010	−0.004	0.001	0.006	0.010	10
12	1.000	0.738	0.346	0.087	−0.022	−0.043	−0.031	−0.014	−0.008	−0.003	0.000	0.003	0.005	0.007	12
14	1.000	0.705	0.293	0.049	−0.035	−0.040	−0.022	−0.007	−0.003	0.000	0.002	0.002	0.003	0.003	14
16	1.000	0.675	0.248	0.021	−0.042	−0.034	−0.015	−0.003	0.000	0.002	0.002	0.002	0.001	0.001	16
20	1.000	0.618	0.175	−0.015	−0.042	−0.022	−0.005	0.001	0.002	0.002	0.001	0.001	0.000	0.000	20
24	1.000	0.586	0.120	−0.033	−0.036	−0.013	0.000	0.002	0.002	0.001	0.000	0.000	0.000	−0.001	24
28	1.000	0.522	0.078	−0.041	−0.028	−0.006	0.001	0.002	0.001	0.001	0.000	0.000	0.000	0.000	28
32	1.000	0.480	0.046	−0.043	−0.021	−0.002	0.002	0.001	0.001	0.000	0.000	0.000	0.000	0.000	32
40	1.000	0.408	0.003	−0.039	−0.010	0.001	0.001	0.000	0.000	0.000	0.000	0.000	0.000	0.000	40
48	1.000	0.346	−0.022	−0.030	−0.003	0.002	0.000	0.000	0.000	0.000	0.000	0.000	0.000	0.000	48
56	1.000	0.293	−0.035	−0.022	0.000	0.000	0.000	0.000	0.000	0.000	0.000	0.000	0.000	0.000	56

附表 6-2（15）

荷载情况：顶端力矩 M_0　　环向力 $N_\theta = k_{N\theta}\dfrac{M_0}{h}$

支承条件：底固定，顶自由

符号规定：环向力受拉为正，剪力向外为正　　剪　力 $V_x = k_{vx}\dfrac{M_0}{H}$

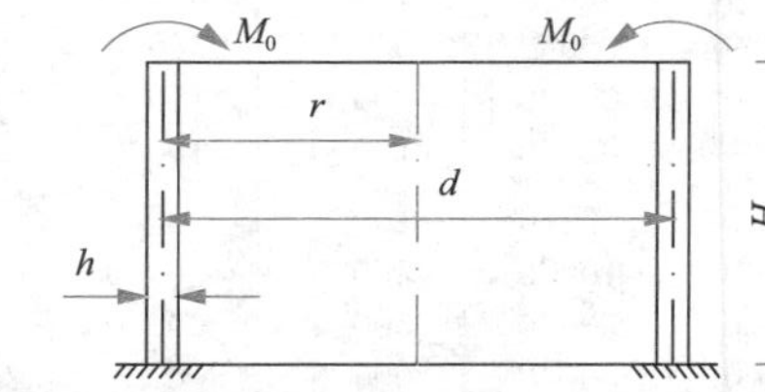

$\frac{H^2}{dh}$	环向力系数 $k_{N\theta}$（0.0*H* 为池顶，1.0*H* 为池底）														剪力系数 k_{vx}		$\frac{H^2}{dh}$
	0.0*H*	0.1*H*	0.2*H*	0.3*H*	0.4*H*	0.5*H*	0.6*H*	0.7*H*	0.75*H*	0.8*H*	0.85*H*	0.9*H*	0.95*H*	1.0*H*	顶端	底端	
0.2	−2.060	−1.654	−1.295	−0.982	−0.715	−0.491	−0.311	−0.173	−0.120	−0.076	−0.043	−0.019	−0.005	0.000	0.000	−0.268	0.2
0.4	−3.066	−2.427	−1.851	−1.364	−0.962	−0.639	−0.391	−0.209	−0.142	−0.088	−0.048	−0.021	−0.005	0.000	0.000	−0.755	0.4
0.6	−3.389	−2.562	−1.873	−1.314	−0.875	−0.544	−0.307	−0.149	−0.095	−0.056	−0.028	−0.011	−0.003	0.000	0.000	−0.117	0.6
0.8	−3.409	−2.466	−1.705	−1.113	−0.674	−0.367	−0.170	−0.059	−0.028	−0.010	−0.001	0.002	0.001	0.000	0.000	−1.309	0.8
1.0	−3.368	−2.322	−1.502	−0.889	−0.460	−0.184	−0.032	0.031	0.038	0.035	0.026	0.014	0.004	0.000	0.000	−1.379	1.0
1.5	−3.300	−2.018	−1.069	−0.417	−0.017	0.186	0.243	0.205	0.166	0.121	0.077	0.038	0.010	0.000	0.000	−1.277	1.5
2	−3.309	−1.817	−0.764	−0.089	0.281	0.422	0.409	0.305	0.237	0.168	0.103	0.050	0.013	0.000	0.000	−1.019	2
3	−3.371	−1.550	−0.366	0.300	0.587	0.625	0.520	0.351	0.263	0.180	0.108	0.051	0.013	0.000	0.000	−0.484	3
4	−3.404	−1.341	−0.104	0.502	0.690	0.639	0.480	0.298	0.215	0.142	0.082	0.037	0.010	0.000	0.000	−0.118	4
5	−3.414	−1.161	0.087	0.612	0.702	0.580	0.393	0.219	0.150	0.093	0.051	0.022	0.005	0.000	0.000	0.077	5
6	−3.416	−1.004	0.233	0.672	0.674	0.499	0.300	0.145	0.091	0.051	0.025	0.009	0.002	0.000	0.000	0.156	6
7	−3.416	−0.866	0.347	0.700	0.628	0.417	0.219	0.086	0.045	0.020	0.006	0.000	−0.001	0.000	0.000	0.171	7
8	−3.415	−0.744	0.436	0.709	0.575	0.342	0.152	0.042	0.014	−0.001	−0.006	−0.005	−0.002	0.000	0.000	0.153	8
9	−3.415	−0.635	0.506	0.703	0.520	0.276	0.100	0.012	−0.007	−0.014	−0.013	−0.008	−0.002	0.000	0.000	0.122	9
10	−3.415	−0.538	0.561	0.689	0.466	0.219	0.060	−0.008	−0.009	−0.020	−0.016	−0.009	−0.003	0.000	0.000	0.090	10
12	−3.416	−0.368	0.638	0.641	0.365	0.130	0.009	−0.027	−0.027	−0.022	−0.015	−0.007	−0.002	0.000	0.000	0.038	12
14	−3.416	−0.227	0.682	0.583	0.279	0.069	−0.017	−0.030	−0.025	−0.018	−0.011	−0.005	−0.001	0.000	0.000	0.006	14
16	−3.416	−0.106	0.704	0.521	0.207	0.027	−0.028	−0.026	−0.019	−0.012	−0.006	−0.002	0.000	0.000	0.000	−0.006	16
20	−3.416	0.087	0.705	0.402	0.103	−0.016	−0.029	−0.014	−0.008	−0.003	−0.001	0.000	0.000	0.000	0.000	−0.003	20
24	−3.416	0.234	0.675	0.299	0.039	−0.029	−0.021	−0.006	−0.002	0.000	0.000	0.000	−0.001	0.000	0.000	0.000	24
28	−3.416	0.348	0.629	0.251	0.001	−0.030	−0.013	−0.001	0.001	0.000	−0.001	0.000	0.000	0.000	0.000	0.000	28
32	−3.416	0.437	0.576	0.149	−0.019	−0.025	−0.006	0.001	0.000	0.000	0.000	0.000	0.000	0.000	0.000	0.000	32
40	−3.416	0.562	0.466	0.059	−0.031	−0.013	0.000	0.000	0.000	0.000	0.000	0.000	0.000	0.000	0.000	0.000	40
48	−3.416	0.638	0.365	0.009	−0.027	−0.005	0.000	0.000	0.000	0.000	0.000	0.000	0.000	0.000	0.000	0.000	48
56	−3.416	0.682	0.279	−0.017	−0.019	0.000	0.000	0.000	0.000	0.000	0.000	0.000	0.000	0.000	0.000	0.000	56

池壁刚度系数 $k_{M\beta}$　　附表 6-2（16）

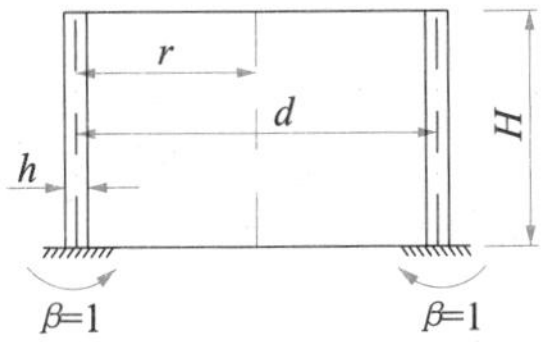

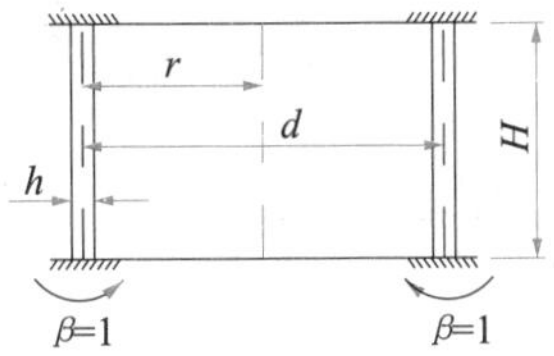

$\frac{H^2}{dh}$	$k_{M\beta}$	
	顶自由、底固定	两端固定
0.2	0.0465	0.3444
0.4	0.1353	0.3489
0.6	0.2112	0.3562
0.8	0.2663	0.3661
1	0.3072	0.3782
1.5	0.3812	0.4158
2	0.4404	0.4597
3	0.5431	0.5504
4	0.6311	0.6432
5	0.7075	0.7090
6	0.7758	0.7765
7	0.8382	0.8386
8	0.8961	0.8963
9	0.9504	0.9506
10	1.002	1.002
12	1.098	1.098
14	1.185	1.185
16	1.267	1.267
20	1.417	1.417
24	1.552	1.552
28	1.676	1.676
32	1.792	1.792
40	2.004	2.004
48	2.195	2.195
56	2.371	2.371

r　d　h　H　β=1　β=1

r　d　h　H　β=1　β=1

$$i=M_{F\beta}=k_{M\beta}\frac{Eh^3}{H}$$

$M_{F\beta}$-使固定端产生单位转角（$\beta=1$）所需的弯矩

主要参考文献

［1］ 中华人民共和国国家标准．建筑结构可靠性设计统一标准 GB 50068—2018．北京：中国建筑工业出版社，2018.

［2］ 中华人民共和国国家标准．混凝土结构设计规范（2015 年版）GB 50010—2010．北京：中国建筑工业出版社，2015.

［3］ 中华人民共和国国家标准．给水排水工程构筑物结构设计规范 GB 50069—2002．北京：中国建筑工业出版社，2002.

［4］ 中国工程建设标准化协会标准．给水排水工程钢筋混凝土水池结构设计规程 CECS138：2002．北京：中国建筑工业出版社，2002.

［5］ 中华人民共和国国家标准．建筑结构荷载规范 GB 50009—2012．北京：中国建筑工业出版社，2012.

［6］ 中华人民共和国国家标准．砌体结构设计规范 GB 50003—2011．北京：中国建筑工业出版社，2011.

［7］ 中华人民共和国国家标准．建筑地基基础设计规范 GB 50007—2011．北京：中国建筑工业出版社，2011.

［8］ 中国土木工程学会．中国土木工程指南（第二版）．北京：科学出版社，2000.

［9］ 罗福午，刘伟庆．土木工程（专业）概论（第 4 版）．武汉：武汉理工大学出版社，2012.

［10］ 叶列平．土木工程科学前沿．北京：清华大学出版社，2006.

［11］ 高琼英．建筑材料（第 4 版）．武汉：武汉理工大学出版社，2012.

［12］ 湖南大学，天津大学，同济大学，东南大学．土木工程材料（第 2 版）．北京：中国建筑工业出版社，2012.

［13］ 闫波．环境工程土建概论（修订版）．哈尔滨：哈尔滨工业大学出版社，2004.

［14］ 同济大学，西安建筑科技大学，东南大学，重庆大学．房屋建筑学（第五版）．北京：中国建筑工业出版社，2016.

［15］ 建筑结构构造资料集编辑委员会．建筑结构构造资料集（上册）（第二版）．北京：中国建筑工业出版社，2007.

［16］ 湖南大学，重庆大学，太原理工大学．给水排水工程结构．北京：中国建筑工业出版社，2006.

［17］ 东南大学，天津大学，同济大学．混凝土结构（第七版）．北京：中国建筑工业出版社，2019.

［18］ 罗福午，邓雪松．建筑结构（第二版）．武汉：武汉理工大学出版社，2012.

［19］ 湖北给水排水设计院．钢筋混凝土圆形水池设计．北京：中国建筑工业出版社，1977.

［20］《给水排水工程结构设计手册》编委会．给水排水工程结构设计手册（第二版）．北京：中国建筑工业出版社，2007.

［21］《建筑结构静力计算手册》编写组．建筑结构静力计算手册（第二版）．北京：中国建筑工业出版社，2005.

［22］ 东南大学，同济大学，郑州大学．砌体结构（第四版）．北京：中国建筑工业出版社，2013.

［23］ 袁聚云，李镜培等．基础工程设计原理．上海：同济大学出版社，2001.

［24］ 吴能森．土力学与基础工程．北京：中国建筑工业出版社，2019.

高等学校给排水科学与工程学科专业指导委员会规划推荐教材

征订号	书　　名	作　　者	定价（元）	备　　注
40573	高等学校给排水科学与工程本科专业指南	教育部高等学校给排水科学与工程专业教学指导分委员会	25.00	
39521	有机化学（第五版）（送课件）	蔡素德等	59.00	住建部“十四五”规划教材
41921	物理化学（第四版）（送课件）	孙少瑞、何洪	39.00	住建部“十四五”规划教材
42213	供水水文地质（第六版）（送课件）	李广贺等	56.00	住建部“十四五”规划教材
42807	水资源利用与保护（第五版）（送课件）	李广贺等	63.00	住建部“十四五”规划教材
42947	水处理实验设计与技术（第六版）（送课件）	冯萃敏等	58.00	住建部“十四五”规划教材
43524	给水排水管网系统（第五版）（送课件）	刘遂庆等	58.00	住建部“十四五”规划教材
27559	城市垃圾处理（送课件）	何品晶等	42.00	土建学科“十三五”规划教材
31821	水工程法规（第二版）（送课件）	张智等	46.00	土建学科“十三五”规划教材
31223	给排水科学与工程概论（第三版）（送课件）	李圭白等	26.00	土建学科“十三五”规划教材
32242	水处理生物学（第六版）（送课件）	顾夏声、胡洪营等	49.00	土建学科“十三五”规划教材
35780	水力学（第三版）（送课件）	吴玮、张维佳	38.00	土建学科“十三五”规划教材
36037	水文学（第六版）（送课件）	黄廷林	40.00	土建学科“十三五”规划教材
36535	水质工程学（第三版）（上册）（送课件）	李圭白、张杰	58.00	土建学科“十三五”规划教材
36536	水质工程学（第三版）（下册）（送课件）	李圭白、张杰	52.00	土建学科“十三五”规划教材
37017	城镇防洪与雨水利用（第三版）（送课件）	张智等	60.00	土建学科“十三五”规划教材
37679	土建工程基础（第四版）（送课件）	唐兴荣等	69.00	土建学科“十三五”规划教材
37789	泵与泵站（第七版）（送课件）	许仕荣等	49.00	土建学科“十二五”规划教材
37766	建筑给水排水工程（第八版）（送课件）	王增长、岳秀萍	72.00	土建学科“十三五”规划教材
38567	水工艺设备基础（第四版）（送课件）	黄廷林等	58.00	土建学科“十三五”规划教材
32208	水工程施工（第二版）（送课件）	张勤等	59.00	土建学科“十二五”规划教材
39200	水分析化学（第四版）（送课件）	黄君礼	68.00	土建学科“十二五”规划教材
33014	水工程经济（第二版）（送课件）	张勤等	56.00	土建学科“十二五”规划教材
29784	给排水工程仪表与控制（第三版）（含光盘）	崔福义等	47.00	国家级“十二五”规划教材
16933	水健康循环导论（送课件）	李冬、张杰	20.00	
37420	城市河湖水生态与水环境（送课件）	王超、陈卫	40.00	国家级“十一五”规划教材
37419	城市水系统运营与管理（第二版）（送课件）	陈卫、张金松	65.00	土建学科“十五”规划教材
33609	给水排水工程建设监理（第二版）（送课件）	王季震等	38.00	土建学科“十五”规划教材
20098	水工艺与工程的计算与模拟	李志华等	28.00	
32934	建筑概论（第四版）（送课件）	杨永祥等	20.00	
24964	给排水安装工程概预算（送课件）	张国珍等	37.00	
24128	给排水科学与工程专业本科生优秀毕业设计（论文）汇编（含光盘）	本书编委会	54.00	
31241	给排水科学与工程专业优秀教改论文汇编	本书编委会	18.00	

以上为已出版的指导委员会规划推荐教材。欲了解更多信息，请登录中国建筑工业出版社网站 www.cabp.com.cn 查询。在使用本套教材的过程中，若有任何意见或建议，可发 Email 至：wangmeiling bj@126.com。